石油化工职业技能培训教材

维修电

中国石油化工集团公司人事部
中国石油天然气集团公司人事服务中心 编

中国石化出版社

内 容 提 要

《维修电工》为《石油化工职业技能培训教材》系列之一，涵盖石油化工生产人员《国家职业标准》中，对该工种初级工、中级工、高级工、技师、高级技师五个级别的专业理论知识和操作技能的要求。主要内容包括电工基础知识、电工工具及仪表仪器的使用、常用电工材料、电器防爆、电动机、变压器、电力线路、继电保护、电力电子技术应用、电器照明、可编程序控制器应用、110kV 及以下高压并关设备、低压电器原理与检修等。

本书是维修电工进行职业技能培训的必备教材，也是专业技术人员必备的参考书。

图书在版编目（CIP）数据

维修电工 / 中国石油化工集团公司人事部，中国石油天然气集团公司人事服务中心编. -- 北京 ：中国石化出版社，2008（2023.9 重印）

石油化工职业技能培训教材

ISBN 978-7-80229-493-6

Ⅰ. ①维… Ⅱ. ①中… ②中… Ⅲ. ①电工－维修－技术培训－教材 Ⅳ. ①TM07

中国版本图书馆 CIP 数据核字(2008)第 017553 号

中国石化出版社出版发行

地址：北京市东城区安定门外大街 58 号

邮编：100011 电话：(010)57512500

发行部电话：(010)57512575

http://www.sinopec-press.com

E-mail：press@ sinopec.com

北京艾普海德印刷有限公司印刷

全国各地新华书店经销

*

787毫米×1092 毫米 16 开本 23 印张 568 千字

2023 年 9 月第 1 版第 7 次印刷

定价：46.00 元

《石油化工职业技能培训教材》

开发工作领导小组

组　长： 周　原

成　员：（按姓氏笔画顺序）

于洪涛　王子康　王玉霖　王妙云　王者顺　王　彪
付　建　向守源　孙伟君　何敏君　余小余　冷胜军
吴　耘　张　凯　张继田　李　刚　杨继钢　邹建华
陆伟群　周赢冠　苟连杰　赵日峰　唐成建　钱衡格
蒋　凡

编审专家组

（按姓氏笔画顺序）

王　强　史瑞生　孙宝慈　李兆斌　李志英　岑奇顺
杨　徐　郑世桂　姜殿虹　唐　杰　黎宗坚

编审委员会

主　任： 王者顺

副主任： 向守源　周志明

成　员：（按姓氏笔画顺序）

王力健　王凤维　叶方军　任　伟　刘文玉　刘忠华
刘保书　刘瑞善　朱长根　朱家成　江毅平　许　坚
余立辉　吴　云　张云燕　张月娥　张全胜　肖铁岩
陆正伟　罗锡庆　倪春志　贾铁成　高　原　崔　昶
曹宗祥　职丽枫　黄义贤　彭干明　谢　东　谢学民
韩　伟　雷建忠　谭忠阁　潘　慧　穆晓秋

前言

为了进一步加强石油化工行业技能人才队伍建设，满足职业技能培训和鉴定的需要，中国石油化工集团公司人事部、中国石油天然气集团公司人事服务中心联合组织编写了《石油化工职业技能培训教材》。本套教材的编写依照劳动和社会保障部制定的石油化工生产人员《国家职业标准》及中国石油化工集团公司人事部编制的《石油化工职业技能培训考核大纲》，坚持以职业活动为导向，以职业技能为核心，以“实用、管用、够用”为编写原则，结合石油化工行业生产实际，以适应技术进步、技术创新、新工艺、新设备、新材料、新方法等要求，突出实用性、先进性、通用性，力求为石油化工行业生产人员职业技能培训提供一套高质量的教材。

根据国家职业分类和石油化工行业各工种的特点，本套教材采用共性知识集中编写，各工种特有知识单独分册编写的模式。全套教材共分为三个层次，涵盖石油化工生产人员《国家职业标准》各职业（工种）对初级、中级、高级、技师和高级技师各级别的要求。

第一层次《石油化工通用知识》为石油化工行业通用基础知识，涵盖石油化工生产人员《国家职业标准》对各职业（工种）共性知识的要求。主要内容包括：职业道德，相关法律法规知识，安全生产与环境保护，生产管理，质量管理，生产记录、公文和技术文件，制图与识图，计算机基础，职业培训与职业技能鉴定等方面的基本知识。

第二层次为专业基础知识，分为《炼油基础知识》和《化工化纤基础知识》两册。其中《炼油基础知识》涵盖燃料油生产工、润滑油（脂）生产工等职业（工种）的专业基础及相关知识；《化工化纤基础知识》涵盖脂肪烃生产工、烃类衍生物生产工等职业（工种）的专业基础及相关知识。

第三层次为各工种专业理论知识和操作技能，涵盖石油化工生产人员《国家职业标准》对各工种操作技能和相关知识的要求，包括工艺原理、工艺操作、设备使用与维护、事故判断与处理等内容。

《维修电工》包含第二、三层次的内容。它以提高维修电工的技能操作能力为出发点，内容包括电工基础知识、电工工具及仪表仪器的使用、常用电工材料、电器防爆、电动机、变压器、电力线路、继电保护、电力电子技术应用、电器照明、可编程序控制器应用、110kV及以下高压开关设备、低压电器原理与检修等。该教材内容丰富，通俗易懂，涵盖中国石油化工行业维修电工的初级工、中级工、高级工、技师、高级技师五个级别的基础知识和操作技能训练项目。适用于本职业本工种各个等级的培训考核，对实际工作和日常操作亦有指导作用。

《维修电工》教材由扬子石化负责组织编写，天津石化参与编写。主编王辛夷(扬子石化)，参加编写的人员有尹学中(扬子石化)、乔庆芳(扬子石化)、朱曦伟(扬子石化)、刘建强(扬子石化)、许鸿先(扬子石化)、孙绍寿(扬子石化)、严兆兴(扬子石化)、杨玉萍(扬子石化)、高义强(扬子石化)、章新(扬子石化)、熊飚(扬子石化)。本教材已经中国石油化工集团公司人事部、中国石油天然气集团公司人事服务中心组织的职业技能培训教材审定委员会审定通过。主审陈英涛，参加审定的人员有单正阜、任红军、吕英。审定工作得到了天津石化的大力支持；中国石化出版社对教材的编写和出版工作给予了通力协作和配合，在此一并表示感谢。

由于石油化工职业技能培训教材涵盖的职业(工种)较多，同工种不同企业的生产装置之间也存在着差别，编写难度较大，加之编写时间紧迫，不足之处在所难免，敬请各使用单位及个人对教材提出宝贵意见和建议，以便教材修订时补充更正。

目　录

第1章　电工基础

第2章　电工工具、量具及仪器、仪表

第3章 常用电工材料

第4章 电气防爆

第5章 电动机

第6章 变压器

第7章 电力线路

第8章 110kV及以下高压开关设备

第9章　低压电器原理与检修

第10章　可编程序控制器应用

第11章　电力电子技术应用

第12章 照明电路

第13章 继电保护

第1章 电工基础

1.1 直流电路

1.1.1 欧姆定律

1.1.1.1 部分电路欧姆定律

部分电路欧姆定律是研究不包含电源的一段电路中的电流与这段电路两端的电压及电阻三者的关系。其内容是：流过导体的电流强度与这段导体两端的电压成正比，与这段导体的电阻成反比。即

$$I = \frac{U}{R}$$

式中 I——电路中的电流，A；

U——导体两端的电压，V；

R——导体的电阻，Ω。

1.1.1.2 全电路欧姆定律

全电路是含有电源的闭合电路，如图1-1所示。虚线框中的E代表电源电动势；r代表电源内阻。通常把电源内部的电路称为内电路，电源外部的电路称为外电路。

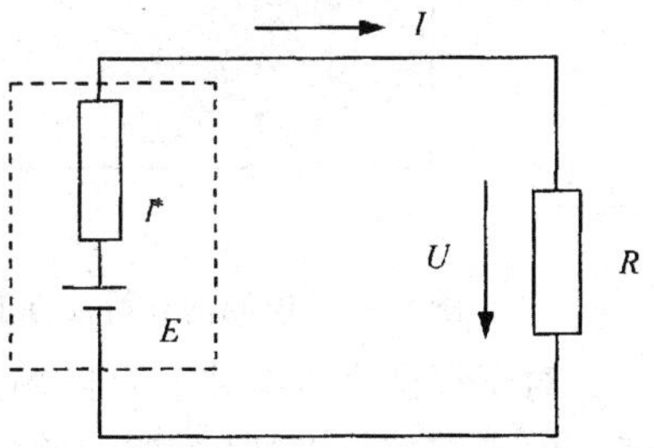

图1-1 含有电源的闭合电路

全电路欧姆定律的内容是：全电路中的电流强度与电源的电动势成正比，与整个电路（包括内路和外电路）的电阻成反比。即

$$I = \frac{E}{R + r}$$

由上式可得

$$E = IR + Ir = U_{外} + U_{内}$$

式中 I——电路中的电流强度，A；

E——电源电动势，V；

R——外电路电阻，Ω；

r——内电路电阻，Ω；

$U_{外}$——外电路电压；

$U_{内}$——内电路电压，V。

其中，外电路电压是指电路接通时电源两端的电压，又称路端电压，简称端电压。这样，全电路欧姆定律又可叙述为电源电动势在数值上等于闭合电路中的各部分的电压之和。

根据全电路的欧姆定律分析电路，应有以下三种工作状态：

（1）负载状态 即电路处于通路状态时

$$U_{外} = E - Ir$$

根据上式可做出图1-2所示电源外特征曲线。由图可知，电源的外特征性曲线是一条

向下倾斜的直线，随着 I 的增大，$U_{外}$ 由 E 沿直线下降，电源内阻越大，$U_{外}$ 下降越多。当电源内阻为零时，其外特性为一平行横轴的直线(见图 1－2 中虚线)。通常直流负载都需要恒定电压供电，所以总希望电源内阻越小越好。

(2) 开路状态　当外电路空载时，相当于 $R\to\infty$，则电路电流 $I=0$，$U_{内}=0$，$U_{外}=E$，即电路的端电压在数值上等于电源电动势。

(3) 短路状态　当电路处于短路状态时，相当于 $R\to0$，此时的电路电流叫短路电流 I_s。由于 r 一般都很小，所以 I_s 很大。短路时 $U_{外}=0$，$U_{内}=E$。

短路是一种严重事故，应尽力避免，短路时的短路电流 I_s 很大，可能使电源和电路遭受机械的与热能的损坏或损毁。为防止短路，可在电路中接入自动断路器或熔断器，一旦发生短路，能够及时切断电源。

1.1.2　基尔霍夫定律

直流电路根据其结构的不同，可分为两大类：一类是简单电路；另一类是复杂电路。一般认为，凡不能用电阻串、并联关系简化为无分支电路的就称为复杂电路，否则就是简单电路。图 1－3 所示就是一个复杂电路。虽然它的结构看起来简单，元件数很少，但由于 R_1、R_2、R_3 之间既不是串联关系，也不是并联关系，故无法用串、并联进行简化。

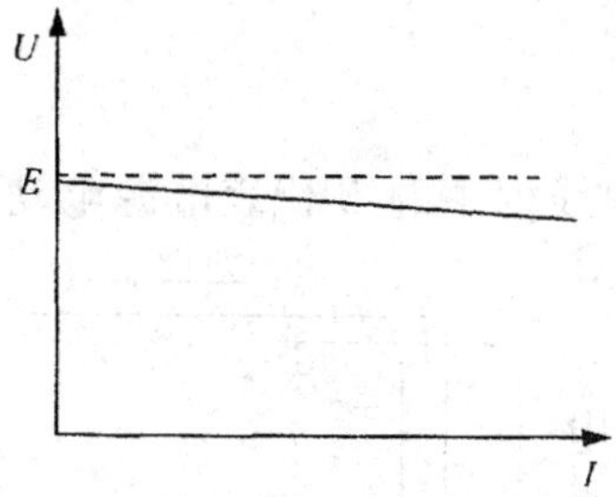

图 1－2　电源的外特征性曲线

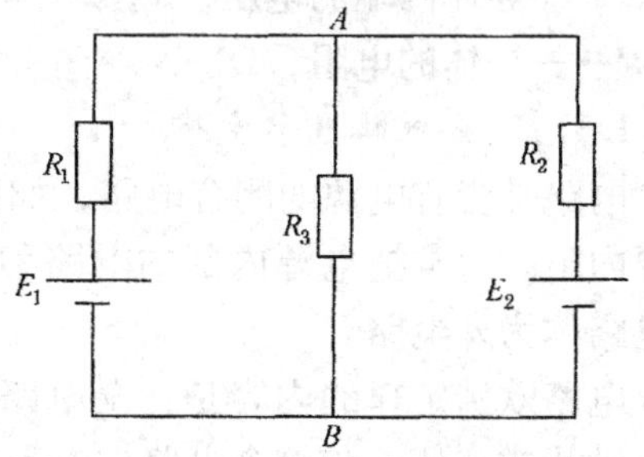

图 1－3　复杂直流电路

对于复杂直流电路，直接用欧姆定律求解显然是不可能的。求解复杂直流电路的方法很多，但它们都是以基尔霍夫定律为基础的。

基尔霍夫定律是复杂电路分析计算的基本定律，在学习基尔霍夫定律的内容前，应先了解几个常用术语：

(1) 支路　由一个或几个元件串联组成的无分支电路称为支路。同一条支路中，各元件上流过的电流相等。图 1－3 中 R_1、E_1 构成一条支路，R_3 单独构成一条支路。

(2) 节点　三条或三条以上的支路的交汇点称为节点。图 1－3 中 A 点和 B 点都是节点。

(3) 回路　电路中的任一闭合路径称为回路。图 1－3 中 $A-R_1-E_1-B-R_3-A$ 构成一个回路。

(4) 网孔　不能再分的最简单的回路称为网孔。图 1－3 中 $A-R_1-E_1-B-R_3-A$ 和 $A-R_3-B-E_2-R_2-A$ 构成的都是最简单回路，也称为网孔。

1.1.2.1　基尔霍夫第一定律(KCL 定律)

基尔霍夫第一定律是关于节点电流的。其内容是：电路中，流进任一节点的电流之和恒等于流出该节点的电流之和。如图 1－4(a)中流入节点的电流之和为 $I_1+I_2+I_5$；流出节点的电流之和为 I_3+I_4。因此

$$I_1 + I_2 + I_5 = I_3 + I_4$$

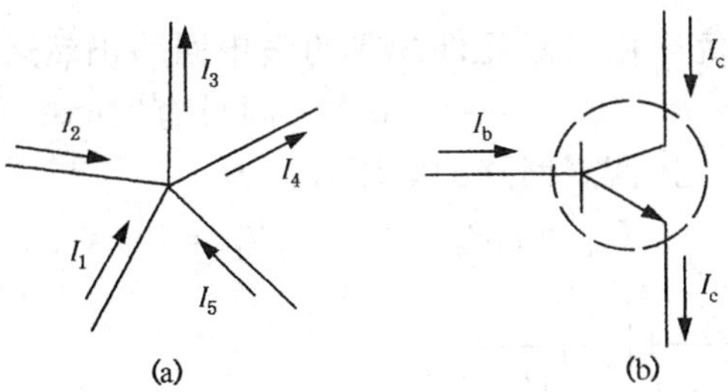

图 1－4　节点电流定律

如果约定指向节点的电流为正，背离节点的电流为负，则基尔霍夫定律又可叙述为：电路中，任一节点处电流的代数和恒为零。即

$$\sum I = 0 \tag{1-1}$$

根据上述约定，图 1－4(a)所示的各电流间的关系又可表示为

$$I_1 + I_2 - I_3 - I_4 + I_5 = 0$$

基尔霍夫第一定律表明了电路中电流的连续性。电荷在任一节点上既不能积累也不能消失。

式(1－1)对于电流的实际方向和假定方向均成立。对电路中的任一节点，均可根据基尔霍夫第一定律列出相应的方程，各电流的实际方向根据计算结果确定。计算结果为正的，说明电流的实际方向与假定方向一致；结果为负的，说明该电流的实际方向与假定方向相反。

根据电流连续性的概念，我们可将节点扩展为一个闭合面，如图 1－4(b)所示。对于图中虚线所围成的闭合面，必有

$$I_b + I_C = I_e \text{ 或 } I_b + I_C - I_e = 0$$

1.1.2.2　基尔霍夫第二定律(KVL 定律)

基尔霍夫第二定律是关于回路电压的。其内容是：任意回路中，电动势的代数和恒等于各电阻上的电压降的代数和，即

$$\sum E = \sum IR \tag{1-2}$$

根据上式所列出的方程称为回路电压方程。因为 $\sum E$ 和 $\sum IR$ 均指代数和，所以列方程必须考虑正、负。确定正、负号的方法如下：

(1) 首先在回路中假定各支路电流的参考方向；

(2) 假定回路的绕行方向(顺时针方向或逆時针方向)；

(3) 对于电动势，凡参考方向与回路绕行方向一致的，则该电动势取正，反之取负；

(4) 对于电阻，凡流过该电阻的电流参考方向与回路绕行方向一致的，则该电阻上的压降取正值，反之取负值。

根据上述方法，图 1－5 所示电路的电压方程为

$$E_1 - E_2 = I_1R_1 - I_2R_2 - I_3R_3 + I_4R_4$$

将上式的电动势和电阻上压降移到方程的同一边即写成

$$I_1R_1 - I_2R_2 - I_3R_3 + I_4R_4 - E_1 + E_2 = 0$$

则基尔霍夫第二定律又可叙述为：任一回路中各元件上的电压降之代数和恒为零。用数学式

表示就是$\sum U=0$

基尔霍夫第二定律对不完全由实际元件构成的假想回路仍然适用。如图1-6所示，我们可假想有回路$a-R_1-E_1-R_5-R_4-b-a$。a b之间没有实际的元件存在，但有确定的电压。根据基尔霍夫第二定律，该假想回路的电压方程为

$$U_{ab}+I_2R_4-E_1+I_1R_1=0$$

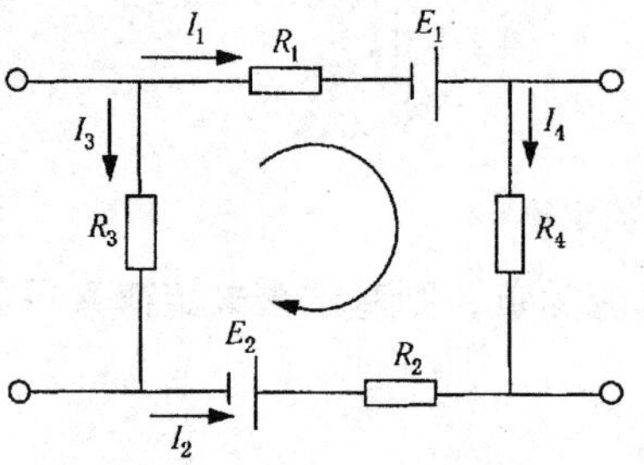

图1-5　KVL定律示例

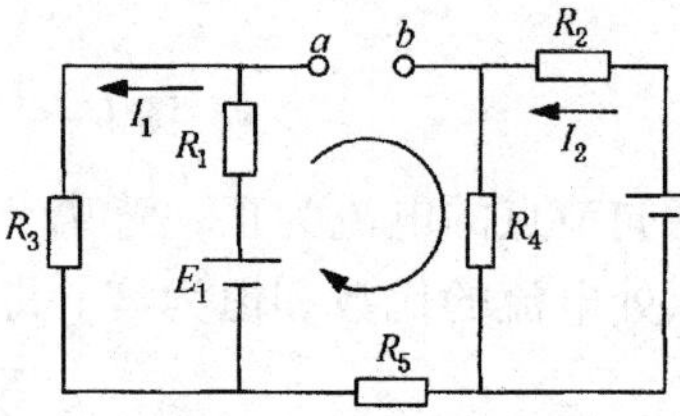

图1-6　假想回路

1.1.3　支路电流法

支路电流法是求解复杂电路的最基本的方法。解题思路是：以各支路电流为未知量，根据基尔霍夫定律列出所需的节点电流方程和回路电压方程，解方程组即得各支路电流。其一般步骤如下：

(1) 假设各支路电流参考方向和选定回路绕行方向；

(2) 根据基尔霍夫第一定律列出独立的节点电流方程，有n个节点可列$(n-1)$个节点方程；

(3) 根据基尔霍夫第二定律列出独立的回路电压方程；

(4) 联立独立的节点电流方程和独立的回路电压方程，然后代入数据解方程组。

1.1.4　戴维南定理

支路电流法可以求出电路的全部电流，但有许多情况下我们并不需要知道全部电流，而只需要计算某个元件上的电流、电压等。对这种情况，我们应寻找一种更有效的方法。

较复杂的电路称为网络，若电路具有两输出端，则称为二端网络。网络内含有电源的称为有源二端网，如图1-7(a)所示；不含电源的称为无源二端网络，如图1-7(c)所示。

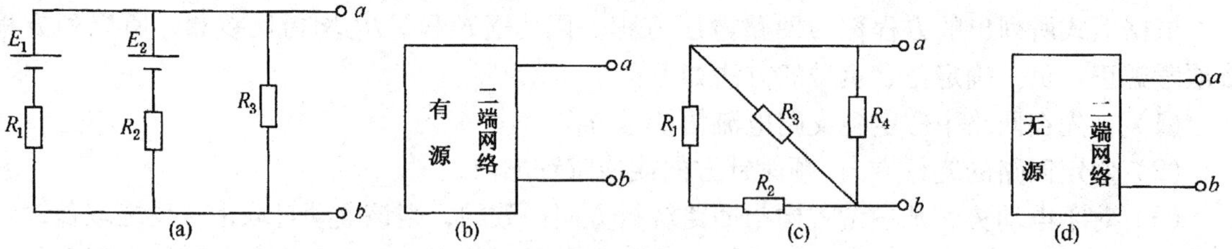

图1-7　二端网络图

图1-7(a)所示的有源端网络，若a，b端接上电阻R，则对电阻来说，有源二端网络就相当于一个电源，而任何一个电源都具有一定的电动势和电阻，所以我们若能将一个有源二端网络简化成一个具有电动势E_0和电阻R_i的等效电源，如图1-8所示。那么，流过电阻R的电流即为

$$I=\frac{E_0}{R+R_i}$$

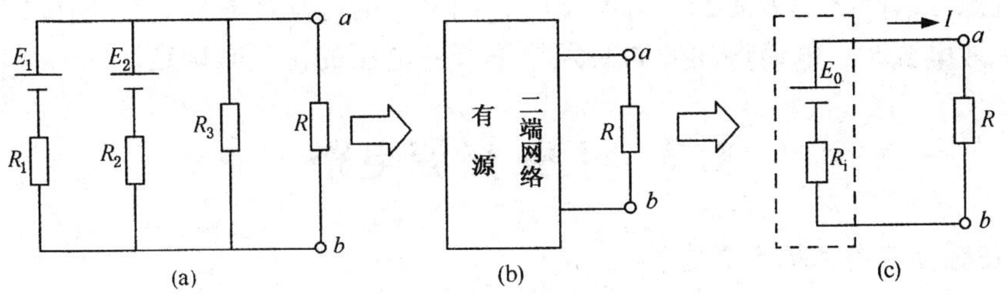

图 1-8　戴维南定理

戴维南定理指出：任何一个线性有源二端网络，对外电路来说，都可以用一个具有电动势 E_0 和内电阻 R_i 的等效电源等值替代。电动势 E_0 的值就等于有源二端网络两端点间的开路电压；内阻 R_i 的值就等于网络内所有电源均不起作用（电动势短路）时的无源二端网络的等效电阻。

运用戴维南定理求解某一支路电流的一般步骤如下：

（1）将原电路划分为待求支路和有源二端网络两部分；

（2）断开待求支路，求出有源二端网络的开路电压；

（3）将网络中的各电动势短路，内电阻保留，求出无源二端网络的等效电阻；

（4）画出等效电源，接入待求支路，根据全电路欧姆定律求出该支路的电流。

在用戴维南定理求有源二端网络的等效电源时，如果网络的结构非常复杂，计算 E_0 和 R_i 非常困难，或者有源二端网络的内部结构不知道，根本无法计算 E_0 和 R_i，这种情况下可用实验的方法来确定 E_0 和 R_i。步骤如下：

（1）在有源二端网络的两端头之间接入高内阻电压表，如图 1-9(a) 所示。此时，所测得的电压值 U_{ab0} 就是该有源二端网络的等效电源的电动势 E_0。

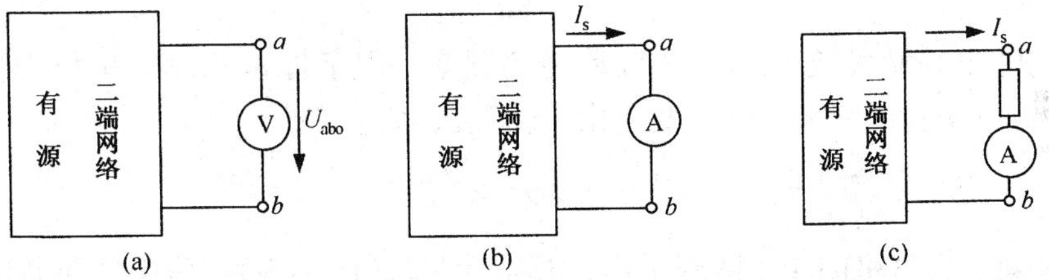

图 1-9　用实验方法求 E_0 及 R_i

（2）在有源二端网络的两端头之间接入电流表，如图 1-9(b) 所示。此时，所测得的电流值为短路电流 I_s，有源二端网络的等效电源的内阻为

$$R_i = \frac{E_0}{I_s}$$

短路电流有时可能太大，为了安全起见，也可在测量回路中串入一适当的电阻 R 来限流，如图 1-9(c) 所示。此时，有源二端网络的等效电源的内阻为

$$R_i = \frac{E_0}{I_s} - R$$

强调几点：

（1）戴维南定理只适用于线性电路；

（2）根据戴维南定理求出的等效电源只是对外电路等效；

(3) 将有源二端网络化为无源二端网络时，网络内的电动势短路，但内阻不能短路；

(4) 画等效电源时，电动势的方向必须根据开路电压的正负来确定。

1.2 正弦交流电路

1.2.1 正弦交流电的基本概念

1.2.1.1 正弦交流电的三要素

按正弦规律变化的交流电称为正弦交流电，正弦交流电在不同的时刻具有不同的电流、电压或电动势。正弦交流电在任一时刻的值称为正弦交流电的瞬时值。瞬时值用小写字母表示，i 、u、e 分别表示正弦交流电的电流、电压、电动势的瞬时值。

表达一个正弦交流量关键是抓住最大值、角频率(或频率、周期)和初相角，这三个量称为正弦交流电的三要素。

(1) 最大值　指正弦交流电在一周期内出现的最大瞬时值的绝对值，用 I_m、U_m、E_m 分别表示电流、电压和电动势的最大值。

(2) 频率　(或角频率、周期)即交流电在 1 秒钟内变化的次数，用字母 f 表示，单位为赫兹(Hz)，简称赫。

交流电每变化一次所经历的时间为周期，用字母 T 表示，单位是 s(秒)。所以，周期和频率是互为倒数关系，即

$$T = \frac{1}{f} \text{或} f = \frac{1}{T}$$

我国电力电网所供的正弦交流电的频率为 50Hz(亦称工频)，所以其周期

$$T = \frac{1}{f} = \frac{1}{50} = 0.02\text{s}$$

正弦交流电在 1s 内所变化的电角度称为角频率，用字母 ω 表示，单位为 rad/s(弧度/秒)。因为交流电每变化一次，电角度变化 2π 弧度，所以有

$$\omega = 2\pi f = \frac{2\pi}{T}$$

(3) 初相角　发电机的转子线圈平面，开始计时时(即 $t=0$)与磁中性面夹角为 α。发电机运行时，线圈平面与磁中性面的夹角就连续变化。设发电机的旋转角速度为 ω，则在任意时刻 t，线圈与磁中性面夹角为$(\omega t+\alpha)$，所以 t 时刻线圈中的感应电动势为

$$e = E_m \sin(\omega t + \alpha)$$

式中$(\omega t+\alpha)$称交流电的相位角，$t=0$ 时的相位角叫做初相角，所以 e 的初相角是 α，可见，在不同的时刻 t 线圈所处的位置不同，线圈中感应电动势的大小也就不同。交流电的初相角可以是正也可以是负。

相位差是两个同频率的正弦交流量的初相角之差。如 $u=U_m\sin(\omega t+\varphi_u)$ $i=I_m\sin(\omega t+\varphi_i)$那么电压与电流的相位差为

$$\varphi_{ui} = \varphi_u - \varphi_i$$

若 $\varphi_u-\varphi_i>0$，则电压 u 先达到正(或负)最大值，这种情况称为电压 u 超前电流 i，或称为电流 i 滞后电压 u。

若 $\varphi_u-\varphi_i=0$，则电压 u 与电流 i 同时达到正(或负)最大值，这种情况称电压 u 与电流 i

同相。

若 $\varphi_u - \varphi_i = 180°$，则电压 u 达到正最大值时，电流 i 恰好达到负最大值，这种情况称为电压 u 与 i 电流反相。

1.2.1.2 正弦交流电的有效值

交流电的瞬时值是一个随时间变化的量，难以表征其作功本领的大小，为此常用有效值来表示。有效值的定义：一交流电流 i 和一直流电流 I 分别流过完全相同的电阻 R，如果在交流电一周期内它们的各自电阻上所产生的热量相等，则交流电流 i 的有效值就等于直流电流 I 的大小。根据这个定义可知，在一周期时间 T 内，电流 I 在电阻上的热量 是 $\int_0^T 0.239Ri^2 \mathrm{d}t$，直流电流 I 在电阻 R 上产生的热量是 $0.239Ri^2$。那么

$$0.239\int_0^T Ri^2\mathrm{d}t = 0.239\ I^2Rt$$

所以电流 i 的有效值为

$$I = \sqrt{\frac{1}{T}\int_0^T i^2\mathrm{d}t}$$

对于正弦交流电，通过数学运算可得出有效值与最大值的关系

$$I = \frac{1}{\sqrt{2}}I_m \approx 0.707I_m$$

同理，对于正弦交流电压和电动势也有

$$U = \frac{1}{\sqrt{2}}U_m \approx 0.707U_m \qquad E = \frac{1}{\sqrt{2}}E_m \approx 0.707E_m$$

1.2.2 正弦交流电的表示方法

1.2.2.1 解析法

用三角函数式表示正弦交流电的方法称为解析法。如正弦交流电压、电流、电动势用解析式可表示为

$$u = U_m\sin(\omega t + \varphi_u) \qquad i = I_m\sin(\omega t + \varphi_i) \qquad e = E_m\sin(\omega t + \varphi_e)$$

1.2.2.2 图形法(曲线法)

在直角坐标系中，用横坐标表示时间(t)或电角度(ωt)，纵坐标表示交流电的瞬时值，根据解析式做出的曲线称为交流电的波形图，如图 1-10 所示。用波形图来表示交流电的方法称为图形法。图形法可直观地表示出正弦交流电最大值及初相角的大小，角频率可通过运算求得，通常我们研究的大部分是工频交流电，其角频率则不言而喻了。

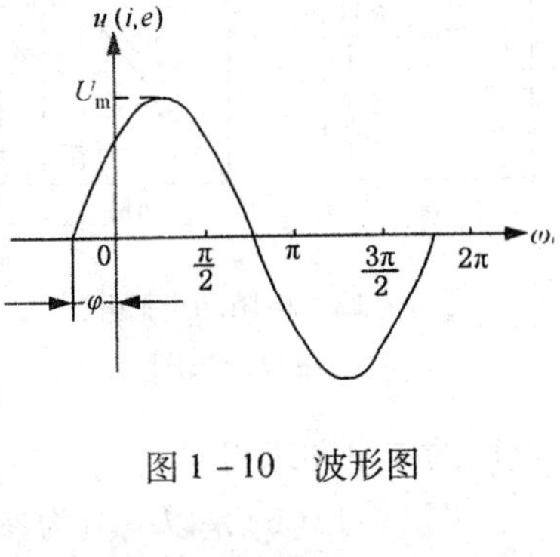

图 1-10 波形图

1.2.2.3 旋转矢量法

解析法和图形法虽然能直观地表示出交流电的瞬时值与时间 t 的关系，但不便于运算，为此引入旋转矢量表示法。用旋转矢量表示正弦量的方法是：

(1) 选择适当的比例尺，用矢量的长度表示正弦量的最大值(或有效值)；

(2) 矢量起始位置与横轴正方向之间夹角等于正弦量的初相角；

(3) 矢量按逆时针方向旋转达的角速度等于正弦量的角频率。

符合这三个条件的旋转矢量，任何瞬间在纵轴上的投影就表示正弦量在该时刻的瞬时值。

正弦电流、正弦电动势、正弦电压均可用相应的旋转矢量表示。如果矢量长度表示电压、电流、电动势的最大值矢量，分别用字母 $\overline{U}_m$、$\overline{I}_m$、$\overline{E}_m$ 表示；如果矢量长度表示电压、电流、电动势的有效值就称为有效值矢量，分别用字母 $\overline{U}$、$\overline{I}$、$\overline{E}$ 表示。

正弦交流量用旋转矢量表示后，两同频率正弦量的求和问题就可转化为两旋转矢量的求和问题。可用平行四边形法则，如图 1－11 所示。

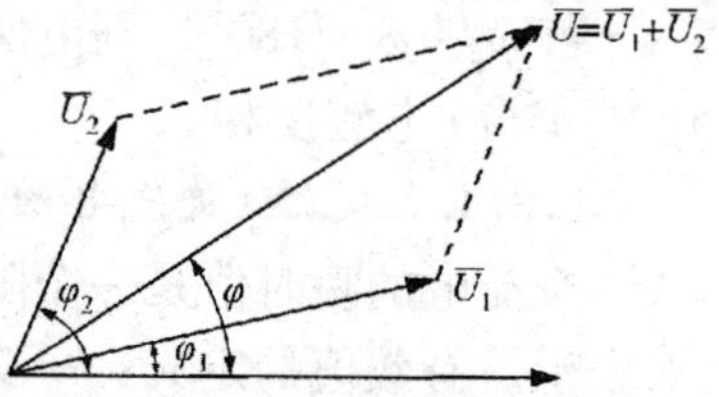

图 1－11　两同频率正弦电压求和

1.2.2.4　相量法

正弦量用旋转矢量虽能简化一般的加减运算，但还是不便于进行较为复杂的运算。既然正弦量可用矢量表示，而在数学上矢量又可用复数表示。因此，正弦量也可以用复数来表示，正弦量的运算就可以用复数运算来进行，从而使交流电路的计算有了简便的工具。用复数表示正弦量的方法称为相量法。

复数的模等于正弦量的最大值(或有效值)；复数的幅角等于正弦量的初相角。

例如，正弦电动势

$$e = 100\sqrt{2}\sin(314t + 45°)\ \text{V}$$

它对应的复数形式是

$$\dot{E}_m = 100\sqrt{2}\ \angle 45°\ \text{V} \text{ 或 } \dot{E}_m = 100\ \angle 45°\ \text{V}$$

用复数表示的正弦电动势、正弦电压和正弦电流 $\dot{E}_m$、$\dot{U}_m$、$\dot{I}_m$ 分别称为复电动势、复电压、复电流。需注意，正弦量(e、u、i)与相量($\dot{E}_m$、$\dot{U}_m$、$\dot{I}_m$)之间，仅是相当，而不是相等的关系。

1.2.3　电阻、电感、电容的串联电路

1.2.3.1　R－L 的串联电路

在含有线圈的交流电路中，当线圈的电阻不能被忽略时，就构成了由电阻 R 和电感 L 串联后组成的交流电路，简称 $R-L$ 串联电路。工厂里常见的电动机、变压器所组成的交流电路可看成 $R-L$ 电路，如图 1－12(a)。

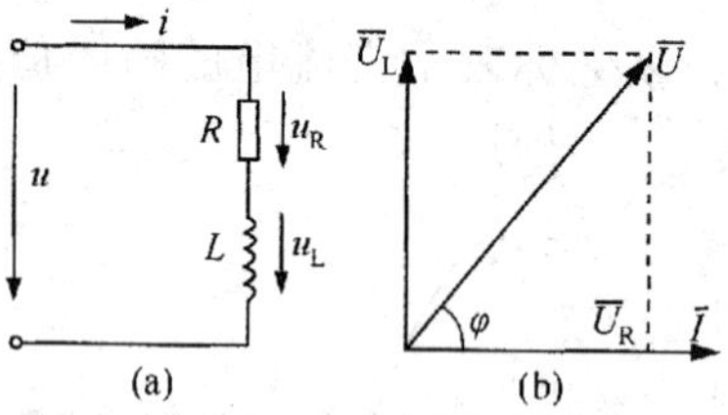

图 1－12　电阻与电感串联电路及矢量图

1. 电流与电压的频率关系

由于纯电阻及纯电感电路中的电流与电压同频率，所以 R－L 串联电路中电流与电压同频率。

2. 电流与电压的相位关系

由于纯电阻电路的电压与电流同相，纯电感电路两端的电压超前电流 90°。又因为串联电路中电流处处相等，所以 R－L 电路两端的电压不与电流同相，各电压间的相位也不相同。为了求得电路中各量间的数量关系，可用电流、电压的矢量图求得。

图 1－12(b)是以电流为参考量做出的矢量图。图中 $\overline{U}_R$、$\overline{U}_L$ 分别表示电阻、电感两端交流电压的有效值，$\overline{U}$ 表示总电压的有效值。由图可知，总电压超前电流一个角度 φ，且 $90° > \varphi > 0°$。

3. 电流与电压的数量关系

对于每个元件来说，它两端的电压和电流及电阻(或感抗)之间的关系仍满足欧姆定律，

即分别满足 $I=\frac{U_R}{R}$，$I=\frac{U_L}{X_L}$。要求总电压与电流的数量关系，必须先求出总电压与分电压的数量关系。由图 1－12(b)可知

$$U = \sqrt{U_R^2 + U_L^2}$$

又因 $U_R = IR$、$U_L = LX_L$，将它们代入上式便可求得总电压与电流的数量关系

$$U = \sqrt{(IR)^2 + (LX_L)^2} = I\sqrt{R^2 + X_L^2} \quad 令 Z = \sqrt{R^2 + XL^2} \quad 则 U = IZ$$

其中 Z 在电路中起着阻碍电流通过的作用，称为电路的阻抗，单位 Ω。

4. 电压超前电流的角度

由图 1－12(b)可知

$$\varphi = \cos^{-1}\frac{U_R}{U} = \cos^{-1}\frac{R}{Z} 或 \varphi = \mathrm{tg}^{-1}\frac{U_L}{U_R} = \mathrm{tg}^{-1}\frac{X_L}{R}$$

其中　φ 角又称为阻抗角。

5. 功率

有功功率　又称平均功率，是指瞬时功率一个周期内的平均功率

$$P = UI = I^2R = \frac{U_R^2}{R}$$

单位是 W 或 kW。

无功功率　电感、电容元件在正弦交流电路中虽然没有能量的损耗，但与电源进行能量交换，这种能量交换的最大规模称为无功功率。

$$Q_L = U_LI = I^2X_L = \frac{U_L^2}{X_L} 或 Q_C = U_CI = \frac{U_C^2}{X_C}$$

单位是乏(var)或千乏(kvar)。

表观功率　电路两端的电压与电流有效值的乘积，以 S 表示，其数学表达式为 $S = UI$。也称视在功率，它表示电源提供的总功率，即表示电源容量的大小，为区别于有功功率和无功功率，表观功率的单位常用伏安(VA)或千伏安(kVA)

根据有功功率和无功功率的定义可得

$$P = U_RI = UI\cos\varphi = S\cos\varphi \quad Q = U_LI = UI\sin\varphi$$

且 P、Q、S 满足

$$S = \sqrt{P^2 + Q^2}$$

由 $\overline{U}_R$、$\overline{U}_L$、$\overline{U}$ 组成的矢量三角形称作电压三角形。若把电压三角形各边的数值除以电流 I，就可得到表示 R、X_L、Z 的阻抗三角形。再把电压三角形各边的数值乘以 I，就可得到表示 P、Q、S 的功率三角形，这三个三角形分别如图 1－13(a)(b)(c)所示。

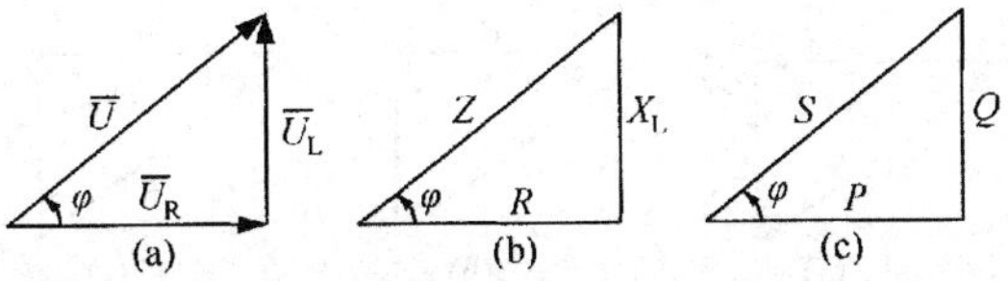

图 1－13　R－L 串联电路的电压、阻抗和功率三角形

6. 相量法分析 R－L 电路

如图 1－14(a)所示在 R－L 串联电路中，各元件两端的电压分别为 $\dot{U}_R = \dot{I}R$，$\dot{U}_L =$

$\dot{I}j\omega L$，则总电压为

$$\dot{U} = \dot{U}_R + \dot{U}_L = \dot{I}R + \dot{I}j\omega L = \dot{I}(R + j\omega L)$$

令

$$Z = R + j\omega L$$

则

$$\dot{U} = \dot{I}(R + j\omega L) = \dot{I}Z$$

式中 Z 称为电路的复阻抗，其实部就是电路的电阻，虚部就是电路的感抗 ωL，若用小 z 来表示复阻抗的模，则复阻抗又可写成 $Z = R + j\omega L = ze^{j\varphi}$。故 $\dot{U}$ 又可表示为 $\dot{U} = \dot{I}ze^{j\varphi}$。

显然复阻抗的模 z 等于电压与电流的有效值(或最大值)之比。因为 $e^{j\varphi}$就是一个旋转因子，任何复数乘以这样的旋转因子就是将复数逆时针转动 φ 角。所以，Z 的幅角 φ 就表示了电压超前电流的相位角。电压和电流的相量图如图 1－14(b)所示。

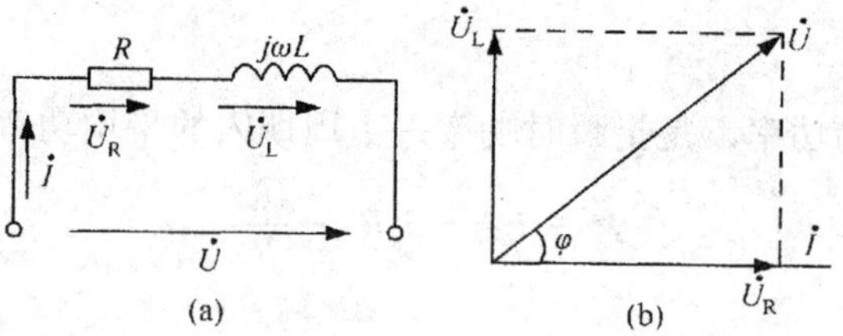

图 1－14　相量表示 RL 串联电路及相量图

1.2.3.2　R－C 串联电路

电阻 R 和电容器 C 串　联后接在交流电源上就构成 RC 串联交流电路，简称 R－C 串联电路，如图 1－15(a)所示。

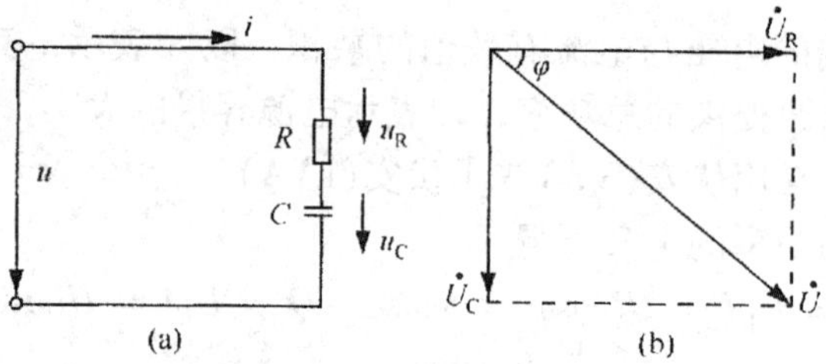

图 1－15　R－C 串联电路及相量图

图 1－15(b)是以电流为参考量做出的电压相量图。用讨论 R－L 串联电路的方法，可作出 R－C 串联电路的电压、阻抗和功率三角形，分别如图 1－16(a)、(b)、(c) 所示。由这三个三角形可得出以下结论：

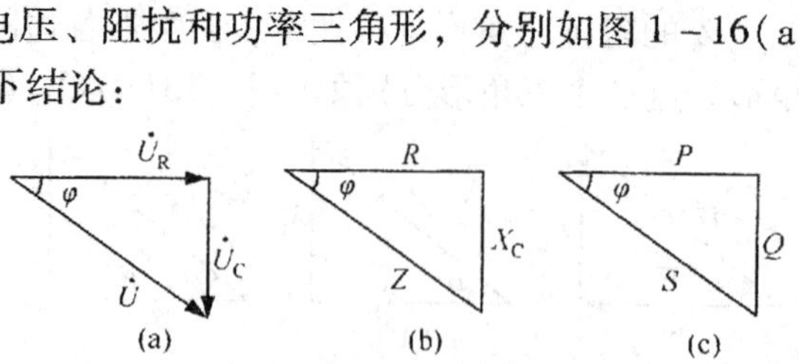

图 1－16　R－C 串联电路的电压、阻抗和功率三角形

(1) 电压滞后电流一个角度，且 $90° > |\varphi| > 0°$。通常把电压滞后电流的电路叫做容性电路，或者说呈容性

$$\varphi = \cos^{-1}\frac{U_c}{U} = \cos^{-1}\frac{R}{Z} \text{或} \varphi = \mathrm{tg}^{-1}\frac{U_c}{U_R} = \mathrm{tg}^{-1}\frac{X_c}{Z}$$

（2）电压、电流和阻抗的数量关系符合欧姆定律

$$I = \frac{U}{R} \qquad U = \sqrt{U_R^2 + U_C^2} \qquad Z = \sqrt{R^2 + X_C^2}$$

（3）$\varphi = 90°$时电路的功率分别为

$$P = U_R I = UI\cos\varphi$$

$$Q = U_C I = UI\sin\varphi$$

$$S = UI = \sqrt{p^2 + Q^2}$$

（4）电压滞后电流的角度由图 1－16 可知

$$\varphi = \cos^{-1}\varphi\frac{U_R}{U} = \cos^{-1}\varphi\frac{R}{Z}$$

（5）相量法分析 R－C 电路，图 1－15(a)所示的 R－C 串联电路，各元件两端的电压分别表示为

$$\dot{U}_R = \dot{I}R, \dot{U}_c = \dot{I}(-jX_c) = \dot{I}\left(-j\frac{1}{\omega C}\right)$$

$$\dot{U} = \dot{U}_R + \dot{U}_C = \dot{I}R + \dot{I}\left(-j\frac{1}{\omega C}\right) = \dot{I}\left(R - j\frac{1}{\omega C}\right) = IZ \qquad (1-3)$$

式中$Z = R - j\dfrac{1}{\omega C}$称为 RC 串联电路的复阻抗。表示成指数式为

$$Z = R - j\frac{1}{\omega C} = ze^{-j\varphi}$$

式中$z = \sqrt{R^2 + \left(\dfrac{1}{\omega C}\right)^2}$为复阻抗 Z 的模

$$\varphi = \mathrm{tg}^{-1}\frac{-\left(\dfrac{1}{\omega C}\right)}{R} = \mathrm{tg}^{-1}\frac{(-X_C)}{R}$$

为复阻抗 Z 的幅角。这样式(1－3)又可写成

$$\dot{U} = \dot{I}ze^{j\varphi} \qquad (1-4)$$

式(1－4)中因为$\varphi = \mathrm{tg}^{-1}\dfrac{(-X_C)}{R} < 0$，故电压 $\dot{U}$ 滞后电流 $\dot{I}$ $|\varphi|$ 角。

1.2.3.3 R－L－C 的串联电路

和以上几种电路的讨论方法相同，对于 RLC 串联电路，也可通过做相量图的办法讨论总电压和电流的相位关系，再根据相量图求有关量间的数量关系。以电流为参考量做相量图如图 1－17(b)所示。

由图中可以看出，总电压 $\dot{U}$ 和 $\dot{U}_L + \dot{U}_C$ 及 $\dot{U}_R$ 组成一个直角三角形，通过个这电压三角形就可求得总电压的数值

$$U = \sqrt{U_R^2 + (U_L - U_C)^2}$$

将 $U_R = IR$、$U_L = LX_L$、$U_C = IX_C$代入上式

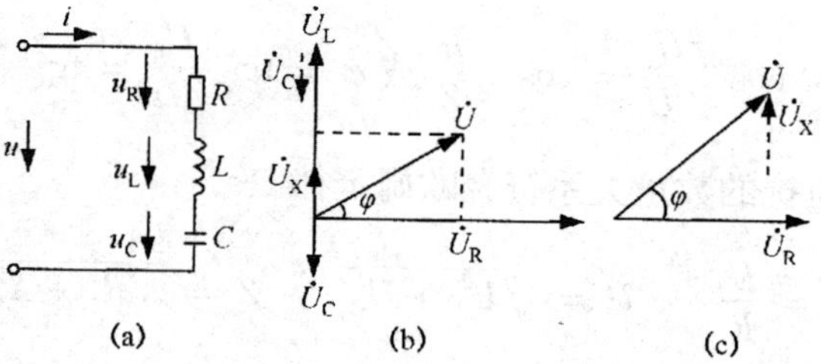

图 1－17　R－L－C 串联电路及相量图

$$U = \sqrt{(IR)^2 + (LX_L - LX_C)^2} = I\sqrt{R^2 + (LX_L - IX_C)^2} = I\sqrt{R^2 + X^2} = IZ$$

式中　Z——串联电路的总阻抗，Ω；

X——电抗，Ω。

电路的有功功率 P、无功功率 Q 及表观功率 S 分别为

$$P = U_R I = S\cos\varphi$$

$$Q = Q_L - Q_c = (U_L - U_C)I = S\cdot\sin\varphi$$

$$S = UI = \sqrt{P^2 + Q^2}$$

总电压与电流的相位差

$$\mathrm{tg}\varphi = \frac{U_L - U_C}{R_R} = \frac{X_L - X_C}{R}$$

$$\varphi = \mathrm{tg}^{-1}\frac{U_L - U_C}{U_R} = \mathrm{tg}^{-1}\frac{X_L - X_C}{R}$$

φ 的正负取决于 X_L、X_C 的大小，下面分三种情况来讨论：

（1）当 $X_L > X_C$ 时，因 $\mathrm{tg}\varphi > 0$，$\dot{U}$ 超前 $\dot{I}$，电路呈感性；

（2）当 $X_L < X_C$ 时，因 $\mathrm{tg}\varphi < 0$，则 $\varphi < 0$ 这时 $\dot{U}$ 滞后 $\dot{I}$，电路呈容性；

（3）当 $X_L = X_C$ 时，因 $\varphi = 0$ 这时 $\dot{U}$ 与 $\dot{I}$ 同相，电路中电抗为零，电路呈电阻性。

下面用相量法分析 *RLC* 串联电路 设电流为参考相量，则 $\dot{I} = I\angle 0°$，各元件的电压相量为：

$$\dot{U}_R = R\dot{I}$$

$$\dot{U}_L = jX_L\dot{I}$$

$$\dot{U}_C = -jX_C\dot{I}$$

1.2.4　电阻、电感串联再与电容并联的电路

电力系统中，大多数负载是异步电动机，它相当于电阻、电感串联电路，再与电容并联以提高系统的功率因数，这就构成了 R－L 串联再与 C 并联的电路，如图 1－18 所示。

1.2.4.1　电路中电压与电流的关系

设加在电路的电压为

$$u = \sqrt{2}U\sin\omega t$$

u、i_1、i_2的正方向如图 1－18 所示，在正弦电压的作用下，在两个并联支路中产生同频率的电流 i_1 和 i_2

RL 串联支路的电流，可根据 RL 串联电路的分析方法求得

$$I_1 = \frac{U}{\sqrt{R^2 + X_L^2}}$$

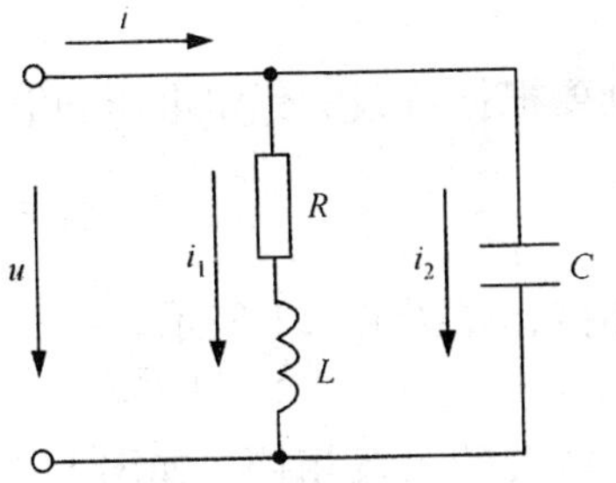

图 1-18　R-L 与 C 并联的电路

u 比 i_1 超前的相位为

$$\varphi_1 = \mathrm{tg}^{-1}\frac{X_L}{R}$$

i_1的解析式为

$$i_1 = \sqrt{2}I_1\sin(\omega t - \varphi_1)$$

电容 C 支路的电流，可根据电容电路的分析方法求出为

$$I_2 = I_C = \frac{U}{X_C} \qquad i_2 \text{ 超前 } u\ 90° \qquad \varphi_2 = 90°$$

i_2的解析式 $i_2 = \sqrt{2}I_2\sin(\omega t + 90°)$　　总电流　$i = i_1 + i_2$

用相量表示，设 $\dot{U} = U\angle 0°$

则
$$\dot{I}_1 = \frac{\dot{U}}{Z_1}, I_2 = \frac{\dot{U}}{Z_2}$$

$$\dot{I} = \dot{I}_1 + \dot{I}_2$$

端电压、电流的相量图如图 1-19(a)所示。把 $\dot{I}$ 分解为有功分 $\dot{I}_{1y}$和无功分量 I_{1w}如图 1-19(b)所示，由图(b)可知，$\dot{I}_1$ 的有功分量 $\dot{I}_{1y}$和无功分量 $\dot{I}_{1w}$的有效值为

$$I_{1y} = I_1\cos\varphi_1, I_{1w} = I_1\sin\varphi_1$$

总电流的有功分量 $\dot{I}_y$和无功分量 $\dot{I}_w$的有效值为

$$I_y = I_{1y}$$

$$I_w = I_{1w} - I_2$$

在图 1-19(b)中由 $\dot{I}$、$\dot{I}_y$ 和 $\dot{I}_w$ 组成的电流三角形可知，总电流的有效值为

$$I = \sqrt{I_y^2 + I_w^2} = \sqrt{(I_1\cos\varphi_1)^2 + (I_1\sin\varphi_1 - I_2)^2}$$

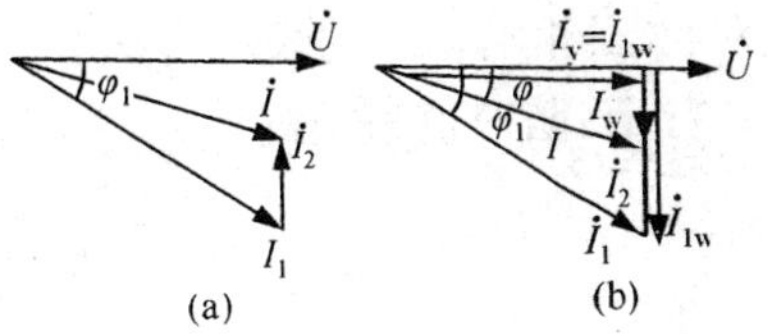

图 1-19　RL 串联与 C 并联的相量图

端电压超前总电流的相位为

$$\varphi = \mathrm{tg}^{-1}\frac{I_w}{I_y} = \mathrm{tg}^{-1}\frac{I_1\sin\varphi_1 - I_2}{I_1\cos\varphi_1}$$

1.2.5　三相交流电路的基本概念

1.2.5.1　三相电源的连接方法

1. 三相电源的星形连接

把三相电源的末端连接在一起成为一个公共点(中性点)N，三个首端分别引出三根导线(火线)，这种连接方式称为星形(Y)连接，如图 1-20(a)所示。

2. 三相电源的三角形连接

把三相电源的首尾依次相连构成一个闭合的三角形，这种连接方式称为三角形(△)连接，如图 1-20(b)所示。线电压及线电流的方向也如图中所示。

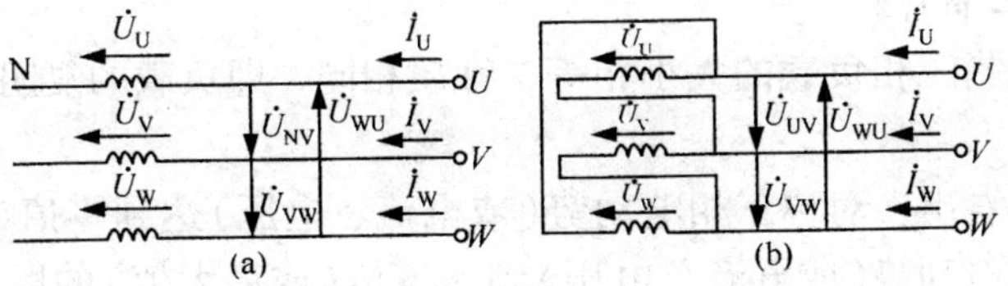

图 1-20　电源的连接方式

1.2.5.2 三相负载的连接

三相负载也有星形和三角形两种接法。至于用哪种接法，则要根据负载的额定电压和电源电压来决定。

1. 三相负载的星形连接

三组负载元件的一端接在一起，另一端分别与电源的火线相接，如图 1-21 所示。

2. 三相负载的三角形连接

三组负载元件的首尾依次相连，再从各端分别引出三相线与电源的火线相接，如图 1-22 所示。

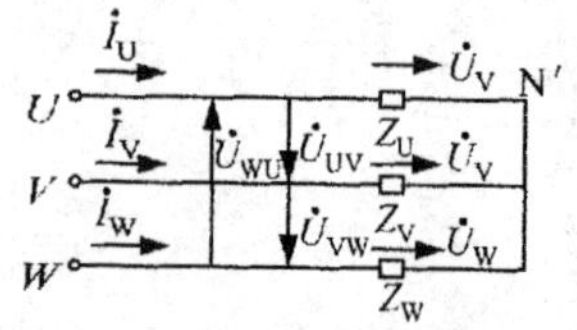

图 1-21 负载的星形连接

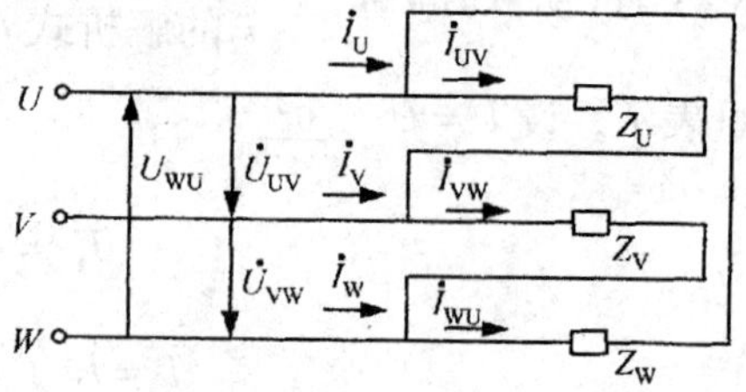

图 1-22 负载的三角形连接

1.2.5.3 对称三相电源

三个频率相同，最大值相等、相位互差 120°的正弦交流电动势，称为对称三相电源。对称三相电动势的表示方法

1. 瞬时值表达式

$$e_u = E_m \sin\omega t$$

$$e_v = E_m \sin(\omega t - 120^\circ)$$

$$e_w = E_m \sin(\omega t + 120^\circ)$$

2. 波形图

对称三相电动势的波形图如图 1-23 所示。

3. 相量表示法

对称三相电动势的相量图如图 1-24 所示。相量表达式为

$$\dot{E}_u = E\angle 0^\circ \quad \dot{E}_v = E\angle 120^\circ \quad \dot{E}_w = E\angle 120^\circ$$

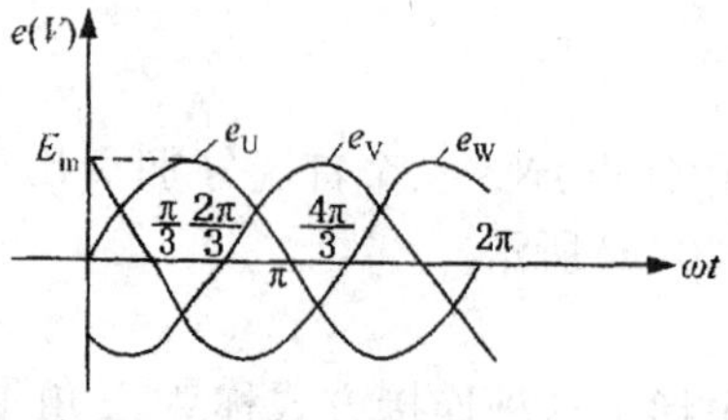

图 1-23 对称三相电源的波形

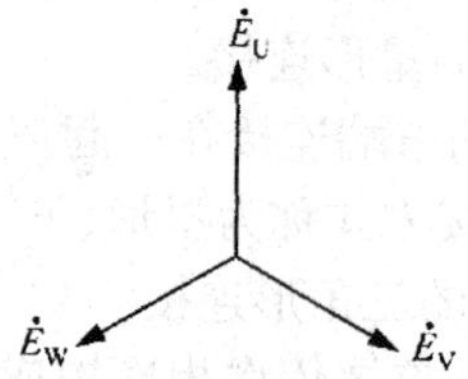

图 1-24 对称三相电源的相量图

1.2.5.4 对称三相负载

对称三相负载是指三相负载的大小相等，性质相同，即负载的复阻抗相等。

1.2.5.5 相序

从图 1-23 可以看出，对称三相电动势(或电流、电压)达到零值(或最大值)的先后顺序不同。通常把各相电动势(或电流、电压)到达零值(或最大值)的顺序。叫做相序。相序有正序、负序和零序三种。三相电动势在相位上 e_U 超前 e_v120°，e_v 超前 e_w120°。这时，三

相电动势的相序是 $U-V-W$，称为正相序。若变为 $U-W-V$，则为逆相序。若相互间的相位差为零，则为零相序。

1.2.6 对称三相交流电路的计算

对称三相电源和对称三相负载组成的三相电路称为对称三相电路。由于三相交流电路存在一些特殊规律性，尤其是在对称情况下，利用其特殊性可简化三相电路的计算。

1.2.6.1 对称三相电路的特点

1. 相电压与线电压的关系

相线与零线间的电压称为相电压，用 u_u、u_v、u_w 分别表示 U、V、W 三相的相电压或统一用 U_P(或 U_p)表示。相线与相线间的电压称为线电压，用 u_{uv}、u_{vw}、u_{wu} 分别表示 U、V、W 三相间的线电压，或统一用 U_L(或 $\dot{U}_L$)表示。

当电源 Y 连接时，线电压为相电压的$\sqrt{3}$倍，且线电压超前相应的相电压 30°，用相量表示为

$$\dot{U}_{uv}=\sqrt{3}\dot{U}_u\ \underline{/30^\circ}\qquad \dot{U}_{vw}=\sqrt{3}\dot{U}_v\ \underline{/30^\circ}\qquad \dot{U}_{wu}=\sqrt{3}\dot{U}_w\ \underline{/30^\circ}$$

当负载作 Y 连接时，负载的相电压等于相应的相电压。

2. 相电流与线电流的关系

各相电源或负载中流过的电流称为相电流，用 i_{uw}、i_{vw}、i_{wu} 分别表示三相的相电流，或统一用 I_p($\dot{I}_p$)表示。相线中流过的电流称为线电流，用 i_u、i_v、i_w(或 $\dot{I}_u$、$\dot{I}_v$、$\dot{I}_w$)。

当负载作△连接时，线电流为负载相电流的$\sqrt{3}$倍，且线电流滞后相应的相电流 30°，用相量表示为

$$\dot{I}_u=\sqrt{3}\dot{I}_{uv}\ \underline{/-30^\circ}\qquad \dot{I}_v=\sqrt{3}\dot{I}_{vw}\ \underline{/-30^\circ}\qquad \dot{I}_w=\sqrt{3}\dot{I}_{wu}\ \underline{/-30^\circ}$$

当负载 Y 连接时，线电流等于相应的相电流。

对于对称的三相电路，无论负载作 Y 或△连接均有

$$\dot{I}_u+\dot{I}_v+\dot{I}_w=0$$

1.2.6.2 负载 Y 连接时的计算

在对称三相电路中，三相负载上的电压和电流都是对称的。因此，在计算对称三相电路时，只需算出一相的电压和电流，便可推知其他两相的电压和电流。

例如 在如图 1-25(a)连接的对称三相电路中，可归结为单相电路的计算。图 1-25(b)是单相计算的电路图，即单相图。显然

$$\dot{I}_u=\frac{\dot{U}_u}{Z}$$

根据对称关系，V、W 两相电流为

$$\dot{I}_v=\frac{\dot{U}_v}{Z}=\dot{I}_u\ \underline{/120^\circ}\qquad \dot{I}_w=\frac{\dot{U}_w}{Z}=\dot{I}_w\ \underline{/120^\circ}$$

1.2.6.3 负载△连接的计算

图 1-26(a)表示负载为△接法的对称三相电路(我们用另一种常用的画法表示)。对于这类简单的对称三相电路，可直接化为如图 1-26(b)所示的单相电路，从中求得一相电流后，再根据对称关系，即可求得其他两相的电流。

$$\dot{I}_{uv} = \frac{\dot{U}_{uv}}{Z}$$

$$\dot{I}_{vw} = \frac{\dot{U}_{vw}}{Z} = \dot{I}_{uv} \angle -120^\circ \qquad \dot{I}_{wu} = \frac{\dot{U}_{wu}}{Z} = \dot{I}_{uv} \angle 120^\circ$$

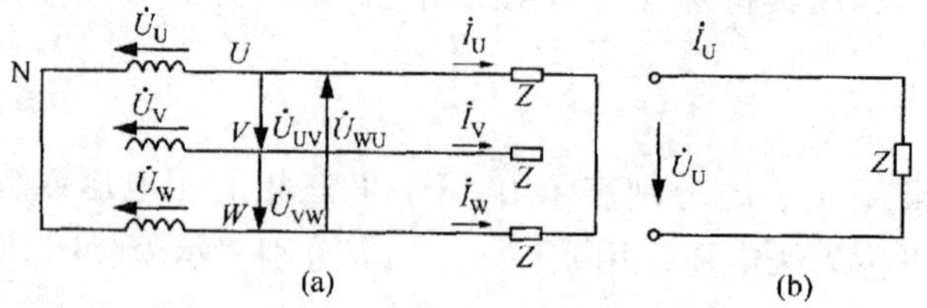

图 1－25　对称三相电路的单相图

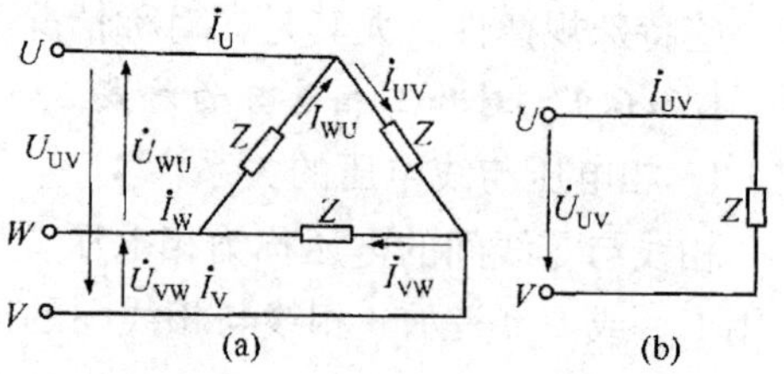

图 1－26　负载△连接计算电路图

根据相电流与线电流的关系又可求得各线电流为

$$\dot{I}_u = \sqrt{3}\dot{I}_{uv} \qquad \dot{I}_v = \sqrt{3}\dot{I}_{vw} \angle -30^\circ = \dot{I}_u \angle 120^\circ$$

$$\dot{I}_w = \sqrt{3}\dot{I}_{wu} \angle -30^\circ = \dot{I}_u \angle 120^\circ$$

1.2.6.4　三相电路的功率

在三相交流电路中，三相电源发出或者三相负载吸收的总有功功率于各相电源（或负载）的有功功率

$$P = P_u + P_v + P_w$$
$$= U_u I_u \cos\varphi_u + U_v I_v \cos\varphi_v + U_W I_W \cos\varphi_w$$

式中　U_u、U_v、U_w 为各相相电压的有效值；I_u、I_v、I_w 为各相相电流的有效值；$\cos\varphi_u$、$\cos\varphi_v$、$\cos\varphi_w$ 为各相电路的功率因数。

类似有三相电路中的总无功功率等于各相电路的无功功率之和，即

$$Q = Q_u + Q_v + Q_w$$
$$= U_u I_u \sin\varphi_u + U_v I_v \sin\varphi_v + U_w I_w \sin\varphi_w$$

然而，三相电路总的视在功率在一般情况下并不等于各相电路的视在功率之和，它的大小可根据功率三角形求得，即

$$S = \sqrt{P^2 + Q^2}$$

1.2.6.5　三相对称电路的功率

如果三相负载是对称的，则三相电源提供的总有功功率显然等于每相负载上消耗的有功功率的 3 倍，对称三相电路中三相电压、电流都对称，即

$$U_U = U_V = U_W = U_P \quad I_U = I_V = I_W = I_P \quad \varphi_u = \varphi_V = \varphi_w = \varphi$$

所以
$$P = P_U + P_V + P_W = 3U_P I_P \cos\varphi$$

当负载作 Y 星连接时

$$U_P = \frac{U_L}{\sqrt{3}}, I_P = I_L$$

当负载作△连接时

$$U_P = U_L \quad I_P = \frac{I_L}{\sqrt{3}}$$

可得出不论三相负载作何种连接都有

$$P = 3U_P I_P \cos\varphi = \sqrt{3} U_L I_L \cos\varphi$$

同理

$$Q = 3U_P I_P \sin\varphi = \sqrt{3} U_L I_L \sin\varphi$$

$$S = \sqrt{P^2 + Q^2} = 3U_P I_P = \sqrt{3} U_L I_L$$

值得注意的是，式中 φ 为相电压与相电流的相位差。

1.2.7 交流电路的功率因数

1.2.7.1 交流电路的功率因数

作为一个交流电路，其交流电源的容量是一定的，其大小是用视在功率 S 来表示的。由于不同的交流电路其负载参数 R、L、C 是不同的，因此电路中电压和电流的相位差也不同。于是，电路中的负载就不能完全吸收电源的视在功率，其可利用的功率即有功功率仅是视在功率的一部分，这就涉及交流电源的利用率问题，功率因数就是反映这种利用率大小的物理量。在单相交流电路中，已知功率因数 $\cos\varphi$ 的概念是有功功率与视在功率的比值，即

$$\cos\varphi = \frac{P}{S}$$

这对三相交流电路同样也是适用的，只是此时 $\cos\varphi$ 是指三相交流电的功率因数，P 和 S 是指三相交流电路的总的有功功率和视在功率。由此可见，功率因数越大，表示电路中用电设备的有功功率越大，即电源的利用率越高。

功率因数除按其定义，由公式 $\cos\varphi = \frac{P}{S}$ 直接计算外，在实际工作中，功率因数可由变、配电间安装的有功电度表和无功电度表的读数来求得。由于

$$\text{无功度数} = Q_t = S\sin\cdot\varphi t \qquad \text{有功度数} = P_t = S\cos\varphi\cdot t$$

因此，在实际工作中，可将无功电度数和有功电度数，以及比值所对应的功率因数列成对照表，通过表格可直接迅速查出功率因数的数值。

1.2.7.2 提高功率因数的意义

常用电气设备的功率因数除白炽灯、电阻、电热器等接近于 1 外，其他如三相交流异步电机、三相变压器、电抗器架空线路及电气仪表的功率因数均小于 1。如交流异步电机，在空载时的功率因数只有 0.2 ~ 0.3，轻载时约为 0.5 左右；在额定负载时约为 0.7 ~ 0.9。负载的功率因数低，会引起不良后果，主要表现在以下两个方面。

（1）电力系统和用电企业的设备不能被充分利用。因为电力系统内的发电机和变压器等设备，在正常情况下，不允许长期超过额定值运行，同样容量的设备，功率因数越低，其输出有功功率就越少。

（2）引起电力系统电能损耗增大和供电质量降低。对输电和配电线路来说，线路中的损耗与电流大小的平方成正比。当输出同样大小的有功功率 $P = UI\cos\varphi$ 时，功率因数 $\cos\varphi$ 越低，线路中的电流 I 就越大，而线路的电能损耗是与电流的平方成正比增加的。

另外，当功率因数降低，线路电流增大，势必造成线路上电压降增大，这将导致线路末端的电压下降。若要满足末端用户电压要求，则线路始端的电压就要升高，从而使整个线路的供电量降低。

1.2.7.3 提高功率因数的方法

系统的功率因数与负载的性质有关，电阻性负载 $\cos\varphi = 1$，电感性负载 $\cos\varphi = 0$，一般介于 0 ~ 1 之间。可见功率因数不高的根本原因是感性负载的存在，电感性负载本身需要一

定的无功功率，如果能够就地提供一部分感性负载所需的无功功率，就可以减少电源向负载提供的无功功率，从而可以提高系统的功率因数。

从图 1-27 所示的相量图，可知当感性电路并联一个适当的电容，由于电容的无功电流抵消了一部分电感中的无功电流，使整个电路的总电流由原来的 I_L减小到 I，阻抗角由 φ_1 减小到 φ，线路的功率因数便由 $\cos\varphi_1$ 提高到 $\cos\varphi$。

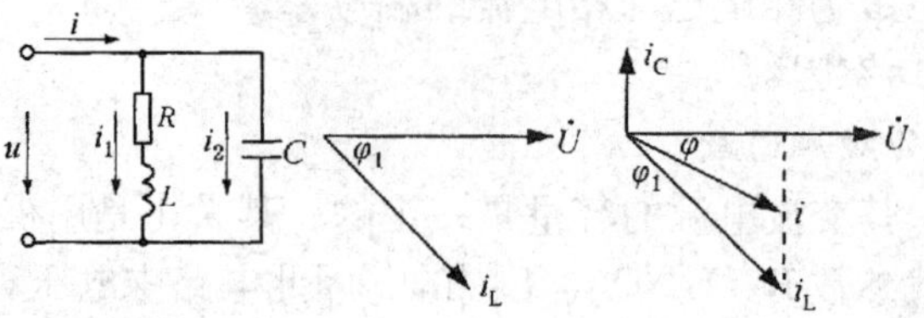

图 1-27　并联电容提高功率因数

如果已知感性电路的功率因数为 $\cos\varphi_1$，希望将功率因数提高到 $\cos\varphi$，则应并联的电容值可用下式计算

$$C = \frac{P}{\omega U^2}(\mathrm{tg}\varphi_1 - \mathrm{tg}\varphi)$$

式中　P——电路的有功功率，W；

U——电路电压的有效值，V；

ω——电源的角频率，rad/s。

实际工程中有时并不计算出所需多大容量的电容器，而是根据需要补偿的无功功率 Q 来选择电容器。所以，有些电力电容器上标注的就是 kVar 值。

1.3　磁与磁路

1.3.1　磁的基本知识

磁铁，具有吸引铁、镍、钴等金属的能力，俗称为吸引石。磁铁的周围，有磁力作用的空间叫做磁场。

任何一块磁铁都有两个极，一个叫南极，用 S 表示；一个叫北极，用 N 表示。两块磁铁通过磁场而相互作用，具有同性相斥，异性相吸的性质。磁场是物质的一种特殊形态，它具有力和能量的性质。指南针总是指向地球的南极方向，因为地球是一个大磁体的缘故。

为了形象直观，可引入磁力线来描绘磁场，如图 1-28 所示。磁力线有以下几个特点：

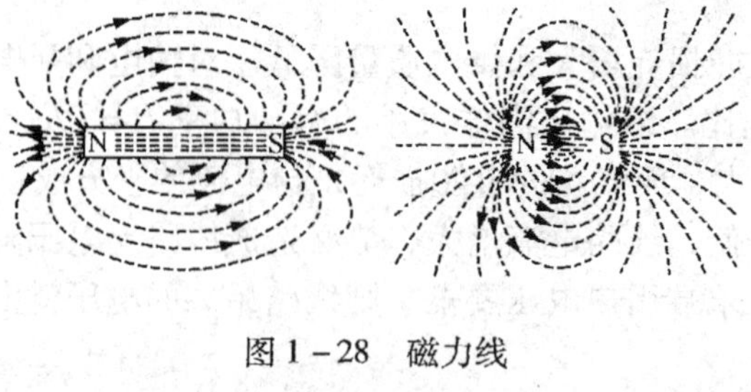

图 1-28　磁力线

(1) 磁力线是互不交叉的闭合曲线，在磁体外部由 N 极指向 S 极，磁体内部由 S 极指向 N 极；

(2) 磁力线上任意一点的切线方向，就是该点的磁场方向(即 N 极的指向)；

(3) 磁力线越密磁场越强，磁力线越疏磁场越弱。磁力线均匀分布而又相互平行的区域称为匀强磁场。

1.3.1.1　电流的磁场

通电导线的周围与磁铁一样存在磁场，这种现象叫做电流的磁效应。其中，直线电流产生的磁场，如图 1－29 所示，以右手拇指的指向表示电流方向，弯曲的四指的指向即为磁场方向。

环行电流产生的磁场，如图 1－30 所示，以右手弯曲的四指表示电流的方向，则拇指所指的方向为磁场方向。

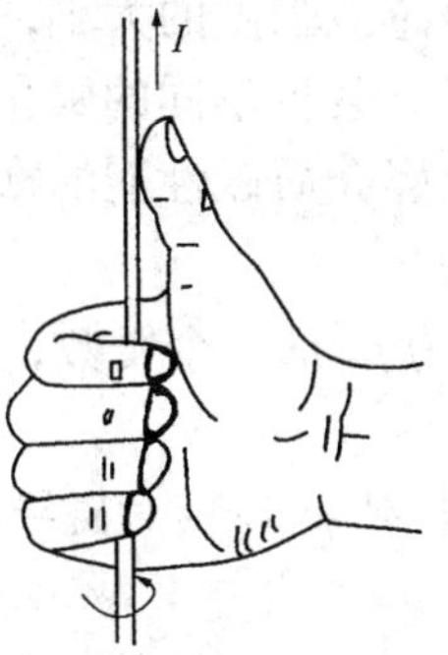

图 1－29　直线电流产生磁场的判断

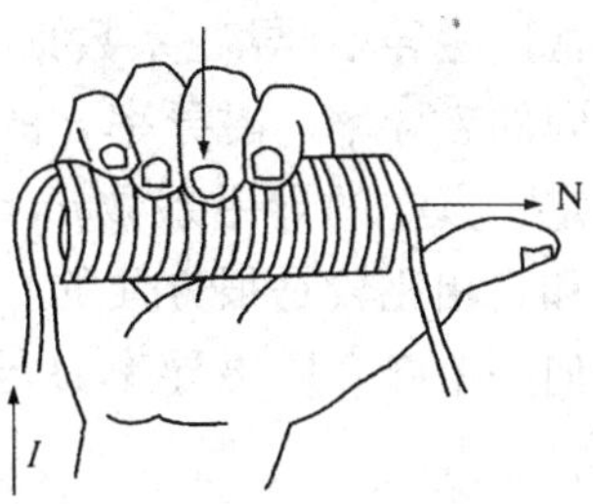

图 1－30　环行电流产生磁场的判断

1.3.1.2　磁通

我们把垂直通过某一面积 S 的磁力线数叫做磁通，用 Φ 表示。即

$$\Phi = BS \tag{1-5}$$

式中　B——磁感应强度，T；

S——垂直于磁场方向的面积，m^2；

Φ——磁通，Wb。

磁通的单位除了用 Wb（韦伯）外，工程上用 Mx（麦克斯韦），两者的关系是 $1Wb = 10^8 Mx$

1.3.1.3　磁感应强度

磁感应强度是定量描述磁场中各点的强弱和方向的物理量。磁场中某点磁感应强度的方向就是该点磁力线的切线方向，即放在该点的小磁针 N 极的指向，其大小可用公式表示为

$$B = \frac{F}{IL} \tag{1-6}$$

式中　B——匀强磁场的磁感应强度，T；

F——通电导体受到的电磁力，N；

I——导体中的电流强度，A；

L——导体在磁场中的有效长度，即与磁力线垂直的长度，m。

上式表明，一根具有单位长度并与磁场方向相垂直的导体，当通过单位电流时，它所受到的作用力称为导体所在处的磁感应强度，其单位是斯特拉，简称“特”，用字母 T 表示。

在工程上磁感应强度的单位是高斯，用字母 GS 表示。它与斯特拉的关系是

$$1T = 10^4 GS$$

由式（1－4）可得 $B = \frac{\Phi}{S}$ 所以磁感应强度亦可表述为：磁感应强度的大小等于与磁场方向

垂直的单位面积上的磁通。因此，B 又称为磁通密度，简称磁密。

1.3.1.4 磁导率

用一个通电的空心线圈管去吸引铁钉，然后在线圈管中先后插入一根铜棒和铁棒，再去吸引铁钉。实验结果表明，空心的和插入铜棒的线圈管对铁钉的吸引力都不大，而插有铁棒的通电线圈管的吸力却比前两种情况大得多。

如果改变线圈的匝数 N 和电流 I 的大小，重复上述实验，则发现线圈管对铁钉的吸力与匝数和通过线圈的电流成正比。

由以上实验可得出结论，通电线圈管磁性的强弱，即磁感应强度的大小，不但与电流及线圈的匝数有关，而且和磁场中的媒介质有非常密切的关系。各种不同的媒介质具有不同的导磁性能，通常用磁导率(导磁系数)μ 表示。磁导率是表示媒介质磁性能的物理量。不同的媒介质具有不同的磁导率。磁导率 μ 的单位是 H/m。

由实验测定，真空的导磁系数 $\mu_0 = 4\pi \times 10^{-7}$ H/m。因为 μ_0 是一个常数，所以用其他媒介质的磁导率和它相比较是很方便的。

一般把任何一个媒介质磁导率 μ 与真空中磁导率 μ_0 的比值称为相对磁导率，用字母 μ_r 表示，即

$$\mu_r = \frac{\mu}{\mu_0} \tag{1-7}$$

由式(1-6)可知，μ_r 是一个不带单位的数值。μ_r 的物理意义是在其他条件相同时，媒介质中磁感应强度 B 是真空中的多少倍。

根据各种物质的相对磁导率 μ_r 的大小，可以把物质分为三类：第一类叫反磁物质，它们的相对磁导率略小于1，如铜、银和炭等，反磁物质仅受到磁场非常微弱的排斥；第二类物质叫顺磁物质，它们相对磁导率略大于1，如锡和铝等；第三类叫铁磁物质，它们的磁导率远大于1，甚至大到几千、几万倍。

1.3.1.5 磁场强度

在进行磁路计算时，我们还应用一个叫磁场强度的辅助量，用 H 表示。它决定于激磁电流、导体的形状和布置情况，而且与磁介质的性质无关。磁场强度 H 和磁感应强度 B 之间的关系为

$$H = \frac{B}{\mu} \text{或} B = \mu H = \mu_r \mu_0 H$$

H 的单位是安/米，用符号表示为(A/m)，H 的方向和所在点的 B 的方向相同。

1.3.2 磁场对通电导体的作用

1.3.2.1 磁场对通电直导体的作用

由于通电导体周围存在磁场，因此将通电导体放入磁场中，根据磁体间的相互作用，它会受到磁场的磁力作用。

通电直导体受到匀强磁场作用力的方向可用左手定则来判断，如图1-31所示。

通电直导体在匀强磁场中受力大小的计算公式为

$$F = BIL\sin\alpha \tag{1-8}$$

式中 B——匀强磁场的磁感应强度，T；

I——导体中的电流强度，A；

L——导体在磁场中的强度，A/m；

α——导体与磁力线的夹角；

F—导体受到的磁力，N。

当导体与磁力线平行时，$\alpha=0^0$，$\sin\alpha=0$。根据式(1－8)可知，此时导体受到的磁力 $F=0$，说明导体不受磁场的作用。

当导体与磁力线垂直时，$\alpha=90°$，$\sin\alpha=1$。此时，式(1－8)变为

$$F_m = BIL$$

式中 F_m——导体与磁力线垂直时受到的最大磁力。

1.3.2.2 磁场对通电线圈的作用

由于磁场对通电导体有作用力，因此磁场对通电线圈也有作用力，如图1－32所示。在磁感应强度为 B 的匀强磁场中，放一矩形通电线圈 $a\ b\ c\ d$。从图1－32已知 $ad=bc=L_1$，$ab=dc=L_2$，当线圈平面与磁力线平行时，因 ab 和 dc 边与磁力线平行，不受力，ad 和 bc 边与磁力线垂直而受力的作用，由式(1－8)得 $F_1=F_2=BIL_1$，根据左手定则可知 ad 和 bc 边的受力方向是一上一下构成一对力偶。线圈在力矩的作用下将绕轴线做顺时针方向转动。

由图1－32可以看出，使线圈转动的力矩为

$$M = F_1 \times \frac{ab}{2} + F_2 \times \frac{ab}{2} = BIL_1L_2$$

即

$$M = BIS$$

式中 B——磁感应强度，T；

I——流过线圈的电流，A；

S——线圈的面积，m^2

M——电磁转矩，N·M。

当线圈平面与磁力线夹角为 α 时，如图1－32(b)所示，则线圈受到的转矩为

$$M = BIS\cos\alpha \tag{1-9}$$

对于 N 匝线圈，线圈受到的转矩为式(1－9)中 M 的 N 倍。

上式为线圈转矩的一般公式。当 $\alpha=0°$ 时，$\cos0°=1$ 即线圈平面与磁力线平行时，线圈受到的转矩最大。当 $\alpha=90°$ 时，$\cos90°=0$，即线圈面与磁力线垂直时，线圈受到的转矩为零。

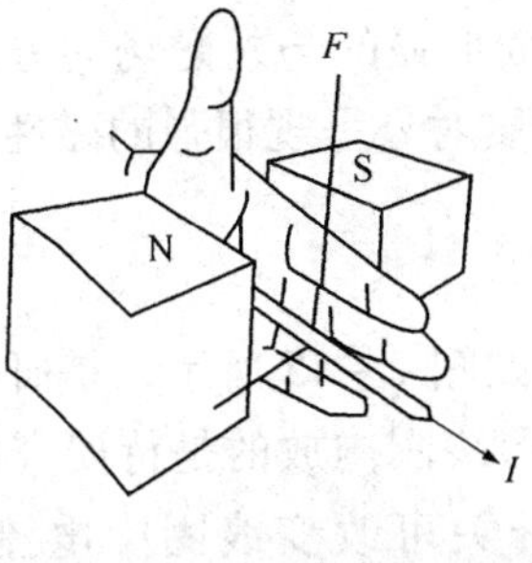

图1－31 左手定则

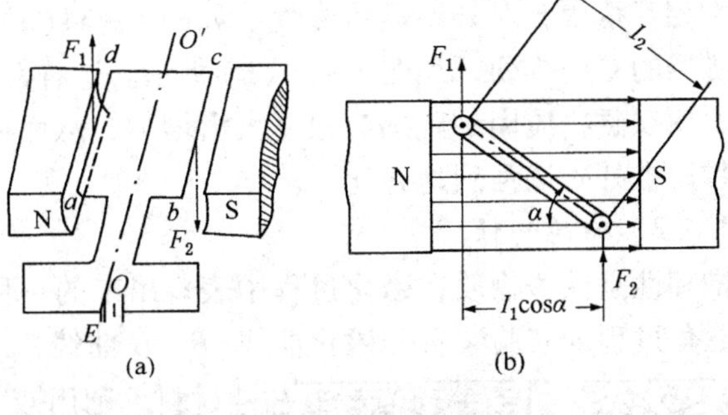

图1－32 磁场对通电线圈的作用

1.3.2.3 通电导线之间的相互作用

由于通电导线周围存在着磁场，因此，当两根平行直导线通过电流时，它们之间也有电磁力，当两根平行导体中的电流方向相同时是吸引力，如图1－33(a)所示；当电流方向相

反时是排斥力，如图1－33(b)所示。

两根平行直导线之间作用力大小计算公式为

$$F = \frac{\mu_0 I_1 I_2}{2\pi d}$$

式中 μ_0——真空的磁导率；

I_1、I_2——通过导体1、2的电流，A；

d——两导线间的距离，m；

L——平行直导线的长度，m；

F——两平行直导线间的电磁力，N。

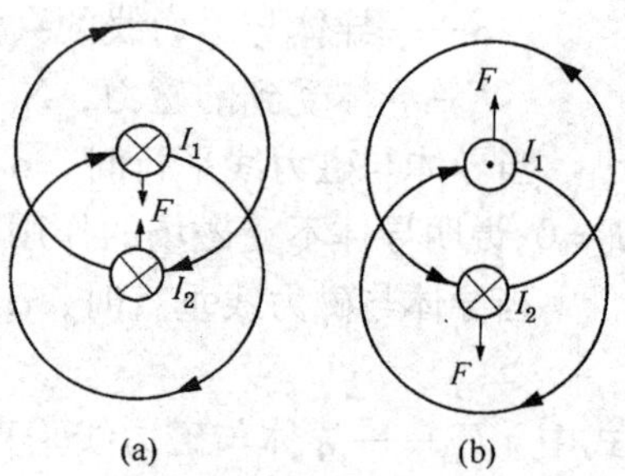

图1－33　通电平行导线间的电磁力

当电路中发生短路故障时，导线中通过的短路电流极大，此时导线间的相互作用力可达到非常大，以致可造成配电装置和电气设备的机械损伤和绝缘破坏。例如，两根平行母线相隔距离为0.1 m，导线支点间的距离为3m，设备短路故障时，通过两根导线的电流 $I_1 = I_2 =$ 20kA，则电磁力为

$$F = \frac{\mu_0 I_1 I_2}{2\pi d}L = \frac{4\pi \times 10^{-7} \times 20 \times 10^3 \times 20 \times 10^3}{2\pi \times 0.1} \times 3 = 2.4 \times 10^3 \quad \text{N}$$

如果把导线的相隔距离增大到0.3m，导线支点的距离缩短为1m，则在同样短路电流下，电磁力仅为 2.67×10^2N。由此可见，为防止过大的电磁力，恰当地选择支点的距离以及导线间隔距离很重要。

1.3.3　铁磁性材料的磁性能

铁磁性材料，主要是指铁、钴、镍或它们的合金以及某些含铁的氧化物(铁氧体)。铁磁性材料具有下列磁性能。

1.3.3.1　高导磁性

铁磁性材料的磁导率很高，$\mu_r \gg 1$ 可达数百、数千、以至数万。所谓铁磁性材料具有高导磁性是指在外磁场作用下，它能够被强烈磁化而呈现很大磁性。

为什么铁磁性物质能够被强烈磁化呢？这是由于它特殊的微观结构决定的。电流能够产生磁场，在物质分子中，相邻电子间存在着一种强烈的相互作用，使相邻电子经自旋取向一致，并平列地排列起来，形式体积约为 10^{-9}cm^3 的许多天然的一个个磁饱和小区域，称为磁畴。磁畴相当于一个很小的永久磁铁，有很强的磁性。通常，这些磁畴任意取向，排列混乱，磁性相互抵消，对外不显示磁性，如图1－34(a)所示。但在外磁场的作用下，磁畴大致按外磁场的方向排列，如图1－34(b)所示。这样就产生一个很强的与外磁场同方向的磁化磁场，使铁磁物质内的磁感应强度大大增加，从而使铁磁物质对外呈现很强的磁性。或者说铁磁物质被外磁场强烈地磁化了。

1.3.3.2　磁饱和性

磁饱和性是铁磁物质在磁化过程中表现出来的一种特性，如图1－35所示，是研究铁磁化材料磁化过程的实验装置和磁化曲线($B-H$曲线)。图中环形线圈内放的是待研究的铁磁性材料。利用双刀双掷开关可改变线圈中电流方向；利用调节电阻器来改变线圈中电流的大小，从而可改变磁场强度($H = NI/L$)，线圈内部的磁感应强度 B 可用测量仪器测出。利用描点法可画出磁化线($B-H$曲线)。

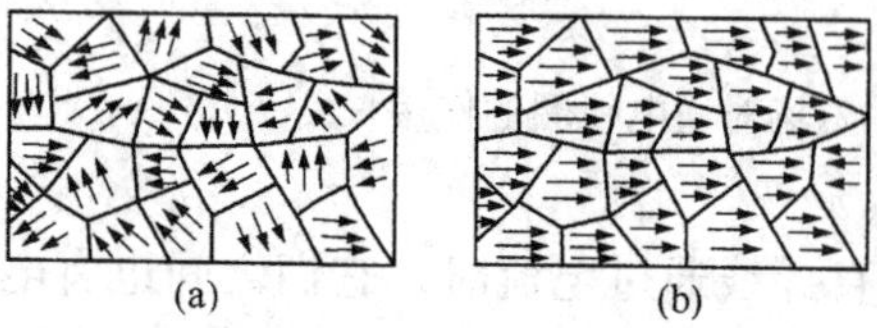

图1－34　铁磁物质的磁化

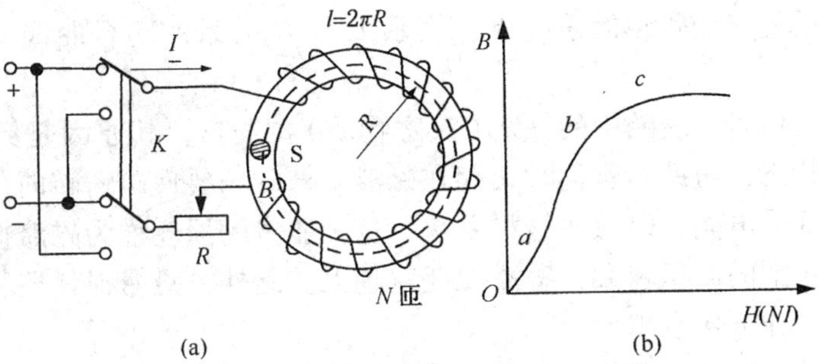

图 1－35 研究磁化过程的装置及磁化曲线

磁化曲线可分为四段：Oa 段——B 增加非常缓慢；ab 段——B 与 H 几乎成正比地增加；bc 段——B 的增加缓慢下来；e 以后一段——B 增加得很少。这时，B 已达到最大值 B_m，这种现象称为磁饱和，它是铁磁材料的又一重要特性。出现磁饱和的原因是当外磁场 H 增大到一定数值时，铁磁物质内磁畴基本上已全部按外磁场方向排列，再增大 H，附加磁场的增加也很有限。由于 $B-H$ 磁化曲线的形状与人腿相似，故有时把 a 点称为跗点，b 点称为膝点，而 c 点称为饱和点。

铁磁性材料饱和时的磁感应强度 B_m 又称为饱和磁通密度 B_s，它是铁磁材料的一个重要磁性指标。材料 B_s 越大，铁芯就可以做得越小。因为根据 $B=\Phi/S$，要得到一定的磁通 Φ，容许的磁通密度越大，则所需铁芯的截面积就越小。容许的磁通密度则决定于材料的 B_s。优质的冷轧硅钢片，其 B_s 可达 1.8T。图 1－35 给出了几种铁磁质的磁化曲线。

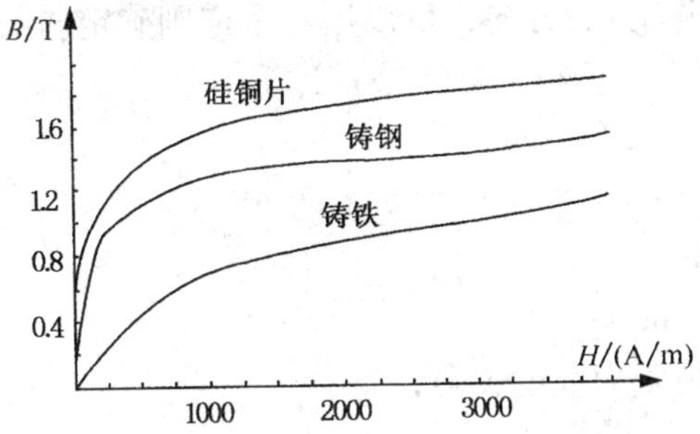

图 1－36 几种材料的 $B-H$ 曲线

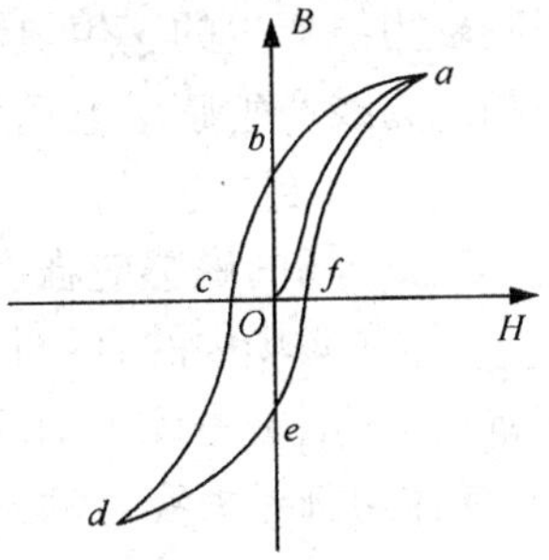

图 1－37 磁滞回线

1.3.3.3 磁滞性

利用图 1－35 中所示的磁化装置，可使铁芯线圈通过一个大小和方向都变化的交变电流，这个交变电流的获得可通过改变电阻器的阻值，以及变换双刀双掷开关的位置得到。当线圈通有交变电流时，铁芯就被交变磁化。电流交变时，铁芯中磁感应强度 B 随磁场强度 H 变化关系如图 1－36 所示。由图可见，当 H 已减到零值时，B 并没有回到零值而是维持一定的数值。把这种磁感应强度滞后于磁场强度的变化称为铁磁材料的磁滞性。当线圈中的电流减到零值时，由励磁电流产生的磁场强度 H 也为零，但铁芯在磁化时所获得的磁性还没完全消失，这时铁芯中所保留的磁感应强度称为剩磁。在图 1－37 中，剩磁是以纵坐标 ob、oe 表示的。永久磁铁的磁性就是利用剩磁而得到的。

为去掉剩磁，则要在线圈中通以反向电流，以便产生一个反向的磁场强度 H 来进行反向磁化，使剩磁为零的反向磁场强度叫矫顽力，用 H_c 表示。在图 1－37 中，矫顽力是用横坐标，oc、of 表示的。

在铁磁材料被反复交变磁化的情况下，表示 B 与 H 关系的闭合曲线 $abcdef$ 就称为磁滞回线。

变压器、电机工作时，线圈中的铁芯(铁磁物质)要发热，其原因是铁芯一直处于被交变磁场反复磁化的状态，而铁芯磁化时又存在磁滞，外磁场要使磁畴转向，就必须克服磁畴间的阻碍而损耗一部分电能，以致使材料发热，这种能量的损耗称为磁滞损耗。实验和理论都证明，磁滞回线包围的面积越大，磁滞损耗就越大。此外，磁滞损耗还和反复磁化的频率有关，频率越高，磁滞损耗也越大。

根据铁磁物质的磁性能，可将它基本上分为以下两大类型：

(1) 软磁材料　具有很高的导磁系数，剩磁和矫顽力都很小，磁滞回线窄，磁滞损耗小，一般用来制作电机、变压器及电器铁芯。常用的有硅钢、铸铁、坡莫合金和铁氧体等。

(2) 硬磁材料　具有较大的剩磁和矫顽力，磁滞回线较宽，一般用来制作永久磁铁。常用材料有碳钢、钴钢、钨钢等。

此外，还有矩磁材料，它的磁滞回线呈矩形，其特点是在很小的外磁场作用下就能磁化并达到饱和。去掉外磁场后，磁性基本饱和。利用矩磁材料可制作记忆元件。

1.3.4　电磁感应

人们通过大量实验后发现，当导体相对于磁场运动而切割磁力线或通过线圈的磁通发生变化时，导体或线圈中就会有感生电动势产生，如果导体或线圈是闭合回路的一部分，则导体或线圈中就将有电流产生，这种现象就叫电磁感应，它是发电机、变压器工作的基础。

1.3.4.1　导体切割磁力线时的感生电动势

导体切割磁力线产生的感生电动势(电流)的方向，可以用右手定则确定。

导体切割磁力线产生感生电动势的大小，可根据如下公式计算

$$E = BLV\sin\alpha$$

式中　B——匀强磁场的磁感应强度，T；

L——导体在磁场中的有效长度，m；

V——导体切割磁力线运动的速度，m/s；

X——导体切割磁力线运动的方向与磁力线的夹角；

E——感动生电动势，V。

当导线切割磁力线运动速度的方向和磁力线平行时 $\alpha = 0°$，$\sin\alpha = 0$，则此时导线中产生的感生电动势 $e = 0$。

当导体切割磁力线运动速度的方向与磁力线垂直时 $\alpha = 90°$，$\sin\alpha = 1$，则此时导线中产生感生电动势 $E_m = BLV$。

1.3.4.2　线圈回路磁通变化时的感生电动势

1. 楞次定律

线圈中因磁场变化而产生的感生电动势或电流的方向，可以用楞次定律来确定，楞次定律指出：当闭合线圈回路中磁通量发生变化时，回路中就有感生电流产生，感生电流的磁场总是阻碍原磁场的变化。

楞次定律提供了一个判断感生流或感生电动势方向的方法，具体步骤是：

(1) 首先判断原磁通的方向及其变化趋势(增加还是减少)；

(2) 根据感生电流的磁场方向永远和原磁通变化趋势相反的原则，确定感生电流的磁场方向；

（3）根据感生电流的磁场方向，用右手螺旋定则判断出感生电动势或感生电流的方向。

2. 法拉第电磁感应定律

楞次定律说明了感生电动势的方向，而没有回答感生电动势的大小。由实验可知，线圈回路中因磁场变化而产生电动势的大小与通过线圈回路的磁通量的变化成正比。如果线圈有 N 匝，则感生电动势的大小为

$$e = \left| N\frac{\Delta \Phi}{\Delta t} \right|$$

式中 $\frac{\Delta \Phi}{\Delta t}$——磁通量对时间的变化率，Wb/s；

N——线圈匝数；

e——感生电动势，V。

如果给线圈中的电流、感生电动势及穿过线圈回路的磁通规定一个参考方向，就可以用一个式子既能表达法拉第电磁感应定律，又能表达楞次定律，通常假设 e，i 参考方向一致，Φ 的参考方向与 i 参考方向符合右手螺旋定则（如图 1－38 所示）。这样回路的感生电动势可写成

$$e = -N\frac{\Delta \Phi}{\Delta t} \quad 或 \quad e = -\frac{\Delta (N\Phi)}{\Delta t} = -\frac{\Delta \Psi}{\Delta t} \qquad (1-10)$$

式中 $\Phi = N\Phi$ 称为线圈的磁链，负号表示了感生电动势的方向永远和磁通变化趋势相反。在实际应用中，常用楞次定律来判断感生电动势的方向，而用法拉第电磁感应定律来计算感生电动势的大小（取绝对值）。

1.3.4.3 自感和互感

1. 自感

当线圈中通有电流时，线圈中便有磁通穿过。当电流随时间变化时，线圈中磁通也必然随着时间而变化。根据电磁感应定律，磁通的变化又会在线圈中产生感应电动势。因此，当线圈中通以变化的电流时，线圈就会产生感生电动势。这种由于线圈本身电流变化而引起的电磁感应现象，简称自感。由自感产生的感生电动势称为自感电动势，用 E_L 表示。为了得到 E_L 和外电流 I 之间的定量关系，把线圈的磁链和电流的比值叫做线圈的自感系数，又叫电感，用 L 表示，即

$$L = \frac{\Psi}{i}$$

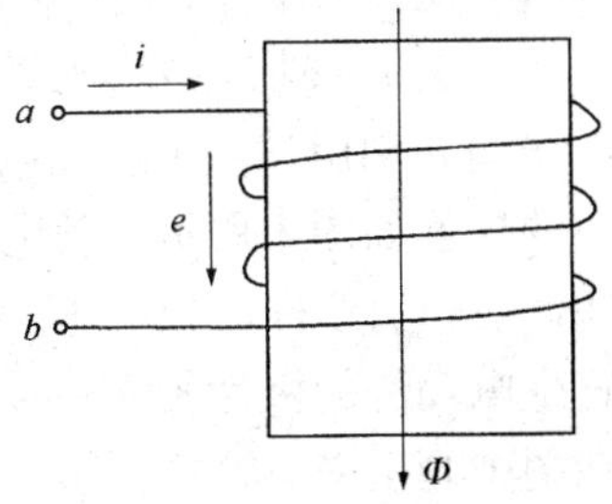

图 1－38 线圈 e、i 的参考方向

电感是表示线圈产生自感磁链本领大小的物理量。如果有一个线圈，通过 1A 电流，产生 1Wb 的磁链时，则线圈的电感就是 1（H）亨利。较小的单位有 mH（毫亨）和 μH（微亨）

$$1\text{H} = 10^3\text{mH} \qquad 1\text{mH} = 10^3\mu\text{H}$$

设一个绕 N 匝的长线圈，横截面积为 S，长为 L，线圈内充满磁导率 μ 的磁介质，则此线圈电感的计算公式为

$$L = \frac{\mu N^2 S}{l}$$

对于线性电感，将 $\psi = Li$ 代入式（1－8）得 $e_1 = -L\frac{\Delta i}{\Delta t}$

说明自感电动势的大小与线圈中电流的变化率成正比，负号表示，自感电动势的方向总是和外电流的变化趋势相反，即线圈中外电流 i 增大时，自感电动势(或感生电流)的方向与 i 的方向相反；而当线圈中的外电流 i 减小时，自感电动势(或感生电流)的方向与 i 相同，如图 1－39 所示。

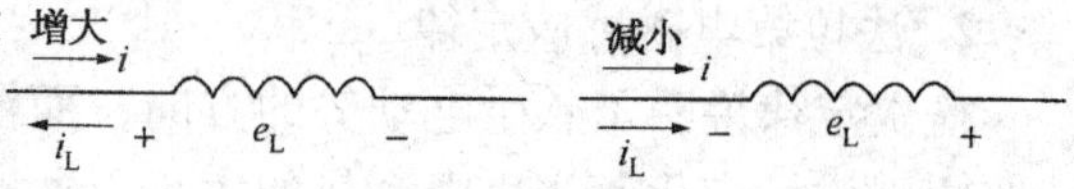

图 1－39 自感电动势的方向

2. 互感

如图 1－40 所示，在一个铁芯上绕有两个线圈，当其中一个线圈(例如线圈 1)通以电流 i 时，便在铁芯中产生磁通 Φ_{11}，其中一部分磁通 Φ_{12} 穿过另一个线圈(线圈 2)。如果 i_1 发生变化，则 Φ_{12} 也随之变化。根据电磁感应定律，线圈 2 中会有感生电动势产生。把这种一个线圈中的电流变化在另一个线圈中产生感生电动势的电磁感应现象叫做互感现象。由互感产生的电动势叫互感电动势，用 E_M 表示。

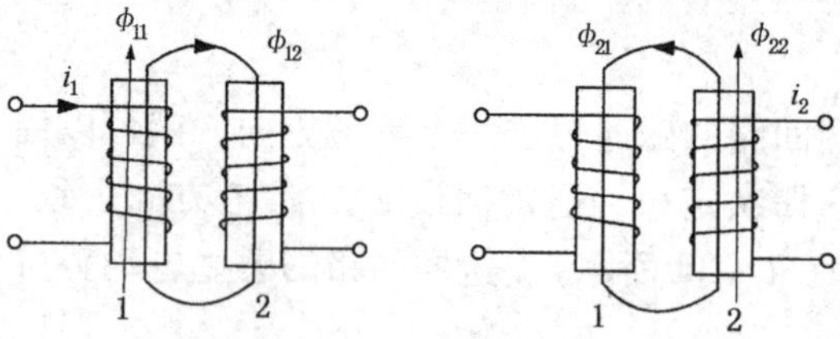

图 1－40 互感现象

在线圈 2 中产生的互感电动势 E_M 的大小可用下式计算

$$e_m = -M\frac{\Delta i}{\Delta t}$$

其中 M 称为互感系数，简称互感，其大小与两线圈的匝数、尺寸、相对位置及线圈中介质的磁导率有关。

互感电动势的方向仍可用楞次定律来判断，但比较麻烦。这是因为互感电动势的方向不但决定于互感磁通的增加或减少，而且还与线圈的绕向有关。尤其是对于一个已造好的变压器或互感器，从外观上看不出线圈的绕向，判断互感电动势的方向就比较困难了。因此，在制造变压器时就用符号"＊"或"·"等表示两个绕圈的绕向，把互感电动势判断出来。

如图 1－41(a)所示线圈 A、B、C 中的三个端点，1、4、5(或 2、3、6)的绕向一致。设线圈 A 中由端点 1 通以电流 i，并且正在增大。根据楞次定律可判断出各线圈的感生电动势的极性如图中所示。若电流 i 不是增大而是减小，则各端的正负极性都要改变。但不管 i 如何变化，绕向一致的 1、4、5 三个端点的极性始终一致端点始终一致，把这种绕向一致而感生电动势的极性始终一致的端点叫同名端。在标出同名端后，每个线圈的具体绕法可不必在图中画出来。这样图 1－41(a)可画成 1－41(b)的形式。

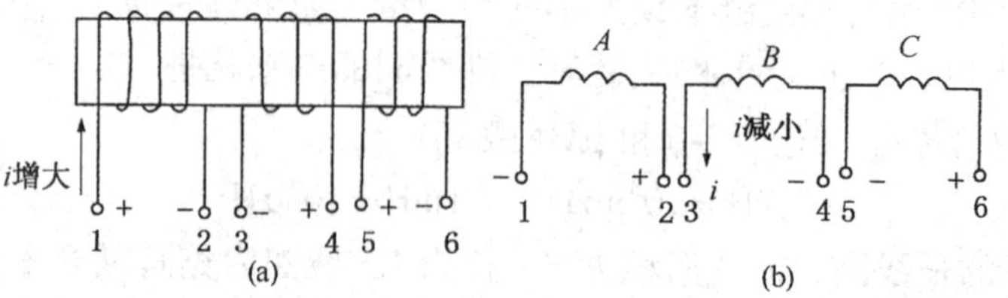

图 1－41 互感线圈的同名端

知道同名端后，就可根据电流方向和电流的变化趋势，很方便地判断出互感电动势的极性。如图 1－41(b)所示，当电流 i 由端点 3 流出且在减小，根据自感电动势总是阻碍电流的变化，可判断出端点 3 的极性为正，再根据同名端的定义，立即可判断 2、6 的极性也为正。

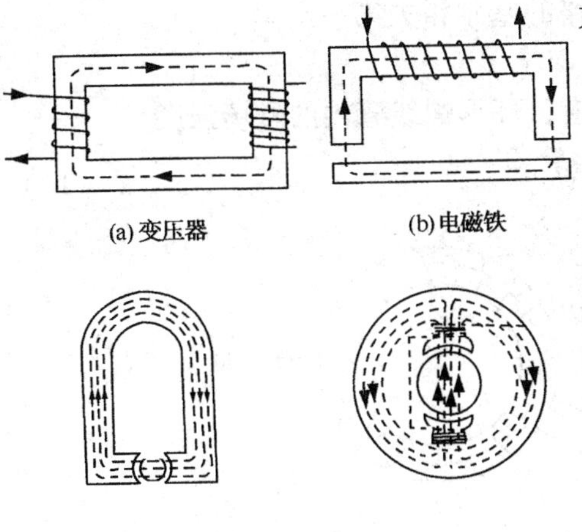

图 1－42　几种常见的磁路

1.3.5　磁路与磁路定律

1.3.5.1　磁路概念

为了使较小的激磁电流产生足够大的磁通，在电机、变压器、电磁铁、继电器中常用铁磁材料做成各种形状的铁芯。由于铁芯具有很高的磁导率，因此它能把绝大部分的磁通(磁力线)约束在一定的闭合路经上。磁力线通过的路径称为磁路。如图1－42所示，就是几种常见的磁路。

虽然铁磁材料能把绝大部分磁力线约束在一定的闭合路径上，但与电路相比，漏磁现象远比漏电现象严重，这是因为磁路中的铁磁材料的磁导率与磁路周围非铁磁材料磁导率相比约为 $10^3 \sim 10^4$ 倍，而在电路中铜的电导率却是绝缘物质(如橡胶)的 10^{20} 倍。由于漏磁，总会有一部磁力线不通过铁磁材料，而经过空气或其他材料闭合，通过铁芯的磁通叫做主磁通，铁芯外的磁通，叫做漏磁通。在一般情况下，考虑到漏磁通磁路的计算是非常复杂的。另一方面漏磁通比主磁通小几千倍，因此常将漏磁通略去不计。

1.3.5.2　磁路定律和磁路计算

1. 磁路的欧姆定律

图 1－43 所示是一个简单的无分支磁路。设绕在铁芯上圈的匝数 N，通过的电流为 I，铁芯的平均长度(即中心线的长度)为 L，横截面积处处相同为 S。通过实验可知通电线圈产生的磁场强度为

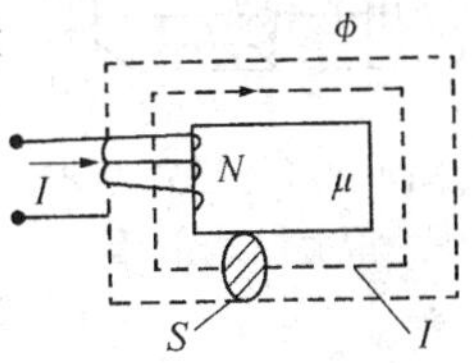

图 1－43　磁路的欧姆定律

$$H = \frac{NI}{l}$$

因为 $\Phi = BS$ 又 $B = \mu H$ 所以

$$\Phi = \mu \frac{NI}{l} S = \frac{NI}{l} \times \mu S$$

可得

$$\Phi = \frac{F}{R_m} \tag{1-10}$$

式中　F——磁动势，简称磁势，A；

R_m——磁阻，1/H；

Φ——磁通，WB。

由式(1－10)说明，磁路中的磁通与磁势成正比，与磁阻成反比，这与电路中的欧姆定律相似，故称为磁路的欧姆定律。其中 Φ 相当于电路中的电流 I；磁势 F 相当于电动势 E；磁阻 R_M 相当于电阻 R。同时还可看出，磁路越长，磁阻越大；磁路的横截面积越大，磁阻越小。另外，磁阻还与磁路媒介质的磁导率 μ 成反比。

2. 磁路的基尔霍夫第一定律

根据磁通连续性原理，取封闭回路如图 1－44 所示时

$$\Phi_2 + \Phi_3 - \Phi_1 = 0 \text{ 则} \sum \Phi = 0$$

即汇于封闭面处的磁通的代数和为零，这就是磁路的基尔霍夫第一定律。

3. 磁路的基尔霍夫第二定律

如图 1-45 所示是一个环形螺线管。通过实验知道，环形螺线管内的磁场强度

$$H = \frac{NI}{l} \text{ 或 } NI = Nl \qquad (1-11)$$

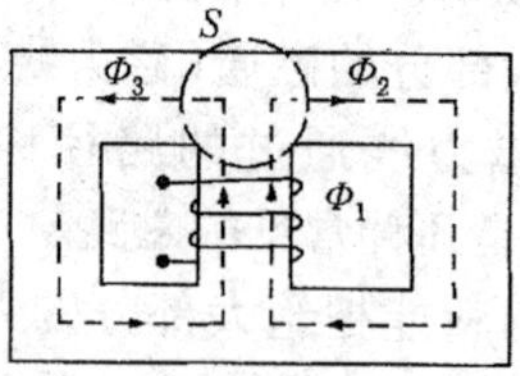

图 1-44 磁路基尔霍夫第一定律

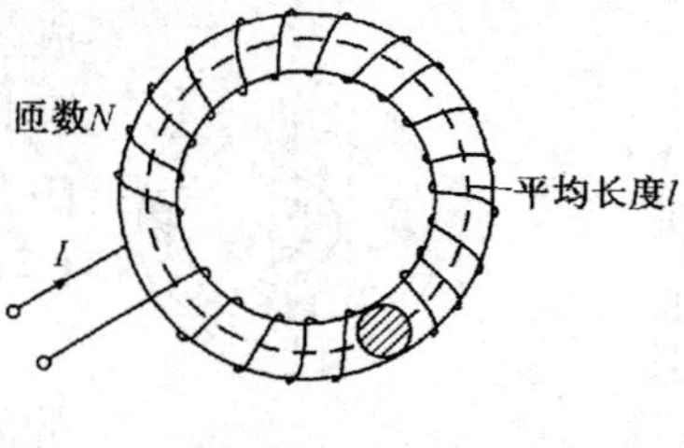

图 1-45 环形螺线管的磁场强度

式(1-11)说明，沿着磁路的磁场强度和磁路平均长度的乘积等于磁动势。这个关系式不仅对于环形螺线管的磁路是适用的，而且对任何闭合磁路都是适用的。通常把这个关系式叫安培环路定律，式中 HL 也常称为磁压降。

下面讨论图 1-46 所示的磁路。把这个磁路分成三段，每一段的材料及截面都不相同。

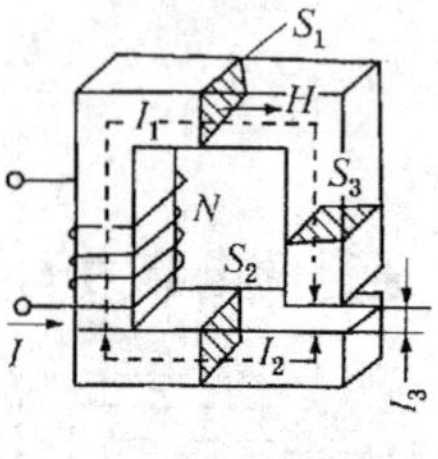

图 1-46 磁路基尔霍夫第二定律

如第一段是铁磁物质，截面为 S_1，平均长度为 L_1；第二段仍是同一铁磁物质，截面为 S_2，平均长度为 L_2；第三段是空气隙，截面为 S_3，平均长度为 L_3，由于各段的截面不同，磁感应强度 B 也就不同，又三段材料的导磁系数也不尽相同，故磁路各部分的磁场强度就可能不同。现设三段的磁场强度分别为 H_1、H_2、H_3。对于这样三段的闭合磁路，安培环路定律应写成

$$NI = H_1L_1 + H_2L_2 + H_3L_3$$

推广到任意闭合磁路可得

$$\sum(NI) = \sum(HL) \qquad (1-12)$$

式中，各磁压降和磁动势的正负是这样确定的。任意选取闭合回线 P 的方向，若磁场强度 H 的方向(即磁通 Φ 的方向)与 P 的方向一致，磁压降 H 前面取正号，反之取负号；若电流 I 的方向与闭合回线的方向符合右手螺旋定则，则磁势 NI 前面取正号，反之取负号。式(1-12)就叫磁路的基尔霍夫第二定律的一般表达式。其内容是：磁路的任一闭合回路中，所有磁动势的代数和等于各段磁压降的代数和。

第 2 章　电工工具、量具及仪器、仪表

2.1　常用电工工具

2.1.1　验电器

验电器是检验导线和电器设备是否带电的一种工具。验电器分低压和高压验电器两种。

2.1.1.1　低压验电器

低压验电器又称测电笔(简称电笔)，有钢笔式和螺丝刀式两种，如图 2－1 所示。笔式低压验电器由氖管、电阻、弹簧、笔身和笔尖等组成，如图 2－1(a)所示。

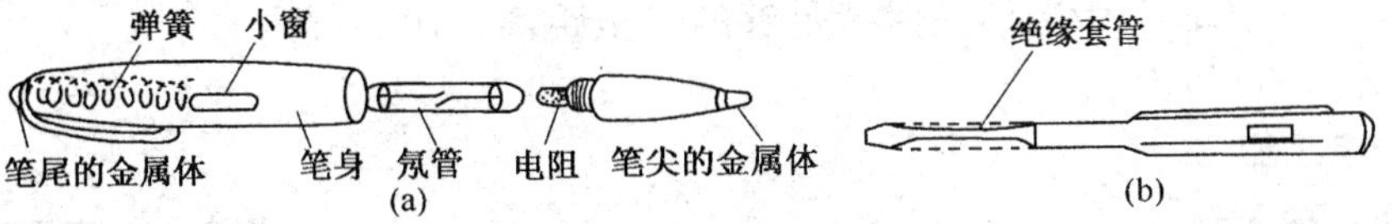

图 2－1　低压验电器

(a) 笔式低压验电器；(b) 螺丝刀式低压验电器

低压验电器使用时，必须按照图 2－2 所示的正确方法握笔。以手指触及笔尾的金属体，使氖管小窗背光朝向自己。当用电笔测试带电体时，电流经带电体、电笔、人体到大地形成通电回路，只要带电体与大地之间电位差超过 60V 时，电笔中的氖管就发光。低压验电笔检测电压的范围为60～500V。

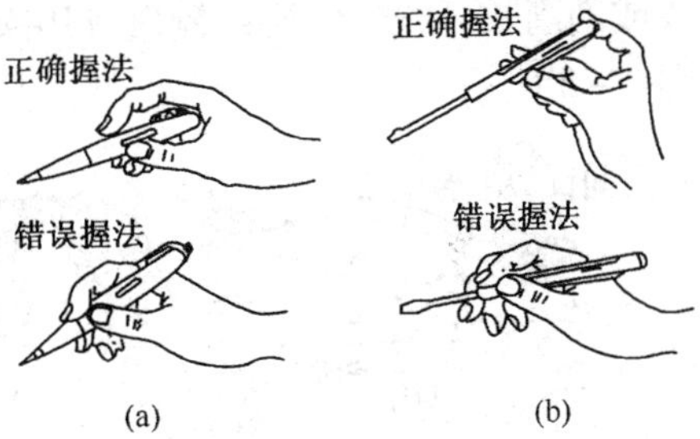

图 2－2　低压验电器握法

(a) 笔式握法；(b) 螺丝刀法

低压验电器可作下列用途的测试：

(1) 区别电压的高低　测试时可根据氖管发光的强弱来估计电压的高低。

(2) 区别相线与零线　在交流电路中，当验电器触及导线时氖管发亮的即是相线，正常的情况下，零线是不发光的。

(3) 区别直流电与交流电　交流电通过验电笔时，氖管的两个极同时发亮，直流电通过验电笔时，氖管的两个极只有一个发亮。

(4) 识别相线碰壳　用验电笔触及电机、变压器等电气设备外壳，若氖管发亮，说明该设备相线有碰壳现象。如果壳体有良好的接地装置，氖管是不会发光的。

(5) 识别相线接地　用验电笔触及三相三线制星形接法的交流电时，有两根比通常稍亮，而另一根亮度较暗，则较暗的相线有接地现象，但还不太严重。如果两根很亮，而另一根不亮，则这一相有接地现象。在三相四线制电路中，当单相接地后，中线用验电笔测量时，也会发亮。

2.1.1.2　高压验电器

高压验电器又称高压测电器，10kV 高压验电器由金属钩、氖管、氖管窗、紧固螺钉、护环和握柄等组成，如图 2－3 所示。

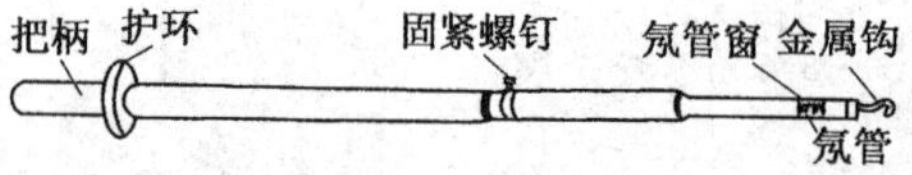

图 2-3　10kV 高压验电器

高压验电器在使用时，应特别注意手握部 位不得超过护环，如图 2-4 所示。

2.1.1.3　使用验电器的安全知识

（1）验电器在使用前应先在确有电源处测试，证明验电器确实良好，方可使用。

（2）使用时，应使验电器逐渐靠近被测物体，直到氖管发亮。只有在氖管不亮时，它才可与被测物体直接接触。

（3）室外使用高压验电器时，必须在气候条件良好的情况下使用；在雨、雪、雾及湿度较大的情况下，不宜使用，以免发生危险 。

（4）高压验电器测试时必须戴上符合耐压要求的绝缘手套；不可一个人单独测试，身旁要有人监护；测试时要防止发生相间或对地短路事故；人体与带电体应保持足够的安全距离，10kV 高压安全距离为 0.7m 以上。

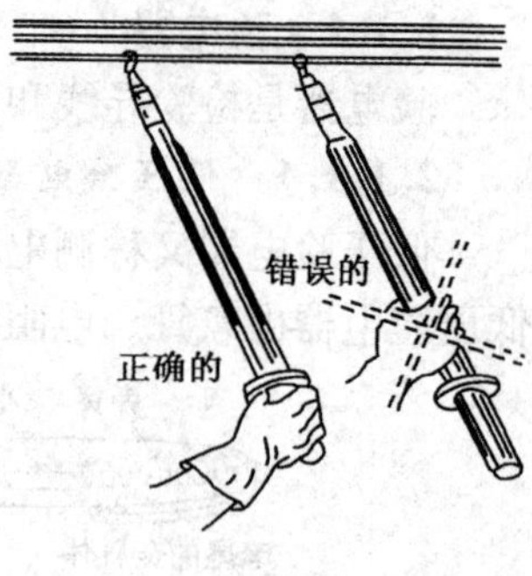

图 2-4　高压验电器的使用

2.1.2　电工钳

2.1.2.1　钢丝钳

钢丝钳有铁柄和绝缘柄两种，绝缘柄为电工用钢丝钳，常用的规格有 150mm、175mm 和 200mm 三种。

电工钢丝钳由钳头和钳柄两部分组成。钳头分为钳口、齿口、刀口和铡口四部分，其用途不同。如钳口可用来弯绞或钳夹导线线头；齿口可用来紧固或松螺母；刀口可用来剪切导线或剖削软导线绝缘层；铡口可用来切电线线芯、钢丝或铅丝等较硬金属。其构造及用途如图 2-5 所示。

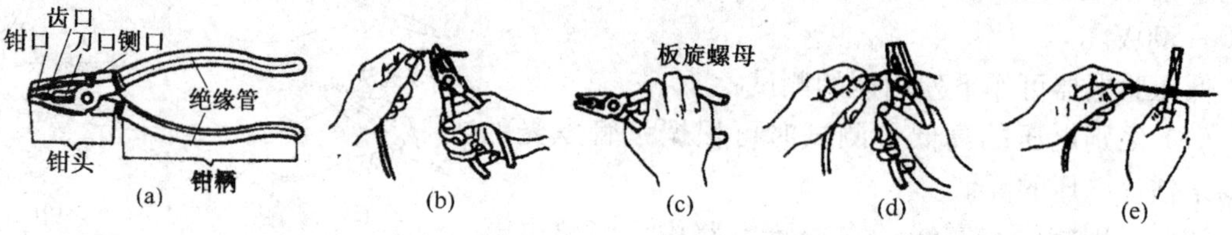

图 2-5　电工钢丝钳的构造及用途

（a）构造；（b）弯绞导线；（c）紧固螺母；（d）剪切导线；（e）铡切钢丝

在使用电工钢丝钳时应注意以下安全知识：

（1）使用电工钢丝钳以前，必须检查绝缘柄的绝缘是否完好。绝缘如果损坏，进行带电作业时会发生触电事故。

（2）用电工钢丝钳剪切带电导线时，不得用刀口同时剪切相线和零线，或同时剪切两根相线，以免发生短路事故 。

2.1.2.2　尖嘴钳

尖嘴钳的头部尖细，适用于在狭小的空间操作。尖嘴钳也有铁柄和绝缘柄两种，其外形如图 2-6 所示。

尖嘴钳有如下用途：

（1）带有刃口的尖嘴钳能剪断细小金属丝；

（2）尖嘴钳能夹持较小螺钉、垫圈、导线等元件；

(3) 在装接控制线路板时，尖嘴钳能将单股导线弯成一定圆弧的接线鼻子。

2.1.2.3　断线钳

断线钳又称斜口钳，钳柄有铁柄、管柄、绝缘柄三种形式，其中电工用的绝缘柄断线钳如图 2－7 所示。

断线钳是专供剪断较粗的金属丝、线材及电缆等用。

图 2－6　尖嘴钳

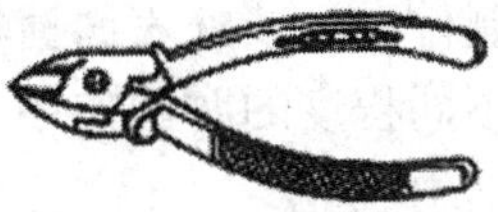

图 2－7　断线钳

2.1.2.4　剥线钳

剥线钳是用于剥离小直径导线绝缘层的专用工具，如图 2－8 所示。它的手柄是绝缘的。

剥线钳在使用时，要将剥离的绝缘长度用标尺定好，然后再把导线放入相应的刃口中，用手将钳柄一握，导线的绝缘层即被割破自动弹出。

2.1.3　电工刀

电工刀是用来剖削电线线头，切割木台缺口，削制木榫的专用工具，其外形如图 2－9 所示。

电工刀在使用时，应将刀口朝外剖削。剖削导线绝缘层时，应使刀面与导线成较小的锐角，以免割伤导线。

使用电工刀应注意以下安全知识：

(1) 电工刀使用时应注意避免伤手；

(2) 电工刀使用完毕，应随即将刀身折进刀柄；

(3) 电工刀柄是无绝缘保护的，不能在带电导线或器材上剖削，以免触电。

图 2－8　剥线钳

图 2－9　电工刀

2.1.4　电烙铁

电烙铁是维修电工的主要工具之一，主要用来焊接元件及导线。

2.1.4.1　电烙铁的选用

常用的电烙铁的规格有 15W、25W、75W、100W 等。其中，焊接弱电元件有 15W、25W、45W，焊接强电元件要用 45W 以上的。

电烙铁的功率应选用适当。若用大功率的电烙铁焊接弱电元件不但浪费电力，还会烧坏元件；功率小则会因热量不够而影响焊接质量。

2.1.4.2　焊接材料及操作方法

1. 焊料

焊料是指焊锡或纯锡，常用的有锭状和丝状两种。丝状的通常在中心有松香，便于使用。A、E、B 绝缘等级的电机的线头焊接用焊锡，F、H 级用纯锡。

2. 焊剂

焊剂有松香、松香酒精溶液(松香40%，酒精60%)、焊锡膏和盐酸(加人适当的锌经化学反应方可使用)等。

松香适用于所有电子器件和小线径线头的焊接；松香酒精溶液适用于小线径线头和强电领域小容量元件的焊接；焊膏适用于大线径线头焊接和大截面导体表面或连接处的加固搪锡；盐酸适用于钢制件电连接处表面搪锡处理或钢制件的连接焊接。

各种焊剂均有不同程度的腐蚀作用，所以焊接完毕后必须清除残留的焊剂。

3. 电烙铁焊接操作方法

(1) 用电工刀或沙布先清除连接线端氧化层，并在焊接处涂上适量的焊剂。

(2) 将含有焊锡的烙铁头，先沾一些焊剂，然后对准焊接点下焊，焊头停留时间要根据焊件的大小而定。

(3) 焊接要求　焊接点必须焊牢焊透，焊液必须充分渗透，表面要光滑并有光泽。不能有虚焊点和夹生焊点。虚、假焊是指焊件表面没有充分镀上锡，焊件之间没有被锡所固住，其原因是因焊件表面的氧化层没有清除干净或焊剂用得少。夹生焊是指锡未被充分熔化，焊件表面的锡晶粗糙，焊点强度大为降低，原因是烙铁温度不够高和停留时间太短而造成。

4. 电烙铁焊接操作的安全知识

(1) 电烙铁金属外壳必须接地；

(2) 使用中的电烙铁不可搁在木板上，要搁在金属丝制成的架子上；

(3) 不可用烧死(焊头因氧化不吃锡)的烙铁焊接，以免烧坏焊件；

(4) 不准上下甩动使用中的电烙铁，以免焊锡溅出伤人；

2.1.5　螺钉旋具

螺钉旋具又称旋凿或起子，它是一种紧固或拆卸螺钉的工具。

螺钉旋具的式样和规格很多，按头部形状不同可分为一字形和十字形两种，如图2-10所示。

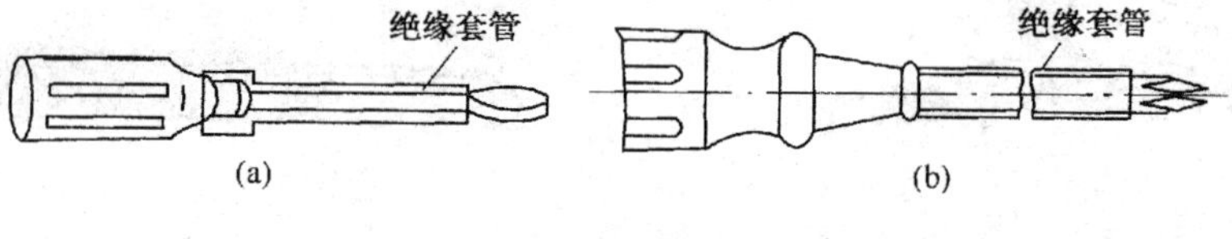

图2-10　螺钉旋具

(a) 一字形螺丝刀；(b) 十字型螺丝刀

一字形螺钉旋具常用规格有50mm、100mm、150mm、和200mm等，其中电工必备的是50mm和150mm两种。十字形螺钉旋具专供紧固或拆卸十字槽的螺钉，常用的规格有四种：Ⅰ号适有于螺钉直径为2~2.5mm；Ⅱ号为3~5mm；Ⅲ号为6~8mm；Ⅳ号为10~12mm。

另外，按握柄材料不同又可分为木柄和塑料柄两种。

使用螺钉旋具时应注意以下安全知识：

(1) 电工不可使用金属杆直通柄顶的螺钉旋具，否则使用时很容易造成触电事故；

(2) 使用螺钉旋具紧固或拆卸带电的螺钉时，手不得触及螺丝刀的金属杆，以免发生触电事故；

(3) 为了避免螺钉旋具的金属杆触及皮肤及邻近带电体，应在金属杆上套绝缘管。

2.1.6 压接钳

压接钳按动力的类型可分为手动液压钳和电动液压钳。一般手动液压钳对应的芯线尺寸较小，一般为 16 ~ 300mm^2，如果超过 300mm^2则要用电动液压钳。

线模的大小分为 16mm^2、25mm^2、35mm^2、50mm^2、70mm^2、95mm^2、120mm^2、150mm^2、185mm^2、300mm^2不等。

手动液压钳压接时，应先将手柄向上抬起，柱塞向外移动，进油阀下腔产生真空，油箱内的油进入柱塞腔。然后将手柄下压，使柱塞向内移动。油受压后，进油阀关闭，打开出油阀，使油进入液压缸，推动活塞和阳模。阳、阴模之间放有压接管，当压接管被挤压的坑深到一定值时，开启回油阀，活塞自动返回，压完一个坑后，移动压钳，再压下一个。电动液压钳除动力改为电力，其余与手动液压钳无异。

采用钳压法连接导线时，除应按压接顺序正确进行操作外，须注意以下事项：

（1）压接管和压模的型号应与所连接导线的型号一致；

（2）钳压模数和模间距应符合规程要求；

（3）压坑不得过浅，否则，压接管握着力不够，接头容易抽出；

（4）每压完一个坑，应保持压力至少 1min，然后再松开；

（5）在连接前，应将连接部分、连接管内壁用汽油清洗干净（导线的清洗长度应为连接管长度的 1.25 倍以上），然后涂上中性凡士林油，再用钢丝刷擦刷一遍。如果凡士林油已污染，应抹去重涂；

（6）要求连接点的电阻小而且稳定，连接点的电阻与相同长度、相同截面的导体电阻之比值，对于新安装的终端头和中间头，应不大于 1.2，强度应不低于原来芯线强度的 90%；

（7）连接不同金属除应满足接触电阻要求外，还应采取一定的防腐措施。一般方法是在铜质压接管内壁上刷一层锡后再进行压接。

（8）有下列情形之一者就切断重接：

① 管身弯曲度超过管长的 3%；

② 连接管有裂纹；

③ 连接管电阻大于等长度导线的电阻。

2.2 万用表

2.2.1 万用表的结构

万用表一般由测量机构、测量线路功能及转换开关三个基本部分构成。各种型号的万用表外观和面板布置不同，功能也有差异。但是，三个基本组成部分是构成各种型号万用表的基础。

（1）测量机构　模拟式万用表采用高灵敏度的磁电系测量机构，其满偏电流为几微安到几百微安，准确度在 0.5 级以上。构成的万用表准确度为 1.0 ~ 0.5 级。根据不同测量功能和量程，在测量机构的表盘上标有多条刻度标尺，可以直接读出被测量值。

（2）测量线路　是万用表实现多种电量测量、多种量程变换的电路，它能将各种待测电量转换为磁电系测量机构能接受的直流电流或直流电压。

（3）转换开关　是万用表实现多种电量、多种量程切换的元件，它由转轴驱动的活动触头与固定触头组成。当两触头闭合时，电路接通。通常将活动触头称为“刀”，固定触头称为“掷”，万用表需切换的线路较多，因此采用多刀多掷转换开关。当一层刀掷不够用时，还可以用多层多刀多掷转换开关，旋动转轴使“刀”与不同的“掷”闭合就可以改变或接通所需要的测量线路。实际上，切换测量线路就可达到切换电量和量程的目的。

2.2.2　万用表的工作原理

1. 直流电流的测量

万用表直流电流的测量线路，通常采用闭路式多量程分流器，经转换开关切换接入不同的分流电阻，以实现不同量程电流的测量，如图 2－11 所示。

在测量直流电流时，应将量程开关拨至“mA”范围内的适当量程档，测试的红黑表笔串接到被测电流电路中，使电流从红笔流入，黑笔流出。将指针所指的“mA”刻度线读数乘以相应的倍率就等于被测电流。

2. 直流电压的测量

万用表直流电压的测量线路，通常采用共用式附加电阻以构成多量程直流电压表，如图 2－12 所示。

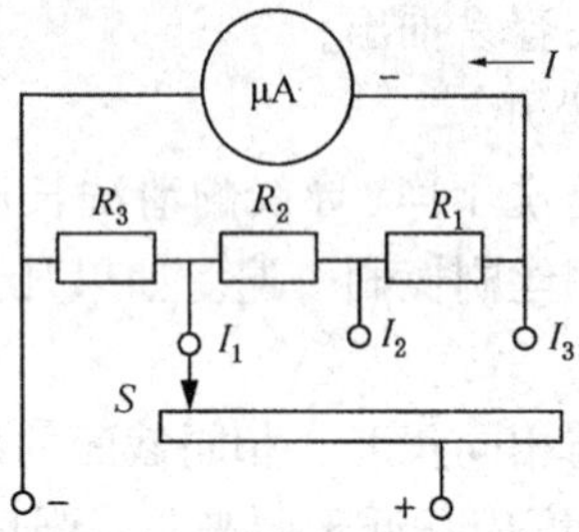

图 2－11　直流电流测量电路

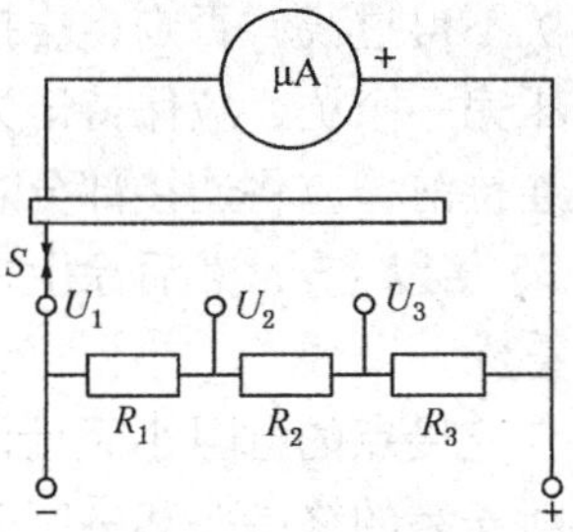

图 2－12　直流电压测量电路

在测量直流电压时，应将量程开关拨至“V”范围内的适当量程档，表笔的短杆分别插入“＋”“－”输入口，表笔分别接于被测电压的正负端，指针读数应看“V”刻度线，并乘以相应的倍率，即可得到被测电压。

在测试未知量的电流或电压时，应先将量程开关拨至最高档位，然后逐渐减小至适当档位，以免损坏仪表。测量高压或大电流时，应严格遵守操作规程，不准带电转动开关旋钮。

3. 交流电压的测量

磁电系表头只能测直流电流或电压，如需测交流，则必须采用 AC/DC 转换转换装置。万用表常用的 AC/DC 转换装置是二极管整流式和线性整流式 AC/DC 转换器。模拟式万用表的交流电压测量电路多用半波或全波正流及共用式附加电阻线路，如图 2－13 所示。

二极管整流后获得的是交流信号的平均值而不是有效值。在万用表中为了读数方便，要求交流电压的有效值能与直流电压共用一个刻度。为此，交流电压与直流电压测量回路各用一套附加电阻，适当减小交流电压的附加电阻，增加表头电流，从而达到使交、直流电压共用同一刻度的目的。

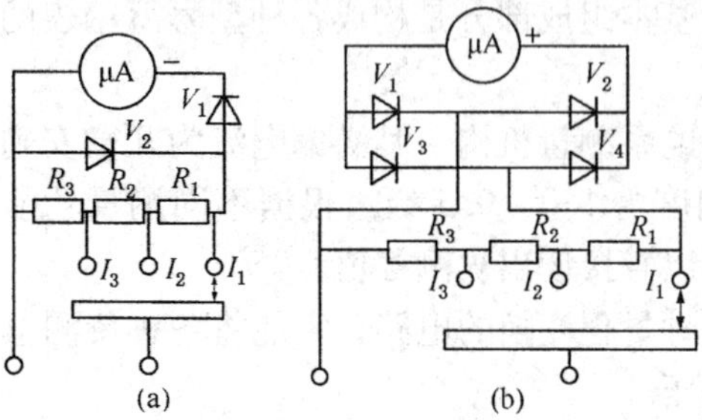

(a)　(b)

图 2－13　交流电压测量电路

(a) 半波整流式；(b) 全半波整流式

4. 用万用表测量电阻

将量程开关拨至电阻范围的适当量程档，先将测试红黑表笔短接，指针应向满度方向偏转，调节调零欧姆旋钮，使指针对准欧姆零，然后将表笔分开接入被测电阻。待指针偏转后读出指针在“Ω”刻度的读数，再乘上该档的倍率，就是被测电阻值。例如，用 $\times 100$ 档测一电阻指针读数是 10.5，所测电阻值应为 $10.5 \times 100 = 1050\Omega$。

当表笔短接指针不能调至零位时，说明电池电压不足，应更换新电池。每次改档后都应将表笔短接，重新调零。同时，严禁在被测电阻带电的状态下进行电阻测量，以免损坏仪表。

5. 用数字式万用表测量 20μF 以下的电容器

某些数字式万用表具有测量电容的功能，其量程分为 2000pF、20nF、200nF、2μF 和 20μF 五档。测量时可将已放电的电容两引脚直接插入表板上的 C_x 插孔，选取适当的量程后就可读取显示数据。

2.3 兆欧表

2.3.1 兆欧表的选择

选择兆欧表，主要是选择它的电压等级及测量范围。高压电器设备绝缘电阻要求高，须选用电压高的兆欧表进行测试；低压电器内部绝缘材料所能承受的电压低，为保证设备安全，应选用电压低的兆欧表。测量绝缘额定电压 500V 以上的电力变压器和电机线圈绝缘电阻时应选用额定电压 1000～2500V 的兆欧表。

2.3.2 兆欧表的正确使用与维护

兆欧表在使用时应注意以下方面：

(1) 测量前要先切断被测设备的电源，并将设备的导电部分与大地接通，进行充分放电，以保证安全。用兆欧表测量过的电器设备，也要及时接地放电，方可进行再次测量。

(2) 测量前要先检查兆欧表是否完好，即在兆欧表未接上被测物之前，摇动手柄使发电机达到额定转速(120r/min)，观察指针是否指在标尺的“∞”位置。将接线柱“线”(L)和“地”(E)短接，缓慢摇动手柄，观察指针是否指在标尺的“0”位，如指针不能指到该位置，表明兆欧表有故障，应检修后再使用。

(3) 必须正确接线。兆欧表上一般有三个接线柱，分别标有 L(线路)、E(接地)和 G(屏蔽)。其中，L 接被测物和大地绝缘的导体部分；E 接被测物的外壳或大地；G 接在被物的屏蔽环上或不需测量的部分。

(4) 接线柱的引出线应用多股软线，且要有良好的绝缘，两根引线切忌绞在一起，以免引起误差。为获得正确的测量结果，被测设备的表面应用干净的布或棉纱擦干净。

(5) 摇动手柄应由慢渐快，若发现指针指零，说明被测绝缘物可能发生了短路，这时就不能继续摇动手柄，以防表内线圈发热损坏。手摇发电机要保持匀速，不可忽快忽慢而使指针不停地摆动。

(6) 测量具有大电容设备的绝缘电阻，读数后不能立即停止摇动兆欧表，否则已被充电的电容器将对兆欧表放电，有可能烧坏兆欧表。

(7) 测量设备的绝缘电阻时，还应记下测量时的温度、湿度、被测物的有关状况等，以便于对测量结果进行分析。

2.4 钳形电流表

2.4.1 交流钳形电流表

这种钳形电流表是由电流互感器和整流系电表组成，所以也称为互感器式电流表。图2-14是钳形电流表的外形图。电流互感器铁芯呈钳口形。当捏紧钳形电流表的手把时，其铁芯张开，载流导线可以穿过张开的缺口放入，松开把手后铁芯闭合，通有被测电流的导线就成为电流互感器的一次线圈。被测电流在铁芯中产生工作磁通，使绕在铁芯上的二次绕组中产生电动势，测量电路中就有电流 I_2 流过，这时电流按不同的分流比，经整流后通入表头。线路图如2-15所示。

标尺是按一次电流 I_1 刻度的。所以表的读数就是被测导线中的电流。量程的改变由转换开关改变分流器电阻来实现。

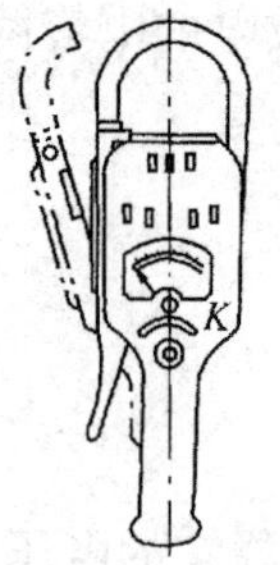

图2-14 钳形电流表的外形

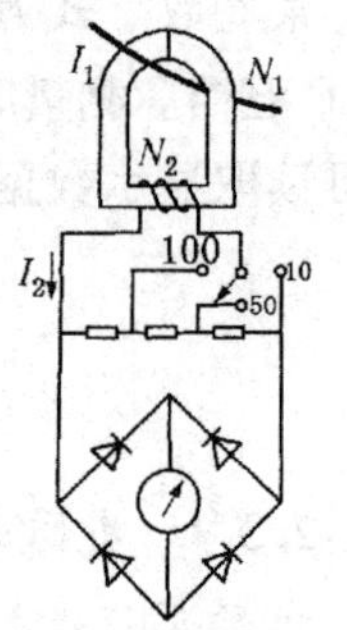

图2-15 钳形电流表的线路图

2.4.2 交直流两用钳形表

国产MG20、MG21型电磁系钳形电流表可以交直流两用，其结构如图2-16所示。

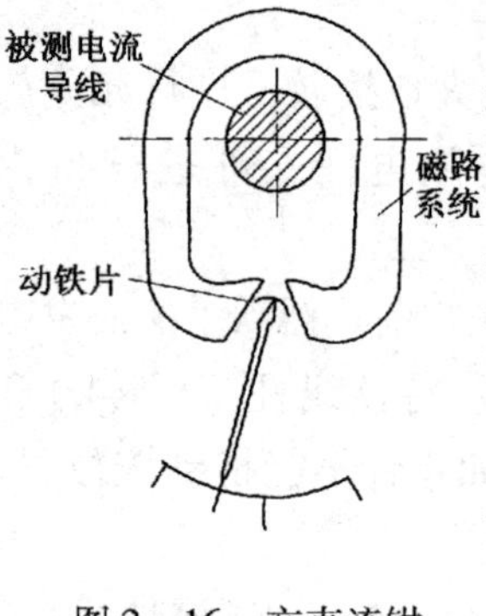

图2-16 交直流钳形表结构

这种表采用电磁系测量机构，卡在铁芯钳口中的被测电流导线相当于电磁系机构中的线圈，测量机构的可动铁片位于铁芯缺口中央，被测电流在铁芯中产生磁场，使动铁片被磁化产生电磁推力，从而带动仪表可转动部分的偏转，指针即指出被测电流的数值。由于电磁系仪表可动部分的偏转与电流的极性无关，因此它可以交直流两用。特别是在测量运行中的线绕式异步电机的转子电流时，因为转子电流的频率很低且随负载变化，若用互感式钳形电流表则无法测出其具体数值，而采用电磁系钳形电流表则可以测出转子电流。

2.4.3 钳形电流表的正确使用

钳形电流表在使用中应注意以下方面：

（1）根据被测对象，正确选择不同类形的钳形电流表。如测量交流电时，可选用交流钳形电流表T-301型；测量直流电流时，应选用的钳形电流表，如MG20或MG21等。

（2）测量前应先估计被测电流的大小，选择合适的量程档；若无法估计则应先用较大量程，然后根据被测电流的大小再逐步换成合适的量程。

（3）测量时被测载流导线应放在钳口内的中心位置，钳口必须紧闭，以免增大误差。

（4）变换量程时，必须先将钳口打开，不允许在测量过程中变换量程。

（5）测量较小电流时，为了使读数较准确，在条件许可时，可将被测导线多绕几圈，再放进钳口进行测量，实际电流值等于仪表的读数除以放进钳口的导线圈数。

（6）不允许用钳形电流表去测量高压电路的电流，以免发生事故。

（7）测量完毕一定把仪表的量程开关置于最大量程位置上，以防下次使用时，因疏忽大意未选量程就进行测量，造成损坏仪表的意外事故。

2.5 电桥

2.5.1 直流单臂电桥

2.5.1.1 直流单臂电桥的工作原理

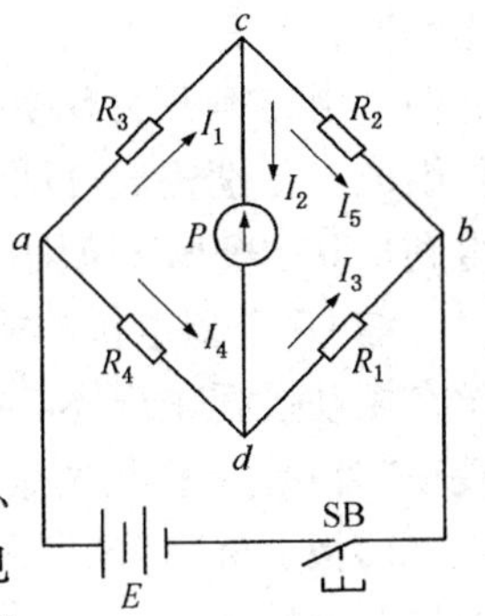

图 2－17 直流单臂电桥原理图

直流单臂电桥又称惠斯登电桥，其电路原理见图 2－17。图中 ac、bc、bd 和 da 四条支路称为电桥的四个桥臂，其中一个桥臂接被测电阻 R_x，其余三个臂接标准电阻或可调电阻。在电桥的一个对角线上接入检流计 P 作为指零仪，另一对角线上接入直流电源 E。接通按钮开关 SB 后，调节标准电阻 R_2、R_3 和 R_4 使检流计 P 指示为零，这时电桥平衡，c、d 两点电位相等，故有

$$U_{ac} = U_{ad} \qquad U_{cb} = U_{db}$$

即

$$I_1 R_x = I_4 R_4 \qquad I_2 R_2 = I_3 R_3$$

由于电桥平衡时 $I_p = 0$，所以 $I_1 = I_2$，$I_3 = I_4$，将以上两式相比，得

$$\frac{R_x}{R_2} = \frac{R_4}{R_3}$$

在已知三个桥臂电阻的情况下，被测电阻可由下式计算

$$Rx = \frac{R_2}{R_3} R_4$$

式中 $\frac{R_2}{R_3}$ 称为比率臂，电桥中常配成各种固定的比例，电阻 R_4 称为比较臂，通常是用标准电阻组成的电阻箱。在测量时，可根据被测电阻的估计值选择一定的比率臂，经调节比较臂电阻使电桥平衡，则比较臂的数值乘以比率臂的倍数，就是被测电阻的数值。

图 2－18 是 QJ23 型直流单臂电桥的内部线路与面板示意图。面板左上角的转盘是 $\frac{R_2}{R_3}$ 的

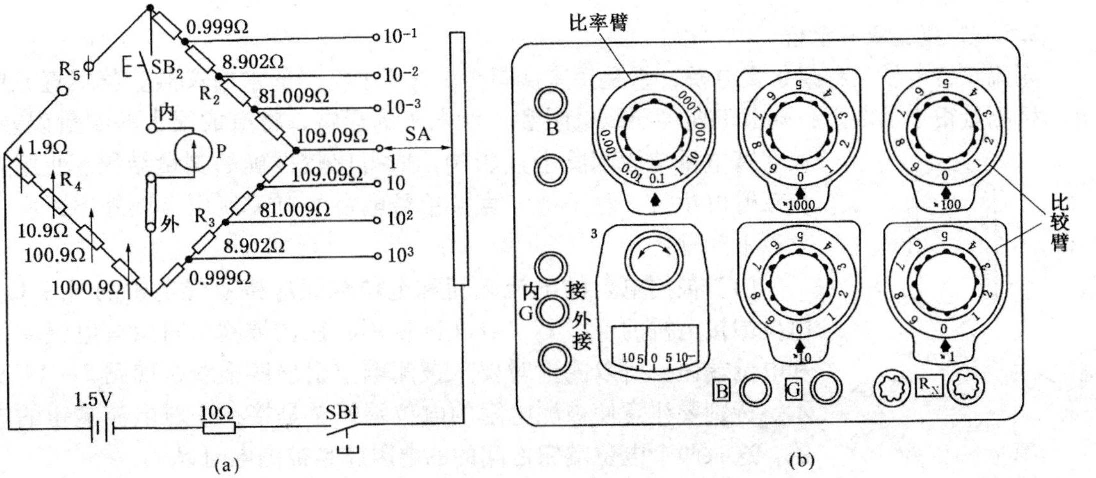

图 2－18 QJ23 电桥内部线路与板面

(a) 原理线路；(b) 面板示意图

比率臂，共有七个固定比例，即×0.001、×0.01、×0.1、×1、×10、×100、×1000共七档，由转换开关S换接，面板右边四个转盘是比较臂R_4，每个转盘由九个完全相同的电阻组成，分别构成可调电阻的个位、十位、百位和千位，总电阻9999Ω。因此，比较臂可以得到从0~9999Ω范围内的任意电阻值，最小步进值为1Ω。

在QJ23型电桥的检流计上装有锁扣，以便在电桥使用完毕后将可动部分锁住，防止悬丝在搬动过程中震坏。如需使用外附检流计应用接片将内附检流计短路，然后将外附检流计接在“外接”字样的两个端钮上。

面板上标有“R_x”字样的两个端钮用来接入被测电阻。当使用外接电源时，从板面左上角的两个端钮接入。

2.5.1.2　直流单臂电桥的使用

直流单臂电桥在使用时应注意以下方面：

（1）使用前先将检流计上的锁扣打开，调节调零器把指针调到零位。

（2）“R_x”和端钮与被测电阻的连接应采用较粗短的导线，并将漆膜刮干净，接头拧紧，避免采用线夹。因为接头接触不良将使电桥的平衡不稳定，严重时还可能损坏检流计。

（3）估计被测电阻的大小，选择适当的桥臂比率，使比较臂的四档都能被充分利用。这样容易把电桥调到平衡，并能保证测量结果的有效数字。

（4）在测量电感线圈的直流电阻（如电机、变压器绕组的电阻）时，应先按下电源按钮SB1再按下接通检流计的按钮SB2。测量完毕，应先断开检流计按钮SB2，再断开电源，以免被测线圈的自感电动势造成检流计的损坏。

（5）电桥线路接通后，如果检流计指针只向“+”方向偏转，则需增加比较臂电阻；如果指针向“-”方向偏转，则应减小比较臂电阻。

（6）发现电池电压不足时应更换电池，否则将影响电桥的灵敏度。当采用外接电源时必须注意极性，将电源的正、负极分别接到“+”、“-”端钮，且不要使电源电压超过电桥说明书上的电压规定值，否则有可能烧坏桥臂电阻。

（7）电桥使用完毕应先切断电源，然后拆除被测电阻，再将检流计锁扣锁上，以防搬动过程中震坏检流计。

2.5.2　直流双臂电桥

直流双臂电桥又称凯尔文电桥，它是用来测量1Ω以下小电阻的常用仪器。若用直流单臂电桥测量很小的电阻，则由于连接导线电阻和接触电阻的影响，将造成很大的测量误差。而双臂电桥却能消除上述影响，取得比较准确的测量结果。使用直流双臂电桥时，除了遵守直流单臂电桥的有关使用事项外，还应注意以下问题：

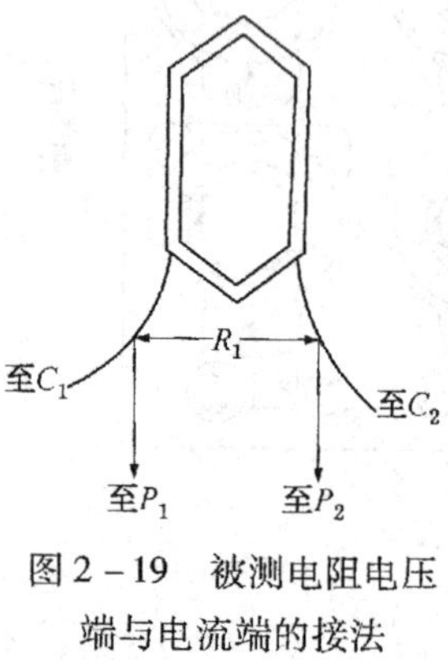

图2-19　被测电阻电压端与电流端的接法

（1）被测电阻的电流端钮和电位端钮应接双臂电桥的C_1、C_2；电位端接电桥的P_1、P_2。在实际使用时往往被测电阻没有电流端钮和电位端钮，所以测量时要从被测电阻引出四根线，如图2-19所示。特别要注意使被测电阻的电位端钮总是接在一对电流端钮的内侧，这时两个电位端钮之间的的电阻就是被测电阻R_x。

（2）直流双臂电桥工作电流较大，故测量时要迅速以免电池耗量过大。

2.6 示波器

2.6.1 示波器面板功能键、钮的标示

常见示波器面板功能键、钮的标示及作用如下：

(1) POWER(电源开关) 接通或关断整机输入电源。

(2) FOCUS(聚焦)和 ASTIG(辅助聚焦) 常为套轴电位器，用于调整波形的清晰度。

(3) ROTATION(扫描轨迹旋转控制) 调整此旋钮可以使光迹和座标水平线平行。

(4) ILLUM(坐标刻度照明) 用于照亮内刻度坐标。

(5) A/B INTEN(A/B 亮度控制) 通常为套轴电位器，作用是调节 A 和 B 扫描光迹的亮度。

(6) CAL 0.5Vp－p(校正信号输出) 提供 0.5Vp－p 且从 0 电平开始的正向方波电压，用于校正示波器。

(7) VOLTS/div(电压量程选择) 通常电压量程和幅度微调为套轴电位器，外调节旋钮是电压量程选择，转动此旋钮以改变电压量程；中间带开关的电位器为电压量程微调，顺时针旋到底为校正位置，逆时针调节，波形幅度，变化范围在电压/格两档之间。

(8) CH1 和 CH2(输入信号插座) 为示波器提供输入信号。

(9) AC GND DC(输入耦合开关) 用于选择输入信号的耦合方式。

(10) GRIG SEL(内同步选择) 按下此键，以 CH1 和 CH2 分别作为内同步信号源。

(11) CH POL(信号倒相) 按下此键，输入信号倒相 180°。

(12) VERTICAL MODE(垂直工作方式选择) 分别按下 CH1、CH2、ALT、COHP、ADD、X－Y 键，屏幕显示依次为 CH1、CH2、CH1 和 CH2 交替、CH1 和 CH2 断续、CH1 和 CH2 代数和、CH1 垂直/CH2 水平等方式。

(13) POSITION(位移调节) 调节 CH1 和 CH2 输入信号 0 电平在屏幕的起始位置。

(14) UNCAL(不校正指示) 当 CH1 和 CH2 电压量程微调不在校正位置时，对应的不校正指示灯点亮。

(15) TIME(扫描时间调整) 外旋钮调节 A 扫描速度，内旋钮调节 B 扫描速度。

(16) B. VAR、TRACE SEP(B 扫描微调和 A/B 扫描轨迹分离)：一般情况下，涂有红色的旋钮为 B 扫描微调，提供连续可变的非校正 B 扫描速度。

(17) DELAY TIME(扫描延迟时间调节) 选择 A 和 B 扫描启动之间的延迟时间。

(18) POSITION(水平位移控制) 使显示波形作水平位移。

(19) SWEEP MODE(触发同步方式) 其中 AUTO 为自动触发、NORM 为常态触发、HF 为高频触发、SINGLE 为单扫描触发。

(20) LEVEL HOLD OFF(电平和释抑调节) 是电平调节触发同步后，使信号同步稳定的辅助调节器。

(21) TRIG'D(触发同步状态指示) 一旦扫描电路被触发同步后，指示灯点亮。

(22) SLOPE(斜率开关) 选择触发信号的斜率，开关置“＋”时，扫描以触发信号的正斜率触发；开关置“－”时，扫描以触发信号的负向斜率触发。

(23) COUPLING(触发耦合开关) 决定扫描触发源的耦合方式。AC 为交流耦合、DC 为直流耦合、TV 为电视场/行同步耦合、HFREJ 为同步耦合。

（24）SOURCE（触发源选择开关） INT 为 CH1 或 CH2 输入信号触发、LINE 为市电内电源触发、EXT 为外输入信号触发。

2.6.2 一般使用方法

1. 获得基线

使用无使用说明书的示波器时，首先应调出一条很细的清晰水平基线，然后用探头进行测量，步骤如下：

（1）预置面板各开关、旋钮。其中，亮度置适中位置，聚焦和辅助聚焦置适中位置，垂直输入耦合置“AC”，垂直电压量程选择置适当档位（如“5mV/div”），垂直工作方式选择置“CH1”，垂直灵敏度微调校正置“CAL”，垂直通道同步源选择置中间位置，垂直位置置中间，A 和 B 扫描时间均置适当档位（如“0.5ms/div”），A 扫描时间微调置校准位置“CAL”，水平位移置中间，扫描工作方式置“A”，触发同步方式置“AUTO”，斜率开关置“+”，触发耦合开关置“AC”，触发源选择置“INT”。

（2）按下电源开关，电源指示灯亮。

（3）调节 A 亮度聚焦等有关控制旋钮，可出现纤细明亮的扫描基线，调节基线使其位置于屏幕中间与水平坐标刻度基本重合。

（4）调节轨迹旋转控制使基线与水平坐标平行。

2. 显示信号

一般示波器均有 0.5Vp－p 标准方波信号输出口，调妥基线后，即可将探头接入此插口，此时屏幕应显示一串方波信号，调节电压量程和扫描时间旋钮，方波的幅度和宽度应有变化，至此说明该示波器基本调整完毕，可以投入使用。

3. 测量信号

将测试线接入 CH1 或 CH2 输入插座，测试探头触及测试点，即可在示波器上观察波形。如果波形幅度太大或太小，可调整电压量程旋钮；如果波形周期显示不合适，可调整扫描速度旋钮。

2.7 速测仪

电力系统中原来普遍采用常规的 QJ44 型双臂直流电桥测量变压器线圈的直流电阻、高压断路器的接触电阻。在测量主变压器低压绕组的直流电阻时，由于变压器绕组有较大的电感，测量大型变压器直流电阻的时间很长。对于大型变压器的直流电阻的测试，近来出现了一种感性负载直流电阻速测仪。这种仪器用于现场，使直流电阻试验时间大大缩短。

这种直流电阻速测仪采用高速 A/D 转换器及程控电流源技术，具有精度高、数据稳定、重复性好、抗干扰能力强、保护功能完善、充放电速度快等特点；仪器的自动化程度高；具有自动数字调零；对各种误操作有自动保护功能。测速过程比电桥快几十倍。非常适合与电力工业部门对变压器绕组、互感器、电机绕组等感性试品的直流电阻的测量。也可适合于开关接触电阻、电缆电阻及一般电阻的测量。

注意事项：

（1）接地 在环境电磁干扰严重或被测试品为感性时，应将仪器地端子与试品地（或大地）用导线连接好，以消除外界的干扰，测量的数据较稳定。

(2) 选量程　先估计被测物的电阻大小，选择合适的量程。如果试品电阻值大致范围无法确定，可将量程选大一些。

(3) 调零　当使用过程中应注意调零。连好被测电阻后在“准备”状态下，调节“调零”旋纽，使其显示为零。

(4) 放电　拆线时一定要注意放电，放电结束后方能进行拆线操作，以免电感的反电动势危害人身安全。每次测量完一组数据必须关机放电，再测量另处一组。

2.8　SPM 测振仪及数据分析

滚动轴承是旋转电机中的重要零件，应用广泛。但是滚动轴承也是机器中最易损坏的零件之一。根据统计，旋转设备中 30% 的故障是由轴承引起的。

目前滚动轴承故障的分析主要有频谱分析法(FFT)、包络分析法、冲击脉冲法(SPM)和其他(峭度、峰值系数、声发射等)分析方法。

2.8.1　冲击脉冲法(SPM)的原理

滚动轴承运转中，当滚动体接触到内外道面的缺陷区时会产生低频冲击作用，所产生的冲击脉冲信号激起 SPM 传感器的共振，共振波形一般为 20 ~ 60kHz，包含了低频冲击和随机干扰的幅值调制波，经过处理得到包含有高频和低频的脉冲序列。冲击脉冲法 SPM 正是根据反映冲击力大小的脉冲序列来判断轴承状态。尤其对于轴承疲劳失效、磨损失效、润滑不良等的失效诊断准确率较高。

如果在测量中发现滚动轴承的冲击震动值达到了完好的新轴承平均的初始震动值的 1000 倍，我们认为该轴承已经达到使用寿命的终点。用分贝(dB)表示时，轴承寿命终点的冲击震动值为 60dB，即

$$20\lg 1000/1 = 20\lg 10^3 = 20 \times 3 = 60\ (\text{dB})$$

2.8.2　冲击脉冲法(SPM)的特点

(1) 无须专业人员进行分析，可以直接得到轴承的损伤程度；

(2) 诊断快捷、准确、可以作为滚动轴承监测的主要手段；

(3) 对于低转速的电机同样有效；

(4) 易于获得轴承早期故障信息。

2.8.3　数据分析

几个状态评定参数的含义如下：

dBsv：冲击脉冲值的绝对分贝，是用来衡量冲击脉冲能量强度的绝对值。

dBi：冲击脉冲值的背景分贝，即滚动轴承初始值。其数值大小取决于滚动轴承内径大小和转速的大小。

dBn：冲击脉冲值的标准分贝。用来评定滚动轴承工作状态的标准。dBn = dBsv - dBi

dBm：最大分贝，它的定义是时间窗口中最强的脉冲，表示滚动轴承元件损坏的最大程度。

dBc：地毯分贝。其数值为每秒产生 200 个冲击脉冲信号的最高读数。表示滚动轴承的润滑状态。一个工作状态良好的滚动轴承，地毯值低于 10 dBn。dBc 总是小于 dBm。dBm、dBc 读数是相对读数，不是绝对分贝 dBsv，而是标准分贝 dBn。

在 SPM 的数据分析中，震动数据评价标准以固化软件的形式存储于仪器内，无需用户

人工查找，仪器可根据测量值结合轴承的基本参数直接给出评价结果——绿、黄、红区。

基于冲击脉冲技术，SPM 测振仪分为 T 系列(Tester 测量)和 A 系列(Analyzer，分析)测试仪器。

T 系列是通过 dBm 和 dBc 以及他们之间的△值来进行判断。能反映轴承的运行状态，油膜的分析采用耳机人工分析的方法加以判断。T 系列操作简单易于理解。

A 系列是通过 HR 和 LR 以及他们之间的△值来进行判断。在反映轴承运行状态的同时，定量给出润滑油膜厚度和轴承损伤值，其参数全面，适合更高要求使用。

以下以 T30 型轴承故障检测仪为例进行具体介绍：

(1) T30 轴承故障检测仪的构成

T30 轴承故障检测仪主要由传感器、主机、耳机三部分组成。

主机　根据所收到的监听脉冲震动音频信号进行分析计算，给出评定参数，以评定电机的状况。

传感器　它是一个压电加速度传感器，内设一个 32kHz 压电换能器，将滚动轴承在转动状态下的振动信号转换为一个相对应的电信号供主机使用。

耳机　它是用来监听脉冲震动音频信号，是故障诊断的重要辅助手段。

(2) 滚动轴承状态的识别

T30 轴承故障检测仪将 0 ~ 60dB 分成绿、黄、红三个区域。

绿色区域——读数为 0 ~ 20dBn。表示滚动轴承处于正常良好状态。检测周期可在 1 ~ 3 个月内选择。

黄色区域——读数为 20 ~ 35dBn。表示滚动轴承已出现轻微的失效或表示滚动轴承有降低工作状态的趋势存在。检测周期可缩短到一天或一周。

红色区域——读书为 35 ~ 60dBn。表示滚动轴承已出现较重或严重缺陷，其工作状态不良，有明显的失效存在，需停机检修。

(3) 参数的读取方法

识别滚动轴承的状态是否良好，主要是看 dBc 与 dBm 两值出于什么区域，因而正确读取 dBc 与 dBm 值是非常重要的。

dBm 的读取　是滚动轴承冲击脉冲的最高极限，是由滚道表面缺陷产生的震动能量。用耳机监听时，即为二级发出的最高音频信号(断续声响)。

dBc 的读取　表示的是滚动轴承滚道表面公共的粗糙度，用耳机监听时，即为连续音频信号与断续音频信号的分界点，声响特点为似断非断。

注意：一般规定 dBc 与 dBm 两值读数误差不得大于 ±3 dBn。误差大了会给监测和诊断带来不利影响。

(4) 滚动轴承状态的判断规则

T30 对轴承状态的判断主要依据如下规则：

参数关系	故障判断
dBc 与 dBm 相差 20dBn 以上，且： dBm > 40dBn	(1) 设备轴承元件有严重损伤 (2) 轴承损伤属于危险破坏源，要特别重视 (3) 设备轴承需更换

续表

参数关系	故障判断
dBc 与 dBm 相差 10dBn 以下，且： dBc <40dBn dBm <50dBn	（1）设备轴承存在均匀磨损，且配合松动 （2）设备轴承可继续使用，但需加强监测
dBc 与 dBm 相差 10dBn 以下，且： dBc >40dBn dBm >50dBn	（1）设备轴承已磨损到极限 （2）需更换轴承
dBc 与 dBm 相差 13dBn ±3dBn，且： dBc >35dBn dBm <50 dBn	（1）设备轴承有不明显损伤 （2）轴承可继续使用 （3）需加强监测
dBc 与 dBm 相差 13dBn ±3dBn，且： dBc >35dBn dBm >50 dBn	（1）设备轴承有很明显损伤 （2）需更换轴承
dBc 与 dBm 之间，其声调为间断 + 连续 + 间断	（1）设备轴承缺油，需加油 （2）轴承可能存在跑圈现象 （3）先判断为缺油，当加油后仍出现左述现象，应停机处理跑圈现象
新装轴承，轴承座温度 >60℃，且 dBc 与 dBm 相差小，两值又超出正常要求值	（1）安装不正确，有偏装现象 （2）轴承与端盖有毛面摩擦，内圈跑套 （3）润滑油内有小杂质存在

2.9 红外线测温仪

近 20 年来，红外测温作为一项新技术和新方法，在产品质量控制和监督、设备的在线故障诊断、安全保护等方面发挥了重要的作用，广泛用于科研、钢铁、钢丝生产、焦化、冶金、炉窑、化工、橡胶、造纸、塑料、玻璃、电力、热处理等行业，是一种理想的非接触温度测量仪器。

红外线测温仪有以下特点：

（1）非接触测量　在测量过程中不需要接触到被测量物体的表面和内部，不会干扰物体的被测量温度。

（2）测量范围广　在正常工作和测温仪允许的条件下测温仪的可测量范围一般可以从负几十度到三千多度。

（3）测温速度快　即反映时间快，只要接受到被测物体的红外辐射，即可马上测出被测物体的温度。

（4）准确度高　与一般的接触式测温的仪器不同，它不会改变被测物体的温度场。

（5）灵敏度高　一旦物体的温度有微小变化，红外线辐射能量会立即有变化，很易于测量。

2.9.1 红外线测温仪的原理

红外线辐射是一种自然界存在的最广泛的电磁波辐射，它是基于任何物体在常规情况都存在的自身分子和原子无规则的运动，并不断辐射出红外能量。物体的温度越高，自身分子和原子无规则的运动越强，辐射的能量越大。反之，辐射的能量越小。

物体的红外辐射能量的大小以及按波长的分布与它表面的温度分布有着密切的关系。因此，通过对物体自身辐射的能量的测量就能准确的测定物体的表面温度。这就是红外测温仪的基本工作原理。

红外线测温仪接受物体本身发出的不可见红外辐射能量。红外辐射是电磁波的一部分，按电磁频谱顺序，即无线电波、微波、可见光、紫外线、R 射线、X 射线，红外线位于可见光和无线电波之间，红外线的波长为 0.76 ~ 100μm 之间，其中 0.76 ~ 14μm 之间的波长用于红外测温。按波长分可以分为近红外、中红外、远红外和极远红外四类。

2.9.2　红外线测温仪的组成与分类

红外线测温仪由光学系统、探测单元、信号处理系统三部分组成。

光学系统的主要作用　是收集被测物体的红外辐射功率，并使其汇集到红外测量器上。

红外测量器的主要作用　是将收集到的红外辐射功率信号转换为电信号输出。

电信号处理部分的作用　主要是将测量到的微弱信号进行放大，以达到显示和记录测量结果的目的。

红外线测温仪包括便携式、在线式和扫描式三大系列。根据原理可以分为单色测温仪和双色测温仪(辐射比色测温仪)。

2.9.3　红外线测温仪的主要参数

1．温度范围

温度测量是红外线测温仪选择的一个非常重要的参数。如果选择的温度范围过低，在测量高温物体时，红外线测温仪的核心部分光电探测器会造成损坏；如果选择的温度范围过宽，又会增加采购成本。

2．距离系数

即测温仪探头到目标的距离与被测目标的直径之比，如果测温仪远离目标而且目标小，应该选择距离系数高的测温仪。

目标尺寸测量时被测的目标应大于或等于测温仪的视场，否则会有误差。建议被测的目标应大于测温仪的视场 50% 为好。

3．发射率

发射率是用来衡量物体辐射红外线的能力，它是相同温度和波长下的实际物体与黑体的单色辐射出度之比，又称比辐射率。

发射率会根据材料、表面、波长、温度情况而变化。如果经常测量不同的物体时，应该考虑选择发射率可以调整的测温仪。

2.9.4　红外线测温仪使用中需要注意的问题

1. 环境温度对测量的影响

环境温度的变化将影响到红外测温仪的测量精度，将红外测温仪从一种环境拿到另一种环境温度相差较大的环境中使用时(尤其北方的冬天)，会导致测量精度的暂时下降，为了得到准确的测量结果，在环境温度相差较大的环境中使用时，应将测温仪稳定一段时间再使用。

2．仪器的测量距离对测量结果的影响

如前文所述，一定要选择合适的距离系数的仪器进行测量。

3. 仪器发射率对测量结果的影响

红外线测温仪的发射率分为可调和不可调两种。针对不同物体的测量表面应该选择不同的发射率。大部分有机物和或金属氧化物的表面发射率为0.85～0.98之间。而光洁的金属和抛光的物体发射率很低。

由此可知不能透过玻璃进行测温，对于光亮或抛光的金属表面的测温时，最好不用红外测温仪，如一定要用建议在金属表面贴一胶布，待温度稳定后再进行测量。

2.10 测量误差及减少误差的方法

2.10.1 测量方法

常用的测量方法有直接测量法、比较测量法和间接测量法。

1. 直接测量法

在测量过程中，采用直接指示的仪器、仪表可以直接读取被测量数值，而无须度量器参与的测量叫直接测量法。用欧姆表测电阻、电流表测电流、电压表测电压等都属于直接测量法。由于仪表接入测量电路后，会使电路的工作状态发生变化，直接测量法的准确度较低。

2. 比较测量法

在测量过程中，需要度量器的直接参与，并通过比较仪器来确定被测量数值的测量方法叫做比较测量法。根据被测量量与标准量比较方式的不同又分为：

（1）零值法　在测量过程中，通过改变标准量使它和被测量量相等，当两者差值为零时，确定出被测量量数值的测量方法叫做零值法。例如用电桥测电阻，用电位差计测电动势。

（2）差值法　在测量过程中，通过测出被测量与标准量的差值，从而确定被测量数值的测量方法叫差值法。例如，用不平衡电桥测电阻。

（3）代替法　在测量过程中，将被测量与已知的标准量分别接入同一测量装置，若维持仪表读数不变，这时被测量即等于已知标准量，这种测量方法叫代替法。

比较测量法的准确度和灵敏度都比较高，适用于精密测量。但设备复杂，操作麻烦。

3. 间接测量法

根据被测量和其他量的函数关系，先测得其他量，然后按函数关系计算出来的一种方法叫间接测量法。例如，用伏安法测量电阻。间接法测量的误差较大，在准确度要求不太高的场合或直接测量有困难时采用。

2.10.2 测量误差与消除

测量误差是指测量结果与被测量结果之间的差异。测量误差产生的原因，除了仪表的基本误差和附加误差的影响外，还因测量方法的不完善，测量人员操作技能和经验不足，以及人们感官差异等因素造成。

1. 误差的分类及产生的原因

根据误差的性质，测量误差一般分为系统误差、偶然误差和疏失误差三类。

（1）系统误差　这是一种遵循一定规律，在测量过程中保持不变的误差。造成系统误差的原因有：

测量设备的误差　标准度量器、仪表本身具有的误差。如刻度不准确等造成的系统误差；

测量方法的误差　测量方法不够完善，测量仪表安装或配线不当，外界环境变化以及测量人员操作技能和经验不足造成的系统误差。如引用近似公式，接触电阻等造成的误差。

（2）偶然误差　是一种大小和符号都不固定的误差，这种误差主要是由外界环境（如温度、湿度、电场、磁场等）的偶然性变化引起的。在重复进行同一个量的测量过程中，其结果往往不完全相同。

（3）疏失误差　是一种严重歪曲测量结果的误差。它是因测量时的粗心或疏忽造成，如读数错误、纪录错误等。

2. 测量误差的消除

（1）系统误差的消除

首先，应对度量器、测量仪器、仪表进行校正。可采用合理的测量方法或配置适当的测量仪器，改善仪表安装质量和配线方式，还可采用特殊的测量方法，比如正负消去法、替代法等。

正负消去法　就是对同一量反复测量两次，如果其中一次误差为正，另一次误差为负，取它们的平均值后，就可以消去这种系统误差。例如，为了消除一定的外电场对电流表读数的影响，可把电流表放置的位置掉转 180° 再测一次，两种放置测得的结果产生的误差符号正好相反。

替代法　将被测量用已知量代替，替代时仪表的工作状态不变。仪表本身的不完善和外界因素的影响对测量结果不发生作用，从而消除了系统误差。

（2）偶然误差的消除

对于偶然误差，不能用试验的方法加以消除，只能根据多次测量从偶然误差的总和中用统计的方法加以处理，因此，通常采用增加重复测量次数的方法来消除偶然误差对测量结果的影响，测量次数越多，其算术平均值就越接近于实际值。

（3）疏失误差的消除

疏失误差严重歪曲了测量结果，因此包含有疏失误差的测量结果应抛弃。

第3章 常用电工材料

3.1 绝缘材料

3.1.1 固体绝缘材料

3.1.1.1 导线绝缘材料

由电阻系数大于$10^9\Omega \cdot cm$的物质所构成的材料在电工技术上叫做绝缘材料，又称为电介质，其主要作用是隔离带电的或不同电位的导体，使电流能按预定的方向流动。绝缘材料大部分是有机材料，其耐热性、机械强度和寿命比金属材料低得多，因此，绝缘材料是电工产品最薄弱的环节，许多故障发生在绝缘部分。各种绝缘材料都具有不同的特性，必须合理的选用。固体绝缘材料的主要性能指标有以下几项：

1. 绝缘电阻

绝缘材料的电阻率虽然很高，但在一定的电压作用下，总有微小电流通过，这种电流称为泄漏电流。泄漏电流由两部分组成，一部分流经绝缘材料内部；另一部分沿绝缘材料表面流动。为了更清楚地表明材料的绝缘性能，通常用表面电阻率和体积电阻率两项指标，对各种不同的绝缘材料进行比较。对同一种绝缘材料，由于温度不同或表面状态（水分、污物等）不同，绝缘电阻值也会有很大的差异。随着温度的升高，体积电阻值将下降。绝缘材料受潮后，体积电阻值和表面电阻值都会降低。绝缘材料表面积污，其表面电阻值也要下降。

2. 击穿强度

绝缘材料在高于某一数值的电场强度的作用下，会被损坏而失去绝缘性能，这种现象称为击穿。绝缘材料被击穿时的电场强度，称为击穿强度，单位为kV/mm。

绝缘材料击穿又可分为：

（1）电击穿　即在强电场作用下，电介质内部带电质点剧烈运动，发生碰撞电离，破坏分子结构，增加电导，以致最后击穿。

（2）热击穿　即在强电场作用下，电介质内部由于介质损耗而发出热量，如果不能及时散发出去，就会使电介质内部温度升高，导致分子结构破坏而击穿。

（3）放电击穿　即在强电场作用下，电介质内部包含的气泡首先发生碰撞电离而放电，杂质也因受电场加热而汽化，产生气泡，于是使气泡放电进一步发展，导致整个材料的击穿。

3. 耐热性

导电设备在运行过程中，其绝缘材料长期在热态下工作，所以选用的绝缘材料必须具有一定的耐热性能。由于造成绝缘材料老化的主要因素是温度，所以根据各种绝缘材料的耐热性能，规定了它们在使用过程中的最高温度，以保证电工产品的使用寿命，避免使用时温度过高而加速绝缘材料的老化。

电工绝缘材料按其允许最高温度分为7个耐热等级，分别如下：

Y级　极限工作温度90℃。主要绝缘材料有木材、棉花、纸、纤维等天然的纺织品，还有醋酸纤维和聚酰胺为基础的纺织品等，易于热分解和熔化点较低的塑料；

A 级　极限工作温度 105℃。主要绝缘材料有工作于矿物油中的 Y 级材料，用油或油树脂复合胶浸过的 Y 级材料，漆包线、漆布、沥青漆等；

E 级　极限工作温度 120℃。主要绝缘材料有聚酯薄膜和 A 级材料复合、玻璃布、油性树脂漆、乙酸乙烯耐热漆包线等；

B 级　极限工作温度 130℃。主要绝缘材料有聚酯薄膜，经合适树脂黏合式浸渍复涂的云母、玻璃纤维、石棉等制品、聚酯漆包线等；

F 级　极限工作温度 155℃。主要绝缘材料有以有机纤维材料补强的云母片制品、玻璃纤维和石棉、玻璃漆布等；

H 级　极限工作温度 180℃。主要绝缘材料有无补强或以无机材料为补强的云母制品、加厚的 F 级材料、硅有机漆、硅有机橡胶等；

C 级　极限工作温度 180℃以上。主要绝缘材料有不采用任何有机黏合剂及浸渍剂的无机矿物如石英、石棉、云母、玻璃和电瓷材料等。

4. 机械强度

根据各种绝缘材料的具体要求，相应规定抗张、抗压、抗弯、抗剪、抗撕、抗冲击等各种强度指标。各种不同的绝缘材料还有各种不同的性能指标，如渗透性、耐油性、伸长率、收缩率、耐溶剂性和耐电弧等，这里不一一介绍。

5. 绝缘材料的老化

电气设备中的绝缘材料在运行过程中，由于电、热的多种原因发生一系列不可逆化学－物理变化，从而导致电性能和机械性能的劣化。这种不可逆的变化称为老化。

热老化产生的原因有：

(1) 电介质中存在低分子挥发性成分的逸出。

(2) 解聚和氧化裂解。在热和氧的作用下，生成游离基的引发反应。

(3) 热裂解。即热裂解中产生的有害物质氯化氢，对某些材料(如聚氯乙烯)产生催化作用。

(4) 水解。在热的影响下，水分与绝缘材料产生反应，引起水解、降解。

(5) 分子链继续聚合。导致绝缘材料变脆，在机械应力作用下损坏。

电老化产生原因有：

(1) 局部放电产生臭氧。臭氧是强氧化剂，使绝缘材料产生臭氧裂解。

(2) 局部放电产生氮的氧化物，与潮气生成硝酸，发生破坏作用。

(3) 局部放电产生高速粒子对绝缘材料袭击，发生破坏作用。

(4) 局部放电使介质损耗增大，材料局部发热，使性能变坏。

3.1.1.2　绝缘材料的种类

电工绝缘材料按化学成分可分为无机绝缘材料、有机绝缘材料和混合绝缘材料三大类；按物理特性可分为气体绝缘材料(如空气、氢、氮、二氧化碳、六氟化硫等)、液体绝缘材料(如变压器油、开关油、电容器、电缆油等)、固体绝缘材料(如绝缘漆、胶、纸、漆布、云母制品、橡胶等)和弹性绝缘材料四大类 。下面重点叙述绝缘导线用固体绝缘材料的应用及工艺特征。

1. 绝缘漆

绝缘漆可分为浸渍漆、覆盖漆和硅钢片漆。其中

(1) 浸渍漆　主要用来浸渍电机、电器的线圈和绝缘零部件，以填充其间隙和微孔，提

高它们的电气及力学性能。常用的有醇酸浸渍漆、三聚氰胺醇酸浸渍漆。这两种都是烘干漆，都具有较好的耐油性及耐电弧性，漆膜平滑而有光泽。

（2）覆盖漆　有清漆和瓷漆两种，是用来涂覆经浸渍处理后的线圈和绝缘零部件，在其表面形成连续而均匀的漆膜，作为绝缘保护层，以防机械损伤和大气、润滑油和化学药品的侵蚀。常用的绝缘漆型号和特性见表3－1。

表3－1　常用的绝缘漆型号和特性

类别	名称	型号	漆膜干燥条件		耐热等级
			温度/℃	时间/h	
浸渍漆	耐油清漆	1012	105±2	2	A
	醇酸清漆	1030	105±2	2	B
	三聚氰胺醇酸树脂漆	1032	105±2	2	B
	三聚氰胺环氧树脂漆	1033	120±2	2	B
	硅有机清漆	1051	200	3	H
覆盖漆	沥青漆	1010	105±2	6	AE(B)
	沥青漆	1011	105±2	3	AE(B)
	沥青漆	1210	105±2	10	AE
	沥青漆	1111	20±2	3	AE
	灰磁漆	1320	105±2	3	E
	红磁漆	1322	105±2	3	E
	硅有机磁漆	1350	200	3	H

2. 绝缘纸

绝缘纸是纸和油组合的绝缘材料，包绕好的电缆纸经过干燥处理，在真空下浸渍电缆油，形成油纸复合绝缘结构。

（1）电缆纸　由木质纤维素组成。纤维素是一种高分子化合物。木质纤维具有较高的电气性能、化学稳定性和机械强度。纸的厚度对其电气性能影响较大。35kV及以下电缆用的普通电缆纸和适用于高压电缆的电缆纸不同，后者要比前者薄。

聚丙烯木纤维纸(PPLP)是适用于110kV及以上高压充油电缆的新型绝缘纸，它是聚丙烯与木纤维的复合绝缘，其中聚丙烯的厚度比占30%～50%。这种绝缘纸具有介质损耗低等优良特性。

（2）电缆浸渍剂　按黏度分为两类：一是黏性浸渍剂，其黏度较高，在电缆工作温度下不流动或基本不流动，用于35kV及以下纸绝缘电缆；另一类低黏度油，用于充油电缆。

黏性浸渍剂有两种配方：一是光亮油和松香按7∶3比例配制的复合浸渍剂，另一种是加入了低分子聚合物(如聚异丁烯和适量固体配合剂)而制成的不滴流电缆的浸渍剂。

早期充油电缆的油为矿物油，现在一般均用十二烷基苯，即合成高压电缆油。十二烷基苯油的黏度为矿物油的1/4～1/3。其稳定性好，介质损耗小，更适用于充油电缆。

（3）油浸纸绝缘的结构和性能　把电缆纸切成5～25mm宽的纸带，螺旋式包绕在导体上，这样可以确保电缆的可曲度。除靠近导体和最外层外，采用负搭盖方式绕包。当电缆被弯曲时，纸带间可以产生相互移动。

纸带绕包好后，通过干燥过程，排去吸附在纸表面和纤维素表面毛细管中的水分。经干燥浸渍处理成为油浸纸绝缘。

油浸纸绝缘电力电缆性能方面比较优异，但由于安装要求条件比较苛刻等诸多原因，因此目前使用不多。

3. 挤包绝缘电缆(又为塑料绝缘电缆)的绝缘层

挤包绝缘是将塑料、橡胶等高分子聚合物，运用挤包工艺设备，将其紧密地挤包在导体上，形成均匀的绝缘层结构。常用挤包绝缘材料有聚氯乙烯、聚乙烯、交联聚乙烯和乙丙橡胶等。

(1) 聚氯乙烯(PVC)　聚氯乙烯的电气性能和机械强度较好；它有1～10kV几个电压等级，可以在很大范围内代替油浸纸绝缘电缆；具有耐酸、耐碱和耐油性能；不延燃；工艺性能较好。缺点是耐热性能较低，绝缘电阻小，介质损耗大，只能用于6kV及以下的电缆绝缘。

(2) 聚乙烯(PE)　聚乙烯按其密度分类，有低密度聚乙烯(LDPE)、中密度聚乙烯(MDPE)和高密度聚乙烯(HDPE)。根据分子量的大小，聚乙烯可以分为高分子量聚乙烯和低分子量聚乙烯。高分子量聚乙烯具有较好的物理力学性能，但加工性能困难。聚乙烯具有优良的电气性能，$\tan\delta$值和介电常数都较小。加入适量的添加剂，可提高聚乙烯的耐电晕、耐热性能和机械强度，并使环境应力开裂性得到改善。高分子量低密度聚乙烯的环境应力开裂性较轻微。

(3) 交联聚乙烯电缆　交联聚乙烯电缆容许温升较高，故允许载流量较大，耐热性能好，适用于高落差敷设，安装维护简便，但抗电晕，游离放电性能较差。交联聚乙烯电缆目前已得到越来越广泛的应用，适用于各种电压。

(4) 橡胶绝缘电缆(XLPE)　橡胶绝缘电缆柔软性好，易弯曲，具有弹性，能够在严寒气候下使用，适宜多次拆装的线路。但耐电晕、耐臭氧、耐热、耐油的性能较差，因此只能做低压电缆使用，不适用于固定敷设的线路。

3.1.1.3　电力电缆保护层的结构

为了防止机械损伤、电化学腐蚀和潮气侵入，电力电缆的缆芯和绝缘层有严密的保护层。现以交联聚乙烯绝缘、聚氯乙烯护套电力电缆为例说明电力电缆保护层结构。

由图3－1可见，导体1外面覆盖一层半导体屏蔽层，称为内半导体屏蔽层，用于防止导体电场对交联聚乙烯绝缘3的长期作用造成的电场分解和腐蚀。在交联聚乙烯绝缘3之外也覆盖一层半导体屏蔽，称为外半导体屏蔽层4。在外半导体屏蔽层之外尚有一层铜带屏蔽5，它们的作用都是削弱外电场对交联聚乙烯的作用，以确保绝缘性能良好。铜带屏蔽还可作为电缆保护接地的焊接点之用。在铜带屏蔽之外，三根缆芯之间填有填充物，最外层是三相统包包带和聚氯乙烯外护套。

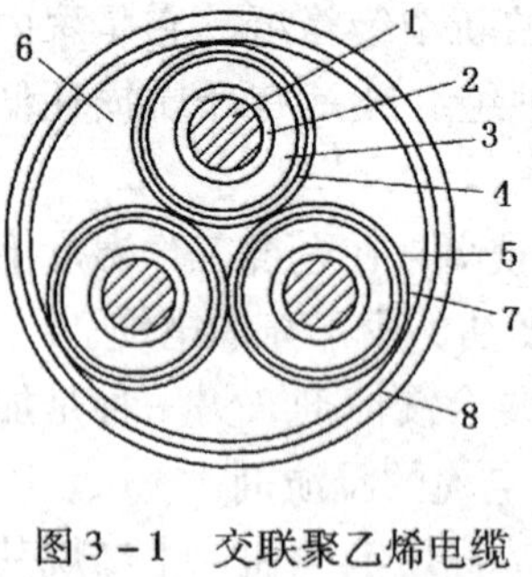

图3－1　交联聚乙烯电缆
1—导体(铜或铝)；2—内半导体屏蔽；3—交联聚乙烯绝缘(内护套)；4—外半导体屏蔽；5—铜带屏蔽；6—填充；7—钢包带；8—聚氯乙烯外护套

3.1.2　变压器油

3.1.2.1　变压器油分类及其作用

常用的国产变压器油有DB－10、DB－25、DB－45型，即常说的10号、25号、45号变压器油，它们分别表示变压器油的不同凝固温度。如10号油表示凝固点为－10℃，25号油表示凝固点为－25℃。由于其凝固点不同，可适用于不同的地区，如凝固点－45℃的油，可适用于北方地区，凝固点较高的油，如DB－10型，可适用于南方地区，一个单位最好采用一个品种的变压器油，便于管理和解决补充油的问题。

变压器油在变压器中的主要作用有：

(1) 作为绝缘介质。因变压器油绝缘性能高于空气数倍以上，使变压器内绕组之间，以及绕组与接地的箱体和铁芯之间具有良好的绝缘，从而使变压器设计尺寸减小。

(2) 作为散热的媒介。靠变压器内部温度差，使铁芯和绕组散发出来的热量传递给冷却装置。

(3) 在有载调压变压器中，有载分接开关内电弧靠变压器油灭弧，起到灭弧介质作用。

3.1.2.2 变压器油的主要技术指标和要求

1. 凝点(凝固点)

在规定试验条件下，将盛于试管内试油冷却并倾斜45°角经过1min后，油面不再流动时的最高温度称为凝点，单位为℃。

2. 倾点

在规定试验条件下，被冷却的能流动的最低温度称为倾点，单位为℃。倾点比凝点一般高2℃左右。

以上两个指标反应绝缘油在低温时的流动性，对于使用、储存和运输都有重要意义。比如停运的变压器油失去流动性，变压器不能立即投入运行，否则变压器油因不能流动，不起散热作用。

3. 黏度

黏度是评价其流动性的一个指标。黏度越低，流动性越好，变压器冷却越好。

4. 闪点

在规定条件下，加热绝缘油所逸出的蒸气和空气组成的混合物与火焰接触发生瞬间闪火时的最低温度，称为绝缘油的闪点，单位为℃。油的闪点越高，油蒸气挥发越少，油使用就越安全，所以变压器油的闪点不应低于135℃，油的劣化会使闪点剧烈降低。

5. 酸值(酸价)

中和1g油所含自由酸价化合物所必需的氢氧化钾(KOH)的毫克数称为酸值或酸价。由酸值大小可以判断油的老化程度，运行中变压器油的酸值应小于0.1mgKOH/g，新油酸值应小于0.03mgKOH/g。

6. 水溶性酸碱

绝缘油中残留的矿物酸和碱以及油氧化而形成的酸，都可能溶于水。溶于水的酸、碱会使油迅速老化且腐蚀金属和绝缘材料，使绝缘强度降低。所以不论新油或运行油都不希望有水溶性酸碱存在。通常变压器油的pH在6左右。

新油应不存在水溶性酸碱。运行油中出现了水溶性酸，并超过了标准(pH≤4.2)时，应及时处理或换油。新设备投运前，要求pH>5.4，才可投运。

7. 电气绝缘强度

绝缘油电气绝缘强度用击穿电压和介电强度来描述。所谓击穿电压是指在规定条件下绝缘体或试样发生击穿时的最低电压，单位是kV；介电强度是指绝缘介质能承受而不致遭到击穿的最高电气强度。在规定的试验条件下，发生击穿电压除以施加电压的两极之间的距离，所得的商，称为介电强度，以kV/cm表示；击穿电压是表示绝缘油电气性能好坏的主要参数之一，希望击穿电压越高越好。但由于绝缘油的污染，水分和杂质的影响，会降低击穿电压，因此必须做好变压器油的防潮与抗劣化。新油的击穿电压≥35kV(试验间距2.5mm)。

8. 界面张力

液体界面(表面)分子里的作用，表现为反抗其本身的表面积增大的力。通常是测定绝缘油对水的界面张力，单位是mN/m。

油水之间界面张力的测定属检查油中是否含有因老化而产生可溶性杂质的一种有效的方法。当变压器油的界面张力降低到15～18mN/m时，就表明有油泥沉淀产生。界面张力与温度有关，温度高，界面张力下降，所以规定在25℃时的界面张力≥19mN/m(运行油)。

9. 绝缘油外观鉴别

(1) 油的颜色。新油是淡黄色或天蓝透明的，油劣化后变暗，呈棕色，表明油已炭化，不能再用。

(2) 透明度。在玻璃管中观察油，应是透明的。如果透明度差，表明油中有杂质或其他游离碳存在。

(3) 荧光。装油的玻璃管迎着光线看时，新油在两侧会呈现绿色或蓝紫色的反光，称荧光。如果油老化，油中无此现象发生。

(4) 气味。新油无味或有一点煤油味。若油出现酸味，表明油已老化；若油有焦味，表明油不干燥。

10. 机械杂质

变压器油中的机械杂质来源有外界混入(如输油管、油桶不干净)、电弧产生碳粒、绝缘脱落的纤维等。这些杂质会堵塞油路，影响散热，会在电场作用下构成导电桥，影响绝缘强度。合格的变压器油不应存在机械杂质，若有杂质可用滤油机净化除净。

11. 水分

水分对变压器金属部件有腐蚀，降低油绝缘强度，促使绝缘油加速老化。对于66～110kV变压器，运行油中水分要小于等于35mg/L。

12. 绝缘油氧化安定性

变压器油接触空气后，油与空气中氧发生化学反应，称为绝缘油的氧化。油氧化后十分有害，可降低油的质量，使酸值、密度、黏度增大，油的绝缘强度降低，油色变暗。

绝缘油的氧化产物可降低设备使用寿命，促使固体绝缘材料老化。所以，要求新变压器油的氧化安定性如下：氧化后沉淀物≤0.05%；氧化后酸值≤0.2mgKOH/g。

13. 介质损耗因数 $\tan\delta$

绝缘油在交变电场作用下，有两种能量损耗：一种是极化引起的损耗；另一种是电导引起的损耗。所谓绝缘油的介质损耗因数，实质上是指这两种损耗的总和。由于有损耗存在，所以通过绝缘油的电流与其两端电压的相位差不再是90°，要比90°小一个 δ 角，此 δ 角称为介质损耗角。

绝缘油的介质损耗大小用介质损耗角正切($\tan\delta$)来表示，$\tan\delta$ 称介质损耗因数。它对判断变压器绝缘特性的好坏有重要意义。

介质损耗因数 $\tan\delta$ 越大，表明绝缘油老化程度越大，变压器整体绝缘特性越坏。$\tan\delta$ 与温度有关，当温度升高时，$\tan\delta$ 也随着升高，所以新变压器油要求 $\tan\delta$ 在90℃数值要小于或等于0.005，运行油小于等于0.04(电压330kV以下)。

3.1.2.3 变压器混油注意事项

当变压器里的油位降低时，需要补油。不同牌号的绝缘油或同牌号的新油与运行过的油混合使用前必须做混油试验。试验时，应按混油的实际使用比例先取混油油样进行化验，其结果应符合有关规定。

在正常情况下，混油时应注意以下几点：

(1) 尽量使用同一牌号的变压器油，这样可保证其运行特性基本不变。

(2) 被混油双方都应采用同一种抗氧化添加剂，或双方都不含、或一方不含添加剂。如果混油双方采用不同的添加剂，则混合后可能出现化学变化而影响绝缘油的性能。国产变压器油一般皆用2.6—二叔丁基对甲酚做抗氧化剂。只有未加其他添加剂，油的牌号又相同，方可以按任何比例混合使用。

(3) 如果被混的运行中油，酸值、水溶性酸(pH值)等反映油品老化的指标已表明不合格时，混油要慎重对待。此时，应进行混油特性试验合格后方可混油。因为运行中的油如已严重老化，油中的氧化物可能未沉淀出来，在加入新油后，可能反而会析出沉淀物，产生大量油泥，使绝缘油的性能变坏。由此可见，如运行油质已有一项或数项指标不合格，则应对油进行再生处理，而不允许利用混油手段来提高运行油的质量。

3.2 导线与电缆的选用

3.2.1 导电材料的选择

目前导电材料均以铜、铝为主。不过由于铜在导电性能等诸多方面优于铝，所以铜导线使用的数量大于铝。但是面对目前高涨的铜材料价格，根据性价比，根据使用的具体情况应选择不同材质。

绝缘及护套材料的选择参照前述3.1.1.2内挤包绝缘电缆的绝缘层一节。

3.2.2 导线与电缆截面的选择

1. 满足发热条件

35kV及以下线路、低压动力线路宜先按导线与电缆温升(发热条件)选择导线截面，再校验其他条件(除经济电流密度外)。按导线与电缆温升选择截面的方法如表3－2所示。

表3－2 按导线温升选择截面

<table>
<tr><th>序号</th><th colspan="2">项目</th><th>说明</th></tr>
<tr><td>1</td><td colspan="2">相线截面积的选择</td><td>相线截面积为A_{ϕ}的导线允许载流量I_{al}不得小于相线的计算电流I_{30}，即
$I_{al} \geqslant I_{30}$
其中，I_{30}对变压器高压侧线路，应取变压器高压绕组额定电流；对并联电容器组回路，应取其额定电流的1.35倍</td></tr>
<tr><td rowspan="4">2</td><td rowspan="4">中性线(N线)截面积的选择</td><td>一般三相四线制线路的中性线</td><td>中性线截面积A_0应不小于相线截面积A_{ϕ}的50%，即
$A_0 \geqslant 0.5A_{\phi}$</td></tr>
<tr><td>单相线路的中性线</td><td>$A_0 = A_{\phi}$</td></tr>
<tr><td>两相三线线路的中性线</td><td>$A_0 = A_{\phi}$</td></tr>
<tr><td>三相负荷严重不平衡及高次谐波电流相当突出的三项四线线路的中性线</td><td>$A_0 \geqslant A_{\phi}$</td></tr>
</table>

续表

序号	项目		说明
3	保护线（PE 线）截面积的选择	当 $A_{\phi} \leq 16mm^2$ 时	保护线截面积 A_{PE} 应与相线截面积 A_{ϕ} 相等，即 $A_{PE} = A_{\phi}$
		$16mm^2 < A_{\phi} \leq 35mm^2$ 时	$A_{PE} = 16mm^2$
		当 $A_{\phi} > 35mm^2$ 时	$A_{PE} = 0.5A_{\phi}$
4	保护中性线（PEN 线）截面积的选择		应同时满足上述 N 线（序号 2）和 PE 线（序号 3）的要求，而且应满足 PE 线的机械强度要求

2. 满足电压损耗条件

低压照明等线路宜先按允许电压损耗选择，再校验其他条件（除经济电流密度外）。即线路电压损耗应满足用电设备正常工作及启动时端电压的要求。用电设备端电压偏移允许值见表 3－3。

表 3－3　用电设备端电压偏移允许值

电动机	电压偏移允许值/%	照明灯	电压偏移允许值/%
正常情况下	+5 ~ −5	视觉要求较高场所	+5 ~ −2.5
特殊情况下	+5 ~ −10	一般工作场所	+5 ~ −5
		事故照明、道路照明、警卫照明	+5 ~ −10
		其他用电设备无特殊规定时	+5 ~ −5

注：① 对于远离变电所的小面积工作场所，允许误差为 −10%。

② 对于照明线路，一般按允许电压损失选择导线截面，并校验机械强度和允许载流量。

3. 满足机械强度条件

既导线截面不应小于其允许的最小截面，铝芯电缆截面不宜小于 $4mm^2$，绝缘导线芯线最小截面见表 3－4。

表 3－4　绝缘导线芯线最小截面

序号	线路类别			芯线最小截面/mm^2		
				铜芯软线	铜线	铝线
1	照明用灯头引下线	室　内		0.5	1.0	2.5
		室　外		1.0	1.0	2.5
2	移动式设备线路	生活用		0.75	—	—
		生产用		1.0	—	—
3	敷设在绝缘支持件上的绝缘导线（L 为支持点间距）	室内	$L \leq 2m$	—	1.0	2.5
		室外	$L \leq 2m$	—	1.5	2.5
		室内外	$2m < L \leq 6m$	—	2.5	4
			$6m < L \leq 15m$	—	4	6
			$15m < L \leq 25m$	—	6	10
4	穿管敷设的绝缘导线			1.0	1.0	2.5
5	沿墙敷设的塑料护套线			—	1.0	2.5
6	线槽敷设的绝缘导线			—	0.75	2.5

续表

序号	线路类别		芯线最小截面/mm^2		
			铜芯软线	铜线	铝线
7	PE线和PEN线	单芯线作PEN干线时	16	10	16
		多芯线作PEN干线时	—	4	4
		有机械保护的单芯线作PE线	—	2.5	2.5
		无机械保护的单芯线作PE线	—	4	4

4. 满足年运行费用最小条件

既较长距离的大电流回路或35kV及以上高压线路，宜按“年费用支出最小”原则即规定的“经济电流密度”来校验“经济截面”（如表3-5）。

表3-5 按经济电流密度校验截面

序号	项目	说明				
1	经济截面和经济电流密度	指按线路的年运行费用接近最少又适当考虑有色金属节约的导线和电缆截面积。用来计算经济截面的电流密度，称为经济电流密度，如以下附表所示				
2	导线和电缆的经济电流密度 j_{ec}（A/mm^2）	线路类型	导体材质	年最大负荷利用小时		
				3000h以下	3000～5000h	5000h以上
		架空线路	铜	3.00	2.25	1.75
			铝	1.65	1.15	0.90
		电缆线路	铜	2.50	2.25	2.00
			铝	1.92	1.73	1.54
3	计算经济截面	$A_{ec}=I_{30}/j_{ec}$ 式中，I_{30}为线路的计算电流（A）。 可选接近于A_{ec}的标准截面积（mm^2）				

注：①对于远离变电所的小面积工作场所，允许误差为-10%。

② 对于10kV及以下配电线，一般不按经济电流密度校验导线截面。

5. 满足短路稳定度条件

即高低压母线一般需校验短路动稳定度和热稳定度，电缆和绝缘导线则需校验短路热稳定度。

6. 常用导线的安全电流简易计算方法

导线安全电流计算是电气工程中极为重要的工作之一，很多电气火灾是由于导线过负荷运行中发热所致，其后果严重。每个从事电气工作人员必须熟练掌握导线安全电流的计算方法，正确选择导线截面是确保电气设备安全运行的重要因素。本节介绍导线安全电流计算的口诀，以便记忆和应用。

(1) 铝绝缘导线的截面选择

口诀1：二点五下整九倍，升级减一顺号对；

三十五线乘以三点五，双双成组减半倍；

条件不同算差异，高温九折，铜升级，裸线加半算为宜；

导线穿管二、三、四，八、七、六折勿忘记。

说明：口诀中"二点五下整九倍，升级减一顺号对"是指导线截面积在 2.5mm^{2}及以下每平方毫米安全电流为 9A，导线截面积从 2.5mm^{2}以上，即从 4mm^{2}开始，线号增大一等级，安全电流减少 1A 直至 25mm^{2}为止。口诀中"三十五线乘以三点五，双双成组减半倍"是指导线截面积 35mm^{2}每平方毫米安全电流为 3.5A，导线截面积在 35mm^{2}以上的导线，两个等级的导线为一组安全电流每平方毫米减 0.5A，依次往上推算，具体数据见表 3-6。口诀中"高温九折，铜升级，裸线加半算为宜"是指在高温场所(温度超过 25℃)使用时安全电流应乘以系数 0.9。裸导线的散热系数大于绝缘导线，计算安全电流时，可按绝缘导线安全电流乘以 1.5 倍来计算。铜质导线的载流量(电流密度)大于铝质导线，同截面积的铜导线按铝导线大一线号来计算安全电流。口诀中"导线穿管二、三、四，八、七、六折勿忘记"是指导线穿管 2 条导线其安全电流乘以系数 0.8，导线穿管 3 条导线其安全电流乘以系数 0.7，导线穿管 4 条导线其安全电流乘以系数 0.6。

表 3-6　导线截面安全电流表

导线截面/mm^2	2.5	4	6	10	16	25	35	50	70	95	120	150	180	240
安全电流/A	9	8	7	6	5	4	3.5	3	3	2.5	2.5	2	2	2

注：此表以温度为 25℃的标准所列的数值，实际应用温度不符时，应校验温度系数。

(2) 380V 三相电动机导线截面积选择

口诀 2：电动机选导线，截面系数加、减算；
二点五、二，四为三；
六上均五，往上算；
百二返百，升级减；
线大容小，一级选。

说明：380V 三相异步电动机选择导线截面积，是电工工作经常遇到的问题，可以应用此口诀选择导线截面积，口诀是以铝绝缘导线为准，考虑导线穿管及高温场所使用。

口诀中"二点五，二"是指导线截面积 2.5mm^{2}加上系数 2 为电动机容量。即(2.5+2)kW，2.5mm^{2}的导线可供 4.5kW 及以下的电动机使用。

口诀中"四为三"是指导线截面积 4mm^{2}加上系数 3 为电动机容量。即(4+3)kW，4mm^{2}的导线可供 7kW 及以下的电动机使用。

口诀中"六上均五"是指导线截面积 6mm^{2}加上系数 5 为电动机容量。

例一，(6+5)kW=11kW，6mm^{2}的导线可供 11kW 电动机使用。

例二，25mm^{2}绝缘铝导线可供电动机使用的容量为：(25+5)kW=30kW

口诀中"百二返百，升级减；线大容小，一级选"是指导线截面积为 120mm^{2}可供 100kW 三相 380V 电动机使用，导线截面积在 120mm^{2}以上，按导线截面积小一等级计算电动机容量。

例三，120mm^{2}绝缘铝导线可供 100kW 电动机使用，150mm^{2}绝缘铝导线可供 120kW 电动机使用，185mm^{2}绝缘铝导线可供 150kW 电动机使用，240mm^{2}绝缘铝导线可供 185kW 电动机使用。若采用铜绝缘导线，其导线截面积可选择铝绝缘导线并小一等级截面积的导线。导线截面积选配使用，由于电流集肤效应所致，导线截面积愈大，其载流量愈小。

3.2.3　电缆型号编制方法

3.2.3.1　电缆型号的组成及含义

我国电力电缆产品型号，以字母和数字为代号组合表示。其中以字母表示电缆产品的绝缘层(产品系列)、导体、绝缘、护套、特征及派生代号，以数字表示电缆外护套。

1. 电缆型号的组成

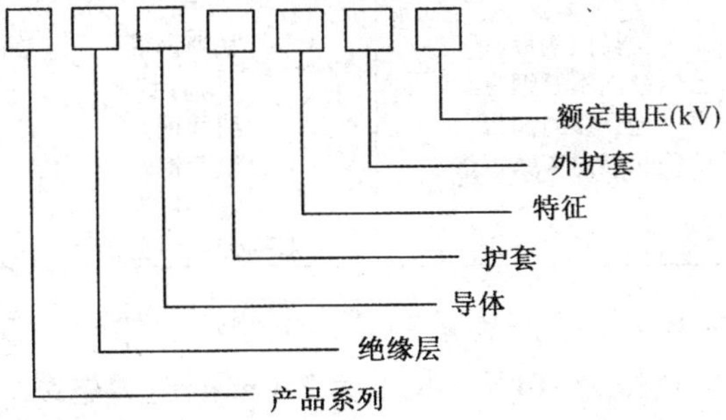

完整的电缆产品型号还应包括电缆额定电压、芯数、标称截面和标准号。具体表示方法：

线芯数×线芯截面(mm^2)+中性线芯(用“1”表示)×中性线芯截面(mm^2)+电缆长度

2. 电缆型号中产品系列、绝缘层、导体、护套和特征代号的含义(如表3-7)

表3-7　电缆型号中产品系列、绝缘层、导体、护套和特征代号的含义

型号组成	简单名称	代号	型号组成	简单名称	代号
产品系列代号	纸绝缘电缆	Z	导体代号	铜	T(可不表示)
	橡胶绝缘电缆	X		铝	L
	丁基橡胶电缆	XD	护套代号	铅护套	Q
	聚氯乙烯绝缘电缆	V		铝护套	L
	聚乙烯绝缘电缆	Y		聚氯乙烯护套	V
	交联聚乙烯绝缘电缆	YJ		非燃性橡套	HF
	控制电缆	K		波纹铝护套	LW
	阻燃电缆	ZR		铝带聚乙烯组合护套	A
	耐火电缆	NH		聚乙烯护套	Y
	导引电缆	D		橡套	H
	光缆	G	特征代号	统包型	不表示
	自容式充油电缆	CY		分相铅包、分相护套	F
绝缘层代号	纸绝缘	Z		贫乏浸渍(干绝缘)	P
	橡皮绝缘	X		不滴流	D
	聚氯乙烯绝缘	V		充油	CY
	聚乙烯绝缘	Y		滤尘器用	C
	交联聚乙烯绝缘	YJ		直流电缆	Z

注：①产品系列代号是电缆型号的第一个字母，其与绝缘层代号相同时绝缘层代号可省略，例如黏性纸绝缘电缆，绝缘层代号“Z”可省略

②自容式充油纸绝缘电缆的绝缘层代号“Z”就不可省略。

3. 电缆型号中外护层代号的含义(如表3-8)

外护层代号编制的原则如下：

(1) 内衬层结构基本相同，在型号中不予表示；

(2) 一般外护层按铠装层和外被层结构顺序，以两个阿拉伯数字表示，每一个数字表示所采用的主要材料；

(3) 充油电缆外护层型号按加强层、铠装层和外被层结构顺序，通常以三个数字表示。每一个数字表示所采用的的主要材料。

表 3-8 电缆型号中外护层代号的含义

代号	加强层	铠装层	外被层(或外护套)
0	—	无	无
1	径向铜带	联锁钢带	纤维外被
2	径向不锈钢带	双钢带	聚氯乙烯外套
3	径、纵向铜带	细圆钢丝	聚乙烯外套
4	径、纵向不锈钢带	粗圆钢丝	—
5		波纹钢带	
6		双铝带或铝合金带	

例如，ZQ21-3×50-10-250 既表示铜芯、纸绝缘、铅包、双钢带铠装、纤维外被层(如油麻)，3 芯、$50mm^2$，电压为 10kV，长度为 250m 的电力电缆。

又如，YJLV22-3×120-10-300 表示铝芯、交联聚乙烯绝缘、聚氯乙烯内护套、双钢带铠装、聚氯乙烯外护套，3 芯、$120mm^2$，电压为 10kV，长度为 300m 的电力电缆。

3.2.3.2 油浸纸绝缘电力电缆型号编制方法

油浸纸绝缘电力电缆类产品，以绝缘纸的字母“Z”代号列为首位，其余各项型号编制及字母含义见表 3-9。

表 3-9 油浸纸绝缘电力电缆型号的含义

类别、用途	导体	绝缘	内护套	特征	外护层
Z-纸绝缘电缆	T-铜 L-铝	Z-油浸纸	Q-铅套 L-铝套	CY-充油 F-分相 D-不滴流 C-滤尘用	02，03，20，21，22，23，30，31，32，33，40，41，42，43，441，241 等

注：① 数字含义详见外护层
② 铜芯代表字母 T 一般省略不写

例如 ZQD32，表示纸绝缘铜芯不滴油铅套聚氯乙烯外护套电缆，其中：Z—纸绝缘电缆；Q—铅护套；D—不滴流；02—聚氯乙烯外护套。

例如 ZLL32，表示铝芯黏性油浸纸绝缘铝套细钢铠装电力电缆，其中：Z—纸绝缘电缆；L—铝线芯；L—铝护套；3—细圆钢丝铠装；2—聚氯乙烯外套。常用黏性油浸渍纸绝缘电缆型号如下：

Z(L)Q 表示纸绝缘铜(铝)芯裸铅包电缆；

ZQ20 表示纸绝缘铜芯裸钢带铠装电缆；

ZQF22 表示纸绝缘铜芯分相铅包钢带铠装聚氯乙烯外护层电缆；

ZQF43 表示纸绝缘铜芯分相铅包粗钢丝铠装聚乙烯外护层电缆。

3.2.3.3 交联聚乙烯、聚氯乙烯绝缘电缆

交联聚乙烯绝缘电力电缆，以交联聚乙烯绝缘代号字母“YJ”为首位，聚氯乙烯电力电缆，以聚氯乙烯绝缘代号字母“V”为首位，其余各项型号编制及字母含义见表 3-10。

表 3-10 交联聚乙烯、聚氯乙烯绝缘电缆型号的含义

类别、用途	导体	绝缘	护套	外护层
YJ-交联聚乙烯电缆 V- 聚氯乙烯电缆	T-铜 L-铝	YJ-交联聚乙烯 V-聚氯乙烯	Q-铅套 LW-皱纹铝套 V-聚氯乙烯 Y-聚乙烯	22，23，32，33，42，43 等

交联聚乙烯、聚氯乙烯绝缘电缆主要型号及使用范围如表3－11所示。

表3－11　交联聚乙烯、聚氯乙烯绝缘电缆主要型号和使用范围

型号	名称	使用范围
YJV	交联聚乙烯绝缘、铜芯、聚氯乙烯护套电力电缆	敷设在室内、隧道及管道中，不承受机械外力作用
YJV22	交联聚乙烯绝缘、铜芯、钢带铠装、聚氯乙烯护套电力电缆	敷设在地下、能承受一定机械外力，不能承受较大的拉力
YJV32	交联聚乙烯绝缘、铜芯、细钢丝铠装聚氯乙烯护套电力电缆	敷设在室内、隧道、竖井中，能承受机械外力和一定拉力
YJV42	交联聚乙烯绝缘、铜芯、粗钢丝铠装聚氯乙烯护套电力电缆	敷设在水底，能承受较大拉力
YJLW02－Z	交联聚乙烯绝缘、铜芯、波纹铝护套聚氯乙烯护套纵向阻水电力电缆	敷设在地下、隧道、管道中
ZR－YJLW03	交联聚乙烯绝缘、铜芯、波纹铝护套聚氯乙烯护套阻燃电力电缆	敷设在室内、电缆层、隧道等要求电缆有阻燃性能的重要场所
VV	聚氯乙烯绝缘、铜芯、聚氯乙烯护套电力电缆	敷设在室内、隧道及管道中，不承受机械外力
VLV22	聚乙烯绝缘、铝芯、钢带铠装、聚氯乙烯护套电力电缆	敷设在室内、地下、隧道，能承受机械外力
VV32	聚乙烯绝缘、铜芯、细钢丝铠装聚氯乙烯护套电力电缆	敷设在室内、地下、竖井中，能承受机械外力和拉力

3.2.3.4　控制电缆型号编制方法

控制电缆，以绝缘代号字母“K”为首位，其余各项型号编制、字母含义及名称见表3－12、表3－13所示。

表3－12　控制电缆型号及字母含义

类别用途	导体	绝缘	护套、屏蔽特征	外护层	派生特性
K：控制 电缆系列代号	T－铜 L－铝	Y：聚乙烯 V：聚氯乙烯 X：橡皮 YJ：交联聚乙烯	Q－铅套 F：氯丁胶 V－聚氯乙烯 Y－聚乙烯 P：编织屏蔽	02，03，20， 22，23，32， 33	80，1051，2

注：① 1—铜丝缠绕屏蔽；2－铜带绕包屏蔽；80－耐热＋80℃；

② R－软结构线芯；105－耐热＋105℃。

例如KLY22型号控制电缆，表示铝芯聚乙烯绝缘钢带铠装聚氯乙烯外护层控制电缆，其中：K—控制电缆；L—铝芯；Y—聚乙烯绝缘；2—钢带铠装；2—聚氯乙烯外护层。

表3－13　控制电缆主要型号及名称

型号	名称
KVV22	聚氯乙烯绝缘、铜芯、聚氯乙烯护套控制电缆
KXV	铜芯橡皮绝缘聚氯乙烯护套控制电缆
KX22	铜芯橡皮绝缘钢带铠装聚氯乙烯护套控制电缆
KX23	铜芯橡皮绝缘钢带铠装聚乙烯护套控制电缆
KXF	铜芯橡皮绝缘氯丁橡套控制电缆
KXQ	铜芯橡皮绝缘裸铅包控制电缆
KXQ02	铜芯橡皮绝缘铅包聚氯乙烯护套控制电缆
KXQ03	铜芯橡皮绝缘铅包聚乙烯护套控制电缆
KXQ20	铜芯橡皮绝缘铅包裸钢带铠装控制电缆

续表

型号	名称
KXQ22	铜芯橡皮绝缘铅包钢带铠装聚氯乙烯护套控制电缆
KXQ23	铜芯橡皮绝缘铅包钢带铠装聚乙烯护套控制电缆
KXQ30	铜芯橡皮绝缘铅包裸钢丝铠装控制电缆

3.2.3.5 信号电缆

信号电缆，以绝缘代号字母“P”为首位，其余各项型号编制及字母含义如表3-14所示。

表3-14 信号电缆型号及字母含义

类别用途	导体	绝缘	内护套	外护套
P-信号电缆	T-铜 L-铝	Y：聚乙烯 V：聚氯乙烯	A-综合护套 V-聚氯乙烯 L-铝套	11，2，22，20等

注：本类产品外护层型号有关编号意义如下：11—裸金属护套一级外护层；20—裸钢带铠装护层；2—钢带铠装麻被护层；29—内钢带铠装护层。

例如：PYV29表示铜芯聚乙烯绝缘聚氯乙烯护套内钢带铠装信号电缆；PVV表示聚氯乙烯绝缘聚氯乙烯护套信号电缆。

3.2.3.6 计算机屏蔽电缆型号及规格（如表3-15）

表3-15 计算机屏蔽电缆型号及字母含义

DJYPV：铜芯聚乙烯绝缘对绞铜丝编织屏蔽聚氯乙烯护套电子计算机控制用屏蔽电缆
DJYP1V：铜芯聚乙烯绝缘对绞铝塑复合带屏蔽聚氯乙烯护套电子计算机控制用屏蔽电缆
DJYP1V22：铜芯聚乙烯绝缘对绞铝复合带屏蔽聚氯乙烯护套带铠装电子计算机用屏蔽电缆
DJYP2V：铜芯聚乙烯绝缘对绞铜带屏蔽聚氯乙烯护套电子计算机用屏蔽电缆
DJVP2V22：铜芯聚乙烯绝缘对绞铜带屏蔽聚氯乙烯护套钢带铠装电子计算机用屏蔽电缆
DJYPVP：铜芯聚乙烯绝缘对绞铜丝编织屏蔽铜丝编织总屏蔽聚氯乙烯护套电子计算机控制用屏蔽电缆

3.2.3.7 电线型号及名称

LJ6电线，表示$6mm^2$铝绞线，其中：L—铝；J—绞线；6—标称截面面积

LGJ35/6，表示铝导线截面积为$35mm^2$；钢芯截面积为$6mm^2$的钢芯铝绞线，其中：L—铝；G—钢；J—绞线；35铝导线截面积；6钢芯截面积。

3.2.3.8 常用的绝缘电线型号、名称和用途（如表3-16）

表3-16 绝缘电线型号、字母含义及用途

型号	名称	用途
BLXF	铝芯氯丁橡胶线	适用于交流额定电压500V以下或直流1000V以下的电器设备及照明装置之用
BXF	铜芯氯丁橡胶线	
BLX	铝芯橡胶线	
BX	铜芯橡胶线	
BXR	铜芯橡胶软线	

续表

型号	名称	用途
BV BLV BVR BVV BLVV BVVB BLVVB VB－105	铜芯聚氯乙烯绝缘电线 铝芯聚氯乙烯绝缘电线 铜芯聚氯乙烯绝缘软电线 铜芯聚氯乙烯绝缘聚氯乙烯护套电线 铝芯聚氯乙烯绝缘聚氯乙烯护套电线 铜芯聚氯乙烯绝缘聚氯乙烯护套平型电线 铝芯聚氯乙烯绝缘聚氯乙烯护套平型电线 铜芯耐热105℃聚氯乙烯绝缘电线	适用于各种交流、直流电器装置，电工仪器、仪表，电信设备，动力及照明线路固定敷设之用
RV RVB RVS RVV RVVB RV－105	铜芯聚氯乙烯绝缘软线 铜芯聚氯乙烯绝缘平型软线 铜芯聚氯乙烯绝缘绞型软线 铜芯聚氯乙烯绝缘聚氯乙烯护套圆型联接软电线 铜芯聚氯乙烯绝缘聚氯乙烯护套平型联接软电线 铜芯耐热105℃聚氯乙烯绝缘软电线	适用于各种交流、直流电器，电工仪器，家用电器，小型电动工具，动力及照明装置的联接之用
RFB RFS	复合物绝缘平型软线 复合物绝缘绞型软线	适用于交流额定电压250V以下或直流500V以下的各种移动电器、无线电设备和照明灯座接线之用
RXS RX	橡胶绝缘棉纱编织软电线	适用于交流额定电压300V以下的电器、仪表、家用电器及照明装置之用
AVP RVP RVVP RVVP1	铜芯聚氯乙烯绝缘屏蔽电线 铜芯聚氯乙烯绝缘屏蔽软电线 铜芯聚氯乙烯绝缘屏蔽聚氯乙烯护套软电线 铜芯聚氯乙烯绝缘缠绕屏蔽聚氯乙烯护套软电线	

3.3 滚动轴承

滚动轴承代号是用字母加数字来表示滚动轴承的结构、尺寸、公差等级、技术性能等特征的产品符号。轴承代号的排列见表3－17。

表3－17 轴承代号的排列顺序

<table>
<tr><th colspan="12">轴 承 代 号</th></tr>
<tr><td rowspan="2">前置代号</td><td rowspan="2" colspan="3">基 本 代 号</td><td colspan="8">后置代号（组）</td></tr>
<tr><td>1</td><td>2</td><td>3</td><td>4</td><td>5</td><td>6</td><td>7</td><td>8</td></tr>
<tr><td rowspan="2">成套轴承分部件</td><td rowspan="2">类型代号</td><td>尺寸系列代号</td><td>内径代号</td><td rowspan="2">内部结构</td><td rowspan="2">密封套圈与防尘变形</td><td rowspan="2">保持架及其材料</td><td rowspan="2">轴承材料</td><td rowspan="2">公差等级</td><td rowspan="2">游隙</td><td rowspan="2">配置</td><td rowspan="2">其他</td></tr>
<tr><td>配合安装特征尺寸表示</td><td></td></tr>
</table>

3.3.1 滚动轴承的基本代号

轴承基本代号由轴承类型代号、尺寸系列代号、内径代号构成。排列见表3－18。

表3－18 轴承基本代号的构成

基本代号		
类型代号	尺寸系列代号	内径代号

注：类型代号用阿拉伯数字或大写拉丁字母表示，尺寸系列代号和内径代号用阿拉伯数字表示。

例：6204　6—类型代号；2—尺寸系列(02)代号；04—内径代号

N2210　N—类型代号；22 尺寸系列代号；10—内径代号

3.3.2　类型代号

轴承类型代号用数字或字母表示，见表 3－19。

表 3－19　轴承类型代号

代号	轴承类型	代号	轴承类型
0	双列角接触球轴承	N	圆柱滚子轴承
1	调心球轴承		双列或多列用字母 WN 表示
2	调心滚子轴承和推力调心滚子轴承	V	外球面球轴承
3	圆锥滚子轴承	QJ	四点接触球轴承
4	双列深沟球轴承		
5	推力球轴承		
6	深沟球轴承		
7	角接触球轴承		
8	推力圆柱滚子轴承		

注：在表中代号后或前加字母或数字表示该轴承中的不同结构。

3.3.3　尺寸系列代号

轴承尺寸系列代号由轴承的宽(高)度系列代号和直径系列代号组合而成。

直径系列系指同一轴承内径的外径尺寸系列，分别有 7、8、9、0、1、2、3、4、5 等外径尺寸依次递增的直径系列。

宽度系列系指对应同一轴承直径系列的宽度系列，有 8、0、1、2、3、4、5、6 等宽度尺寸依次递增的宽度系列。

推力轴承以高度系列对应于向心轴承的宽度系列，有 7、9、1、2 等高度尺寸依次递增的四个高度系列。

向心轴承、推力轴承尺寸系列代号，见表 3－20。

表 3－20　轴承尺寸系列代号

直径系列代号	向心轴承								推力轴承			
	宽度系列代号								高度系列代号			
	8	0	1	2	3	4	5	6	7	9	1	2
	尺寸系列代号											
7	—	—	17	—	37	—	—	—	—	—	—	—
8	—	08	18	28	38	48	58	68	—	—	—	—
9	—	09	19	29	39	49	59	69	—	—	—	—
0	—	00	10	20	30	40	50	60	70	90	10	—
1	—	01	11	21	31	41	51	61	71	91	11	—
2	82	02	12	22	32	42	52	62	72	92	12	22
3	83	03	13	23	33	—	—	—	73	93	13	23
4	—	04	—	24	—	—	—	—	74	94	14	24
5	—	—	—	—	—	—	—	—	—	95	—	—

3.3.4　内径代号

表示轴承公称内径的内径代号，见表 3－21。

表 3－21　轴承内径代号

轴承公称内径/mm		内径代号	示例
0.6～10(非整数)		用公称内径毫米数直接表示，在其与尺寸系列代号之间用“/”分开	深沟球轴承 618/2.5 d＝2.5mm
1～9(整数)		用公称内径毫米数直接表示，对深沟球轴承及角接触球轴承 7、8、9 直径系列，内径与尺寸系列代号之间用“/”分开	深沟球轴承 62 5 618/5 d＝5mm
10～17	10	00	深沟球轴承 62 00 d＝10mm
	12	01	
	15	02	
	17	03	
20～480 (22，28，32 除外)		公称内径除以 5 的商数，商数为个位数，需在商数左边加“0”，如 08	调心滚子轴承 232 08 d＝40mm
大于和等于 500 以上及 22、28、32		用公称内径毫米数直接表示，但在与尺寸系列之间用“/”分开	调心滚子轴承 230/500 d＝500mm 深沟球轴承 62/22 d＝22mm

3.3.5　基本代号编制规则

基本代号中当轴承类型代号用字母表示时，编排时应与表示轴承尺寸的系列代号、内径代号或安装配合特征尺寸的数字之间空半个汉字距。例 QJ 230、N 0821。

3.3.6　轴承公差等级

轴承公差等级代号表 3－22。

表 3－22　轴承公差等级代号

代号	含　义	示　例
/P0	公差等级符合标准规定的 0 级，代号中省略，不表示	6203
/P6	公差等级符合标准规定的 6 级	6203/P6
/P6x	公差等级符合标准规定的 6x 级	30210/P6x
/P5	公差等级符合标准规定的 5 级	6203/P5
/P4	公差等级符合标准规定的 4 级	6203/P4
/P2	公差等级符合标准规定的 2 级	6203/P2
/SP	尺寸精度相当于 P5 级，旋转精度相当于 P4 级	234420/SP
/UP	尺寸精度相当于 P4 级，旋转精度高于 P4 级	234730/UP

3.4　润滑脂

电动机轴承用的润滑剂由润滑油、润滑脂和固体润滑剂这三大类组成，而电动机常用的润滑剂是润滑脂。

3.4.1　润滑脂的组成

润滑脂是由润滑油、稠化剂、稳定剂(胶溶剂)再加入改善性能的添加剂所制成的一种半固体润滑剂(通常为油膏状)，其性质主要决定于稠化剂和润滑油。

1. 润滑油　润滑油是润滑脂的主要成分，占润滑脂质量分数的70% ~90%。润滑脂的润滑性能主要取决于润滑油的性质。常用的润滑油有全损耗系统用油、高速机械油、汽轮机油、压缩机油、变压器油等。

2. 稠化剂　占润滑脂质量分数的10% ~30%。润滑油中加入稠化剂后就成为润滑脂。最常用的稠化剂有地蜡、石蜡、脂肪酸皂（如钠皂、钙皂等）、膨润土和酞青染料等。

3. 稳定剂　又为胶溶剂，是润滑油和皂类稠化剂的结合剂，起着稳定油、皂结构的作用。常用的稳定剂有水、甘油和低分子有机酸的盐类。例如钙基润滑脂的稳定剂是水；钠基润滑脂的稳定剂是甘油。

4. 添加剂　在润滑脂中加入添加剂用以改善润滑脂的某些性能。例如：加入二苯胺可提高润滑脂的抗氧化安定性；加入石墨或二硫化钼能提高润滑脂的耐磨耐压性。

3.4.2　润滑脂的特性

润滑脂的缺点是黏性大、启动阻力大，不能起冷却作用。

润滑脂的优点是：

（1）在摩擦面上加以润滑脂后可不再经常加润滑油即可充满间隙，且起密封作用。

（2）具有良好的填充能力，可作填充材料。润滑油温度上升25℃时，黏度会降低80%，故温度上升时流失严重；而润滑脂则不同，在温度升高到滴点温度之前，黏度变化极小。

（3）有良好的黏附性，可防锈。

（4）有减振、降低噪声和振动的作用。

3.4.3　常用润滑脂的种类和性能

润滑脂按稠化剂的种类不同可分为钙基、钠基、钙钠基、铝基、锂基、复合、二硫化钼和石墨钙润滑脂等多种。同是一个种类的润滑脂，也会因牌号不同而性能相差很大，所以在选用时应注意。

钙基润滑脂　其特点是具有良好的抗水性和保护性。缺点是滴点温度低，耐温性差，适用于温度较低，环境潮湿的轴承部件中。钙基润滑脂是使用最多的一种润滑脂。

钠基润滑脂　与钙基脂相比有较高的耐高温，但耐水性很差，不能用于潮湿和易与水接触的部位。适用于温度较高，环境干燥的开启式电动机的轴承部件中。使用温度不高于120℃。因其使用范围受到限制，将被锂基脂所取代。

钙钠基润滑脂　其特性介于钙基与钠基润滑脂之间，即耐湿性比钙基润滑脂好，但不及钠基润滑脂；耐水性比钠基润滑脂好，但不及钙基润滑脂；滴点较钙基脂高，适用于潮湿部分润滑。

锂基润滑脂　锂基脂是一种多用途、多功能的润滑脂，兼有前述数种皂基脂的共同优点，具有滴点高，较高的耐温和防锈性、抗水性好的特点。可以用于潮湿和高温范围内的机械部位。

铝基润滑脂　其特点是具有高耐水性、良好的耐温性、胶体安定性和泵送性，适用于高温潮湿或触水条件下机械设备的润滑。

复合钙基润滑脂　用于高温（150 ~200℃）和潮湿条件下工作的轴承及封闭式电动机。同类型产品有合成复合钙基脂。

二硫化钼润滑脂　具有良好的承压性能，用于高负载、高温和潮湿条件下电动机的润滑。

3.4.4 润滑脂的主要指标

1. 滴点　即润滑脂受热后开始滴下第一滴时的温度，它标志着润滑脂的耐热能力。润滑脂的工作温度必须略低于润滑脂的滴点20℃左右。

2. 针入度　是用来表示润滑脂的稠度或软硬程度的一项重要质量指标。它是用150g的标准圆锥体在5s内沉入加热到25℃的润滑脂试样中的深度来测定的。润滑脂越硬，针入度就越小，因而不易充满摩擦面，容易出现润滑不良的现象；针入度过大，即表示润滑脂过软，容易发生漏油现象。

3. 使用条件　选用润滑脂时，应考虑使用条件，如使用环境、工作温度、电机转速等。当环境温度较高时，应选用耐高温的润滑脂；当环境潮湿度较高时，应选用耐水性强的润滑脂。速度愈高，应选择针入度愈大（稠度较稀）的润滑脂，以免高速时润滑脂内产生很大的磨擦损耗，使轴承温升增高和电机效率降低。负荷越大，应选择针入度越小的润滑脂。

3.4.5 润滑脂的填充量

在安装中，填脂量通常很少被重视，甚至认为宁可多填一些为好。但实际上，轴承工作中把大量的润滑脂挤出，只有少量的润滑脂真正对轴承起润滑作用。填入过多的润滑脂不仅造成浪费，而且因搅拌作用，使轴承摩擦阻力加大，温度升高，润滑脂软化变质，结果反而使润滑恶化。

一般润滑脂的填充量，以填充轴承和轴承壳体空间的1/3到1/2为宜。高速时应仅填充至1/3或更少。低速时可填入1/2～2/3，当转速很低时，为防止外部异物进入轴承内，可以填满壳体空间。

润滑脂的补充和更换，润滑脂的使用寿命是有限的，由于剪切作用和老化，其润滑性能在工作过程中逐渐降低，使用中磨屑也逐渐增多。因此，在多数支承中必须每间隔一定时间补充或更换一次润滑脂。润滑脂的补充周期与轴承结构、尺寸、转速、温度和环境条件有关。

3.4.6 润滑脂的混合

原则上，牌号不同的润滑脂不能混合，含有不同种类稠化剂的脂相混合会破坏润滑脂的结构和稠度，不同基油的脂相混合会造成两元相流体而影响连续润滑。因此，一般应避免混合使用各种润滑脂，若必须更换牌号相异的润滑脂时，应把轴承内原有的润滑脂完全清除后，再填入新的润滑脂。

第 4 章　电气防爆

4.1　电气防爆常识

4.1.1 电气爆炸的条件

电气爆炸事故的引发必须同时存在以下条件：

(1) 存在易燃气体、易燃液体的蒸气和薄雾；

(2) 上述物质与空气混合浓度在爆炸极限以内；

(3) 存在足以点燃爆炸性数量级气体的火花、电弧和过热。

4.1.2　各种防爆类型电气设备的基本要求

1. 隔爆型“d”电气设备

具有隔爆外壳的电气设备，是指把能点燃爆炸性混合物的部件封闭在一个外壳内，该外壳能承受内部爆炸性混合物的爆炸压力并阻止向周围的爆炸性混合物传爆的电气设备。

2. 增安型“e”电气设备

正常运行条件下，不会产生点燃爆炸性混合物的火花或危险温度，并在结构上采取措施，提高其安全程度，以避免在正常和规定过载条件下出现点燃现象的电气设备。

3. 本质安全型“i”电气设备

在正常运行或在标准试验条件下所产生的火花或热效应均不能点燃爆炸性混合物的电气设备。这类电气设备分为 a 类(ia)和 b 类(i b)。

4. 正压型“p”电气设备

具有保护正压外壳，且壳内充有保护气体，其压力保持高于周围爆炸性混合物气体的压力，以避免外部爆炸性混合物进入外壳内部的电气设备。根据正压保持方式分为两种形式：

(1) 正压通风型是采取保护性气体连续通过正压外壳的方法，使壳内保持正压，以达到阻止环境中的爆炸性气体混合物进入到壳内，与点火源接触；

(2) 正压补偿型是采取在各个排气口封闭时，对正压外壳和管道内保持气体不可避免的泄漏，使壳内保持正压，以阻止环境中的爆炸性气体混合物进入壳内与点火源接触。保护性气体为空气或不可燃气体。

5. 油浸型“o”电气设备

全部或某些带电部件浸在油中使之不能点燃油面以上或外壳周围的爆炸性混合物的电气设备。

6. 充砂型“q”电气设备

外壳内充填细颗粒材料，以便在规定使用条件下，外壳内产生的电弧、火焰传播，壳壁或颗粒材料表面的过热温度均不能够点燃周围的爆炸性混合物的电气设备。

7. 无火花型电气设备(n)

在正常运行条件下不产生电弧或火花，也不产生能够点燃周围爆炸性混合物的高温表面或灼热点，且一般不会发生有点燃作用的故障的电气设备。

8. 浇封型“m”电气设备

9. 防爆特殊型(s)

除上述八种电气防爆类型以外的防爆电气设备，它的防爆性能和安全程度须经国家认可的检验机关检验后，方可确定。

4.1.3 爆炸性危险场所的区域分类

Ⅰ类——煤矿甲烷类(煤矿环境)；

Ⅱ类——气体、蒸气类(工厂环境)；

Ⅱ类隔爆型“d”和本质安全型“i”电气设备又分为ⅡA、ⅡB、ⅡC类；

标志ⅡB的设备可适用于ⅡA设备的使用条件，ⅡC的设备可适用于ⅡA及ⅡB设备的使用条件；

Ⅲ类——粉尘、纤维类(不包括火药炸药)(国际上没有确定的符号，我国暂用Ⅲ表示)

4.2 电气气体防爆

4.2.1 气体类危险场所的分组和分级

气体、蒸气类危险物品按引燃温度分组，按最大试验安全间隙MESG/mm和最小点燃电流比MICR分级，具体见表4-1。

表4-1 常见的爆炸性气体的分类、分级、分组

类和级	最大试验安全间隙MESG/mm	最小点燃电流比MICR	引燃温度 t/℃及组别					
			T1	T2	T3	T4	T5	T6
			$t>450$	$450\geq t>300$	$300\geq t>200$	$200\geq t>135$	$135\geq t>100$	$100\geq t>85$
Ⅰ	1.14	1.0	甲烷、氨、醋酸	丁醇	环乙烷			
ⅡA	0.9~1.14	0.8~1.0	乙烷、丙烷、丙酮、苯乙烯、氯乙烯、氨苯、甲苯、氨、甲醇、一氧化碳、乙酸乙酯、乙酸、丙烯腈	丁烷、乙醇、丙烯、丁醇、乙酸丁酯、乙酸戊酯、乙酸酐	戊烷、己烷、庚烷、癸烷、辛烷、汽油、煤油、硫化氢、环己烷	乙醚、乙醛		亚硝酸乙酯
ⅡB	0.5~0.9	0.45~0.8	二甲醚、民用煤气、环丙烷	环氧乙烷、环氧丙烷、丁二烯、乙烯	异戊二烯			
ⅡC	≤0.5	≤0.45	水煤气、氢、焦炉煤气				二硫化碳	硝酸乙酯

4.2.2 气体、蒸气类爆炸危险场所的分区

根据爆炸性混合物出现的频度和持续时间，将此类危险环境分为0区、1区和2区，危险区域的大小受通风条件、释放源特征和危险物产品性能参数的影响。

0区 爆炸性气体连续出现或长时间存在的场所。

1区 在正常运行时，可能出现爆炸性气体环境的场所。

2区 在正常运行时，不可能出现爆炸性气体环境，如果出现也是偶尔发生并且也是短时间存在的场所。

4.2.3 气体、蒸气类防爆电气设备的选型

（1）防爆炸电气设备的选型原则是安全可靠，经济合理；

（2）根据爆炸危险区域的分区、电气设备种类和防爆结构要求，应选择相应的电气设备；

（3）选用的防爆电气设备的级别和组别，不应低于该爆炸性气体环境内爆炸性气体混合物的级别和组别。当存在有两种以上易燃性物质形成的爆炸性气体混合物时，应按危险程度较高的级别和组别选用防爆电气设备；

（4）爆炸危险区域内的电气设备，应符合周围环境内化学的、机械的、热的、霉菌以及风沙等不同环境条件对电气设备的要求。电气设备结构应满足电气设备在规定的运行条件下不降低防爆性能的要求；

（5）各种电气设备防爆结构的选型应符合国家有关规定：旋转电动机的防爆结构选型应符合表4-2的规定；低压开关和控制器的防爆结构选型应符合表4-3的规定；报警装置等电气设备防爆结构的选型应符合表4-4的规定；灯具类的防爆结构选型应符合表4-5的规定。

上述各表中防爆电气设备的标志，本质安全型为ia、ib(旧型号为H)；隔爆型为d(旧型号为B)；正压型为p(旧型号为F)；充油型为o(旧型号为C)；增安型为e(旧型号为A)。

表4-2 旋转电动机防爆结构的选型

爆炸危险区域 / 防爆结构 / 电气设备	1区			2区			
	隔爆型 d	正压型 p	增安型 e	隔爆型 d	正压型 p	增安型 e	无火花型 n
鼠笼型感应电动机	○	○	△	○	○	○	○
绕线转子感应电动机	△	△		○	○	○	×
同步电动机	○	○	×	○	○	○	
直流电动机		△		○	○		
电磁滑差离合器(无电刷)	○	△	×	○	○	○	△

注：① 表中符号：○为适用；△为慎用；×为不适用(下同)。

② 绕线转子感应电动机和同步电动机采用增安型时，其主体是增安型防爆结构，发生电火花的部分是隔爆型或正压型防爆结构。

③ 无火花型电动机在通风不良及户内具有比空气重的易燃物质区域内慎用。

表4-3 低压开关和控制器防爆结构的选型

爆炸危险区域 / 防爆结构 / 电气设备	0区	1区					2区				
	本质安全型 ia	本质安全型 ia，id	隔爆型 d	正压型 p	油浸型 o	增安型 e	本质安全型 ia，id	隔爆型 d	正压型 p	油浸型 o	增安型 e
刀开关、断路器			○					○			
熔断器			△					○			
控制开关和按钮	○	○	○		○		○	○		○	
电抗启动器和启动补偿器			△				○				○
启动用金属电阻器			△	△		×		○	○		○

续表

爆炸危险区域 / 防爆结构 / 电气设备	0区	1区					2区				
	本质安全型 ia	本质安全型 ia，id	隔爆型 d	正压型 p	油浸型 o	增安型 e	本质安全型 ia，id	隔爆型 d	正压型 p	油浸型 o	增安型 e
电磁磨擦制动器			△			×		○			△
电磁阀用电磁器			○			×		○			○
操作箱、柱			○	○				○	○		
控制盘			△	△				○	○		
配电盘			△					○			

注：① 电抗启动器和启动补偿器采用增安型时，是指将隔爆结构的启动运转开关操作部件与增安型防爆结构的电抗线圈或单绕组变压器组成一体的结构。

② 电磁磨擦制动器采用隔爆型时，是指将制动片、滚动轴承等机械部分也装入隔爆壳体内者。

③ 在2区内电气设备采用隔爆型时，是指除隔爆型外，也包括主要有火花部分为隔爆结构，而其外壳为增安型的混合结构。

表4-4　信号、报警装置等电气设备防爆结构的选型

爆炸危险区域 / 防爆结构 / 电气设备	0区	1区				2区			
	本质安全型 ia	本质安全型 ia，id	隔爆型 d	正压型 p	增安型 e	本质安全型 ia，id	隔爆型 d	正压型 p	增安型 e
信号、报警装置	○	○	○	○	×	○	○	○	○
插接装置			○				○		
接线箱盒			○		△		○		○
电气测量表计			○	○	×		○	○	○

表4-5　灯具类防爆结构的选型

爆炸危险区域 / 防爆结构 / 电气设备	1区		2区	
	隔爆型 d	增安型 e	隔爆型 d	增安型 e
固定式灯	○	×	○	○
移动式灯	△		○	
携带式电池灯	○		○	
指示灯类	○	×	○	○
镇流器	○	△	○	○

不同的爆炸危险场所，对防爆电气设备有不同的型式、类别、级别和温度级别的要求，并不是任何一种防爆设备，就能用于爆炸危险场所。如果将低标准的防爆电气设备错用在爆炸危险程度较高的场所，这就等于埋下隐患，应予更换不准使用。如果指标高出设计要求，则可以使用，但成本较高。

例如，按设计要求选用的防爆电气设备标志应为dⅡCT4。其中：d是隔爆型；Ⅱ是类别，说明是工厂用的电气设备；C是级别，说明适用于最大试验安全间隙或最小点燃电流比，是C级的物质；T4是组别，说明适用于最高表面温度是T4组物质。如果错用防爆标志为dⅠ或dⅡCT2的防爆设备，可能会发生事故。因为前者Ⅰ类属于煤矿用电气设备，后者

T2 组别低于 T4 组别，两者都不符合要求，不能使用。若选用 d Ⅱ CT6 标志的电气设备，由于 T6 组别高于 T4 组别，故可使用。

总之，选用的防爆电气设备的防爆形式、级别和温度组别，不应低于设计所规定的结构、形式、级别和温度组别，否则应予更换。

4.2.4 气体、蒸气类防爆电气线路

气体、蒸气类防爆电气线路选型见表 4－6。配线技术要求见表 4－7 和表 4－8。

表 4－6 气体、蒸气类防爆电气线路选型

配线方式		爆炸危险区域		
		0 区	1 区	2 区
本质安全型电气设备的配线工程		○	○	○
低压镀锌钢管配线工程		×	○	○
电缆工程	低压电缆	×	○	○
	高压电缆	×	△	○

表 4－7 气体、蒸气类爆炸危险场所电缆配线技术要求

爆炸危险场所	电缆明敷或沟内敷设时的最小截面			接线盒	移动电缆
	电力	照明	控制		
1 区	铠装，铜芯 $2.5mm^2$ 及以上	铠装，铜芯 $2.5mm^2$ 及以上	铠装，铜芯 $2.5mm^2$ 及以上	隔爆型	重型
2 区	铠装、铜芯 $1.5mm^2$ 及以上或铠装、铝芯 $2.5mm^2$ 及以上	非铠装、铜芯 $1.5mm^2$ 及以上或铠装、铝芯 $2.5mm^2$ 及以上	非铠装、铜芯 $1.5mm^2$ 及以上	隔爆、增安、防尘型	中型

注：① 2 区明设塑料护套电缆，当其敷设方式采用能防止机械损伤的电缆槽板、托盘或桥架方式时，可采用非铠装电缆；

② 可燃气体或蒸气比空气轻且不会受鼠、虫等损害时，在 2 区电缆沟内的电缆可采用非铠装电缆；

③ 铝芯绝缘导线或电缆的连接与封端应采用压接、熔接；当与电气设备(照明灯具除外)连接时，应采用适当的过渡接头；

④ 电缆线路不应有中间接头。

表 4－8 气体、蒸气类爆炸危险场所钢管配线技术要求

爆炸危险场所	钢管明配线路用绝缘导线的最小截面			接线盒 分支盒	管子连接要求
	电力	照明	控制		
1 区	铜芯 $2.5mm^2$ 及以上	铜芯 $2.5mm^2$ 及以上	铜芯 $2.5mm^2$ 及以上	隔爆型	对 *Dg*25mm 以下的钢管螺纹啮合不少于 5 扣，并有锁紧螺母，对 *Dg*32mm 及以上的，不少于 6 扣
2 区	铜芯 $1.5mm^2$ 及以上或铝芯 $4mm^2$ 及以上	铜芯 $1.5mm^2$ 及以上铝芯 $2.5mm^2$ 及以上	铜芯 $1.5mm^2$ 及以上	隔爆、增安、防尘型	对 *Dg*25mm 以下的钢管螺纹啮合不少于 5 扣，并有锁紧螺母，对 *Dg*32mm 及以上的，不少于 6 扣

注：① 钢管应采用低压流体输送镀锌焊接钢管；

② 为了防腐蚀，钢管连接的螺纹部分应涂以铅油或磷化膏；

③ 在可能凝结冷凝水的场所，管线上应装设防冷凝水的密封接头；

④ 防尘型盒类宜用于 2 区中危险性较小处。

4.3 电气粉尘防爆

为防止爆炸粉尘进入设备内部，设备外壳的接合面应紧固严密，并须加密封垫圈，转动

轴与轴孔间要加防尘密封。

粉尘沉积有增温引燃作用，要求设备的外壳表面光滑、无裂缝、无凹坑或沟槽，并具有足够的强度。

4.3.1 粉尘类危险场所的分组和分级

粉尘、纤维类危险物品按引燃温度分组，按其导电性和爆炸性分级，具体见表4－9。

表4－9 常见的爆炸性粉尘、纤维的分级、分组

级别和种类		引燃温度 t/℃及组别		
		T11	T12	T13
		$t>270$	$270\geq t>200$	$200\geq t>140$
Ⅲ A	非导电性可燃纤维	木棉纤维、烟草纤维、纸纤维、亚硫酸盐纤维素、人造毛短纤维、亚麻	可可、米糖	
	非导电性爆炸性粉尘	小麦、玉米、砂糖、橡胶、染料、聚乙烯、苯酚树酯		
Ⅲ B	导电性爆炸性粉尘	镁、铝、铝青铜、锌、钛、焦炭、炭黑	铝(含油)、铁、煤	
	火、炸药粉尘		黑火药 T. N. T	硝化棉、吸收药、黑索金、特屈儿、泰安

4.3.2 粉尘爆炸危险场所的分区

根据爆炸性混合物出现的频度和持续时间分为10区和11区，其中：

10区 (10级危险区域)为正常运行时连续或长时间或短时间频繁出现爆炸性粉尘、纤维的环境；

11区 (11级危险区域)为正常运行时不出现，仅在不正常运行时短时间偶尔出现爆炸性粉尘、纤维的环境。

4.3.3 粉尘防爆电气设备的选型

对爆炸性粉尘场所10区、11区防爆电气设备选型规定是：除可燃性非导电粉尘和可燃纤维的11区环境采用防尘结构(标志为DP)的粉尘防爆电气设备外，爆炸性粉尘环境10区及其他爆炸性粉尘环境11区均采用尘密型(标志为DT)的粉尘防爆电气设备，并按照粉尘的不同引燃温度，选择不同引燃温度组别的电气设备，见表4－10、表4－11。

表4－10 粉尘防爆电气设备选型

种类	10区	11区	种类	10区	11区
爆炸性粉尘	DT	DT	可燃性非导电粉尘	DT	DP
可燃性导电粉尘	DT	DT			

表4－11 电气设备最高允许表面温度 ℃

引燃温度组别	无过负荷的设备	有过负荷的设备	引燃温度组别	无过负荷的设备	有过负荷的设备
T11	215	195	T13	120	110
T12	160	145			

4.3.4 粉尘防爆电气线路

粉尘防爆电气线路选型见表4－12。配线技术要求见表4－13和表4－14。

表 4-12　粉尘防爆电气线路选型

配 线 方 式		爆炸危险区域	
		10	11
本质安全型电气设备的配线工程		○	○
低压镀锌钢管配线工程		×	○
电缆工程	低压电缆	×	○
	高压电缆	×	○

注：表中符号：○为适用；×为不适用。

表 4-13　粉尘爆炸危险场所电缆配线技术要求

类别	电缆最小截面	进线装置	移动电源
10 区	铠装、铜芯 2.5mm^2 及以上	隔爆型	重型
11 区	铠装、铜芯 1.5mm^2 及以上或铠装、铝芯 2.5mm^2 及以上	防爆型，也可采用防尘型	中型

注：① 11 区电缆明敷时可采用非铠装电缆；敷设方式应能防止机械损伤；
② 在封闭电缆沟内，可采用非铠装电缆；
③ 铝芯绝缘导线或电缆的连接与封端应采用压接；
④ 电缆线路不应有中间接头。

表 4-14　粉尘爆炸危险场所钢管配线技术要求

类别	绝缘导线最小截面	接线盒和分支盒	管子连接要求
10 区	铜芯 2.5mm^2 以上	隔爆型	螺纹啮合不少于 6 扣
11 区	铜芯 1.5mm^2 及以上或铝芯 2.5mm^2 以上	任意一种防爆类型，也可采用防尘型	螺纹啮合不少于 6 扣

注：① 钢管应采用低压流体输送镀锌焊接钢管；
② 为了防腐蚀，钢管连接的螺纹部分应涂以铅油或磷化膏；
③ 在可能凝结冷凝水的场所，管线上应装设防冷凝水的密封接头。

4.4　防爆电气设备安装前的检查

防爆电气设备安装前应检查有无严重磕伤碰毛现象，壳体有无破裂，密封是否良好，密封件是否齐全，设备的电源线引入装置喇叭口内缘是否光滑。如有严重磕伤碰毛影响外壳强度、壳体破裂，应予以更换；不能勉强使用；隔爆面翘裂而使密封不严，应予以更换；密封件不全，按同样规格、型号、材质、大小配齐；设备的电源线引入装置喇叭口内缘有毛刺，有铸造粉刺，不光滑，可用相应锉刀锉光，然后涂上相同油漆。

除了设备本身的功能防爆要求检查外，对电气防爆的特性，还要检查它是否符合下列要求(以 BCD-15W 型防爆插销为例)：

(1) 插头插入时，接地或接零触点先接通，拔脱时主触点先分断；

(2) 插头插入后开关才能闭合，开关在分断位置时，插头才能插入或拔脱。开关与插头之间有联锁作用；

(3) 插销应带有防护盖，在插头拔脱后防护盖将插座遮蔽，避免外物侵入。

另外，用于防爆电气设备、电气线路的填充、堵断、隔离密封，常用聚异丁烯、活性炭、碳酸钙、石棉、硬脂酸、机油等材料配合而成胶泥状固体的隔离密封胶泥。使用前要包封严密，不能使包装破损。

4.5 防爆标识、防爆合格证编号

4.5.1 防爆标志的构成

每台防爆设备在其外壳的明显处须有代表“防爆”的永久标识“Ex”；每台防爆设备在其明显处应有铭牌，铭牌上除应有“Ex”字样的标识外，还应带有表明产品防爆形式的符号如“o”、“p”等，适用于危险场所的防爆类别如Ⅰ或Ⅱ、ⅡA等、级别及温度组别如T1或350℃等的完整的防爆标识；还应有制造厂名、制造厂所规定的产品名称及型号、产品编号、检验单位标志等。举例如下：

例一，Exd ⅡBT4

Ex——表示“防爆”；

d——表示“隔爆”型，即产品的防爆类型，它与前面介绍的标准名称后面的代号一致；

Ⅱ——表示适用于“Ⅱ”类危险场所，即适用于工厂环境（含石油化工）；

B——表示“B”级隔爆，见表4-1

T4——表示温度“组”别为T4，见表4-1

具有这样标识的防爆设备可以用在与该标识相符的危险场所-Ⅱ类、B级、T4组，或者低于它的危险场所，如ⅡAT3等。

例二，Exd Ⅰ

Ⅰ类隔爆型，Ⅰ代表适用于“Ⅰ”类危险场所，即适用于煤矿的环境中。因煤矿仅含甲烷、沼气，均为T1组，故组别可不在标识上体现。

例三，Exe Ⅱ T3

Ⅱ类增安型，e代表“增安”型；T3代表“组”别为T3。

因增安型防爆电机不分级别，故标识中不含级别。

例四，ExDIPDTT12

DIP——表示“粉尘”防爆；

DT——表示“尘密”型外壳

T12——表示温度“组”别，见表4-2。

例五，Exia ⅡA T5

ⅡA本质安全型ia等级T5组。

例六，Exep Ⅱ T4

Ⅱ类主体增安型并具有正压型部件T4组。

例七，Exd Ⅱ（NH_3）或Exd Ⅱ 氨

Ⅱ类用于氨气环境的隔爆型。

例八：Exd Ⅱ T4；Exd Ⅱ（125℃）或Exd Ⅱ125℃（T4）

最高表面温度为125℃的工厂用增安型

4.5.2 防爆合格证编号

正确识别防爆合格证编号有助于辨认防爆电机的真伪。防爆合格证编号方法如下：

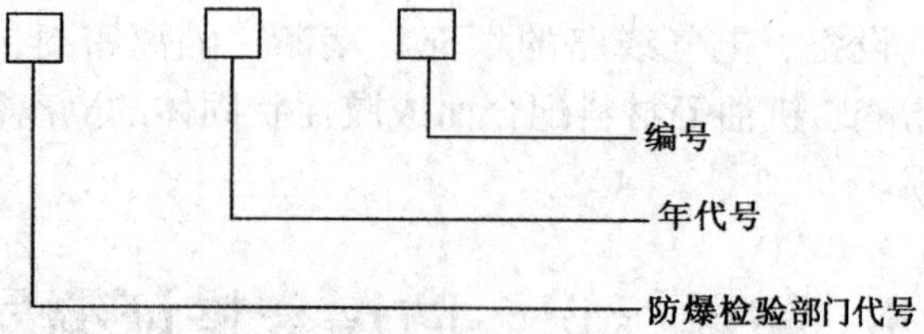

防爆合格证编号由 6 ~ 7 位数字组成，如 4922152，左数第一个数字，代表检验单位："1"代表煤炭部抚顺检验单位；"2"代表煤炭部上海检验单位；"3"代表煤炭部重庆检验单位；"4"代表机械工业部佳木斯检验单位；"5"代表机械工业部南阳检验单位。左数第 2、3 个数字表示发证年份。左数第 4 个数字表示产品的防爆类型："1"为隔爆型；"2"为增安型；"4"代表正压型；"6"代表充砂型。最后的 2 ~ 3 个数字则代表检验单位发证的顺序号。本例 4922152 表示该增安型防爆设备是佳木斯检验单位 1992 年发的防爆合格证，发证的顺序号是 152。

第5章　电动机

电能是现代生产中最主要的能源。而电机是电能的产生、输送和使用中不可缺少的设备。在发电厂中，发电机一般由汽轮机或水轮机驱动，把机械能转换成电能。在工厂中，电动机使用电能进行电力拖动，将电能转换成机械能。为了经济地传输和分配电能，采用变压器升高电压，把电能送到远距离的用电地区，然后再经过变压器降低电压供用户使用。

随着我国现代化事业的发展，各种不同类型的电机在工农业、国防、文教、医疗以及日常生活中的应用愈来愈广泛。同时，随着生产自动化水平的提高，电机已不仅作为系统中的一个独立的元件来考虑，它的参数、运行性能和结构形式，都与系统密切相关。电机在各种自动控制系统中，既是控制对象，又可以作为执行元件。电机性能的好坏，直接关系到控制系统运行的稳定性、可靠性及动态品质，乃至生产效率、产品质量等。

电机的发展是从19世纪初开始的。1821年法拉第进行通电导体在磁场中产生电磁力的实验，发现了电动机的作用原理之后，又在1831年提出了电磁感应定律，从而奠定了发电机的理论基础。经过一个多世纪的发展，目前电机的制造技术已相当完善，电机应用也十分普遍，其类型也相当齐全。电机种类虽然繁多，但大致可归纳为：

(1) 发电机(交流与直流)：把机械能转换成电能。

(2) 电动机(交流与直流)：把电能转换成机械能。

(3) 变压器、变频机、移相器等：分别用于改变电压、电流、频率和相位等。

(4) 控制电机：用于控制系统中传递信号、执行指令等。

电机一般采用良好的导磁材料和导电材料制成相应的磁路和电路系统，用以进行电磁感应和产生电磁力，从而产生电磁功率和电磁转矩，达到转换和传递能量的目的。

5.1　异步电动机

异步电机是交流电机的一种，主要用作电动机。三相异步电动机在工农业生产中使用极广。在发电厂中，锅炉、汽轮机的附属设备如球磨机、水泵、风机等也大多由异步电动机驱动。单相异步电动机则多用于家用电器及自动装置中。

异步电动机结构简单、运行可靠、维护方便、效率较高，故得到广泛使用。但因调速性能较差，功率因数较低，还不能在生产中完全取代直流电动机和同步电动机。

5.1.1　异步电机结构原理

5.1.1.1　异步电动机的基本工作原理

1. 异步电动机工作原理

图5-1是异步电动机工作原理图，它由定子和转子两部分组成，二者之间有一个很小的空气隙。定子对称三相绕组接入交流电源，通入对称三相交流电流，建立定子三相合成旋转磁动势并产生定子旋转磁场。图5-1中虚线表

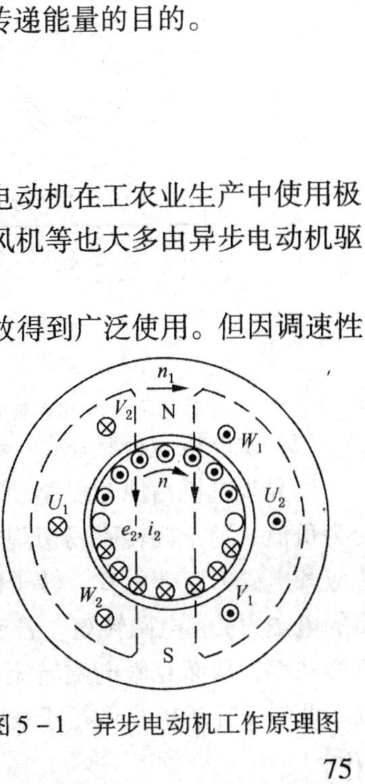

图5-1　异步电动机工作原理图

示某一瞬时定子旋转磁场的磁通，它以同步转速 n_1，顺时针方向旋转，转子导体切割磁场感应电动势，感应电动势方向可用右手定则确定。该电动势在闭路的转子绕组中产生电流。

载流的转子绕组在旋转磁场中，将受到电磁力作用。可用左手定则确定此时转子绕组受到一个顺时针方向的电磁力和电磁转矩作用，使转子以转速 n 随着定子旋转磁场转向旋转。

从上述分析可见，异步电动机转子旋转的转速 n 不能等于定子旋转磁场转速 n_1，因为如果 $n=n_1$，转子与定子旋转磁场之间就没有相对运动，转于绕组中就没有感应电动势和感应电流，也就不能产生推动转子转动的电磁转矩，所以说，异步电动机运行中转子转速 n 和定子旋转磁场转速 n_1 之间存在差异，n 总是小于 n_1，“异步”之名，由此而来。

2. 转差率

异步电机转子转速 n 与定子旋转磁场转速 n_1 之间存在着转差率 $\Delta n=n_1-n$，此转速差正是定子旋转磁场切割转子导体的速度，它的大小决定着转子电动势及其频率的大小，直接影响到异步电机的工作状态。为此，转速差可用转差率 s 这一重要物理量来表示，即

$$s=(n_1-n)/n_1 \tag{5-1}$$

异步电动机运行时 s 值的范围为 $0<s<1$。一般异步电动机在额定负载运行时，额定转差率 $s_N=0.01\sim0.06$。下面将根据转差率 s 的大小及其正负，分析异步电机的三种运行状态。

3. 异步电机的三种运行状态

(1) 电动机运行状态($0<s<1$)

如图 5-2(b)所示，用虚线表示定子旋转磁场的等效磁极，它以转速 n_1 旋转，为了简化，转子只画出了两根导体。在电动机运行状态下，n 与 n_1 方向相同且 $n<n_1$。根据电磁感应和电磁力定律可知，定子旋转磁场与转子电流相互作用将产生驱动性质的电磁力 f 和电磁转矩。这说明，定子从电力系统吸收电功率转换为机械功率输送给转轴上的负载。

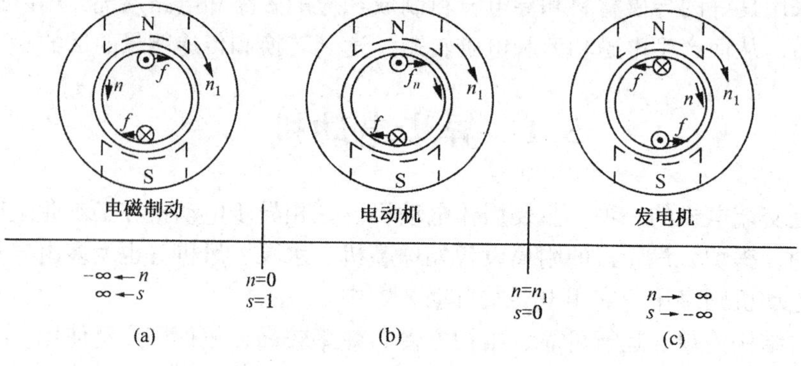

图 5-2 异步电机三种运行状态

(a) 电磁制运行状态；(b) 电动机运行状态；(c) 发电机运行状态

(2) 发电机运行状态($-\infty<s<0$)

当异步电机由原动机驱动，使转子转速 n 与 n_1 同方向且超过 n_1 时，即 $n>n_1$，转差率 s 变为负值，定子旋转磁场切割转子导体的方向与电动机相反，如图 5-2(c)所示。根据电磁感应和电磁力定律可知，转子电流反向，定子旋转磁场与转子电流相互作用，将产生制动性质的电磁力 f 和电磁转矩。若要维持转子转速 n 且大于 n_1 时，原动机必须向异步电机输入机械功率，从而克服电磁转矩做功。这说明，输入的机械功率转换为电功率输送给电力系统，此时，异步电机运行于发电机状态。

(3) 电磁制动运行状态($1 < s < +\infty$)

如图5-2(a)所示，异步电机定子绕组流人三相交流电流产生旋转磁场，以转速 n_1 顺时针方向旋转，同时，转子被一个外加转矩驱动以转速 n 反时针方向旋转。同理，这时定子旋转磁场切割转子导体的方向与电动机状态相同，产生的电磁力 f 和电磁转矩与电动机状态相同，其方向也是顺时针的，但此时外加转矩使转子以逆时针方向旋转，电磁转矩对外加转矩是制动性质的。这说明，一方面定子从电力系统吸收电功率，另一方面驱动转子反转的外加转矩克服电磁转矩做功，向异步电机输入机械功率。这时异步电机运行在电磁制动状态。可见，从两方面输入的功率将转变为电机内部的热能。

5.1.1.2 异步电动机的基本结构

异步电动机有鼠笼式和绕线式两类。它们的区别在于转子绕组的结构不同。绕线式电机结构较复杂，一般用于对启动和调速性能要求较高的场合。

1. 鼠笼式电动机结构

鼠笼式电动机结构如图5-3所示，它由静止的定子部分和转动的转子部分组成。定、转子之间有一空气隙，这个气隙很小，一般为0.2~2mm。此外，在定子两端有起支撑作用的端盖、轴承以及轴承内外盖。为了形成冷却风路，在定子一侧装有风罩。定子绕组端头引线连接到机座外接线盒的端子上。转子上除有转子铁芯和鼠笼绕组外，还有轴、风扇等部件。

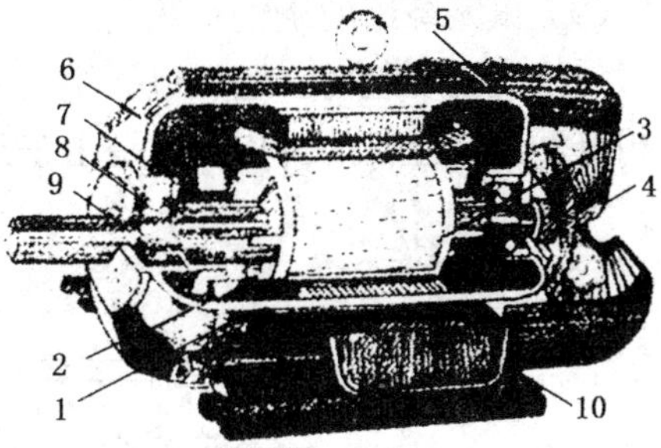

图5-3 鼠笼式电动机结构图

1—定子；2—定子绕组；3—转子；4—风扇；5—风罩；6—端盖；7—轴承内盖；8—轴承；9—轴承外盖；10—出线盒

(1) 定子

定子由机座、定子铁芯和定子绕组构成。

定子机座是支撑定子铁芯的部件，小型异步电动机机座一般用铸铁制成，也有采用铝合金铸成的。大型异步电机机座多采用钢板焊成。

定子铁芯用于构成电机磁路和安放定子绕组，它由厚0.5mm硅钢片叠压成整体后，装入机座，定子硅钢片形状如图5-4(a)所示。为了减小涡流损耗，叠片间需经绝缘处理。一般小容量电机硅钢片表面有氧化膜绝缘，大容量电机硅钢片间涂有绝缘漆。

小型异步电机的定子绕组用高强度漆包圆铜线或铝线绕制而成；大型异步电机的导线截面较大，采用矩形截面的铜或铝线制成线圈再放置在定子槽内。定子绕组是电机的电路部分。

(2) 转子

转子由转轴、转子铁芯和转子绕组构成。

转轴一般由中碳钢作材料，它起到支撑、固定转子铁芯和传递功率的作用。

转子铁芯也是电机磁路的一部分。转子硅钢片形状见图5-4(b)所示。转子铁芯也采用厚0.5mm的硅钢片，叠压成整体的圆柱形套装在转轴上，转子铁芯外圆的槽内放置转子绕组。

鼠笼式电动机的转子绕组如图5-5所示。没有铁芯时，整个绕组的外形就像一个鼠笼。它用铜条或铝条作转子导体(通常称为导条)，在导条的两端用短路环(也称为端环)短接，形成闭合回路如图5-5(a)所示。多数小型异步电动机的鼠笼绕组由铝铸成。制造时，把叠好的转子铁芯放在铸铝的模具内，把“鼠笼”和端部的内风扇一次铸成。铸好的鼠笼转子外形如图 5－5(b)所示。

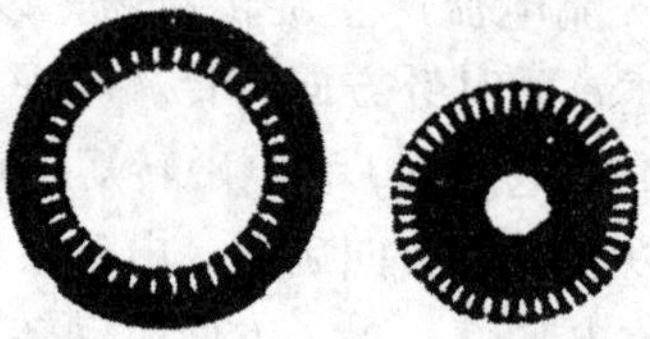

(a)　　(b)

图 5－4　定、转子铁芯的硅钢片

（a）定子硅钢片；（b）转子硅钢片

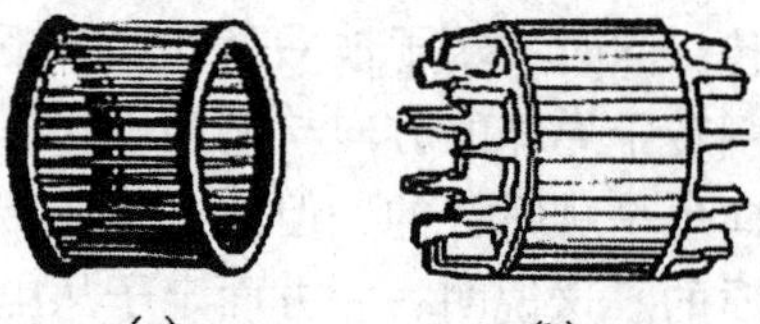

(a)　　(b)

图 5－5　鼠笼式转子绕组

（a）鼠笼绕组；（b）铸铝鼠笼转子

鼠笼绕组与普通对称三相绕组差别很大，由它的相数、极数和绕组系数确定。

（3）鼠笼绕组的绕组系数 k_{w_2}

讨论交流绕组时已经知道，绕组系数 k_{w_2} 实质上是一相绕组中各导体电动势串联叠加成一相电动势时应打的折扣，这是由于绕组的分布、短距原因引起的。对于鼠笼转子来说，一根导条即为一相，各导条电动势是并联的，不存在串联叠加问题，也不需打折扣，故 k_{w_2}。

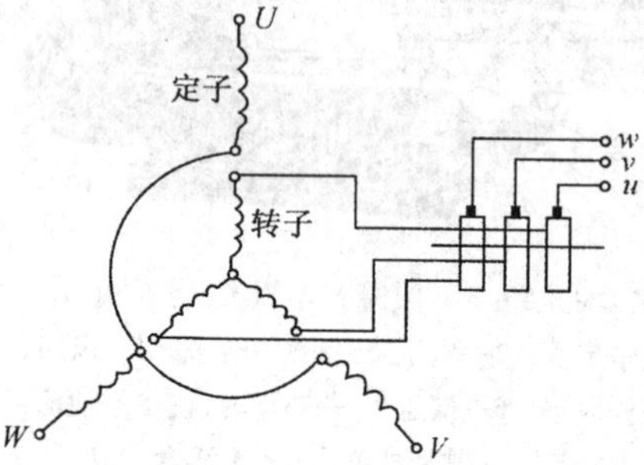

图 5－6　绕线式异步电动机接线示意图

2．绕线式异步电动机结构

绕线式异步电机与鼠笼式异步电机的差别在于转子绕组，绕线式转子槽内放置着与定子相类似的三相对称绕组。三相绕组尾端在内部接成星形，三相首端由转子轴中心引出接到滑环，其接线图如图 5－6 所示。滑环经电刷再串入外接电阻可改善电动机的启动和调速性能。有的绕线式电机还装设提刷装置，在串入的外接电阻启动完毕后，把电刷提起，三相滑环直接短路，减小运行中的损耗。

5.1.2　异步电动机安装调试

异步电动机是车间的主要动力设备之一。电动机的安装质量直接影响它的安全运行，如安装质量不好，不仅会缩短电动机的寿命，严重时还会损坏电动机和被拖动的机器，造成损失。因此，安装时必须严格质量管理。异步电动机的安装主要包括电动机的运输、起吊，定子、转子、轴承座和机轴的安装调整等钳工装配工艺，以及电动机的接线等。

5.1.2.1　异步电动机的安装

（1）核对图纸及电动机铭牌，检查电动机的型号、功率、电压等是否符合设计要求。

（2）检查电动机外观。电动机有无锈蚀及严重受潮的现象，有无在运输中碰撞损坏的地方，转轴有无弯曲，有无因运输振动而松动或脱落的部件。

（3）盘动转子，检查转子转动是否灵活，有无碰卡声，轴向窜动是否超过规定的范围。

（4）拆开接线盒，用万用表检查电动机绕组有无断线故障，电阻是否对称，引出线鼻子焊接或压接是否良好。编号应齐全。

（5）用兆欧表测量电动机各相绕组之间及各相绕组与机壳之间的绝缘电阻，对于 500V 以下的电动机，应使用 500V 兆欧表测量，其绝缘电阻应不小于 0.5MΩ。

（6）对于较大的电动机，应测量滑动轴承的空气间隙，其不均匀度应符合产品的规定，若无规定时，各点空气隙的相互差值不应超过 10%。

(7) 绕线式电动机需检查电刷的提升装置，提升装置应标有“启动”、“运行”的标志，动作顺序应是先短路集电环，然后提升电刷。

(8) 当电动机有下列情况时，应进行抽芯检查：

① 出厂日期超过制造厂保证期限者；

② 经外观检查或电气试验，质量有可疑时；

③ 开启式电动机经端部检查发现可疑时；

④ 试运转时有异常情况者。

5.1.2.2 电动机的接线

在电动机安装中，电动机的接线是一项非常重要的工作，如果接线不正确，不仅使电动机不能正常工作，还可能造成事故。接线时注意电动机铭牌上的额定电压与线路使用电压，两者必须相符合。如线路电压是380V，铭牌电压为220/380V，则需将电动机的三相绕组接成星形380V使用；若线路电压为220V则电动机应接成三角形使用。如图5－7所示。

三相感应电动机有三相绕组，三相绕组共有6个端子，各相的始端用U1、V1、W1表示，终端用U2、V2、W2表示。标号U1—U2为第一相，V1—V2为第二相，W1—W2为第三相。如果电动机的绕组没有标号，且6个端头单独甩出，不能确定各绕组的始端和终端时，可用感应法进行测定。先用万用表或摇表确定同一绕组的两个端头，从而找出三个绕组。再将任意两个绕组串联起来，在两端加上单相交流低电压(约为电动机额定电压的40%)，在第三相的绕组两端接上电压表或灯泡，接线如图5－8所示。如果电压表有读数或灯泡发亮，说明串联的两绕组对第三绕组的电磁感应方向相同，则为第一绕组的终端和第二绕组的始端是接在一起的[见图5－8(a)]；反之，电压表无读数或灯泡不亮，即表明串联的两个绕组对第三绕组的电磁感应方向相反，则为两个绕组的终端接在一起[见图5－8(b)]。然后将第一相和第二相绕组的始端和终端做好标志，再用同样的方法决定第三相绕组的始端和终端。

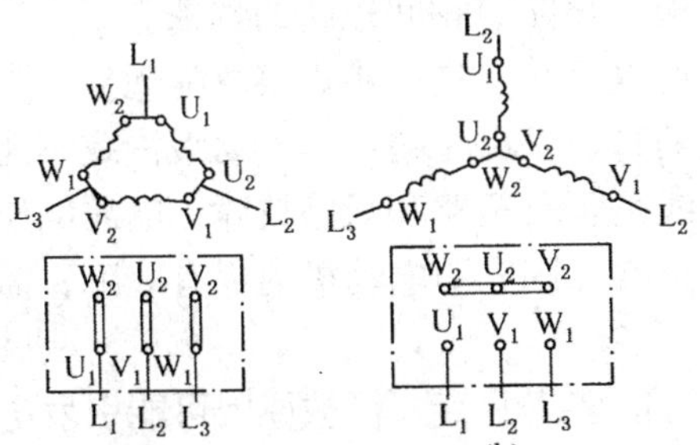

(a)　　(b)

图5－7　电动机接线

(a) 角接220V；(b) 星接380V

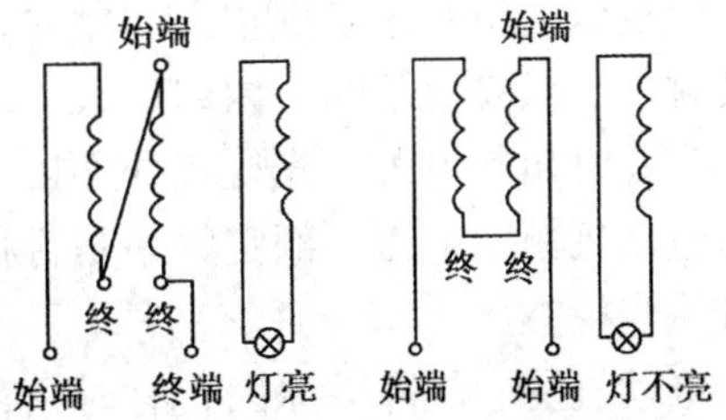

(a)　　(b)

图5－8　电动机识别三相绕组

(a) 始端接终端；(b) 始端接始端

导线靠近电动机的一段，应用金属软管或塑料套管保护，并放长些，以便电动机位置改变时可以伸缩，软管与管子连接必须用扎头扎牢固定。另一端与进线盒连接，应做固定支点。

电动机必须可靠接地(或接零)，接地线应用螺栓固定在电动机的接地螺栓上。接地线的截面作为干线时，一般为电动机进线的30%(最大不超过铝芯35mm²，铜芯25mm²)。但如采用橡皮绝缘导线作支线时最小应用铝芯导线为4 mm²，铜芯导线为2.5 mm²。

5.1.2.3 电动机的试车

电动机及其控制设备安装、接线与详细检查完成后，即可进行试车。

（1）接通电源前，应再次检查电动机的电源进线、接地线、与控制设备的电气连线等是否符合要求，连接是否牢固可靠。

（2）接通电源，控制电动机启动。电动机启动后，应严格监视电动机的启动与运行情况。通过仪表观察电动机的电流是否超过允许值。电动机运行中应无杂音，无异味，无过热现象，电动机的振动幅值与轴承温升应在允许范围内。

（3）冷态时连续启动 2 ~3 次。

（4）空载运行 2h，并记录电动机的空载电流及主要部位的振动、温度。

5.1.3 异步电动机故障处理

电动机在运行的过程中若使用或维护不当，常会发生一些故障。因电动机通常是与其驱动机械、供电电源、线路、控制设备等共同工作的，其中任何一个环节出现故障均会影响电动机的正常运转。因此，当电动机不能正常运转时，首先要确定引起故障的环节，抓住故障的特点，准确判断并排除故障，这对于保证和延长电动机的使用寿命是非常重要的。

三相异步电动机的常见故障一般分为电磁和机械两大类。电磁方面的故障，大多发生在定子绕组，如绝缘损坏、导体及其回路接触不良、断路、短路及接线错误等。此外，还有转子绕组、电刷、启动设备、熔断器、按钮、开关等出现的故障。机械方面的故障，如轴承、端盖、铁芯等零部件的松动、磨损、变形、断裂及润滑不良等。区分这两类故障，可以按以下方法判断：当电动机通电运转时，故障现象存在，切断电源后，故障仍然存在，说明是机械方面的故障。分析这些方面的故障一般应按以下步骤进行：

（1）了解电动机的结构和安装运行的历史资料，查询故障发生前后的运行情况；

（2）检查机械零部件的状况，如机座、端盖是否破裂，转轴是否弯曲，风扇是否损坏等；

（3）检查轴承状况，将转轴上下左右摇动，若有较大松动或窜动，表示轴承有问题。用力转动转子，看其转动是否灵活，有无卡涩现象；

（4）检查绕组绝缘，可用兆欧表测试是否有接地、短路或相间短路的现象。

经过以上检查未发现重大问题时，可将电动机通电运转，进一步观察故障现象。如发生开关跳闸、保险丝熔断、内部打火、绕组冒烟有焦臭味、发出嗡嗡声、振动缓慢或不能启动时，应及时切断电源，先检查外部接线，看外部接线是否有短路和断路故障，电源电压、频率与电动机额定电压、额定频率是否相符等。若均正常，则表明电动机内部有故障，需拆开作进一步检查。

电动机发生故障的原因，有时只有一个，有时可能多个并存。机械原因可能引发电磁故障，电磁原因也可能诱发机械故障。因此，具体故障出现时，要了解全过程，进行综合判断和检查，尽可能检测相关数据，便可确定故障原因和部位。

5.1.3.1 三相异步电动机常见故障原因分析及处理方法（见表 5 −1）

表 5 −1 三相异步电动机常见故障原因分析及处理方法

序号	故障现象	故障原因	处理方法
1	三相异步电动机不能启动	（1）三相供电线路或定子绕组中有一相或两相断路，开关或启动装置的触点接触不良，导致没有旋转磁场	a. 更换烧断的熔体 b. 检查开关或启动装置的触点，如不能修复则更换 c. 用万用表检查，发现故障予以排除
		（2）电源电压过低，造成启动转矩不足	a. 适当提高电源电压 b. 启动电流造成线路压降太大，可更换适当的较粗绝缘导线

续表

序号	故障现象	故障原因	处理方法
1	三相异步电动机不能启动	（3）负载过大或传动机构有故障	a. 适当减轻所拖动的负载 b. 检查传动机构，排除故障
		（4）轴承过度磨损，转轴弯曲，定子铁芯松动，甚至定子、转子铁芯相擦，使电动机的气隙不均匀，在转子上产生单边电磁力	a. 要检查轴承是否损坏，只需上下移动轴承，若转轴松动，则应更换新轴承 b. 校正转轴 c. 将定子铁芯复位并固定
		（5）定子绕组严重短路	匝间、相间和对地短路，都会使三相电流失去平衡而导致电动机故障，有时会造成电动机过热而烧毁电动机，可以通过三相定子绕组电流平衡试验来确定短路处，然后找出短路点，进行绝缘处理或重新更换绕组
		（6）定子绕组重绕后接线错误	a. 在重绕或修理过程中，往往容易发生绕组内部连接的错误，要确定电动机绕组内部连接是否正确，可采用钢珠法检查，若连接正确，电源开关合上后钢珠会沿定子铁芯内壁滚动，反之，则钢珠静止不动 b. 检查三相绕组的首末段，然后按正确接线图进行接线
2	负载运行时转速低于额定值	（1）电源电压过低，使电磁转矩不够大	调整电源电压
		（2）将电动机的三角形连接错接成星形连接，造成降压运行	按正确接法改正接线，或详细核对控制线路接线图，加以改正
		（3）笼型转子断笼或脱焊，导致负载能力下降	a. 焊接法或冷接法修补断条处 b. 更换转子绕组
		（4）绕线转子电动机的电刷与滑环接触不良，造成负载能力下降	处理方法：调整电刷压力；用细砂布磨好电刷与滑环的接触部分
		（5）运行中一相断路，造成电磁转矩下降（缺相运行）	a. 更换熔断器中的熔体 b. 用钳形电流表检测三相电流，确定哪一相断路，找出断路点。根据情况予以处理
		（6）过载运行	可将电流表与电源串联，如果电流表读数超过额定值，则表示电动机过载 a. 更换电动机，选择容量大的电动机 b. 减轻负载
		（7）定子绕组的并联支路或并绕导线发生断路	用电流表法或电阻法查找断路相，根据情况予以处理
		（8）绕线转子电路串接的电阻过大	适当减小转子电路串接的变阻器阻值
3	电动机三相电流不平衡	（1）三相电压不平衡。或线路接线上的缺陷造成电压降过大	用电压表测量三相电源电压并予以调整
		（2）定子绕组中发生匝间、相间短路，并联支路或并绕导线发生断路	利用上述电流平衡法查找短路、断路相，然后进一步找出短路线圈或断路点，连接断路点，进行绝缘处理或更换线圈
		（3）重绕定子绕组时部分线圈的匝数有错误	用双臂电桥测直流电阻或测分压值，更换匝数有错误的线圈
		（4）重绕定子绕组时部分线圈或极相组的连接有错误	拆开电动机，通入低压直流电源，用指南针找出接错线的线圈或极相组，然后重新接线
4	电动机温升过高或冒烟	（1）电源电压过高或过低；三角形连接和星形连接相互误接	a. 调整电源电压 b. 查明绕组正确接法，然后进行正确接线
		（2）电动机过载运行	降低负载或更换容量较大的电动机
		（3）电动机使用环境温度过高	采取降温措施，室外搭凉棚遮挡，避免阳光直接照射电动机
		（4）电动机的通风不畅或积尘太多	检查风扇是否脱落，移开堵塞通风的物件，使空气对流，清理电动机内部及表面粉尘，改善散热条件

续表

序号	故障现象	故障原因	处理方法
4	电动机温升过高或冒烟	（5）定子绕组有短路或接地故障	a. 打开电动机检查定子线圈，用目测、耳闻手摸检测短路处，如局部短路可用跳接临时解决急用，如短路严重，只有拆线重绕 b. 用电桥测量各相线圈或各元件的直流电阻，并用兆欧表测量其对机壳的绝缘电阻
		（6）电动机缺相运行，定子绕组并绕导线或并联支路发生断路	a. 检查三相熔断器的熔体有无熔断及启动装置的三相触点是否接触良好，排除故障或更换 b. 查找定子绕组的断路点，局部修复或更换绕组
		（7）转子运转时和定子铁芯相摩擦，致使定子局部过热；轴承磨损等引起气隙不均匀	a. 检查定子铁芯是否变形，轴是否弯曲，校正转轴中心线 b. 更换磨损的轴承
		（8）电动机受潮和浸漆后未烘干	检查绕组的受潮情况，进行烘干处理
		（9）绕组接线错误或重绕定子绕组时匝数太少或导线截面过小	a. 按接线图正确接线 b. 按标准数据重绕或重测原始数据后重绕
		（10）铁芯硅钢片间的绝缘损坏，使铁芯涡流损耗增大	a. 对铁芯硅钢片进行绝缘处理 b. 适当增加每槽的匝数
5	电动机外壳带电	（1）电源线与接地线接错	查明后纠正接线
		（2）电动机引出线破损	更换电动机的引出线
		（3）电动机绝缘受潮或老化	a. 用兆欧表测量电动机的绝缘电阻，确定绝缘受潮后进行烘干处理 b. 若绝缘老化则要更换绕组及绝缘材料
6	电动机启动时有异常声音	（1）启动中有一相欠相而成为缺相状态	检查开关接触情况和电源回路
		（2）二次侧回路有一相断路	检查开关和启动电阻器
		（3）定子线圈接错线	检查端部接线
		（4）定子线圈层间或相间短路	检查线圈，消除短路部分，或重绕线圈
		（5）转子线圈层间或相间短路	检查线圈，消除短路部分，或重绕线圈
7	电动机运行中声音或振动异常	（1）定子与转子铁芯相摩擦，转轴严重弯曲	a. 校正转子铁芯或转轴，并进行修理 b. 更换磨损严重的转轴
		（2）电动机缺相运行，有较大的“嗡嗡”声	a. 查开关、接触器的触点，熔体 b. 检查电源回路及定子绕组 c. 查找缺相的原因，然后进行排除
		（3）电动机放置不平或没有安装牢固	将电动机重新安置平稳
		（4）轴承严重缺油或严重磨损	清洗轴承，重新加润滑脂或更换轴承
		（5）定子绕组有断路、短路故障或接线错误，造成不平衡运行	a. 检查断路、短路点并修理，或更换绕组 b. 按接线图正确接线
8	轴承过热	（1）轴承损坏	更换轴承
		（2）轴承与轴或轴承室配合过松或过紧	过松时在轴或轴承室上镶套或刷镀，过紧时重新加工到标准尺寸
		（3）转轴弯曲，使轴承受外界力	校正转轴
		（4）润滑油过多、过少或油太脏，混入铁屑杂质或其他杂物	调整油量或换油，润滑脂的容量不宜超过轴承室容积的2/3
		（5）电动机两侧端盖或轴承盖未装平	将端盖或轴承盖止口装平，旋紧螺栓
		（6）传动皮带或联轴器装配不良	a. 调整间距，适当调整传动皮带的松紧度 b. 修理并装好联轴器

续表

序号	故障现象	故障原因	处理方法
9	电动机运转时电流表指针来回摆动	（1）笼型转子断笼或脱焊	a. 查找并修补断笼处 b. 更换转子绕组
		（2）绕线转子一相接触不良	调整电刷压力，改善电刷与滑环的接触面
		（3）绕线转子电动机的滑环短路装置接触不良	修理或更换滑环短路装置
10	发生具有2倍滑差频率的周期杂音	（1）二次侧回路有一相断路	检查开关和启动电阻器
		（2）启动器错接	检查接线
		（3）笼型转子的焊接部分老化	重新焊接
		（4）转子绕圈层间或相间短路	检查线圈，消除短路部分或重绕线圈
11	出现滑动部分发出"隆隆"的响声或剪切声	（1）异物侵入机内	检查电动机内部
		（2）转子铁芯与定子铁芯相碰	检查气隙，转子重新找中心
		（3）转子部分与定子部分或外壳摩擦	检查内部，必要时重新找中心或重新调整固定部分
		（4）轴承异常	检查滚动轴承或更换轴承
12	绕线转子集电环火花大	（1）电刷牌号及尺寸不对	修理或更换电刷
		（2）集电环表面不平或有杂物污垢	消除污垢，用0号砂纸磨光，严重时可车光
		（3）电刷压力太小或压力不均匀	调整弹簧压力
		（4）电刷在刷握内被卡住	磨小或更换合适尺寸的电刷，把电刷装正

5.1.4 异步电动机检修试验

5.1.4.1 异步电动机检修

根据《石油化工设备维护检修规程》第六册，异步电动机的检修分为小修、中修、大修三种项目。

5.1.4.2 异步电动机检修试验

电机检修后，未经相关项目试验，不可以直接投入运行，现根据中华人民共和国电力行业标准DL/T 596—1996《电力设备预防性试验规程》及中国石油化工总公司《引进电气设备预防性试验规程》，总结如下：

1. 定子绕组的试验

（1）绕组绝缘电阻和吸收比

交流电动机停机后拆除其出线头连接的引出线，驱动兆欧表至额定转速，当指针指向"∞"时，用绝缘工具将屏蔽线的芯线立即接至被测相导体（非被测相短路接地），同时开始计时，读出1min时的绝缘电阻。测量结束，先断开接至被测相的屏蔽线，然后再停兆欧表。被测相绕组立即接地放电。按同样方法测量其他两相绕组。

数据分析

① 额定电压3kV以下电动机，在室温下定子绕组绝缘电阻值不低于0.5MΩ，额定电压3kV及以上电动机接近运行温度时或投运前室温（包括电缆），绝缘电阻值不低于U_nMΩ（U_n取额定电压的千伏值），转子绕组不低于0.5 MΩ；

② 电动机定子绕组吸收比自行规定，与历年测量数据相比应无大的差别。

注意事项

① 应考虑绕组温度对绝缘电阻的影响，必要时可进行温度换算；

② 绕组绝缘电阻值达不到要求或无吸收现象，根据测量时气候条件，判断绕组绝缘是否有受潮的可能，若绝缘受潮应进行烘干处理。

(2) 绕组直流电阻

拆除电动机绕组出线头以外连接的导体，将测量线或专用线接至被测电动机引出线的头尾，另一端接至测量仪器。接线时应注意正确连接电流极与电压极导线。绕组直流电阻测量完毕后记录测量数据，以及绕组温度、环境温度、试验日期和使用仪器型号等。

数据分析

① 分相测量的各相绕组直流电阻值的相互差别不超过最小值的2%，中性点未引出电动机线间电阻相互差别不超过1%；

② 相互间差别应与历年测量数据对照，注意其相对变化，温度不相同时应进行温度换算；

③ 直流电阻超差应查明原因予以消除。

注意事项

① 测量绕组直流电阻应同时测量绕组温度，如绕组温度高于环境温度时应用绕组测温元件来测量绕组温度；

② 电桥接线应正确，大型电动机绕组有一定的电感，测量时应待检流计稳定后读数。

(3) 定子绕组泄漏电流和直流耐压试验

中性点引出电动机拆除连接线，各相出线头间距离能满足试验电压要求的应分相进行试验。其试验方法参照DL/T 596—1996《电力设备预防性试验规程》及中国石油化工总公司《引进电气设备预防性试验规程》。

数据分析

① 泄漏电流逐级记录，如分相进行试验，则泄漏电流相间差别一般不大于最小值的100%，泄漏电流为20μA以下时不作规定；

② 试验时泄漏电流相间差别超差，微安表摆动大，且随电压上升泄漏电流急剧上升，并伴有放电声，应停止试验，查明原因，区分试验回路和被试绕组存在的问题；

③ 若由被试绕组引起上述情况，则应分派人员对电动机两端绕组加强监视。如发现放电火花则停止试验，对该部位进行检查，发现绝缘缺陷则应处理消除。

注意事项

① 出线套管未接屏蔽线或屏蔽线与套管接触不良，屏蔽效果不好，应加接屏蔽线并使其接触良好；

② 试验应在电源电压较稳定时进行，以免引起泄漏电流波动；

③ 使用的直流发生器的纹波系数应符合要求；

④ 该项目属高压试验，试验期间应遵守安规的有关规定，注意人身和被试设备的安全。

(4) 定子绕组交流耐压试验

试验按以下步骤进行：

① 检查被试绕组的绝缘电阻、吸收比合格，泄漏电流正常，直流耐压试验通过后进行；

② 三相同时还是分相进行定子绕组交流耐压试验，视电机具体情况而定，与直流耐压情况相同；

③ 低压和100kW以下不重要的电动机交流耐压试验可用2500V兆欧表测量代替；

④ 大修时不更换或部分更换定子绕组后试验电压为$1.5U_n$但不低于1000V；全部更换

定子绕组后试验电压为$(2U_n+1000)$V但不低于1500V；更换定子绕组工艺过程中的交流耐压试验按制造厂规定进行。

⑤ 加压试验前，定子绕组铁芯、测温元件和转子绕组接地。

⑥ 试验接线和方法参照DL/T 596—1996电力设备预防性试验规程及中国石油化工总公司《引进电气设备预防性试验规程》。

注意事项

① 对于中性点未引出的电动机，定子绕组三相并在一起进行交流耐压试验，只能考核对地绝缘，无法考核相间绝缘；

② 试验时电源电压应稳定，高压试验电压波形不畸变，使用峰值电压表测量电压；

③ 试验时绕组绝缘不应受潮，以免造成不必要的击穿；

④ 绕组绝缘由于存在缺陷被击穿，新修复后重试；

⑤ 高压试验应遵守安规有关规定，做好监护，确保人身设备安全。

2. 绕线式电动机转子绕组的交流耐压试验

试验按以下步骤进行：

(1) 绕线式电动机已改为直接短路启动者，可不进行交流耐压试验；

(2) 检查转子绕组绝缘电阻合格，无短路接地现象；

(3) 接好试验回路接线，检查无误，试验设备空试升压正常，降压，切断电源，在高压端挂接地线。将转子绕组引出线滑环上的碳刷提起，并保持一定距离。高压试验线接在滑环上，定子绕组和转子绕组大轴接地，按规程要求的试验电压值进行交流耐压试验。

注意事项

(1) 耐压试验时电源电压应稳定，否则将引起施加电压的波动；

(2) 为排除试验电压波形畸变的影响，应使用峰值电压表测量电压；

(3) 此项交流耐压试验电压较低，但不能因为试验电压低而放松警惕，仍需按安规的要求做好安全措施，确保试验时的安全。

3. 定子铁芯试验

大型电动机在全部更换绕组时或修理铁芯后以及必要时，为检查定子铁芯状况而进行该项试验。试验参照DL/T 596—1996《电力设备预防性试验规程》及中国石油化工总公司《引进电气设备预防性试验规程》进行。

4. 电动机空转并测空载电流和空载损耗

试验按以下步骤进行：

(1) 电动机安装就位，调整好轴承、气隙，转子转动应灵活，与所拖动的机械负载脱离；

(2) 被试电动机电气试验合格，定、转子绕组接线正确；

(3) 接上电源和测量表计，绕线式转子应检查碳刷和启动把手位置是否符合启动要求，启动前测量电流的表计应短接躲过启动电流；

(4) 合上电源开关，启动电动机，待转速达到额定值稳定后，打开电流回路的短接线，测量电动机的空载电流、空载损耗和电源电压；

(5) 空转2h无异常后检查结束，拉开电源开关切断电源。

数据分析

(1) 空转检查期间电动机转动正常，定、转子无摩擦情况。

(2) 空载电流与以往测量值或同类电动机相比无大的差别。

(3) 空载损耗在额定电压下不超过原来值的 50%。

(4) 空载损耗、空载电流和转动有超差或异常应进行分析，查找原因。

(5) 电动机轴承振动速度测量的限值如下：

表 5－2　不同轴中心高 *H*(mm) 的振动烈度限值，mm/s(有效值)

额定转速/(r/mm)	电机在自由悬置状态下测量				刚性安装
	$56 \leqslant H \leqslant 132$	$132 \leqslant H \leqslant 225$	$225 \leqslant H \leqslant 400$	$H > 400$	$H > 400$
600～3600	1.8	2.8	3.5	3.5	2.8

(6) 电动机轴承温度测量的限值如下：

温度一般不允许超过 85℃，温升一般不允许超过 45℃。

注意事项

(1) 电动机启动时声音不正常或不转动，应立即切除电源进行检查。

(2) 电动机如反转则应停机，出线头任意调换两相线端，重新启动。

(3) 在整个启动和试验过程中都要密切注意电流、机械部分，若有异常立即停机。

(4) 试验电压若与额定电压有偏差，则应对空载电流、空载损耗进行修正，其计算式为

$$I_{on} = I_o U_n / U_o \tag{5-2}$$

$$P_{on} = P_o (U_n / U_o)^2 \tag{5-3}$$

式中　U_o、I_o、P_o——空载试验时实测电压、电流、功率值；

U_n——电动机额定电压；

I_{on}、P_{on}——修正至额定电压下的空载电流、空载损耗。

(5) 试验时三相电源应对称稳定，避免造成较大误差。

5.2　同步电动机

同步电动机同其他旋转电机一样，既可作发电机运行，又可作电动机运行。作发电机运行时，除向电力系统输送有功功率外，还可以向电力系统输送或吸收感性无功功率。作电动机运行时，从电力系统吸收有功功率，还可以从电力系统吸收或输送感性无功功率。

在恒速大功率拖动的场合，同步电动机的经济性能和技术性能均比异步电动机优越。这是因为同步电动机具有功率因数高的优点，在过励的情况下，甚至可以使功率因数变为超前。因此，在容量较大、转速要求恒速的设备，常采用同步电动机，如拖动大型水泵、空气压缩机、大型鼓风机。

同步电动机不带任何机械负荷的空载运行时，调节电动机的励磁电流，使该电机向电网吐出容性或感性的无功功率，可以维持电网电压的稳定和改善电力系统功率因数。运行在上述状态的同步电动机称为同步调相机。其维持(空载)转动和补偿各种损耗的功率都取决于电力系统。

5.2.1　同步电动机结构原理

5.2.1.1　同步电动机基本结构原理

同步电动机有旋转电枢式和旋转磁极式两种。旋转电枢式应用在小容量电动机，而旋转磁极式用于大容量电动机中。

同步电动机的主要结构由定子和转子组成。定子部分与三相异步电动机完全一样，在同步电动机中称为电枢。同步电动机转子上装有磁极，分为凸极式和隐极式两种。当励磁绕组通过电流 I_f 时，转子上产生 N、S 极。

如果三相交流电源加在三相同步电动机定子绕组上，就会产生旋转速度为 n_0 的旋转磁场。转子励磁绕组通电时建立固定磁场。假如转子以某种方法启动，并使转速 n 接近 n_0，这时转子的磁场极性与定子旋转磁场极性之间异性对齐(定子 S 极与转子 N 极对齐)。根据磁极异性相吸原理，定、转子磁场之间就会产生电磁转矩，促使转子跟旋转磁场一起同步运转，即 $n=n_0$，故称为同步电动机。同步电动机实际运行时，由于空载总存在阻力，因此转子的磁极轴线总要滞后旋转磁场轴线一个很小角度 θ，促使产生一个异性吸力，即电磁场转矩。带负载时，θ 角增大，电磁转矩随之增大。电动机保持同步状态。

当然，负载若超过同步异性吸力时，转子将无法正常运转。

5.2.1.2 同步电动机的电磁关系

以隐极式同步电动机为例，如图 5－9 所示。根据图 5－9 给出的同步电动机定子绕组各电量正方向，可列出 U 相回路的电压平衡方程式(忽略定子绕组电阻)。

$$U = E_0 - jIX_c \tag{5-4}$$

式中 E_0——励磁磁通在定子绕组里的感应电动势，V；

X_c——电枢绕组等效电抗，称为同步电抗，Ω。

根据电压平衡方程式，并假设此时同步电动机的功率因数为领先时的相量图，如图 5－10 所示。

图中 U 与 E_0 之间的夹角 θ 称为功率角，其物理定义是合成等效磁极与转子磁极轴线之间的夹角，如图 5－11 所示。θ 角的大小，表示了同步电动机电磁功率和电磁转矩的大小。

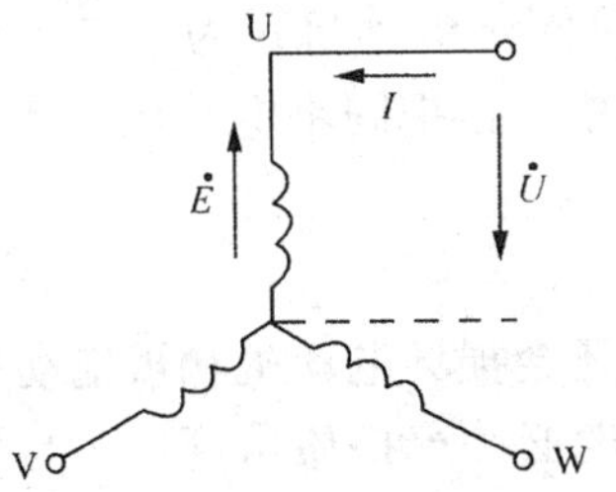

图 5－9 同步电动机各电量的正方向

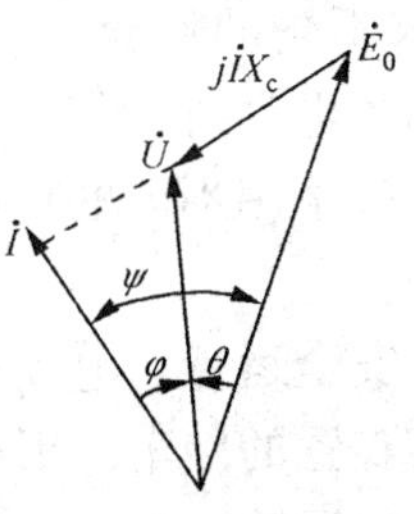

图 5－10 隐极式同步电动机的电动势相量图

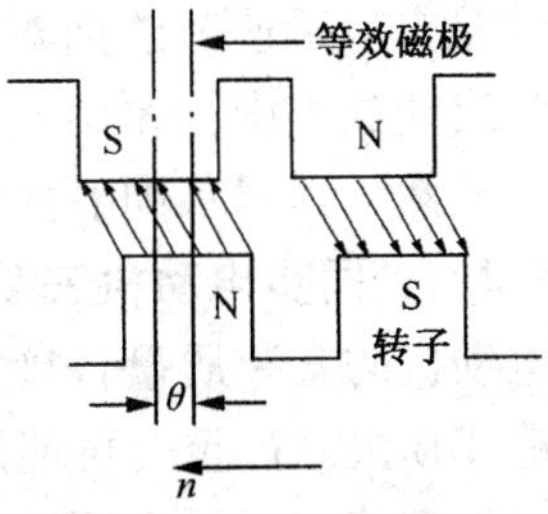

图 5－11 等效磁极

5.2.1.3 同步电动机的启动及调速

1. 三相同步电动机的启动

三相同步电动机本身没有启动转矩，通电后转子不能启动。我们以图 5－12 说明不能自行启动的原因。

由图 5－12 可看出，当静止的三相同步电动机的定、转子接通电流时，定子三相绕组产生旋转磁场，转子绕组产生固定磁场。假设启动瞬间，定、转子磁极的相对位置如图 5－12(a)所示，旋转磁场产生逆时针方向转矩。由于旋转磁场以同步转速旋转，而转子本身存在惯性，不可能一下子达到同步速度。这样，定子的旋转磁场转过 180°得到图 5－12(b)。这

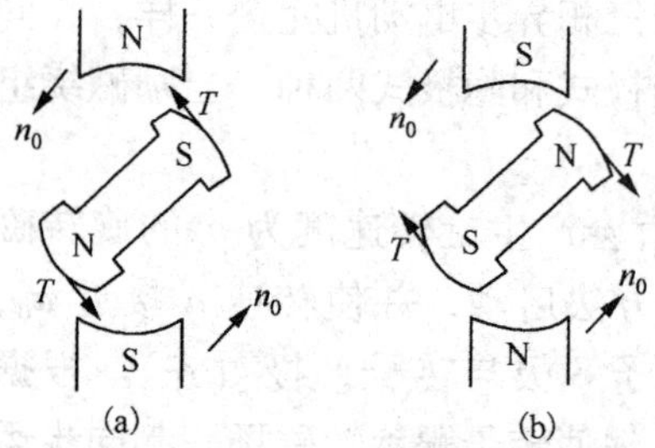

图5-12　同步电动机的启动

时，转子上又产生一个顺时针转矩。由此可见，在一个周期内，作用在同步电动机转子上的平均启动转矩为零。所以，同步电动机就不能自行启动。

三相同步电动机的启动方法有辅助启动法、变频启动法和异步启动法三种。下面介绍目前应用较多的异步启动法。

三相同步电动机异步启动法就是在转子极靴上装一个启动绕组(阻尼绕组)，利用异步电动机启动原理来启动，具体步骤如下：

(1) 首先将三相同步电动机的励磁绕组通过一个附加电阻短接，该附加电阻约为励磁绕组电阻的10倍，并且励磁绕组不可开路。

(2) 启动过程中采用定子绕组建立的旋转磁场，在转子的启动绕组中产生感应电动势及电流，而产生类似于异步电动机的电磁转矩。

(3) 当同步电动机的转速接近同步转速时，将附加电阻切除，励磁绕组与励磁电源连接，依靠同步转矩保持电动机同步运行。

在三相同步电动机异步启动时，如果为限制启动电流，可采用减压启动。当转速达到同步转速时，电压恢复至额定值，然后再给直流励磁，使同步电机进入同步运行。

2. 三相同步电动机的调速

一般由三相同步电动机、变频器及磁极位置检测器，再配上控制装置等，就构成了自控式同步电动机调速系统。

改变自控式同步电动机电枢电压即可调节其转速，并具有类似直流电动机的调速特性，但不需要直流电动机那样的机械换相器，所以也称为无换相器电机。

自控式同步电动机调速系统可以用于拖动轧钢机、造纸机，也可以用于拖动风机、泵类负载等只要求调速节能而对特性要求不高的场合。有些大容量同步电动机，为了能平稳启动，在启动过程中，改接成自控式同步电动机运行，待启动完毕，再把同步电动机直接并网运行。显然，针对不同的使用场合，应采用不同的控制方法。

5.2.2　同步电动机安装

电动机的安装质量直接影响它的安全运行、电动机寿命，还会损坏电动机和被拖动的机器，造成损失。严重时可能因此造成装置的停车。因此，安装时必须严格质量管理。与异步电动机的安装相似，主要包括电动机的运输、起吊，定子、转子、轴承座和机轴的安装调整等钳工装配工艺，以及电动机的接线等内容。其调试主要是控制部分的调试，即可控硅励磁装置的调试

1. 电动机安装前的检查

(1) 核对图纸及电动机铭牌，检查电动机的型号、功率、电压等是否符合设计要求。

(2) 检查电动机外观。电动机有无锈蚀及严重受潮的现象，有无在运输中碰撞损坏的地方，转轴有无弯曲，有无因运输振动而松动或脱落的部件。

(3) 盘动转子，检查转子转动是否灵活，有无碰卡声，轴向窜动是否超过规定的范围。

(4) 拆开接线盒，用万用表检查电动机绕组有无断线故障，电阻是否对称。引出线鼻子焊接或压接是否良好。编号应齐全。

(5) 用兆欧表测量电动机各相绕组之间及各相绕组与机壳之间的绝缘电阻，对于500V

以下的电动机，应使用500V兆欧表测量，其绝缘电阻应不小于0.5MΩ。

(6) 对于较大的电动机，应测量滑动轴承的空气间隙，其不均匀度应符合产品的规定，若无规定时，各点空气隙的相互差值不应超过10%。

(7) 当电动机有下列情况时，应进行抽芯检查：

① 出厂日期超过制造厂保证期限者；

② 经外观检查或电气试验，质量有可疑时；

③ 开启式电动机经端部检查发现可疑时；

④ 试运转时有异常情况者。

5.2.3 同步电动机故障处理

对同步电动机，应建立定期检查制度。电动机运行时，各项技术参数不得超过规定值。在检查过程中如果发现异常现象应及时采取措施进行处理。

三相同步电动机常见故障原因分析及处理方法见表5-3所示。

表5-3 三相同步电动机常见故障原因分析及处理方法

序号	故障现象	故障原因	处理方法
1	电动机不能启动或者转速较额定值低	(1) 油开关故障合不上闸	对操作合闸电源和合闸回路故障进行分析、处理
		(2) 继电器误动作	继电器振动或整定值小，校验继电器
		(3) 定子绕组中或外部电路中有一相断路	切除电源，检查线路是否缺相，用仪表检查定子绕组
		(4) 电机负载过大或所传动的机械中有卡住等故障	检查电动机所传动的负载情况
2	同步电动机启动后不同步	(1) 电网电压低	检查电网电压
		(2) 油开关接主励磁装置的辅助接点闭合不良或励磁装置故障，没有直流输出	切除电源、空投油开关，检查主励磁输出是否符合规定
		(3) 转子回路接触不良或开路	测量转子回路电阻应符合要求，进行紧固检查
		(4) 无刷励磁系统故障，硅管损坏无输出	更换硅元件
3	同步电动机在运行过程中失步	(1) 电网电压低，"SBZ失步再整定"可控硅装置失控	检查带有"SBZ"可控硅失步保护装置
		(2) 励磁电压降低或失步	停机检测励磁装置
		(3) 机械负荷过重	停机检查机械
4	同步电动机启动或运行时，定子和转子之间的空气隙内出现火花冒烟	(1) 由于定、转子空气隙超差，中心不正或轴瓦磨损使定子和转子磨损	停机检测定子与转子之间气隙是否符合要求
		(2) 启动鼠笼条短路环脱焊或接触不良，转子铜(铝)条断裂	停机找出脱焊或接触不良部位重新焊接
		(3) 定子线圈匝间短路或相间短路，转子线圈断线或线圈接地	抽芯检查更换故障线圈
5	同步电动机在运行中出现局部过热或全部过热	(1) 电动机过载。机械负荷超过额定负荷，电动机的电压、电流、功率因数、转速等的数值不正常	减少机械负荷，使定子电流不超过额定值。监视供电系统的电压、电流，功率因数，及时调整
		(2) 定子铁芯部分硅钢片之间绝缘漆不良或有毛刺	应检修定子铁芯
		(3) 电动机受潮或浸漆后没烘干	对电动机进行彻底干燥
		(4) 定子绕组有短路或接地故障	找出故障线圈，更换局部和全部线圈

续表

序号	故障现象	故障原因	处理方法
5	同步电动机在运行中出现局部过热或全部过热	(5) 电动机通风不良	应检查通风系统风扇旋转方向，风扇及风罩是否完好，安装是否牢固，通风孔是否堵塞等
		(6) 水冷却器没水或水流量减少	冷却水系统是否正常
6	同步电动机在运行中发生的事故停车	(1) 电缆头或电缆故障	找出故障点，进行检修
		(2) 电动机定子绕组相间短路	处理故障线圈，耐压合格
		(3) 电流互感器二次回路有断线、接触不良、短路、接线错误等情况以及电流互感器特性改变	检查电流互感器二次回路，处理断线或接触不良。校验电流互感器伏安特性曲线
		(4) 继电器因调整或其他原因引起的误动作	重新校核继电器整定值和调整继电器
		(5) 电动机过负荷（如电动机轴瓦或轴承损坏，所拖动的机械卡死等）	找出机械过负荷原因，并排除故障
		(6) 励磁装置故障或励磁回路故障引起同步电动机失步	检查调试励磁装置，消除回路接触不良
		(7) 电动机定子绕组接地	找出绕组接地点，处理线圈绝缘
		(8) 工艺联锁动作	判断工艺联锁装置动作部位，加以消除，并做模拟试验
7	同步电动机发生剧烈的震动	(1)电动机所带机械找正不好	重新机械找正并符合技术要求
		(2)轴承损坏	更换电机轴承
		(3)机械负载部分损坏	检修机械，排除故障
		(4)转子的静平衡或动平衡不合格	调整动、静平衡
		(5)电动机基础不平，底脚螺丝松动	检查基础水平程度，应正确，牢固、紧固地脚螺丝

5.2.4 同步电动机检修试验

5.2.4.1 检修项目

根据《石油化工设备维护检修规程》第六册，同步电动机的检修分为小修、大修两种项目。

5.2.4.2 同步电动机试验

1. 定子绕组极性和相序检查

通过检查定子绕组极性和相序可查出定子绕组连接错误，从而保证电动机正常工作。

(1) 绕组极性检查

极性检查接线如图 5－13 所示。闭合刀开关 S 的瞬间，如果毫伏表指针向左侧摆动，则连接毫伏表正极的一端与连接在于电池正极的一端为同极性。

注意事项：由于定子各相绕组间的电角度互差 120°，所以测试结果的判断与变压器的极性判断恰好相反。

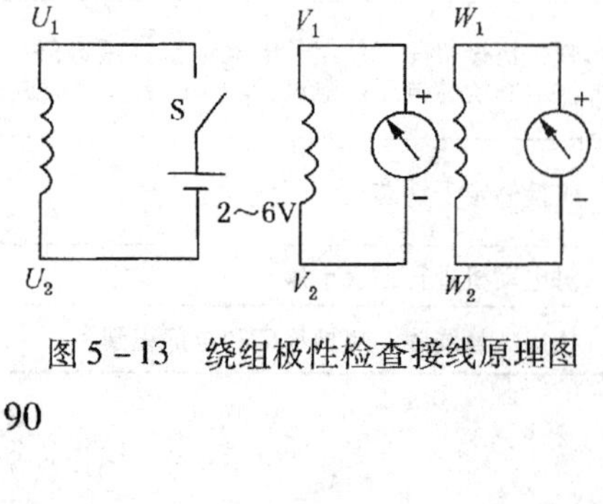

图 5－13　绕组极性检查接线原理图

(2) 相序检查试验

相序检查方法有以下几种：

① 观察法　检查相序的接线如图 5－14 所示。

如果已知调相机的旋转方向，则转子磁通先切割绕组 1，然后切割绕组 2，最后切割绕组 3 时，这样可定出 1 为 U 相，2 为 V 相，3 为 W 相。

② 直流感应法　检查相序接线如图 5－15 所示。

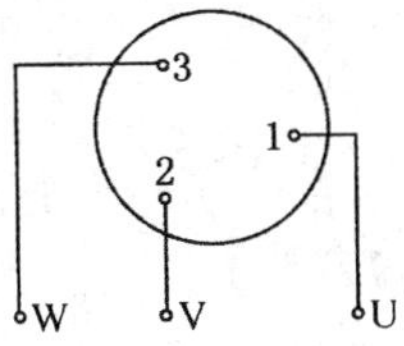

图 5－14　用观察法检查相序的接线原理图

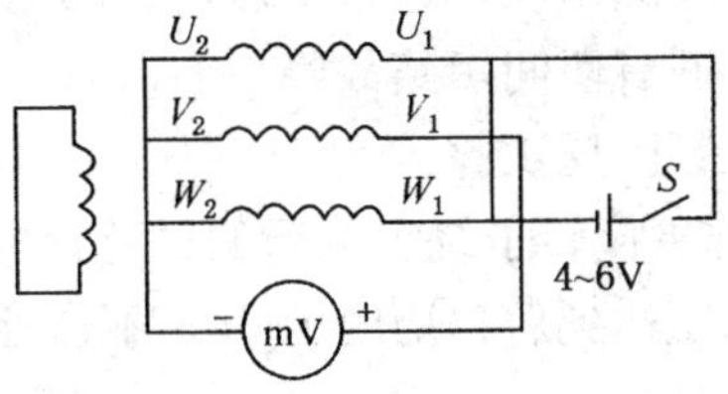

图 5－15　用直流感应法检查相序的接线原理图

直流电源宜用蓄电池，因为干电池容量小，一般不用干电池。

当合上刀开关 S，然后慢慢转动转子，如果毫伏表的指针向右侧摆动，比原来大时，则直流电源正极的引出线端为 U 相，负极为 W 相，接毫伏表的正极为 V 相；如果毫伏表的指针向左侧摆动，需将电源的极性调换一下，再按上述步骤确定三相绕组的相序。

③ 定相法　为确保相序正确，最好采用高压或低压定相法进行定相。试验时，将被试电动机启动，并拖到接近额定转速，加励磁，最后达到空载时的额定转速，通过母线的电压互感器与系统进行定相，如果相序相同，则三相相序必须相同；否则倒相后再试。

2. 同步电动机转子交流阻抗测试

检查转子交流阻抗的正确性，从而查出转子绕组故障。测试接线如图 5－16 所示。

试验时，转子静止，定子绕组开路。

记录环境温度和定子铁芯温度。

接通交流电源，测电压 U、电流 I。按下面公式计算出阻抗 $Z(\Omega)$为

$$Z = U/I \tag{5-5}$$

式中　U——外施电压，V；

I——测试电流，A。

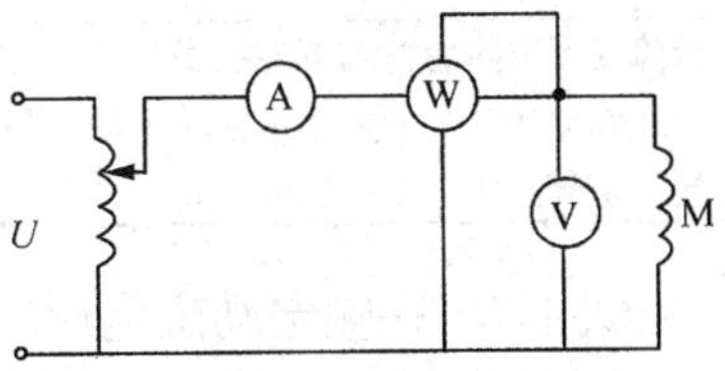

图 5－16　测试转子交流阻抗接线原理

3. 凸极同步电动机转子检查试验

(1) 转子磁极极性的检查

检查磁极线圈绕制、装配的质量，及各线圈联结的正确性。

① 外观检查　对于大截面导线的联结正确性，可通过外观直接查出。

② 磁针检查对于小截面导线的联结正确性，可采用磁针法检查。

在磁极绕组内通入直流，用磁针检查磁极的极性，或者在相邻的两磁极的极靴间放两根短铁棒试验，如果相邻磁极线圈的极性相反时，则两根铁棒相互吸引，否则相互排斥。

另外，还可采用线圈法，即用一只两端连接毫伏表的试验线圈，放在磁极表面，当磁极通入电流后，迅速断电，或者将试验线圈迅速从磁极移开而不用断电，这两种情况下，毫伏表的指针将会产生偏转，磁极的极性按指针偏转方向来确定。

(2) 绕组匝间绝缘试验标准

全部重绕绕组的匝间绝缘耐电压标准是：

每匝 3V，历时 5min，不击穿为合格。

局部重绕绕组的匝间绝缘耐电压标准是：

每匝 2.5V，历时 5min，不击穿为合格。

（3）绕组匝间短路检查

将全部线圈串联，通入交流电，然后测量每个磁极线圈的电压降，如果有的电压降非常低，则为线圈有匝间短路故障。

（4）工频耐压试验

① 全部更换转子绕组绝缘的试验标准，见表 5－4。

试验电压达到后，历时 1min，不击穿，无异常现象发生为合格。

表 5－4　全部更换转子绕组绝缘的试验标准

试验阶段	试验电压/V	说明
线圈套入磁极但未安装在磁轭上	$10U_{eN}+1500$	最小 3000V 最大 5000V
磁极装上磁轭，线圈及引线连接后	$10U_{eN}+500$	最小 1500V 最大 4000V
转子全部完工，出厂试验	$10U_{eN}$	最小 1500V 最大 3500V

② 局部更换转子绕组绝缘试验标准，见表 5－5。

试验电压达到后，历时 1min，不击穿，无异常现象发生为合格。

表 5－5　局部更换转子绕组绝缘试验标准

试验阶段	试验电压/V	说明
故障线圈取除后，剩下的线圈	$10U_{eN}$	不低于 2000V
新线圈放在磁极上并固定在转子后，与旧线圈连接前	$10U_{eN}$	不低于 3000V
转子全部完成，出厂试验	$10U_{eN}$	不低于 1500V

式中 U_{eN}—额定励磁电压

③ 检修电动机，不动线圈，仅吹风清扫干燥的试验标准：

施加工频耐压 1000V，历时 1min，不击穿、无异常现象发生为合格。

4. 同步电动机空载特性试验

求取电机空载特性曲线，检查绕组连接的正确性以及空载运行时参数。

接线如图 5－17 所示。

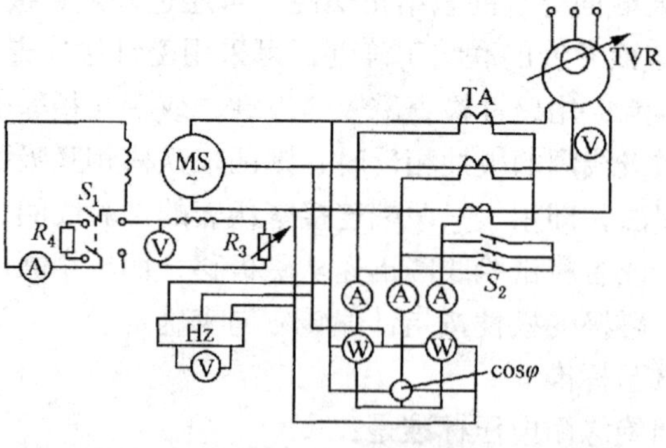

图 5－17　测定同步电动机空载特性试验线路

MS—被测电动机；TVR—调压器；R_4—启动电阻，取励磁绕组电阻的 5～10 倍；R_3—励磁绕组的调节电阻；S_1、S_2—刀开关；A—电流表；V—电压表；W—功率表；cosφ—功率因数表；TA—电流互感器；Hz—频率表电动机启动前，开关 S_1 投向左边，使励磁绕组经启动电阻 R_4 闭路。为了防止启动时冲击，S_2 闭合时，应使各仪表短接。调压器 TVR 调节电压大小为额定电压的 1/3 ~ 1/4。

做此试验时，应先知道电动机的 U 形曲线，了解最小电流时所对应励磁电流值，以防试验时电流过大。

检查电动机的转向应符合要求，然后经调压器调升电压，使转速达到额定。试验时先逐渐加大励磁电流，使定子电压上升。然后快速将开关 S_1 从 R_4 断开，投向右边，切除电阻 R_4，励磁电源向转子绕组投入励磁电流，使电机牵入同步。

将电源电压调整至额定电压，打开开关 S_2，观察电流表的电流励磁 I_f 和电枢 I_a，应使 I_a 最小。

将电源电压升到 1.3 倍的额定电压。调励磁电流 I_f，使电流 I_a 最小，使 $\cos\varphi$ 接近 1，这时读取外施电压 U、励磁电流 I_f、频率 f、转速 n 和电流 I_a 及功率表指示。然后单方向地逐渐降低电压，测取 7 ~ 9 点，直至转速不失速的最低电压。

将测量的记录数据进行整理，最后绘制成空载特性曲线，并与以往的特性曲线进行比较。若不接近要查明原因。

5. 同步电动机 U 形特性曲线的测定

U 形特性曲线是被试电动机在额定电压 U_N 和有功功率不变情况下，电枢电流与励磁电流之间的关系曲线，因曲线形状像 U 形，故称 U 形特性曲线。

用户往往要求电机修理单位做出同步电动机的 U 形特性曲线，供用户使用时合理运行，选用合适的励磁电流、电压，以达到经济运行的效果。

被试电动机在额定电压和某一恒定功率下，从大到小调节励磁电流，读取每一阶段的功率、电枢电流和励磁电流 I_f。

不同恒定功率，可按额定功率的 5/4、4/4、3/4、2/4、1/4 及零，6 点进行试验。

试验过程要注意电动机的运行不稳定和失步问题，所以调节励磁电流时，不可过大或过小，以免造成电动机失步，使电机受损伤。

绘制 U 形特性曲。

5.3 直流电动机

直流电动机是将直流电能转变为机械能的一种旋转电机，它具有良好的启动性能、调速性能和过载能力，现主要用于交通、起重、轧钢和自动控制领域。

直流电机由于有换向器，与交流电机相比，有结构复杂，制造成本高，运行维护工作量大等缺点，使直流电机的使用受到了一定的限制。

5.3.1 直流电动机结构原理

我们从一台简单模型直流电机入手来讨论其结构及工作原理。

图 5 - 18 是直流电动机的模型图，电刷 A、B 接上直流电源，电流从正电刷 B 流入，由负电刷 A 流出，在图 1 - 4 - 1 所示瞬时，线圈中电流方向为 d→c→b→a，根据电磁力定律，用左手定则决定电枢线圈将受到顺时针方向的转矩作用，该转矩称为电磁转矩。当电枢转过半周时，线圈有效边 dc 处于 N 极下，ab 处于 S 极下，线圈中流过的电流方向改变为 a→b→c→d。显然，线圈中通过的电流是交变电流。但是，在 N 极下和 S 极下导线中的电流方向总是不变的，即经过 N 极下的导线流出，经过 S 极下的导线流入。所以，线圈仍然受到顺

时针方向电磁转矩的作用。电枢始终保持同一旋转方向。实际直流电动机的电枢是由许多线圈组成的，这样线圈产生的电磁转矩比较均匀，而不至于有太大的脉动。

从直流电动机的基本结构来看，直流电动机主要是由固定的定子和转动的转子(又称电枢)两大部分组成。实际直流电动机的结构如图 5－19 所示，依图，对主要部件作简单介绍。

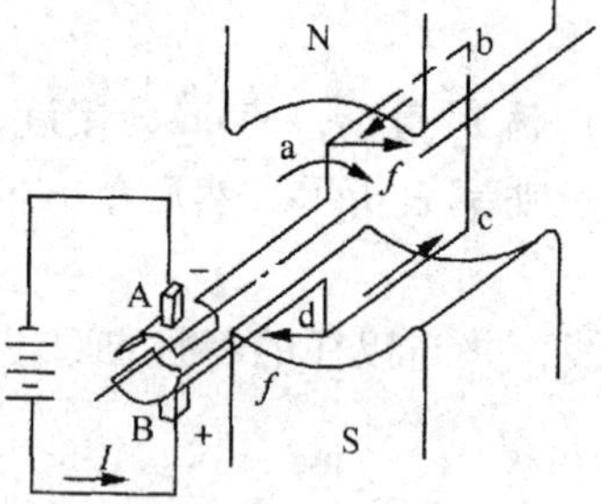

图 5－18　直流电动机模型图

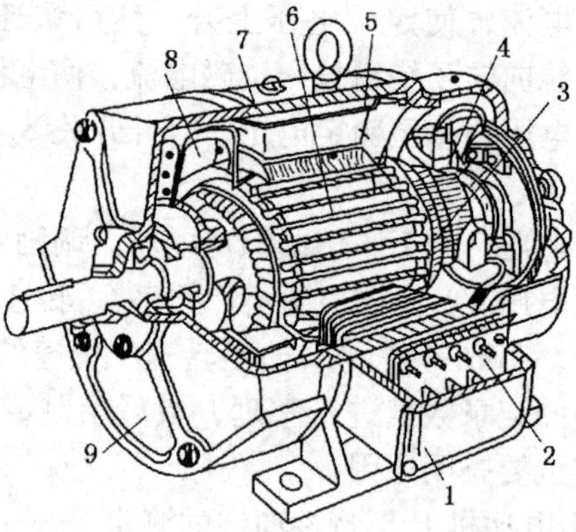

图 5－19　直流电动机的内部结构图

1—出线盒；2—接线板；3—换向器；4—电刷装置；5—主磁极；6—电枢；7—机座；8—风扇；9—端盖

1. 定子

定子的主要作用是产生磁场和作为电机的机械支撑，它由主磁极、换向磁极、机座和端盖以及电刷装置等组成。

(1) 主磁极

主磁极用来产生主磁场，大部分直流电机的主磁极不用永久磁铁，而是由励磁绕组通以直流电流来建立磁场。它由铁芯和励磁绕组组成，如图 5－20 所示。铁芯用厚 0.5～1.5mm 的低碳钢板冲成，叠装后用铆钉铆紧。靠近气隙的扩大部分称为极靴，极靴对励磁绕组起支撑作用，且使气隙磁通有较好的波形分布。励磁绕组用绝缘铜线绕制而成，经绝缘浸渍处理，然后套在磁极铁芯上。主磁极 N、S 交替布置，均匀分布并用螺钉固定在机座的内圆上。

(2) 换向极

换向极是用来改善直流电机的换向，又称附加极，它由铁芯和套在铁芯上的换向极绕组组成，如图 5－21 所示。铁芯常用整块钢或厚钢板制成，匝数不多的换向极绕组与电枢绕组串联。换向极的极数一般与主磁极的极数相同或减半。换向极与电枢之间的气隙可以调整。在功率很小的直流电机中，可以不装设换向极。

(3) 机座

机座既是电机的外壳，又是电机磁路的一部分，一般用低碳钢铸成或用钢板焊接而成。机座的两端有端盖。中小型电机前后端盖都装有轴承，用于支承转轴。大型电机则采用座式滑动轴承。

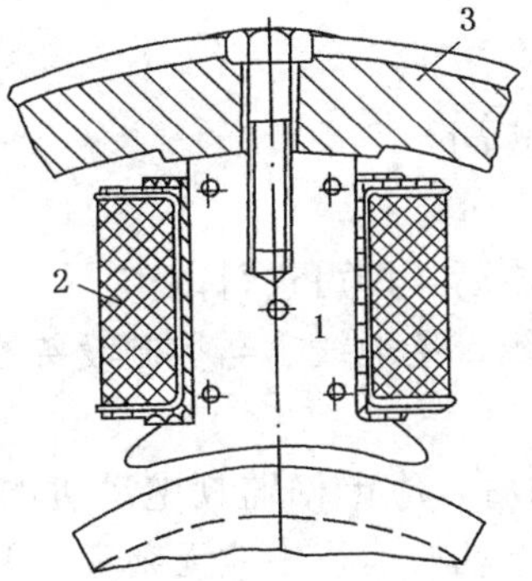

图 5-20 主磁极图

1—主极铁芯；2—励磁绕组；3—机座

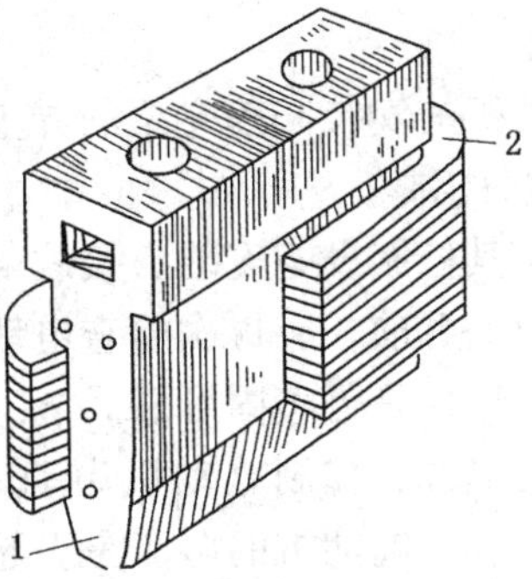

图 5-21 换向极

1—换向极铁芯；2—换向绕组

(4) 电刷装置

电刷装置的作用是使转动部分的电枢绕组与外电路接通，将电枢绕组的电动势和电流引接到外电路的负载或电源上。电刷装置由电刷、刷握、刷杆座和汇流条等零件组成，如图5-22所示。电刷一般采用石墨和铜粉压制焙烧而成。它放置在刷握中，由弹簧将其压在换向器的表面上，电刷杆数一般等于主磁极的数目。

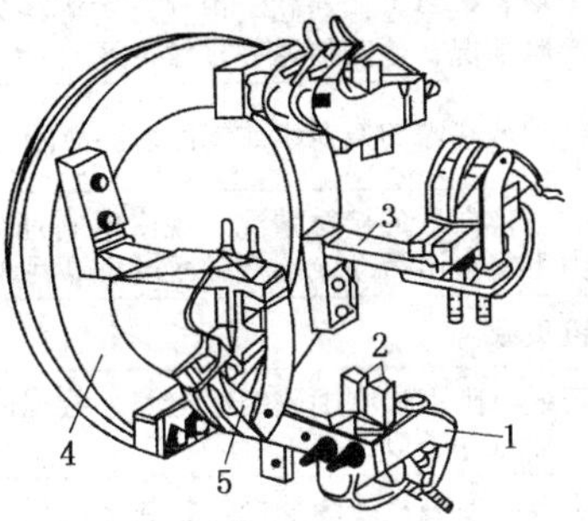

图 5-22 直流电机的电刷装置

1—刷握；2—电刷；3—刷杆；4—刷杆座；5—弹簧压板

2. 转子

转子由电枢铁芯、电枢绕组、换向器和冷却风扇等部件组成。

(1) 电枢铁芯

电枢铁芯用来构成电机的磁路以及嵌放电枢绕组。为了减少铁芯损耗，通常用 0.35mm 或 0.5mm 厚、涂有绝缘漆的硅钢片叠装而成。为了加强冷却，小容量电机的电枢铁芯上有轴向通风孔，而大容量电机还有径向通风沟。

(2) 电枢绕组

电枢绕组的作用是产生感应电动势和电磁转矩，从而实现机电能量的转换。电枢绕组是用绝缘铜线制成元件，然后嵌放在电枢铁芯槽内，元件的引线端头按一定的规律与换向片连接。电枢绕组的槽部用绝缘的槽楔压紧，其端部用钢丝或无纬玻璃丝带绑扎。

(3) 换向器

换向器是直流电机的关键部件，它将电枢绕组内部的交流电动势转换为电刷间的直流电动势。换向器由彼此绝缘的换向片构成，外表呈圆形。换向片用硬质电解铜(铜镉合金)制作。换向片间垫以 0.4~1.0mm 厚的云母绝缘，整个圆筒的端部用V形压环夹紧，换向片与V形压环之间亦用云母绝缘，如图5-23所示。每片换向片的端部有凸出的升高片，用来与绕组元件引线端头连接。

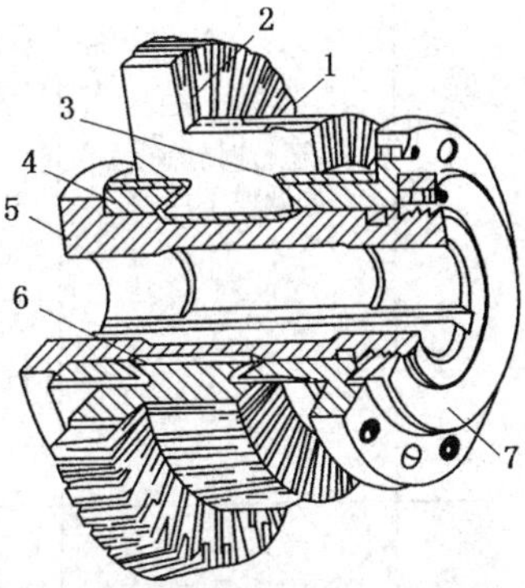

图 5-23 换向器结构图

1—换向片；2—云母片；3—V形云母片；4—V形钢环；5—钢套；6—绝缘套筒；7—螺旋压圈

5.3.2 直流电动机安装调试

1. 电动机的安装

直流电动机的安装同前介绍的异步电动机基本相同。

2. 电动机的试车

电动机及其控制设备安装、接线与详细检查完成后，即可进行试车。

（1）接通电源前，应再次检查电动机的电源进线、接地线、与控制设备的电气连线等是否符合要求，连接是否牢固可靠。

（2）接通电源，控制电动机启动。电动机启动后，应严格监视电动机的启动与运行情况。通过仪表观察电动机的电流是否超过允许值。电动机运行中应无杂音，无异味，无过热现象，电机电刷与整流子接触处无火花，电动机的振动幅值与轴承温升应在允许范围内。

（3）空载运行2h，并记录电动机的空载电流、振动、轴承温升。

5.3.3 直流电动机故障处理（见表5－6）

表5－6 直流电动机常见故障原因分析及处理方法

序号	故障现象	故障原因	处理方法
1	直流电动机不能启动	（1）直流电动机的电源未接通	用万用表检查供电电源线路、电气开关等各处的连接和接触情况，使其接通并接触良好
		（2）电动机的引出线端短路或与机座碰触接地	检查并处理各线端间及对机座间的短路故障
		（3）电刷与换向器接触不良	检查电刷与换向器的接触情况，观察电刷是否卡在刷盒内不能自由滑动或是接触面过小等问题
		（4）电动机过负荷	减少电机负载
		（5）励磁绕组电路存在断路或短路故障	用万用表或电阻表检测励磁绕组电路，找出断路或短路故障点并予以纠正
		（6）有部分主磁极的极性被接反，使主磁通部分抵消	检查励磁绕组主磁极线圈的极性，找出接线错误处并予以纠正
		（7）电枢绕组道路存在断路故障	用万用表或电阻表测量电枢绕组电路的电阻，以及换向绕组、补偿绕组的电阻，查出故障点并予以修复
2	运行时转速太低或不均匀	（1）电动机的电枢绕组存在短路故障	可用短路侦察器结合电压表检查电枢绕组的短路故障，找出短路故障点根据具体情况采取局部修理或重换电枢绕组
		（2）电枢的换行器片间发生短路故障	检查整个换向器片间情况，仔细清理换向片间的焊锡、铜屑、毛刺等残留物，以消除潜在的短路故障点
		（3）电动机的电刷位置不正确	如电动机的电刷位置不对时，应在电动机启动后调正电刷位置
		（4）定子换向极绕组的极性接错（此时换向器上还将出现较长的黄色火花）	换向极绕组极性接错，应逐极检查其极性并确认错误后，再纠正换向极的接线
		（5）电动机的电源电压过低	当电动机的电源电压过低时，应及时进行调整，要使电源电压达到其额定值
3	转速过高，并伴有剧烈火花	（1）励磁绕组电阻过大或断路	用万用表的电阻档仔细检测励磁绕组回路中的所有接线端头，有无因氧化层而造成的接触不良。如果有测量励磁回路的电阻，使其恢复和达到正常电阻值。必要时还可拆去直流电动机，以检测励磁绕组的励磁电压是否正常，如果不正常的话，则应去查找和处理配电线路上可能存在的故障

续表

序号	故障现象	故障原因	处理方法
3	转速过高，并伴有剧烈火花	(2) 并励(或)串励组存在匝间短路	可用仪器、仪表对并励(或串励)绕组进行电压法、电流法和测量电阻的办法，来检测该绕组是否存在匝间短路。若有短路则应视故障位置、范围等具体情况，以确定采取是局部修复还是更换全部绕组
		(3)并励绕组极性被接错	检查和纠正并励绕组极性
		(4) 电枢绕组存在有短路、断路故障	用仪器、仪表查找电枢绕组的短路、断路点，视故障情况采取局部修复或更换全部绕组
		(5) 串励电动机负载过轻	如经检查串励电动机确系负载过轻，则应适当增加其负载，以利启动安全
		(6) 复励电动机的串励绕组极性接错(例如过复励接成差复励)	可仔细检查串励磁场绕组的接线情况，找出错误并按正确方法重新接线
		(7) 电刷偏移原正常位置	经检查如确系电刷位置偏移故障，则可按该直流电动机原来的标记重新配置电刷，或采用感应法重新配置电刷，或采用感应法重新找出电刷的正确位置
4	运行时出现电枢过热	(1) 电动机过载或不符规定的频繁启动	将电动机的负载恢复到其额定值，减少和避免不符规定的频繁启动次数
		(2) 电枢绕组存在短路或接地故障	用万用表和短路侦察器检测电枢绕组，找出短路接地故障的准确位置，根据具体情况局部修复或重换电枢绕组
		(3) 换向器存在片间短路	如果是因焊锡、铜屑和毛刷引起的换向片间短路，只需将这些杂物清除，其短路即会自行消失。但若换向器片间短路发生在电枢绕组出线端的下面等不易修理的位置时，则只有拆除电枢绕组，才能对换向器进行处理
		(4) 电刷弹簧压力过大而使换向器异常发热	若因电刷弹簧压力过大而引起换向器异常发热时，应仔细调整电刷压力以排除发热故障
		(5) 电动机的电枢与定子磁极相擦	认真检查电动机的端盖、轴承盖和磁极铁芯等，看是否有螺栓松动或紧固未到位等现象，找出故障所在并予以修复
		(6) 定子主磁极的气隙不均匀(叠绕组中)	检查定子主磁极气隙并予以调匀
		(7) 电动机的冷却条件恶化	在仔细消除电动机内部的尘垢后，检查并处理滤尘网、风道及冷却风扇等处缺陷
		(8) 并励、复励电动机的电源电压过低	用电压表检测电源电压找出原因并将其恢复到额定值

5.3.4 直流电动机的检修试验

5.3.4.1 直流电动机的检修

根据《石油化工设备维护检修规程》第六册，同步电动机的检修分为小修、大修两种。

5.3.4.2 直流电动机的试验

1. 直流电机绝缘电阻的测试

用绝缘电阻表可以测试出直流电动机的电枢绕组、串励绕组和并励绕组对机壳和绕组相互间的绝缘电阻，以及测试出转子绕组对转轴的绝缘电阻。各绕组应分别测试。同时，用绝缘电阻表还可测试磁场变阻器和起动器的对地绝缘电阻，以及大型直流电动机轴绝缘的电阻。

其测试标准为：

(1) 绝缘电阻绝对值是一个参考值，需要与历次相同状况下和换算到相同温度下进行比较。或者对于同一台电动机，各相之间的绝缘电阻相比较才有意义。但一般规定，直流电动机的绝缘电阻不低于0.5MΩ(75℃)。

(2) 与初次绝缘电阻比较，不应降低50%，否则要进行分析和查找原因。

(3) 磁极绕组的最低允许绝缘电阻值，见表5-7的规定。

表5-7 磁极绕组的最低允许绝缘电阻值

环境温度/℃	10	20	30	40	50	60	70	80
绝缘电阻/MΩ	130	64	32	16	8	4	2	1

2. 直流电机直流电阻的测定

电机修理单位测量实际冷态下的绕组直流电阻的目的，在于检查焊接质量、绕组导线材质、线圈匝数、绕组分配规律、短路故障以及为计算电机温升和损耗提供精确的直流电阻值。

直流电机绕组形式有单叠、复叠、单波、复波，以及蛙式绕组。不同绕组形式，其并联支路数不同，所以测定方法也不同。

在测试电枢绕组的直流电阻时，转子静止不动，应将全部电刷提起。测试的电源电压要稳定，通入绕组中的电流应小于额定电流的10%，否则会影响测量的精度。

(1) 单波绕组直流电阻的测量

单波绕组的并联支路数等于2。测量时，测量仪表的两个测笔必须按每极的换向片数进行跨接测量，这样测量出来的直流电阻值就是电枢绕组的直流电阻。测量记录时，要记录环境温度和测试换向片的位置。

(2) 单叠绕组的直流电阻测量

① 对于无均压线的小型直流电机，并联支路数等于极数。对于$2p=2$的电机，测量方法同单波绕组；对于$2p=4$及以上的电机，应将电刷放下后进行测量。测量值就是该绕组的直流电阻值。

② 对于有均压线的单叠绕组，应在相互距离等于或接近等于奇数极距的位置上，并在装有均压线的位置上进行测量，测得的直流电阻值便是电枢绕组的电阻值。

③ 对于装有均压线的复叠或复波绕组，应在相互间距离接近于一个极距的位置，且在装有均压线的换向片上测量，测得的电阻值便是该绕组的电阻值。

直流电阻测定标准如下：

(1) 励磁绕组的直流电阻值与原始测量值比较，不应大于2%。

(2) 电枢各换向片间的电阻值的差值，不得大于10%(均压线有规律变化者除外)。

(3) 磁场可变电阻器的各种不同位置的电阻值与原始测量值比较，不应超过10%。

(4) 要求绕组的温度(电机放置的时间足够，使其温度与冷却介质平衡)与冷却介质的温度差不大于±3℃。

(5) 电刷接触面积大于80%。

3. 定子磁极绕组极性的检查

(1) 对于并励绕组、他励绕组、串励电机的串励绕组、复励电机中的复励绕组的极性检查，可将各磁极串联起来，然后通入直流电源，用指南针在极靴中间测其极性，反复几次，由指南针指南或指北来确定磁极的极性。差复励电机的串励绕组极性与并励绕组极性相反，而积复励电机则相同。

在检查某种绕组极性时，其他各绕组应断开接线，否则影响测试准确度。通入电压的高低应使直流电流的大小保证磁极的磁场有足够吸引指南针的能力。

（2）换向极的极性、主极极性与电枢旋转方向应符合下面关系：对于直流电动机，沿旋转的方向是，主极 N→换向极 N→主极 S→换向极 S；对于直流发电机，主极 N→换向极 S→主极 S→换向极 N。测试检查换向极的极性时，方法同测试主极一样，应把主极和补偿绕组断开，以防测量不准。对于少匝大截面的换向绕组，通入的电流应大些（不超过额定值）。对于奇数换向极可设想与不缺极的偶数极时相同进行测试检查。

（3）检查补偿绕组的极性与检查换向极极性方法相同。要把换向极和主极绕组断开。由于补偿绕组是嵌入在主极极靴内，所以测试补偿绕组极性时应在换向极磁铁上表示出来。

4. 直流电机中性线的测定

电机检修或重绕大修时，刷架位置有所变动，这是因为电机修理时要调节刷架间距，必需变动电刷刷位。所以，测定电刷中性线是电机修理组装时必测项目，否则运行时会产生刷火。

测定方法如图 5－24 所示接线。电机修理单位常用感应法进行测定，因为这种方法操作简便。将一只中心零位的毫伏表接在相邻两个正负电刷上，然后将 1.5～6V 直流试验电源接在励磁绕组两端，当接通和断开电源时，靠毫伏表指针的偏转来确定。通常，在测试中逐渐移动刷架位置直至指针不动时，这时电刷所处的位置是在中性线上。做此试验之前，必须把刷架螺钉固定好，刷距要调好，电刷与换向器接触要良好，否则将影响测试的准确性。固定刷架螺钉后，还要再检测一次，因为有可能在固定过程中，中性线位置又变动了。

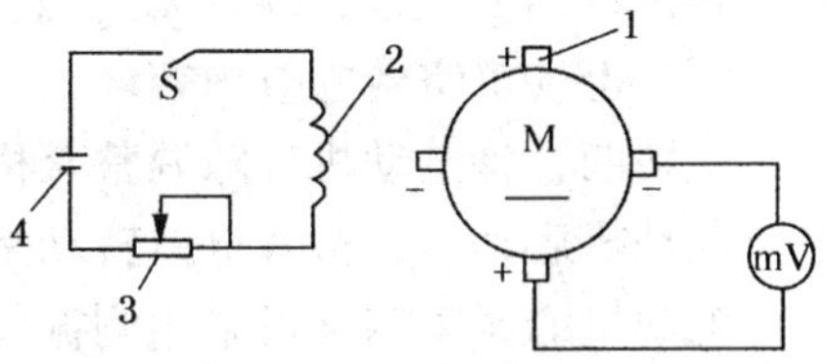

图 5－24 测量中性线接线原理图

1—电刷；2—励磁绕组；

3—可调电阻；4—干电池

5. 直流电机工频耐压试验

直流电机做工频耐压试验的目的是检验电机绝缘强度，以保证电机安全运行。直流电机修理后必须做出厂工频耐压试验，重绕线圈各工序间也要做此项试验。

（1）试验前的检查

① 检查电枢绕组与升高片焊接质量。

② 检查电枢无纬带绑扎高度，不可超过铁芯表面。

③ 检查电枢绕组、槽楔、齿压板等情况。

④ 检查换向器表面状态、片间沟槽内清洁程度、倒角和下刻是否符合要求。

⑤ 检查无误，测试绝缘电阻，绝缘电阻值不低于 1MΩ/kV，然后进行工频耐压试验。

（2）试验方法及标准

要求电源频率为 50Hz，接近于正弦波。电源电压施加于绕组与机壳之间，不参加试验的绕组一律接地。

吹风、清扫和干燥的电枢绕组工频耐压试验标准见有 5－8 所示。

表 5－8　耐压试验标准

额定电压 U_N/V	24	48	110	220	440	600	800	1500
试验标准/(V/min)	411	822	915	1080	1410	1650	1950	3000

6. 直流电动机空转检查

直流电动机检修后必须做空转检查，其目的是通过空转检查可以发现电动机的装配质量、轴承质量以及振动等情况，直流电动机许多隐患都可以通过空转和察看刷火情况反应出来，所以空转检查是很重要的检查阶段。

（1）电动机启动注意事项

为了做空转检查，首先要启动电动机。电动机启动时应注意以下问题：

① 并励和复励电动机启动时，应在电枢回路中串入启动变阻器，将启动电流限制在额定电流的2～2.5倍。

② 对于串励电动机启动时，在电枢回路中也要串入启动变阻器来限制启动电流，并且要带上30%～40%的额定负载启动。

直流电动机在空转试验时，注意串励电动机当其转速达额定转速的90%左右时，要稍等一会，使转速逐渐自动上升到额定，通常电压自动升高到额定电压的15%左右。试验过程中，不可先断励磁电源以防超速损坏转动体。当电动机开始转动时，要暂停升压，这时先检查各部件是否正常，确认无问题后，再继续升压。

（2）电动机空转检查内容

空转前，将电动机气隙调整合格，装配质量良好。

电动机启动后，检查电枢转动是否正常，轴承声音是否正常，有无刷火现象。

电动机的振动测量可采用测振仪，没有测振仪时，可采用千分表测电动机垂直和水平方向的振动。采用千分表测振时，需将千分表永磁框架固定在基础上，将千分表指针调到将接触被测的电动机机壳表面，从千分表指针摆动大小可以看出电动机振动值。振动与温度测量的限值同三相交流电机。

空转2h左右，应达到以下技术要求：

① 在空转时，所有电刷不应出现火花；

② 各绕组无局部发热现象；

③ 空转时，换向器无跳动现象，换向器允许跳动值一般为0.03mm；

④ 电枢转动平稳，轴承声音正常。如果轴承存在故障，则其音不正常，并且发热。

（3）空载试验目的

① 测出额定转速下空载损耗和空载电流；

② 检查换向性能和刷火情况；

③ 检查电动机振动、噪声、轴承运转情况；

④ 检查各磁极连接极性的正确性；

⑤ 检查各绕组和换向器有无过热及各种缺陷。

5.4 电动机控制电路

本章主要讲述电机的典型启动、控制等控制电路，有些基本环节应熟记，会画、会接线、会分析电路。更为重要的是，要掌握这些基本环节中的共同本质和使用场合，各种控制电路的特点。

5.4.1 电动机单向启动控制

图5－25为接触器控制电动机单向旋转的电路。图中QS为三相转换开关，FU1，FU2

为熔断器，KM 为接触器，FR 为热继电器，M 为鼠笼式异步电动机。SB1 为停止按钮，SB2 为启动按钮。

1. 电路工作原理

合上电源开关 QS，引入电源，按下启动按钮 SB2，KM 线圈通电，常开主触点闭合，电动机接通电源启动。同时，与启动按钮并联的接触器辅助常开触点也闭合，当松开 SB2 时，KM 线圈通过其本身常开辅助触点继续保持通电，从而保证了电动机连续运转。这种依靠接触器自身辅助触点保持线圈通电的电路称为自锁或自保电路。辅助常开触点称为自锁触点。

当需电动机停止时，可按下停止按钮 SB1，切断 KM 线圈电路，KM 常开触点与辅助触点均断开，切断电动机电源电路和控制电路，电动机停止转动。

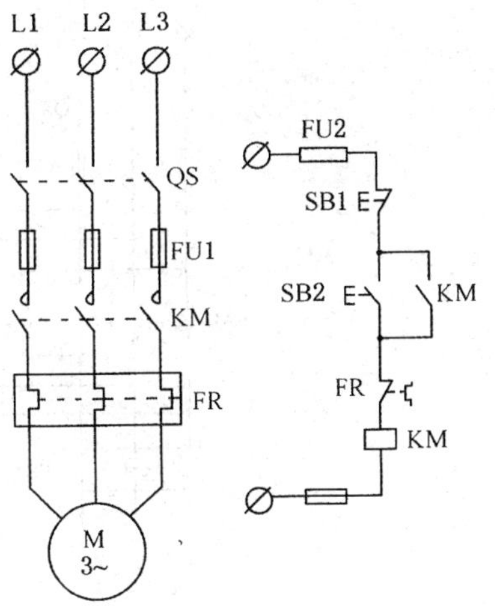

图 5－25　接触器控制电机单向启动控制原理图

2. 电路保护环节

（1）短路保护。由熔断器 FU1、FU2 分别实现主电路和控制电路的短路保护。为扩大保护范围，在电路中熔断器应安装在靠近电源端，通常安装在电源开关下边。

（2）过载保护。由于熔断器具有反时限保护特性和分散性，难以实现电动机的长期过载保护，为此采用热继电器 FR 实现电动机的长期过载保护。当电动机长期过载时，串接接在电动机定子电路中的双金属片因过热变形，致使其串接在控制电路中的热继电器 FR 常闭触点打开，切断 KM 线圈电路，电动机停止运转，实现过载保护。

（3）欠压和失压保护。当电源电压由于某种原因严重欠压或失压时，接触器电磁吸力急剧下降或消失，衔铁释放，常开触点与自锁触点断开，电动机停止运转。而当电源电压恢复正常时，电动机不会自行启动运转，避免事故发生。因此具有自锁的控制电路具有欠压与失压保护。

5.4.2　电动机正反转控制

在我们的生活实际应用中，往往要求运动部件可以实现正反两个方向的运动，这就要求拖动电动机能够实现正、反旋转功能，由电动机原理可知，改变电动机的三相电源的相序，可以改变电动机的转动方向。依此，不难理解下方电动机正反转控制原理图。

图 5－26 为两个按钮分别控制两个接触器来改变电动机相序，实现电动机可逆旋转的控制电路。如图 5－26（a）所示，将 KM1，KM2 常闭辅触点串接在对方线圈电路中，形成相互制约的控制，称为互锁或联锁控制。这种利用接触器（或继电器）常闭触点的互锁又称为电气互锁。该电路欲使电动机由正转到反转，或由反转到正转必须先按下停止按钮，而后再反向启动。

对于要求频繁实现正反转的电动机，可用图 5－26（b）控制电路控制，它是在图 5－26（a）电路基础上将正转启动按钮 SB2 与反转启动按钮 SB3 的常闭触点串接在对方常开触点电路中，利用按钮的常开、常闭触点的机械连接，在电路中互相制约的接法，称为机械互锁。这种具有电气、机械双重互锁的控制电路是常用的、可靠的电动机可逆旋转控制电路，它既可实现正转→停止→反转→停止控制，又可实现正转→反转→停止控制。

5.4.3　Y—△启动交流电动机

Y—△降压启动是指电动机启动时，把定子绕组接成星形，以降低启动电压，限制启动

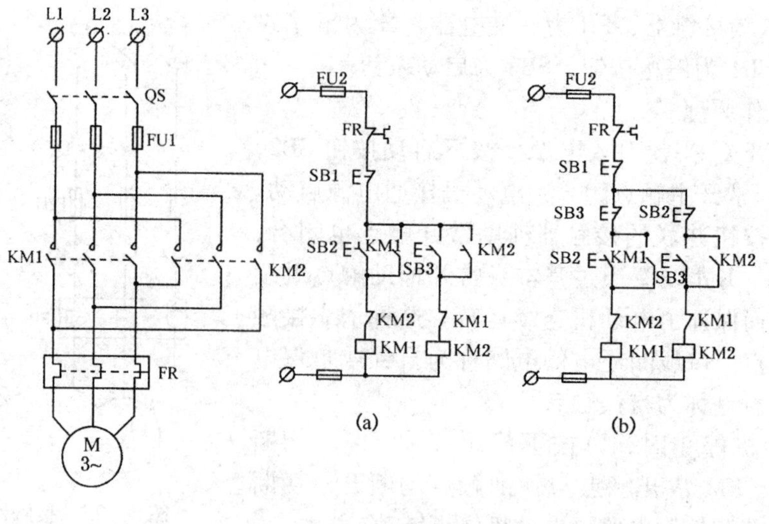

图 5-26　按钮控制的电动机正反转控制原理图

电流。待电动机启动后，再把定子绕组改接成三角形，使电动机全压运行。凡是在正常运行时定子绕组做三角形连接的异步电动机，均可采用这种降压启动方法。电动机启动时，接成星形，加在每相定子绕组上的启动电压只有三角形接法的 $1/\sqrt{3}$，启动电流为三角形接法的 1/3，启动转矩也只有三角形接法的 1/3。所以这种降压启动方法，只适用于轻载或空载下启动。

图 5-27 所示为时间继电器自动切换 Y—Δ 降压启动控制线路。

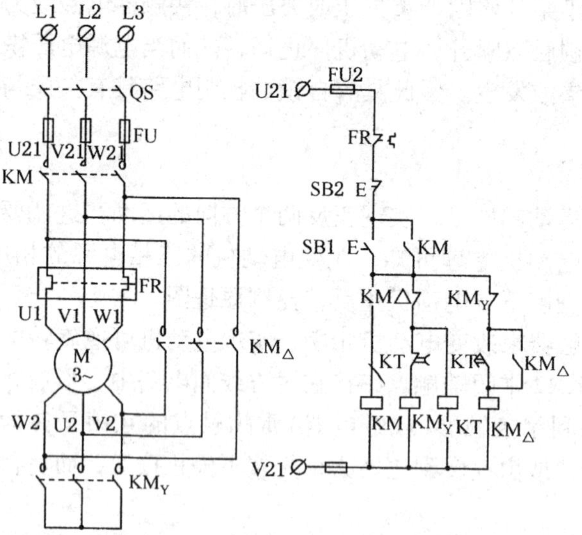

图 5-27　时间继电器自动切换 Y-△降压启动控制原理图

工作原理如下：先合上电源开关 QS，按下启动按钮 SB_1，KM 通电并自锁，KM_Y通电，电动机形成 Y 连接，接入三相电源进行降压启动。同时 KM_Y辅助常闭触点断开，使 KM_Δ 在电动机 Y 连接运行时处于断电状态。在按下 SB_1 的同时，KT 通电，经一段时间延时后，KT 常闭触点断开，KMY 断电释放，电动机星形中性点断开；另一对 KT 常开触点闭合，KM_Δ通电并自锁。电动机形成△连接运行。同时 KM_Δ 常闭触点断开，使 KM_Y、KT 在电动机△连接运行时处于断电状态，使电路更为可靠地工作。至此，电动机 Y—△降压启动结束，电动机投入正常运行。需要停止时，按下 SB2 即可。

5.4.4　反接制动控制电路

反接制动是将运动中的电动机电源反接（将任意两根相线接法交换）以改变电动机定子绕组中的电源相序，从而使定子绕组的旋转磁场反向，转子受到与旋转方向相反的制动力矩而迅速停转。其基本原理如图 5-28 所

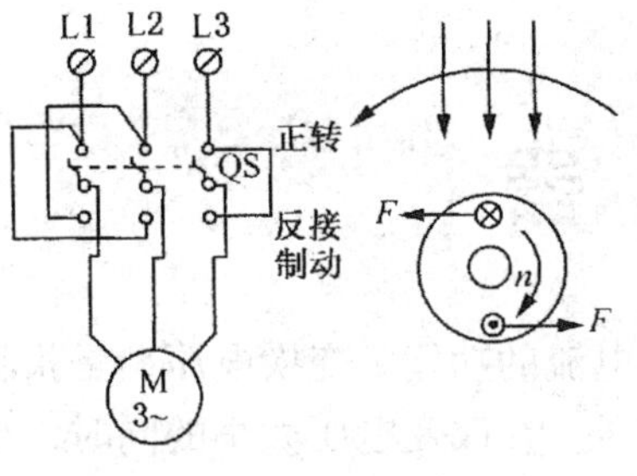

图 5－28　反接制动控制原理图

示，要使正在以 n 方向旋转的电动机迅速停转，可先拉开正转接法的电源开关 QS，使电动机与三相电源脱开，转子由于惯性仍按原方向旋转，然后将开关 QS 投向反接制动侧，这时由于 U、V 两相电源对调，产生的的旋转磁场方向与先前的相反，因此，在电动机转子中产生了与原来相反方向的电磁转矩，即制动转矩。依靠这个转矩，使电动机转速迅速下降而实现制动。在上述过程中，当制动到转速接近零时，如不及时切断电源，电动机将会反向旋转。因此，必须在反接制动中采取一定的措施，保证当电动机的转速被制动到接近零时迅速切断电源，防止反向旋转。在一般的反接制动控制线路中常利用速度继电器进行自动控制。

下面我们就单向启动反接制控制线路进行详细分析。

单向启动的反接制动控制原理如图 5－29 所示，它的主电路和正反转控制的主电路基本相同，只是增加了 3 个限流电阻 R。图中，KM1 为正转运行接触器，KM2 为反接制动接触器，速度继电器 KA 与电动机用虚线相连表示同轴。

工作原理如下：启动时，按下 SB1，KM1 通电并自锁，电动机接通电源直接启动。当电动机转速升高到一定值时（此数值可通过速度继电器调整），速度继电器 KA 的常开触点闭合，因 KM1 常闭触点已断开，这时 KM2 线圈不通电，KA 的接通仅为反接制动做好准备。

停车时，按下停止按钮 SB2 到底，接触器 KM1 首先断电释放，电动机瞬时失电做惯性运转，同时 KM1 联锁触点闭合，使接触器 KM2 通电吸合，电动机便串入限流电阻进行反接制动。当转速下降到设定的较小值时，速度继电器 KA 的常开触点断开复位，接触器 KM2 断电释放，电动机及时脱离电源，制动过程结束。

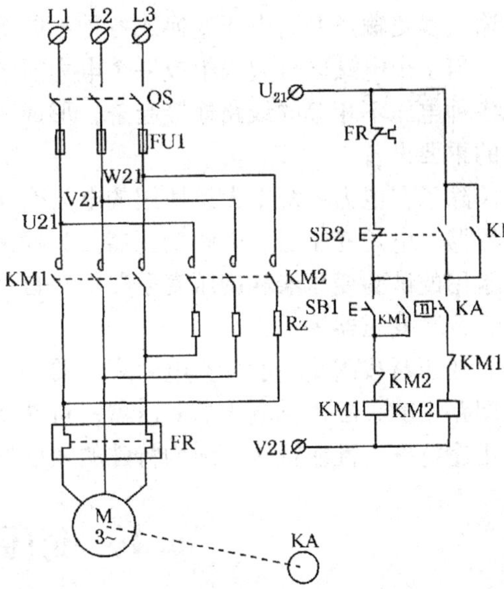

图 5－29　单向启动反接制动控制原理图

由于反接制动时，旋转磁场与转子的相对速度很高，感应电动势很大，所以转子电流比直接启动的电流还大。反接制动电流一般为电动机额定电流的 10 倍左右，故在主电路中串联电阻 R 以限制反接制动电流。电动机定子绕组的相电压为 380V 时，若要限制反接制动电流不大于启动电流，则三相电路每相应串入的电阻 R_z 可根据经验公式估算为

$$R_z \approx 1.5 \times 220/I_s(\Omega) \tag{5-6}$$

式中　I_s——电动机全电压的启动电流，A。

如果反接制动只在两相中串联电阻，则电阻值应取上述估算值的 1.5 倍，当电动机容量较小时，也可不串接限流电阻。

第6章　变　压　器

变压器是根据电磁感应原理工作的。它具有变换电压、电流的功能。变换电压，是指将一种等级的交流电压，变换为同频率的另一种等级的交流电压。在改变电压大小的同时，也将改变电流的大小，这就是变流作用。

在电力系统中，利用变压器可以实现经济地输送电能，方便地分配、安全地应用电能。

由于发电机输出电压，受发电机绝缘水平的限制，通常为6.3kV、10.5kV，最高不超过20kV。用这样低的电压进行远距离输电是有困难的。因为当输送一定功率的电能时，电压越低，则电流越大，消耗在输电线路电阻上的电能将很大。所以，只能用升压变压器将发电机的端电压升高到几十万伏或几百万伏，以降低输送电流，减少输电线路上的能量损耗而又不增大导线截面，将电能远距离输送出去。

输电线路将几十万伏或几百万伏高电压的电能输送到负荷区后，必须经过降压变压器将高电压降低到适合于用电设备使用的低电压。为此，在供电系统中需要大量的降压变压器，将输电线路输送的高电压变换成各种不同等级的电压，以满足各类负荷的需要。

当多个电站联合起来组成一个电力系统时，除需要输电线路等设备外，也要依靠变压器把各种电压不相等的线路连接起来，形成一个系统。所以，变压器在电力系统中，是不可缺少的重要设备。

除了在电力系统中大量使用的电力变压器外，还有一些特殊变压器，如工矿企业用整流变压器、电炉变压器、中频变压器，为检测高电压、大电流的电压互感器和电流互感器，为试验用的试验变压器和调压变压器，在自动控制系统及自动装置中的控制变压器、脉冲变压器、音频变压器等。

变压器按用途一般分为电力变压器和特殊变压器两大类。电力变压器指的是电力系统一次回路中输、配、供电用的变压器；特殊变压器指的是特殊电源、控制系统、电信装置中用的用途特殊、性能特殊、结构特殊的变压器。

6.1　变压器的工作原理

变压器是根据电磁感应原理工作的。图6－1为单相变压器的原理图(采用习惯上通用的选定箭头的方向)。图中，在闭合的铁芯上，绕有两个互相绝缘的绕组，其中，接入电源的一侧叫一次绕组，输出电能的一侧叫二次绕组。当交流电源电压U_1加到一次侧绕组后，就有交流电流I_1通过该绕组，在铁芯中产生交变磁通ϕ。这个交变磁通不仅穿过一次侧绕组，同时也穿过二次侧绕组，两个绕组中分别产生感应电动势E_1和E_2。这时，如果二次绕组与外电路的负载相接通，便有电流I_2流过负载，即二次侧绕组有电能输出。

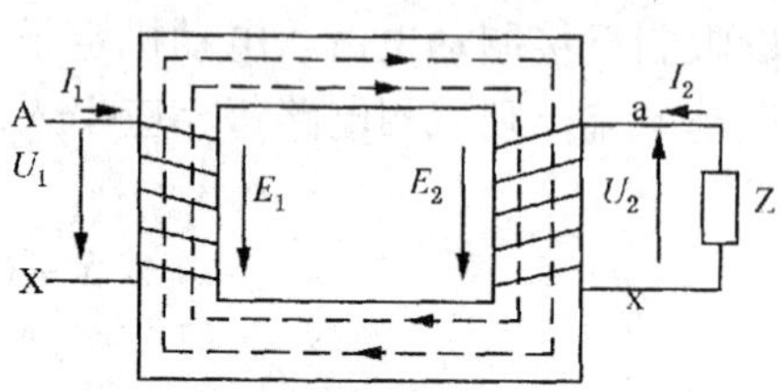

图6－1　单相变压器原理图

根据电磁感应定律可以导出：

一次绕组感应电动势值

$$E_1 = 4.44fN_1B_mS \times 10^{-4}(\mathrm{V}) \tag{6-1}$$

二次绕组感应电动势值

$$E_2 = 4.44fN_2B_mS \times 10^{-4}(\mathrm{V}) \tag{6-2}$$

式中 f——电源频率，Hz，工频为50Hz；

N_1——一次绕组匝数，匝；

N_2——二次绕组匝数，匝；

B_m——铁芯中磁通密度的最大值，T；

S——铁芯截面积，cm^2。

由上两式得出

$$\frac{E_1}{E_2} = \frac{N_1}{N_2} \tag{6-3}$$

由此可见，变压器一、二次侧感应电动势之比等于一、二次侧绕组匝数之比。由于变压器一、二侧的漏电抗和电阻都比较小，可以忽略不计。因此，可近似地认为：$U_1 = E_1$；$U_2 = E_2$。于是：

$$\frac{U_1}{U_2} = \frac{E_1}{E_2} = \frac{N_1}{N_2} = K \tag{6-4}$$

式中 K——变压器的变比。

变压器一、二侧绕组因匝数不同将导致一、二侧绕组的电压高低不等，匝数多的一边电压高，匝数少的一边电压低。这就是变压器能够改变电压的道理。

在一、二侧绕组电流 $\dot{I}_1$、$\dot{I}_2$ 的作用下，铁芯中的磁势为

$$\dot{I}_1N_1 + \dot{I}_2N_2 = \dot{I}_0N_1 \tag{6-5}$$

式中 $\dot{I}_0$——变压器空载励磁电流。

由于 $\dot{I}_0$ 比较小，在数值上可以忽略不计。因此，上式可改写为

$$\dot{I}_1N_1 + \dot{I}_2N_2 = \dot{I}_0N_1 = 0 \tag{6-6}$$

则

$$\dot{I}_1N_1 = \dot{I}_2N_2 \tag{6-7}$$

于是在数值上有

$$\frac{I_1}{I_2} = \frac{N_2}{N_1} = \frac{1}{K} \tag{6-8}$$

由此可见，变压器一、二次电流之比与一、二侧绕组的匝数成反比。即变压器匝数多的一侧电流小，匝数少的一侧电流大，也就是电压高的一侧电流小，电压低的一侧电流大。

6.1.1 变压器的运行原理

6.1.1.1 变压器的铭牌与技术参数

1. 型号

型号是变压器基本情况的符号说明，由字母和数字组合而成，用以代表该台变压器的产品分类、结构特征、用途和各种数据等。图6-2是电力变压器产品型号的表示方法。

例如 SFP-6300/35 表示三相强迫油循环风冷铜线绕组，额定容量为6300kVA，高压绕组额定电压为35kV 的电力变压器。

S_9-315/10 表示三相油浸自冷式铜绕组，额定容量为315kVA，高压绕组额定电压为

10kV 电力变压器。设计序号 9 为低损耗型。

一些新型的特殊结构的配电变压器，如非晶态合金铁芯、卷绕式铁芯和密封式变压器在型号中分别加以 H、R 和 M 表示。

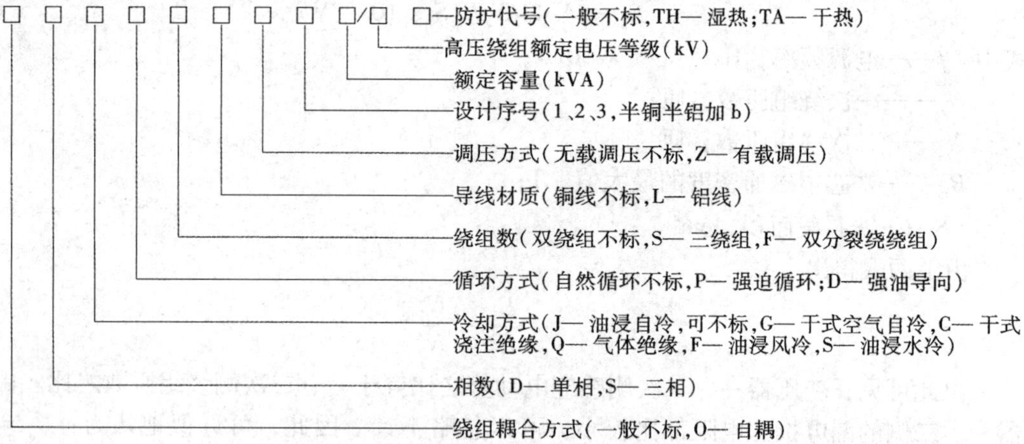

图 6－2　电力变压器产品型号表示方法

2. 额定电压、额定电压比

额定电压是指线电压，且均以有效值表示。但是，组成三相组的单相变压器，如绕组为星形联结，则绕组的额定电压以线电压为分子，$\sqrt{3}$为分母表示，如 $110/\sqrt{3}$kV。

额定电压比是指高压绕组与低压或中压绕组的额定电压之比，所以额定电压比 $K \geqslant 1$。

3. 额定容量

变压器的主要作用是传输电能，因此额定容量是它的主要数据。

变压器额定容量与绕组额定容量有所区别：双绕组变压器的额定容量即为绕组的额定容量；多绕组变压器应对每个绕组的额定容量加以规定，其额定容量为最大绕组额定容量；当变压器容量由冷却方式而变更时，所允许的变压器容量随之变化，则额定容量是指最大容量。

4. 额定电流

额定电流是指变压器在额定容量下允许长期通过的工作电流，可以根据绕组的额定容量和额定电压算出，对于三相变压器，额定电流指的是线电流，单位用 A 表示。

对于单相电力变压器，有

$$I_{N_1} = \frac{S_N}{U_{N_1}}, I_{N_2} = \frac{S_N}{U_{N_2}} \tag{6-9}$$

对于三相电力变压器，有

$$I_{N_1} = \frac{S_N}{\sqrt{3}U_{N_1}}, I_{N_2} = \frac{S_N}{\sqrt{3}U_{N_2}} \tag{6-10}$$

5. 阻抗电压

阻抗电压以百分数表示。是指当变压器一、二次的电流均为额定电流时，两侧绕组漏阻抗产生的电压降占额定电压的百分数。

阻抗电压(百分数)也叫短路电压(百分数)，测试时将变压器的二次绕组短路，缓慢升高一次侧电压，当一次侧的电流达到额定值时，此时在一次侧所施加的电压 U_K 叫短路电压。在变压器铭牌上通常用 U_K 对一次侧额定电压 U_N 比值的百分数来表示，即为短路电压百分数

$$U_K(\%) = \frac{U_K}{U_N} \times 100 \tag{6-11}$$

短路电压是变压器的一个重要特性参数，它是电力系统短路电流计算中计算变压器阻抗及分析变压器能否并列运行的依据。变压器二次侧发生短路时，将产生多大的短路电流也与阻抗电压密切相关。因此，它也是判断短路电流热稳定和动稳定的依据及计算继电保护整定值的重要依据。

6. 极性和绕组联结组标号

变压器绕组极性主要决定于绕组的端头标志和绕向，同极性端可能在一、二次绕组的相对应端，也可能不在相对应端，一、二次绕组的绕向也可能相同或不同。改变绕向或端头标志，极性都会改变。极性是变压器并联和三相变压器绕组连接的主要条件之一。

变压器铁芯中的主磁通是交变的，在一、二次绕组中产生的感应电动势也是交变的。这里所说的极性，是指一、二次绕组的相对极性，也就是当一次绕组某一端子瞬时电位为正时，二次绕组同时也有一个电位为正的对应端子，这时称这两个对应端子为变压器绕组的同极性端，或者叫做同名端。

变压器同一侧的绕组是按一定方式连接的。单相变压器，因每侧只有一个绕组，不存在绕组之间连接的问题，用符号 I 表示；三相变压器每侧都有三个绕组，一般有星形(用 Y 表示)和三角形(用 D 表示)两种连接方式，两侧三相绕组采用不同的连接方式，将使两侧对应线电压具有不同的相位关系。表明两侧绕组连接方式及对应线电压相位关系的标志，就是变压器的接线组别。连接组号采用“时钟”表示法，即以变压器高压侧的线电压相量作为时钟的长针(分针)，并将它固定在钟面的“12”上，以低压侧对应的线电压相量作为时钟的短针(时针)，它所指示的时数即为变压器绕组的接线组别。

按国家标准规定，连接方式可用字母符号表示，连接组号用数字表示，变压器接线组别表示方法如表 6 – 1 所示。

表 6 – 1　变压器接线组别表示方法

名称	高压	中压	低压
星形　无中性点引出	Y	Y	Y
接线　有中性点引出	YN	Yn	Yn
曲折形连接并有中性点引出	ZN	zn	zn
三角形接线	D	d	d
单相接线	I	I	I
自耦接线	公共部分两绕组额定电压低的用 a		
接线符号间	用逗号		
组别数	用0 ~ 11		

例一：配电变压器最常用的接线组别是 Y，yn0 。Y 表示高压侧三相绕组接成星形，即绕组三个首端引出，三个末端接在一起；yn 表示低压侧三相绕组也接成星形，并引出中性线，即绕组三个首端及中性线引出，三个末端连接在一起；0 表示高、低压侧对应线电压是同相位的。这种连接组别的接线图和电压相量图如图 6 – 3(a)所示。如果高、低压的首端极性不同，则高、低压侧相对应线电压具有 180°的相位差，应标记为 6，如图 6 – 3(b)所示。

例二：常用的接线组别还有 Y，d。d 表示低压绕组接成三角形，低压绕组三相依次首、尾相连后引出；11 表示高、低压侧对应线电压间有 30°相位差，且低压侧线电压超前于高压侧线电压 30°。1 表示低压侧线电压滞后于高压侧线电压 30°，这种连接组别的接线图和电压相量图如图 6 – 4 所示。

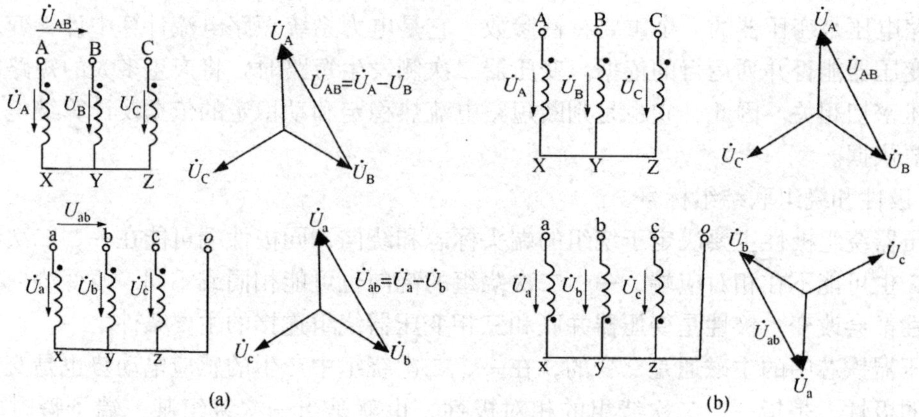

图 6－3 Y，yn 接线组别

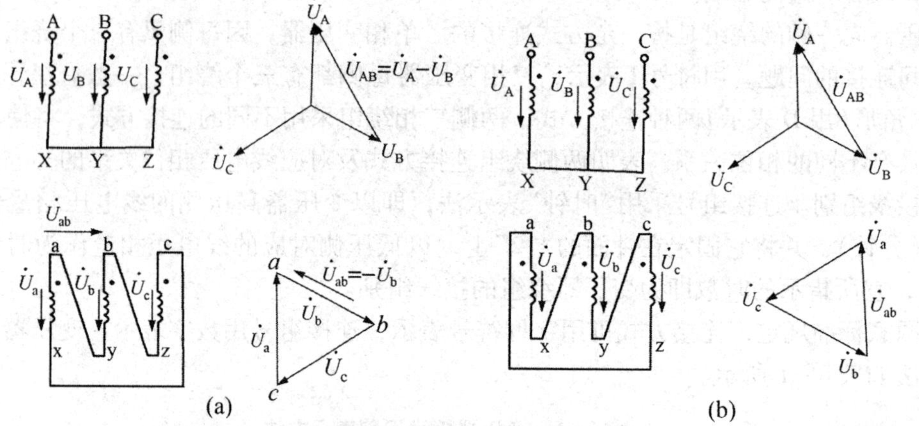

图 6－4 Y，d 接线组别

7．空载电流 I_0、空载损耗 P_0

当变压器二次绕组开路，一次绕组施加额定频率的额定电压时，一次绕组中所流通的电流称为空载电流 I_0。其较小的有功分量 I_{0a} 用以补偿铁芯的损耗，其较大的无功分量 I_{0r} 用于励磁以平衡铁芯的磁压降。空载电流

$$I_0 = \sqrt{I_{0a}^2 + I_{0r}^2}, A \qquad (6-12)$$

通常 I_0 以额定电流的百分数表示

$$i_0(\%) = (I_0/I_N) \times 100 \approx 1\% \sim 3\% \qquad (6-13)$$

变压器容量越大，i_0 越小。空载电流的无功分量 I_{0r} 是励磁电流。空载电流的有功分量 I_{0a} 是损耗电流，所汲取的有功功率称空载损耗 P_0（忽略空载运行状态下一次绕组的电阻损耗时），又称铁损。因此，铁损耗主要决定于铁芯材质的单位损耗，即铁损 = 电工钢片单位损耗 × 铁芯重量。

8．负载损耗 P_k

负载损耗又称铜损耗。是变压器负载电流流过一、二次绕组时，在绕组上消耗的功率。它包括基本铜损耗（决定于绕组的直流电阻值。）和附加损耗（由于漏磁沿线匝的截面和长度分布不均而产生的杂散损耗。）两部分。按规定负载损耗应为变压器运行温度为 75℃ 时的损耗值。测量变压器铜损时是将二次绕组短路，在一次绕组额定分接头位置上接入低电压，使

电流为额定电流，此时测得的功率为电力变压器负载损耗的功率 P_k（铜损）。测量数据应换算为75℃时的数值标于铭牌上，单位为 W 或 kW。

9. 分接范围

分接范围又称调压范围，是调节电压最大、最小值的范围，以百分数表示。额定电压为100%，若电压调节范围为(100 + a ~ 100 - b)内，则分接范围 + a% 至 - b%。一般 a = b，故分接范围表示为 ± a%。电力变压器标准调压范围和调压方式如表 6 - 2 所示。

表 6 - 2　电力变压器标准调压范围和调压方式

方式	额定电压和容量	调压范围	分接级	级数	调压型式	分接开关
无载调压	35kV、8000kVA 或 63kV、6300kVA 及以下	±5%	5%	3	中性点调压	中性点调压分接开关
	35kV、8000kVA 或 63kV、6300kVA 以上	±2×2.5%	2.5%	5	中部调压	中部调压分接开关
有载调压	10kV 及以下	±4×2.5%	2.5%	9	中性点线性调压	选择开关或有载分接开关
	35kV	±3×2.5%	2.5%	7		
	63kV 及以上	±8×1.25%	1.25%	17	中性点线性、正反或粗细调压	有载分接开关

10. 冷却方式

冷却方式由二个或四个字母代号标志，依次为线圈冷却介质及其循环种类；外部冷却介质及其循环种类。冷却介质及其循环种类的字母代号如表 6 - 3 所示。

表 6 - 3　冷却介质及其循环种类的字母代号

冷却介质种类	矿物油或可燃性合成油	O
	不可燃性合成油	L
	气体	G
	水	W
	空气	A
循环种类	自然循环	N
	强迫循环(非导向)	F
	强迫导向油循环	D

6.1.1.2　变压器的空载运行

变压器的一次绕组接在交流电源上，而二次绕组开路时运行叫做空载运行。一次绕组在电压 U_1 的作用下将有空载电流 $\dot{I}_0$ 流过，并产生相应的空载磁动势 $F = \dot{I}_0 N_1$，在 F_0 的作用下铁芯内将产生磁通，该磁通可分为两部分，其中主要部分磁通 ϕ_m 是以闭合铁芯为路径，它分别与一、二次绕组相交链，是变压器传递能量的主要因素，称它为主磁通；还有另一部分磁通 ϕ_1，它仅和一次绕组交链而不与二次绕组交链，主要是通过非磁性介质而形成闭合回路，这部分磁通称为一次绕组的漏磁通。根据磁路欧姆定律，在一定磁动势的作用下所产生的磁通大小与磁路的磁阻成反比。由于变压器铁芯都是高导磁材料硅钢片制成的，它的磁导率 μ 为空气的数千倍。因此空载运行时绝大部分的磁通都在铁芯中闭合，只有很少部分漏在铁芯外面。根据有关试验分析，空载运行时漏磁通仅占全部磁通的 0.1% ~0.2%，而 99% 以上是主磁通。

当外加电压为额定频率的正弦波形时，磁通的波形也基本上按正弦规律变化，磁通的正

弦规律变化方程为

$$\phi = \phi_m \sin\omega t \tag{6-14}$$

根据电磁感应定律，任一交变磁通都将在与其相交链的绕组中感应出感应电动势。因此，主磁通 ϕ_m 将分别在一、二次绕组中感应出电动势 e_1 和 e_2。即

$$e_1 = -N_1\frac{d\phi}{dt} = -N_1\omega\phi_m\cos\omega t = -N_1\omega\phi_m\sin(\omega t - 90°)$$

$$e_2 = -N_2\frac{d\phi}{dt} = -N_2\omega\phi_m\cos\omega t = -N_2\omega\phi_m\sin(\omega t - 90°) \tag{6-15}$$

感应电动势的有效值为

$$E_1 = \frac{N_1\omega\phi_m}{\sqrt{2}} = \frac{2\pi f N_1\phi_m}{\sqrt{2}} = 4.44fN_1\phi_m$$

$$E_2 = \frac{N_2\omega\phi_m}{\sqrt{2}} = \frac{2\pi f N_2\phi_m}{\sqrt{2}} = 4.44fN_2\phi_m \tag{6-16}$$

由以上分析可知，感应电动势有效值的大小分别与主磁通的频率、绕组的匝数及主磁通最大值成正比，电动势的频率与主磁通相同，电动势相位滞后主磁通 90°。漏磁通只在一次绕组中感应出漏电动势 $E_{1\sigma}$，考虑到漏磁通是通过非铁磁材料闭合的，磁路不存在磁饱和性质。也就是说，在空载电流与一次侧漏电动势之间存在着线性关系。因此，把漏电动势看作电流在一个电抗上的电压降，即

$$\dot{E}_{1\sigma} = j\dot{I}_0 x_1 \tag{6-17}$$

其中 x_1 是一次侧漏电抗，变压器空载运行时，近似一个带铁芯的电感绕组，其漏电抗就是漏磁电感。因此，漏电动势在相位上落后于空载电流 90°。

另外，空载电流在一次绕组内产生电阻压降 $I_0 r_1$，显然电阻压降与空载电流同相位。变压器空载时一次侧电动势平衡方程为

$$\dot{U}_1 = -\dot{E}_1 - \dot{E}_{1\sigma} + \dot{I}_0 r_1 = \dot{I}_0 r_m + j\dot{I}_0 x_m + \dot{I}_0 r_1 + j\dot{I}_0 x_1 = \dot{I}_0 Z_m + \dot{I}_0 Z_1 \tag{6-18}$$

根据电动势平衡方程可画出空载运行时的等值电路和相量图，如图 6-5 所示。

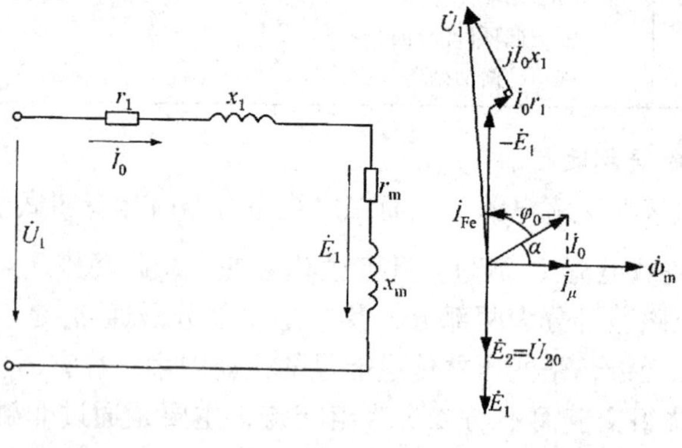

图 6-5　变压器空载时的等值电路和相量图

6.1.1.3　变压器的的负载运行

当变压器的一次绕组接在交流电源上，而二次绕组的出线端接上负载，二次绕组内就有电流流过的运行状态，称为变压器的负载运行。二次绕组接上负载后，二次绕组流过电流 $\dot{I}_2$，建立二次侧磁动势 $F_2 = \dot{I}_2 N_2$，这个磁动势也作用在铁芯的主磁路上。但由于外加电源电压

$\dot{U}_1$ 不变，主磁通 Φ_m 近似保持不变。所以，当二次侧磁动势 F_2 出现时，一次侧电流由 $\dot{I}_0$ 变为 $\dot{I}_1$，一次侧磁动势即从 F_0 变为 $F_1=\dot{I}_1N_1$，其中增加的那部分磁动势，用来平衡二次侧磁动势的去磁作用，以维持主磁通基本不变。此时，变压器处于负载运行时新的平衡状态。

负载运行时，F_1 和 F_2 除了共同建立铁芯中的主磁通 ϕ_m 以外，还分别产生交链各自绕组的漏磁通 $\phi_{1\sigma}$ 和 $\phi_{2\sigma}$ 并分别在一、二次侧绕组感应出漏电动势 $\dot{E}_{1\sigma}$ 和 $\dot{E}_{2\sigma}$。同样，可以用漏电抗压降的形式来表示一次侧绕组漏电动势 $\dot{E}_{1\sigma}=-j\dot{I}_1x_1$，二次侧绕组漏电动势 $\dot{E}_{2\sigma}=-j\dot{I}_2x_2$，其中 x_2 称为二次绕组漏电抗，它对应于漏磁通 $\phi_{2\sigma}$；x_2 反映漏磁通的作用，也是常数。此外，一、二次侧绕组电流 $\dot{I}_1$、$\dot{I}_2$ 还分别产生电阻压降 $\dot{I}_1r_1$ 和 $\dot{I}_2r_2$。

变压器带负载时一、二次侧电动势平衡方程为

$$\left.\begin{aligned}\dot{U}_1&=-\dot{E}_1+\dot{I}_1r_1+j\dot{I}_1x_1=-\dot{E}_1+\dot{I}_1Z_{11}\\ \dot{U}_2&=\dot{E}_2-\dot{I}_2r_2-j\dot{I}_2x_2=\dot{E}_2-\dot{I}_2Z_2\\ \dot{U}_2&=\dot{I}_2Z_L\end{aligned}\right\}\qquad(6-19)$$

根据电动势平衡方程可画出空载运行时的等值电路和相量图如图 6－6 所示。

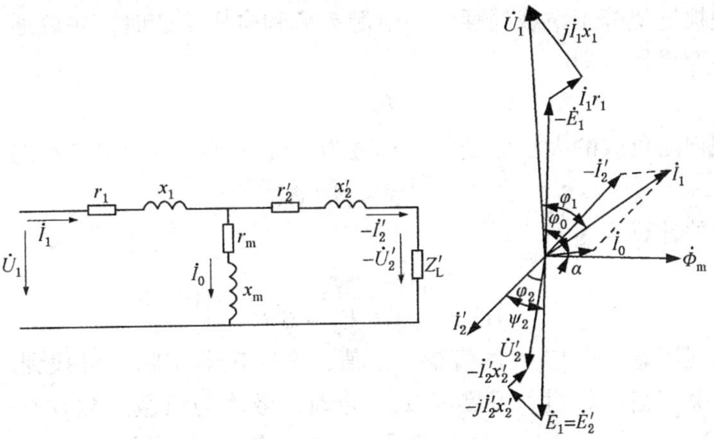

图 6－6　变压器负载运行时的等值电路和相量图

6.1.2　变压器的运行特性

变压器带负荷运行时，主要有两个性能：一是二次侧电压随负载变化的关系，即外特性；二是效率随负载的关系，即效率特性。

6.1.2.1　变压器的外特性

外特性通常用电压变化率来表示二次侧电压的变化程度，反映变压器的供电质量指标。二次侧额定电压是指一次侧加额定电压，二次侧空载时，二次侧的电压。电压变化率是指当变压器的一次侧接在额定频率、额定电压的电源时，二次侧额定电压与二次侧带负荷时的实际电压之差与相对于二次侧额定电压的百分数，用 ΔU 表示，即

$$\Delta U=\frac{U_{2N}-U_2}{U_{2N}}=1-U_{2*}\qquad(6-20)$$

工程上采用的计算公式，可由变压器简化相量图推导出

$$\Delta U=\beta(r_{K*}\times\cos\varphi_2+x_{K*}\times\sin\varphi_2)\qquad(6-21)$$

若求额定负载时的变化率，可令 $\beta=1$

变压器的电压变化率与变压器的漏阻抗的标么值的大小、负载的大小及负载的性质有关。当变压器带感性负载时，ϕ_2为正值，ΔU 为正值，说明二次侧实际电压低于二次侧额定电压 U_{2N}；当变压器带容性负载时，ϕ_2为负值，$\sin\phi_2$为负值，当 $x_{K*} \times \sin\phi_2 > r_{K*} \times \cos\phi_2$时 ΔU 为负值，此时二次侧实际电压 U_2高于二次侧额定电压 U_{2N}

由上分析可知，变压器运行时，二次电压将随负载变化而变化，如果变化范围过大，将给用户带来不利影响，因此必须进行电压调整。对电力变压器一般用分接开关调整绕组匝数。

6.1.2.2 变压器的效率特性

效率特性反映变压器运行时的经济指标。变压器在传递功率的过程中，在变压器内部会产生铜损和铁损使输出功率小于输入功率。输出有功功率 P_2与输入有功功率 P_1之比称为变压器效率，用 η 表示。以百分数表示为

$$\eta = \frac{P_2}{P_1} \times 100\% = \frac{P_2}{P_2 + \sum P} \tag{6-22}$$

其中 $\sum P$ 为变压器铜损和铁损之和，即 $\sum P = P_d + P_k$

$$P_2 = U_2 I_2 \cos\varphi_2 \approx U_{2N} I_2 \cos\varphi_2 = \beta U_{2N} I_{2N} \cos\varphi_2 = \beta S_N \cos\varphi_2 \tag{6-23}$$

变压器的铁损近似等于空载损耗，当电源频率和电压不变时，主磁通不变，铁损基本上不变，称之为不变损耗，即

$$P_0 = P_d \tag{6-24}$$

变压器的铜损随负载的大小而变化，称之为可变损耗，设额定电流的铜损为 $P_{K.N}$，则

$$P_k = \beta^2 P_{K.N} \tag{6-25}$$

因此，效率的计算式为

$$\eta = \frac{\beta S_N \cos\varphi_2}{\beta S_N \cos\varphi_2 + P_0 + \beta^2 P_K} \times 100\% \tag{6-26}$$

对于给定的变压器，P_0与 P_K的值是一定值，在变压器铭牌上可找到。效率 η 与负载大小及功率因数有关。当负载功率因数 $\cos\varphi_2$一定时，效率与负载系数 β 有关。求变压器最大效率时的负载系数 β_{max}，可对上式的 β 求导，并使之等于零，得

$$\beta^2 \max P_K = P_0 \tag{6-27}$$

可见，当铜损等于铁损时，变压器效率最高。

考虑到电力变压器不是长期运行在额定负载状况下，所以 β_{max}一般取 0.5 ~0.6，故 P_0/P_K值应在 1/4 ~1/3 之间。可见，铁损相对比铜损小，对变压器总的经济效果有利。最大效率为

$$\eta_{max} = \frac{\beta S_N \cos\varphi_2}{\beta S_N \cos\varphi_2 + 2P_0} \times 100\% \tag{6-28}$$

6.1.3 变压器的并联运行

将两台或多台变压器的一次侧以及二次侧同极性的端子在公共母线上的连接，这种运行方式为变压器的并列运行。其目的是提高供电的可靠性和提高变压器运行的经济性。但并非所有的变压器均能并列运行，变压器并列运行应同时满足下列的条件：

（1）变压器的结线组别相同；

（2）变压器的变比相等；

（3）变压器的阻抗电压相等。

当其中某一条件不能满足时将产生不良的后果，下面将进行分析。

6.1.3.1 接线组别不同时变压器并联运行。

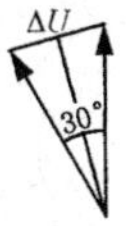

图6－7 连接组别不同的变压器并列运行相量图

接线组别不同时，变压器并联运行的回路中会产生很大的环流。甚至烧毁变压器。以 Y，Y_n12 和 Y，d11 变压器为例。这二台变压器的一次侧接在同一母线上，相对应的一次线电压同相位，其二次相对应的线电压则有30°相位差，如图6－7所示。由于二台变压器的二次电压大小相等，所以变压器二次回路的合成电压为

$\Delta U = U_{1ab} - U_{2ab}$ 是二个对应线电压的向量差，按图6－7可求得：

$$\Delta U = 2 \times U_{2ab} \times \sin 15° = 0.52U_{2ab} \qquad (6-29)$$

由此可见，在 ΔU 的作用下，并联运行变压器的二次绕组内虽然没有接负载电流，但在回路中却会出现几倍于额定电流的环流，这个环流会烧毁变压器。

6.1.3.2 变压比不等时变压器并联运行。

变压比不等时，并联运行变压器的二次电压不等。当二台变压器空载时，二次回路就会有电压差，因此会产生环流 I_h。假如变比差相差很大，产生的环流就很大，影响变压器容量的合理利用。所以，并联变压器的变比差必须限止在±0．5%之内。

环流电流的大小，决定于并列运行变压器二次电压的差值。即

$$I_h = \frac{U_{e1} - U_{e2}}{Z_{dl1} + Z_{dl2}} \qquad (6-30)$$

式中 Z_{dl1}、Z_{dl2}——分别为两台变压器的短路阻抗；

U_{e1}、U_{e2}——分别为两台变压器的二次额定电压。

若 Z_{dl} 用短路电压来表示，则

$$Z_{dl} = \frac{U_{dl}\%}{100} \times \frac{U_e}{I_e} \qquad (6-31)$$

若两台变压器中第二台的容量大，即 $I_{e2} > I_{e1}$，并令其两台变压器的额定电流之比为

$$\beta = \frac{I_{e2}}{I_{e1}} \text{ 又设 } \alpha = \frac{U_{e1} - U_{e2}}{U_{e2}} \times 100\%$$

则上式可改写为

$$I_h = \alpha \times \frac{I_{e1}}{U_{dl1} + \dfrac{U_{dl2}}{\beta}} \qquad (6-32)$$

用上式可计算环流的大小，环流的方向亦即与电压差的夹角 ψ 决定于并联变压器的短路电阻和短路电抗之比。亦即是变压器短路电压的有功分量和无功分量。

其中，U_{dl1}、U_{dl2} 分别为两台变压器的短路电压。

6.1.3.3 短路阻抗不相等时变压器并列运行。

当接线组别和变压比相同，而短路电压不等时，变压器次级回路不会有环流，但会影响二台变压器之间的负荷分配。由于负荷分配与短路电压成反比，也就是短路电压小的变压器分配负荷大。如果其中一台变压器的容量小，则首先达到满载，而另一台变压器没有充分发挥作用。由图6－8变压器并列运行等值图可看出负载电流与短路阻抗成反比，即

$$\frac{I_A}{I_B} = \frac{Z_{dlB}}{Z_{dlA}} \qquad (6-33)$$

$$\because\ U_{eA} = U_{eB} \quad \therefore\ \frac{I_{eA}}{I_{eB}} = \frac{Z_{eB}}{Z_{eA}} \qquad (6-34)$$

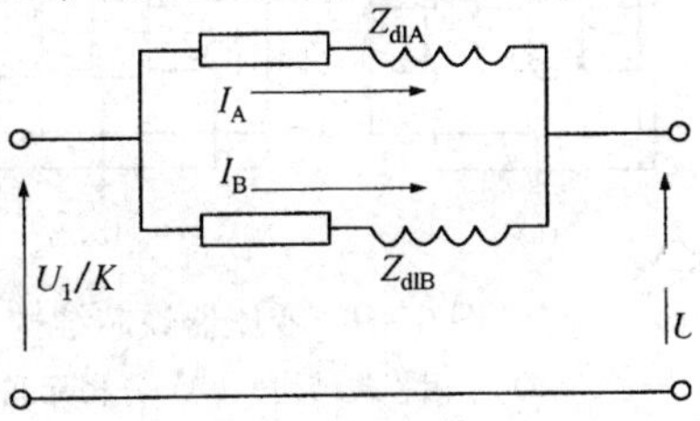

图6－8 变压器并列运行等值图

将二式相比

$$\frac{I_A \times Z_{dlA}}{I_{eA} \times Z_{eA}} = \frac{I_B \times Z_{dlB}}{I_{eB} \times Z_{eB}} \qquad I_A^* \times Z_{dlA}^* = I_B^* \times Z_{dlB}^* \tag{6-35}$$

式中 I_A^*、I_B^*——A、B两台变压器的负荷电流相对值；

Z_{dlA}^*、Z_{dlB}^*——A、B两台变压器的短路阻抗相对值，此值与短路电压相等。

上式说明负载电流相对值与阻抗电压成反比，由于短路电压不相等，所以负载电流相对值也不等。同时说明短路电压不等的变压器并列运行，不能同时达到满载。

6.2 变压器的结构

6.2.1 油箱和冷却装置

油箱是变压器的外壳，由钢板焊成。在油箱内，盛装器身(包括铁芯和绕组)和变压器油。为了加强冷却，一般在油箱四周装有散热器，以扩大变压器的散热面积。油箱内的变压器油起着绝缘和散热作用。变压器运行中铁芯、绕组产生热量，使油加热，密度减少，升至油箱上部并进入散热器上部，在散热管中散热冷却后，油温下降，密度增加，进入油箱下部，形成油的自然循环，不断地把绕组和铁芯产生的热量带走。容量较大的变压器在散热器下部装有冷却风扇，对散热器上部进行风冷，以加快散热器上部油的冷却，可使油的自然循环速度加快，更有效地把热量散发到空气中去。

由于变压器损耗的的增加与容量的3/4次方成正比，而冷却表面积的增加只与容量的1/2次方成正比。所以，变压器容量增大时必须采用冷却装置，以散发足够的热量。冷却装置一般为可卸式。其中不强迫油循环的称散热器，强迫油循环的称为冷却器。表6－4列出了各种冷却方式和代号标志。

表6－4 冷却方式标志及其适用范围

冷却方式	代号标志	适用范围
干式自冷式	AN	一般用于小容量干式变压器
干式风冷式	AF	线圈下部设有通风道，并用冷却风扇吹风提高散热效果，用于500kVA以上变压器时，是经济的
油浸自冷式	ONAN	容量小于6300kVA变压器采用。维护简单
油浸风冷式	ONAF	容量在8000～31500kVA变压器采用
强油风冷式	OFAF	用于高压大型变压器
强油水冷式	OFWF	
强油导向风冷式	ODAF	
强油导向水冷式	ODWF	

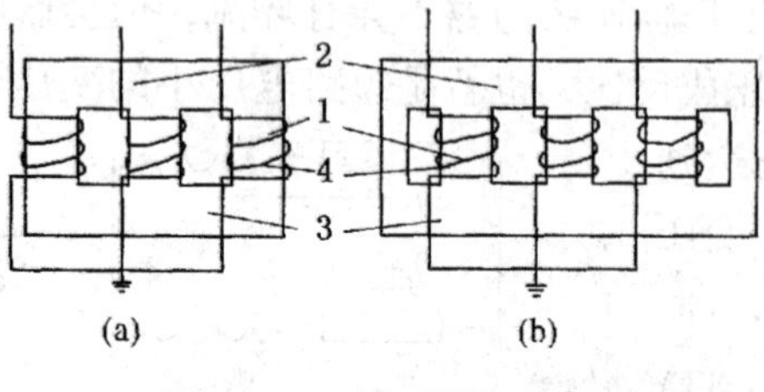

图6－9 变压器铁芯结构

(a)三相芯式结构；(b)三相壳式结构

1—芯铁；2—上铁轭；3—下铁轭；4—绕组

6.2.2 器身

6.2.2.1 铁芯

铁芯是变压器的主要部件之一，用以构成变压器的主磁路。变压器的铁芯结构基本形式有两种，一种叫芯式铁芯(内铁式铁芯)，另一种叫壳式铁芯(外铁式铁芯)，如图6－9所示。

变压器铁芯由冷轧硅钢片组成，为了降低铁芯中的发热损耗(磁滞损耗和涡流损耗)，叠装铁芯用的冷轧硅钢片厚度为0.35～0.5mm，硅钢片的表面涂覆一层绝缘，而且采用斜接缝交叠方式叠装，斜接缝可降低铁芯到铁轭拐弯处的附加损耗。铁芯柱用环氧无纬玻璃丝带将硅钢片绑扎紧固；铁轭部是通过轭樑用夹紧螺栓将硅钢片夹紧，夹紧螺栓与钢片间必须可靠地绝缘。

变压器在运行中，铁芯以及固定铁芯的金属结构、零部件等均处在强电场中，在电场的作用下，它具有较高的对地电位。因此，必须将铁芯以及固定铁芯的金属结构、零件、部件，可靠接地，使它们与油箱同处于地电位。

6.2.2.2 绕组

绕组也是变压器的主要部件之一，用以构成变压器的电路。电力变压器铁芯只采用芯式结构，所以它的绕组通常采用同心绕组。绕组都是以同一圆心的圆筒形线圈套在铁芯柱外面。在一般的情况下总是将低压绕组放在里面靠近铁芯处，将高压绕组放在外面。高压绕组与低压绕组之间，以及低压绕组与铁芯之间都必须留有一定的绝缘间隙和散热通道(油道)，并用绝缘筒隔开。绝缘距离的大小，决定于绕组的电压等级和散热通道所需的间隙。

同芯绕组按其结构可分为圆筒式、分段式、连续式、双饼式、纠结式、螺旋式、铝箔筒式。为了使绕组有效地散热，绕组设有散热油道。散热油道可分为无导向油道和有导向油道，无导向油道有垂直油道、垂直兼有水平油道两种。

6.2.2.3 绝缘结构

油浸式变压器的绝缘分为外绝缘和内绝缘。外绝缘就是油箱外部的套管和空气的绝缘。变压器的内绝缘是指油箱内各不同电位部件之间的绝缘。分为主绝缘和纵向绝缘两大部分。主绝缘是指绕组对地之间绝缘、不同相间之间的绝缘和同一相而不同电压等级之间的绝缘；纵向绝缘是指同一电压等级的一个绕组，其不同部位之间，例如层间、匝间、绕组对静电屏之间的绝缘。图6－10、图6－11为变压器绝缘结构的示意。

变压器内部绝缘的主要材料有变压器油、绝缘纸板、电缆纸、皱纹纸等。

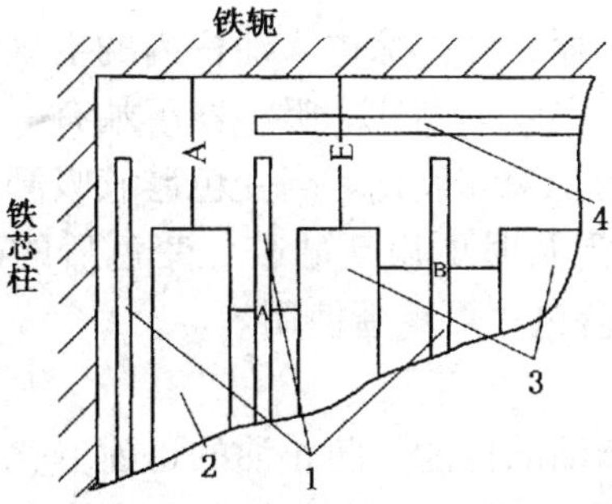

图6－10 35kV及以下油浸变压器绝缘结构

1—绝缘筒(作为低压—铁芯、高压—低压、二相高压之间绝缘)；2—低压绕组；3—高压绕组；4—绝缘护板

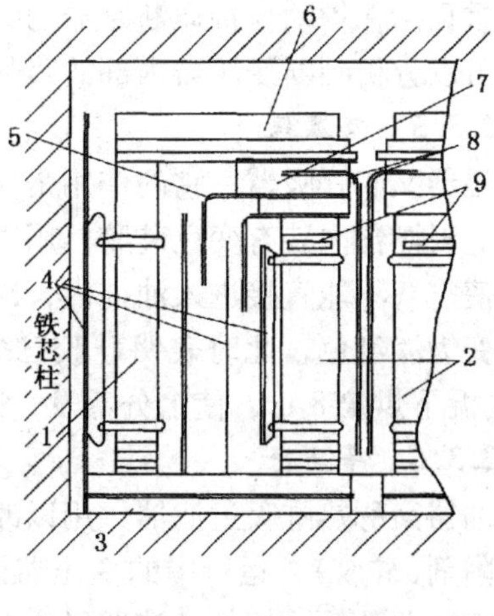

图6－11 110kV油浸变压器绝缘结构

1—低压绕组；2—高压绕组；3—铁轭绝缘；4—绝缘筒；5—绝缘角环；6—钢压板；7—绝缘端圈；8—相间隔板；9—静电板

6.2.3 保护装置

6.2.3.1 油枕(储油柜)

油枕在油箱的顶端，其容积为油箱容积的8%～10%，油枕和油箱之间由管子连通。油

枕的作用是：

（1）减少油和空气的接触，以减少变压器油受潮和氧化的机会；

（2）变压器油的体积随温度变化而膨胀或缩小时，油枕起着储油和补油的作用，使油面的升降限在油枕内；

（3）油枕装有呼吸器，可使油枕上部空间和大气相通。油枕的侧面装有玻璃油面计，油面计一侧有温度油标，一般标有－30℃、20℃、40℃三条线，它是标志变压器未投入运行前不同油温时的三个油面标志，指示变压器在运行时油量是否充足，同时也能判别油色是否正常。

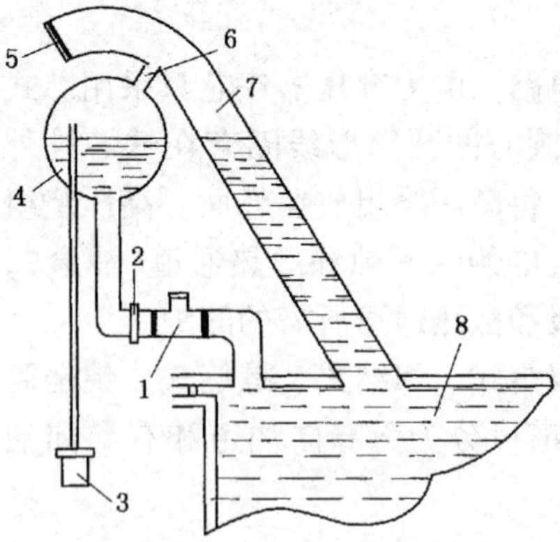

图6－12　气体继电器、防爆管、油枕的安装位置

1—气体继电器；2—蝶形阀；3—吸湿器；4—油枕子；5—防爆膜；6—油枕与安全气道的连通管；7—防爆管；8—油箱

6.2.3.2　防爆管

防爆管（又称安全气道）如图6－12中所示。顶部的防爆膜为一定厚度的玻璃或酚醛纸板。当变压器内部发生严重故障时，箱内油的压力骤增，可以冲破顶部的玻璃或酚醛纸板，使油和气体向外喷出，以防止油箱破裂。

目前有采用压力释放阀，替代防爆管。

6.2.3.3　温度计

温度计安装在油箱上盖的测温筒内，用来测量油箱内上层油温，监视变压器运行温度，保证变压器的安全运行。35kV电压等级及以下的变压器，常用信号温度计和水银温度计，在容量较大的变压器均用信号温度计。

6.2.3.4　气体继电器

气体继电器装在油箱和油枕的连管中间，如图6－12中所示。当变压器油面降低或气体分解时，轻瓦斯动作发出信号。当变压器内部发生严重故障时，重瓦斯保护动作接通断路器的跳闸回路，切断电源。另外，通过收集分析瓦斯继电器的气体可以分析判断变压器内部故障的情况。

6.2.3.5　吸湿器

吸湿器又叫呼吸器，它的作用是使大气与油枕内相通，并排除进入油枕内的空气中水分及杂质。吸潮器内装有变色硅胶，用以吸收进入油枕中空气的潮气。吸湿器下端有一个油封装置，使空气不能直接进入油枕内，以减少变压器油的受潮和氧化。当变色硅胶吸潮后颜色由蓝色变为淡红色，此时表明硅胶已失去吸潮能力，需及时更换新硅胶。变色后的硅胶在140℃高温下烘焙8 h，使水分蒸发，硅胶又会还原成蓝色，可重新使用。

6.2.3.6　净油器

净油器又称热虹吸过滤器，用以改善运行中变压器油的性能，防止油的迅速老化。其内装满吸附剂（硅胶），运行中的变压器油由于油箱上、下有温差，可使变压器油从上向下经过装在变压器油箱一侧的净油器形成对流，油流过硅胶后，其中水分、杂质、酸和氧化物就会被吸附剂吸收，从而使油净化，延长变压器油的运行周期

6.2.4　调压装置

为了稳定负荷中心电压、调节无功潮流或调节负载电流、联络电网，均需对变压器进行电压调整。变压器的调压一般是通过分接开关来实现的。在高压绕组上抽出适当的分接头，调整分接开关档位可改变绕组匝数，达到调节电压的目的。调压方式分为无载调压和有载调压两类。

6.2.4.1 无载调压

无载调压是停电情况下，变换高压侧分接头来改变其绕组匝数进行调压的。6～10kV 双绕组电力变压器多用中性点调压方式，电压调节范围为额定电压的 ±5 %。35kV 及以上的电力变压器电压调节范围一般为额定电压的 ±2×2.5 %。

当一次侧电压偏高时，可将分接开关切换接到 +5 %的分接头（Ⅰ挡），当一次侧电压偏低时，可将分接开关换接到 -5 %的分接头（Ⅲ挡）；当一次侧电压接近额定电压值，可将分接开关切换接到额定档位（Ⅱ挡）；二次侧均可获得额定电压值。要注意的是，在调挡前后，应作直流电阻测量，防止接点在接触不良情况下工作而烧毁设备。

6.2.4.2 有载调压

有载调压是利用有载分接开关，在保证不切断负载电流的情况下，变换高压绕组分接头，来改变其匝数进行调压的。它应满足两个基本条件：

（1）在变换分接过程中，保证电流的连续，也就是不能开路。

（2）在变换分接过程中，保证分接间不能短路。因此，在变换分接的过程中必然要在某一瞬间同时连接两个分接头，以保证负载电流的连续性。而在连接的两个分接头间，必须串入阻抗以限制循环电流。该阻抗称为过渡阻抗。过渡电路的原理就是有载分接开关的原理，其阻抗是电抗时，称为电抗式有载分接开关；是电阻时称为电阻式有载分接开关。有载调压变压器的抽头较多，调压范围较广。

6.2.5 出线装置

为了将绕组的引出线从油箱内引出到油箱外，使带电的引线穿过油箱时与接地的油箱之间保持一定的绝缘，常采用绝缘套管作为固定引线与外电路连接的主要部件。

6.3 变压器的故障及诊断

6.3.1 变压器故障的分类

电力变压器的故障常分为内部故障和外部故障两种。内部故障为变压器油箱内发生的各种故障，其主要类型有各绕组之间发生的相间短路、绕组的线圈匝之间发生的匝间短路、绕组或引出线通过外壳发生的接地故障等。

变压器的内部故障从性质上又分为热故障和电故障两大类。热故障通常为变压器内部局部过热、温度升高。电故障通常指变压器内部在高电场强度的作用下，造成绝缘性能下降或劣化的故障。根据放电的能量密度不同，又分为局部放电、火花放电和高能电弧放电三种故障类型。

比较普遍和常用的变压器故障统计划分为变压器短路故障、放电故障、绝缘故障、铁芯故障、分接开关故障、渗漏油气故障、油流带电故障、保护误动故障等八个方面。

表 6-5 所列是根据变压器故障部位分类，仅作为一般性的指南，便于进一步的检查、试验和分析。

6.3.2 常见变压器故障

6.3.2.1 短路故障

变压器短路故障主要指变压器出口短路，以及内部引线或绕组间对地短路，及相与相之间发生的短路而导致的故障。变压器正常运行中由于受出口短路故障的影响，主要包括以下两个方面：

（1）短路电流引起的绝缘过热故障；

（2）短路电动力引起绕组变形故障。一般变压器遭受损坏的情况较为严重。

表 6－5 变压器故障分类

故障部位	故障原因	故障部位	故障原因	故障部位	故障原因
绕组故障	匝间故障 冲击 受潮 外部故障 过热 绕组断路 劣化 油道堵塞 接地 相间故障 机械性故障	套管故障	老化 污染 裂纹 动物闪络 冲击闪络 受潮 油位低 法兰接地	铁芯故障	铁芯绝缘故障 接地带断裂 铁芯叠片短路 夹件、螺栓、楔块等部件松动
		分接开关故障	机械性故障 电气故障 引线故障 过热 油泄漏 外部故障	其他故障	电流互感器故障 油中有金属颗粒 运输损坏 外部故障 油箱焊接不良 附属设备故障 过电压 过负荷
		油故障	受潮 有杂质 氧化 泄漏 劣化	端子排故障	连接松动 引线断开 受潮 短路

6.3.2.2 放电故障

变压器放电故障根据放电的能量密度的大小常分为局部放电、火花放电和高能量的电弧放电。

1. 局部放电故障

在电压的作用下，绝缘结构内部的气隙、油膜或导体的边缘发生非贯穿性的放电现象，称为局部放电。局部放电刚开始是一种低能量放电，但却是变压器诸多有机材料故障和事故的根源。

2. 火花放电故障

发生火花放电时放电能量密度大于 10^{-6}C 的数量级。有悬浮电位引起火花放电和油中杂质引起火花放电两种。一般来说，火花放电不致很快引起绝缘击穿，主要反映在油色谱分析异常、局部放电量增加或轻瓦斯动作，比较容易发现和处理，但对其发展程度应引起足够的认识和注意。

3. 电弧放电故障

电弧放电是高能量放电，常以绕组层间绝缘击穿为多见，其次为引线断裂或对地闪络和分接开关飞弧等故障。电弧放电故障由于放电能量密度大，产气急剧，常以电子雪崩形式冲击电介质，使绝缘纸穿孔、烧焦或炭化，使金属材料变形或熔化烧毁，严重时会造成设备烧损，甚至发生爆炸事故，这种事故一般事先难以预测，也无明显预兆，常以突发的形式暴露出来。

6.3.2.3 绝缘故障

变压器的损坏和故障大多是因绝缘系统损坏而造成的。据统计，绝缘损坏而形成的事故约占全部事故的 85 %以上。同时，变压器的寿命是由绝缘材料的寿命所决定的。油浸式变压器的主要绝缘材料是绝缘油及固体绝缘材料绝缘纸、纸板和木块等。所谓变压器绝缘的老化，就是这些材料受环境因素的影响发生分解，降低或丧失了绝缘强度。影响变压器绝缘性能的主要因素有温度的影响、湿度的影响、油保护方式的影响、过电压的影响、短路电动力的影响。

掌握电力变压器的绝缘性能及合理的运行维护，直接影响到变压器的安全运行、使用寿命和供电可靠性。

6.3.2.4 铁芯故障

电力变压器正常运行时，铁芯必须有一点可靠接地。若没有接地，则铁芯对地的悬浮电压会造成铁芯对地断续性击穿放电，接地后消除了铁芯悬浮电位。但当铁芯出现两点以上接地时，铁芯间的不均匀电位就会在接地点之间形成环流，并造成铁芯多点接地发热的故障。铁芯片间或接地带接触不良的放电属于低能量密度放电，即间隙性的火花放电。变压器的铁芯接地故障会造成铁芯局部过热，严重时，铁芯局部温升增加，轻瓦斯动作，甚至将会造成重瓦斯动作而跳闸的事故。

6.3.2.5 分接开关故障

这类故障可分为无载调压和有载调两种。(1)无载调压开关电路方面表现在接触不良、触头锈蚀电阻增大发热等，事故多发生在变压器短路状态，由于过电流使触头接触间产生电弧而损坏；(2)有载调压开关的故障率较高，特别是机械性故障率高，在表 6-6 列出了有载调压开关的机械和电气故障。

表 6-6 有载调压开关的故障

故障类别	故障现象	故障位置	故障原因
电气故障	绝缘损坏	绝缘油、绝缘物	过电压、绝缘油老化
	断线	分接头引线、限流电阻	振动、制造不良、短路电流
	接触不良	触头、引接线	角头磨损、制造不良、发热
	熔化烧损	触头	短路电流
机械故障	磨损	轴承、密封垫	自然和异常磨损、润滑不良
	卡住	轴承、触头	过负荷、进入杂物、润滑不良
	失去弹性	绝缘物、金属部件	过负荷、疲劳损坏、材质不良
	折断(弯曲)	轴、金属部件、销、螺栓等	过负荷、疲劳损坏、材质不良
	操作机构不灵	电动机、减速机构、控制和保护装置	过负荷、磨损、配合不良、制造不良

6.3.2.6 渗漏油气故障

变压器的渗漏一般包括空气渗漏和油渗漏。渗漏的后果是空气中的水分和氧气等会慢慢地通过渗漏部位渗透到油箱内，变压器内部和外部的密封被破坏，既有渗漏油，又有空气的侵入。这种长期的累积作用对变压器内绝缘起损坏作用。

6.3.2.7 油流带电故障

强迫油循环冷却方式的大型变压器油流带电现象，使绕组带有静电感应电压，其影响已引起关注。它影响到油色谱分析、局部放电测量和油的 tgδ 测量。

6.3.3 变压器故障的检测

6.3.3.1 变压器油中气体色谱分析检测

在变压器故障诊断中，单靠电气试验方法往往很难发现某些局部故障和发热缺陷，而通过变压器油中气体的色谱分析这种化学方法，对发现变压器内部的某些潜伏性故障及其发展程度的早期诊断非常灵敏而有效。

油色谱分析的原理是基于任何一种特定的烃类气体的产生速率随温度而变化，在特定的温度下，往往有某一种气体的产气率会出现最大值；随温度升高，产气率最大的气体依次为CH_4、C_2H_6、C_2H_4、C_2H_2。这也证明在故障温度与溶解气体含量之间存在着对应的关系。而局部过热、电晕和电弧是导致油浸的纸绝缘中产生特征气体的主要原因。

油中各种气体成分可以从变压器中取油样经脱气后用气相色谱分析仪分析得出。根据这些气体的含量、特征、成分比值(如正比值)和产气速率等方法判断变压器内部故障。

6.3.3.2 绕组直流电阻测量

这是一项较为方便而有效的检查绕组总绝缘和电流回路连接状况的试验，它能够反映绕组匝间短路、绕组断股、分接开关接触状态以及导线电阻的差异和接头接触不良等缺陷故障，也是判断各相绕组直流电阻是否平衡、调压开关档位是否正确的有效手段，是无励磁分接开关调正挡位和变压器出口短路后必试项目。

6.3.3.3 绝缘电阻及吸收比、极化指数测量

绝缘电阻试验是对变压器主绝缘性能的试验，主要诊断变压器由于机械、电场、温度、化学等作用及潮湿污秽等影响程度，能灵敏反映变压器绝缘整体受潮、整体劣化和绝缘贯穿性缺陷，是变压器能否投运的主要参考判据之一。

6.3.3.4 泄漏电流测量

测量泄漏电流比测量绝缘电阻具有更高的灵敏度。测量泄漏电流能有效地发现用其他试验项目所不能发现的变压器局部缺陷。

6.3.3.5 交流耐压试验

交流耐压试验是鉴定绝缘强度最有效的方法，特别对考核变压器主绝缘的局部缺陷，如绕组主绝缘受潮、开裂、绕组松动、绝缘表面污染等，具有决定性作用。

6.3.3.6 绝缘介质损耗 tgδ 测量

在外加交流电压时电流在介质中产生能量损耗，这种损耗称为介质损耗。介质损耗很大时，就会使介质的温度升高而老化，甚至导致热击穿。因此，介质损耗的大小就反映了介质的优劣状况。

由于变压器的 $tg\delta$ 与使用的变压器油的品质、固体绝缘材料的种类和性能以及制造工艺有关，所以不能用一种简单的关系来代表所有的情况，应结合其他测试手段，加强综合分析与判断。

变压器的 $tg\delta$ 虽能用来判断绝缘的整体特性，但对判断绝缘的局部缺陷不太灵敏，所以此项目试验还有一定的局限性。

6.3.3.7 油质检测

变压器油的品质是变压器正常运行的重要条件，因此根据不同的要求，需对变压器油进行油品质的不同目的的检测和分析判断。主要指标有酸值、水溶性酸、闪点、水分、击穿电压、油介质 $tg\delta$。

6.3.3.8 局部放电测量

局部放电试验是检查变压器结构是否合理、工艺水平好坏以及变压器内部是否存在局部放电现象的重要试验手段，是保证变压器安全运行的重要指标。它作为一种考核变压器能否在工作电压下长期运行的重要试验方法。

6.3.3.9 绝缘老化的检测

变压器固体绝缘由于纤维素老化后生成CO和CO_2以及糠醛，因此可借助测量CO、CO_2以及糠醛的含量和绝缘纸(板)聚合度来诊断变压器绝缘老化的缺陷，通过产气速率等模式，判断绝缘老化的程度。

6.3.4 变压器内部故障的诊断

对于大中型变压器发现故障迹象后，应做如下针对性的检测工作，以判断故障部位、故障性质及严重程度。

6.3.4.1 油色谱分析判断有异常

油色谱分析判断有异常后应做如下检测工作：

(1)变压器绕组直流电阻测量；

(2)铁芯的绝缘电阻和铁芯接地电流(有接地外接)；

(3)空载电流和空载损耗试验(必要时)；

(4)在运行中进行油色谱和局部放电跟踪检测；

(5)变压器绝缘特性试验，如绝缘电阻、吸收比、极化指数、介质损耗、泄漏试验等；

(6)变压器油的击穿电压、油介质损耗、含水量、含气量(500kV级)试验；

(7)变压器运行或停电后的局部放电检测；

(8)交流耐压试验。

6.3.4.2 气体继电器动作报警

气体继电器动作报警后应做如下检测工作：

(1)油色谱分析；

(2)气体继电器中的气体分析。

6.3.4.3 变压器出口短路

变压器出口短路后要做如下检测试验：

(1) 油色谱分析；

(2) 变压器绕组直流电阻测量；

(3) 短路阻抗试验(必要时)；

(4) 空载电流和空载损耗试验(必要时)。

6.3.4.4 变压器绝缘受潮

判断变压器绝缘受潮要进行如下检测试验：

(1) 绝缘特性试验，如绝缘电阻、吸收比、极化指数、介质损耗、泄漏试验；

(2) 变压器油的击穿电压、油介质损耗、含水量、含气量(500kV级)试验。

6.3.4.5 绝缘老化

判断绝缘老化进行如下试验：

(1) 油色谱分析；

(2) 变压器油酸值检测；

(3) 变压器油中糠醛含量检测；

(4) 油中含水量检测；

(5) 绝缘纸或纸板的聚合度检测。

6.3.4.6 小型变压器检测判断

常采用的方法有：

(1) 直流电阻测量;
(2) 绝缘电阻及吸收比测量;
(3) 介质损失角 tgδ 测量;
(4) 绝缘油样简化试验;
(5) 空载试验(必要时)。

6.4 变压器的检修

变压器的检修分为小修和大修两大类。小修仅对油箱以外的零部件及回路进行检查和检修;大修除对油箱以外的零部件及回路进行检查和检修外,还需将油箱打开,对器身(铁芯、绕组、绝缘)进行检查检修。

6.4.1 变压器的小修项目

变压器小修是属定期检修,不进行吊芯检修。其中主变压器应每年一次,常规配电变压器1~3年一次,环境特别污秽的应缩短间隔周期。主要对油箱以外的零部件及回路进行检查和检修。具体的项目如下:

(1) 检查并拧紧套管引出线的接头,瓷绝缘的检查、清扫;
(2) 储油柜积污盒中的污油;
(3) 检修全部的阀门和塞子,检查全部密封状态,处理渗漏油;
(4) 检修安全保护装置:储油柜、防爆管及保护膜的检查、气体继电器、压力释放阀;
(5) 检修测温装置,包括电阻式温度计等各式温度计;
(6) 检修冷却装置,包括冷却器、风扇、油泵、控制箱及其系统,检查各种保护装置、测量装置及操作控制箱并进行试验;
(7) 检修调压装置、测量装置及控制箱,并进行调试;
(8) 检查油位计,调整充油套管及本体油位;
(9) 检查接地装置;
(10) 清扫油箱及附件并进行防腐;
(11) 检查并消除已发现而就地能消除的缺陷;
(12) 按有关规程进行测量和试验。

6.4.2 变压器大修项目

变压器大修属不定期检修,投入运行后的第一次大修应按照厂家规定进行。无厂家规定可在5~8年间进行一次大修。以后每5~10年内应大修1次。但是,当运行中的变压器发现异常状况或经试验判明有内部故障时应进行大修,见表6-7。

表6-7 变压器大修项目

部件名称	一般项目		特殊项目
	常修项目	不常修项目	
外壳及绝缘油	1. 检查和清扫外壳,包括本体、大盖、衬垫、储油柜、散热器、阀门、安全气道、滚轮等,清除渗油 2. 检查清扫油再生装置,更换或补充干燥剂 3. 根据油质情况,过滤变压器油 4. 检查接地装置 5. 变压器外壳防腐 6. 本体做油耐压试验	1. 拆下散热器进行补焊及油压试验 2. 焊接外壳	1. 更换变压器油 2. 更换散热器 3. 加装油再生装置 4. 加装气体在线监测装置

续表

部件名称	一般项目		特殊项目
	常修项目	不常修项目	
芯子及线圈	1. 吊芯进行内部检查 2. 检查铁芯、铁芯接地情况及穿芯螺栓的绝缘状况 3. 检查及清理线圈及线圈压紧装置、垫块、引线、各部分螺栓、油路及接线板	1. 密封式变压器吊芯	1. 更换部分线圈及修理线圈 2. 修理铁芯 3. 干燥线圈
冷却系统	1. 检查风扇电动机及其控制回路 2. 检查强迫油循环泵、电动机及其管路、阀门等装置 3. 检查清理冷却器及水冷却系统，包括水管道，阀门等装置，进行冷却器的水压试验 4. 消除漏油、漏水。		1. 改变冷却方式(如增加强迫油循环装置) 2. 更换泵或电动机 3. 更换冷油器铜管
分接头调压装置	1. 检查并修理有载或无载分接头切换装置，包括附加电抗器、定触点、动触点及其传动机构 2. 检查并修理有载分接头的控制装置，包括电动机、传动机械及其全部操作回路		1. 更换传动机械零件 2. 更换分接头切换装置
套管	1. 检查并清扫全部套管 2. 检查充油式套管的油质情况，必要时更换绝缘油 3. 检查相序应正确，相色清晰	1. 套管解体检修	1. 更换套管 2. 改进套管结构
其他	1. 检查并校验温度计 2. 检查空气干燥器及干燥剂 3. 检查及清扫油位计 4. 检查及并校验仪表、继电保护装置、控制信号装置等及其二次回路 5. 进行规定的测量和试验 6. 检查及清扫变压器电气连接系统的配电装置及电缆 7. 检查充氮保护装置 8. 检查硅胶老化及吸收这道畅通情况	1. 检查及清扫事故排油装置	1. 充氮保护装置，补充或更换氮气

6.4.3 吊芯检修

6.4.3.1 变压器吊芯检修的环境要求

(1) 吊芯工作应安排在室内进行。对大型变压器无条件需露天进行时，必须做好防潮、防尘措施。

(2) 吊芯工作不应在雨雪天气或相对湿度大于75%的条件下进行

(3) 吊芯时周围空气温度不宜低于0℃，变压器器身温度(即上铁轭测得温度)不宜低于周围空气温度，当器身温度低于周围空气温度时，宜将变压器加热，使其器身温度高于周围环境温度10℃左右，方可吊芯。

(4) 为了防止受潮，应尽量缩短铁芯在空气中暴露的时间。从放油开始时算起，至注油开始为止，铁芯与空气接触时间不应超过下列规定：

当空气相对湿度不大于65%时为16h；

当空气相对湿度不大于75%时为12h。

6.4.3.2 吊芯检修项目

1. 铁芯的检查

由于外面有绕组芯柱的大部分已观察不到，而轭部则可全部观察到。轭部硅钢片在其两侧，用型钢依靠螺栓紧固，应紧固每一螺母。在铁轭处有铁芯的一点接地连接铜片，检查其接地是否有效。大型变压器芯柱有纵向散热沟，必须检查其散热沟是否畅通，清除堵塞杂物。

2. 测量铁芯的绝缘

3. 线圈的检查

检查轴向压紧情况，检查线圈间隔衬垫应牢固，线圈不能有松动、变形或位移，高低绕组在对称，并无油粘物。

4. 检查芯部的绝缘

（1）检查其外形是否完整，绕组表面的纸绝缘有否擦伤或擦破，引出线的绝缘包扎得是否完好，是否牢固；

（2）检查表面是否清洁，有否油泥污垢沉积着，如有，则应清洗干净；

（3）检查相间、线圈间绝缘隔板；

（4）对于运行年代较长的变压器，检查绝缘是否有老化现象。检查方法通常用手指按压绕组表面的绝缘物，以观察其变化。绝缘良好的绕组富有弹性，手指压下时，绝缘会暂时变形，手指放开后，又恢复原状，绝缘不会因手指按压而碎裂，绝缘表面的颜色呈浅淡色。当绝缘有相当程度的老化时，用手指按压后，会产生较小的裂缝，或会感觉到绝缘的质地比较硬、变脆，颜色亦较深，这时应根据情况更换绝缘或加强绝缘的措施。当绕组的绝缘严重老化时，经手按压后，绝缘即龟裂，呈炭片状脱落，绝缘显得非常脆弱，略经弯曲即断裂，要更换绕组。

5. 检查引线及其支持装置

引线的绝缘主要决定于绝缘距离，应检查引线与各部分的绝缘距离是否符合要求。为了保证引线的绝缘距离不变，同时应检查夹持零件的紧固情况，还应检查引线表面的绝缘情况，检查引线焊接、连接不良及引线有无断股等。

6. 检查无励磁分接开关

检查开关动触头与静触头之间的接触压力大小，一般要求接触压力为25～50N，可用专用测压计或弹簧秤来测量。且保证在任何一个切换位置时都能良好接触，特别要检查运行中的这一位置，是否有过热现象。检查分接开关整体是否固定得牢靠，它的机械操动装置是否灵活，轴销、开口销等是否牢固可靠。测量触头间的接触电阻应小于500$\mu\Omega$。

7. 油箱部件的清扫和检查

油箱的检修主要是检查和处理渗漏油，同时对油箱底部、密封面、管路等进行清洗，对有磁屏蔽油箱的磁屏蔽进行检修。

6.4.3.3 吊芯试验项目

根据规程中规定的部分项目，结合现场长期的实践经验，对收效较好的一些项目列于下面，应根据变压器的大小和历史情况进行增减。

1. 大修前的试验项目

（1）测量绕组的绝缘电阻和吸收比或极化指数；

（2）测量绕组连同套管的泄漏电流；

（3）测量绕组连同套管的 $tg\delta$；

（4）本体及套管中绝缘油的试验；

（5）测量绕组连同套管的直流电阻（所有分接头位置）；

（6）套管试验；

(7) 测量铁芯(外引接地线)对地绝缘电阻;

(8) 必要时可增加试验项目(如特性试验、局部放电试验等)。

2. 吊芯中的试验

(1) 测量变压器铁芯对油箱、夹件、穿芯螺栓、钢压板及铁芯的电(磁)屏蔽之间的绝缘电阻;

(2) 测量线圈的直流电阻;

(3) 必要时测量无励磁分接开关动、静触头之间的接触电阻及传动杆的绝缘电阻;

(4) 有载分接开关的测量与试验;

(5) 必要时单独对套管进行额定电压下的 tgδ、局部放电和耐压试验。

6.5 变压器的试验和投运

工矿企业中降压变电所的主变压器、配电所的配电变压器容量是各不同的，其大、小修时的试验项目也有不同要求。

6.5.1 变压器的试验项目

6.5.1.1 配电变压器小修后的试验项目

(1) 绕组直流电阻;

(2) 绕组绝缘电阻、吸收比或(和)极化指数;

(3) 绝缘油击穿电压为 15kV 以下不低于 25kV;

(4) 气体继电器及二次回路试验。

6.5.1.2 配电变压器大修后的试验项目

(1) 绕组直流电阻;

(2) 绕组绝缘电阻、吸收比或(和)极化指数;

(3) 绝缘油击穿电压为 15kV 以下不低于 25kV;

(4) 交流耐压试验，试验电压按出厂值 85 %，500V 及以下线圈的试验电压为 2kV;

(5) 穿心螺栓、铁轭夹件、绑扎钢带、铁芯、线圈压环及屏蔽等的绝缘电阻;

(6) 气体继电器及二次回路试验。

6.5.1.3 主变压器小修后的试验项目

(1) 测量变压器各个电压级绕组的直流电阻;

(2) 在同一组抽头上测得的直流电阻数值，其相互间的差别不应大于三相平均值的 2%；与变压器出厂时原始数据相比不应超过 2%；

(3) 绕组绝缘电阻、吸收比或(和)极化指数;

(4) 绕组连同套管的 tgδ，其值不应大于出厂时原始数据的 130%，如无原始数据，其值一般不超过 2%；

(5) 电容型套管的 tgδ 和电容值;

(6) 绝缘油试验;

(7) 交流耐压试验;

(8) 铁芯(有外引接地线的)绝缘电阻;

(9) 绕组泄漏电流;

(10) 测温装置及二次回路试验;

（11）气体继电器及二次回路试验；

（12）冷却装置及二次回路试验。

6.5.1.4 主变压器大修后的试验项目

（1）测量绕组连同套管的直流电阻(所有分接头位置)，最后置运行位置；

（2）测量绕组绝缘电阻、吸收比或(和)极化指数；

（3）测量绕组连同套管的 tgδ；

（4）必要时测量电容型套管的 tgδ 和电容值；

（5）本体、有载分接开关和套管中的绝缘油试验；

（6）本体、有载分接开关中绝缘油的色谱分析；

（7）绕组连同套管的交流耐压试验(有条件时)；

（8）测量铁芯有外引接地线的对地绝缘电阻铁芯；

（9）测量绕组连同套管的泄漏电流；

（10）总装后对变压器油箱和冷却器作整体密封油压试验；

（11）必要时进行变压器空载特性试验、短路特性试验、绕组变形试验、局部放电量；

（12）必要时进行测量绕组所有分接头的变比及联结组别；

（13）气体继电器、测温装置及二次回路试验；

（14）冷却装置及二次回路的检查和试验；

（15）检查有载调压装置的动作情况及顺序，并测量切换波形；

（16）额定电压下空载合闸试验(3～5 次)。

6.5.2 变压器的试验方法

6.5.2.1 绝缘电阻、吸收比和极化指数

1. 测量方法

测量绕组绝缘电阻时，应采用2500V 或 5000V 兆欧表依次测量各绕组对地和其他绕组间绝缘电阻值，被试绕组各引线端子应短接后接兆欧表“L”端，其余非试验绕组都短路接地后与兆欧表的“E”端相连。测量的顺序和具体部位见表 6－8。

表 6－8 测量顺序和部位

顺序	双绕组变压器		三绕组变压器	
	被试绕组	接地绕组	被试绕组	接地绕组
1	低压	外壳及高压	低压	外壳、高压及中压
2	高压	外壳及低压	中压	外壳、高压及低压
3	—	—	高压	外壳、中压及低压
4	高压及低压	外壳	高压及中压	及低压
5			高压、中压及低压	外壳

测量温度以上层油温为准，并尽量在油温低于 50℃时测量。不同温度下的绝缘电阻可按下式换算为

$$R_2 = 1.5^{\frac{t_1-t_2}{10}} R_1 \qquad (6-36)$$

式中 R_1、R_2——在温度 t_1、t_2时的绝缘电阻。

2. 试验结果的判断分析

（1）与规定的参考值比较。额定电压为 500V 及以下，绝缘电阻为 10MΩ；额定电压为 3～10kV，20℃时绝缘电阻不小于 300MΩ；额定电压为 20～35kV，20 ℃时绝缘电阻不小于

400 MΩ；额定电压为 66～220kV，20℃时绝缘电阻不小于 800 MΩ。

（2）吸收比的数值在温度为 10～30℃时，为不低于 1.3；极化指数为不低于 1.5。

（3）与历次试验数据比较。交接试验时绝缘电阻值不应低于出厂时原始数据的 70 %；运行与检修后与历次试验数据比较，应无明显变化，认为合格。

（4）110kV 及以下变压器一般考核吸收比，当绝缘电阻很高但吸收比低时，可考核极化指数；220 kV 及以上变压器考核极化指数；当绝缘电阻高于 10000MΩ 时可不考核吸收比和极化指数。

6.5.2.2 泄漏电流试验

1. 测量方法

将各电压等级绕组的引出端子短接，被试绕组上加试验电压，非试绕组接地，测量顺序和所加电压如表 6－9、表 6－10 所示。

表 6－9 测量顺序和部位

顺序	双绕组变压器		三绕组变压器	
	被试绕组	接地绕组	被试绕组	接地绕组
1	低压	外壳及高压	低压	外壳、高压及中压
2	高压	外壳及低压	中压	外壳、高压及低压
3	—	—	高压	外壳、中压及低压

表 6－10 泄漏电流试验电压 kV

绕组额定电压	3	6～10	20～35	66～330	500
试验电压	5	10	20	40	60

2. 试验结果的判断分析

（1）与历次试验数据比较，应无明显变化，一般不大于 150%。如电流小于 10μA 不作比较。

（2）与同类型变压器的泄漏电流比较。

3. 注意事项

（1）试验时充分考虑环境对测量结果的影响，应擦干净变压器套管表面，微安表应处于高压侧。

（2）试验结束或变更接线时应充分放电。

（3）试验时观察泄漏电流的变化速度，在基本稳定时（一般取一分钟）读取电流值。

（4）一般采用负极性试验。对数据有怀疑时，可以用正极性测量比较。

6.5.2.3 介损（$tg\delta$）试验

1. 测量方法

可连同套管一起进行。使用 QS1 电桥采用反接线，使用数字式介损测量仪对于双绕组变压器可按图 6－13 所示接线。

不同温度的换算公式为

$$tg\delta_2 = tg\delta_1 \times 1.3^{\frac{t_2-t_1}{10}} \tag{6-37}$$

2. 试验结果的判断分析

（1）20℃时 $tg\delta$ 35kV 及以下的变压器不大于 1.5%；

66～220kV 的变压器不大于 0.8%；

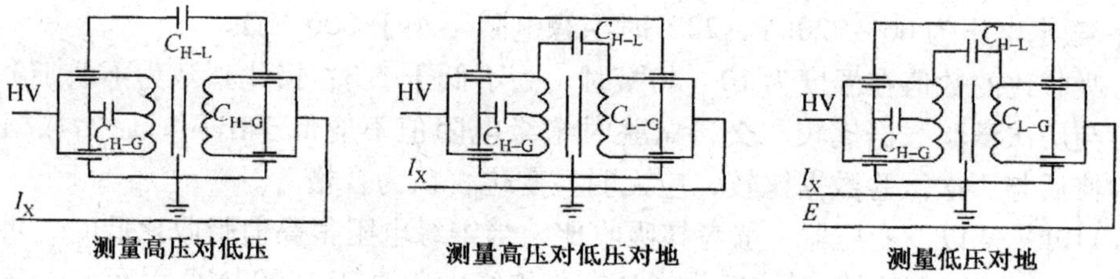

图 6－13　双绕组变压器介损测量接线图

330～500kV 的变压器不大于 0.6%。

（2）和历年试验结果比较变化不大于 30%。

3. 注意事项

（1）$tg\delta$ 试验是反映变压器整体绝缘性能，一般对判断局部绝缘缺陷是不灵敏的。

（2）以上层油温为准，在不低于 50℃时测量。并应换算到同一温度比较。

6.5.2.4　交流耐压试验

1. 测量方法

试验变压器的容量一定要足够，试验变压器容量可计算为

$$S_N \geqslant \omega C_X U U_N \times 10^{-9} \tag{6-38}$$

式中　S_N——试验变压器额定容量，kVA；

U_N——试验变压器高压侧的额定电压，kV；

U——试验电压，kV；

C_X——被试变压器的电容量，可从介损（$tg\delta$）试验中得到，pF；

ω——角频率（$2\pi f$）。

考虑容升效应必须在高压侧直接测量，并以测量高压侧电压的峰值表为准。

将各电压等级绕组的引出端子短接，被试绕组加上试验电压，非试验绕组接地。由于试验是破坏性试验，因此必须经过所有的非破坏性试验合格后才能进行交流耐压试验。

2. 试验结果的判断分析

（1）仪表指示正常为合格。如电流表指示突然上升，控制回路电磁开关动作说明变压器已击穿。

（2）试验过程中发生放电故障，应加以判断，其中常见的有：

① 油间隙击穿放电。清脆的“当当”像金属撞击油箱的声音。重复试验时，放电电压不会下降。

② 油中气泡放电。试验过程中出现的放电声，但仪表摆动不大，重复试验时，放电声消失。

③ 悬浮金属放电。加压过程中变压器内部有炒豆般的响声，电流表指示稳定，这是悬浮金属放电现象。

④ 固体绝缘爬电或击穿。试验过程中出现“哧、哧”的放电声，电流表指示增加，这是固体绝缘表面爬电。若出现清脆的“啪”的声响，说明固体绝缘已被击穿。重复试验时，放电电压下降，甚至于无法再加压。

6.5.2.5　直流电阻试验

1. 测量方法

电阻值大于 2Ω 可用单臂电桥，小于 2Ω 用双臂电桥或压降法（测量电流电压计算）。

不同温度的换算公式为

$$R_{t2} = R_{t1} \times \frac{K + t_2}{K + t_1} \quad \text{其中 K—— 铜 235；铝 225。} \tag{6-39}$$

对于不能进行分相测定的，测得线间电阻用下面公式换算到相电阻。

Y 接线

$$R_a = \frac{R_{AB} + R_{CA} - R_{BC}}{2} \tag{6-40}$$

$$R_b = \frac{R_{BC} + R_{AB} - R_{CA}}{2} \tag{6-41}$$

$$R_c = \frac{R_{CA} + R_{BC} - R_{AB}}{2} \tag{6-42}$$

△ 接线

$$R_a = (R_{AC} - R_p) - \frac{R_{AB} \times R_{BC}}{R_{AC} - R_p} \tag{6-43}$$

$$R_a = (R_{AB} - R_p) - \frac{R_{AC} \times R_{BC}}{R_{AB} - R_p} \tag{6-44}$$

$$R_a = (R_{BC} - R_p) - \frac{R_{AB} \times R_{AC}}{R_{BC} - R_p} \tag{6-45}$$

$$R_p = \frac{R_{AB} + R_{BC} + R_{AC}}{2} \tag{6-46}$$

2. 试验结果的判断分析

（1）大于 1.6kVA。各相相差应小于三相平均值 2%；线间相差应小于三相平均值 1%。

（2）小于 1.6kVA。各相相差应小于三相平均值 4%；线间相差应小于三相平均值 2%。

（3）和以前比较变化小于 2%。比较时要换算到同一温度。

（4）分接头间直流电阻差近似电压比。

测量结果不合格，可能有下面几个方面的原因造成：

① 分接开关接触不良；

② 焊接不良；

③ 三角形接线一相断线；

④ 套管导电杆和引线连结接触不良。

6.5.2.6 变比及联结组别试验

1. 测量方法

（1）变比的测量有双电压表法、标准互感器法（差接法）、电桥法（变压比电桥）。其电桥法如图 6-14 所示。根据变比电桥原理，在被试品一次侧施加一个电压 U_1，则在变压器的二次侧有一个感应电压 U_2，调整 R_1 电阻值，使检流计指零，这时变压比可计算为

$$K = \frac{U_1}{U_2} = \frac{R_1 + R_2}{R_2} = \frac{R_1}{R_2} + 1$$

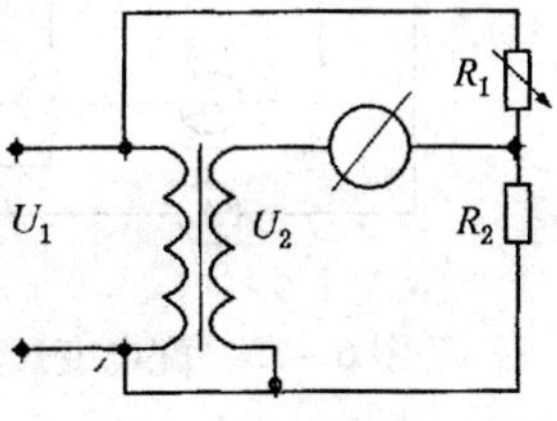

图 6-14 变比电桥原理简图

为了直接测出误差值，可在 R_1 和 R_2 之间串入一滑线电阻，而检流计的一端则接在滑动点上，便可达到目的。

无论使用哪种方法，所用的互感器其准确等级应不低于 0.2 级，所使用电压和所带负载应在保证该准确等级规定范围内，低压和外壳应做好安全接地；所用仪表的准确等级应不低于 0.5 级，对低量

范表计的引线应符合要求。

(2) 绕组连接组的测试方法

① 直流表法　用一低压直流电源(通常是甲电池)，加变压器高压侧 AB、BC、AC，此时轮流确定接在低压线圈端子 ab、bc、ac 上的仪表指针的偏转方向。共作 9 次测量，将结果与已记录好变化规律的表 6-11 对照。

表 6-11　直流表法测试变压器绕组连接组

接线组别	高压通电相别		低压测得值		
	+	-	ab	bc	ac
1	A	B	+	-	0
	B	C	0	+	+
	A	C	+	0	+
11	A	B	+	0	+
	B	C	-	+	0
	A	C	0	+	+
12	A	B	+*	-	+
	B	C	-	+*	+
	A	C	+	+	+*

② 相位表法　因为相位表可直接测量出相角，所以又称直接法。相位表是测量电流和电压相位的仪表，用来测量电压与电压的相位，应在电流线圈通过一个可变电阻接在低压的对应子上。当高压通入三相交流电压时，在低压感应出一个一定相位的电压。由于接了一个电阻负荷，所以低压侧电流和电压同相。因此，可以认为高压侧电压对低压侧电流的相位就等于高压侧电压对低压侧电压的相位。

2. 试验结果的判断分析

运行中变压器一般变压比的误差与额定值之比及互相比较均不应大于 ±1% ~2%；电压比小于 3，误差不应大于 ±2%。其他所有变压器额定分接变压比允许偏差 ±0.5 %。

6.5.2.7　空载试验

1. 测量方法

变压器空载试验一般从电压较低的绕组施加正弦波形、额定频率的额定电压，其他绕组开路的情况下测量其空载电流和空载损耗的试验。配电变压器可按图 6-15 接线。测量仪表的准确度应在 0.5 级以上，互感器的准确度应在 0.2 级以上，功率表采用低功率因数功率表。试验必须在额定电压，额定频率、正弦波形等情况下进行，并使用一定准确等级的仪表和互感器，才能获得准确数据。但当限于现场条件，不能在要求的条件下进行试验时，则应将测得结果，进行必要的校正或归算。

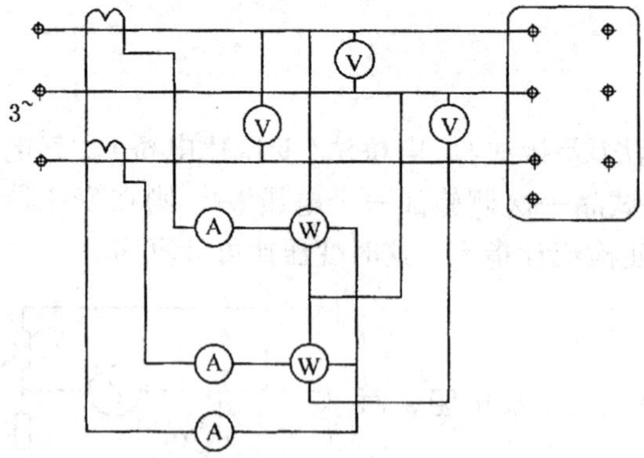

图 6-15　配电变压器空载试验接线图

2. 试验结果的判断分析

(1) 导致空载损耗和空载电流增大的原因有：

① 矽钢片之间绝缘不良；

② 磁路中某一部分矽钢片之间短路；

③ 穿芯螺栓或压板，上轭铁和其他部分绝缘损坏，因此形成短路；

④ 磁路中的矽钢片松动，甚至出现空气隙，增大磁阻（对空载电流影响较大）；

⑤ 矽钢片不是原设计的规格。

（2）变压器的三相空载电流各相稍有不同，一般中间相约少20%～35%。当绕组为星形联结 $I_a=I_c<I_b$。右行三角形联结 $I_a=I_b<I_c$。左行三角形联结 $I_b=I_c<I_a$。

（3）测得空载损耗和空载电流发现超标时，一般都用单相分相试验，以确定缺陷所在的相别，找出缺陷的原因。

6.5.2.8 额定电压下的空载合闸试验

（1）交接试验时，空载合闸应进行5次；大修后进行3次。每次合闸的间隔时间为5min，无异常现象。为了便于听变压器内部有无异常声响，在上层油温度不超过规定的条件下，关闭冷却器的风扇和油泵。

（2）对中性点接地的电力系统，空载合闸试验时中性点必须接地。

（3）空载合闸宜在高压侧并在使用分接头上进行。

6.5.3 变压器的投运

6.5.3.1 变压器投运前的检查项目

（1）变压器本体、冷却装置及所有附件均完整无缺陷，不渗漏，油漆完整。

（2）油箱、铁芯的外接引线接地可靠，被接接地网完整。

（3）变压器顶盖上及四周无遗留杂物。

（4）储油柜、冷却装置、净油器等油系统上的阀门全部开启，储油柜油温标示线清晰。

（5）高压套管的帽应密封良好，与外部引线连接良好并涂有电力脂，接地小套管应接地。

（6）储油柜、电容式套管的油位正常，有载分接开关的油位需略低于储油柜油位，隔膜式储油柜的集气盒内应无气体。

（7）对各放气阀、塞进行放气，使其完全充满变压器油，气体继电器内无残余气体。

（8）呼吸器内硅胶数量充足，无受潮变色现象，油封良好。

（9）无励磁分接开关的位置符合运行要求，各处的指示一致。

（10）温度计指示正确，整定值符合要求。

（11）冷却装置试运行正常，水冷却装置的油压应大于水压，强油冷却装置应开启全部油泵，进行较长时间的循环，多次排除残余气体。

（12）进行冷却装置电源的自动投切和冷却装置的故障停运试验。

（13）继电保护装置应经调试整定，动作正确。

6.5.3.2 变压器的送电投运

（1）变压器投运前保护装置如瓦斯、差动、过流等保护装置模拟试验动作正确。

（2）强油循环的变压器在投运前应先启用其冷却装置，对水冷却器先启动油泵，再开启水系统。

（3）110kV及以上中性点直接接地系统中，投运变压器前，变压器中性点必须先接地。投入后可按系统需要决定中性点是否断开。

（4）气体继电器的重瓦斯必须投跳闸位置。

（5）额定电压下的冲击合闸3～5次应无异常，励磁涌流不致引起保护的误动作。

（6）受电后变压器应无异常情况。

（7）变压器并列前，应核对相位，要求相位一致。

（8）检查变压器及冷却装置所有的焊缝和结合面，不应有渗漏油现象，变压器无异常振动或放电声。

（9）变压器运行满24h时进行一次油色谱分析，其数据和运行前应无明显变化。

（10）空载试运行时间一般不少于24h。

（11）变压器试运行无异常后，逐步增加负荷，开始带负荷运行。

6.6 干式变压器

在工矿企业、发电厂、高层建筑、地下铁道等安全防火要求较高的场所，现在广泛采用干式变压器，供照明、电气设施及小型动力电源使用。

6.6.1 类型

6.6.1.1 开启式

开启式是常用的形式，其器身与大气相连通，适用于比较干燥而洁净的室内环境（环境温度+20℃时，相对湿度不超过85%）。目前，电压在15kV以下，空气自冷式容量可达1000kVA左右更大容量时一般用吹风冷却。

6.6.1.2 封闭式

封闭式带有保护外壳即装箱的。与外部大气不相连通，可用于较为恶劣的环境。由于密封，散热条件差，目前主要用于矿区隔爆型变压器。也可以充以六氟化硫，并加以强迫循环，则变压器的绝缘和散热能力可和油浸式相比拟，适用于较高电压。

6.6.1.3 浇注式

用环氧树脂或其他树脂浇注作为主绝缘，结构简单、体积小、适用于较小容量的产品。环氧变压器具有难燃、自熄、耐尘、耐潮、机械强度高、体积小、重量轻、损耗低、噪声小等特点，与油浸变压器相比，具有安全、经济、可靠、方便等优点。

6.6.2 检修

6.6.2.1 检修项目

（1）清扫变压器外箱内外灰尘、污垢，检查外箱的完整性。

（2）检查瓷瓶及接线板等电气连接部分并紧固螺栓。

（3）检查接地装置。

（4）检查铁芯及其夹紧件，检查铁芯接地情况。

（5）检查线圈及其夹紧装置、垫块、引线、接线板、各部分螺栓等，以及线圈绝缘的老化程度。

（6）检查分接开关。

（7）外箱防腐

6.6.3 试验

定期检修的试验项目有：

（1）绕组的直流电阻；

（2）绕组的绝缘电阻、吸收比；

(3)交流耐压试验(按出厂试验电压);

(4) 穿心螺栓、铁轭夹件、绑扎钢带、铁芯、线圈压环及屏蔽等的绝缘电阻;

(5) 绕组所有分接的电压比;

(6) 校核三相变压器的组别或单相变压器极性;

(7) 空载电流和空载损耗;

(8) 短路阻抗和负载损耗;

(9) 局部放电测量(适用于浇注型干式变压器)。

(10) 测温装置及其二次回路试验。

6.7 互感器

互感器是一种利用电磁原理进行电流、电压变换的特殊类型的变压器,在电力系统中广泛使用,它是将一次回路中的电量信息按一定的比例关系传递到二次回路,提供给测量仪表和继电保护装置等二次设备,对系统进行监视、测量和保护。互感器分为电压互感器和电流互感器两种,它的作用如下:

(1) 电压互感器将高电压变换成低电压,二次绕组的额定电压为100V,并与测量仪表和继电保护装置中的电压线圈并联;电流互感器将大电流变换成小电流,二次侧绕组的额定电流为5A或1A,并与测量仪表和继电保护装置中的电流线圈串联。

(2) 由于互感器的一、二次绕组之间有足够的绝缘强度,能使二次设备和工作人员与一次高压之间进行电气隔离,而且互感器的二次侧有一端接地,保证了设备和人身的安全。

6.7.1 互感器的检修

6.7.1.1 固体绝缘互感器的小修项目

(1) 外部检查及清扫;

(2) 检查紧固一次和二次引线连接件;

(3) 检查铁芯及夹件;

(4) 检查互感器底座、电压互感器N(X)端接地;

(5) 预防性试验。

6.7.1.2 油浸式互感器

1. 小修项目

(1) 外部检查及清扫;

(2) 检查油位、维修膨胀器、储油柜、呼吸器;

(3) 检查紧固一次和二次引线连接件;

(4) 渗漏处理;

(5) 检查紧固电容型互感器末屏接地点、电压互感器N(X)接地点;

(6) 互感器外壳、倒置式互感器二次绕组(包括二次引线)金属屏蔽的接地检查;

(7) 预防性试验

(8) 必要时进行油位调整、或更换绝缘油、零部件的修理或更新。

(9) 必要时补漆

2. 大修项目

(1) 外部检查及修前试验;

(2) 检查、排放金属膨胀器；
(3) 二次引线柱瓷套管的分解检修；
(4) 吊起瓷套管或吊起器身，检查瓷管套或器身；
(5) 更换全部密封胶垫；
(6) 油箱清扫、除锈；
(7) 压力释放装置检修和试验；
(8) 绝缘油处理或更换；
(9) 呼吸器检修，更换干燥剂；
(10) 必要时进行器身干燥处理；
(11) 总装配后真空注油，并进行密封试验；
(12) 电气试验。

6.7.1.3　SF_6 气体绝缘互感器

1. 小修项目
(1) 外部检查及清扫；
(2) 检查气体压力表、阀门及密度继电器；
(3) 检查紧固一次和二次引线连接件；
(4) 检查紧固电容型互感器末屏接地点、电压互感器 N(X) 接地点；
(5) 互感器外壳、倒置式互感器二次绕组(包括二次引线)金属屏蔽的接地检查；
(6) 预防性试验；
(7) 必要时补气、更换。
(8) 必要时补漆

2. 大修项目
(1) 外部检查及修前试验
(2) 检查紧固一次和二次引线连接件；
(3) 回收并处理 SF6 气体，补充 SF6 气体；
(4) 必要时更换二次端子板及其密封圈；
(5) 更换吸附剂，必要时更换压力表、阀门或密度继电器；
(6) 必要时更换压力表、阀门或密度继电器；
(7) 电气试验。

6.7.2　互感器的试验

6.7.2.1　互感器的特性试验方法。

1. 极性试验

现场一般采用直流测试法如图 6－16 所示，

将电池 E 的正极接一次线圈始端 L_1 端(“·”端)，负极接末端 L_2 端，如二次线圈有极性标志，则直流电流表的(＋)端与二次线圈的始端 K_1 端(“·”端)连接，(－)端与末端 K_2 连接，(如极性不明，可任意向二次线圈连接)当闸刀 S 合上瞬间，电流表指针向正方向偏转，拉开瞬间电流表指针向负方向偏转，则表明电流互感器为减极性，L_1·、K_1· 为同极性标志正确。

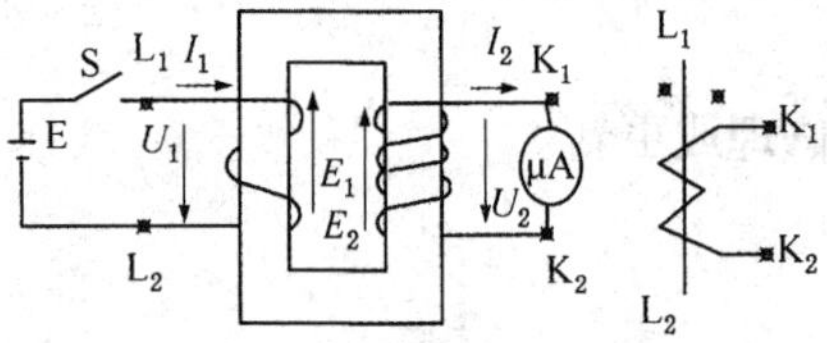

图 6－16　电流互感器的极性标示图

2. 电流互感器的伏安特性曲线测试

接线如图 6－17 所示，为了减少试验误差电压表应靠近被试品端，并使用内阻较高者，每次试验都使用同类型表计，在升压过程应逐点读取对应的电流和电压值，从最小升至最大值，中间不要下降以免磁滞的影响而使曲线螺旋上升。

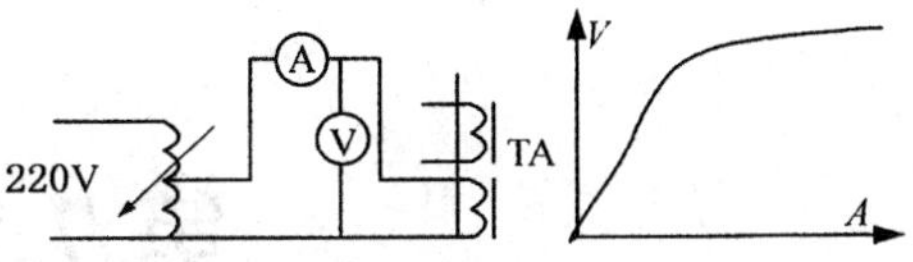

图 6－17　电流互感器测试仪安特性接线图

在试验前应先进行强磁场退磁法退磁。即在被退磁的铁芯的次级线卷中通以工频电流，使由零增加到约 1/2 额定次级电流值，然后均匀地降回到零(时间不少于 10s)，并在未切断电源之前将次级线端短接。重复这一过程 2～3 次，同时使每次所通入的电流按 1/2、1/5、1/10 额定次级电流递减，电流互感器的初级线圈应为开路，不退磁铁芯的次级线圈均应接成短路。

3. 电压互感器的空载电流测试

接线图同图 6－17 记录次级额定电压 100V 时的空载电流。和历史数据比较，无显著变化。

第7章 电力线路

7.1 架空线路

架空线路主要由塔杆、导线、横担、金具、绝缘子、避雷线等组成，如图7－1所示。

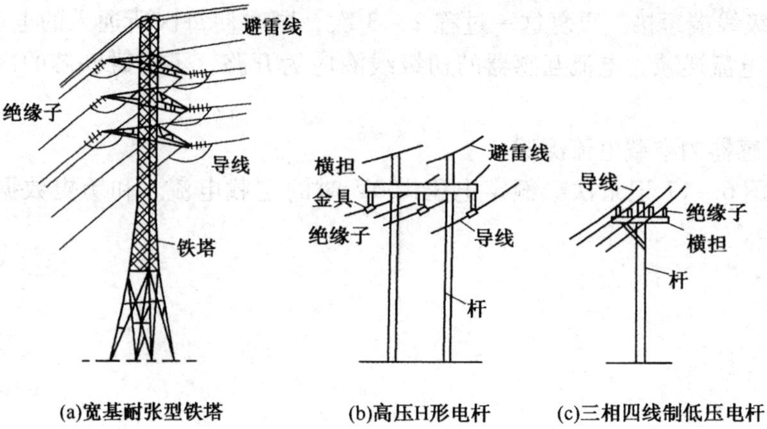

图7－1 架空线路杆塔示意图

7.1.1 架空线路巡视的主要内容

1. 检查沿线环境有无影响线路安全的情况

（1）向线路设施射击、抛掷物体。

（2）在线路导线上接用电器设备。

（3）攀登杆塔或在杆塔上架设电力线、通信线、广播线，以及安装广播喇叭。

（4）利用杆塔拉线作牵引地锚，在杆塔拉线上栓牲畜或悬挂物件。

（5）在杆塔内(不含杆塔与杆塔之间)或杆塔拉线之间修建车道。

（6）在杆塔拉线基础周围取土、打桩、钻探、开挖或倾倒酸、碱、盐及其他有害化学物品。

（7）在线路保护区内烧窑、烧荒或堆放谷物、草料、垃圾、矿渣、易燃物、易爆物及其他影响供电安全的物品。

（8）在线路保护区种植树木、竹子。

（9）在线路保护区内进行农田水利基本建设及打桩、钻探、开挖、地下采掘等作业。

（10）在杆塔上筑有危及供电安全的巢以及蔓藤类附生植物。

（11）在线路保护区内有进入或穿越保护区的超高机械。

（12）导线风偏放电。

（13）在线路附近(约300m区城内)施工爆破、开山采石、放风筝。

（14）线路附近道路桥梁应符合相应要求。

（15）防护区内基建应做到：

① 导线与地面的距离在最大计算弧垂情况下，不应小于规定数值；

② 导线与山坡、峭壁、岩石之间的净空距离，在最大计算风偏情况下，不应小于规定数值；

③ 线路导线不应跨越屋顶为易燃材料做成的建筑物；

④ 线路与弱电线路交叉时，一、二级弱电线路的交叉角应分别大于45°、30°，对三级弱电线路不限制；

⑤ 线路与铁路、公路、电车道以及道路、河流、弱电线路、管道、索道及各种电力线路交叉或接近的基本要求，应符合规定的要求。

（16）沿线其他不正常情况。

2. 检查杆塔、拉线和基础

（1）塔倾斜、横担歪扭及杆塔部件锈蚀变形、缺损；

（2）杆塔部件固定螺栓松动、缺螺栓或螺帽，螺栓丝扣长度不够，铆焊处裂纹、开焊、绑线断裂或松动；

（3）混凝土杆出现裂纹或裂纹扩展，混凝土脱落、钢筋外露，脚钉缺损；

（4）拉线及固定部件松弛、断股抽筋、张力分配不均，螺帽等部件丢失和被破坏等现象；

（5）杆塔及拉线基础变异，周围土壤突起或沉陷，基础裂纹、损坏、下沉或上拔，护坡沉塌或被冲刷；

（6）基础保护帽上部塔材被埋入土或埋入弃物堆中，塔材锈蚀；

（7）防洪设施坍塌或损坏；

（8）混凝土杆内积水。

3. 检查导线和地线（包括耦合地线、屏蔽线）

（1）导线、地线锈蚀、断股、硬伤或闪络烧伤；

（2）导线、地线弧垂变化、相分裂导线间距变化；

（3）导线、地线上扬、振动、舞动、跳跃、扭绞、粘连；

（4）导线、地线接续金具过热、变色、变形、滑移；

（5）导线在线夹内滑动，释放线夹船体部分从挂架中脱出；

（6）跳线断股、歪扭，跳线与杆塔空气间隙变化，跳线间扭绞；跳线舞动、摆动过大；

（7）导线对地、对交叉跨越设施及对其他物体距离变化；

（8）导线、地线上挂有异物。

4. 检查绝缘子、横担及金具

（1）绝缘子与瓷横担脏污，瓷质裂纹、破碎，钢化玻璃绝缘子爆裂，绝缘子铁帽及钢脚锈蚀，钢脚弯曲；

（2）合成绝缘子伞裙破裂、烧伤，金具、均压环变形、扭曲、锈蚀等异常情况；

（3）绝缘子与瓷横担有闪络痕迹和局部火花放电留下的痕迹；

（4）绝缘子、瓷横担严重偏斜；

（5）对于绝缘横担绑线松动、断股、烧伤等情况，也应注意观察；

（6）对于金具锈蚀、变形、磨损、裂纹，开口销及弹簧销缺损或脱出，特别要注意检查金具经常活动、转动的部位和绝缘子串悬挂点的金具；

（7）绝缘子槽口、钢脚、锁紧销不配合，锁紧销子退出等。

5. 检查防雷设施和接地装置

（1）放电间隙变动、烧损。对于放电间隙要观察有无烧损，间隙距离有无变化。

（2）避雷器、避雷针等防雷装置和其他设备的连接、固定以及锈蚀情况。
（3）管型避雷器动作情况。
（4）绝缘避雷线间隙变化情况。
（5）地线、接地引下线、接地装置、连续地线间的连接、固定及锈蚀情况。
6. 检查附件及其他设施
（1）预绞丝滑动、断股或烧伤；
（2）防振锤移位、脱落、偏斜、钢丝断股，阻尼线变形、烧伤，绑线松动；
（3）均压环、屏蔽环锈蚀及螺栓松动、偏斜；
（4）防鸟设施损坏、变形或缺损；
（5）相分裂导线的间隔棒松动、位移、折断、线夹脱落、连接处磨损和放电烧伤；
（6）附属通信设施损坏；
（7）各种检测装置缺损；
（8）相位、警告、指示及防护等标志缺损、丢失，线路名称、杆塔编号字迹不清。

7.1.2 架空线路各元件的要求

7.1.2.1 对杆塔与基础的要求

按照线路运行规程，杆塔与基础若发生下列不符合规定的现象，应及时纠正：
（1）杆塔基础表面水泥脱落、钢筋外露、装配式基础锈蚀、基础周围环境发生不良变化；
（2）杆塔的倾斜、横担的歪斜程度超过规定；
（3）铁塔主材相邻节点间弯曲度超过0.2%；
（4）钢筋混凝土杆保护层腐蚀脱落、钢筋外露，普通钢筋混凝土杆有纵向裂纹、横向裂纹，缝隙宽度超过0.2mm，预应力钢筋混凝土杆有裂缝；
（5）拉线棒锈蚀后直径减少2～4mm；
（6）镀锌钢绞线拉线断股，镀锌层锈蚀、脱落。

7.1.2.2 导线与地线

线路运行规程对导线与地线的要求如下：
（1）导、地线由于断股、损伤减少截面的处理标准按规定执行；
（2）导、地线表面腐蚀、外层脱落或呈疲劳状态时，应取样进行强度试验。

7.1.2.3 绝缘子

架空线路运行规程对绝缘子的要求
1. 对各类绝缘子的运行要求
（1）瓷质绝缘子不应存在伞裙破损、瓷质有裂纹、瓷釉烧坏等现象。
（2）玻璃绝缘子不应存在自爆或表面有闪络痕迹等现象。
（3）合成绝缘子不应存在伞裙、护套破损或龟裂，黏接剂老化等现象。
（4）绝缘横担不应存在严重结垢、裂纹，瓷釉烧坏，伞裙破损等现象。
2. 绝缘子质量要求
（1）外观质量。绝缘子钢帽、绝缘件、钢脚应在同一轴线上，钢脚、钢帽、浇筑水泥不应有裂纹、歪斜、变形或严重锈蚀，钢脚与钢帽槽口间隙不应超标。
（2）绝缘电阻和分布电压。盘型绝缘子绝缘电阻不应小于300MΩ，500kV线路盘型绝缘子电阻不应小于500MΩ；盘型绝缘子分布电压为零值或低值。目前许多单位均用分布电压的方法来检测绝缘子，但各单位的低值取值差别较大，一般规定低值应比标准电压值低20%以上。

3. 绝缘子偏斜角

直线杆塔的绝缘子串顺线路方向的偏斜角(除设计要求的预偏外)应大于7.5°，且其最大偏移值大于300mm，绝缘横担端部位移大于100mm。

4. 最小空气间隙和绝缘子最少片数(见表7－1)。

表7－1　线路绝缘子每串最少片数和最小空气间隙　　cm

系统标称电压/kV	20	35	66	110	220	330	500
雷电过电压间隙	35	45	65	100	190	230(260)	330(370)
操作过电压间隙	12	25	50	70	145	195	270
工频电压间隙	5	10	20	25	55	90	130
悬垂绝缘子串的绝缘子个数	2	3	5	7	13	17(19)	25(28)

注：① 绝缘子一般为XP型；

② 绝缘子适用于0级污秽。污秽地区绝缘加强时，间隙一般仍用表中的数值。

7.1.2.4　金具

线路运行规程对金具的要求

(1) 金具质量　金具不应发生变形、锈蚀、烧伤、裂纹，金具连接处转动不灵活，磨损后的安全系数小于2.0（即低于原值的80%）时应予处理或更换。

(2) 防振和均压金具。防振锤、阻尼线、间隔棒等防振金具不应发生位移，屏蔽环、均压环出现倾斜与松动时应予处理或更换。

(3) 接续金具。外观不应出现鼓包、裂纹、烧伤、滑移或出口处断股、弯曲度应符合有关规程要求。接续金具温度应高于导线温度10℃，跳线联板温度应高于导线温度10℃。接续金具的电压降比同样长度导线的电压降的比值大于1.2。接续金具应防止过热变色或连接螺栓松动。接续金具探伤发现金具内严重烧伤、断股或压接不实(有抽头或位移)，应予及时处理。

7.1.2.5　接地装置

接地装置如有下述情况应加以处理：

(1) 接地电阻大于设计规定值；

(2) 接地引下线断开或与接地体接触不良；

(3) 接地装置外露或腐蚀严重，被腐蚀后其导体截面积低于原值的80%。

7.1.2.6　导、地线弧垂

架空线路运行规程对导、地线弧垂的要求如下：

(1) 一般情况下设计弧垂允许偏差，110kV及以下线路为+6%、－2.5%。

(2) 一般情况下各相间弧垂允许偏差最大值，110kV及以下线路为200mm。

7.2　电缆线路

电力电缆主要用于电力的传输与分配网络。因此，它必须满足输电、配电网络对电力电缆提出的各项要求，如：

(1) 能承受电网电压，包括工作电压、故障过电压和大气、操作过电压；

（2）能传送需要传输的功率，包括正常和故障情况下的电流；
（3）能够满足安装、敷设、使用所需要的机械强度和可曲度，并耐用可靠；
（4）材料来源丰富、经济，工艺简单，成本低。

7.2.1 电缆的敷设和维护

7.2.1.1 电缆的敷设

1. 电缆敷设的一般要求

电缆敷设的一般要求如下：

（1）敷设前的检查。支架齐全，电缆型号规格相符，绝缘良好。如对油纸电缆密封有怀疑，应进行潮湿判断。直埋和水底电缆要先进行直流耐压试验。路径、排列、交叉均能满足设计和运行要求。

（2）符合电缆使用条件。三相四线制系统必须用四芯电缆或五芯电缆，不能用一根三芯电缆加一根单芯电缆或电缆金属护套作中性线的方式，否则三相不平衡时，相当于单芯电缆的运行状态，容易引起工频干扰，而金属护套和金属铠装将加速腐蚀并发热。

（3）减少运行损耗。三相系统采用三根单芯电缆，应三根电缆紧贴成正三角形并每隔1m绑扎；并联运行的电缆，规格和长度必须相等。除交流单芯外的电力电缆，电力电缆相间宜有3mm的空隙。

（4）电缆应防止扭伤和过分弯曲，电缆最小允许弯曲半径：单芯油浸纸绝缘电缆（铅包、铠装或无铠装）、单芯交联聚乙烯电缆、自容式铅包充油电缆和铅包钢带铠装橡皮电缆应$\geqslant 20d$；多芯铠装铅包油浸纸绝缘电缆、多芯交联聚乙烯电缆和裸铅护套橡皮绝缘电缆应$\geqslant 15d$；其余均应$\geqslant 10d$（d为电缆外径）。

（5）备用长度可补偿温度引起的变形和供检修时用。如电缆从垂直面引向水平面、保护管出入口、引入建筑物处、电缆终端头及中间接头等处均应留有备用长度。通常6kV及以上的电缆预留3~5m；3kV及以下电缆预留1.5~2m。

（6）通过铁路的地区应采取防护措施，防止地中杂散电流对电缆铅包的影响。应不选铅包电缆或将铅包电缆装在陶瓷或浸过沥青的石棉水管中，以增强铅包对地绝缘，满足电缆与钢轨间最小净距的规范要求。

（7）敷设温度。电缆存放地点在敷设前24h内的平均温度低于表7-2数值时不宜敷设。

表7-2 电缆最低允许敷设温度

电缆类型	电缆结构	最低凶许敷设温度/℃
油浸纸绝缘电力电缆	充油电缆	-10
	其他油纸电缆	0
橡皮绝缘电力电缆	橡皮或聚氯乙烯护套	-15
	裸铅套	-20
	铅护套钢带铠装	-7
塑料绝缘电力电缆		0
控制电缆	耐寒护套	-20
	橡皮绝缘聚氯乙烯护套	-15
	聚氯乙烯绝缘聚氯乙烯护套	-10

（8）电缆断头处。油浸纸绝缘电缆切断后，应将端头立即铅封；橡皮和塑料绝缘电缆切断后应用绝缘带严密包扎好。并列敷设的电缆，其接头盒的位置宜相互错开；电缆明敷接头盒，须用托板（如石棉板）托置，并用耐弧隔板与其他电缆隔开，托板和隔板伸出接头两

端的长度不小于0.6m。直埋电缆接头盒外应有防止机械损伤的保护盒(环氧树脂接头盒除外);位于冻土层内保护盒,盒内宜浇注沥青,以防止进入盒内因冻胀而损坏。

(9)电缆敷设操作。电缆应从盘架上端引出,电缆上不应有未消除的机械损伤,如铠装压扁、绞拧、护层折裂等。采用机械敷设电缆时,钢丝网套牵引铅套(铝套)电缆的牵引强度不应超过10(40)MPa,牵引头牵引铜芯(铝芯)时,牵引强度不应超过70(40)MPa。

电缆敷设时不宜交叉,应排列整齐并加以固定。及时装设标志牌,注明线路编号、电缆型号、规格、起迄地点。

(10)进出电缆沟、隧道、竖井、建筑物、盘(柜)以及穿入管子处,出入口应封闭,管口应密封。这对防火、防水以及防止小动物进入电气间引发短路事故极为重要,并可防止水和垃圾进入管内,腐蚀电缆及堵塞管子。

2. 直埋电缆的敷设

(1)敷设电缆前的准备工作

① 路径复测。按设计图路径确定路径上的重要地点,补加标桩,对穿越障碍地点提出施工方法,了解沿线交通情况,初步确定材料存放点。

② 估工估料、组织施工。组织施工人员应了解施工内容并进行讨论,完善施工步骤,订出技术措施和安全措施,核对用料、预算、组织施工。

③ 检查备料和质量。如剖验电缆,检查预埋管的质量;检查电缆保护盖板电缆接头保护盒、电缆防护用砂、砖是否充分,质量是否合格;制作电缆中间接头、终端头的材料、附件是否齐全,质量是否合格。

④ 检查工具和备品齐全。常用机具如表7-3所列。

表7-3 敷设电缆常用机具

名称	用途
汽车吊	装运电缆盘
卡车	装运电缆盘及运送施工人员和器材
空气压缩机或凿岩机	破坏坚硬路面
电动卷扬机	施放电缆时牵引电缆端头
电动泵、机动泵和手掀泵	排除电缆沟内积水
顶管机	用于铁路、公路过道外敷设过道钢管
装载机	用于电缆沟回填土或将余土转至自卸汽车运走
自卸汽车	用以装运电缆沟内挖出的余土或其他材料
千斤顶及钢轴	敷设电缆时顶起电缆盘
搅拌机	敷设过路导管等时,用以搅拌混凝土
滑轮	减轻敷设电缆时的牵引力,避免电缆擦伤
铁锹及钢钎	开挖电缆沟
红白安全带、拦凳及红色桅灯	施工现场警告标志
封焊工具	用以密封电缆端头,以防潮湿

⑤ 检查中间接头地点。接头地点要易于检修时开挖,不影响交通,确保施工、检修方便。

⑥ 电缆敷设点的选择和搬运。敷设电缆前,核算好电放电缆盘的地点,运输到位,并妥善保管。搬运和滚动电缆盘前,应检查盘是否牢固,端头是否密封并绑好;电缆盘只允许短距离滚动,顺缆架上箭头指示方向敷设,道路必须平整、坚实,无砖石硬块;禁止将电缆

盘平放搬运或储存；缆架必须用吊车装卸，钢绳、钢轴应是试验合格的专用工具。

（2）敷设电缆

① 放样划线。电缆沟应尽量保持直线；转弯处曲率半径不应小于电缆盘的半径，最小也不能小于所敷电缆最小弯曲半径；山坡地带挖掘电缆沟时，应挖成蛇形曲线，以使最高点电缆不易被洪水冲断。

② 敷设过路导管。应事先将过路导管全部敷设完毕，施工中尽量采用液压动力顶管机将钢管顶向另一侧，不得已时开挖路面。

③ 挖沟。电缆沟上应设置临时跳板，挂警告标志和红色警示灯；开挖深度应小于0.85m，埋设电缆深度一般为0.7m。

④ 敷设。电缆沟挖好后即在沟底铺上100mm厚的软土或砂层，可用铁丝插入检查；检查电缆沟的宽、深、转弯半径和保护管口的喇叭口；敷设时应有专人指挥、专人领线、专人看盘，转弯、穿越及障碍地点要派有经验的电缆工看守；缆盘架要有合适工具制动，电缆从盘上端引出，转弯处人员应站立外侧；在电缆盘上全部电缆放完后，将全部电缆放在沟沿，然后听命令依次放入沟内。

⑤ 覆土填沟。电缆置于沟底后，上面应覆以100mm厚的软土或砂层，然后盖上钢筋混凝土保护盖板或机制砖。板厚为30mm，宽大于150mm，长为300～400mm，板与板之间连接应紧靠，撬电缆盖板时要用竹签等不太硬的工具；用砖做盖板，砖中应不含有石灰石或矽酸盐等成分，以免遇水后分解出碳酸钙，对电缆铅皮侵蚀。

⑥ 填设电缆标示桩，并绘竣工图。位于城郊或空旷地带时，沿电缆路径的直线间隔约为100m，转弯或接头处应竖立明显的标示桩。电缆标示桩埋设于电缆沟中心，标示桩埋设于送电方向右侧，埋深均为450mm。

（3）直埋电缆敷设标准

① 路径上应有危害地段的保护措施。易受机械性损伤、化学作用、地下电流、振动、热影响、腐殖物质、虫鼠等危害的地段，应采取保护措施，如穿管、铺砂、筑槽、排流等，并选用适当电缆防止电缆损坏。

② 埋深。电缆距地面距离不应小于0.7m，穿越车行道和农田不小于1m，引入建筑物、与地下建筑物交叉及绕过地下建筑物处，可埋设浅些，但应采取保护措施。

③ 电缆与其他设施平行、交叉。电缆与铁路、公路、城市街道、厂区道路交叉时，应敷设在坚固的保护管或隧道内。电缆保护管应伸出路基两侧各2m，伸出水沟0.5m，在城市街道应伸出车道路面。

④ 电缆坡地敷设。其倾斜角不应大于地形的自然坡度，并符合该类型电缆最大允许高差规定，在斜坡开始及最高点固定。坡度在30m以下，每15m固定一次；30°以上时，每10m固定一次。用2.5m的固定桩打入地下，以固定夹板夹柱电缆。

⑤ 不同用途电缆合沟敷设。每层电缆之间要用砂层隔开（约50～100mm），一般高压电缆在最底层，弱电电缆在最上层，上面用砂层覆盖并放盖板。沟底有浸水可能时，底层铺砂应厚些。同时应注意，同沟电缆不得相互重迭、交叉、扭绞。

⑥ 直埋电缆埋设。电缆应有铠装和防腐层。沟底应平整无石块，上铺10cm厚筛过的软土或砂层作垫层，电缆长度应比沟槽长出1%～1.5%，作波状敷设。电缆敷设后，上面再铺10cm厚软土或砂层，然后盖上保护板或砖，覆盖宽度应超出电缆直径两侧各5cm。直埋电缆应在拐弯处、中间接头处，长度超过500m的直线段中间点附近埋设电缆标止桩，并标

在电缆线路图上。

⑦ 电缆保护管。从地下 0.5m 至地面上 2m 范围内应加钢管或角钢防护，确无机械损伤可能时，敷设的铠装电缆可不加防护。此外，电缆在穿过立墙进入室内及与铁路、公路交叉处敷设时，也应穿管保护。电缆保护管内径按电缆外径的 1.5 ~ 1.7 倍选择，并在管两端有喇叭口。

3. 室内电缆的敷设

(1) 电缆在室内电缆支架上明敷和在电缆沟内敷设

电缆在室内电缆支架上明敷和在电缆沟内敷设均可敷设在装配式支架、角钢支架、电缆桥架及电缆托架上。

电缆敷设在电缆支架上，应注意支架与电缆表面的距离不得小于 200mm，电缆支架之间的垂直距离不得小于 250mm；当同一侧支架上敷设几种电压等级的电力电缆时，应按电压等级高低从上层往下层排列，电力电缆和控制电缆一般应分开排列，当它们同一侧托架上时，电力电缆应放在上面；垂直电缆支架在通道边上，应设保护罩将电缆支架保护起来，保护高度至少 2m，罩内空气必须流通；在可能积水、积尘、积油的电缆沟中，电缆必须敷设在电缆架上；在隧道及沟道内敷设电缆后，应及时清除杂物，盖好盖板。

(2) 电缆穿管敷设

电缆敷设在电缆管中应符合下列要求：

① 穿入电缆管埋设于地下的电缆线路应有拉电缆的井坑，井坑之间距离应计算确定，一般不得超过 25m。线路分支、接头和大转弯处也应设井坑。在每一条敷设的电缆线路上不宜超过 4 个弯头，电缆管 90°弯曲的地方不宜超过 3 个。

② 电缆管的内径应大于所穿电缆外径 1.5 倍，且不宜小于 75mm。电缆管的弯曲半径不得小于电缆管直径的 8 倍，每根电缆应穿在单独的管内。

③ 电缆管与墙距离应不小于 100mm，与热表面距离不得小于 200mm，交叉电缆管不得小于 30mm，平行电缆管相距不得小于 20mm。地中埋管，距地面深度不宜小于 0.5m；与铁路交叉处距路基不宜小于 1m；距排水沟底不宜小于 0.5m。

④ 电缆穿管敷设时，应先疏通和清扫管道。一般用铁丝绑上破布穿入清除脏污，检查通畅情况。管路较长或有直角弯时，可先将铁丝穿入管内，一端扎紧电缆，牵拉另一端电缆，逐渐引入管内。也可采用机械牵引敷设。

4. 桥梁、隧道中电缆敷设

(1) 桥梁中电缆敷设

电缆通过钢筋混凝土大桥和钢梁大桥的敷设方式是采用金属制成的电缆槽道。

电缆在桥上敷设时，必须做好接地，包括电缆中间接头接地及电缆槽道两端的接地，槽道上任意一点的接地电阻值均应小于 10Ω。

(2) 隧道中电缆的敷设

电缆在铁路隧道中敷设有两种方式，即在混凝土槽中敷设和在隧道侧壁上悬挂敷设。电缆在混凝土槽中敷设时，混凝土槽在隧道下部紧靠隧道壁处。

电缆在槽内敷设时，应垫细砂或其他耐展材料，槽上加盖板，进出水泥槽处电缆应穿钢管保护，管口缠麻带沥青封口。敷设在混凝土槽内的电缆中间接头应浇注绝缘胶保护，电缆预留应放置于避车洞内。

电缆在隧道侧壁上悬挂敷设是一种比较简单的敷设方式。钢索悬挂要采用大量钢件，在隧道内容易腐蚀，近年已不常采用。

5. 充油电缆和水底电缆敷设

充油电缆和水底电缆敷设要求较高，充油电缆在敷设施工时要防止失压进气，要严格控制弯曲半径，还要防止电缆外护层受损。水底电缆要在船上放置电缆架，边航行、边敷设，还要进行航迹测量工作。

7.2.1.2 电缆线路的运行维护要求

1. 电缆线路的巡视

(1) 巡视周期

① 电缆竖井内的电缆，每半年至少巡视一次。

② 水底电缆线路，由现场根据具体需要规定，如水底电缆直接敷设于河床上，可每年检查一次水底线路情况。在潜水条件允许下，应派遣潜水员检查电缆情况，当无潜水条件时，可测量河床的变化情况。

③ 特殊情况，如遇暴雨、发生洪水时，应进行特殊巡视。对挖掘暴露的电缆，按工程情况，应加强巡视。

④ 发电厂、变电所的电缆沟、隧道、电缆井、电缆架及电缆线段等的巡视，至少三个月一次。

⑤ 电缆终端头，由现场根据运行情况每1~3年停电检查一次。对于户外电缆终端头，每三个月巡视一次，每年至少一次的夜间巡视，并选择在细雨或初雪的日子进行。

(2) 巡视内容

① 对于敷设在地下的电缆线路，应查看路面是否正常，有无挖掘痕迹及线路标桩是否完整无缺等。

② 在地下电缆的防护区，应查看有无堆放垃圾、矿渣、建筑材料、笨重物件、酸碱性排泄物及其他有害的化学物品。

地下电缆的防护区为线路两侧0.75m所形成的两平行线内区域。

③ 在水底电缆的防护区内，应无打桩、抛锚、撑篙、挖砂等行为。水底电缆的防护区为距电缆100m的两平行线内的水域。

④ 对于通过桥梁的电缆，应检查桥梁两端电缆是否拖拉过紧，保护层或槽有无脱开或锈蚀现象。

⑤ 人井内电缆铅包在排管口及挂钩处，不应有磨损现象，并检查衬铅是否失落；人井墙壁应无裂缝和漏水情况，排管口应无脱开现象。备用排管应该用专用工具疏通，检查其有无断裂现象。

⑥ 隧道内的电缆要检查电缆位置是否正常，接头有无变形漏油，温度是否正常，构件是否失落，通风、排水、照明等设备和设施是否完整。应特别注意防火设施是否完善，隧道内是否有积水或堆积污物。

⑦ 充油电缆应检查油压是否正常。油压系统的压力箱、管道、阀门、压力表是否正常。并注意与构架绝缘部分的零件，有无放电的现象。

⑧ 应经常检查临近河岸两侧的水底电缆，是否有受潮水冲刷现象，电缆盖板有否露出水面或移位。同时，检查河岸两端的警告牌是否完好，了望是否清楚。

⑨ 应检查电缆终端套管是否完整清洁；引出线连接点是否紧固，有无发热情况，有无漏油漏胶现象；靠近地面一段电缆是否被车辆撞碰等。

⑩ 安装有保护器的单芯电缆，在通过短路电流后或每年至少一次检查阀片或球间隙有无击穿或烧熔现象。

2. 对电缆线路的运行标准

（1）对电缆线路的基本要求

① 低油压充油电缆的长期允许油压为0.5～3kgf/cm^2（注：1kgf=9.8N）。

② 电缆线路的最高点与最低点之间的最大允许高度差应不超过表7－4的规定；如若超出，可采用塞止式接头。

表7－4　电缆线路的最高点与最低点之间的最大允许高度差

电压	有无铠装	铅包	铅包	电压	有无铠装	铅包	铅包
1～3kV	铠装	25m	25m	6～10kV	铠装或无铠装	15m	20m
	无铠装	20m	25m	20～35kV		5m	—

注：① 水底电缆线路的最低点是指最低水位的水平面；

② 橡胶和塑料电缆的最大允许高度差不受本表限制；

③ 充油电缆的允许高度差根据其长期允许油压来确定。

③ 纸绝缘多芯电力电缆（铅包、铠装）的弯曲半径应不小于15倍电缆外径；纸绝缘单芯电力电缆（铅包、铠装或无铠装）的弯曲半径应不小于20倍电缆外径；铅包电缆、橡皮绝缘和塑料绝缘电缆及控制电缆（铅包或塑料护层）的弯曲半径应按制造厂规定。

④ 不允许将三芯电缆中的一芯接地运行。在三相系统中，用单芯电缆时，三根单芯电缆之间距离的确定，要结合金属护层或外屏蔽层的感应电压和由其产生的损耗、一相对地击穿时危及邻相的可能性、所占线路通道宽度以及便于检修等各种因素全面考虑。除了充油电缆和水底电缆外，单芯电缆的排列应尽可能组成紧贴的正三角形。

⑤ 单芯电缆的铅包只在一端接地时，在铅包另一端上的正常感应电压一般不应超过65V。当铅包正常感应电压超过65V时，应对易于与人身接触的裸露的铅包及与其相连的设备加以适当的遮蔽，或采用将铅包分段绝缘后对三相铅包加以互联的方法。单芯电缆如有加固铅包的金属加强带，则加强带应和铅包连接在一起，使两者处于同一电位；有铠装丝的单芯电缆如无可靠的外护层时，则这种单芯电缆在任何场合都应将铅包和铠装丝的两端均接地。

⑥ 单芯电缆线路的铅包只有一点接地时，其最大感应电压接近护层绝缘击穿强度的各点都应加装护层绝缘保护器，如采用非线性阀片、球间隙等。

⑦ 三相线路使用单芯电缆或分相铅包电缆时，每相周围应无紧靠的铁件构成的铁磁环路。

⑧ 电缆线路的正常工作电压，一般不应超过电缆额定电压的15%。电缆线路的升压运行，必须经过试验、鉴定，并经上级主管部门批准。

⑨ 在电缆中间接头和终端接头处，电缆的铠装、铅包和金属接头盒应有良好的电气连接，使其处于同一电位。在电缆两端应按《电气设备接地装置规程》的规定接地。

（2）电缆直接埋在地下的规定

① 直接埋在地下的电缆，一般应使用铠装电缆。只有在修理电缆时，才允许使用短段无铠装电缆，但必须外加机械保护。

② 直埋电缆的埋置深度（由地面至电缆外皮）为0.7m，如电缆穿越农田时，为了防止被农业机械挖伤，可考虑适当加深。电缆外皮至地下建筑物的基础为0.6m（或按当地城市建设局的规定，但最小不得小于0.3m）。控制电缆间水平接近距离，不作规定；电力电缆相互间或与控制电缆间水平接近距离，10kV及以下为0.1m，10kV以上为0.25m。不同部

门使用的电缆(包括通信电缆)相互间水平接近距离为0.5m；如电缆用隔板隔开时可降低为0.1m，穿入管中时不作规定。

③ 电缆与树木主干的距离一般不宜小于0.7m。如果城市绿化个别地区达不到上述距离时，可采取措施，由双方协商解决。

④ 电缆与城市街道、公路或铁路交叉时，应敷设于管中或隧道内。管的内径不应小于电缆外径的1.5倍，且不得小于100mm。管顶距路轨底或公路路面的深度不应小于1m，距排水沟底不应小于0.5m，距城市街道路面的深度不应小于0.7m；管长除跨越公路或轨道宽度外，一般应在二端各伸出2m，在城市街道管长应伸出车道路面。当电缆和直流电气化铁路交叉时，应有适当的防蚀措施。

⑤ 电缆沿铁路敷设时，电缆和普通铁路路轨最小允许接近距离为3m；电缆和直流电气化铁路路轨不作规定，但应采取适当防腐措施。

⑥ 电缆铅包对大地电位差不宜大于+1V，并应不大于当地地下管线预防电蚀管理办法的规定。从铠装电缆铅包流入土壤内的杂散电流密度，不应大于1.5μA/cm^2。

⑦ 电缆直埋敷设时，电缆沟底必须具有良好的土层，不应有石块或其他硬质杂物，否则应铺以100mm厚的软土或砂层。电缆敷设好后，上面应铺以100mm厚的软土和砂层，然后盖以混凝土保护板，覆盖宽度应超出电缆直径两侧各50mm。但在不得已的情况下，也允许用砖代替混凝土保护板。

⑧ 直埋电缆自土沟引进隧道、人井及建筑物时，应穿在管中，并在管口加以堵塞，以防漏水。电缆从地下或电缆沟引出地面时，地面上2m的一段应用金属管或罩加以保护，其根部应伸入地面下0.1m。在发电厂、变电所内的铠装电缆，如无机械损伤的可能，可不加保护；但对无铠装电缆，则应加以保护。

⑨ 地下并列敷设的电缆，其中间接头盒位置须相互错开，其净距不应小于0.5m。电缆中间接头盒外面应有防止机械损伤的保护盒，塑料电缆中间接头例外。

⑩ 敷设在郊区及空旷地带的电缆线路，应竖立电缆位置的标志。

(3) 电缆安装在沟内及隧道内的规定

① 敷设在房屋内、隧道内和不填砂土的电缆沟内的电缆，应采用裸铠装或非易燃性外护层的电缆。电缆线路如有接头，应在接头的周围采取防止火焰蔓延的措施。电缆沟与电缆隧道的防火要求还应符合《火力发电厂设计技术规程》与《变电所设计技术规程》的有关规定。

② 电缆在隧道和电缆沟内，宜保持表7-5所列的最小允许距离。

表7-5　电缆在隧道和电缆沟内最小允许距离　　mm

名称		电缆隧道	电缆沟
高度		1900	不作规定
两边有电缆架时，架间水平净距(通道宽)		1000	500
一边有电缆架时，架与壁间水平净距(通道宽)		900	450
电缆架各层间垂直净距	电力电缆：10kV及以下	200	150
	20kV或35kV	250	200
	110kV及以下	不小于$2D+50$	
	控制电缆	100	100
电力电缆间水平净距		35(但不小于电缆外径)	

注：D为电缆外径。

③ 电缆固定于建筑物上，水平装置时，电力电缆外径大于50mm的，每隔1000mm宜加

支撑；电力电缆外径小于50mm的和控制电缆，每隔600mm宜加支撑；排成正三角形的单芯电缆每隔1000mm应用绑带扎牢。垂直装置时，电力电缆每隔1000～1500mm应加固定。

④ 电缆隧道和沟的全长应装设有连续的接地线，接地线的两头和接地极联通。接地线的规格应符合《电力设备接地设计技术规程的规定》。电缆铅包和铠装除了有绝缘要求以外应全部互相连接并和接地线连接起来。

（4）电缆安装在桥梁构架上的规定

① 架设于桥梁上的电缆，如果经常受到震动，应加垫弹性材料制成的衬垫（如砂枕、弹性橡胶等）。桥堍两端和伸缩缝处应留有电缆松弛部分，以防电缆由于结构胀缩而受到损坏。

② 架设于木桥上的电缆应穿在铁管中。在其他结构的桥上敷设电缆时，应放在人行道下电缆沟中或穿在耐火材料制成的管中，但在不会有人接触的情况下，电缆可裸露敷设在桥上。

③ 露天敷设的电缆应尽量避免太阳直接照射，必要时可加装遮阳的罩。裸露铠装必要时涂以沥青漆，以防腐蚀。

（5）电缆敷设在排管内的规定

① 敷设在排管内的电缆应使用加厚的裸铅包或塑料护套的电缆。排管应用对电缆金属包皮没有化学作用的材料做成，排管内表面应光滑。

② 电缆人井位置和间距，应根据电缆施工时的允许拉力按电缆的制造长度和地理位置等而定，一般不宜大于200m。

（6）电缆敷设在水底的规定

① 水底电缆应用金属丝铠装；如果经受拉力不大，允许使用钢带铠装的电缆；在经受拉力大的情况下，因单层铠装丝容易退扭而使电缆打圈，应尽可能采用预扭或绞向相反的双层金属丝铠装。

② 水底电缆应是整根的，但允许有软接头。电缆的全长，尽可能埋设在河床下至少0.5m深。

③ 水底电缆如不能埋深，应有防止外力损伤的措施，并按照航务部门的规定设置固定的警告标志和河岸监视。

④ 水底电缆线路平行敷设时，若不能埋设，其间距尽可能保持最高水位水深的2倍；埋设时，其间距按埋设方式或埋设机的工作活动能力而定。

⑤ 水底充油电缆的油压整定。除了考虑因负荷变化产生的油压变化外，还应考虑在水的最深处的电缆内部油压必须大于该处在最高水位时的水压，防止铅包有渗漏时水分侵入电缆内部。

（7）安装电缆的其他要求

① 敷设电缆时，如电缆存放地点在敷设前24h内的平均温度以及敷设现场的温度，在下列情况时，应将电缆预先加热：纸绝缘电缆，35kV及以下者低于0℃（不滴流电缆按制造厂规定）；充油电缆低于 −10℃；塑料绝缘电缆低于0℃。

② 电缆的预热，可用提高周围空气温度的方法加热：当温度为5～10℃时，需72h；如温度为25℃时，则需24～36h。或者用电流通过电缆芯导体加热，加热电流不得大于电缆的额定电流，加热后电缆的表面温度可根据各地气候条件决定，但不得低于+5℃。用单相电流加热铠装电缆时，应采用能防止在铠装内形成感应电流的电缆芯连接方法。

经过预热的电缆应尽快敷设，敷设前放置的时间一般不得超过 1h 。当电缆冷却至低于①所列的环境温度时，不得再加弯曲。

③ 周围环境温度低于 -10℃ 时，只有在紧急情况下并在敷设前和敷设中采用电流加热时，才允许敷设纸绝缘电缆。

④ 电缆中间接头和终端头应有可靠的防水密封，以防水分侵入。

⑤ 电缆终端头出线应保持固定位置，其带电裸露部分之间及至接地部分的距离不得小于表 7-6 的规定。

表 7-6　电缆终端头出线带电裸露部分之间至接地部分距离　mm

电压/kV	1~3	6	10	20	35	110	220	330
户内	75	100	125	180	300	850/900		
户外	200	200	200	300	400	900/1000	1800/2000	2600/2800

注：110kv 及以上为接地系统，其数据中，分子为相对地的距离，分母为相对相之间的距离。

⑥ 电缆沟、隧道及人井内的电缆和中间接头，以及电缆两端的终端头均应安装铭牌，记载线路名称或回路编号等。大修后，应校核电缆两端所挂铭牌是否相符。电缆终端头相位颜色应明显，并与电力系统的相位符合。

⑦ 安装电缆、接头或终端头的施工人员应为经过专门训练的合格的电缆技工。

⑧ 安装电缆接头或终端头应在气候良好的条件下进行。应尽量避免在雨天、风雪天或湿度较大的环境下安装，安装户外接头或终端头的工作，还须有防止尘土和外来污物的措施。

3. 电缆负荷的监视与温度的测量

（1）电缆负荷的监视

运行中的电缆，长期允许工作温度不应超过规程中规定数值。如果长时间过负荷将使电缆温度过高，加速电缆绝缘的老化，缩短使用寿命，并可能造成事故。因此对电缆的负荷进行监视是非常重要的，其监视方法如下：

① 变电所对每条配出的电缆线路都装有电流表，可以在表盘上标有冬季、夏季最高允许负荷的控制红线，若负荷超过了红线，应立即报告上级，并采取措施将电流降下来。

② 电缆负荷除用表盘上的电流表测量外，还可以用钳型电流表，由专人负责进行测定。根据测量的结果，运行人员应系统地进行分析，对有问题的电缆线路采取措施，以保证安全运行。

③ 对多条电缆并用的线路，还应分别测出各条电缆的电流，以防由于接触不良而造成电流分配不均，引起过负荷。

（2）电缆温度的测量

电缆线路在运行中除了经常测量负荷外，必须检查电缆外皮的温度，以确定电缆有无过热现象。这是因为：

① 计算电缆容许载流量时所采用的热阻系数和并列校正系数，与实际情况有些差别；

② 设计人员在选择电缆确定导体截面积时，可能缺少整个线路敷设条件和周围环境的充分资料；

③ 新建和改建的电力电缆或热力管路等，对于原来的周围环境和散热条件产生影响；

④ 电缆过分密集程度大大超过了设计和运行部门的规定。

4. 电缆的腐蚀和预防

(1) 杂散电流的腐蚀和预防

防止杂散电流腐蚀可用以下三种方法:

① 排除路面积水;

② 电缆在接近轨道的地方，应安装在绝缘管内(如陶瓷管或浸过沥青的石棉水泥管)，以加强绝缘;

③ 在杂散电流密集的地方安装排流设备，即用一根导线把电缆铅包和钢轨连接起来，排流导线应接以串联调整电阻、电流表及熔丝，串联电阻的选择应根据铠装的发热情况，使杂散电流不致太大。

(2) 化学腐蚀和预防

产生化学腐蚀原因很多，主要有两种：一种是电缆在制造过程中，由于金属护套的外护层用料不当，内含有对铅或铝有腐蚀性的物质，如油麻内含有石碳酸等；另一种是周围环境不良所致，如土壤中含有酸、碱、氯化有机腐蚀物等。

防止化学腐蚀应从电缆制造厂方面和排除腐蚀源入手。要求电缆厂在制造过程中，所用的金属护套外的护层本身不带有腐蚀的物质。由于铅包电缆更易腐蚀，因此常采用挤塑套防护。

7.2.2 电缆接头与终端头制作

以 15kV 三芯交联电缆冷缩终端头制作工艺为例。

(1) 剥切外护套。按图 7－2 和表 7－7 所示尺寸 $A+B+25$ (mm)剥除外护套。注意：清洁切口处 50mm 以内的电缆外护套；尺寸 A 可以根据现场实际尺寸及安装方式来确定。

表 7－7　15kV 三芯交联冷缩电缆终端头选型尺寸参考

型号		导体截面/mm²	绝缘外径/mm	尺寸 A/mm	尺寸 B/mm
Ⅰ	户内	25～70	14～22	560	端子孔深＋5
	户外	35～70	16～28	530	端子孔深＋10
Ⅱ	户内	95～240	20～33	68	端子孔深＋5
	户外	95～240	21～35	530	端子孔深＋10
Ⅲ	户内	300～500	28～46	680	端子孔深＋5
	户外	300～500	27～46	580	端子孔深＋10

注：电缆绝缘外径为选型的最终决定因素，导体截面为参考。

(2) 剥切铠装层。自外护套切口处保留 25mm (去漆)铠装层后其余剥除。注意：切割深度不得超过铠装厚度的 2/3；切口应平齐，不应有尖角、锐边；切割时勿伤内层结构。

(3) 剥切内衬层及填充物。自铠装切口处保留 10mm 内衬层，其余及其填充物剥除。注意：不得伤及铜屏蔽层。

(4) 绕包防水自粘带。在电缆外护套切口向下 15mm 处绕包 2 层 Scotch23 自粘带(户外头为防水胶带)。注意：绕包层表面应连续、光滑。

(5) 固定铜屏蔽带。在电缆端头的顶部绕包 2 层 PVC 胶带，以临时固定铜屏蔽带。

(6) 安装铜带地线。如图 7－3 (a)所示，用恒力弹簧将第一条接

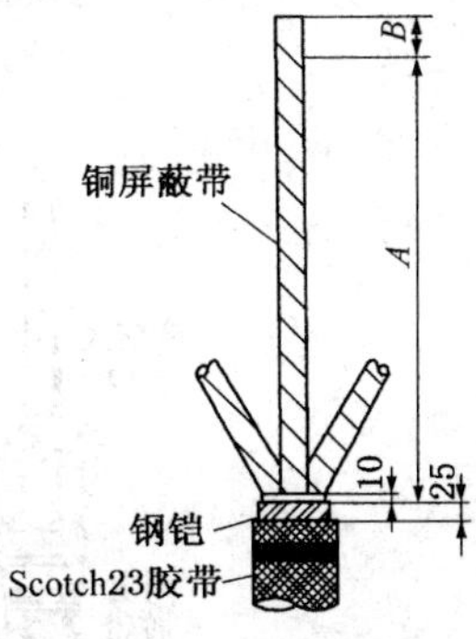

图 7－2　15kV 三芯电缆冷缩终端头剥切图 (单位：mm)

地编织线固定在去漆的钢铠上。注意：地线端头应处理平整，不应留有尖角、毛刺；地线的密封段应做好防潮处理(绕包密封胶)。

(7) 初绕包自粘带。如图7－3 (b)所示，用Scotch23 自粘带半叠绕4层将钢带、恒力弹簧及内衬层包覆住。注意：绕包层表面应连续、光滑。

(8) 安装铜带地线。如图7－3(b)、(c)所示，先在三芯根部的铜屏蔽层上缠绕第二条接地编织线，并向下引出，然后用恒力弹簧将第二条接地编织线固定住。注意：第二条地线的位置与第一条相背；地线端头应处理平整，不应留有尖角、毛刺；地线的密封段应做防潮处理(绕包密封胶)。

(9) 再绕包自粘带。如图7－3 (d)所示，用Scotch23 自粘带半叠绕4层将铜带地线的恒力弹簧包覆住。注意：绕包层表面应连续、光滑。

(10) 防水处理。在电缆外护套切口下的Scotch23 自粘带(户外头为防水胶带)上，再绕

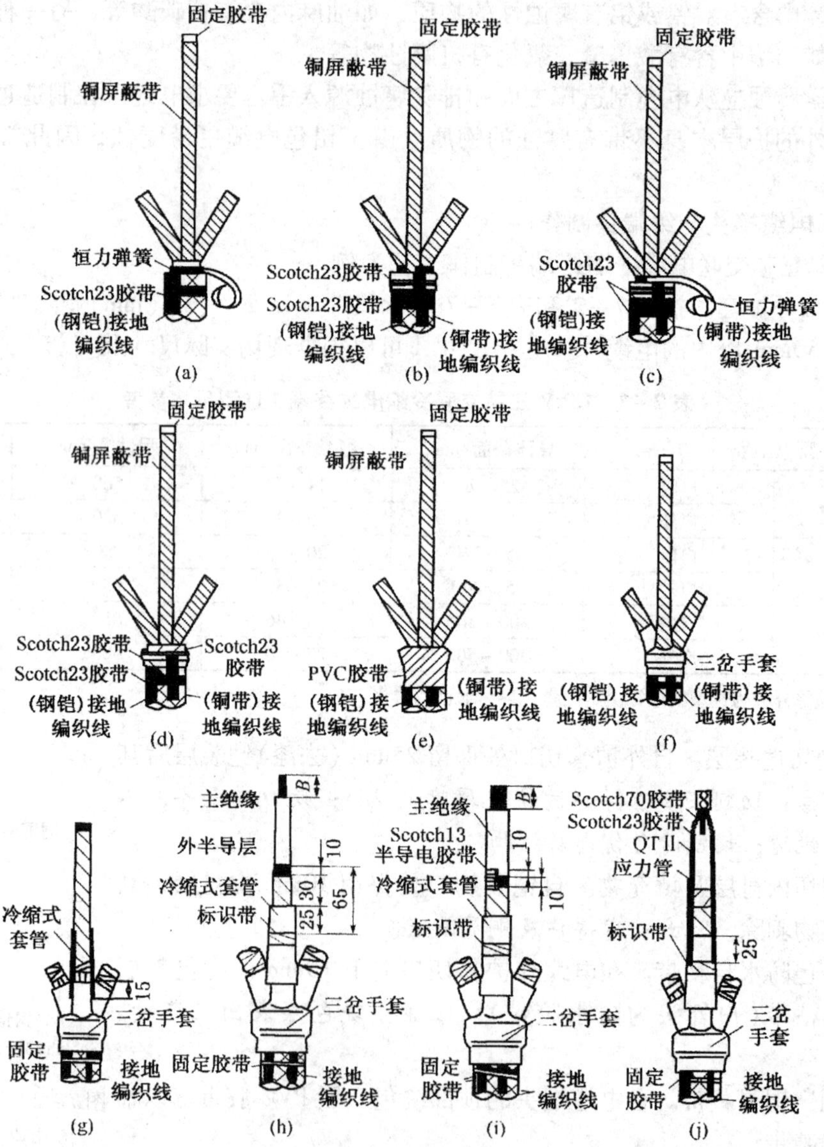

图7－3　15kV三芯电缆冷缩终端头施工示意图(单位：mm)

包2层Scotch23自粘带(户外头为防水胶带)，把两条地线夹在中间。注意：两次绕包的Scotch23自粘带(户外头为防水胶带)必须重叠，绕包层表面应连续、光滑。

(11) 绕包PVC胶带。如图7-3(e)所示，在整个接地区域及Scotch23自粘带(户外头为防水胶带)外面绕包几层PVC胶带，将它们全部覆盖住。注意：绕包表面应连续、光滑。

(12) 安装分支手套。如图7-3(f)所示，把手套套至电缆根部，逆时针抽掉芯绳，先收缩颈部，再分别收缩手指。注意分支手套应尽量靠近根部。

(13) 固定接地线。如图7-3(g)所示，用PVC胶带将两条接地线固定在分支手套下的电缆护套上。

(14) 安装冷缩管。如图7-3(g)所示，在三根电缆线芯上分别套入冷缩式直管，与分支手套的手指搭接15mm，逆时针抽掉芯绳，使其收缩。注意：定位必须准确。

(15) 校验尺寸(户外头无此项作业)。校验电缆终端头顶部到冷缩式直管上端口的尺寸C的主要作用是用实物确定实际中心点，然后在外半导电层上距离该中心点215mm处用PVC胶带做一个明显标记，此处为冷缩中间头收缩的基准点。如果$C<250\text{mm}+B$，则进行第(16)步；如果$C\geqslant 250\text{mm}+B$，则可跳过第(16)步而直接进行第(17)步。

(16) 剥切冷缩管(户外头无此项作业)。从冷缩式直管的上端口开始向下切除$(250\text{mm}+B)-C$一段长度的冷缩直管。注意：切除时，应用PVC胶带固定后环切，严禁轴向切割；切割端口应平整、光滑，无毛刺、划痕、裂口，不得伤及铜屏蔽层。

(17) 剥切铜屏蔽层。按图7-3(h)所示尺寸，从冷缩管上端口保留30mm(户外头为15mm)以内的铜屏蔽层，其余剥除。注意：切口应平齐，不应留有尖角。

(18) 剥切半导电层。按图7-3(h)所示的尺寸，保留铜屏蔽切口10mm(户外头为5mm)以内的外半导电层，其余剥除。注意：切口应平齐，不留残迹(用清洁剂清洁绝缘层表面)，切勿伤及主绝缘层。

(19) 剥切主绝缘层。按图7-3(h)和表7-7所示的尺寸B，剥除电缆端部主绝缘层。注意：不得伤及导电线芯。

(20) 确定安装基准。按图7-3(h)所示的尺寸，在冷缩管端口向下25mm处，用PVC胶带做一标识，此处为冷缩终端安装基准。

(21) 绕包半导电带。按图7-3(i)所示尺寸，半叠绕Scotch13半导电胶带2层(一个往返)，从铜屏蔽带上10mm(户外头为5mm)处开始，绕至主绝缘层10mm(户外头为5mm)处，再返回到起始点。注意：绕包层表面应连续、光滑。

(22) 压接接线端子。如图7-3(j)所示，装上接线端子，对称压接，每个端子压2道(当接线端子的宽度大于冷缩终端的内径时，先套入终端，然后压接接线端子)。注意：压接后应去除尖角、毛刺，并清洗干净。

(23) 清洁绝缘层表面。用清洁剂清洗电缆绝缘层表面。如果主绝缘层表面有划伤、凹坑或残留半导电层，可用120#以下不导电的氧化铝砂纸进行打磨处理。注意：切勿使清洁剂碰到半导电带，不能用擦过接线端子的布擦拭绝缘，打磨后的绝缘外径不得小于接头选用范围。

(24) 涂抹硅脂。如图7-3(j)所示，在半导电带与绝缘层搭接处，以及绝缘层表面涂抹硅脂。注意：涂抹应均匀，不得遗漏。

(25) 再次绕包自粘带。用Scotch23自粘带填平接线端子与绝缘之间的空隙。注意：绕包层表面应连续、光滑。

(26) 安装冷缩终端。如图 7－3 (j)所示，套上冷缩终端(QTⅡ)，定位于 PVC 标示带处，逆时针抽掉芯绳，使终端收缩固定。注意：收缩时不要向前推冷缩终端，以免向内翻卷，定位必须在标示处。

(27) 包绕绝缘带。如图 7－3 (j)所示，从绝缘管开始至接线端子上，半叠 Scotch70 绝缘带 2 层(一个往返)。注意绕包层表面应连续、光滑。

7.2.3 电缆线路故障及探测

7.2.3.1 电缆故障性质的确定

无论何种电缆，均须在故障电缆与电力系统完全隔离，安全措施可靠后，才可进行鉴定故障性质的试验。电缆故障一般分为单相接地、相间短路。按接地电阻又分为闪络性故障、高阻故障、低阻故障、金属性接地故障。

确定电缆故障的性质，一般可用 500～2500V 的摇表，在电缆线路两端分别测量各芯对铅包或金属屏蔽层和铠装层以及各芯间的绝缘电阻，如图 7－4(a)、(b)所示。测定之后，还必须作连续性的试验，如图 7－4(c)所示，即在电缆一端，把所有的缆芯短接并接地，另一端分别对各缆芯进行测量，从而确定各导体(缆芯)是否完好。电缆在运行中或试验中已发现故障，兆欧表不能鉴别其性质时，可用高压直流来测试电缆芯间及芯与铅包或金属屏蔽层和铠装层间绝缘。电缆故障性质可分为两大类：第一类，由于缆芯之间或缆芯对护层间的绝缘损坏，因而形成的相间短路或单相接地和闪络；第二类，由于缆心连续性破坏，因而形成完全断线或不完全断线。

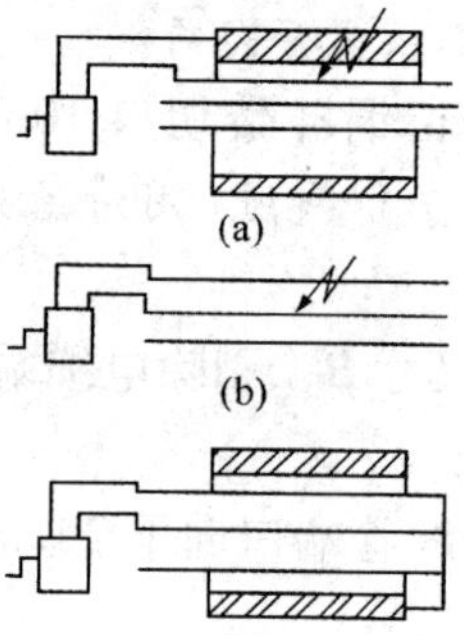

图 7－4　电缆故障性质的确定

(a) 单相接地；(b) 相间短路；(c) 完全断线

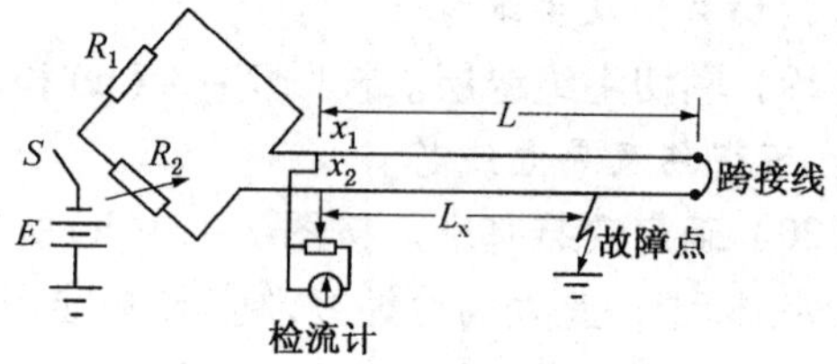

图 7－5　电桥法接线

7.2.3.2 电缆故障点的确定

1. 电桥法

当电缆一芯或数芯经低电阻(几十 kΩ 以下)接地或短路时，可用单臂电桥来测寻故障点。用此法时，电缆必须有一芯是良好的，否则须借用其他并行的线路或安装临时线作为回路。

测量前，先在电缆一端，把故障的缆芯和一根良好的缆芯短路，如图 7－5 所示。电缆中一端跨接线接上一个电桥，电桥检流计直接接在电缆芯上，这样可以使连接线的电阻和接受电阻从回路部分转移到比较大的桥臂电阻中去，以减少测量误差。

将故障缆芯接 x_2，良好缆芯接 x_1，称正接法。合上开关 S，接通电源 E，调节可变臂 R_2 使电桥平衡，则有

$$\frac{R_1}{R_2}=\frac{(2L-L_x)}{L_x}$$

$$L_x=\frac{R_2}{R_1+R_2}\times 2L \tag{7-1}$$

式中 R_1——电桥固定臂电阻值；

R_2——电桥可变臂电阻值；

L——电缆长度；

L_x——x_2端至故障点的长度。

如果将故障缆芯接 x_1，良好缆芯接 x_2，则称反接法。则得

$$L_x=\frac{R_1}{R_1+R_2}\times 2L \tag{7-2}$$

用同样方法，可在电缆另一端进行测试，将 4 次试验结果取平均值。为了保证试验的准确度，试验时应注意以下各点：

(1) 整条电缆线路的截面应该相同，如有不同截面连在一起时，应按其电阻换算至同一截面的等值长度；

(2) 跨接线愈短愈好，其截面应不小于电缆芯的截面，从电桥接至电缆的引线也应尽量采用截面较大的短线；

(3) 试验时，如有交流杂散电流影响，以致检流计偏转不稳定，可用滤波器来消除其影响。

对于电缆相间短路或接地故障的测试，基本上和单相接地故障相似，这里不再赘述。

2. 脉冲法

脉冲法，是将脉冲波送到缆芯上去，利用反射波的情况来判定故障点。如果缆芯良好，则在电缆首端发出的波一直要到导线末端才反射回来，因此时间较长。如果缆芯中间有故障，则脉冲达到故障点时即向首端反射，所以出现反射波时间较短。反射波的出现和出现的时间利用示波器可以确定。因此，只要已知电缆中波的传播速度，即可定出故障点至电缆首端的距离。

如果设至故障点的距离为 L，故障缆芯反射波所需时间为 t_b，波速为 v，则

$$2L=v\,t_b$$

$$L=\frac{vt_b}{2} \tag{7-3}$$

波速可由式(7-4)确定

$$v=\frac{2L}{t_b} \tag{7-4}$$

式中 L——良好电缆全长；

t_b——良好缆芯反射波所需时间。

利用脉冲法判定电缆故障点的仪器即为脉冲探测器，它是由脉冲发生器和示波器组成的。图 7-6 为示波器显示的波形，图中 0 点是送出去的脉冲波，而在 13.9 和 23.3 两点则是故障点的反射波。当反射波和发送的脉冲方向相同时，如图 7-6(b)所示，则是断线故障。如果方向相反，如图 7-6(a)所示，则是短路或接地故障。为了从示波器上直接确定到故障点的距离，可以先将脉冲波送到良好的缆芯上去，取得示波器光幕上相当于电缆总长度

的格数。然后把脉冲波送到有故障的缆芯上去，量取故障的格数。从这两个格数之比，就可以求得到故障的距离。

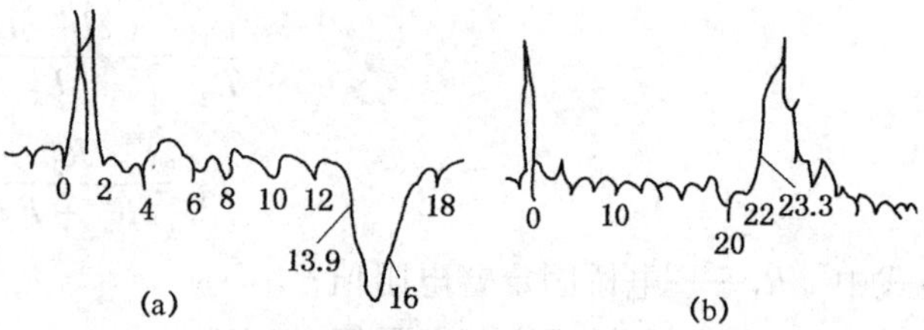

图 7－6　用脉冲法探测故障的示波图
(a) 来自短路处的反射波；(b) 来自断线处的反射波

通常电缆线路中的阻抗不匹配点，除了导体断线(开路)、短路和接地故障外，在电缆接头和电缆穿过金属管道等处也都是阻抗不均匀点，同样会产生波的反射，测试时必须仔细辨别。尤其当接地电阻值大于电缆波阻抗 2～3 倍以上时，反射波幅度很小，更难以辨别故障点。脉冲法最适用于寻测断线故障，同时也适用于寻测接地电阻小于 100Ω 的电缆故障。数字式故障测试仪可将故障点距离用五位数码管显示直接读出。

7.2.3.3　电缆线路故障点的确定

前面几种探测电缆故障方法都有一个共同的缺点，也即测量结果必须进行计算，并且需要实测电缆的长度，可能产生几米到几十米的测量误差。因此，还必须确定电缆的故障点(定点)。所谓定点，即用仪器在现场测定故障点所在的实际位置。因此，要求测量的绝对误差应不大于 1m 。定点方法的原理，就是在故障点附近捕捉相关的电磁现象或派生的其他现象，以确定故障点所在位置。精确定点的方法主要有感应法和声测法。

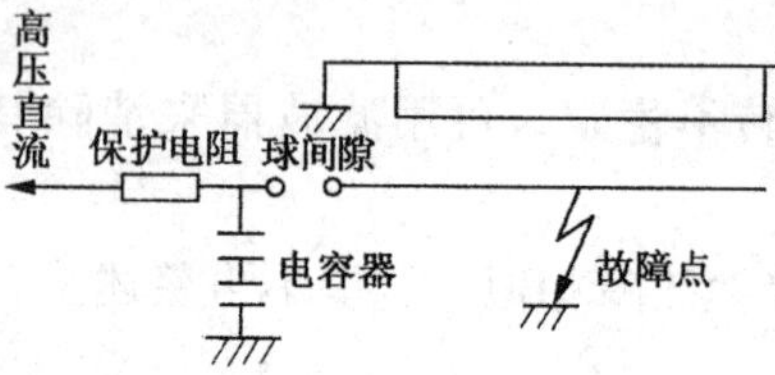

图 7－7　声测法接线图

1．声测法

声测法是利用电容器充电后经过球间隙向故障缆芯放电，并在故障点附近用接收器来判断故障点的准确位置，如图 7－7 所示。

当高压直流电向电容器充电到一定电压时，球间隙被击穿，电容器即向故障缆芯放电，在故障点产生火花，形成机械振动和发出放电时声音。如果采用特殊的接收器，在故障点附近几米内，就能听到放电声，声音最响的地方即为故障点。

听棒就是一种接收器。听棒是由一根硬质细长的木棒做成的，下端金属尖端接触地面，上端金属片以供侧听，运行经验表明，有半数以上的故障可用听棒进行定点。

为了测量时听到较大的声音，就要求充电电容应足够大(一般在 0.4～1.0μF 左右)，充电电压不可太低，一般可参考下列数值选择：

电缆额定电压/kV	6.6	10	35
充电电压/kV	20～25	25～30	30～40

声测法只适用于低电阻接地的电缆故障，对金属性接地故障效果不佳。

2．感应法

当电缆线芯通过音频电流时，其周围将产生一个同样频率的交变磁场。这时，若在电缆附近放一个线圈，线圈中将因电磁感应而产生一个音频电动势，用音频信号放大器将此信号放大后送入耳机或电表，则耳机中将听到音频信号，电表也将有所指示。若将线圈沿着电缆线路移动，则可根据声音和电表指示变化来判断电缆故障点位置。由于电缆线芯的扭绞效应，在电缆故障点前接收到的时起时伏的感应信号比在电缆故障点后接收到的感应信号幅度强得多，从而找出故障点。感应法适合金属性接地故障和相间短路故障。

7.2.3.4 铜屏蔽层感应电流和电压测试

对于石化企业使用较多的35kV单芯电缆，通过定期测量运行中的单芯电缆铜屏蔽层的感应电流，可进一步分析判断铜屏蔽层是否开断或有接地点。测试感应电流和电压时应保持与带电部分的安全距离，应戴绝缘手套，穿绝缘靴。

1. 铜屏蔽层电流测试

对两端接地的单芯电缆，芯线带负荷电流时，用钳形电流表测试每相每根电缆铜屏蔽层接地导线中电流值（应记录对应芯线负荷电流值，因铜屏蔽层电流大小与芯线负荷电流值大小有关）。正常时铜屏蔽层电流值应接近三相平衡，若与历次测试数字比较出现明显变化或三相不平衡率增大时应引起注意。如铜屏蔽层电流值三相不平衡率超过70%左右时，电缆应停役查找分析铜屏蔽层存在问题。假如确实因分析问题需要，可进行铜屏蔽层感应电压测试。

铜屏蔽层电流三相不平衡率=（铜屏蔽层电流最大相值－最小相值）/铜屏蔽层三相电流平均值×100%

2. 铜屏蔽层感应电压测试

铜屏蔽层感应电压测试应做好安全措施，以免在铜屏蔽层一端接地线断开测试感应电压时，电缆万一发生短路，在铜屏蔽层瞬间感应高电压，危及人身及仪表安全。

测试前在被试电缆的铜屏蔽层接上过电压保护器，然后打开铜屏蔽层接地线，用万用表测试铜屏蔽层感应电压值（应记录此时芯线负荷电流值，因铜屏蔽层感应电压值大小与芯线负荷电流有关）。如铜屏蔽层感应电压值三相明显不平衡应认真分析：若某一相铜屏蔽层感应电压值明显偏大，而铜屏蔽层电流值反而偏小时说明铜屏蔽层可能已开断；若某一相铜屏蔽层感应电压值明显偏小，而铜屏蔽层电流值反而明显偏大时说明铜屏蔽层近处有接地点。

7.2.4 电缆试验

由于交联电缆的特殊性，交联电缆的试验存在一定的不确定性，随着大家对于直流耐压对交联电缆的影响和危害性的进一步认识，各个单位对于交联电缆的方法、试验标准和周期有不同的规定，以下仅选某企业的交联聚乙烯绝缘电力电缆交接、预防性试验标准做介绍，以供参考。

1. 适用范围

适用于6～35kV以及110kV国产和进口交联聚乙烯绝缘电力电缆（以下简称交联电缆）交接、预防性试验。

2. 一般规定

（1）对电缆的主绝缘作交流耐压试验、直流耐压试验、直流泄漏试验或测量绝缘电阻时，应分别在每一相上进行。对一相进行试验或测量时，其他两相导体、金属屏蔽层和铠装层一起接地。

（2）新敷设的电缆线路投入运行3～12个月，一般应作一次交流耐压试验。对6～10kV电缆无30～75Hz变频串联谐振耐压试验设备时，可做直流耐压试验替代。

（3）对金属护套层一端接地，另一端装有护层过电压保护器的110kV单芯电缆主绝缘作交流耐压试验时，必须将护层过电压保护器短接，使这一端的电缆金属护套层临时接地。

（4）耐压试验后，使导体放电时，必须通过每kV约80kΩ的限流电阻反复几次放电直至无火花后，才允许直接接地放电。

（5）电缆线路在停电后投运之前，必须确认电缆的绝缘状况是否良好。凡停电超过一星期但不满一个月的电缆线路，应用兆欧表测量该电缆导体对地绝缘电阻，若电缆本身有疑问时，必须用低于常规交流耐压试验但不低于50%规定试验电压的交流电压进行试验，加压时间1min；停电超过一个月但不满一年的电缆线路，必须作50%规定试验电压的交流耐压试验，加压时间1min；停电超过一年的电缆线路必须做常规的交流耐压试验。

对6～10kV电缆无30～75Hz变频串联谐振耐压试验设备时，可按预防性试验标准做直流泄漏试验。

(6) 直流耐压试验和直流泄漏试验，应在试验电压升至规定值后1min以及加压时间达到规定值时测量泄漏电流。泄漏电流值和相间不平衡率只作为判断绝缘状况的参考，不作为是否能投入运行的判据。但如发现泄漏电流与上次试验值相比有很大变化，或泄漏电流不稳定，随试验电压的升高或加压时间的增加而急剧上升时，应查明原因。如系终端头表面泄漏电流或对地杂散电流等因素的影响，则应加以消除；如怀疑电缆线路绝缘不良，则可提高试验电压(以不超过规定的交接试验电压值为宜)或延长试验时间，确定能否继续运行。

3. 交联电缆试验项目、周期和要求(见表7－8)

表7－8　交联电缆的试验项目、周期和要求

序号	项目	周期	要求	说明
1	电缆主绝缘电阻	(1)重要电缆1年1次，一般电缆2年1次 (2)交接时	6～10kV电缆2000MΩ以上35kV电缆5000MΩ	6kV及以上电缆用5000V兆欧表，若不具备时可用2500V兆欧表，有效刻度不小于100000MΩ
2	电缆外护套绝缘电阻	(1)重要电缆1年1次，一般电缆2年1次 (2)交接时	6～10kV电缆不低于0.5MΩ35kV电缆不低于3.5MΩ	(1)使用500V兆欧表 (2)护套绝缘电阻低于0.5MΩ时，应测试判断外护套是否进水
3	铜屏蔽层直流电阻、芯线直流电阻及其比值	对三芯电缆： (1)新敷设电缆投运前 (2)重新制作终端头或中间接头后 (3)电缆发生短路接地故障后对单芯电缆除上述 (1)(2)(3)要测试，还要在预试时1年测试1次	(1)对照交接时及历年试验数据，如比值变化超过15%应引起注意，并适当缩短试验周期 (2)发现铜屏蔽层开断，要立即寻找开断点，加以修复	(1)用单臂、双臂电桥测量 (2)记录测量时的温度 (3)当铜屏蔽层电阻与芯线导体电阻比值与上次试验数据相比增加时，表明铜屏蔽层的直流电阻增大，铜屏蔽层有可能被腐蚀；当该比值减小时表明附件中的导体连接点的接触电阻有增大的可能
4	铜屏蔽层感应电流	热电厂35kV馈线单芯电缆运行中每月一次	铜屏蔽层电流值三相不平衡率应小于70%	
5	电缆主绝缘交流耐压试验	(1)重作终端或接头后 (2)交接时	(1)30～75Hz变频串联谐振耐压试验 (2)试验电压值按表7－9规定，加压时间5min不击穿	(1)耐压前后用5000V兆欧表或2500V兆欧表摇电缆主绝缘绝缘电阻 (2)对厂内35kV短电缆如工频试验变压器容量允许，可做工频耐压试验，标准相同
6	电缆主绝缘直流耐压试验	6～10kV电缆交接时	试验电压为$4U_0$、加压时间15分钟，见下表 电缆额定电压(U_0/U)/kV：6/6，试验电压/kV：24 电缆额定电压(U_0/U)/kV：8.7/10，试验电压/kV：34.8	如有30～75Hz变频串联谐振耐压试验设备，推荐做交流耐压试验

续表

<table>
<tr><th>序号</th><th>项　目</th><th>周　　期</th><th>要　　求</th><th>说　　明</th></tr>
<tr><td>7</td><td>电缆主绝缘直流泄漏试验</td><td>6～10kV 电缆
（1）重作终端或接头后
（2）序号 1、2 试验项目有一项不符合要求时</td><td>（1）试验电压
<table>
<tr><td>额定电压/kV</td><td colspan="2">6</td><td colspan="2">10</td></tr>
<tr><td rowspan="2">试验电压/kV</td><td>第一级 U_1</td><td>第二级 U_2</td><td>第一级 U_1</td><td>第二级 U_2</td></tr>
<tr><td>6</td><td>10</td><td>8</td><td>13</td></tr>
</table>
（2）所加电压和时间的关系
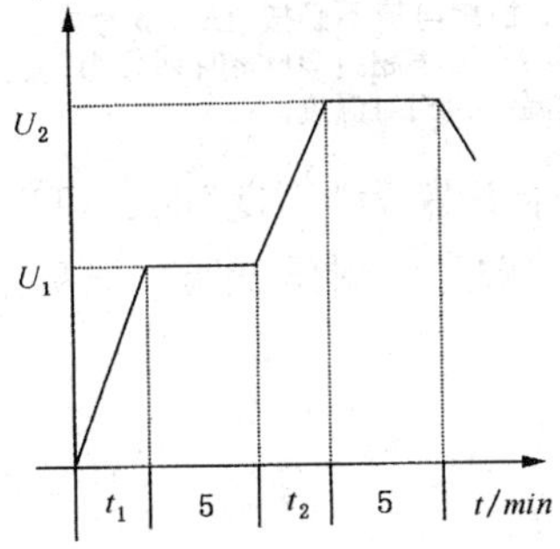

注：升压时间 t_1、t_2 取 0.5min 内
（3）据泄漏电流试验进行电缆绝缘类别划分标准见表 7－10</td><td>（1）几个指标的定义
a. 极化比＝加直流 1min 后的电流值/加直流 5min 后的电流值
该值越大，绝缘状态越好，对交联电缆 1．0 时就要注意
b. 相间不平衡率＝（泄漏电流最大值－泄漏电流最小值）/三相泄漏电流平均值×100%
c. 弱点比＝第一级电压 U_1 下的绝缘电阻/第二级电压 U_2 下的绝缘电阻
（2）如有 30～75Hz 变频串联谐振试验设备，6～10KV 电缆重做终端或接头后，推荐做交流耐压试验
（3）序号 1、2 试验项目有一项不符合要求时也可做交流耐压试验
（4）在直流试验有疑问时可做交流耐压试验诊断，必要时交流耐压试验可按 $2U_0$ 试验，试验时间也可适当延长</td></tr>
<tr><td>8</td><td>检查电缆线路的相位</td><td>运行中重做电缆接头或拆过接线头有必要时</td><td>两端相位应一致并与电网相位相符合</td><td></td></tr>
</table>

4. 交联电缆 30～75Hz 变频串联谐振耐压试验电压（见表 7－9）

表 7－9　交联电缆 30～75Hz 变频串联谐振耐压试验电压

电缆额定电压	交接试验电压		预防性试验电压	
(U_0/U)/kV	倍数	电压值/kV	倍数	电压值/kV
6/6	$2U_0$	12	1．$6U_0$	10
8．7/10	$2U_0$	17．4	1．$6U_0$	14
26/35	$2U_0$	52	1．$6U_0$	42
64/110	1．$7U_0$	109	1．$36U_0$	87

5. 划分标准

根据 6～10kV 电缆主绝缘直流泄漏试验，可对电缆绝缘状况进行综合诊断，划分为良好、要注意、不良，划分标准如表 7－10 所示。

表 7－10　6～10kV 交联电缆绝缘类别划分标准

类　别 项　目	良好	要注意	不良
泄漏电流/(μA/km)	<1	1～10	>10
第二级试验电压 U_2 5min 的绝缘电阻值/(MΩ/km)	>10000	1000～10000	<1000 或电流波形异常

续表

项目 \ 类别	良好	要注意	不良
第二级试验电压 U_2 时极化比 = 1min 时泄漏电流/5min 时泄漏电流	>1	≈1	<1
弱点比 = U_1 下的绝缘电阻 5min 时值/U_2 下的绝缘电阻 5min 时值	<5	>5	>5

注：① 如铜屏蔽层绝缘电阻（即外护套绝缘电阻）<（100～200）Ω 的电缆，即使上述指标“良好”，也划为“要注意”。
② 做泄漏试验时，必须排除表面泄漏影响，并用 0.5 级 μA 表。
③ 电缆长度较短时（≤1km），泄漏电流不必按 μA/km 考虑，直接用 μA 值。
④ 进口电缆，泄漏电流相间不平衡率超过 200% 时划分为“要注意”。
⑤ 记录试验时的天气、环境温度和相对湿度。

直流泄漏试验结果综合诊断为“不良”时，可适当提高试验电压（不超过规定的交接试验电压值）或延长加压时间，做直流耐压试验。试验通过者，允许继续投用，但该电缆的预试周期应缩短。

第8章　110kV及以下高压开关设备

高压开关设备可分为高压断路器(或称作高压开关)、高压负荷开关、高压隔离开关、接地刀闸以及快分刀闸和接地短路刀闸。

高压断路器是电力系统中发、送、变、配电接通，分断电路和保护电路的主要设备。无论在电气设备空载、负荷或短路故障时，它都应能可靠地工作。

高压断路器分为户内式和户外式两种，其类型主要按灭弧介质划分，有油断路器、真空断路器、磁吹断路器、空气断路器和六氟化硫断路器等。

8.1　电弧的产生及灭弧方法

8.1.1　电弧的形成

在电路中，断路器切断载流电路时，在触头之间常常会出现电弧，直到电弧熄灭后，电路才真正被切断。触头间的电弧实际上是由于中性质点游离而引起的一种气体放电现象。从电弧的形成过程来看，游离放电可分为四个阶段：

1. 强电场发射

当触头刚分开时，虽然电压不一定很高，但触头间距离很小，因此产生很强的电场强度。当电场强度超过3×10^{6}V/m时，在强电场作用下，金属触头阳极表面的自由电子会被电场力拉出来，成为游离在触头空隙中的自由电子。这种游离方式称为强电场发射，是弧隙自由电子的一个来源。

2. 热电发射

这是弧隙中自由电子的又一来源。在触头分开瞬间，由于触头间的压力迅速减小，接触电阻增大，电流流过时发热加剧，在电极上出现强烈的炽热点。此外，弧隙中正离子被迅速吸向阴极，其能量被电极吸收，也使阴极表面温度升高。当阴极表面达到一定高温时，便发射电子，使弧隙中的电子数目增加。

3. 碰撞游离

从阴极表面发射出来的自由电子，在电场力的作用下向阳极做加速运动。它们在奔向阳极的途中碰撞介质的中性质点(原子或分子)，使原中性质点碰撞游离为正离子和自由电子。新产生的电子又和原有的电子一起以极高的速度向阳极运动，当它们和其他中性质点相碰撞时，又再一次发生碰撞游离。碰撞游离连续进行的结果，触头间隙中便充满了电子和正离子。在外加电压作用下，电子奔向阳极，正离子奔向阴极，产生电流，形成电弧。

4. 热游离

热游离是电弧得以维持燃烧的主要原因。在电弧燃烧时，电弧表面温度可达3000～4000℃以上，弧心温度可达10000℃以上。处于高温下的介质分子和原子产生强烈的热运动，不断发生互相碰撞，游离出电子和正离子，称为热游离。实际上，在间隙击穿产生电弧后，由于弧隙电导迅速增大，触头之间电压降减小，而触头的拉开距离却在增大，因此触头间的电场强度大大减小，强电场发射基本停止。随着电场强度减小，电场对电子运动的加速作用减弱，碰撞游离也基本停止。这时，电弧的稳定主要依靠热游离得以维持。

从以上分析可知，在开关触头刚分离的瞬间，阴极在强电场和高温的作用下发射电子。发射的自由电子在触头电压作用下高速运动，产生碰撞游离，导致介质击穿形成电弧。在电弧形成后，主要由于弧柱温度很高，介质产生游离，使电弧得以维持和发展。这就是触头分断时，其间介质被击穿而产生电弧的大致过程。

8.1.2 电弧熄弧过程和灭弧方法

1. 去游离的主要方式

在弧隙中，与产生电子和正离子的游离过程同时，还发生着带电质点减少的去游离过程。去游离过程包括中和电荷的复合过程和驱散带电质点的扩散过程两种情况。游离和去游离是两个相反的过程。在稳定燃烧的电弧中，这两个过程处于动平衡状态。如果游离大于去游离，电弧将继续维持；如果去游离大于游离，电弧便越来越小，直至熄灭。

（1）复合去游离。复合去游离是带正电的质点和带负电的质点彼此交换本身多余的电荷，成为中性质点的过程。带电质点运动速度快，出现复合的机会少；反之，运动速度慢，复合机会多。加快复合的方法有以下几种：

① 快拉长电弧，可使电场强度 E 迅速下降，电场强度愈小，离子运动的速度愈慢，复合时机会愈多；

② 加快电弧冷却，以减小离子的运动速度，使复合的机会增多；

③ 加大气体压力，提高气体介质的浓度，使离子间白由行程缩短，复合的几率增加。

④ 使电弧接触固体介质表面，促进带电质点复合。

（2）扩散去游离。扩散去游离有三种：

① 浓度扩散。因电弧沿中心一带的带电粒子浓度高，而弧边周围介质中带电粒子浓度低，带电粒子将从浓度高的地方向浓度低的地方扩散，使弧隙中带电粒子减少。

② 温度扩散。由于弧道中温度很高，弧道周围温度很低，弧道中的高温离子将向温度低的周围介质中扩散，使弧道中带电粒子减少。

③ 气流吹拂。高速气流吹拂电弧，将弧柱中的带电粒子吹走。

扩散的速率还和电弧的直径有关。直径愈小，电弧表面的带电粒子相对于电弧内部的带电粒子数量之比增加，复合和扩散均有增加。因此，扩散去游离的速率与电弧直径成反比。

2. 直流电弧的熄灭过程

在直流电路中，如果外加电压不足以维持电路中各元件的电阻压降和电弧上的电压时，电弧就熄灭。基于这一原理，加速直流电弧熄灭方法有三种：

（1）快速拉长电弧，或用气吹来冷却电弧，加快扩散去游离，使电弧电阻增大，从而增大电弧本身的压降，使外加电压不足以维持电弧；

（2）在灭弧过程中，电路中临时串入电阻，增大电路的电压降，使电弧加快熄灭；

（3）分长弧为短弧，使外加电压不足以维持多个短弧的阴极压降，而使电弧熄灭。

在分断直流电路时，由于线路中有电感存在，在触头两端及电感上均会发生过电压。过电压不仅危及电路的绝缘，而且造成电弧重新击穿。过电压的数值与线路电感和电流下降的速度有关。线路电感 L 越大，过电压就越高；灭弧时电流下降速度越快，过电压也愈高。为了减少过电压，有时需要限制电流下降的速度。在高压大容量的直流电路中（如大容量发电机的励磁电路），常采用增大串联电阻的方法，既增大灭弧能力，又可限制电流下降的速度。

3. 交流电弧的熄灭过程

交流电弧中电流每半周要过零一次，此时电弧自然熄灭。以后电弧会不会重燃，要看弧隙是否会重新击穿。弧隙的击穿主要有热击穿和电击穿。

(1) 热击穿。当电流过零后很短时间内，弧隙中的温度仍然很高，在弧隙电压作用下，通过残余电导仍有很小电流流过。所以，这时弧隙中存在着散失能量(由散热引起)和输入能量(由残余电流引起)两个过程。如果输入能量大于散失能量，则游离过程大于去游离过程，电弧就会重燃。这种由于热游离而使电弧重燃的现象称为热击穿。反之，如果在电流过零时加强弧隙冷却，使去游离过程大于游离过程，则就不会发生热击穿引起电弧重燃。

(2) 电击穿。在电流过零后，如弧隙温度降低到热游离基本停止，则热击穿不会出现。但是弧隙的绝缘能力要恢复到正常绝缘状况仍需要一定时间，即存在一个弧隙介质强度的恢复过程。而且在电流过零后，弧隙电压也要经过一个电磁振荡的过渡过程，才能逐渐恢复到电源电压，这个过程称为电压恢复过程。如果恢复电压高于介质绝缘强度的恢复数值，弧隙仍被击穿，这种击穿称为电击穿。

弧隙介质绝缘强度的恢复过程，主要与弧隙的冷却条件有关。而弧隙电压的恢复过程，主要与线路参数有关。

由以上分析可知，交流电弧的熄灭，关键在于电流过零后，要加强冷却，使热游离不能维持，防止发生热击穿。另一方面要使弧隙绝缘强度的恢复速度始终大于弧隙电压的恢复速度，使不致发生电击穿。对于灭弧能力较弱的断路器，电弧可能因热击穿而重燃；对于灭弧能力较强的断路器，往往由于电击穿引起电弧重燃。

4. 灭弧方法

高压断路器中交流电弧的熄灭方法，主要有以下两种：

(1) 吹弧

在各种断路器中，广泛应用气体或油流吹动电弧。其作用一方面可以增强对流，冷却电弧。另一方面，通过吹弧将弧隙中的原有带电粒子吹散，提高介质绝缘强度的恢复速度。

(2) 采用多断口熄弧

断路器设备常制成每相有两个或两个以上的串联断口。在相等的触头行程下，多断口比单断口拉弧更长，电弧拉长的速度也快，加速了弧隙电阻的增大。同时，由于加在每个断口上的电压降低了，使弧隙的恢复电压降低，因此灭弧性能更好。

此外，还可以利用短弧原理和固体介质的狭缝熄弧，这两种方法主要用在低压断路器中。

8.2 高压开关典型控制回路

发电厂、变电站的电气设备一般由断路器进行控制，断路器分、合都是利用操作元件通过控制回路对断路器的操动机构发出指令进行操作的。本单元介绍几种常用的控制回路及设备的联锁控制回路。

8.2.1 控制回路的类型组成及要求

8.2.1.1 控制的类型

发电厂、变电站对电气设备的控制按距离的不同，可分为距离控制和就地控制。距离控制是将重要电气设备的断路器，经过几十米到数百米在集中控制室内进行的控制，如发电机、变压器、110KV及以上的线路等的控制。由于需要控制的断路器很多，为了减少运行人员的监视面，缩小控制室的面积及节约控制电缆，将某些不重要或不需经常监视回路的断路器在其安装地点进行控制，对这些断路器的控制称为就地控制，如10kV线路及厂用负荷等。

断路器的控制按操作方式的不同，可分为一对一控制和一对N控制。一对一控制是一个操作元件(SA)控制一台断路器，一对N控制是一个操作元件通过选线的方式对多台断路器进行的控制。

控制回路按电源电压等级的不同，可分为强电控制和弱电控制。强电控制电压一般为直流220V或110V，属于传统的控制电压；弱电控制电压一般为直流48V或24V，可用于一对N的控制方式，易于与计算机控制接口。由于断路器分、合闸需要取用一定的功率，48V或24V满足不了要求，断路器分、合闸的操作仍然需要220V或110V，故弱电控制实际上是通过中间继电器接通强电，从而实现对断路器的控制。本单元主要介绍强电控制回路。

高压断路器控制回路，就是指控制(操作)高压断路器跳、合闸的回路。它取决于断路器操动机构的形式和操作电源的类别。电磁操作机构只能采用直流操作电源，弹簧操作机构和手动操作机构可交直流两用，但一般采用交流操作电源。

信号回路是用来指示一次电路设备运行状态的二次回路。信号按用途分为有断路器位置信号、事故信号和预告信号。

断路器位置信号用来显示断路器正常工作的位置状态。一般红灯亮，表示断路器处在合闸位置；绿灯亮，表示断路器处在跳闸位置。

事故信号用来显示断路器在事故情况下的工作状态。一般红灯闪光，表示断路器自动合闸；绿灯闪光，表示断路器自动跳闸。此外，还有事故音响信号和光字牌等。

预告信号是在一次设备出现不正常状态时或在故障初期发出报警信号。例如变压器过负荷或者轻瓦斯动作时，就发出区别于上述事故音响信号的另一种预告音响信号，同时光字牌亮，指示出故障的性质和地点，值班员可根据预告信号及时处理。

对断路器的控制和信号回路有下列主要要求：

(1) 应能监视控制回路保护装置(如熔断器)及其跳、合闸回路的完好性，以保证断路器的正常工作，通常采用灯光监视的方式。

(2) 合闸或跳闸完成后，应能使命令脉冲解除，即能切断合闸或跳闸的电源。

(3) 应能指示断路器正常合闸和跳闸的位置状态，并在自动合闸和自动跳闸时有明显的指示信号。如前所述，通常用红、绿灯的平光来指示断路器的位置状态，而用其闪光来指示断路器的自动跳、合闸。

(4) 断路器的事故跳闸信号回路，应按“不对应原理”结线。当断路器采用手动操作机构时，利用手动操作机构的辅助触点与断路器的辅助触点构成“不对应”关系，即操作机构(手柄)在合闸位置而断路器已跳闸时，发出事故跳闸信号。当断路器采用电磁操作机构或弹簧操作机构时，则利用控制开关的触点与断路器的辅助触点构成“不对应”关系，即控制开关(手柄)在合闸位置而断路器已跳闸时，发出事故跳闸信号。

(5) 对有可能出现不正常工作状态或故障的设备，应装设预告信号。预告信号应能使控制室或值班室的中央信号装置发出音响和灯光信号，并能指示故障地点和性质。通常预告音响信号用电铃，而事故音响信号用电笛，两者有所区别。

8.2.1.2 断路器控制回路的组成

断路器控制回路的组成，与断路器所用操动机构的不同而异，典型的采用电磁操动机构的控制电路，可用图 8－1 所示的框图表示。

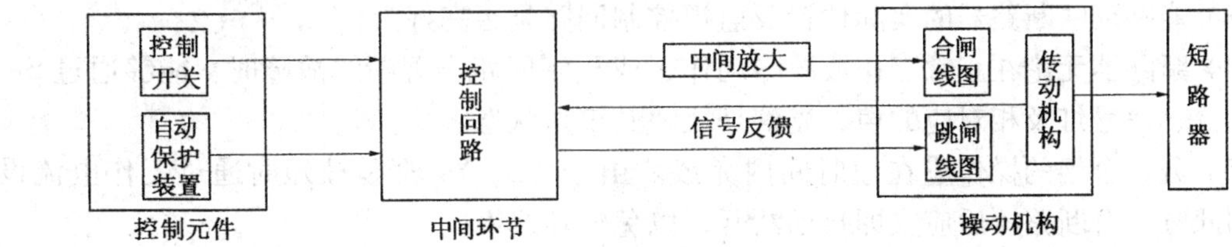

图 8－1 断路器控制回路框图

1. 控制元件

控制元件由手动操作的控制开关 SA 和自动操作的自动装置与继电保护装置的相应继电器触点构成，后者由其他课程讲授，此处不再赘述。

手动操作的控制开关，目前强电控制的通常采用 LW2 系列组合式万能转换开关，又称为控制开关(SA)，运行人员利用 SA 的不同位置发出操作命令，对断路器进行手动合闸和分闸的操作。LW2 系列控制开关的结构如图 8－2 所示。

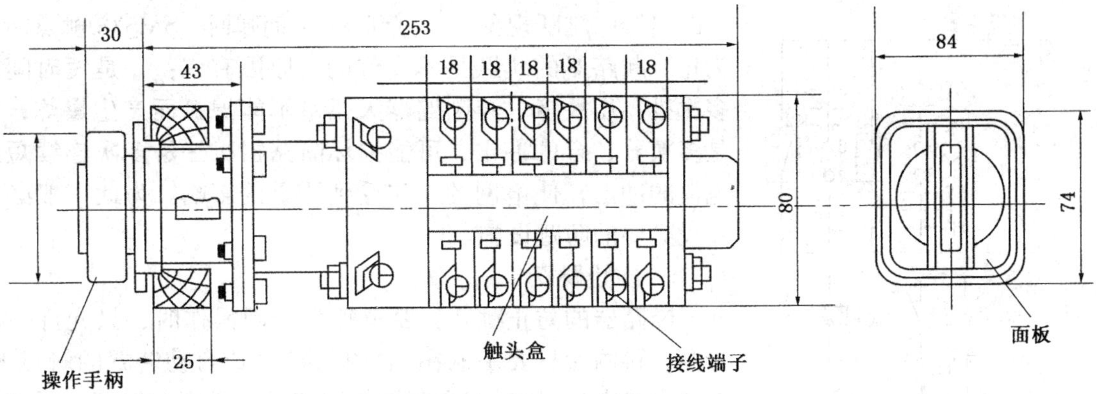

图 8－2 LW2 型控制开关结构图

图中控制开关正面是一个面板和操作手柄，安装在屏正面，与操作手柄轴相连的有数个触点盒，安装在屏后，每个触点盒有四个定触点和两个动触点，由于动触点的凸轮和簧片形状的不同，手柄转动时，每个触点盒内定触点接通与断开的状态各不相同，每对定触点随手柄转动在不同位置时的工作状态，可采用控制开关的触点图表示出。

2. 中间环节

中间环节指连接控制、信号、保护、自动装置、执行和电源等元件所组成的控制电路根据操动机构和控制距离的不同，控制电路的组成不尽相同。

3. 操动机构

操动机构中与控制电路相连的是合闸线圈(YC)和跳闸线圈(YT)。合闸时由于 YC 取用的电流很大(可达数百安培)，控制回路电器容量满足不了要求，必须经过中间放大元件进行控制，即用 SA 控制合闸接触器 KM，再由 KM 主触头控制电磁操动机构的 YC。

8.2.1.3 断路器控制回路的基本要求

(1) 能够由手动利用控制开关对断路器进行分、合闸的操作。

(2) 满足自动装置和继电保护装置的要求。被控制设备备用时，能够由自动装置通过断路器将该设备自动投入运行；当设备发生故障时，继电保护装置能够将断路器自动跳闸，切除故障。

(3) 能够反映断路器的实际位置及监视控制回路是否完好。

(4) 断路器无论在正常工作或故障动作、或控制回路出现断线故障时，能够通过 SA 手柄的位置、信号灯及相对应的声、光信号反映其工作状态。

(5) 分、合闸的操作应在短时间内完成。由于 YC，YT 都是按短时通过工作电流设计的，因此分、合断路器后应立即自动断开，以免烧坏线圈。

(6) 能够防止断路器短时间内连续多次分、合的跳跃现象发生。

8.2.2 断路器的控制回路

8.2.2.1 防止跳跃

1. 断路器的跳跃现象

如图 8－3 所示，所谓断路器的跳跃现象是指断路器在短时间内发生多次合、分的现象，特别是断路器合闸到永久性故障线路上时，SA 的触点⑤⑧接通，使断路器合闸。合闸瞬间，故障反应于继电保护装置，K2 闭合使断路器跳闸；此时，运行人员仍将手柄维持在“合闸”位置，SA⑤⑧使断路器立即又合上，接着继电保护装置又使断路器跳闸，如此循环，形成了断路器的跳跃现象，一直到 SA 手柄弹回，SA⑤⑧触点断开为止。断路器的跳跃是不允许的，原因有三：一是短时间内多次投、切故障电流断路器灭弧室不能熄弧而产生爆炸；二是多次分、合的冲击，可能损坏断路器；三是多次连续短路电流的冲击，使电网的工作受到严重的影响。为此一般必须装设必要的防跳设施。

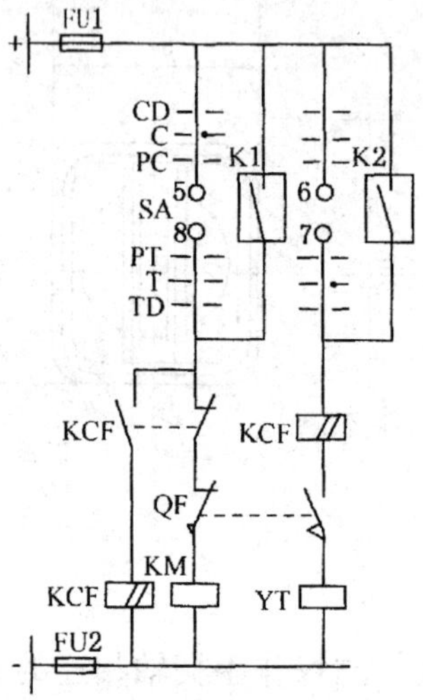

图 8－3 由防跳继电器构成电气防跳控制电路

2. 防止跳跃

断路器的防止跳跃，要求每次合闸操作时，只允许一次合闸，跳闸后只要手柄在“合闸”位置(或自动装置的触点 K1 在闭合状态)，则应对合闸操作回路进行闭锁，保证不再进行第二次合闸。防跳可采用机械和电气的闭锁措施，图 8－3 是装有跳跃闭锁继电器进行跳跃的控制电路。

跳跃闭锁继电器 KCF(简称防跳继电器)有电流启动线圈与电压保持线圈。图 8－3 装有 KCF，KCF 的电流线圈串联在跳闸线圈回路中，电压线圈与其自身的动合(常开)触点串联再与电路的合闸接触器 KM 相并联，另一对动断(常闭)触点与 KM 串联起闭锁作用。

当手动合闸于故障线路上时，短路使继电保护出口中间继电器触点 K2 闭合，电流经 K2→KCF→QF→YT，启动 YT 跳断路器，同时 KCF 启动，其常闭触点断开，闭锁 KM 不能再动作，常开触点闭合，只要 SA ⑤⑧接通，KCF 电压线圈始终带电吸合，闭锁 KM，直至运行人员松手，SA⑤⑧断开为止。自动合闸的防跳过程如同一辙。

8.2.2.2 弹簧操动机构的断路器控制电路

弹簧操动机构的断路器控制电路如图 8－4 所示。图中，M 为蓄能电动机，其他设备符号含义与前图相同。电路的工作原理与电磁操动机构的断路器相比，除有相同之处以外，还有以下特点：

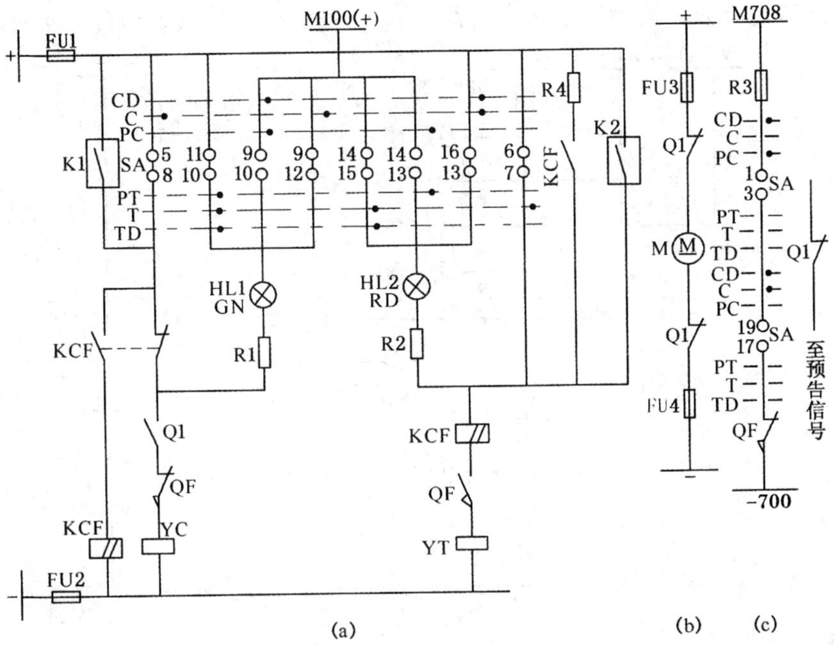

图 8－4　弹簧操动机构的断路器控制回路

（a）控制回路；（b）电动机启动回路；（c）信号回路

（1）当断路器无自动重合闸后装置时，在其合闸回路中串有操动机构的辅助常开触点 Q1。只有在弹簧拉紧、Q1 闭合后，才允许合闸。

（2）当弹簧未拉紧时，操动机构的两对辅助常闭触点 Q1 闭合，启动蓄能电动机 M，使合闸弹簧拉紧。弹簧拉紧后，两对常闭触点 Q1 断开，合闸回路中的辅助常开触点 Q1 闭合，电动机 M 停止转动。此时，进行手动合闸操作，合闸线圈 YC 带电，使断路器利用弹簧存储的能量进行合闸，合闸弹簧在释放能量后，又自动储能，为下次动作做准备。

（3）当断路器装有自动重合闸装置时，由于合闸弹簧正常运行处于储能状态，所以能可靠地完成一次重合闸的动作。如果重合不成功又跳闸，将不能进行二次重合，当为了保证可靠“防跳”，电路中装有防跳设施。

电气防跳电路前已叙述，现讨论防跳继电器 KCF 的常开触点经电阻 R4 与保护出口继电器触点 K2 并联的作用。断路器由继电保护动作跳闸时，其触点 K2 可能较辅助常开触点 Q1 先断开，从而烧毁触点 K2。常开触点 KCF 与之并联，在保护跳闸的同时防跳继电器 KCF 动作并通过另一对常开触点自保持。这样即使保护出口继电器触点 K2 在辅助常开触点 QF 断开之前就复归，也不会由触点 K2 来切断跳闸回路电流，从而保护了 K2 触点。R4 是一个 1～40Ω 的电阻，对跳闸回路无多大影响。当继电保护装置出口回路串有信号继电器线圈时，电阻 R4 的限值应大于信号继电器的内阻，以保证信号继电器可靠动作。当继电器保护装置出口回路无串接信号时，此电阻可以取消。

8.2.2.3　采用电磁操作机构的断路器控制和信号回路

图 8－5 是采用电磁操作机构的断路器控制和信号回路原理图。其控制开关采用双向自复式并具有保持触点的 LW5 型万能转换开关，其手柄正常为垂直位置（0°）。顺时针扳转 45°，为合闸（ON）操作，手松开即自动返回（复位），保持合闸状态。反时针扳转 45°，为跳闸（OFF）操作，手松开也自动返回，保持跳闸状态。图中虚线上打黑点（・）的触点，表示

在此位置时该触点接通，而虚线上标出的箭头(→)表示控制开关手柄自动返回的方向。

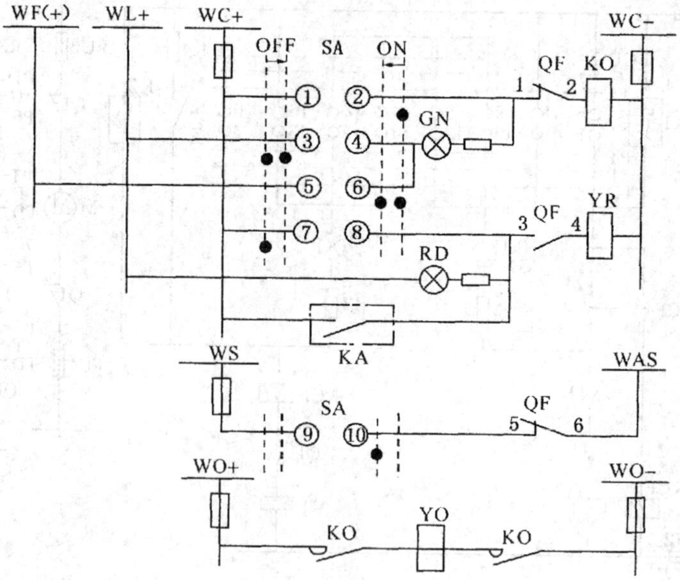

图 8-5　采用电磁操作机构的断路器控制和信号回路

WC—控制小母线；WL—灯光指示小母线；WF—闪光信号小母线；WS—信号小母线；WAS—信号音响小母线；WO—合闸小母线；SA—控制开关；KO—合闸接触器；YO—电磁合闸线圈；YR—跳闸线圈；KA—继电保护触点；QF1-6—断路器；QF 的辅助触点；GN—绿色指示灯；RD—红色指示灯；ON—合闸操作方向；OFF—跳闸操作方向

合闸时，将控制开关 SA 手柄顺时针扳转 45°，这时其触点 SA1-2 接通，合闸接触器 KO 通电(其中 QF1-2 原已闭合)，其主触点闭合，使电磁合闸线圈 YO 通电，断路器合闸。合闸完成后，控制开关 SA 自动返回，其触点 SA1-2 断开，切断合闸回路，同时 QF3-4 闭合，红灯 RD 亮，指示断路器已经合闸，并监视着跳闸 YR 回路的完好性。

跳闸时，将控制开关 SA 手柄反时针扳转 45°，这时其触点 SA7-8 接通，跳闸线圈 YR 通电(其中 QF3-4 原已闭合)，使断路器跳闸。跳闸完成后，控制开关 SA 自动返回，其触点 SA7-8 断开，断路器辅助触点 QF3-4 也断开，切断跳闸回路，同时触点 SA3-4 闭合，QF1-2 也闭合，绿灯 GN 亮，指示断路器已经跳闸，并监视着合闸 KO 回路的完好性。

由于红绿指示灯兼起监视跳、合闸回路完好性的作用，长时间运行，因此耗能较多。为了减少操作电源中储能电容器能量的过多消耗，另设灯光指示小母线 WL(+)，专用来接入红绿指示灯。储能电容器的能量只用来供电给控制小母线 WC。

当一次电路发生短路故障时，继电保护动作，其触点 KA 闭合，接通跳闸线圈 YR 回路(其中 QF3-4 原已闭合)，使断路器跳闸。随后 QF3-4 断开，使红灯 RD 灭，并切断跳闸回路，同时 QF1-2 闭合，而 SA 在合闸位置，其触点 SA5-6 也闭合，接通闪光电源 WF(+)，使绿灯 GN 闪光，表示断路器自动跳闸。由于断路器自动跳闸，SA 在合闸位置，其触点 SA 9-10 闭合，而断路器已跳闸，其触点 QF5-6 也闭合，因此事故音响信号回路接通，又发出音响信号。当值班员得知事故跳闸信号后，可将控制开关 SA 的操作手柄扳向跳闸位置(反时针扳转 45°后松开)，使 SA 的触点与 QF 的辅助触点恢复对应关系，全部事故信号立即消除。

8.3　少油断路器

8.3.1　少油断路器的结构和原理

8.3.1.1　少油断路器的结构

少油断路器（以 SN10－10 型为例）采用分离装配式总体布置，三相各自独立，共用一套传动机构和一台操动机构。

1. 导电系统

导电部分即是通过电流的部分，由上出线座、静触座和静触指、导电杆、下出线座、滚动触头等组成。导电系统的作用是传导电流。当断路器通过正常负荷电流时，其温升不超过规定值；当通过短路电流时，能满足动稳定和热稳定要求。

2. 绝缘系统

绝缘系统包括对地绝缘、相间绝缘和断口绝缘三部分。其中：

（1）相对地绝缘由支持绝缘子和绝缘拉杆承担；

（2）相间绝缘由空气承担；

（3）断口绝缘主要由动、静触头分离后形成的油间隙和灭弧室承担。

绝缘系统的作用是在最高工作电压和规定的试验电压下，不致产生相对地和相间闪络，不产生电晕放电。

3. 灭弧系统

灭弧系统的性能决定断路器性能的优劣，决定断路器分、合闸的能力，是断路器的核心部分。SN10－10 型断路器的灭弧室位于箱体的中部，采用纵横吹和机械油吹联合作用的灭弧方式。三级横吹、一级纵吹，横吹口采用扁喷口，配合最佳分闸速度可使燃弧时间缩短。

8.3.1.2　断路器的工作要求

断路器是电力系统中的控制设备，而电力系统的运行状态是多种多样的，并且其负荷状态也是经常变化的。因此，对断路器的总体要求是，不论电力系统处在什么状态，不论遇到什么样的负荷情况，断路器都能有效地关合和断开所控制的线路和设备。断路器常开断的负荷有空载长线、电容器组、空载变压器、高压电动机、电抗器、电缆线路等。由于断路器所开断的负荷不同，对其要求也不相同。

（1）对开断一般性短路故障的要求　是能够可靠、快速地切断故障，并能进行重合闸。

（2）对开断空载变压器和高压电动机的要求　是不致引起过电压而导致套管、瓷瓶的闪络，以致演成灭弧室炸裂和断路器爆炸。

（3）对开断空载长线的要求　断路器投、切空载长线是一种常规的操作，该操作对电网的安全运行极为重要。据不完全统计，20 年来，我国 220kV 电网因切断空载长线引起的各种事故达 15 次，其中有断路器爆炸、外绝缘对地闪络、灭弧室闪络、变压器首端匝间绝缘击穿等。为使断路器能有效地切断空载长线，要求切断时电弧无重燃，金属性短路的时间要小。

（4）对开断电容器组的要求　运行经验证明，断路器投、切电容器组时，虽然容性电流不大，但在操作中将产生过电压，常引起断路器、避雷器爆炸，瓷瓶对地闪络，电容器击穿等。因此，要求断路器在切断电容器时，无电弧重燃，在母线上不引起操作过电压。

8.3.1.3 操动机构

1. 操动系统的技术要求

(1) 操动机构可靠性的要求

操动机构是断路器的重要组成部分，对其总体要求是不论是在正常负荷情况下，还是在发生短路故障的情况下，都能对其所控制的设备进行可靠地分、合闸。通常，对操动机构可靠性的要求包括下述几项：

① 在进行高低压试验时，当操动机构的电压为其额定值的115%和90%时，应能使断路器可靠地分、合闸。低压试验时，合闸接触器应满足30%～65%额定电压的动作试验要求。

② 在温度变化时能够可靠地操作。国标要求操动机构配同它的断路器应在－30～40℃范围内皆能可靠地动作。

③ 只要无分闸命令，操动机构应能保持断路器在合闸的位置。

④ 为保证断路器在故障情况下能迅速分闸，要求断路器的脱扣动作与合闸作功元件的状态无关。无论合闸作功元件处于什么状态，只要分闸电磁铁动作，即使合闸命令未解除，断路器亦应可靠地分闸，所以操动机构应具备自由脱扣装置。

⑤ 非手动操作的操动机构，应具备"防跳"能力。

⑥ 应具备联锁装置，以保证断路器分、合闸操作的独立性。

⑦ 操动机构应具有一定的机械寿命，经多次动作仍然可靠。国标要求断流容量不大于500MVA时，机械寿命至少为2050次；断流容量不小于750MVA时，至少为1050次。

(2) 对合闸功能的技术要求

① 满足所配断路器的刚合速度要求；

② 具有足够的合闸功能，以克服短路电流所产生的电动反力。

(3) 对保持合闸位置的功能要求

① 合闸功能消失后，操动机构必须可靠地将断路器保持在合闸位置，任何短路电流的电动力和机械振动力均不得引起触头分离；

② 在接到分闸命令后，能可靠地分闸。

(4) 对分闸功能的技术要求

① 应满足断路器的分闸速度要求；

② 不但能电动分闸，且应能手动分闸；

③ 分闸时省力、省功。

(5) 对自由脱扣机构的要求

只要接到分闸命令，不管断路器是在合闸位置，还是合闸过程尚未终了，皆应能使断路器立即跳闸。

(6) 对联锁功能的要求

① 分合闸应具有联锁，以保证分、合操作相互制约；

② 高、低气压应有联锁，当气压或液压低于或高于规定值，不能进行分、合闸操作；

③ 弹簧机构位置联锁，弹簧贮能不到位，机构不能进行分、合闸操作。

(7) 对复位功能的要求

操动机构使断路器分闸后，能自动回复到准备合闸的位置。

2. 各种操动机构的优缺点及其适用场所

（1）手动操动机构

优点是结构简单，价格低廉，不需合闸电源；缺点是合闸功小，不能自控和遥控；适用于10kV以下，开断电流在6kA以下的断路器、负荷开关和隔离开关。

（2）电磁操动机构

优点是结构简单、加工容易，有较丰富的运行经验；缺点是需大功率合闸电源，且电源电压变动对合闸速度影响大，合、分闸速度低；适用于110kV以下断路器。

（3）电动机构

优点是可用交流电源；缺点是合闸电源功率大，停电时不能合闸；适用于小容量断路器以及隔离开关。

（4）气动机构

优点是可遥控、动作快、易调整、暂时失去电源仍可操作；缺点是需配空气压缩机，机构笨重；适用于有空压设备的场所。

（5）弹簧操动机构

优点是速度快，能重合闸，电源容量小，交直流均可使用，暂时失去电源仍可操作一次；缺点是结构较为复杂，强度要求高，输出力特性与本体反力特性配合较差；适用于220kV以下的断路器，是35kV以下油断路器所配操动机构的主要品种。

（6）液压操动机构

优点是不需直流电源，暂时失去电源仍可操动几次，功率大，动作快，冲击力小，操作平稳；缺点是结构复杂，加工精度要求高，价格贵；适用于110kV以上断路器，是超高压油断路器、SF6断路器所配操动机构的主要品种。

8.3.2 少油断路器的常见故障

8.3.2.1 高压油断路器严重缺油的故障处理

油断路器在运行中，严重缺油的故障几率虽然不大，但是这种故障万一引发事故，造成的后果是严重的，运行人员应经常监视断路器的油位。

1. 严重缺油的危害

油断路器严重缺油，引起油面过低，在开断负荷电流和故障电流时，弧光冲出油面，游离气体会混入空气中发生燃烧，甚至会引起爆炸。另外，内部绝缘暴露在空气中极易受潮。

运行中的油断路器，若油位计内油位低于下限，应立即汇报情况，设法带电加油或计划停电加油。否则，当气温骤降时，油面会更低，可能使断路器无法安全地断开电路。

2. 故障处理方法

（1）立即断开缺油断路器的操作电源，并在其操作把手上挂“不许拉闸”的标示牌。

（2）如设备条件许可，漏油又不是很严重，且能带电处理时，设法带电加油。如漏油严重，且油位计内已看不到油面，则严禁带电加油。

（3）若不能带电加油，则可利用变、配电所一次系统主结线的特点，经倒闸操作将缺油断路器退出运行，进行加油。

8.3.2.2 高压断路器运行中发热的故障处理

高压断路器运行中发热的主要原因有过负荷、断路器实际出力达不到额定出力，触头接触不良、接触电阻增大而造成发热等。

1. 发热的危害

断路器的内部发热，使油温过高，加速油氧化。油氧化后，产生沉淀物，酸值升高，绝缘强度降低，灭弧能力差。内部发热会使触头氧化加剧，接触电阻增大，致使发热更严重而形成恶性循环。

2. 故障处理方法

当发现断路器温度过高，应向调度汇报，设法降低负荷，使温度下降。若温度不下降，发热现象继续恶化，或发现内部有响声，油面异常升高，以致冒油、油色变暗，则可判定故障由内部引起，应立即转移负荷，将故障断路器停电，着重检查其导流部分并作相应地处理。

8.3.2.3 高压断路器合闸失灵的故障处理

断路器合闸操作是常规操作，合闸失灵也是最常见的故障之一，处理不当将会拖延设备的送电时间。当发生这种故障时，应根据操作中出现的异常现象作出分析、判断和正确的处理。

1. 合闸失灵的原因

断路器合闸失灵通常有下述几种原因引起：

(1) 操作不当；

(2) 合闸于故障线路，保护后加速动作跳闸；

(3) 操作、合闸电源故障或二次回路故障；

(4) 断路器操动机构和传动机构机械故障。

2. 故障的判别和处理方法

(1) 操作不当的判断及处理

为判断断路器合闸失灵是否由操作不当引起，应进行下述工作：

① 检查有无漏装合闸保险；

② 控制开关上是否复位过快或未扭到位；

③ 对装有并列装置者，应检查有无漏投并列装置；

④ 检查是否按自投装置的有关要求操作。

(2) 合闸于故障线路的判断及处理

① 对于后加速保护环节的断路器，将有信号发出。

② 对无后加速环节的断路器，若无信号发出，则应观察电流表有无因短路电流出现而起的冲击摆动，照明灯光是否突然变暗，电压表读数是否突然下降。若无上述现象应立即停止操作，汇报给调度，以便查明情况。

(3) 操作、合闸电源故障的判断

① 对电磁机构，合闸接触器不动作，对弹簧机构，合闸铁芯不动作，说明操作回路不通。

② 若为电磁机构，合闸接触器动作而合闸铁芯不动作，说明无合闸电源。

③ 当控制开关扭到“合闸”位置时，如绿灯指示不发生变化，即仍闪光，合闸电源表无摆动，说明二次回路不通。其原因可能是：合闸熔丝熔断或接触不良；合闸母线电压太低；合闸回路中的各相关接点接触不良，如控制开关的接点、断路器的常闭辅助触点、防跳继电器的常闭触点、弹簧操动机构的“储能闭锁”辅助触点等；操作回路的接线端子松动，合闸接触器或合闸线圈断线。

④ 控制开关扭到“合闸”位置时，绿灯灭，红灯不亮；控制开关返回到“合闸后”位置，红绿灯皆不亮。此时，如有事故音响信号发出，说明断路器没合上，可能是因为操作电源的保险熔断或接触不良。则应检查断路器是否已合上；检查红灯灯泡、操作保险是否良好；检查断路器的常开辅助触点接触是否良好。

⑤ 控制开关扭到“合闸”位置时，绿灯熄灭后复亮（或闪亮），合闸电流表摆动。主要问题：一是合闸电源电压过低，合闸硅整流容量过小，以致操作机构未能将断路器提升杆提起，传动机构动作没有完成；二是操作机构调整不当，例如，合闸铁芯超程，或缓冲间隙不够，合闸铁芯顶杆调整不当。

⑥ 控制开关扭到“合闸”位置时，绿灯灭，红灯亮后又灭，合闸电流表摆动。这种情况表明，断路器曾合上过，因操作机构的机械故障，维持机构未能使其保持在合闸位置。产生上述情况的原因有：合闸支架坡度大或没有复位；脱口机构扣入尺寸不够，四连杆机构未过死点；合闸电源电压过高，使机构的冲击反力过大。

⑦ 电磁机构在断路器合闸时“跳跃”，这种故障多系断路器常闭辅助触点开断过早或合闸次数过多，合闸线圈发热而引起的。

8.3.2.4 高压断路器跳闸失灵的故障处理

断路器跳闸失灵对供电系统的安全运行有很大的危害，因为当设备发生故障时，断路器拒绝分闸，会导致越级跳闸，母线失压，使事故范围扩大，甚至使供电系统崩溃。因此，当发生此类故障时，如短时间内不能查明原因，又不能自行处理的，应立即向调度汇报，并应采取下述措施，以防止越级跳闸：

（1）将拒跳断路器经倒闸操作倒至单独的一段母线上，与母联断路器串联运行，用母联断路器的保护代替拒跳断路器的保护，退出拒跳断路器的保护后，再处理其二次回路问题；

（2）双电源的用户，倒负荷后，停电检查处理；

（3）有旁路母线的，将负荷倒至旁路母线后，停电检查处理；

（4）拒跳断路器停电操作时，如果电动操作断不开，可用手动方法将其断开。

1. 操作中拒跳的故障判断

（1）跳闸铁芯不动作，将控制开关转到“预跳”位置，红灯不闪光，说明跳闸回路不通。可在断开断路器操作的同时，测量跳闸线圈两端有无电压。若无电压或电压很低，则原因有：熔丝熔断或接触不良；控制开关接点、断路器的常开辅助触点、接线端子等接触不良。若两端电压正常，则原因有：跳闸线圈断线、串联线圈极性接反，跳闸铁芯卡滞等。

（2）跳闸铁芯动作，脱扣机构不脱扣，可能的原因有：

① 脱扣机构扣入太深，啮合太紧，四连杆机构过“死点”太多；

② 跳闸铁芯行程不够；跳闸线圈的剩磁大，使铁芯未复位，顶杆冲力不足；跳闸线圈有层间短路；

③ 弹簧机构的跳扣钩合面角度不良。

（3）跳闸铁芯已动作，虽脱扣但不分闸，其原因有：

① 操动、传动、提升机构卡滞，摩擦力增大；

② 机构轴销窜动或缺少润滑；

③ 断路器分闸力太小，有关弹簧拉伸或压缩尺寸小，弹簧变质；

④ 断路器动、静触头熔焊、卡涩。

2. 运行中引起跳闸失灵的处理

(1) 运行中红灯不亮

① 检查灯泡、灯具是否良好;

② 检查熔丝是否熔断或接触不良;

③ 跳闸回路有无断线或接触不良。

(2) 发出“控制回路断线”信号

① 检查熔丝是否熔断或接触不良;

② 检查跳闸回路有无断线或接触不良。

(3) 发出“电压回路断线”信号

① 应退出可能误动的保护及自动装置;

② 检查电压切换回路是否正常，具体应查看：母线侧刀闸的辅助触点；电压切换继电器是否断线或接触不良；端子排上的交流电压端子有无接触不良。

8.3.3 少油断路器的检修

8.3.3.1 断路器本体的检修

1. 本体拆卸

拆下引线，拧开放油阀，排放油，拆除传动轴拐臂与绝缘连杆的连接，然后按下列顺序从上至下逐步解体:

(1) 拧开顶部4个螺钉，卸下断路器的顶罩。

(2) 取下静触头和绝缘套 松开静触头的六角螺帽,取出小钢球;瓣形静触头,共二片紫镀银触指,其中四片较长的为弧触指,其他八片为工作触指。弹簧钢片将触指固定在静触座上。

(3) 用专用工具拧开螺纹套，逐次取出绝缘隔弧片取出后在外重新装好。

(4) 用套筒扳手拧开绝缘筒内的四个螺钉，取下铝压环、绝缘筒和下出线座（如果断路器下部无异常现象，可不拆卸绝缘筒，用变压器油冲洗即可）。

(5) 取出滚动触头，拉起导电杆，拔去导电杆尾部与连板连接的销子，即可取下导电杆。

(6) 拧下底部三个螺钉，拆卸油缓冲器。

2. 本体的检修

(1) 将取出的隔弧片和大小绝缘筒，用合格的变压器油清洗干净后，检查有无烧伤、断裂、变形、变潮等情况。对受潮的部件应进行干燥（放在80~90℃的烘箱或变压器油内干燥），在干燥过程中应立放，并经常调换在烘箱内的位置。

(2) 将静触头上的触指和弹簧钢片拔出，放在汽油中清洗干净，检查触指烧伤情况，轻者用“0”号砂纸打光，重者应更换。检查弹簧钢片，如有变形或断裂者应更换之。在触指组装时，应保证每片触指接触良好，导电杆插入后有一定的接触压力。

(3) 检查逆止阀钢球动作是否灵活，行程应为0.5~1mm(用游标卡尺的测深尺测量)。

(4) 检查滚动触头表面镀银情况是否良好，用布擦拭，切忌用砂纸打磨。

(5) 检查导电杆表面是否光滑，有无烧伤、变形等情况，从动触头顶端起60~100mm处保持光洁，不能有任何痕迹。导电杆的铜钨头如有轻度烧伤，可用挫刀或砂纸打光，对烧伤严重（烧伤深度达2mm）的应更换，更换后的触头结合处打三个防松的冲眼（不能用铁钳直接夹持导电杆）。

(6) 检查本体的支持瓷套管和支架的套管瓷瓶有无裂纹、破损，如有轻微掉块可用环氧树脂修补，严重时应更换。

8.3.3.2 传动机构的检修

首先，拆开传动机构与操作机构的连接部分，即拆开传动拉杆与拐臂的连接销子，然后用手拉动拐臂，详细检查传动机构的所有连接处，并注意如下部分的检修：

(1) 检查各主轴有无磨损现象和变形，轴承孔眼有无堵塞物。如发现主轴有轻微磨损现象，可用锉刀或砂布打磨光滑，严重者需要换。

(2) 检查各传动部件有无卡涩现象，主轴在轴承内能否自由转动。如发现主轴有卡涩现象，可移动支持瓷瓶位置或增减支持瓷瓶与油箱之间的垫片来改变油箱在支架上的安装位置和垂直高度，以消除卡涩现象。注意在移动油箱位置时，必须保持各相油箱间的中心距离为 250 ± 2mm 。可在上帽螺钉和放油塞处测量相同距离。

(3) 传动机构的运动部分（包括轴、销子、垫片等）应涂以润滑油，各部分轴销应连接牢固，开口销、垫片应齐全完整。

第二，仔细检查分闸弹簧有无缺陷，各匝间距离是否均匀。一般检查不取下弹簧，也不随便松动它，只有当分闸速度不合格时才进行调整，如调整无效，说明弹簧已失败，则应更换。

第三，检查分闸油缓冲器的完整性。用手操动触杆，如有卡涩现象，可拆下油箱尾部三个螺钉，将油缓冲器取下，检查缓冲器杆是否弯曲。检查合闸弹簧缓冲器下面的螺母，取下弹簧及螺杆，检查弹性是否良好，有无生锈现象，并将其清洗后涂上黄油，保持润滑。

最后，检查传动拐臂转动油封处是否渗油，各种密封垫圈是否齐全完好。

8.3.3.3 断路器本体的组装

组装前将油箱用合格的变压器油冲洗干净，检查油位指示器、传动拐臂的转动油封、放油阀等处的密封情况，更换各处的密封圈，然后按拆卸相反的顺序组装。组装时应注意：

(1) 隔弧片的组合顺序和方向正确，灭弧室内横吹口要畅通，横吹口的方向为引出线的反方向。

(2) 装静触头之前检查静触头架上是否有密封，触头座内是否有逆止阀。

(3) 装顶罩时，B 相顶罩排气孔的方向与引出线的方向相反，A 、C 两相的顶罩排气孔与 B 相的相差为 45°角。

(4) 本体组装完毕后，将传动拉杆与拐臂连接，手动操作几次，检查连接是否正确。

8.3.3.4 组装后的调整

1. 调整灭弧片上端面至上引线座上端面的距离

要求 SN10 - 10 Ⅱ型为 135 ±0.5mm；SN10 - 10 Ⅲ型为 153 ±0.5mm。如不合要求，可由调整灭弧片之间的垫片来达到。

2. 调整动触头合闸位置的高度

动触头上端面至上引线座上端面的距离要求 SN10 - 10 Ⅰ型为 130 ±1.5mm；SN10 - 10 Ⅱ型为 110 ±1.5mm；SN10 - 10 Ⅲ型为 122 ±(1 ~2)mm，这样才能满足超行程的要求。它可由调主轴至机构室绝缘联杆的长短来达到，也可调主轴到操动机构的传动杆的长短。即连杆调短就使上述尺寸减少，超行程增大，而连杆调长则使上述尺寸增加，超行程减小。

3. 调整导电杆的行程

要求总行程 SN10 - 10 Ⅰ型为 145 ±3mm；SN10 - 10 Ⅱ型为 155 ±3mm；SN10 - 10 Ⅲ型为 157 ±3mm ，不合格时可调传动拉杆或连杆的长短来达到，亦可增减分闸限位器的铁片和橡皮垫圈数来达到，调后不影响超行程。

4. 调同期性

三相分闸不同期性要求不大于2mm，不合格时可由改变各相绝缘连杆的长短来达到，调连杆时应注意不能影响动触头端面至上引线座上端面的距离，若保证了这个尺寸不超过±2mm的误差，也可以不测三相分闸不同期性。注意调同期可和调行程同时进行。

5. 调整合闸弹簧缓冲器

在断路器处于合闸位置时，拐臂的终端滚子打在缓冲器上距极限位置还应留有2~4mm的间隙。

6. 调整动静触头的同心度

将静触头座安装在油箱上部凸台上，暂不拧紧螺栓，手动合闸几次，用动触头向上插入静触头的力，使静触头稍作移动，达到自动调节同心的目的。

8.3.4 少油断路器的试验

断路器在检修过程中进行电气和机械方面的测试是必要的。测试的目的是：第一，通过测试可以全面掌握开关的电气和机械性能，以便确定检修重点，有目的地进行调整，保证检修质量；第二，保证断路器的技术参数符合规程要求，以使断路器能可靠地投入运行。因此，大修后必须通过全面的试验来鉴定。

8.3.4.1 绝缘电阻的测试

1. 检修前的测试

在检修前应对断路器的高压套管、支持绝缘子、绝缘拉杆进行绝缘电阻的测试。测试时使用2500V摇表。断路器在合闸状态整体测试时，额定电压为35kV及以下的断路器各相对地绝缘电阻应在1000MΩ以上；110kV及以上的断路器各相对地的绝缘电阻应在3000MΩ以上。低于上述要求时，应在解体后分别测试，找出绝缘电阻值低的元件进行处理。

2. 断口绝缘电阻的测试

检查灭弧室的绝缘，应在分闸状态，用2500V摇表测试断口的绝缘电阻，通常应不低于1000MΩ。

3. 二次线及套管电流互感器各电磁线圈的绝缘电阻的测试

用1000V摇表测试操动机构中二次线以及套管电流互感器各电磁线圈的绝缘电阻，其对地绝缘电阻值应不低于1MΩ；用500V摇表测试电动机的绕组对地的绝缘电阻，应不低于0.5MΩ。

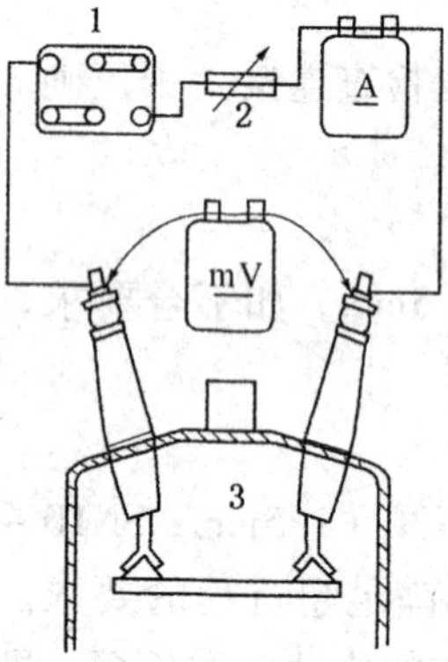

图8-6 导电回路接触电阻的测量接线图

1—电瓶；2—调节电阻；3—被测开关

8.3.4.2 接触电阻的测试

配合导电部分的检修，要进行导电回路的接触电阻测试，其接线如图8-6所示。接触电阻的合格值通常是以每相全回路的允许最大的微欧值给出，当接触电阻超过合格值的要求时，要分别测试回路中各套管、静触头的连接、动触杆与横梁的连接以及软连接的接触电阻，以查出不良的部位。

国标对断路器导电回路电阻的测量均作了规定：应采用直流压降法测量，电流不小于100A。

8.3.4.3 直流电阻的测试

为检查操动机构各电磁线圈，以及操作用的电动机绕组是否完好，配合解体检修，要用直流电桥测量各线圈的直流电阻值。

将测得值与前次检修测量值或是出厂值相比较，在相同温度下的差值应在5%以下。

8.3.4.4 动作电压和时间的测试

1. 分闸电磁线圈与合闸接触器最低动作电压试验

测试步骤如下：

（1）将可变电阻调到最大阻值，接通电源，减小可变电阻值，使电磁线圈所加电压为额定电压的30%，电磁铁不应动作。

（2）断开电源，可变电阻值不变，再接通电源，电磁铁亦不应动作。

（3）继续减小可变电阻至电磁铁吸合，此时分闸电磁铁应完成脱扣动作；合闸接触器的接点应可靠吸合；液压机构的电磁铁应能可靠地完成分、合闸阀的启动动作。读取电压值，即为最低动作电压，电压值不应高于额定电压的65%，测试不少于3次。

在调整过程中为减少机构的分合次数、减小合闸接触器接点的烧损，可先将控制分、合闸电路的辅助开关接点短路，并将需要大电流的合闸电磁铁电源切断，单独测试调整最低动作电压，待合格后再连同开关一起进行试验。但在试验时通电时间不可过长，以免线圈过热烧毁。

2. 动作时间试验

用电秒表法测分、合闸时间，其试验接线如图8－7所示。此方法比较简便，但测量误差较大，对于110kv及以上电压的断路器不宜采用，应用示波器法测试。具体操作如下：

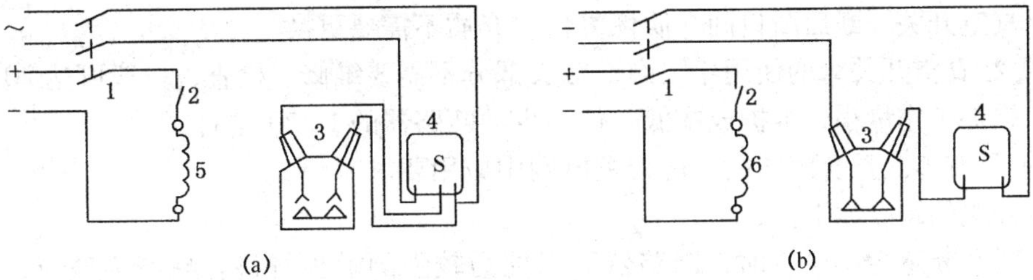

图8－7 电秒表法测分、合闸时间

（a）合闸时间；（b）分闸时间

1—刀开关；2—辅助接点；3—断路器；4—电秒表；5—合闸补助器；6—分闸线圈

（1）测合闸动作时间。合上电源开关，电秒表与合闸接触器同时带电。电秒表开始计时，合闸过程结束后，电秒表的动作线圈被断路器的触头短接，停止计时。电秒表记录的时间即为“固有合闸时间”。

（2）测分闸动作时间。合上电源开关，电秒表与分闸线圈同时带电。电秒表开始计时，当分闸过程结束后，电秒表的电源被断路器切断，秒表停止记录的时间即为“固有分闸时间”。

测量时，应保持电源电压为额定值，交流电的频率为50Hz，重复测3～5次，取平均值。

对于第一次大修与增容改造的高压断路器，还应以80%和110%的合闸线圈额定电压进行合闸试验各两次；以65%和120%的分闸线圈额定电压进行分闸试验各两次，合闸与分闸均应可靠。电源电压的调节可采用改变蓄电池组的串接个数进行，或是用波形较好的可调电压的整流设备进行。

8.4 真空断路器

真空断路器的优点很多，发展前景十分广阔。真空断路器在国外已经广泛地应用于城网和农村电网，我国也已生产10kV、35kV电压级真空断路器。

8.4.1 真空断路器的基本结构

8.4.1.1 真空开关的优、缺点

真空开关具有以下优点：

（1）在密封的容器中熄弧，电弧和炽热气体不外露。灭弧室作为独立的元件，安装调试简单、方便。

（2）触头间隙很小，一般在10mm左右，合闸功小，机构简单，使用寿命长。

（3）熄弧时间短，弧压低，电弧能量小，触头损耗小，开断次数多。

（4）动导杆的惯性小，适用于频繁操作。

（5）操作机构小，整机体积小，重量轻。

（6）控制功率小，开关操作时动作噪音小。

（7）灭弧介质或绝缘介质不用油，没有火灾和爆炸的危险，安全。

（8）触头部分为完全密封结构，不会因潮气、灰尘、有害气体等影响而降低其性能工作可靠，通断性能稳定。

（9）真空开关开断后断口间介质恢复快，介质不需要更换。

（10）在真空开关管的使用年限内，触头部分不需要维修、检查，一般可达20年左右不需检修。维护工作量小，维护成本低，仅为少油断路器的1/20左右。

（11）具有多次重合闸功能，适合配电网中应用要求。

真空开关的缺点如下：

（1）对开断感性小电流时，断路器灭弧能力较强的触头材料容易产生截流，引起过电压，应采取相应的过电压保护。

（2）价格较高，主要取决于真空灭弧室的专业生产及机构可靠性的要求，如果综合考虑运行维护费用，价格并不高。

8.4.1.2 真空开关灭弧室

真空开关管的基本结构见图8-8。型号不同的真空灭弧室按用途、参数、开断容量可分为断路器用真空灭弧室、负荷开关用真空灭弧室、接触器用真空灭弧室、重合器用真空灭弧室和分段器用真空灭弧室。其结构形式均由气密绝缘外壳、导电回路、屏蔽系统、波纹管等部分组成。

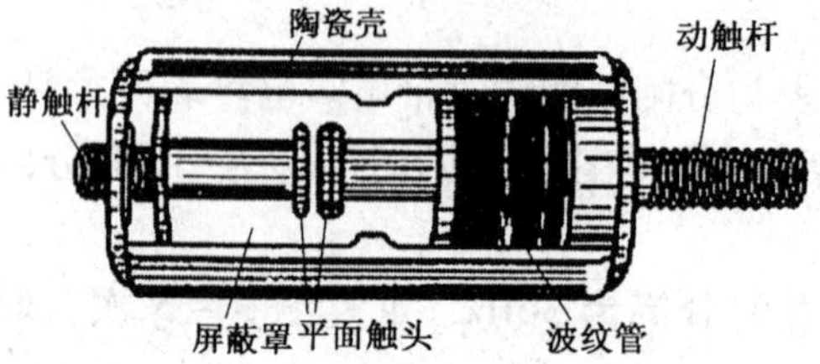

图8-8 真空开关管的基本结构

1. 真空灭弧室的基本结构

（1）气密绝缘系统。由玻壳（或陶瓷壳）及动、顶端盖板、不锈钢波纹管组成气密绝缘系统，起气密绝缘作用。

（2）导电回路。主要由一对触头（电极），动、定触头座，动、定导电杆组成，起接通与断开回路的作用。

（3）屏蔽系统。该部分通常由环绕触头四周的金属屏蔽筒构成，主要作用是防止触头在

燃弧过程中产生的大量金属蒸气和液滴喷溅、污染绝缘外壳的内壁，造成管内绝缘强度下降。其次还可以改善管内电场分布，并吸收电弧能量，冷凝电弧生成物，提高真空灭弧室开断电流的能力。

(4) 波纹管。波纹管是由厚度为0.1～0.2mm的不锈钢制成的薄壁元件，是真空灭弧室的一个重要的结构零件，它使动触头在真空状态下运动成为可能，是保证真空灭弧室机械寿命的重要零件。真空灭弧室在安装、调整及使用过程中，应避免波纹管受过量的压缩、过量的拉开，以确保波纹管的使用寿命。

真空开关管的真空处理是通过专门的抽气方式进行的，真空度一般达到 1.33×10^{-3}～1.33×10^{-7}Pa。

2. 真空灭弧室的基本工作原理

真空灭弧室是用密封在真空中的一对触头来实现电力电路的接通与分断功能的一种电真空器件，是利用高真空度绝缘介质。当其断开一定数值的电流时，动、定触头在分离的瞬间，电流收缩到触头刚分离的某一点或某几点上，表现电极间的电阻剧烈增大和温度迅速提高，直至发生电极金属的蒸发，同时形成极高的电场强度，导致剧烈的场强发射和间隙的击穿，产生了真空电弧，当工作电流接近零时，同时触头间距的增大，真空电弧的等离子体很快向四周扩散，电弧电流过零后，触头间隙的介质迅速由导电体变为绝缘体，于是电流被分断，开断结束。

真空开关管触头的结构根据开断电流的大小有所不同，图8－8所示的触头，可以开断电流的大小与触头的直径大体上成正比。因此，对于开断小电流的负荷开关和接触器时，可以采用图8－8的简单对接触头结构；当用于开断大电流的断路器时，为了提高开断能力，增强灭弧的效果和灭弧能力，在触头上的周围装上旋弧盘或在电极上开旋弧槽。

8.4.1.3 触头的结构

触头的结构对真空开关的开断能力有很大的影响，上述的对接盘式触头，极限开断电流的能力仅能达到数千安，受阳极极斑点的限制不能开断过大的电流。为了提高开端电流，推出了横向磁场及纵向磁场的结构形式，开断电流可达到40～50kA。

1. 横向磁场触头结构

横向磁场触头结构如图8－9（a）所示。横向磁场就是与弧柱轴线相垂直的磁场，它与电流的相互作用产生电动力使弧柱运动，避免电极表面局部过热，抑制或推迟阳极斑点的产生，这对提高极限开断能力有明显效果。磁场是靠触头中的电流流线产生的，上、下两触头具有对称的螺旋线。当触头间形成电弧时，电流流经上、下螺旋线，在触头间(弧柱上)产生的磁场为半径方向，在弧柱中的电流作用力作用下驱使电弧沿圆周方向运动，在触头表面不断地旋转，因此电弧产生的热量能均匀地分散在较大范围的面积上，减轻局部过热现象。这类触头在20世纪60年代的真空开关产品中使用取得较好效果，使当时的产品开断能力提高到30～40kA。

2. 纵向磁场触头结构

纵向磁场触头结构如图8－9(b)所示。外加与弧柱轴线平行的纵向磁场，能有效地抑制阳极斑点的形成，纵向磁场能约束带电质点，抑制等离子体的宏观变形与不稳定，所以可能有助于克服阳极区正离子匮乏和抑制等离子体

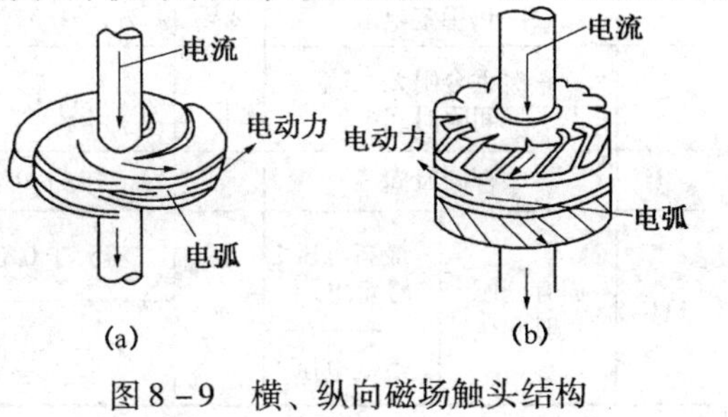

图8－9 横、纵向磁场触头结构

收缩现象的发展。

8.4.1.4 户内、户外真空断路器

1. 总体结构

手车式真空断路器是目前我国较为普遍采用的结构形式，主要技术参数见表8-1，真空断路器在3~35kV配电系统中已得到了广泛的应用，技术上也逐渐成熟，其开断电流已达到50kA，额定电流达到2500A，应用发展的潜力仍然很大。利用多断口串接的原理，可以将真空开关的技术应用到更高电压等级中。目前真空开关还主要在户内配电装置中采用，随着应用技术及绝缘问题的解决，真空开关用于户外会有更大的前景。从目前应用情况看，柱上真空断路器、真空重合器已取得了较好的运行经验。

为了能了解真空开关管的真空度，采用透过开关管外壳看灭弧室内吸气剂的变化来判断，所以真空开关管的外壳采用了透明的玻璃制作。10kV真空断路器(户内)的应用，制造技术已经比较成功，其数量、品种都已很多，机构形式大致分为电磁操动机构和弹簧贮能机构。机构形式与普通类型的断路器区别不大，但体积、重量、性能都比较好。

2. 真空断路器的操动机构

真空断路器采用了成熟的、性能可靠的电动机(交直流220V)储能弹簧操动机构，具有电动关合、电动开断、手动储能、手动关合、手动开断和过电流(或短路)自动脱扣开断六种功能。机构由棘轮、凸轮、合闸弹簧、分闸弹簧、手动脱扣连杆、脱扣器和辅助开关等部分组成。

8.4.1.5 户外型真空断路器

户外型真空断路器为积木式结构，由本体、操动机构及箱盖三部分组成。断路器本体部分由导电回路、绝缘系统、密封件及壳体组成，为三相共箱式，三相灭弧室安装在绝缘的框架中，稳定性好，便于维护、检查、调试。导电回路由进、出线导电杆、动静端支座、导电夹与真空灭弧室连接而成。外绝缘由高压瓷套实现，具有抗污秽能力。内绝缘为复合绝缘，箱体内充变压器油以解决户外产品的内部真空灭弧室表面凝露问题。

表8-1 真空断路器主要技术参数

序号	项目		单位	数据
1	额定电压		kV	10
2	最高工作电压		kV	11.5
3	额定电流		A	1250
4	额定开断电流		kV	20，31.5，40
5	额定开断电流开断次数		次	不少于30
6	额定关合电流		kV	50(峰值)
7	动稳定电流		kV	50(峰值)
8	4s热稳定电流		kV	20，31.5，40
9	一次重合闸无电流间隔时间		s	0.3
10	合闸时间		s	不大于0.2
11	固有分闸时间	最高电压 额定电压	s	不大于0.05
		最低电压		不大于0.08

序号	项目		单位	数据
12	操动机构操作电压电流	合闸线圈	V，A	110V，110A 220V，55A
		分闸线圈		110V，3A 220V，1.5A
13	机械寿命		次	1000
14	触头开距		mm	11+1.5
15	超行程		mm	4±1
16	动触头累积允许磨损厚度		mm	3
17	平均合闸速度		m/s	0.5±0.2
18	平均分闸速度(接触油缓冲器前)		m/s	11±0.2
19	三相合分闸不同期性		ms	≤2
20	触头合闸弹跳时间		ms	≤2
21	油缓冲器缓冲行程		ms	10
22	各项回路电阻		μΩ	≤40
23	外形尺寸(高×宽×深)		mm	678×600×635

8.4.2 真空断路器的维护与检修

8.4.2.1 检修的分类

1. 巡回检查

在断路器运行状态下，从外部观察有无异常情况，也可以与整个设备的观察一起进行。

2. 定期检修

为了能使断路器经常保持正常的工作状态，在开断、接通短路电流或通断负载电流时，能很好地发挥断路器的作用，定期进行检修。这类检修分为：

（1）一般检修。停止断路器的运行，检验机能，以维护为目的，主要是从外部进行。

（2）详细检修。停止断路器工作，检验机能，目的在于恢复，主要是分解进行检修，并根据标准更换零部件。

3. 临时检修

当遇到下列情况，就必须进行临时检修：

（1）巡回检查和一般检查时发现异常情况；

（2）当各种断路器使用到规定的开断短路电流标准次数时；

（3）当用到规定的通断负荷电流、小电流和空载电流次数时，按检修的有关规定进行。

8.4.2.2 真空开关的检修周期

真空开关的检修周期应根据目前部颁交接预防性规程中“真空开关”章节有关规定进行，并结合运行的实际状况掌握，现作以下规定：

（1）结合季节性（年度）预防性试验对真空灭弧室断口采用工频耐压方法检验真空度；

（2）在正常操作（合、分负荷电流）次数达到2000次，开断额定短路电流10次后应检查各部位的螺钉有无松动；

（3）真空开关停运、贮存较厂时间应检查其真空度。

8.4.2.3 真空断路器拒动现象及处理措施

在上述各项检修过程或运行中，当发生拒动情况时，要分析产生拒动的原因。

（1）在检修断路器主体的拒动之前，要充分判断一下原因是否出在控制方面。

（2）如果断定故障确是出在断路器方面，应把断路器从线路上切开后再检修。

有关拒动现象、原因及处理措施见表8－2。其故障判断和处理办法见表8－3。

表8－2 拒动及检修

动作异常现象	原　因	处 理 方 法
不能进行合闸动作	合闸线圈烧坏或断线	更换
	各触点接触不良	用砂纸打磨触点
有合闸动作，但合不上闸	由于受合闸时的冲击力使跳闸杠杆跳起	调整跳闸杠杆的位置达到产品技术要求
	由于摩擦，跳闸拉杆、其他各连杆回不去	检查销子是否被卡住，并注入润滑油
不能跳闸	跳闸线圈烧坏或断线	更换
	辅助触点接触不良	在辅助触点操作连杆时，调整触点或更换新触点
	由于摩擦，跳闸杠杆变紧	检查销子是否被卡住，注入黄油，调整到适合位置
计数器指示不准	操作计数器的拉杆偏斜	松开拉杆的螺钉，重新调整

表 8-3　故障判断和处理办法

故障的状态											原因	判断方法	处理
通电部分过热	触头损耗严重	连续动作	线圈烧杯	电源故障	线圈电阻过热	锁构挂不上	拒分	拒合	真空开关管表面漏电	不释放		在检查主回路时，一定要把一次侧隔离开关或断路器打开	搞不清时，应与制造厂联系
						○	○	○			电源电压过低	用万用电表量是否在额定电压的85%以上	减小电压降
			○	○	○	○	○	○			额定电压不符	检查工作电压和铭牌上规定的电压	改为正确的额定电压
							○	○			操作回路有问题	核对接线图	改为正确的接线，搞不清时，找制造厂
○					○			○			线没接好，螺丝松动	检查螺丝的松动情况	接好、拧紧
						○		○ ○		○	控制触点接触不良端子排的接线不对	用万用电表检查接触电阻 查对接线图，端子编号和工作电压	把接触部位清扫干净按图纸规定改正
							○	○			电源熔断器熔断	检查熔断器	按规定换上
							○	○			线圈断线、烧坏	断线时，用万用电表检查；烧坏时，有异常气味	换上新的
		○						○			电阻器断线	用万用电表检查（连击）	换上新的
									○		真空开关管表面附着导电性灰尘或水滴	用兆欧表测定绝缘电阻	用干布擦净
						○	○				锁钩机构没调节好	接通线圈处于激磁状态，检查锁钩是否能合上	调整机构有关部位
			○			○		○		○	机构卡住	用活扳手轻轻地转动方轴	调整到合适的位置
								○			真空开关管损坏	是否有负压，可与其他开关管相比较	换上新的
		○	○								延时触点还没打开，辅助触点就过早地离开了	合闸时，辅助触点在最下端的间隙是否正常	调整辅助触点
								○			辅助触点接触不良	用万用电表重点检查延时触点 b	清扫干净或换新的
										○	触头熔焊		换上新的真空开关管

注　○——原因。

如发生拒动，又不能用简单方法进行处理时，最好保持故障状态原封不动，及时与制造厂取得联系。要是真空开关管的触头损耗量达到或超过了规定值，必须马上更换新管。更换时，最好三相同时更换，并把它们调整到规定的尺寸上，再去使用。这是因为原来的触头已有磨损，真空开关管里的波纹管由于安装尺寸的关系，与新管已经不一样了，如不加以调整，将要降低波纹管的寿命，不能长期、多次地使用。

换新管时，要参照产品使用说明书，若有千分卡尺，测量出真空开关管动导杆的行程，或绝缘法兰的动作行程等，以检验是否符合规定的数值。

如果行程过大，也会降低波纹管的使用寿命，这一点也要注意。

真空开关管装好后，只测定一相的尺寸就可以了，其余两相与最先调整的相一致，就算装好了。在组装真空开关时，一定要注意不能使波纹管受扭力。

8.4.2.4 巡视注意事项

1. 正常运行的断路器在合闸状态时的检查

（1）断路器操动机构应在合闸位置；

（2）断路器主轴滚轮离开油缓冲器；

（3）分闸弹簧处于贮能状态；

（4）真空灭弧室动触杆留露在导向板下的长度约 4 ~5mm；

（5）真空灭弧室内的波纹管可见(用陶瓷管无此项)；

（6）真空开关上下支架的试温片应无明显变化。

2. 停电巡视检查

（1）机构应处于明显的分闸指示状态，在分闸位置；

（2）断路器大轴(传动轴)与油缓冲器接触，油缓冲器处于压缩状态；

（3）真空灭弧室的动能杆伸出导向板下的长度明显，约 15mm 左右；

（4）真空灭弧室动触头的波纹管明显不可见(用陶瓷管无此项)。

3. 维护检查

（1）一般维护检查应包括：

① 真空断路器维护检查应按停电巡视检查项目，检查有无异常现象；

② 检查真空断路器各可动部位的紧固螺丝有无松动(断路器在关键部件上均有红色油漆标定位置)；

③ 检查真空断路器有无裂纹、破碎痕迹；

④ 检查拉杆(动触头连接杆 3 支)、真空灭弧室动静触头两端的绝缘支撑杆有无裂纹、断裂现象，支柱绝缘子表面有无裂纹及电弧外闪痕迹；

⑤ 油缓冲器在真空断路器合闸位置是否返回；

⑥ 检查油缓冲器有无压力；

⑦ 检查真空断路器所有螺栓有无松动及变形。

（2）对导电部位的检查应注意：

① 下支架的外部连接螺栓；

② 上支架固定真空灭弧室螺栓；

③ 下支架导电夹螺栓。

（3）对传动部件的检查应注意：

① 拐臂与灭弧室动端杆的 3 根轴，两端挡卡；

② 拉杆与拐臂的固定螺母及固定件；

③ 6 只固定支柱绝缘子的 M24 螺栓(在真空断路器框架)；

④ 固定真空断路器的安装螺栓；

⑤ 机构大轴与断路器拐臂的连接螺母；

⑥ 传动连接杆的焊接部位有无断裂；

⑦ 主传动轴的轴销有无松动脱落；

⑧ 禁止任何东西放在真空断路器上静支架，以防止落下时打坏真空灭弧室。

4. 真空灭弧室内部检查

(1) 触头烧损情况检查。真空断路器灭弧室经过多次开断短路电流后，触头在电弧作用下有烧损，检查方法是：测量真空开关管的开距，以此与上次结果作比较；用直流电阻测量法检查回路电阻；测量压缩行程是否有明显变化。触头烧损后，经过调整满足技术参数要求，仍可继续使用(与其他要求综合判断)。

(2) 真空开关灭弧室真空度检查。看真空开关灭弧室外玻璃管(陶瓷)的外观有无裂纹、破损；真空灭弧室两端焊接面有无明显的变化、移动、脱落；拆开拉杆与拐臂的连接轴销，用手拉动触杆检查其是否能自动返回，使真空灭弧室动触头始终自保持在闭合状态(外部气压使触头接触)，当自闭力很小或不返回时，说明真空度减小；利用绝缘耐压来检验(定性)，当绝缘水平低于42kV时，表明真空度下降，应予以更换。

8.4.3 真空断路器的试验

8.4.3.1 绝缘电阻的测试

1. 合闸状态整体测试

真空断路器的高压套管、支持绝缘子、绝缘拉杆进行绝缘电阻的测试。测试时使用2500V摇表。真空断路器在合闸状态整体测试时，额定电压为35kV的真空断路器各相对地绝缘电阻大修后应在2500MΩ以上；6kV的真空断路器各相对地的绝缘电阻应在1000MΩ以上。低于上述要求时，应进行处理。

2. 二次线及套管电流互感器各电磁线圈的绝缘电阻测试

用1000V摇表测试操动机构中二次线以及套管电流互感器各电磁线圈的绝缘电阻，其对地绝缘电阻值应不低于1 MΩ；用500V摇表测试电动机的绕组对地的绝缘电阻，应不低于0.5MΩ。

8.4.3.2 接触电阻的测试

真空断路器接触电阻的测试，是进行导电回路的接触电阻测试，试验原理和方法的与少油开关的一致。除去真空包以外，其他部分的接触电阻的测量方法和问题的处理方法与少油开关的一致(可参照前文)。

接触电阻的测试标准按照规程规定：大修后符合厂家规定。

8.4.3.3 直流电阻的测试

为检查操动机构各电磁线圈，以及操作用的电动机绕组是否完好，配合解体检修，要用直流电桥测量各线圈的直流电阻值。

将测得值与前次检修测量值或是出厂值相比较，应符合厂家规定。

8.4.3.4 动作电压和时间的测试

1. 分闸电磁线圈与合闸接触器最低动作电压试验

试验原理和方法与少油断路器的分闸电磁线圈与合闸接触器最低动作电压试验试验原理和方法一致；试验标准与少油断路器的一致。(可参照前文。)

2. 动作时间试验

由于真空断路器的结构特点，动作时间的试验原理和方法可采用少油断路器的动作时间试验方法中的电秒表法，具体内容可参照前文。

试验标准参照厂家标准。

8.5 SF_6断路器

8.5.1 SF_6断路器的结构和原理

8.5.1.1 SF_6气体的特性安全防护

1. SF_6气体的物理特性

SF_6作为一种绝缘气体，具有很多优点。首先，它是一种无色、无味、无毒、不可燃的惰性气体，并有优异的冷却电弧特性。特别是在开关设备有电弧高温的作用下产生较高的冷却效应，避免局部高温的可燃性。另外，SF_6气体的绝缘性能远远超过传统的油、空气绝缘介质，将其用于电气设备中，可以缩小设备的尺寸，提高设备绝缘的可靠性。其缺点是在电弧放电时，分解形成硫的低氟化合物，不但有毒，且对某些绝缘材料和金属具有腐蚀作用。

SF_6是一种比较重的气体，在相同条件下，其密度为空气的5倍，其压力与温度的关系遵循理想气体定律。熔点温度 -50.8℃。SF_6不能在过低温度和过低压力下使用。

SF_6的优良导热性能，是SF_6灭弧性能优异的原因之一。SF_6的导热性好可归结为两种原因：其一是SF_6的相对分子质量大，比热容大；其二是对流的传热能力优于空气。

2. SF_6气体的化学特性

SF_6气体本身的特性是非常稳定的，并且有着非常高的绝缘强度。在大气压力和温度至少在500℃以内，SF_6具有高度的化学稳定性。在正常温度范围内，其与电气设备中常用的金属是毫无反应的。SF_6分解的危险温度是600℃左右，此时SF_6分解形成硫的低氟化合物。因此，SF_6至少在电气设备的A级绝缘温度，即105℃以内是相当稳定的。

3. SF_6气体的电气特性

SF_6气体是一种具有高介电强度的介质。在均匀电场下，SF_6的介电强度约为同一气压下空气的2.5~3倍。在3个大气压下，其介电强度与变压器油相当。实践证明：在空气中掺入少量的SF_6气体，空气的绝缘强度显著提高；相反，在SF_6气体中加入少量的空气，则SF_6气体的绝缘强度也会明显下降。由于SF_6的介电强度高，因此对相同电压级和开断电流相近的断路器，SF_6的串联断口数要少。例如，我国研制的LF-220型SF_6断路器，单断口电压为220kV，又如，500kV的少油断路器为6~8个断口，而SF_6断路器只有3~4个断口。SF_6的电晕起始电压比空气高得多，介电常数与所加电压的频率无关。但是应该引起注意的是电场均匀性、杂质、电极的形状和不规则性等，对SF_6的介电强度均有一定的影响。SF_6气体中的水分对绝缘将发生影响。SF_6中所含水分超过一定浓度时，SF_6在温度达200℃以上就可能产生分解，分解的生成物中有氢氟酸，这是一种有强腐蚀性和剧毒的酸类。此外，水分的凝结对沿边绝缘也是有害的。因此，在SF_6的电气设备中，应严格控制水分的含量。

4. SF_6气体的气体湿度监测

运行中电气设备的SF_6气体湿度监测是非常重要的。气体湿度的高低对电气设备的灭弧性能、绝缘强度以及电气设备的寿命影响很大。

断路器隔室SF_6气体湿度要求较严，这主要考虑到灭弧隔室在灭弧时产生高温，高温下SF_6气体易分解或与气体中水分等杂质合成一些有毒或腐蚀性化学物，如四氟化硫、二氧化硫、氟化亚硫酸等，腐蚀性物质明显会腐蚀灭弧室内的金属元件，增大主触头的接触电阻和缩短使用寿命。对于频繁操作的设备(如无功补偿设备等)，若水分含量偏高会明显腐蚀灭弧触头，使触头变短，最终由于灭弧触头不能灭弧而导致断路器爆炸事故。

从《六氟化硫电气设备中气体管理和检测导则》中可知，SF_6设备在充入 SF_6气体 24h 后进行气体湿度测量，其值作为交接验收值。设备运行后半年内再测量一次气体湿度。以后每 1～3 年测量一次。根据《六氟化硫电气设备气体监督细则》，对于用气量少且充气压力低于 0.35MPa 的 SF_6电气设备(如 35kV 以下断路器)交接时气体湿度合格，只要不发生漏气或异常情况，运行时可不必进行气体湿度测量。

SF_6设备气体湿度测量要注意如下几点：

(1) 定期的测量应选择干燥、湿度低的季节，最好气候条件相似。因为环境温度、湿度对 SF_6气体的湿度的测量影响较大。

(2) 测量仪器使用前应采用干燥的氮气或合格的新 SF_6气体冲洗测量管道。必须使用专用管道，长度尽量短。

(3) 在测量前要充分清抹设备的 SF_6气体测量接口，特别是户外的设备，必要时可用电热吹风机干燥接口。

5. 密度及压力的监视

目前，SF_6电气设备的气体监视多数采用带温度补偿、具有两级报警的压力表，也有一些采用密度监视继电器，少数只采用压力表。这三种监视手段当然首选具有报警功能的压力表。下面分别讨论这三种监视方法的日常管理措施：

(1) 对于温度补偿、具有报警接点的压力表，应每月进行一次压力表读数记录，并分析记录结果，防止由于报警回路失灵而失去监视。

(2) 密度监视继电器由于不能观察到压力值，若密度继电器或其报警回路有异常，则不能起到密度监视作用，如果产生气体泄漏将会引起严重后果。补救措施是定期(半年或一年)采用外接压力表测量每一个隔室的压力，根据温度压力曲线和历史数据判断隔室是否漏气。

(3) 只采用压力表监视 SF_6设备，应每天进行一次巡视，观察压力表数值。每周进行一次压力表读数记录，并根据温度压力曲线判断是否正常。

(4) 根据有关规程，运行中的 SF_6气体监视仪表须每 3～5 年进行一次校验。对于报警回路的检查，可结合二次设备定期检验进行。

6. 补充气及查漏

(1) 补充气

SF_6设备发生漏气是不可避免的。按有关规定，SF_6设备单个隔室的年泄漏量应小于 1%，以此泄漏量计算，该隔室第一级报警需补气的时间约为 7 年，若在 7 年内发生漏气报警，说明该隔室的密封程度不合格。当 SF_6设备发生气体泄漏时，应立即进行补充气。一般情况下，补充气不需 SF_6设备停电，补充气过程要注意如下几点：

① 充入的气体首先要经检验合格。充气小车管道最好抽真空。在此条件不允许的情况下也要用合格的 SF_6气体冲洗管道 2～3 次。

② 环境湿度高低对补气影响不大，但操作过程要注意充气接口的清洁。湿度高的情况下可用电热吹风对接口处进行干燥。

③ 充气前，最好调节充气压力与设备内 SF_6气体的压力基本一致，再接入充气接口，充气压差应小于 100kPa 为佳。禁止不经减压阀而直接用高压充气。

④ 充入设备内的气体压力应稍高于规定压力，以补充今后气体湿度测量所消耗的气体量。补充气的重量也要做好记录，便于统计分析。

（2）查漏

SF_6设备发生大量泄漏的现象极少见。若隔室发出补充气报警后，又在30min内出现紧急隔离报警，或明显听到气体泄漏声音，说明隔室发生严重漏气，应采取紧急措施进行隔离。大多数的情况下，SF_6设备都会发生轻微泄漏。因此，在进行补充气后应立即开展查漏工作。查漏过程要注意如下几点：

① 查漏工作要确保人身安全，保持安全距离，加强监护。必要时，要把设备停电后再进行查漏工作。

② 没有检漏仪时，可用发泡液（如肥皂、洗发精）进行查漏，严禁用含有腐蚀性的发泡液。发泡方法灵敏度不高，大体上只能发现0.1mL/min以上程度的漏气量。

③ 在大风的环境中或极微量漏气时，可采用收集法，即用密封袋把怀疑部分包扎起来，待一定时间后再使用检漏仪测量袋内SF_6气体的浓度。

7. 对SF_6气体的毒性进行安全防护

纯净的SF_6气体是无毒的，但在水分、氧的条件下，电弧作用时分解出有毒气体。SF_6的毒性主要是与分解物SF_2，S_2F_2，S_2F_{10}和HF等有关，其中S_2F_{10}被公认为剧毒物质。为了除去这些有毒物质，广泛采用氧化铝和活性炭等吸附剂。

但是，由于SF_6的密度远大于空气密度，所以低凹地区的氧气可能被SF_6所取代，也会因窒息而发生危险。

8.5.1.2 SF_6断路器结构

如图8-10和图8-11所示的断路器结构为10kV户外高压SF_6断路器，产品的型号为LW3-10Ⅰ/400型和LW3-10Ⅱ/400型。前者配用手动弹簧贮能机构，后者配用电动弹簧储能机构。这两种断路器均以SF_6作为绝缘和灭弧介质，以自能式灭弧原理进行设计和制造。

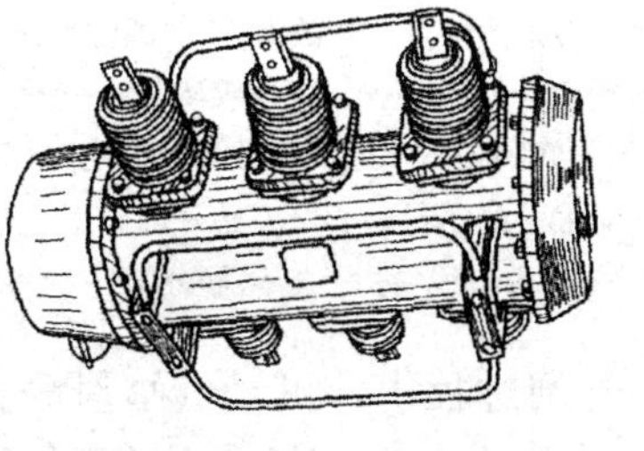

图8-10 LW3-10Ⅰ型外形图

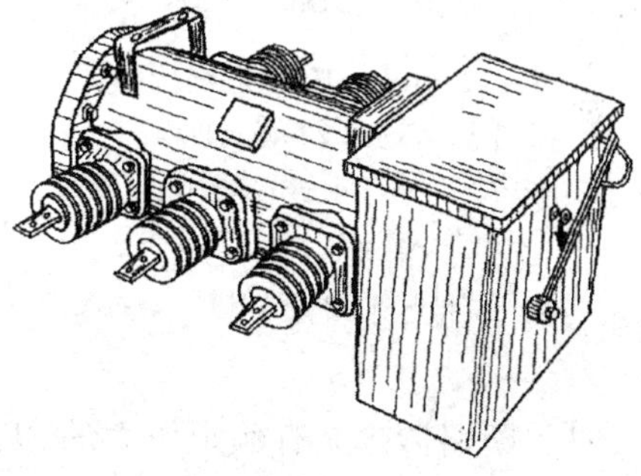

图8-11 LW3-10Ⅱ型外形图

1. 结构组成

断路器本体采用三相共箱式结构，如图8-12所示。三相导电回路对称分布，断路器有一根主轴贯穿箱中，一端伸出体外与安装在端部的操动机构相连接，主轴上装有三个绝缘拐臂，当主轴转动时，通过传动机构使动触头进行分、合闸。在断路器的进相均装有10kV套管式电流互感器，二次绕组直接与操动机构的过流脱扣器相连接，当出现过流和短路故障时，可使断路器自动分闸。

断路器本体由动、静触头，磁吹线圈，圆筒电极，电流互感器等部件组成。每相导电回路由两个导电杆分别通过瓷套管引出箱体，两导电杆在箱内的一端分别与静触头和动触杆相接触，在静触头前方有一个金属制成的圆筒电极，电极的外侧是磁吹线圈。

2. SF_6断路器的灭弧装置

所谓自能式灭弧，即是在灭弧中所需的能量是由电弧本身获得的。其灭弧室结构如图8－13所示，圆柱形的灭弧室被分成两个间隔，即密闭间隔8和比密闭间隔大得多的排气间隔10。在这两个间隔中都充有SF_6气体。当断路器处于合闸位置时，动触头7通过触指4连接到静触头2，如中心线左部所示。分闸时，电流通过线圈3。当动触头7走动一定距离后，在环状电极5和动触头7之间产生电弧。旋弧线圈3产生与触头的同轴磁场，燃弧环5中的电弧垂直于旋弧线圈3的磁场，其间产生的电动力使电弧高速旋转。如此，把电弧在SF_6气体中拉长，旋转电弧不断接触新鲜的SF_6气体，释放热能，并将间隔8中的气体加热，产生一个比排气间隔中要高的压力。当触头分开时，两个间隔经动触头7中的喷嘴6连通，此时出现的气压差被用来经过喷嘴形成轴向吹弧，在下一个电流过零点时，熄灭电弧。

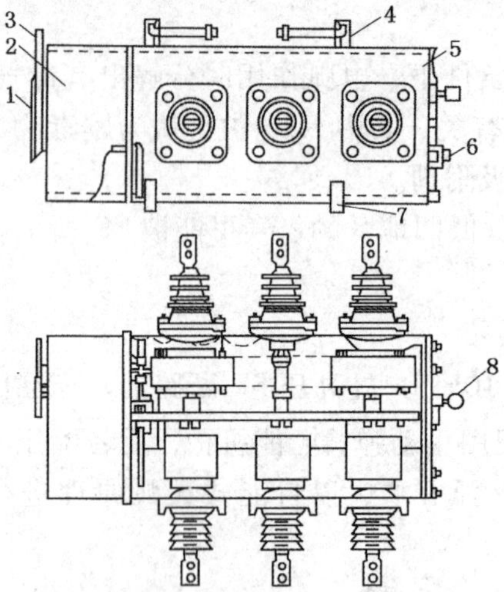

图8－12　LW－10外形结构图

1—分合指示板；2—操动机构；
3—操作手柄；4—吊装螺杆；
5—断路器本体；6—充放气接头；
7—固定板；8—压力表

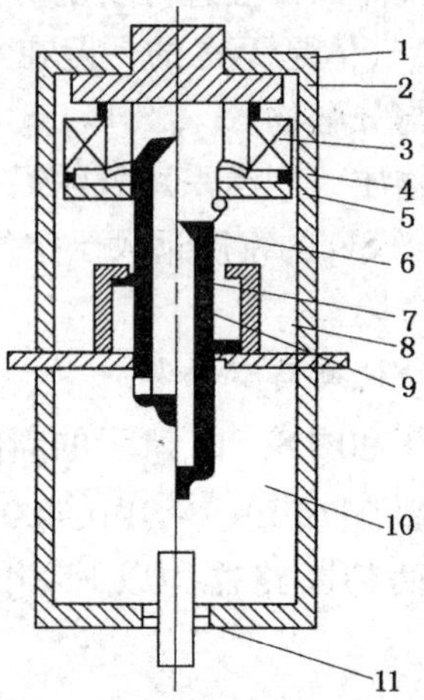

图8－13　自能式灭弧室

1—灭弧室圆筒；2—静触头；3—圆柱形线圈；
4—触指；5—环状电极；6—喷嘴；7—动触头；
8—密闭的间隔；9—辅助吹气装置；10—排气间隔；
11—对大气的密封中心线左边—断路器合闸；
中心线右边—断路器分闸

由此可见，断路器内充有额定压力的SF_6气体，分闸过程中，可动气缸对静止的触座作相对运动，气缸内的气体被压缩，与气缸外的气体形成压力差，高压力的SF_6气体通过喷口强烈吹拂电弧，迫使电弧在电流过零时熄灭。一旦分断完毕，此压力差很快消失，气缸内外压力恢复平衡。由于静止的触座上装有逆止阀，合闸时的压力差非常小。

3. 采用SF_6断路器密度控制器或SF_6气体密度监视器的作用：

采用SF_6断路器自带密度控制器或采用其他专用SF_6气体密度监视器是为了监视断路器内SF_6气体压力。SF_6气体压力是否正常是断路器能否可靠灭弧的关键。密度控制器可显示SF_6气体压力，对断路器实行自动监控，并能自动修正温度对压力变化的影响。当断路器内气体压力低于报警压力值时，密度控制器的一对常开接点接通，发出SF_6气体压力低的信号；当断路器内气体压力低于闭锁压力值时，密度控制器的另外一对接点接通，闭锁断路器的跳合闸回路。

8.5.2 SF_6断路器的常见故障

根据中国电力科学研究院和国际大电网会议 CIGRE 的统计，SF_6断路器的常见故障有：操作机构渗油、漏气以及本体 SF_6气体泄漏等。其中操作机构渗油、漏气占 29.8% 、本体 SF_6气体泄漏占 38.3%，功能特性改变占 17%，其他占 14.9%。

本体 SF_6气体泄漏的原因有多种，主要体现在制造、损伤和使用不当三个方面。实践证明 SF_6气体泄漏的部位主要有焊缝、法兰结合面、冲气嘴、压力表连接管等。尤其是海拔高度高的地区，要特别注意。

如果运行设备中的 SF_6气体外泄，就会导致电器设备 SF_6气体密度下降。当密度下降超过规定值时，便会影响到高压电器的安全，甚至导致事故的发生。

SF_6断路器的操作机构故障主要是机构渗油和漏气。由于操作机构经常会有开关的分断操作、分断电流，使开关有一定的振动，因此在各个接触面、运动部件、连接部分有可能发生机构渗油和漏气的现象。

8.5.3 SF_6断路器和组合电器的运行与维护

1. 投入运行前的检查

断路器在投入运行前应进行检查，在充气至额定压力后，应采用灵敏度为 10 的卤素检漏仪，对所有密封面进行定性检漏，不应有漏点存在。

2. 定期维护与检修

断路器在运行时，要定期进行维护检查。如发现问题，须查明原因，考虑对正常运行是否有严重影响，有时应及时退出运行，进行检修。

3. SF_6电气设备的运行检修和试验

（1）SF_6电气设备的安全运行

目前 220kV 及以下的变电所，在“四遥”技术较为成熟的基础上，正大力推广无人值守的运行模式。SF6 电气设备能否安全可靠运行，设备制造质量、安装质量、运行监测及检修质量等是至关重要的。运行实践证明：SF_6电气设备的气体压力降低是常发生的，有时降至报警压力以下。气体压力的降低，说明 SF_6设备某些部件发生泄漏，必将使 SF_6气体的绝缘强度、灭弧能力下降，给设备的安全运行带来严重隐患。因此，SF_6设备压力值的实时准确监测十分重要。当压力降低或频繁打压时，报警信号的传输应及时可靠，应能智能化地显示出异常数据，以告知运行人员处理。对运行中的 SF_6设备，一般应每三个月监测一次湿度。因湿度随气温的升高而增加，特别应在夏季加强对水分含量的监测，有条件的单位应投入压力、水分在线检测系统。

（2）SF_6设备检漏和湿度测量

检漏分定性和定量两种测量办法。其中：

定性测量一般用高灵敏度探头探测设备规定的易漏部位，其特点是声光报警，定位方便。在现场，定性检漏更实用，具体包括简易定性检漏法、压力下降法、分割定位和局部蓄积法。简易定性法使用一般的检漏仪，对所有组装的密封面、管道连接处及其他怀疑的地方进行检测，其特点是方法简单，能查找较明显的局部泄漏；压力下降法用精密压力表测量 SF_6气体压力，隔数天或数十天进行复测，结合温度换算或进行横向比较来判断发生的压力下降；分割定位法适用于三相 SF_6气路连通的断路器，把 SF_6气体系统分割成几部分后再进行检漏，可减少盲目性；局部蓄积法是用塑料布将测量部位包扎，经过数小时后，再用检漏仪测量塑料布内是否有泄漏的 SF_6 气体，它是目前较常采用的定性检漏方法。运行实践证明，SF_6 断路器易漏部位主要有各检测口、焊缝、充气嘴、法兰连接面、压力表连接管和密封底座等。GIS 的常见漏气点有焊缝、法兰结合面、充气嘴和压力表等处。

定量测量有挂瓶检漏法和局部包扎法，应在充气 24h 后进行。可采用 LDD2000 型检漏仪作为定量测量仪，使用安全方便，比较理想。定量测量的判断标准为年漏气率不大于1%。

（3）SF_6 断路器检修时的试验标准

① 测量绝缘电阻。每逢 SF_6 断路器检修时应测量其绝缘电阻，一次回路测量使用 2500V 兆欧表，对 110kV 及以上的 SF_6 断路器，一次回路对地的绝缘电阻应大于 5000MΩ；二次回路使用 500V 兆欧表，其绝缘电阻应大于 5MΩ。

② 交流耐压试验。当灭弧室解体检修时，在分、合状态下分别进行交流耐压试验，试验标准应按出厂试验电压 80% 进行。

③ 测量泄漏电流。额定电压为 35 kV 以上时，其直流试验电压为 40kV，泄漏电流应自行规定。

④ 测量灭弧室的并联电阻。大修时应对灭弧室的并联电阻进行测量，其阻值应符合制造厂规定。

⑤ 均压电容及其介质损耗的测定。均压电容值以及均压电容的介质损耗因数的测定标准应自行确定。

⑥ 断路器关合特性的测定。断路器每相导电回路的电阻、分合闸三相的同期性、分合闸速度、分合闸线圈的直流电阻均应符合制造厂的规定。断路器最低操作电压下的动作情况，对分合闸应不小于 30% 和不大于 65% 的额定电压；在使用电磁机构时，合闸电磁线圈通流时的端电压为操作时额定电压的 80% 时应可靠动作。

⑦ SF_6 气体泄漏检测。用检漏仪在各密封部位、管道接头等处测量 SF_6 气体泄漏情况，测量时检测仪应不报警。或者用收集法对管体部分进行泄漏测量，年漏气量一般应小于3%。

⑧ 压力表误差和整定值的核对。SF_6 气体密度检测仪的压力接点，储压缸氮气预压力，油泵启动压力，油泵停止压力，合、分闸的闭锁压力，安全阀打开和关闭压力均需核对，其标准应符合制造厂的规定。

⑨ 液压机构的泄漏试验。在分、合闸位置分别进行，其标准应符合制造厂的规定。

⑩ SF_6 气体微量水测定。可根据运行规程，定期进行 SF_6 气体水分含量的测量。当水分含量超过规定时，应及时更换合格的新气。换气前应将气体回收，再对设备抽真空至 133Pa 以下，保持 0.5h，然后充以合格的 SF_6 气体至额定压力（0.6MP），24h 后测量气体水分含量应符合标准规定。

8.6 隔离开关

8.6.1 隔离开关的结构和原理

在电力网络中，为了安全，需要将带电运行的电器设备与停电检修或处于备用的设备隔离开来，必须有明显可见的、足够大的间断点。隔离开关正是在电路中设置的这种间断点、以确保运行和检修的安全。此外，隔离开关也用来作为设备和电路的切换装置。

隔离开关没有灭弧装置，不能开断负荷电流和短路电流。但运行经验证明，隔离开关可用来开闭电压互感器、避雷器、母线和直接与母线相连设备的电容电流，亦可用来开断励磁电流不超过2A的空载变压器和电容电流不超过5A的空载线路。

8.6.1.1 隔离开关的分类

隔离开关主要是根据装设地点、电压等级、极数和构造进行分类的。例如：

（1）按装设地点分为户内式和户外式两种；

（2）按结构分为油、真空、六氟化硫和压气型等；

（3）按极数分为单极和三极两种；

（4）按支柱数目分为单柱式、双柱式和三柱式三种；

（5）按闸刀动作方式分为闸刀式、旋转式和插入式三种；

（6）按所配操动机构分为手动、电动、气动和液压四种。

8.6.1.2 隔离开关的结构

隔离开关主要由以下几个部分组成：

（1）支持底座　该部分是起支持的固定的作用，其将导电部分、绝缘子、传动机构和操作机构等固定为一体，并使其便于固定在基础上。

（2）导电部分　包括触头、闸刀、接线座，主要用来传导电路中的电流。

（3）绝缘子　包括支持绝缘子、操作绝缘子，其作用是将带电部分和接地部分绝缘开来。

（4）传动机构　其作用是接受操动机构的力矩，并通过拐臂、连杆、轴齿或是操作绝缘子，将运动传动给触头，以完成闸刀的分、合闸动作。

（5）操动机构　与断路器操动机构一样，通过手动、电动、气动和液压向隔离开关提供能源。

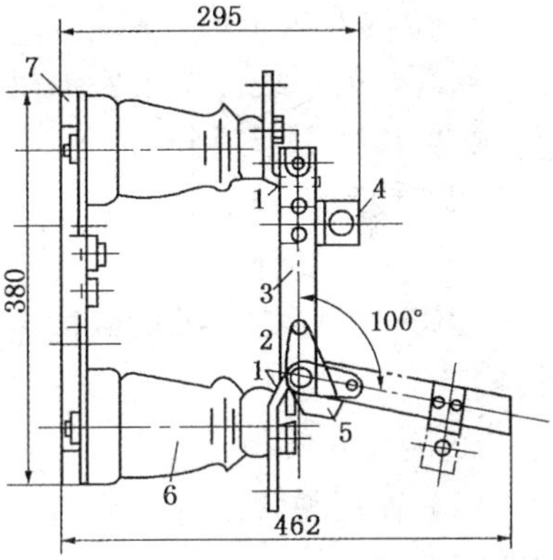

图8－14　CN1－10/400型隔离开关结构（单位：mm）
1—静触头；2—闸刀转轴；3—闸刀刀片；4—钩环；5—支持片；6—支持瓷瓶；7—底座

8.6.1.3 隔离开关的类型

图8－14为GN1－10/400型的单极隔离开关。这种形式隔离开关带电部分对地的绝缘由支持瓷瓶6来保证。导电系统有静触头1、可绕转轴2转动的刀片3组成。触头的接触压力接弹簧来保证。

图8－15为GN8系列隔离开关，其在机构上将绝缘瓷瓶改为绝缘套管，可以水平、垂直或倾斜安装，可以装在天花板上以及不同的墙上。GN8－6/101I，III是支柱瓷瓶，一边

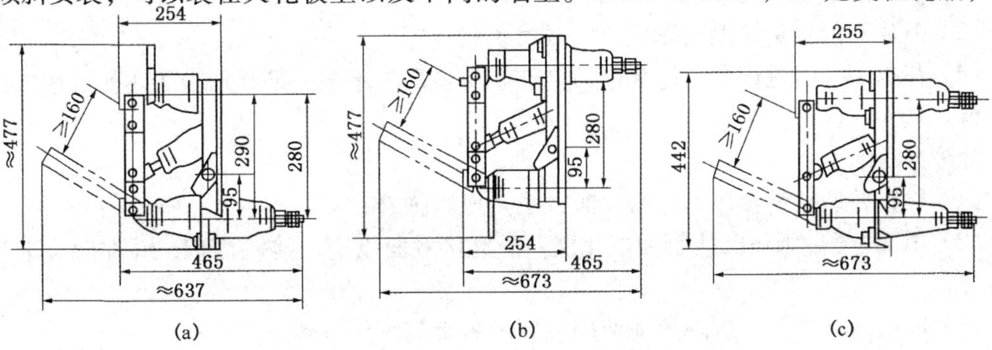

图8－15　GN8系列隔离开关结构图

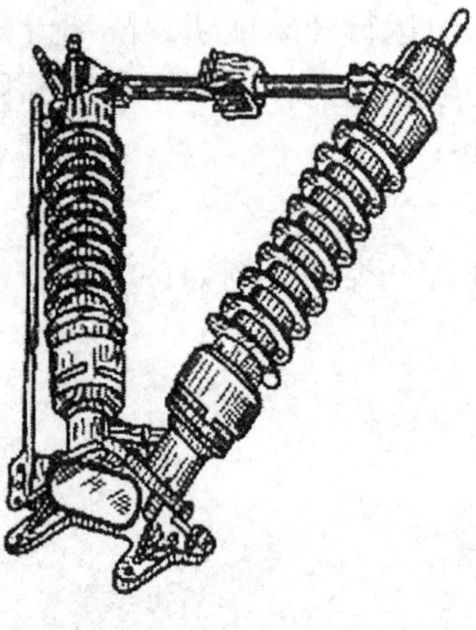

图 8－16　GW5 隔离开关结构

是套管，GN8－6/10IV 型两边皆为绝缘套管

图 8－16 是 GW5 系列户外隔离开关。因户外隔离开关工作条件比较恶劣，无论在冰、雪、风、灰尘、严寒、酷热的条件下都应保证可靠的工作，因此要求其有较高的绝缘强度和机械强度，而且要求触头在操作时应具有破冰作用。

户外隔离开关有单柱式、双柱式、三柱式和 V 形式。GW5 为 V 形式隔离开关，按其电压等级分，有 35kV、6kV0、110kV 三种，额定电流分 600 A、1000A、1600A、2000A 几种；按其用途分为普通型、快分型、防污型和特殊型。防污型将普通型棒式绝缘子改为防污型棒式绝缘子，特殊型产品分倒装、侧装和斜装三种安装方式。GW5 隔离开关用 GS17 型、CS1－XG 型手动操动机构。

8.6.2　隔离开关的常见故障

1. 隔离开关拒绝分闸

隔离开关拒绝分闸主要由以下原因引起：

（1）冰冻引起拒分；

（2）传动机构卡滞；

（3）接触部分卡住。

检修时，可扳动操动机构手柄，找出故障部分进行处理，切不要强行拉开，以免损坏部件。

2. 隔离开关拒合

（1）轴销脱落，铸铁件断裂，使刀闸与传动机构脱节。检修时，可将销轴固定好，更换损坏的部件。

（2）电器回路故障，应检查合闸回路各接点、接触面的接触状态，以及导线是否有断线。

（3）传动机构松动，使两接触面不在一条直线上。检修时，应调整松动部分，使两接触面处在一条直线上。

3. 隔离开关接触部分发热

隔离开关接触部分发热可能由以下原因引起：

（1）压紧弹簧或螺丝松动；

（2）接触面氧化，使接触电阻增大；

（3）刀片与静触头接触面积太小，或过负载运行；

（4）在拉、合闸过程中，引起电弧烧伤触头或用力不当，使接触位置不正，引起触头压力降低。

处理方法如下：

（1）检查并调整弹簧压力，必要时，更换压紧弹簧；

（2）用“0”号砂纸清除接触面氧化层，研磨接触面以增大接触面积，并在触头上涂中性凡士林；

（3）停电处理之前，应降负荷使用或更换容量较大的隔离开关；

（4）操作时要用力适当，操作后仔细检查触头接触情况。

4. 隔离开关绝缘子松动和表面闪络

引起隔离开关绝缘子松动和表面闪络的原因如下：

（1）表面脏污；

（2）胶合剂发生不应有的膨胀或收缩而产生松动；

（3）外力作用，使绝缘子胶合部分产生松动。

处理方法如下：

（1）停电，用水冲洗绝缘子，结合停电进行清扫，或在绝缘子表面涂上防污闪涂料；

（2）更换松动的绝缘子；

（3）重新胶合。

8.6.3 隔离开关的检修、试验

8.6.3.1 小修项目

（1）清除隔离开关绝缘表面的灰尘、污垢，检查有无机械损伤，更换损伤严重的部件；

（2）清除传动和操动机构裸露部分的灰尘和污垢，对主要活动环节加润滑油；

（3）检查接线端、接地端的连接情况，拧紧松动的螺栓，检查触头有无烧伤；

（4）进行3～5次分、合闸试验，观察其动作是否灵活、准确；机械联锁、电气联锁和辅助开关的接点应无一卡滞或传动不到位的现象；

（5）清除个别部件的缺陷，清理触头的接触面，涂凡士林油等。

8.6.3.2 大修项目

（1）导电系统的检修。触头部分要用汽油或煤油清洗掉油垢；用砂布清擦掉接触表面的氧化膜，用锉刀修整烧斑；检查所有的弹簧、螺丝、垫圈、开门销，屏蔽罩、软连接和轴承等应完整无缺陷；修整或更换损坏的元件，最后分别加凡士林油或润滑油装好。

（2）传动机构与操作机构。清扫掉外露部分的灰尘与油垢；其拉杆、拐臂轴、蜗轮和传动轴等部分应无机械变形或损伤，动作应灵活，销钉应齐全、牢固；各活动部分的轴承、蜗轮等处要用汽油或煤油清洗掉油泥后加钙基脂或注入适量的润滑油；动作部分对带电部分的绝缘距离应符合要求；限位器、制动装置应安装牢固，动作准确。

（3）检查并旋紧支持底座或构架的固定螺丝；接地端应紧固，接地线应完整无损。

（4）根据厂家说明书或有关工艺标准的要求，调整闸刀的张开角度或开距；调整合闸的同期性、接触压力和备用行程等。

（5）机械联锁与电磁联锁装置应正确可靠，有缺陷时应处理调试好。

（6）清除辅助开关上的灰尘与油泥，检查并调整其小拐臂、传动杆、小弹簧及触片的压力，打磨接触点，活动关节处点润滑油，以使其正确动作，接触良好。

（7）按规定进行绝缘子（或绝缘拉杆）的绝缘试验；对工作电流接近于额定电流的刀闸或因过热而更换新触头、导电系统拆动较大的刀闸，还应进行接触电阻试验；对电动或气动刀闸操作部分的二次回路、各元件以及电磁锁、辅助开关的绝缘，用500V或1000V兆欧表测量其绝缘电阻，应不小于1MΩ；并进行1000V的交流电耐压试验。

（8）对隔离开关的支持底座（构架）、传动、操作机构的金属外露部分除锈刷漆；对导电系统的法兰盘、屏蔽罩等部分根据需要涂相色漆等。

总之，检修后的隔离开关应达到绝缘良好、操作灵活、分闸顺利和合闸接触可靠四点基本要求。同时，在操作中，各部件不能发生变形、失调和振动等异常情况。接线端、接地端连接牢固。

8.7　成套设备介绍

8.7.1　西门子12kV户内8BK20型金属铠装移开式户内交流开关柜(配3AF或3AH型真空断路器)

开关柜系由柜体和可移开部件两大部分组成。柜体结构采用折边立柱。柜体的外壳和各功能单元的隔板均采用优质热镀锌钢板弯制、铆接而成，分隔成手车室；母线室、断路器室、电缆室、低压室，每一单元均接地。铠装式手车柜外壳防护等级符合IP4X的要求，满足“五防”要求。高压部分的顶部装有泄压活门，电缆室底部装有接地铜母线，当手车推入柜内，即能通过接地铜母线可靠接地；断路器室底部左侧还开有二次电缆长方孔，电缆可沿左侧通到低压室，手车室中部两侧装有供手车进出的导轨。

柜体结构见图8－17(图示为后接线方案，前接线方案仅电缆仓结构有微小差异，在此不作详细描述)。

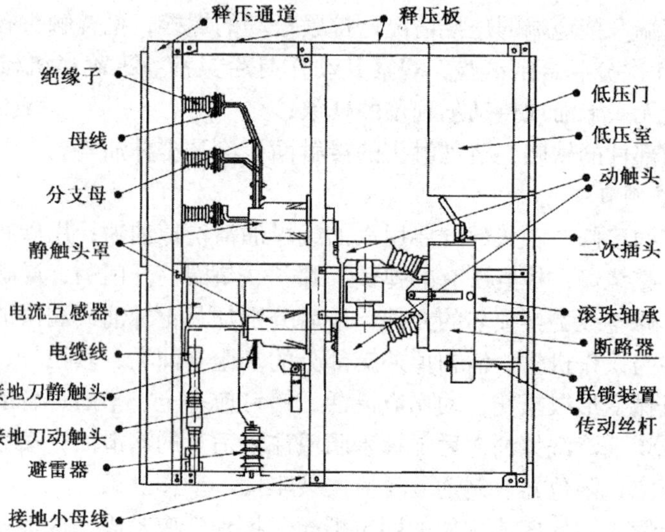

图8－17　开关柜侧图

手车由联锁、支架和断路器本体组成，推进机构安装在联锁中部。支架两侧面各装有2个轮子，内装滚珠轴承，使得手车可轻便灵活地推进、拉出。手车分为断路器手车、隔离手车、电压互感器手车、接地手车、核相手车等。

PT手车由动触头、支撑绝缘子、PT、熔断器、避雷器、放电计数器等元件组成，具体见图8－18。

8.7.2　40.5kV8DA系列GIS开关柜

1. 型号分类

图8－19为8DA系列的不同型号结构。

2. 开关柜(如图8－20)

3. 机械联锁

断路器有防止误操作的机械保护。当三位置开关(见图8－21)处于错误的位置时，机械保护可以防止断路器合上。而且，也防止了断路器合上时操作三位置开关。

图 8-18　PT 手车

(a)8DA11(单极)　(b)8DA12(两极)　(c)8DA10(三极)

图 8-19　不同 8DA 系列 GIS 开关柜的结构

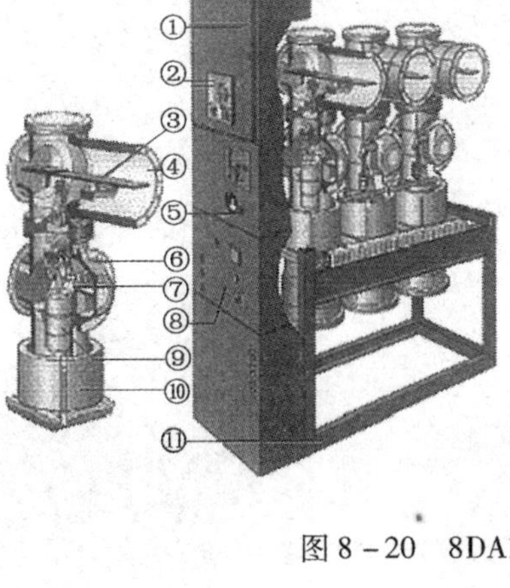

图 8-20　8DA10 型断路器柜

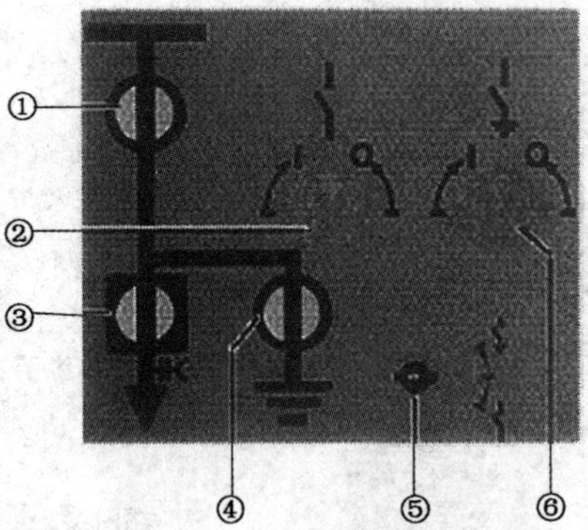

①隔离开关位置指示“合/分”
②机械操作隔离开关孔
③断路器开关位置指示“合/分”
④接地开关位置指示
⑤选择钥匙孔
⑥机械操作接地开关孔

图 8－21　三位置开关：控制和知识面板

第9章 低压电器原理与检修

低压电器是用于交流1000V以下、直流1500V及以下电路中的开关设备。低压电器设备种类繁多，按照用途可以大致分为低压配电电器和低压控制电器两大类。

低压配电电器主要用于低压配电系统中，起到电路的通断、保护作用，要求在电路发生故障的情况下动作准确，工作可靠，有足够的热稳定性。这类电器主要有刀开关、熔断器、低压断路器和其他保护电器等。

低压控制电器主要用于低压配电系统中，起到电路的控制、调节作用，要求体积小、重量轻，操纵灵活，动作可靠。这类电器主要有控制继电器、接触器、启动器、控制器、主令电器等。

实际上有些低压电器介于二者之间，既具有低压配电电器的功能，起到电路的通断作用，又具有低压控制电器的作用，起到电路的控制、调节作用。例如有些转换开关和交流接触器。另外，低压电器虽然门类很多，但有些门类是属于另一些门类的派生。例如电磁启动器是由交流接触器和热继电器组成的直接启动电动机的低压电器，它配备有失压和过载保护，其使用条件与接触器相似。

表9-1所示为部分低压电器型号类组代号表。通过表中所列字母符号就不难识别低压电器型号所代表的低压电器类型。例如HK代表低压电器中开启式负荷开关，而HH则代表封闭式负荷开关。由于低压电器型号繁多，近几年来生产的不少低压电器型号与此表所列并不一致，表中所列仅供参考。

9.1 熔断器

9.1.1 熔断器的用途和分类

熔断器俗称保险丝，是一种最简单的保护电器。当电网或连接在电路中的用电设备发生过载或短路时，它能自身熔化分断电路，避免由于过电流的热效应及电动力引起电网和用电设备的损坏，并阻止事故的蔓延。

熔断器的最大特点是结构简单，使用方便，体积小，重量轻，价格低廉，具有很大的经济意义。

熔断器按结构可以分为开启式、半封闭式和封闭式三大类。封闭式熔断器又可分为有填料管式、无填料管式及有填料螺旋式等。

1. 开启式熔断器

当熔体熔化时没有限制电弧火焰和金属熔化粒子喷出的装置，仅适用于断开短路电流不大的场合。这种熔断器往往不单独使用，而与刀开关组合使用。

2. 半封闭式熔断器

熔断体装于管内，管的一端或两端开启，对熔断体熔化时电弧火焰和金属熔化粒子喷出有一定的方向，减少了对人员的一些伤害，但仍然不够安全，使用受到一定的限制。

表 9－1　部分低压电器型号类组代号表

代号	名称	A	B	C	D	G	H	J	K	L	M	P	Q	R	S	T	U	W	X	Y	Z
H	刀开关和转换开关				刀开关		封闭式负荷开关		开启式负荷开关					熔断器式刀开关	刀形转换开关					其他	组合开关
R	熔断器			插入式			汇流排式			螺旋式	封闭管式				快速	有填料管式			限流	其他	
D	低压断路器									照明	灭磁				快速			框架式①	限流	其他	塑料外壳式②
K	控制器					鼓形						平面				凸轮				其他	
C	接触器					高压		交流				中频			时间					其他	直流
Q	启动器	按钮		磁力				减压							手动		油浸		星三角	其他	综合
J	控制继电器									电流				热	时间	通用		温度		其他	中间
L	主令电器	按钮							主令控制器						主令开关	足踏开关	旋钮	万能转换开关	位置开关	其他	
Z	电阻器		板形元件	冲片元件		管形元件									烧结元件	铸铁元件			电阻器	其他	
B	变阻器			悬臂式						励磁		频敏	启动		石墨	启动调速	油浸启动	液体启动	滑线式	其他	
T	调整器				电压																
M	电磁铁												牵引					起重			制动
A	其他		保护器	插销	灯		接线盒			铃											

注：① 原称万能式

② 原称装置式

3. 封闭式熔断器

熔断完全封闭在壳体内，没有电弧喷出，不会造成邻近带电部分飞弧和近处人员的危险。目前，国内外的熔断器都制成封闭式。

9.1.2 熔断器的工作原理

熔断器的熔断过程大致分为以下四个阶段：

（1）熔体串联在电路中，负荷电流流过熔体。由于电流的热效应作用会使熔体温度上升。当电路发生过负荷或短路时，过负荷电流或短路电流使熔体过度发热而达到熔化温度。电流越大，温度上升越快。

（2）熔体达到熔化温度后便熔化蒸发为金属蒸气。电流越大，熔化时间越短。

（3）熔体熔化的瞬间使电路出现一个小的绝缘间隙，电流突然中断。但这个小的间隙会立即为电路电压所击穿，同时产生了电弧，电弧又将电路接通。

（4）电弧发生后，如能量较小，则随熔断间隙的扩大而自行熄灭。当能量较大时就必须依靠熔断器的熄弧措施。为了减少熄弧时间和提高分断能力，大容量的熔断器都具备完善的灭弧措施。熄弧能力越大，电弧熄灭越快，熔断器所能分断的短路电流值也就越大。

9.1.3 常用的熔断器

9.1.3.1 无填料熔断器

RCIA 系列瓷插式熔断器 俗称“瓷插保险”，主要用于一般照明和小容量电动机的电源引入线路中。

RM10 系列封闭管式熔断器 常用的有 RM1、RM7、RM10 等系列产品。主要用于交流电压 380V 以下，直流电压 440V 以下的系统内。熔体的熔断电流一般为额定电流的 1.3 ~ 2 倍。超过 1.6 ~ 2 倍应能可靠熔断。

9.1.3.2 有填料熔断器

有填料熔断器常用的有 RL1 系列螺旋式熔断器、RTO 系列封闭管式熔断器、RSO 和 RS3 系列封闭管式快速熔断器等。其中：

RL1 系列螺旋式熔断器，俗称“螺旋保险器”。熔心内装有丝状或片状熔体，石英砂填料和熔断指示器（上有色点，当熔体熔断时，指示器跳出，可通过瓷帽的玻璃窗口进行观察）。熔断管内石英砂用于熄灭电弧，当产生电弧时，电弧在砂粒间受到强烈冷却而熄灭，因此它具有较高的分断能力。极限分断能力可达 50kA。由于熔体具有较大的热惯性，过负荷熔断时间较长，因此也常用作电动机的保护装置。

RSO、RS3、RLS 系列有填料封闭管式快速熔断器，这几种熔断器主要作为硅整流元件及其成套装置中的过载保护和短路保护装置之用，其熔体在额定电流 1.1 倍时保证 4h 内不熔断；在熔体额定电流 4 倍时熔断时间为 0.05 ~ 0.3s；在 6 倍时熔断时间 ≤ 0.02s。

应当注意，快速熔断器的熔体不能用普通的熔断体代替。因为普通熔断体不具备快速熔断特性，不能有效地保护半导体元件。

9.1.3.3 自复式熔断器

熔断器熔体熔断后，不需更换，在短路电流由电源侧的自动开关分断后，熔体能自动恢复原状，可以继续使用的熔断器称为自恢复式熔断器，或简称“自复式熔断器”。

自复式熔断器本身不能分断电路，故常与自动开关串联使用，其接线原理如图 9 - 1 所示。自复式熔断器使用金属钠（Na）作熔体，内部结构有一装满金属钠的绝缘细管，其正常运行时，钠的电阻率很小，可以顺畅地通过正常负荷电流。但在短路时，短路电流使金属钠

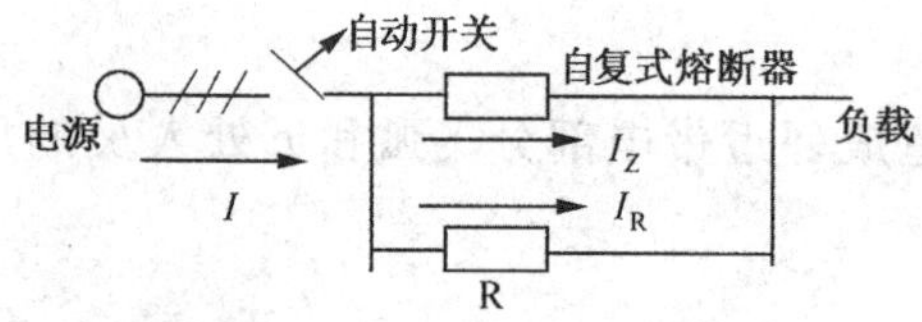

图 9－1 自复式熔断器的线路图

急剧发热而气化，其电阻率变得很大，形成高温高压高电阻的等离子状态，限制短路电流增加。与此同时，金属钠气化产生的高压通过一个活塞压缩熔断器里装有氩气的一个腔体。故障电流一部分从自复式熔断器通过，以符号 I_Z 表示；另一部分从熔断器并联的电阻 R 流过。故障电流使自动开关跳闸，将电路分断，电流消失。故障电流被切除后，金属钠的温度下降，压力也随之下降，于是活塞在氩气压力的作用下回复到原来位置，并压缩汽化的金属钠回复到原来状态，恢复为导电的金属钠，熔断器可以继续使用。

由以上介绍可知，自复式熔断器与低压断路器串联使用时，故障电流实际上是由低压断路器分断的。自复式熔断器所起的作用是阻止故障电流的数值。而低压断路器分断的电流实际上是已被自复式熔断器限制了的电流。这样减轻了低压短路器的断流容量，改善了低压断路器的灭弧能力，可以在短路容量较大的电路中使用断流能力较小的低压断路器。图 9－1 中的并联电阻 R 有两个作用：其一是维持低压断路器跳闸线圈所需要的动作电流；其二是在熔断器里金属钠气化时，熔断器可能产生过电压，电阻可以吸收由此产生的能量，保证低压断路器的分闸顺利进行。因此，电阻 R 的数值应适当。如果 R 数值过大，则可能使低压断路器跳闸的电流过小，降低了低压断路器跳闸的可靠性；如果 R 数值过小，则限流作用不显著。

9.2 低压断路器

低压断路器旧称自动空气开关或自动开关，是低压配电系统中重要的保护电器，在低压交、直流配电电路中可作为不频繁接通和断开电路之用，并作为过载、欠电压和短路保护之用。

9.2.1 低压断路器的分类

1. 按结构分类

低压断路器可分为框架式（也称万能式，型号为 DW 系列）和塑料外壳式（也称装置式，型号为 DZ 系列）两类。

2. 按保护特性分类

低压断路器可分为 A 类断路器和 B 类断路器。其中：

A 类断路器在短路情况下，选择性保护无人为的短延时，因而不要求额定短时耐受电流。它只有过载长延时、短路瞬时动作的保护特性。属于 A 类的是绝大部分的塑料外壳式断路器。

B 类断路器在短路情况下，选择性保护有人为的短延时（可调节），因而要求断路器能承受额定短时耐受电流。它具有三段保护，即过载长延时、短路瞬动和短路短延时。属于 B 类的是万能式断路器，如 DW15、ME、AH 等，使用电子脱扣器和智能控制器者都属于 B 类。

3. 按全分断的时间分类

断路器全分断时间 t 是从短路出现瞬间开始至触头分断和电弧熄灭为止，以 ms 计算。

$t > 30 \sim 40$ms 的，称为一般型断路器；

$t < 10 \sim 20$ms 的，称为快速型断路器，如直流快速开关，具有限流断开的能力，能在短

路电流尚未达到稳定值之前分断；交流限流式断路器能在短路电流第一个波峰最大值尚未出现前将电路分断。在一般情况下，触头分断产生电弧并产生限流作用，迫使电流提前过零，熄灭电弧。

4. 按用途分类(如表9－2)。

表9－2　断路器按用途分类

分类名称	电流种类及范围	保护特性			主要用途
配电用断路器	交流200～5000A	选择型	二段保护	瞬时，短延时	电源总开关和负载始端支路开关
			三段保护	瞬时，短延时及长延时	
		非选择型	限流型	长延时，瞬时	支路始端开关和支路末端开关
			一般型		
	直流60～600A	快速型	正向(有极性)	保护硅整流设备	
			双向(无极性)		
		一般型	长延时	保护一般直流设备	
			瞬时		
电动机保护用断路器	交流60～600A	直接启动	过流脱扣器瞬动倍数(8～15)I_N		保护鼠笼型电动机
		间接启动	过流脱扣器瞬动倍数(3～8)I_N		保护鼠笼和绕线型电动机
		限流式	过流脱扣器瞬动倍数12I_N		保护鼠笼式电机还可装于变压器近端
照明用断路器	交流5～50A	过负荷长延时、短路瞬时(单极)			照明电路开关信号二次回路
漏电保护断路器	交流20～200A	30mA、0.1s分断			保护人身安全及漏电引起火灾
特殊用途断路器	交流 直流	瞬动			灭弧开关 闭合开关

9.2.2　低压断路器的工作原理

以热－磁型，包括万能式断路器过载采用热继电器，短路采用电磁铁为例，低压断路器的工作原理如图9－2所示。

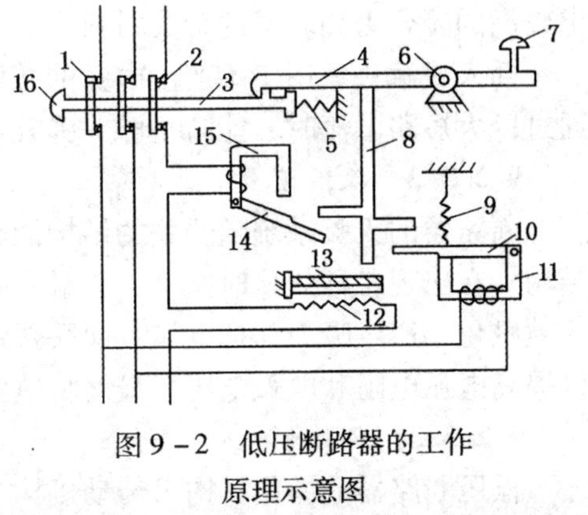

图9－2　低压断路器的工作原理示意图

1—动触头；2—静触头；3—锁扣；4—搭钩；5—反作用弹簧；6—转轴座；7—分断按钮；8—杠杆；9—拉力弹簧；10—欠电压脱扣器衔铁；11—欠压脱扣器；12—热元件；13—双金属片；14—电磁脱扣器衔铁；15—电磁脱扣器；16—接通按钮

在正常情况下，触头能接通和分断额定电流。当电路处于正常运行时，过电流脱扣器的电磁线圈和双金属片热脱扣器的热元件虽然串联在主回路中，但是所产生的吸力不能使衔铁动作或热元件的热量不足以使双金属片弯曲。而只有当电路发生短路或过载时，则一定值的短路电流会使过电流脱扣器的动铁芯(衔铁)被吸合的同时撞击杠杆，使搭钩脱落，主触头被弹簧迅速拉开分断主回路。或当回路出现过载(过负荷)时双金属热元件受热(或通过它近旁的发热元件发热的传导、辐射或双金属热元件与发热元件串联通电发热）产生变形、弯曲，撞击杠杆，使搭钩脱落，主触头被分断。相反，在正常运行时，欠电压脱扣器由于它的电磁线圈是并联在主回路的，在规定的正常电压范围内使衔铁吸合，同时克服弹簧的拉力。当电路出现故障，电压降低时（通常为额定电压的70%以下）吸力减小，衔铁被弹簧拉开撞击杠杆，使搭钩脱落，主触头被弹簧迅速拉开分断主回路。

为了提高电网供电的可靠性，要求断路器动作具有一定的选择性保护动作。为此，在电磁式过电流脱扣器上加装延时装置，并可通过调节延时满足二段或三段保护的选择型特性。

快速断路器的动作原理是靠快速电磁铁（冲击衔铁式和感应电动斥力式脱扣器）配合高效能的灭弧装置，使开关的全分断时间缩短至10ms以下。

限流式断路器也是利用电动斥力原理，即利用短路电流所产生的电动力使闭合着的触头斥开。这样，也可以缩短开关分断的固有动作时间。同时，为了缩短灭弧时间，提高限流作用，也需配有高效能的灭弧装置。

9.2.3 低压断路器的结构

9.2.3.1 触头系统

低压断路器的触头系统常用的有对接式触头、桥式触头和插入式触头。其中对接式触头在大小容量中均经常使用，它可以配合栅片式灭弧装置，既可拉长电弧，又可利用灭弧栅片将电弧分割成多个短弧，获得较好的灭弧效果。在容量较大的断路器中，对接式触头可做成两档或三档并联触头，例如由主触头、副触头和弧触头三档触头并连接通电路。其中主触头负担正常通电任务，需要足够的触头压力和良好的导电接触，保证足够的动稳定和热稳定。触头接触处通常焊有银或银钨、银镍合金镶块。副触头在大容量开关中为保护主触头免受电弧烧伤、增加导电接触面而配置的。弧触头主要作为分断电弧和闭合电路时承担接触电弧之用，通常由耐弧材料，例如采用含石墨的银钨粉末冶金块制成。在开关合闸时，弧触头先闭合，其次是副头闭合，最后是主触头闭合；分断电路时则相反，主触头先分离，最后是弧触头分离。一般小容量的断路器，例如200A以下的断路器多用单档触头，三档触头多用于1500A及以下的大容量断路器。

桥式触头具有双断口触头系统，为了防止触头接触处温升过高，需要加大接触压力，要求较高的闭合力和较贵的触头材料。

插入式触头只用于不产生电弧的接触处，这种触头的特点是本身具有电动补偿作用，当通过巨大短路电流时，能防止触头弹开。

9.2.3.2 灭弧装置

断路器的灭弧系统随开关的结构而异，一般低压断路器采用较多的是灭弧罩加磁吹线圈结构。在出现各种故障时，动、静触头打开，触头之间产生强烈的电弧。灭弧室内的铁质栅片被磁化，产生吸力，把电弧吸向灭弧室，将电弧分割成短弧。利用铁栅片对电弧的冷却，以提高电弧电阻和电弧电压，最终将电弧熄灭。

9.2.3.3 操作机构

低压断路器的操作机构由传动机构和脱扣机构组成。操作方式有手柄传动操作、杠杆传动、电动机传动和电磁铁传动、液压传动等。

9.2.3.4 四极断路器的结构形式

近20多年来，国内的电器制造厂纷纷设计、生产四极电器（包括四极刀开关、四极断路器、四极接触器等）。无论是万能式（框架式）、塑料外壳式断路器，还是小型断路器均有四极形式的产品供应市场。

目前在市场上供应的四极断路器（塑料外壳式）有 6 种结构形式：

(1) 中性极（N 极）不装过电流脱扣器，N 极也不装动、静触头（俗称刀极），N 极始终连通，不与其他三个相线极一起合分。

(2) 中性极（N 极）不装过电流脱扣器，N 极装有动、静触头，N 极与其他三个相线极一起合分。

(3) 中性极（N 极）装过电流脱扣器，N 极装有动、静触头，N 极与其他三个相线极一起合分。

(4) 中性极（N 极）装过电流脱扣器，N 极不装有动、静触头，N 极始终连通，不与其他三个相线极一起合分。

(5) 中性极（N 极）装设“中性线断线保护器”，N 极装有动、静触头，N 极与其他三个相线极一起合分。

(6) 中性极（N 极）装设“中性线断线保护器”，N 极不装有动、静触头，N 极始终连通，不与其他三个相线极一起合分。

以上 6 种结构形式的断路器，应根据实际用电保护上的需要进行选择。

9.2.4 常用低压断路器的技术性能

9.2.4.1 框架式低压断路器

DW 系列框架式低压断路器的型号含义如下：

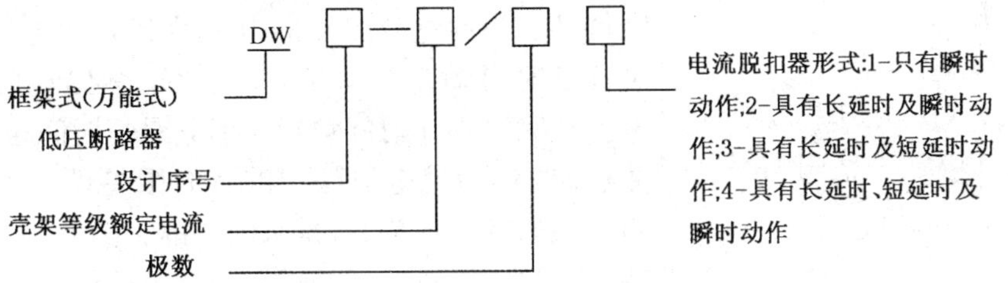

注：字母第 3 位为 x 表示限流型；设计序号后若有 C 则表示抽屉式

框架式低压断路器都有一个框架式底座，所有的组件，如触头系统、脱扣器、保护装置均装在此框架上。这种断路器主要用于低压配电系统中，作过载、短路及欠电压保护之用。其额定电流一般在 200～4000A 之间，常用的有 200、400、630、1000、1500、2500、4000A 七档。近几年来，我国低压断路器的生产能力发展很快，其中有些产品是引进国外技术制造的。例如 ME 开关是引进德国 AEG 公司技术，AH 开关则是引进日本寺崎公司技术制造的。

9.2.4.2 塑料外壳式低压断路器

DZ 系列塑料低压断路器的型号含义如下：

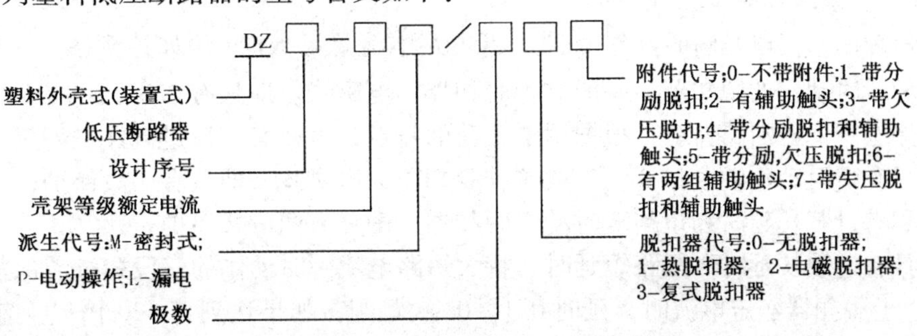

注：字母第 3 位为 x 表示限流型；设计序号后若有 C 则表示抽屉式

DZ 系列塑料外壳式低压断路器的特点是触头、灭弧系统、脱扣器及操作机构都安装在一个封闭的塑料外壳内，只有板前引出的接线导板和操作手柄露在壳外。这种断路器的体积要比框架式小得多。其绝缘基座和盖板都采用绝缘性能良好的热固性塑料制作，触头则使用导电性能好，耐高温又耐磨的陶冶合金－银－石墨或银－镍等合金材料制作，在通过大电流时不会发生熔焊现象。该系列断路器的灭弧室多采用去离子栅片式，操作机构则为连杆式。操作时瞬时闭合、瞬时断开，与操作者的速度无关。

DZ 系列自动开关的保护装置一般装有复式脱扣器，即同时具有电磁脱扣器和热脱扣器。由于内部空间有限，失压脱扣器和分励脱扣器仅装其中一种。

DZ 系列自动开关额定电流范围要比 DW 系列小得多，常用的 DZ10 型有 100、250、600A 三档。目前 DZ20 型开关额定电流已达 1250A。

塑料外壳式低压断路器也有引进外国技术制造的,其型号表示也不相同。例如 TG 型低压断路器是引进日本寺崎电气公司的产品,而 NC 型则是引进法国梅兰日兰公司技术的产品。

9.2.5 低压断路器的保护特性

低压断路器过电流保护特性一般分为三段，可以用图 9－3 的曲线来说明。

9.2.5.1 第一段过电流保护(一般为反时限特性)

图中 A 为被保护用电设备承受故障电流的能力，随着电流的增大，允许流过电流的时间随之缩短。低压断路器的过流保护第一段一般为反时限特性，当通过断路器的电流达到启动电流 i_1 时，保护装置延时启动，其动作时间较长。但当电流超过 i_1 时，电流愈大，动作时间愈短，但其最短时间也不会少于 t_3。曲线 abf 称为过电流保护的反时限特性，由于其最短时间(在图 9－3 中为 t_3)是有限制的，因此称为有限反时限特性。这一段过流保护适用于过负荷保护。

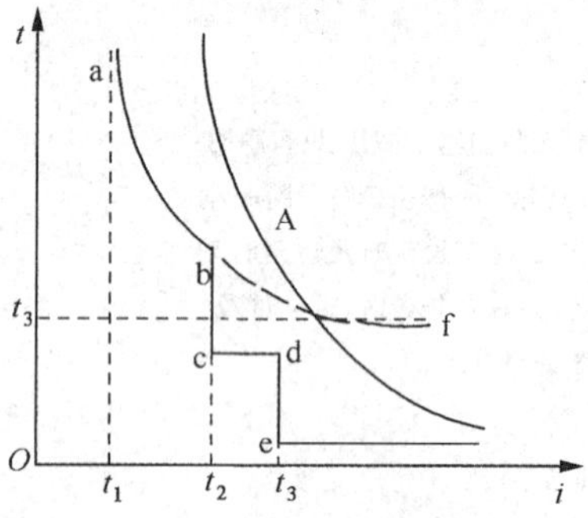

图 9－3　低压断路器的三段式保护特性

9.2.5.2 第二段短延时速断保护

过电流保护的第二段是短延时保护，即图 9－3 中的 bcd 曲线所示。当电路中的电流达到很大数值，亦即达到第二段过电流保护延时速断保护的启动电流 i_2 时，低压断路器经过一个很短的延时(例如 0.1～0.4s)立即跳闸。这一段保护适用于发生较小短路电流时的动作跳闸之用。一般这一段保护的动作时间应能调整，如果不能调整则应在订货时向生产厂提出具体动作时间，以便合理配备。

9.2.5.3 第三段瞬动速断保护

过流保护的第三段是瞬时动作保护，当短路电流足够大时(例如达到图 9－3 中的 i_3)，这一段保护瞬时动作的脱扣器。一般这种脱扣器为电磁式。即只有 0.015～0.06s。

在具体选用低压断路器时，根据用电负荷的特点，可以有三种过流保护配置方式；

(1) 只有瞬时动作的脱扣器。一般这种脱扣器为电磁式，即只有一段保护；

(2) 具有过载长延时和短路瞬时动作脱扣器。即具有两段式保护；

(3) 具有过载长延时、短路短延时、特大短路电流瞬时动作的三段式过流保护。一般在 3～10 倍以上脱扣器额定电流时，延时 0.1～0.4s 跳闸；如果达到 7～20 倍以上额定电流时则脱扣器瞬时动作跳闸。

9.2.6 低压断路器的选用

低压断路器种类繁多，上面介绍了其中的一小部分。在选用低压断路器时，要根据断路器在电路中的安装位置及所起的作用，选择技术特性符合要求的断路器。

9.2.6.1 按照用途选择低压断路器

在低压配电系统中，使用低压断路器的场所主要有电源总开关、支路始端开关、支路末端开关、保护电动机电源开关、照明回路开关，以及保护半导体整流设备和直流电源设备的开关等。下面对不同用途的低压断路器做一简单介绍。

1. 选择型和非选择型断路器

当用作电源总开关或支路始端开关时，所选用的低压断路器应为选择型，即当流过短路电流时，要根据短路电流的大小，进行有选择性跳闸。如果电流特别大，是近距离短路，则应瞬时动作立即跳闸；如果短路电流不是特别大，短路点距离较远，在临近短路点的电源侧还装有低压断路器，则应让该处断路器先跳闸；如果该处断路器因故未动作，这时此处断路器才经过一个短延时跳闸；如果出现过负荷电流，则要经过较长的延时才动作跳闸。这种断路器称为选择型断路器，其保护方式为具有瞬时、短延时的两段式，或瞬时、短延时、长延时三段式。

当用作支路末端保护时可以采用非选择型，即不需要和后面的断路器进行选择性配合，实际上后面也没有低压断路器。非选择型断路器的保护设为长延时和瞬时动作两段保护。当出现过载时，经过一段较长时间跳闸；当出现短路电流时瞬时，动作立即跳闸。

2. 限流型断路器

有的限流断路器，能在交流短路电流第一个波峰最大值尚未出现时即将电路断开。对于直流电路，则在短路电流尚未到达稳态短路电流时即将电路断开，断开时间一般小于 20ms，而一般断路器的动作时间为 30 ~ 60ms。因此，快速型断路器具有限流断开的能力。例如 DWX15 型断路器即是限流型框架式断路器。该断路器具有快速分断和限流作用，特别适用于可能发生特大短路电流的电路中，作为配电线路和电动机保护之用。对于限流式开关和快速自动开关评价其限流能力，常常要用到限流系数 K，即

$$K = \frac{\text{实际分段电流(允通电流)}}{\text{预期短路电流(峰值)}} < 0.6$$

一般要求限流系数在 0.3 ~ 0.6 之间。

3. 漏电保护断路器

漏电保护断路器属于既有漏电保护器的功能，又有断路器的功能。它与平常所说的漏电开关不同。一般漏电开关具有漏电保护及手动通断电路的功能，而漏电保护断路器则除了具有上述的功能外，还具有过载保护和速断保护跳闸的功能。例如 DZ15L 系列漏电保护断路器就是在 DZ15 系列低压断路器的基础上增加漏电保护部分构成；又例如 DZ15LD 系列漏电保护器既具有漏电保护、过载及短路保护功能外，还具有缺相、欠压及三相不平衡保护功能，是一种多功能的漏电保护器。

4. 微型断路器

微型断路器亦称为导线保护开关，主要用来作为保护电线、电缆和控制照明的低压断路器。它结构紧凑，基本形式是宽度在 20mm 以下的片状单极产品，将两个或两个以上的单极产品组装在一起，可以构成二、三、四极断路器。微型断路器具有热和电磁脱扣，因此具有过载和短路保护功能，广泛应用于高层建筑和民用领域。由于其具有技术性能好、体积小、安装简易、操作方便、经久耐用和价格便宜等特点，日益受到欢迎。C45N 系列等微型断路器早已进入居民家庭，代替过去常用的胶盖式刀闸开关。由于其额定通断短路电流能力大，

并且具有快速动作、快速灭弧和限流作用，显示了作为小型电源控制开关的技术优越性。

9.2.6.2 低压断路器的技术参数选择

选用低压断路器时，应考虑各项技术参数应满足使用要求。具体注意下列各点：

(1) 断路器的额定电压应≥线路额定电压；

(2) 断路器的额定电流应≥线路计算负载电流；

(3) 断路器的额定短路通断能力应≥线路中可能出现的最大短路电流；

(4) 线路末端单相对地短路电流应≥1.5 倍断路器瞬时脱扣整定电流值；

(5) 断路器的欠压脱扣器额定电压应 = 线路额定电压；

(6) 断路器的分励脱扣器的额定电压应 = 控制电源电压；

(7) 断路器电动传动机构的额定电压应 = 控制电源电压；

(8) 断路器的电流脱扣器动作电流应≥线路计算电流。

作为过负荷保护用的长延时电流脱扣器，其电流整定值应小于导线长期允许载流量，且大于线路计算负荷电流的 1.1 倍。一般约定流过 1.05 倍额定电流时，脱扣器不动作。当流过电流达到 1.25～1.4 倍额定电流时，约为 1h(或 2h)，动作跳闸。

对于瞬时动作的电流脱扣保护整定值应不小于电动机启动电流的两倍。如果线路上还有其他电动机或其他照明负荷，则瞬时动作的电流脱扣器的动作电流一般可按计算电流的 4～7 倍选择。

9.2.7 低压断路器的接线

低压断路器的上进线与下进线的接线方式不能搞混。

什么是上进线与下进线？上进线表示电源是接在断路器盖板标有 LINE 或 1、3、5、7 字样的一端[塑壳式断路器手柄“ON”(“合”)的上方]，负载接在断路器盖板标有 LOAD 或 2、4、6、8 字样的一端[塑壳式断路器手柄“OFF”(“分”)的下方]；下进线则是倒一个方向，电源线接 LOAD，负载线接 LINE。对于绝大多数的塑料外壳式断路器，如 DZ20、TO、TG、HSM1、CM1、TM30 等系列只能上进线而不能下进线。万能式断路器的 DW15－630、DW－630 也只能上进线。DW15－1600、2500、4000，DW16－2000、4000 规格既可上进线也可下进线。DW40、DW45 系列各种电流都可上进线也可下进线。

对只能上进线而不能下进线的理由是：

(1) 结构原因。对塑料外壳式断路器来说，上进线表示电源线经过连接板—静触头—动触头—软连接—保护系统(双金属元件或发热电阻元件和电磁铁系统)—连接板；而下进线电源则逆方向经过上述元器件。下进线时，如果开断短路电流，电弧虽然大部分进入灭弧室，但总有一部分带电的游离气体向动触头连接部分移动，某相的游离气体与相邻相带电体接触，就可能发生相间短路。另一方面，断路器即使成功地开断短路电流，但因是下进线，保护系统、软连接、公共转轴一直处于电源电压下(尽管无电流流过)，将使绝缘件老化，也可能产生相间爬电等事故。

(2) 恢复电压的原因。所谓恢复电压是指断路器开断短路电流的过程，加在动静触头之间的电压。只要电弧经过拉长和驱入灭弧室，使其受冷却，提高电弧电阻和电弧电压，且电弧电压大于恢复电压时，电弧才能熄灭。恢复电压分有稳态恢复电压和暂态恢复电压，暂态恢复电压与触头间的电压和线路的电感、电容、电阻有很大的关系。下进线因为有一大串的元件，电感、电容、电阻相对于上进线要高很多(上进线仅是流过连接板和静触头)，所以它的暂态恢复电压也高很多，熄灭电弧很困难，常常引起击穿而电弧重燃。

DW15、DW16 的大电流规格(1600A 以上)和 DW40、DW45、DW15HH 之间之所以既能上进线也能下进线是因为触头的开距(动静触头的断开距离)较大，相间距离大并采取一些隔离和加大绝缘措施，DW40、DW45、DW15HH 的每相用塑料结构隔离或形成独立小室，解决可能会导致相间短路及暂态恢复电压大的问题。某些塑壳式断路器，因采用双断点或是短路分断能力有很大的裕度，所以既能上进线也能下进线。

(3) 反接(下进线)后，还可能引起触电危险。因为一般人按习惯，总认为手柄上端(ON)是电源，下端(OFF)是负载。尽管断路器是分闸的，但如果有不了解情况的人以为负载没电压，去触摸时，就可能受电击(反接负载端有电压)。

有必要提及漏电断路器的接线，它们也只能上进线，这是因为漏电断路器的脱扣线圈是装在靠近负载侧，上进线时，脱扣器线圈在发生漏电时，它使断路器跳闸，因为动静触头打开，动触头处无电压；如果改为下进线，发生漏电动作后，断路器分闸，从原负载端(因下进线负载端成了电源端)，至脱扣器线圈及动触头处均有电压，如果线路电压有浪涌现象等故障，就会烧毁线圈，使漏电断路器失去应有的功能。

9.2.8 低压断路器常见故障及维修

低压断路器常见故障及维修方法，可参见表 9－3。

表 9－3 低压断路器常见故障及维修方法

故障现象	原因	处理方法
手动操作断路器，触头不能闭合	1. 失压脱扣器无电压或线圈烧坏 2. 储能弹簧变形，闭合力减小 3. 机构不能复位再扣 4. 反作用弹簧力过大	1. 检查线路或更换线圈 2. 更换储能弹簧 3. 调整再扣接触面至规定值 4. 重新调整弹簧压力
电动操作断路器，触头不能闭合	1. 操作电源电压不符 2. 电源容量小 3. 电磁铁拉杆行程不够 4. 电动机操作定位开关失灵 5. 控制器中整流管或电容器损坏	1　更换相应电压等级的操作电源 2. 提高操作电源容量 3. 重新调整或更换拉杆 4. 重新调整或更换开关 5. 更换整流管或损坏的电容器
有一相触头不能闭合	1. 一相连杆断裂 2. 限流断路器斥力机构可折连杆间角度变大	1. 更换连杆 2. 调整角度至规定要求
失压脱扣器不能使低压断路器分断	1. 反力弹簧反力变小 2. 机构卡阻 3. 若为储能释放，则为储能弹簧力变小	1. 调整弹簧弹力 2. 消除卡阻原因 3. 调整储能弹簧
分励脱扣器不能使低压断路器分断	1. 线圈断路 2. 电源电压太低 3. 分励脱扣器再扣接触面太大 4. 螺钉松动	1. 更换线圈 2. 调整电源电压 3. 重新调整再扣接触面 4. 拧紧螺钉
启动电动机时低压断路器立即分断	1. 过电流脱扣器瞬时整定值太小 2. 空气式脱扣器阀门失灵，或橡皮膜破裂	1. 调整过电流脱扣器瞬时整定弹簧 2. 更换空气式脱扣器或修理损坏部件
断路器闭合后一定时间又分断	1. 过流脱扣长延时整定值有误 2. 热元件或半导体延时电路元件变值	1. 重新调整整定值 2. 调整或更换元件
失压脱扣器噪声大	1. 反力弹簧力太大 2. 铁心工作表面有油污 3. 短路环断裂	1. 重新调整 2. 清除极面油污 3. 更换短路环

续表

故障现象	原因	处理方法
断路器温升过高	1. 触头压力太低 2. 触头表面磨损严重或接触不良 3. 导电零件连接处螺钉松动	1. 调整压力或更换不合格弹簧 2. 更换触头或修整接触面 3. 做拧紧处理
辅助触头失灵	1. 动触桥卡死或脱落 2. 传动机构断裂，滚轮脱落	1. 重新装好动触桥 2. 更换传动杆和滚轮
半导体过流脱扣器误动	1. 半导体元件损坏 2. 定值不稳定 3. 外界电磁干扰	1. 更换损坏的元件 2. 换成有温度补偿的稳压管 3. 进行隔离，使其免受电磁场影响

9.3 接 触 器

接触器是一种自动的电磁式开关，适用于远距离频繁地接通或分断交、直流电路及大容量控制电路，属于控制类电器。在低压电路中，它不仅能实现远距离自动操作和欠电压释放等保护功能，而且还具有控制容量大、工作可靠、操作效率高、使用寿命长等优点。接触器有主辅触点，分别用于通断主电路和二次控制回路。主辅触点的极对数根据各种用途的需要而有不同的数目。

9.3.1 交流接触器

9.3.1.1 交流接触器的型号

常用的交流接触器有 CJ0、CJ10、CJ20 等系列，以及国外引进生产技术的 B 系列、3TB 系列等。

交流接触器的型号及含义如下：

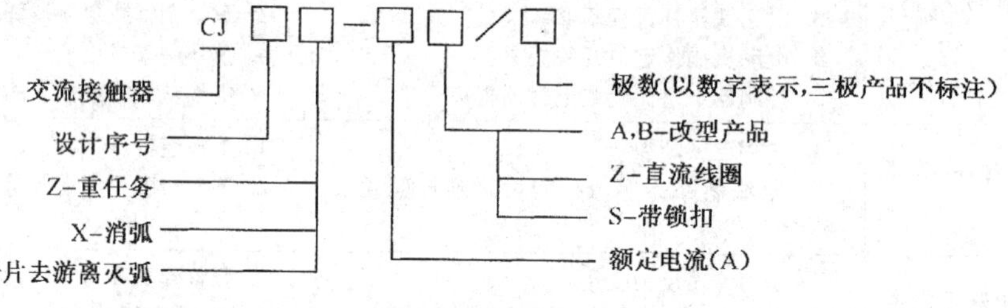

例如 CJX2－25/32 代表交流接触器，具有灭弧功能，额定电流 25A(380V 时)，辅助触点常开 3 对，常闭 2 对。有的接触器，主触头数不是 3 对，则在斜线下表示主触头数。各类接触器的型号表示也不尽一致。

9.3.1.2 交流接触器的结构及工作原理

交流接触器的结构包括电磁吸合系统、灭弧装置、触头系统及辅助部件等构成。

电磁吸合系统由静铁芯、衔铁(又称动铁芯)、线圈、分闸弹簧、铁芯短路环等几部分构成。当电磁线圈加上电压后，产生电流，形成磁场，衔铁被吸向静铁芯，带动主触点闭合，辅助触点常开闭合，常闭打开。当电磁线圈断电时，在分闸弹簧反作用力的作用下衔铁恢复原位、主触头分闸，辅助触点也各自恢复原位。

由于交流电的瞬时值大小和方向都是作周期性变化的，因此磁铁的吸引力也以电源频率的两倍作周期性变化，由此产生抖动和噪声，容易造成触点烧损。为了消除触点振动，在铁芯的端面局部镶嵌一个闭合的铜环，称为短路环。当磁通穿过短路环时，在短路环上产生感应电流，此感应电流产生一个反磁通，与主磁通叠加，使穿过短路环的合成磁通与没有短路环的磁路中的磁通有一个相位差，亦即这两部分磁通的变化规律有一个时间差，不会同时经过零点，从而保证磁铁的可靠吸合，防止出现振动。

交流接触器的线圈电压在 85% ~105% 额定电压时能保证可靠工作。电压过高，磁路趋于饱和，线圈电流将显著增大；电压过低，电磁吸力不足，动铁芯吸合不上，线圈电流往往达到额定电流的十几倍。因此，电压过高或过低都会造成线圈过热而烧毁。另外，为限制涡流，动、静铁芯采用 E 形硅钢片叠压铆成。

交流接触器在分断大电流电路时，在动静触头之间会产生较大的电弧，它不仅会烧坏触头，延长电路分断时间，严重时还会造成相间短路，所以在 20A 以上的接触器上均装有陶瓷灭弧罩，以迅速切断触头分断时所产生的电弧。

CJ20 系列交流接触器是全国统一设计的新型接触器，其额定电压有 380V、660V 及 1140V。额定电流从 6.3A ~630A。CJ20 –6.3 ~25 型不带灭弧罩，利用桥式触头的双断口触点电流反向流动所产生的电动力拉长电弧，使电弧迅速熄灭；CJ20 –40 ~160 型电压为 380V ~660V 时采用纵缝式陶土灭弧罩；额定电压为 660V 及以上而额定电流为 250A 及以上时采用栅片式灭弧罩。有的交流接触器为了增强灭弧效果，采用油浸式、真空式等不同灭弧介质。

9.3.2 直流接触器

直流接触器的结构及工作原理与交流接触器的基本相同，但也有区别。目前常用的直流接触器有 CZ0、CZ17、CZ18、CZ21 等多个系列，其中 CZ0 系列具有结构紧凑、体积小、重量轻、维护方便和零部件通用性强等优点，得到了广泛应用。

直流接触器的型号如下：

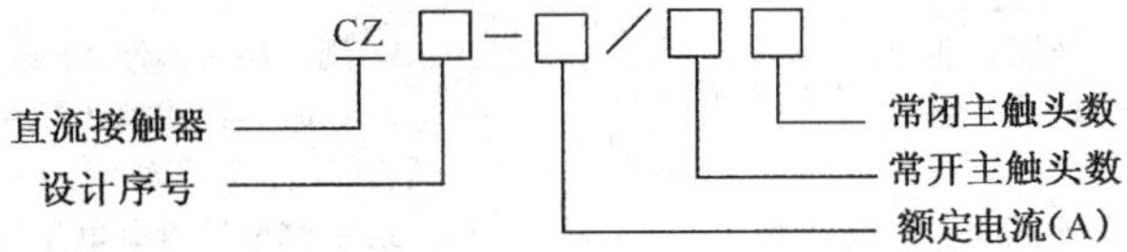

直流接触器主要由电磁系统、灭弧装置和触头系统三部分组成。直流接触器的电磁系统由线圈、铁芯和衔铁组成，其电磁系统采用绕棱角转动的拍合式。由于线圈通过的是直流电，铁芯中不会因产生涡流和磁滞损耗而发热，因此铁芯可用整块铸钢或铸铁制成，铁芯端面也不需要嵌装短路环；由于直流电没有过零点，为保证线圈断电后衔铁能可靠释放，在磁路中常垫有非磁性垫片，以减少剩磁影响。

直流接触器线圈的匝数比交流接触器多，其电阻值大，铜损大，是接触器发热的主要部件。为使线圈散热良好，通常把线圈作成长而簿的圆筒形，且不设骨架，使线圈与铁芯间距很小，以借助铁芯来散发热量。

直流接触器的触头也有主、辅之分，由于主触头接通和分断的电流较大，多采用滚动接触的指形触头，以延长触头的使用寿命。为了减少运行时的线圈功耗及延长线圈的使用寿命，容量较大的直流接触器往往采用串联双绕组，接触器的一个常闭触头与保持线圈并联。

直流接触器的灭弧装置是靠拉长电弧和冷却电弧来灭弧。在同样的电气参数下，熄灭直流电弧比交流电弧要困难。直流灭弧装置一般比交流灭弧装置复杂。对于小容量的直流接触器，通常采用双断点结构，这对灭弧有利；对于大容量的直流接触器，通常采用单断点触点，单断点触点将电弧拉长，然后采用磁吹和窄缝式灭弧装置结合其他灭弧装置灭弧。磁吹式灭弧装置主要由磁吹线圈、铁芯、两块导磁夹板、灭弧罩和引弧角等部分组成，它是依靠磁吹的作用使电弧拉长，并在空气和灭弧罩中快速冷却，从而使电弧迅速熄灭。作用于电弧的磁场力随电弧电流的大小而改变，电弧电流越大，吹灭电弧的能力越强，而且磁吹力的方向与电流方向无关。

9.3.3 接触器的选用

交、直流接触器的选用方法相同，主要有：

（1）形式的确定。需确定极数、电流种类。对直流系统需选用直流接触器。

（2）主电路参数的确定。主要是考虑额定电压、操作频率、额定电流、额定通断能力和耐受过载的能力。

（3）按控制电路和辅助电路的参数确定。接触器的线圈电压和电流应与选定的控制电路相一致。选用接触器时应根据系统控制的要求，确定所需辅助触头的种类（常开或常闭）、数量和组合型式。若不能满足触头需要时，可以外接接触器予以扩展。同时应注意辅助触点的通断能力和其他额定参数。

（4）按工作制选用。例如长期工作制，应选接触器的额定电流要比长时间最大负荷大30%～40%；如为间断长期工作制，则接触器的额定电流可比最大负荷大10%～20%；如为反复短时工作制，则视具体情况，可选容量略小一些的接触器，也即接触器的额定电流略大于最大负荷电流。

9.3.4 交流接触器的常见故障及维修

交流接触器常见的故障及维修见表9-4。

表9-4 交流接触器的常见故障的分析及处理

故障现象	故障原因	处理方法
线圈通电后接触器不动作或动作不正常	1. 线圈损坏 2. 电源断路 3. 电源电压过低 4. 接触器运行部分卡住或弹簧反力过大 5. 使用频率不对（如个别场合使用60Hz电源）	1. 用万用表测量线圈，若开路应检修线圈 2. 检查各接线端子是否断线或松脱、开焊，或辅助触头虚接，应予修复 3. 量测电源供电电压是否与铭牌数据相符（不应低于额定值的85%） 4. 卸下灭弧罩按动触头是否灵活，排除卡蹭现象。如有部件变形应拆下更换 5. 使电源频率与接触器使用频率相对应
线圈通电后吸力过大，线圈短时过热冒烟	1. 接入电源电压超过线圈额定电压的1.1倍以上 2. 线圈内局部短路	1. 测量电源电压，调整电压或调换线圈 2. 更换线圈
线圈断电后，接触器不断开	1. 运动部分卡死 2. 铁芯极面油垢粘着 3. 剩磁严重 4. 反作用弹簧失效或丢失 5. 安装位置错误 6. 主触头熔焊 7. 非磁性垫片磨损或脱落（直流）	1. 清除异物或更换严重变形零部件 2. 用汽油清洗极面并用干布擦拭干净 3. 如系铁芯中柱无气隙，可磨锉至0.1～0.3mm。或在线圈两端并联一只0.1～1μF电容 4. 更换或调整反作用弹簧，但反力不宜过大 5. 按产品使用说明书更正安装位置 6. 搬开触头用小锉去掉毛刺；如经常熔焊应检查产品工作环境及触头压力是否过小或闭合时触头跳动 7. 调换非磁性垫片

续表

故障现象	故障原因	处理方法
吸合后噪声大	1. 电源电压低 2. 极面间有异物或接触不好 3. 触头超行程过大或反作用弹簧力过大 4. 短路环断裂	1. 调整电源电压至85% ~110%额定电压 2. 清理极面或调整铁芯（若极面不平可少量磨削）使接触良好 3. 减少超行程或调整反力至规定值 4. 仔细查找断裂处并加焊或更换
触头及导电连接板温升过高	1. 触头接触压力不足或超行程过小 2. 触头接触不良 3. 紧固螺钉松脱 4. 触头严重磨损及开焊等	1. 调整主触头弹簧及超行程至规定值 2. 改善触头接触情况，必要时可稍事修锉触头表面，静触头与导电板固定要牢靠 3. 查出弹簧垫圈断裂的应补换，接线处要可靠，载流截面应足够大 4. 触头点磨损至原厚度的1/3或已开焊，即应换新触头
触头迅速烧毁	1. 吸引线圈电压过低，吸合不良 2. 触头参数相差太多	1. 调整电源电压不应低于额定值的85% 2. 注意触头零件是否齐全，开距、超行程压力是否正确
相间短路	1. 相间绝缘损坏 2. 相间绝缘介质有导电尘埃或潮湿	1. 胶木炭化应更换 2. 经常清理保持干燥

9.4 刀开关和转换开关

9.4.1 刀开关的用途和分类

刀开关是低压配电电器中结构最简单，也是应用最为广泛的电器之一。刀开关适用于额定电压交流380V或直流440V，额定电流1500A以下的配电设备中，作为不频繁手动接通、切断电路和隔离电源之用。

刀开关按极数分有单极、双极和三极三种；按操作方法分有直接手柄操作、杠杆操作和电动操作三种；按合闸方向划分，还可分为单投和双投两种。

刀开关的主要技术参数是额定电压、额定电流、通断能力、机械寿命和电气寿命。

9.4.2 常用的刀开关

9.4.2.1 HK系列开启式负荷开关（又称闸刀开关）

刀开关型号及含义如下：

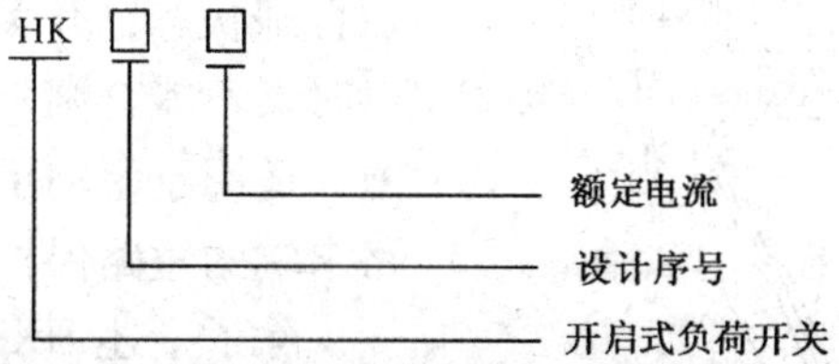

图9-4为HK系列刀开关结构图。该开关由刀开关、熔丝、接线座、胶盖及瓷底座等组合而成，没有专门的灭弧装置，仅利用胶盖的遮护以防电弧灼伤人手，因而不宜带负荷操作。若带一般性负荷操作时，动作要快，使电弧较快熄灭。此开关适用于交流频率50Hz、电压500V以下、电流60A及以下的线路中，作为一般电灯、电阻和电热等回路的控制开关。三极开关适

当降低容量后,可作为小型感应电动机的手动不频繁操作的直接启动及分断。

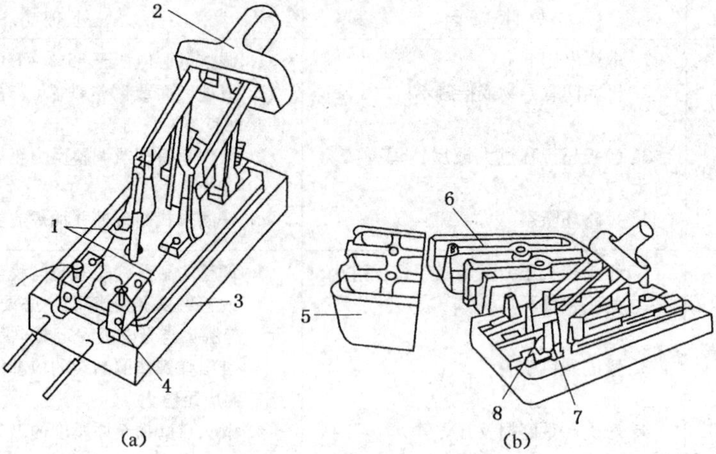

图 9－4　HK 系列刀开关

(a) 二极刀开关　(b) 三极刀开关

1—熔丝；2—瓷质手柄；3—瓷底座；4—出线座；5—上胶盖；6—下胶盖；7—静夹座；8—进线座

闸刀开关必须垂直安装，接通状态时，手柄应该朝上。接线时，进出线不能接反，防止更换熔丝时发生触电事故。

9.4.2.2　HH 系列封闭式负荷开关(又称铁壳开关)

封闭式负荷开关型号及含义如下：

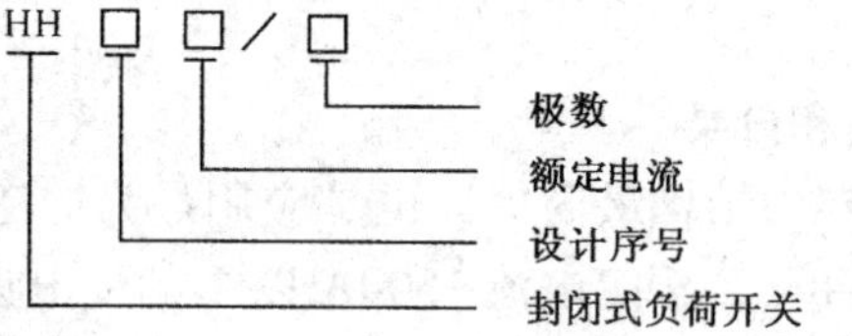

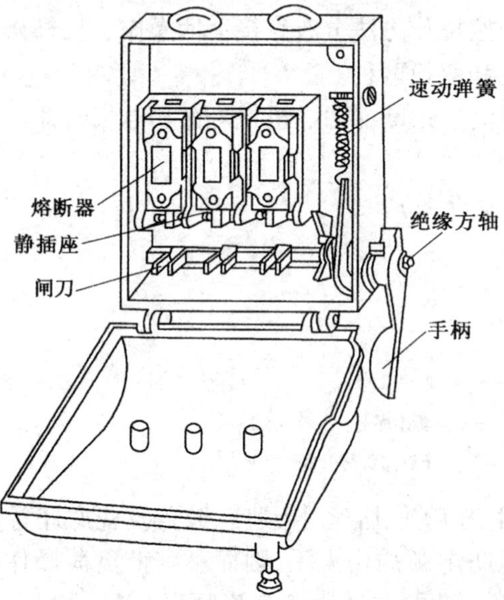

图 9－5　铁壳开关

封闭式负荷开关结构如图 9－5 所示。这是一种在闸刀基础上改进设计的开关，其灭弧性能、操作性能等均优于闸刀开关。铁壳开关具有两个特点：一是采用储能分合闸方式，提高了分合闸速度，降低了触头系统电气磨损，延长了开关寿命；二是设有连锁装置，保证开关在合闸状态，开关盖不能开启；而当开关盖开启时又不能合闸。铁壳开关具有一定的分断能力，适用于手动不频繁操作带负荷的电路及线路末端的短路保护。

除了上述 HK 型开启式刀开关和 HH 型封闭式铁壳开关这两种低压负荷开关外，还有 HD 型低压隔离刀闸和 HR 系列低压熔断器式刀熔开关。

没有灭弧罩的 HD 型隔离刀开关不可以带

负荷操作，只能与低压断路器配合使用。只有当低压断路器切断电源后，才允许操作隔离刀开关。隔离刀开关由操作手柄、动触刀、静触刀、静触座、接线端子绝缘底座板等构成。其作用是隔离电路，使电路有明显的断开点。有的带杠杆操作机构并装有简单灭弧装置的隔离刀开关，也只允许分断不大于其额定电流的负荷电流。

HR 系列熔断器式刀熔开关有两种结构：一种是将刀开关和熔断器组装在一起；另一种是直接用有较高分断能力的 RTO 系列有填料式熔断器作动触刀，制成两断口并带有灭弧室的刀熔开关。其结构有前操作前检修、前操作后检修、侧操作前检修、侧面杠杆操作等多种形式。熔断器式刀开关适用于交、直流低压电路，负荷电流小于 600A 的配电网络中，可作为分、合电路，并具有过负荷和短路保护的作用。

在选择、使用刀开关时，需注意以下事项：

（1）选择胶盖闸刀开关，普通负载可按额定电流选用。对于电动机负载，胶盖闸刀开关的额定电流应不小于 3 倍电动机的额定电流。

（2）选择铁壳开关，一般负载也可以按电路额定电流选择。对于电动机负载，一般按电机额定电流的 2～2.5 倍选用。例如对于 15kV 的电动机，开关额定电流应选用 60A。

（3）铁壳开关外壳应可靠接地，防止意外的漏电，使操作者发生触电事故。

（4）铁壳开关接线时应使电流先经过刀开关，再经过熔断器，然后进入用电设备，接反了在检修时很不安全。

9.4.3 HZ 系列转换开关

转换开关型号及含义如下：

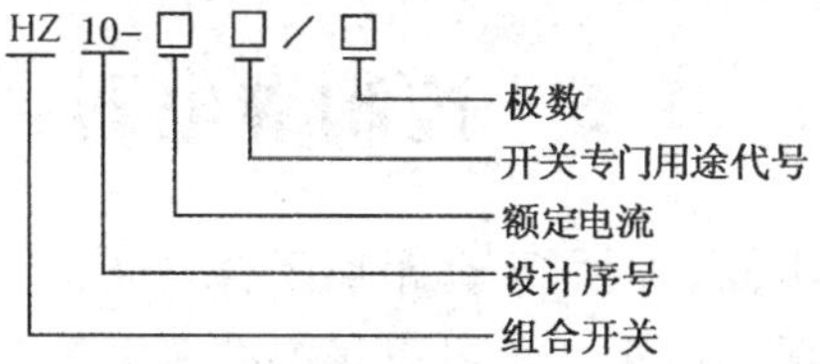

9.4.3.1 转换开关的用途与结构

转换开关又称组合开关，是供两种或两种以上电源或负载转换用的电器，可用在各种低压配电设备中作为非频繁地接通和分断电路之用，例如在机床电气控制线路中作为电源的引入开关，有时也可用来直接控制 5kW 以下电动机的启动、停止、变速、换向和星三角启动，如小型砂轮机、冷却泵等。

转换开关从本质上说是刀开关的一种，区别在于刀开关的操作是上下的平面动作，而转换开关的操作是左右旋转的平面动作，其类型有单极、双极和多极之分。转换开关把静触头安装在塑料压制的盒内，每层一极呈立体布置，不仅减少了安装面积，而且结构紧凑，操作安全可靠。转换开关还能按线路的一定要求组成不同接法的开关，以适应不同电路的要求，因此在各种配电设备和控制设备中应用甚广。

图 9－6 所示为 HZ10 系列中普通类型（所有极是同时接通和同时分断）的三极组合开关结构解剖图。这种开关有三副静触片，每一静触片的一边固定在绝缘底板上，另一边伸出盒外，并附有接线柱，以便和电源、用电设备连接。三副动触片装在另外的绝缘垫板上，垫板套在附有手柄的绝缘杆上。手柄能沿任一方向旋转 90°，并带动三个动触片分别与三副静触片保持通断。为了使开关在切断负载电路时产生的电弧能迅速熄灭，在开关的转轴上都装有扭簧储能机构，使开关能快速闭合与分断，其分合速度与手柄旋转速度无关。

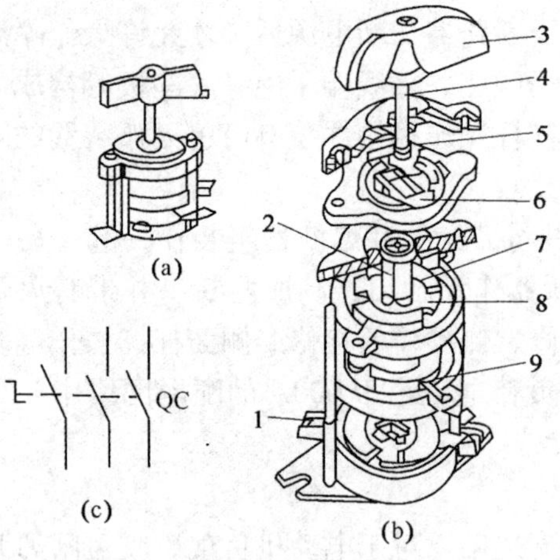

图 9－6　HZ10－10/3 型转换开关
(a) 外形；(b) 结构；(c) 符号
1—接线柱；2—绝缘杆；3—手柄；
4—转轴；5—弹簧；6—凸轮；
7—绝缘垫板；8—动触片；9—静触片

HZ10 系列中普通类型组合开关的额定电压为交流 380V、直流 220V，额定电流有 10A、25A、60A、100A 四种，极数有 1～4 极。

9.4.3.2　转换开关的选用

选用转换开关控制电机时，其额定电流可以比闸刀开关低一个等级。但当操作频率高于每小时 300 次或功率因数低于规定值时，都应降低容量使用，否则不安全；

转换开关虽有一定的分断能力，但毕竟不是太高。因此，用于控制电机可逆运转的组合开关在换相时必须在电动机完全停止转动后才允许反相接通。

9.4.3.3　转换开关常见的故障

(1) 由于开关的固定螺钉松动，旋转操作频繁，引起导线压接处松动，造成外部接触不良，甚至断路等；

(2) 开关内的扭簧松软或断裂，使开关动触片无法转动，改变了触点的位置；

(3) 内部的动静触片接触不良，或额定电流小于负载电流，造成触点烧蚀等。

可以针对上述情况加以修理，但检修时一定要停电。

9.5　控制继电器

控制继电器是一种自动电器，适用于远距离闭合与断开交、直流小容量控制回路。继电器的输入量通常是电压、电流等电量，也可以是温度速度等非电量。当外界输入量变化到某一定值时控制继电器即动作，输出量发生突然跳跃变化，也就是继电器的触点发生分合动作，通过触点的分合动作去操作控制回路。它们在电力拖动系统中主要起控制和保护作用。

控制继电器的用途广泛，种类很多。按反映不同信号分类，可分为电压继电器、电流继电器、时间继电器、热与温度继电器、速度继电器和压力继电器等。其中大多数控制继电器采用电磁式结构，与前面介绍的接触器基本相似，也是由电磁系统和触点组成。由于继电器的触点用于控制回路中，控制回路的功率一般不大，所以对继电器的触点额定电流与转换的能力要求不高，因此控制继电器一般不采用灭弧装置，触点的结构也较简单。

控制继电器电磁系统(包括铁芯、衔铁、线圈和反力弹簧等)是用来反映输入量的。直流磁系统用整体钢材制造，交流磁系统用硅钢片叠成，并加短路环。

触点系统是反映输出量的，有许多继电器触点用桥式双断点结构，额定电流不大，一般 5～10A。

9.5.1　电磁式继电器

直流电磁式继电器的磁系统为 U 形拍合式结构，衔铁制成板状，绕棱角转动，线圈不通电时，衔铁靠反力弹簧的作用而打开。交流电磁式继电器的磁系统一般采用双 E 型结构，与交流接触器 CJ20 系列电磁系统结构与工作原理相似。

电磁式继电器的一个重要特点就是在同一个磁系统中配上不同的线圈或阻尼线圈，即能分别做成电压继电器、电流继电器或时间继电器，这类继电器从结构上看，具有“通用”性，故又称通用继电器。

9.5.1.1 电压继电器

用作电压继电器的线圈称为电压线圈，用来接受输入的电压信号，当电压达到动作值时，电压继电器动作。电压线圈在电路中与信号电压并联，为了在继电器磁路中产生一定的磁通势，又不影响其他电路的正常工作，要求流过电压继电器线圈的电流尽可能小，所以它具有较大的电阻和较多的匝数，所用的导线较细。电压继电器按吸合电压大小又可分为过电压继电器和欠电压继电器。

1. 过电压继电器

线圈在额定电压时，衔铁不产生吸合动作，仍处于释放状态，只有当线圈电压高于其额定电压时衔铁才动作吸合。衔铁吸合后，当电路电压降低到继电器释放电压时，衔铁才返回释放状态。所以，过电压继电器的电压释放值低于动作值，其吸合电压的调节范围为 $(1.05\sim1.2)U_N$。

2. 欠电压继电器

当线圈电压低于其额定电压时衔铁就产生吸合动作，而当线圈电压很低时衔铁才释放。一般直流欠电压继电器的吸合电压 $U_0=(0.3\sim0.5)U_N$，释放电压 $U_X=(0.07\sim0.2)U_N$，而交流欠电压继电器吸合电压 $U_0=(0.6\sim0.85)U_N$，释放电压 $U_X=(0.1\sim0.35)U_N$。

9.5.1.2 电流继电器

用作电流继电器的线圈称为电流线圈，用来接受输入的电流信号，当电流达到动作值时，电流继电器就动作。电流线圈在电路中与信号电流串联。而对电流线圈来说，由于流过电流线圈的电流较大，要求电流线圈产生的电压降尽可能小，所以它所需的匝数很少，几匝到几十匝，导线较粗，电阻很小。电流继电器按吸合电流大小不同分为过电流继电器和欠电流继电器。

1. 过电流继电器

正常工作时，继电器线圈中流过负载电流，即使是额定负载电流，衔铁也不吸合。当出现比额定电流大一定值时，衔铁才被吸合，带动触点动作。在电力拖动控制系统中，常采用过电流继电器来做电路的过电流保护。通常，交流过电流保护的继电器吸合电流 $I_0=(1.1\sim3.5)I_N$，直流过电流继电器吸合电流 $I_0=(0.75\sim3)I_N$。

2. 欠电流继电器

正常工作时，由于流过电磁线圈的负载电流大于继电器的吸合电流，所以衔铁处于吸合状态。当负载电流降低到继电器释放电流时，则衔铁释放，使触点动作。在直流电路中，如果直流电动机励磁回路断线将会发生直流电动机飞车的严重后果，因此必须用欠电流继电器予以保护，而交流回路中没有欠电流继电器。

9.5.1.3 中间继电器

中间继电器其实就是电压继电器，一般用来控制各种电磁线圈，所不同的是触点的数量较多，结构小巧，反应灵敏。一般用于控制电路中作信号放大及多路控制转换。常见的交流中间继电器有 JZ7 系列，其共有 8 对触点，可组成多种形式，如 4 对常开和 4 对常闭、6 对常开和 2 对常闭、2 对常开和 6 对常闭。

9.5.2 时间继电器

当感受部分在感受外部信号后，经过一段时间延时才能使执行部分动作的继电器，叫做时间继电器。时间继电器主要有空气式、电动式、晶体管式及直流电磁式等几大类。延时方式有通电延时型和断电延时型两类。

9.5.2.1　电磁阻尼式时间继电器

在直流电压继电器的铁芯柱上套装一个铜或铝的套筒，便成为电磁阻尼式时间继电器。按电磁感应定律分析，在线圈接通电源时，将在铜或铝套筒内产生感应电动式和感应电流，并产生感应磁通，在感应磁通作用下，使磁通缓慢增加，从而延长了达到吸合磁通值的时间，衔铁延时吸合，触点也延时动作。当线圈断开电源时，由于铜铝套筒的作用，使磁通缓慢减少，从而延长了达到释放磁通值的时间，衔铁延时打开，带动触点延时动作。

当衔铁处于打开位置时，由于气隙大，磁阻大，磁通小，阻尼套筒的作用小，因此触点延时动作不明显。而当衔铁处于闭合位置时，磁通大，阻尼套筒作用明显，因此线圈断电获得的释放延时明显，可达0.3～5s。在电力拖动自动控制系统中通常采用线圈断电延时型，其延长时间长短可用非磁性垫片改变衔铁吸合后的气隙大小或改变释放弹簧的松紧程度来调节。

电磁式阻尼时间继电器具有结构简单、运行可靠、寿命长、允许通电次数多等优点，但也有以下缺点：

(1) 仅适用于直流电路，若用于交流电路需加整流装置；

(2) 仅能在断电时获得延时，且延时时间短，延时精度不高。

常用的电磁阻尼式时间继电器是JT18系列时间继电器，延时范围为0.3～0.9s，0.8～3s，2.5～5s三种规格，分别可配触点为一副常开、一副常闭两副常开、两副常闭，适用于直流电压24V，48V，110V，220V，440V。

9.5.2.2　空气阻尼式时间继电器

空气阻尼式时间继电器的型号及含义如下：

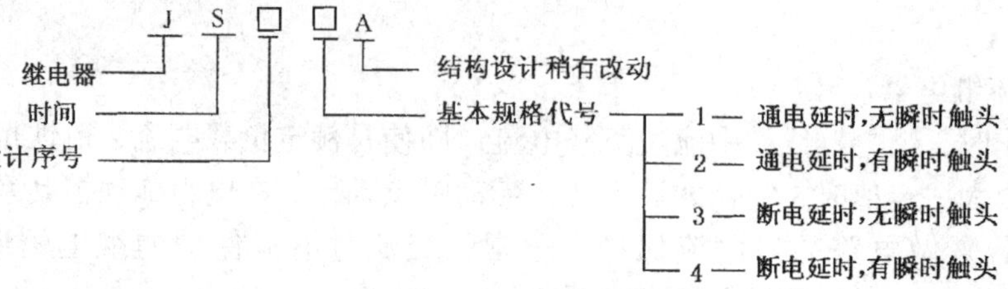

空气阻尼式时间继电器是在交流电磁式通用继电器基础上，附加空气阻尼装置组成，利用空气通过小孔节流原理来获得延时动作。延时的时间是指从线圈通电开始到触点动作为止的这段时间。根据触点的延时特点，可分为通电延时动作和断电延时动作两种。这两种继电器的组成元件是通用的，只是电磁铁安装位置不同。常用的空气阻尼时间继电器为JS7－□A型，其外形和外部结构如图9－7所示，其主要由电磁系统、工作触点、空气室及传动机构等部分组成。其中：

(1) 电磁系统。电磁系统由线圈、铁芯和衔铁等组成，其他还有反力弹簧和弹簧片等。

(2) 工作触点。由两副瞬时动作触点（一副常开和一副常闭）和两副延时动作触点组成。继电器的触点通常称为接点，本继电器利用微动开关作为工作触点。

(3) 空气室。空气室内有一块橡皮薄膜固定在活塞上，利用空气的阻尼作用来阻滞活塞的运动达到延时的目的。气室上有一只调节螺钉，可调节进气量的大小，从而控制了延时的长短。

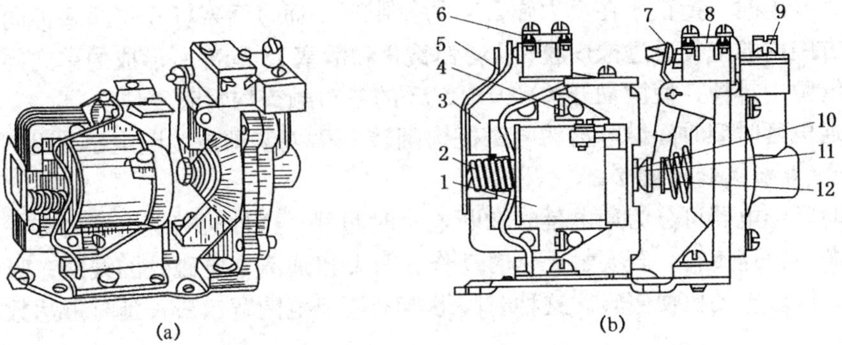

图 9－7　JS7－A 系列时间继电器

(a) 外形；(b) 外部结构

1—线圈；2—反力弹簧；3—衔铁；4—铁芯；5—弹簧片；6—瞬时触头；7—杠杆；8—延时触头；9—调节螺钉；10—推杆；11—活塞杆；12—宝塔型弹簧

(4) 传动机构。由推板、推杆、杠杆及宝塔弹簧等组成。

空气阻尼时间继电器的内部结构见图 9－8 所示。当线圈 2 通电后，铁芯 1 产生吸力，衔铁 3 克服反力弹簧 4 的阻力与铁芯吸合，带动推板 5 立即动作，压合微动开关 SQ2，使其常闭触头瞬时分断，常开触头瞬时闭合；同时活塞杆 6 在宝塔弹簧 7 的作用下向上移动，带动与活塞 13 相连的橡皮膜 9 向上运动，运动的速度受进气孔 12 进气速度的限制，这时橡皮膜下面形成空气较稀薄的空间，与橡皮模上面的空气形成压力差，对活塞的移动产生阻尼作用，活塞杆带动杠杆 15 只能缓慢地移动，经过一段时间，活塞才完成全部运动而压动微动开关 SQ1，使其常闭触头分断，常开触头闭合。由于从线圈通电到触头动作需一段时间，因此，SQ1 的两对触头分别被称为延时闭合瞬时分断的常开触头和延时分断瞬时闭合的常闭触头。这种时间继电器延时时间的长短取决于进气的快慢，旋转调节螺钉 11 可调节进气孔的大小，即可达到调节延时时间长短的目的，JS7－口 A 系列时间继电器的延时范围有 0.4～60s 和 0.4～180s 两种。

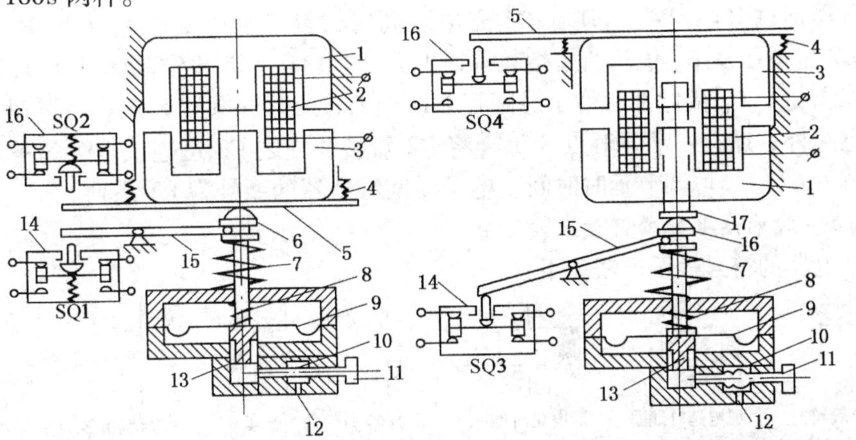

图 9－8　空气阻尼式时间继电器的结构

(a) 通电延时型；(b) 断电延时型

1—铁芯；2—线圈；3—衔铁；4—反力弹簧；5—推板；6—活塞杆；7—宝塔弹簧；8—弱弹簧；9—橡皮膜；10—螺旋；11—调节螺钉；12—进气口；13—活塞；14、16—微动开关；15—杠杆；17—推杆

当线圈 2 断电时，衔铁 3 在反力弹簧 4 的作用下，通过活塞杆 6 将活塞推向下端，这时橡皮膜 9 下方腔内的空气通过橡皮膜 9、弱弹簧 8 和活塞 13 局部所形成的单向阀迅速从橡皮膜上方气室缝隙中排掉，使微动开关 SQ1、SQ2 的各对触头均瞬时复位。

如果将通电延时型时间继电器的电磁机构翻转 180°安装即成为断电延时型时间继电器。

9.5.2.3 电动式时间继电器

电动式时间继电器可分为通电延时和断电延时两种。这种时间继电器内有一个同步电动机，接通电源后恒速旋转。若要触头延时动作，只要接通离合电磁铁的线圈，吸引衔铁，延时触头动作，同步电动机便停转。这种时间继电器调节范围宽，最长延时可达数十小时。型号为 JS 系列。

9.5.2.4 电子式时间继电器

电子式时间继电器按原理分为阻容式和数字式两种；按延时方式分有通电延时型、断电延时型和带瞬动触点的通电延时型三种。以图 9－9 所示的单结晶体管电路时间继电器为例，简单加以说明。

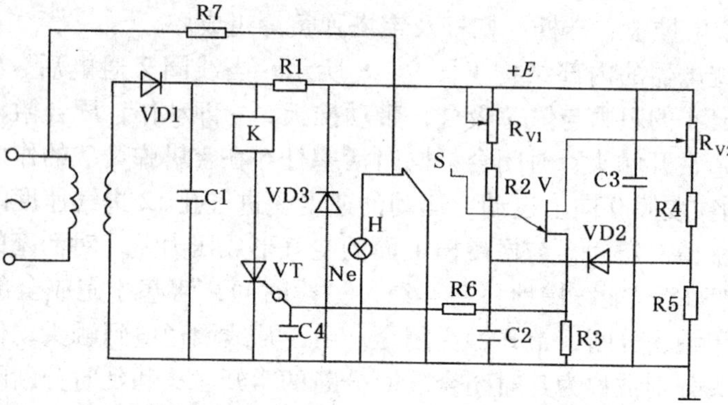

图 9－9 单结晶体管电路时间继电器原理图

接通电源→VD1 导通→C1 滤波→VD3 稳压→直流电压建立。

直流电压通过 R_{V2}、R4、VD2→C2 充电。同时，直流电压又通过 R_{V1}、R2 也向 C2 充电。电容 C2 上电压从 U_{R5} 值开始按指数规律上升。当电压达到单结晶体管 V 的 U_P 值时，单结晶体管 V 导通，U_{R3} 尖脉冲触发了晶闸管 VT，VT 导通后继电器 K 吸合，其触点除接通或分断所控电路外，还有一常开触点 S 闭合将 C2 短接，使之 C2 迅速放电，为下一次工作做准备。调节 R_{V1} 和 R_{V2} 可调节延时时间。电子时间继电器的型号为 KT 系列。

9.5.2.5 时间继电器的符号表示方法

时间继电器的符号表示方法如下：

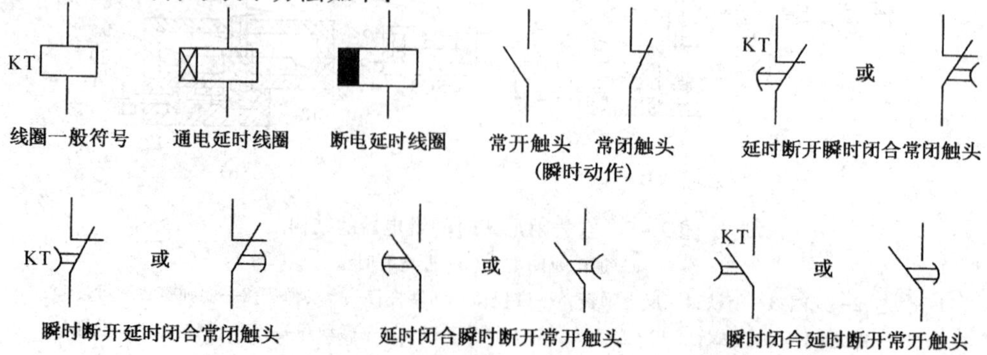

9.5.3 热继电器

热继电器是利用电流通过发热元件产生的热量，使检测元件(双金属片)受热弯曲，推动执行机构动作的电器。由于热继电器中的发热元件有热惯性，在电路中不能用作瞬时过载保护，更不能作为短路保护，它不同于过流继电器和熔断器。它主要用于三相电动机的过载保护、断相保护或三相电流不平衡及其他电气设备发热状态的控制。

热继电器的形式有双金属片式和热敏电阻式(利用某种材料的电阻值随温度变化而变化的物理性能而制成的热继电器)，其中尤以双金属片式热继电器用得最多，常用的有 JR20，JRS1，JR16，JR10，JR0 等系列。

9.5.3.1 热继电器结构

如图 9－10(以双金属片为例)，热继电器由热元件、动作机构、触点、复位按钮和整定电流装置五个部分组成。

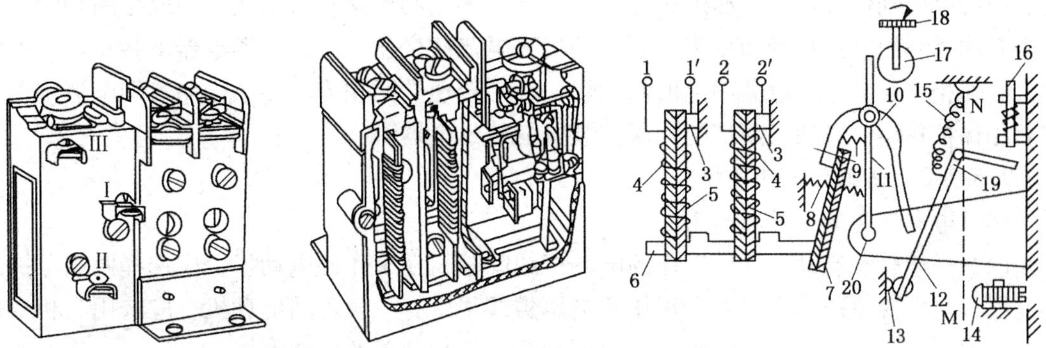

(a)　　(b)　　(c)

图 9－10　热继电器的外形与动作原理图

(a) 外形；(b) 结构；(c) 动作原理

1、1′—相电源断线端；2、2′—相电源断线端；3—双金属片支柱；4—热元件；5—双金属片；6—导板；7—补偿双金属片；8、9—弹簧；10—推杆；11—支撑杠杆；12—杠杆；13—常闭触点；14—调节螺钉；15—弹簧；16—复位按钮；17—偏心轮；18—旋钮；19—轴；20—支架

(1) 热元件。热元件是热继电器的主要部分，它是由双金属片及围绕在双金属片外的电阻丝组成。使用时将电阻丝直接串联在异步电动机的主回路中，电阻丝中通过的电流就是电动机的线电流。

(2) 动作机构。动作机构由导板 6、补偿双金属片 7(补偿环境温度的影响)、推杆 10、杠杆 12 及弹簧 15 等组成。

(3) 触点。触点有两副，Ⅰ和Ⅲ为常开触点，Ⅰ和Ⅱ为常闭触点。在使用时串联在控制回路中。

(4) 复位按钮。复位按钮 16，是热继电器动作后进行手动复位的按钮。

(5) 整定电流装置。整定电流装置是通过旋钮 18 和偏心轮 17 来调节整定电流值。

9.5.3.2 继电器的动作原理

当电动机过载时，过载电流通过串联在定子电路中的热元件(电阻丝)4，使双金属片受热膨胀并弯向膨胀系数小的一面(右面)，通过导板 6 推动补偿双金属片 7，使推杆

10 绕轴转动，又推动了杠杆 12，使它绕轴 19 转动，于是将串联在控制线路中的常闭触点 13 断开，接触器线圈断电释放，主触点断开，电动机便停止转动，起到了保护的作用。

要使电动机再次启动，必须先查明故障的原因。在排除故障之后，使双金属片冷却 1min，再按手动复位按钮，使热继电器的常闭触点闭合，接通控制电路。

如要自动复位，可旋动调节螺钉 14，使它向左越过 NM 轴线，在弹簧的作用下，即可自动复位。

如果安装了三个热元件，属于三相结构热继电器，其外形、结构及动作原理与两相结构的热继电器类似。

如果热继电器所保护的电动机是 Y 形接法，当线路上发生一相断路时，另外两相电流升高，此时流过热元件的电流就是电动机绕组的电流，因此用普通的两相或三相结构的热继电器都可以起到保护作用。如果热继电器所保护的电动机是△形接法，当发生断相时，电动机中有的相绕组电流将增加较多，而电动机线电流却变化不大，热继电器不会动作，但电流较大的那相绕组却已超过其额定值而发热，故用普通的两相或三相结构的热继电器都不能起到断相保护作用，必须采用带断相保护装置的热继电器。

9.5.3.3 热继电器的选择

热继电器选择的主要原则为：

（1）一般轻载启动，长期工作的电动机或间断长期工作的电动机，应选择两相保护的热继电器；当电源电压均衡较差，工作环境恶劣或很少有人管理的电动机，应选用三相结构的热继电器；而△形接线的电动机，应选用带断相保护装置的热继电器。

（2）整定热元件的额定电流应略大于电动机的额定电流。热继电器的整定电流是指热元件能够长期通过而不致引起热继电器动作的电流值，可用手动调节整定电流的范围。当电动机启动电流为其额定电流的 6 倍及启动时间不超过 5s 时，热元件的整定电流调节到等于电动机的额定电流；当电动机的启动时间较长，拖动冲击性负载或不允许停车时，热元件整定电流调节到电动机额定电流的 1.1 ~1.15 倍。

9.5.3.4 热继电器的运行和维护

（1）检查电路的负荷电流是否在热元件的整定范围内；

（2）检查与热继电器连接的导线接点处有无发生过热现象，导线截面是否满足负荷需要；

（3）检查热继电器上的绝缘盖板是否完整无损和盖好，以保持热继电器中的合理温度，保证其动作性能；

（4）检查热元件的发热阻丝外观是否完好，继电器内的辅助接点有无烧毛、熔焊现象，机构各部分元件是否正常完好，动作是否灵活可靠；

（5）检查继电器的工作环境温度是否与型号的特点相适应；

（6）检查继电器的绝缘体是否完整无损、内部是否清洁。

9.5.3.5 热继电器的常见故障及维修

热继电器的常见故障及处理见表 9 –5。

表 9－5　热继电器的常见故障及维修

故障现象	原　因	维修方法
热继电器误动作	1. 整定值偏小 2. 电动机启动时间过长 3. 操作频率过高 4. 强烈的冲击振动 5. 可逆运转及密接通断 6. 环境温度变化太大	1. 合理调整整定值，如热继电器额定电流不符合要求，应予更换 2. 按启动时间要求，选择具有合适的可返回时间级数的热继电器或在启动过程中将热继电器短接 3. 合理选用并限定操作频率 4. 对有强烈冲击振动的场合，应选用带防冲击振动装置的专用热继电器，或采取防震措施 5. 不宜选用双金属片－热元件式热继电器，可改用其他保护方式 6. 改善使用环境，周围介质温度介于－30～＋40℃之间
热继电器不动作	1. 整定值偏大 2. 触头接触不良 3. 热元件烧断或脱焊 4. 动作机构卡住 5. 导板脱出	1. 维修方法同上述方法 1 2. 清除触头表面灰尘或氧化物 3. 更换已坏继电器 4. 进行维修调整，但应注意修后不使特性发生变化 5. 重新放入，并试验动作是否灵活
热元件烧断	1. 侧短路或电流过大 2. 反复短时工作操作频率过高	1. 排除电路故障，更换热继电器 2. 合理选用并限定操作频率

9.5.4　速度继电器

速度继电器是反映转速和转向的继电器，其主要作用是以旋转速度的快慢为指令信号，与接触器配合实现对电动机的反接制动控制，故又称为反接制动继电器。

常用速度继电器的型号及含义如下：

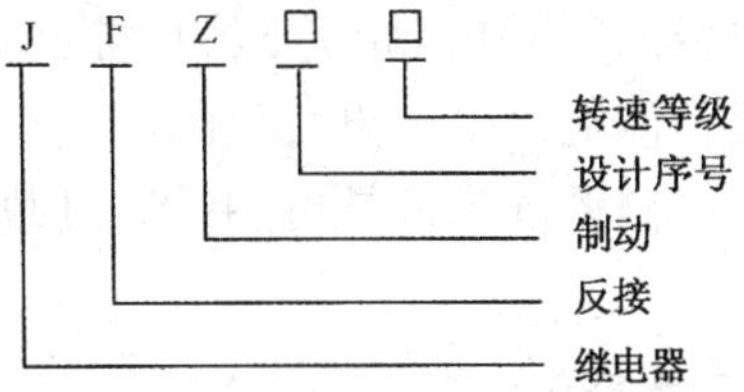

常用速度继电器外形、结构和符号如图 9－11 所示，它主要由定子、转子、可动支架、触头系统及端盖等部分组成。转子由永久磁铁制成，固定在转轴上；定子由硅钢片叠成并装有笼型短路绕组，能作小范围偏转；触头系统由两组转换触头组成，一组在转子正转时动作，另一组在转子反转时动作。

当电动机旋转时，带动与电动机同轴相连的速度继电器的转子旋转，相当于在空间中产生旋转磁场，从而在定子笼型短路绕组中产生感应电流，感应电流与永久磁铁的旋转磁场相互作用产生电磁转矩，使定子随永久磁铁转动的方向偏转，与定子相连的胶木摆杆也随之偏转。当定子偏转到一定角度，胶木摆杆推动簧片，使继电器的触头动作。

当转子转速减小到零时，由于定子的电磁转矩减小，胶木摆杆复位。

速度继电器的动作转速一般不低于 100～300r/min，复位速度约在 100r/min 以下。常用的速度继电器中，JY1 型能在 3000r/min 以下可靠的工作，JFZ0 型的两组触头改用两个微动开关，使其触头的动作速度不受定子偏转速度的影响。额定工作转速有 300～1000r/min（JFZ0－1）型和 1000～3600r/min（JFZ0－2 型）两种。

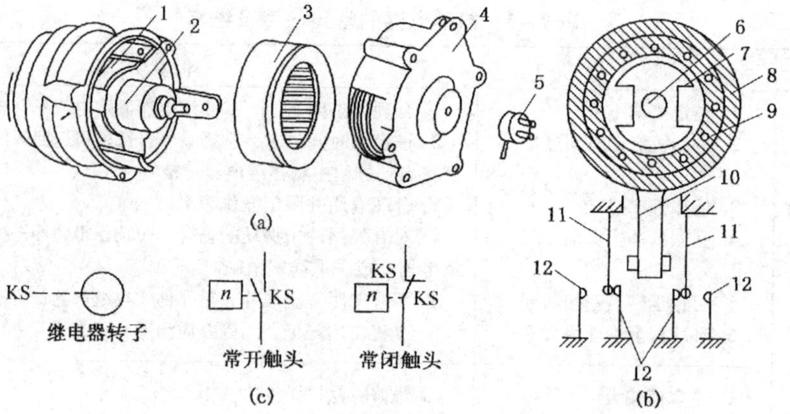

图9－11　常用速度继电器的外形、结构和符号

1—可动支架；2—转子；3—定子；4—端盖；5—连接头；6—电动机轴；7—转子（永久磁铁）；8—定子；9—定子绕组；10—胶木摆杆；11—簧片（动触头）；12—静触头

9.6　低压综合保护继电器

综合保护继电器，简称综保，其运行原理操作方法已在本书第十三章与系列培训教材《运行电工》里作了详细说明，本节只介绍综保在低压电动机保护回路中的应用。

9.6.1　低压综合保护继电器的原理

9.6.1.1　低压综保具有可调脱扣特性的反时限固态过载保护

低压综保具有多条可供选择的脱扣（或报警）特性曲线。这样，切断电动机过载的时间可以非常精确地适应负载扭矩，使电机得到更有效的利用。此外，完成过载脱扣的时间可以计算，并且对于综保集中过程控制系统来说是可用的。过载脱扣后，综保可以显示剩余的冷却时间。

9.6.1.2　相故障／相不平衡保护

相不平衡度可以监控并传输到综保集中过程控制系统。如果该值超过设定限制，预设延时的响应保护功能会被启动。如果相不平衡大于50%，从电机在不对称条件下发热增加开始，脱扣时间也会根据反时限过载保护特性自动减少。

9.6.1.3　堵转保护

如果由于堵转，电机电流值上升超过某一可调节的阈值（电流阈值）时，则可以在综保内部通过组态相应特定的延时响应。在这种情况下，可以对电机执行与过载保护无关的停机操作。只有在所设定的脱扣等级时间满足的情形下，堵转保护功能方才被激活，从而避免不必要的高热、机械负载以及电机磨损。

9.6.1.4　热敏电阻电机保护

这种保护功能基于通过埋入定子绕组或电机外壳中的温度传感器直接测量温度值。这个保护功能应特别用于有较高工作频率、重载启动、间歇或制动作业的电机，以及在速度低于额定速度的情况下使用。具体应用时在综保基本单元上串联几个开关量PTC传感器，并对其数值进行分析。此外，可对传感器测量电路的短路及导线破损进行监测。对于电机温升超过规定的限值或者传感器测量电路中所发生的故障，可以根据工艺要求组态相应的响应。

9.6.1.5 通过电流测量模块或电流/电压测量模块实现内部接地故障监控

综保采集并监控所有三相电流。这样，可以监控电机启动器可能的故障电流或者借助于内部计算监控接地故障。内部接地故障监控只适用于直接接地配电系统或低阻抗接地系统中的三相电机。对于检测到的接地故障，可以根据工艺要求进行相应的参数化和延时响应。

9.6.1.6 使用外部零序电流互感器实现外部接地故障监控功能

外部接地故障检测的功能一般适用于高阻抗接地系统。使用零序电流互感器可以检测极低的接地电流。综保对应于接地故障的响应(包括可能的延时)可以参数化。

9.6.1.7 电机电流的限值监控

电流限值监控用于与过载保护无关的过程监控。例如，在过载阈值以下但超过电流限值的电流，可以定义为泵中过滤器脏污或电机轴承日益黏滞的指示。低于电流下限值可被定以为传动皮带已磨损的最初征兆。对于可自由选择的电流上下限值，综保提供两种不同的响应：报警或脱扣。

9.6.1.8 电压监控功能

通过对主回路中断路器侧/熔断器侧的电压监控，即使电机处于停机状态，综保也可确定电机启动器重新启动的可能性，并可根据需求发布相应指令信号。有些综保能够提供两级欠电压监控功能，限值可以自由定义。

9.6.1.9 有功功率监控功能

电机的有功功率能够精确地反映整个运行过程中的实际负荷状态。过高的有功功率会增加电机的磨损以致电机过早的损坏。有功功率过低可以被看作是电机空转的状态显示。有些综保提供有功功率的限值设定功能（上、下限电流值）。

9.6.1.10 功率因数的监控功能

尤其对于低端电机，其功率因数的变化比电机电流和有功功率要大的多。因此，对于电机的功率因数的监控就变得十分重要，用以区分电机空转和故障时间，如传送带的撕裂或传动轴裂纹。一些综保提供两级功率因数的下限值设定功能。

9.6.1.11 温度的监控功能

综保提供温度检测信号接入功能，如使用 3 根阻性传感器将电机轴承和绕组的温度测量信号接到温度模块上。对于超上限的温度信号，综保可提供限值设定功能。温度监控的功能总是以所接入传感器中温度最高者作参考进行响应。

9.6.1.12 使用模拟量输入模块(0~20mA/4~20mA)实现对其他过程变量的监控

使用模拟量模板使得综保能够对其他过程变量作测量和监控。例如，使用液位检测实现泵的空转保护或使用差压变送器实现过滤器污染等级的界定。当液面低于限定值时，泵就会被停下来，而当压差值超过某一特定值时，过滤器就要进行清理了。

9.6.1.13 相序检测功能

通过相序检测功能，综保可以就电机的运转方向给予标注。如果相序发生错误，该信号能够被上传或导致相应电机的停机。

9.6.1.14 运行小时数、停机和启动次数的监控

为了防止工厂由于超过电机所允许的启动次数(磨损)或电机故障停机次数等故障出现的停工，综保能够监测电机的运行小时和故障停机次数。对于超过某一可变限值的状态，信

息或报警信号会被触发，以标记相应电机需要维护和更换。电机一经更换，其原有的运行时间和故障停机次数可以被复位。

为防止电机过热和过早的老化，在某一特定阶段内需要限定电机的启动次数。当所剩允许启动次数接近极限时，可以触发报警功能以警示。

9.6.1.15 实现灵活的电机控制方案

完善的电机控制工艺已经预置于综保中，可以灵活地与各种启动器相结合并得以应用：

(1) 直接和可逆启动；

(2) 星-三角启动（包括换向型启动器）

(3) 双速换向电机启动（包括换向型启动器））；

(4) 定位器控制；

(5) 电磁阀控制；

(6) 塑壳断路器（MCCB）的通讯网关/控制；

(7) 软启动器（3RW）通讯网关/控制（包括换向型启动器）。

这些控制工艺已经包含了电机操作的必要软件连锁和操作逻辑。综保同时提供对应于操作指令的电流反馈信号的监控。当指令与反馈相抵触时，它会断开接触器并发出报警信号。

对于电机的控制综保可以同时在如下的各控制源中切换或执行：

(1) PROFIBUS DP 网络上的 PLC；

(2) 连接于 PROFIBUS DP 网络上的 PC/PG（工控机/编程器）；

(3) 开关柜/控制柜面板上的操作面板；

(4) 连接于综保所提供串口的 PC/PG（个人计算机/编程器）；

(5) 现场的电机操作箱/操作柱。在此情形下，按钮、连锁开关信号及信号灯应分别连接于综保的输入输出端子，无论控制命令来自于 PROFIBUS DP，操作员面板或者连接到综保开关量输入端的按钮，综保可以同时或者按照组态上定义的已激活命令执行这些控制命令。

这些预定义的控制功能也可以通过可自由组态的逻辑模块(真值表、计数器、定时器、脉冲边沿分析，等等)灵活地适应电机启动器每种客户特定的组态。

另外，综保还能够提供各种有关操作、服务和诊断的数据，如：

(1) 操作数据

电机的运行状态(运行、停止、正转、反转、快速、慢速等)无需使用断路器或接触器的辅助触点来反馈，完全是通过对主回路中电流检测实现的。

实际的三相电流和最大相电流：设定电流的百分比(%)、实际的三相电压(V)、有功功率（W)、视在功率(VA)、功率因数(%)、相不平衡率(%)、相序、3个温度传感器值以及其中的最大温度值(℃)、模拟量实值、预计剩余的剩余时间(s)、电机温升度(%)、电机剩余冷却时间(秒)等等 。

(2) 维护、服务数据

电机运行小时数(可复位)、电机停止次数(可复位)、电机启动次数(可复位)、电机允许剩余启动次数、过载脱扣次数(可复位)等。

9.6.2 低压综合保护继电器的应用

近年来，综保在中、高压系统中的应用越来越普及，但在低压电动机保护回路中的应用却因面广量大费用高而发展迟缓，目前尚在起步阶段。

下面以博耳 PMW3000 低压综保为例，简单介绍其应用方面的实例。

1. 直接启动

直接启动方式接线如图 9 - 12 所示。

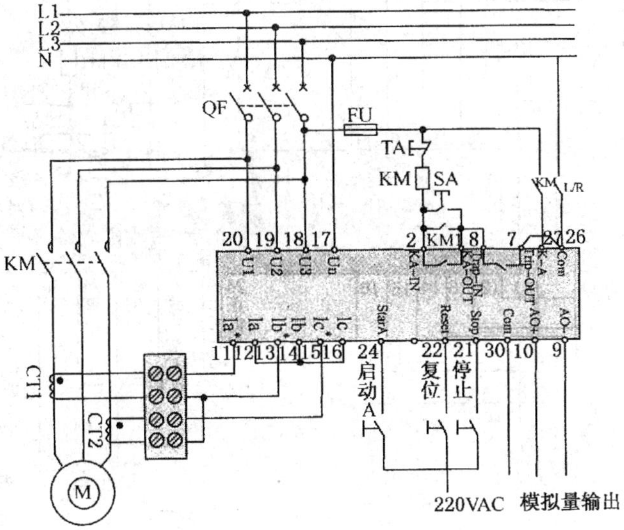

图 9 - 12　直接启动方式接线图

（双互感器模式，通过用户原有控制回路实现启停）

当 PMW3000 上电，合上断路器 QF，按下"启动 A"按钮，内部触点 KA 接通后断开，使 KM 线圈得电吸合自保持，电机主回路接通，电机开始运行。

按下停止按钮，Trip 触点断开一下，KM 失电断开，电机停止运行。

当电机因保护动作时，Trip 触点断开，KM 失电断开，电机停止运行，PMW3000 主机数码管上显示故障代码。同时，操作面板上提示故障信息，并不断闪烁。此时，必须在故障解除后按"复位"按钮，才能重新启动电机。

2. 反转启动

反转启动方式接线如图 9 - 13 所示。

当 PMW3000 上电，合上断路器 QF，按下"正向启动"按钮，内部触点 KA 接通后断开，使 KM1 线圈得电吸合，KM1 触点使电机主回路接通，电机开始正转运行。

反之，在电机处于停止状态时，按下"逆向启动"按钮，KB 接通后断开，KM2 线圈得电吸合，电机开始反转运行(电机正在运行时不允许改变其运行转向)。

3. 星/三角启动

星/三角启动方式接线如图 9 - 14 所示。

该方式适用于不希望使用时间继电器，而直接用 PMW3000 来实现星/三角转换的用户，如果用户希望使用原有星/三角转换控制回路，则采用直接启动方式即可。

当 PMW3000 上电，合上断路器 QF，按下"启动"按钮，内部触点 KA、KC 接通，使 KM3、KM1 线圈得电吸合，将电机接成星形接法启动，星角延时设定时间到后，KC 断开，KB 接通，使 KM3 断开，KM2 得电吸合，电机变为三角形接法正常运行。

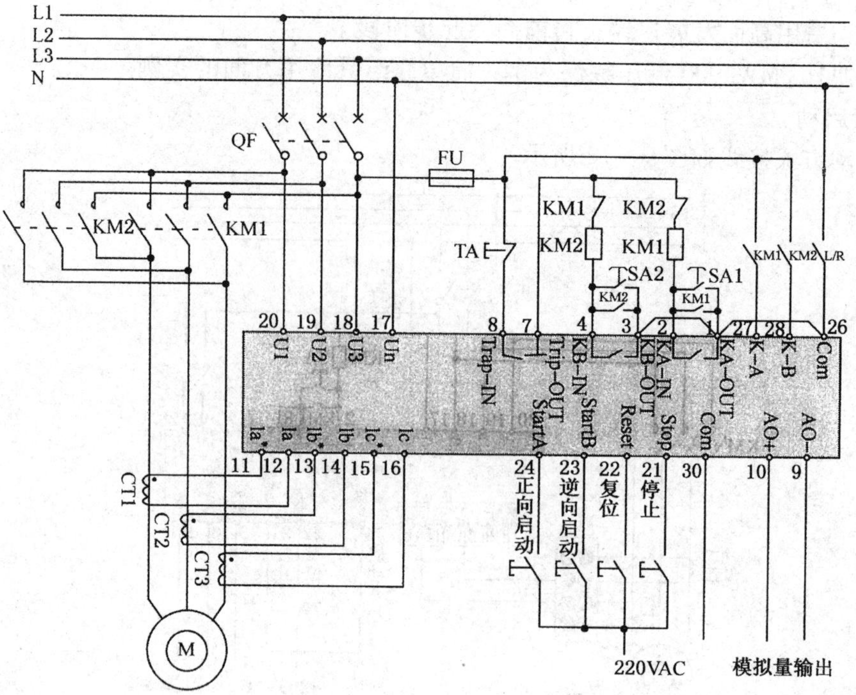

图 9-13　正反转启动方式

（通过用户原有控制回路实现启停）

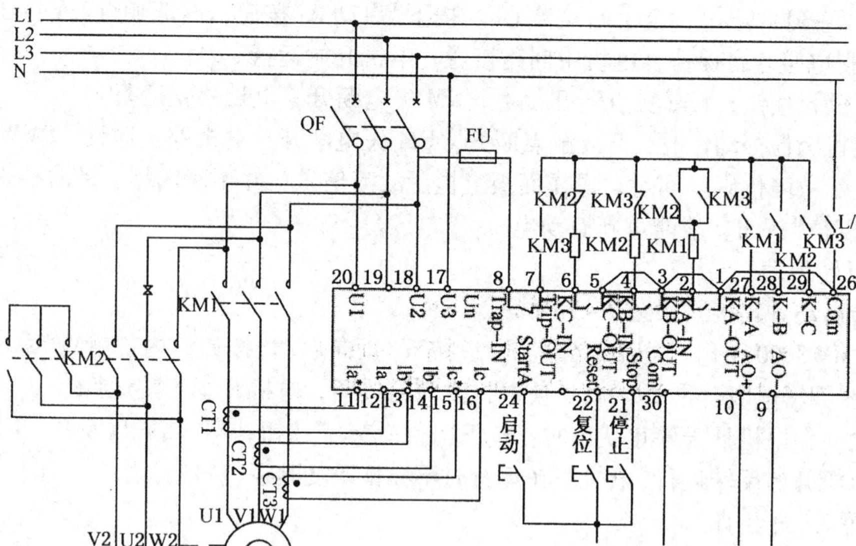

图 9-14　星/三角启动方式

（三互感器模式）

9.7 漏电保护器

9.7.1 漏电保护器原理

这里所说的漏电保护是电流动作型漏电保护，电压动作型漏电保护在国内外均以淘汰。电流动作型漏电保护是从泄漏电流、人体触电等非金属性单相接地故障考虑，用来保护人身及设备安全的一种保护方式，目前应用的非常广泛。

人体触电后是否会有危险，主要决定因素是通过人体的电流大小和作用时间的乘积，目前世界公认的允许值是工频电流 30mA · s(毫安 · 秒)，人体触电后是否有危险还与电流通过人体的部位(电流流过心脏、神经中枢最危险)、电流种类(工频最危险，高频和直流危险性小些)、人体的健康条件有关。人体的电阻是 800 ~ 1000Ω。在干燥的场所，人触及 36V 以下带电体，一般不会发生危险；在潮湿、闷热的场所，人体触及 24V 带电体，一般不会发生危险。漏电保护装置的设计和选择就是根据这些数据进行的。

漏电保护器主要由检测元件(零序电流互感器)、脱扣机构、放大器及主开关(低压断路器)等元件组成。

(1) 零序电流互感器

是漏电保护器的检测元件，是决定漏电保护器性能的重要部件。其主要由冷轧硅钢片和坡莫合金制成。零序电流互感器铁芯一般作成圆形或方形，原边通以各相电流，铁芯上绕若干匝线圈作为二次绕组，由二次绕组输出检测信号。

(2) 脱扣器

脱扣器是漏电保护器的判断元件。它根据零序电流互感器的输出信号或放大以后的信号，经过分析处理后作出是否动作的判断。当需要动作时，就推动主开关的操作机构，使主开关动作，切断电源。按其结构原理可分为吸合式和释放式两种。

吸合式脱扣器在正常工作状态下，衔铁处于打开位置。当线圈中有激磁电流通过，并且达到整定数值时，衔铁被迅速吸合，同时带动和衔铁相连的打击臂，利用打击臂在衔铁吸合时的机械冲击力，使开关销扣脱扣。该脱扣器的灵敏度较低，一般适用于电子式保护器。

释放式脱扣器在正常工作状态下，衔铁在对应于直流磁通的吸力作用下，克服弹簧的反作用力，保持在与衔铁接触的吸合面。当漏电保护器所保护的电路中有触电、漏电电流时，零序电流互感器的二次绕组就有感应电压输出，使脱扣器线圈中有电流通过，其产生的交流磁通方向与直流磁通方向相反，从而抵消了部分衔铁吸合面的吸力，当漏电电流足够大时，衔铁就在弹簧的反作用力下被释放，从而迅速打击到主开关的销扣上，使主开关跳闸。该脱扣器的灵敏度较高，适用于电磁式保护器。

(3) 放大元件

零序电流互感器二次绕组的输出信号很小，一般都在 1mVA 以下，当漏电保护器电流容量较大时，由零序电流互感器二次输出信号直接通过脱扣器来驱动脱扣的方式，往往不能满足要求。因此，有些漏电保护器就增加了一个放大元件。这种漏电保护器叫电子式漏电保护器。

电子式漏电保护器的工作过程是利用放大信号去推动中间继电器，再由中间继电器接通控制电源，使吸合式脱扣器动作，切断电源。

在零序电流互感器二次绕组与脱扣器之间没有放大元件，这种漏电保护器叫电磁式漏电保护器。

电磁式漏电保护器的工作过程是零序电流互感器二次绕组和断路器中的脱扣线圈相连，它不需要辅助电源，只要串过零序电流互感器环形铁芯的线路上有触电、漏电电流流过，并达到整定值时，即能使主开关动作。该型漏电保护器在气候干燥、土壤电阻率较大的地区会降低动作灵敏度。

电子式漏电保护器与电磁式漏电保护器各有优缺点，具体见表9-6。

表9-6　电子式与电磁式漏电保护器特点比较

项目名称	电磁式漏电保护器	电子式漏电保护器
灵敏度	30mA以下制造困难，当额定电流100A以上要做到30mA更难	容易实现高灵敏（可以做到6mA甚至更小）
实现延时动作	困难	容易
辅助电源	不需要	需要
电压对特性影响	无影响	有影响
温度对特性影响	无影响	有影响，但带温度补偿电路时，可以改善
重复操作对特性的波动范围	较大	小
耐压试验	可进行工频耐压	受电子元件限制，无法施以工频耐压
耐感应雷击性能	强	较差，当增设过电压吸收电路后可改善
耐机械冲振性能	一般	强
可靠性的关键	加工精度	取决于电子元件的质量和可靠性
对零序电流互感器的要求	高	低
制造技术	精密	方便
价格	高	较低

9.7.2　漏电保护器的应用

9.7.2.1　单相漏电保护

单相漏电保护接线方式及工作原理如图9-15所示。当电气设备绝缘完好、正常工作时，流入用电设备的电流和从用电设备流出的电流相等，这样在检测元件电流互感器环形铁芯中所产生的磁通量等于零，此时电流互感器二次线圈没有感应电压输出，漏电保护器不动作。

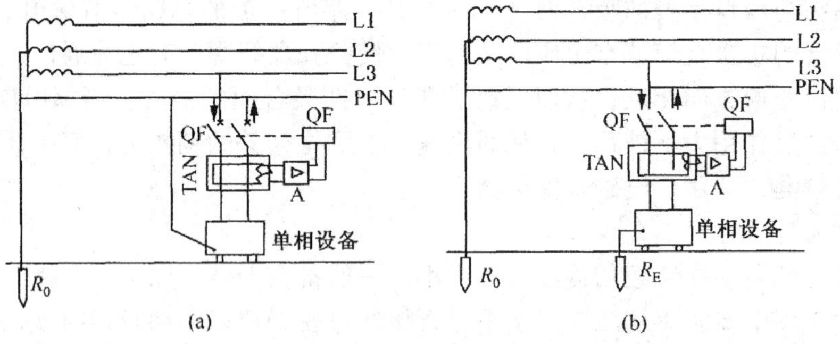

图9-15　电流动作型单相漏电保护器接线图

(a) TN系统；(b) TT系统

TAN—检测元件；A—放大器；QF—低压断路器

当用电设备绝缘损坏发生漏电时，漏电电流将通过 PE 线或接地线或通过人体流回电源中性点，这样电源的两根导线的电流将不同，来的电流大，回流的电流小，这个电流差将在检测元件电流互感器的环形铁中感应磁芯通，在二次线圈上感应电压，这电压将加在漏电保护器的脱扣线圈上，当漏电电流达到规定的动作值时，脱扣线圈推动脱扣器，使漏电保护开关动作，迅速断开电源，从而达到保护目的，为了使漏电电流有足够脱扣驱动力，可在互感器二次线圈输出端加一级电子放大器 A。

单相漏电保护器的主要技术参数有额定漏电动作电流，分 6、10、15、30mA 四种。动作时间≤0.1s，即漏电保护器的技术性能。当电气设备漏电超过额定漏电动作电流时，使主开关断开电源的时间小于或等于 0.1s。还有一个主要参数是漏电不动作电流(mA)，一般是额定漏电动作电流的 1/2，即电气设备漏电电流小于漏电不动作电流时，漏电保护器不会动作。在选择漏电保护器时，要使漏电保护器的漏电不动作电流大于电气设备和线路的正常漏电电流，这样才能保证电气设备的正常运行。在选择漏电保护器时，还要考虑额定电压、额定频率、额定电流(指主触点)、极数和极限通断能力。目前单相漏电保护型号有 JLB-10 型，其主触点额定电流 10A。另外，在 DZ 系列低压断路器上加漏电保护装置，其型号是原低压断路器的型号后面加 L，例如 $DZ_{12}L$、$DZ_{13}L$、$C_{45}NL$ 等，这种漏电开关既有漏电保护的功能，又有保护短路、过载、失压的功能。

9.7.2.2 三相漏电保护

三相漏电保护分为三相三极漏电保护器和三相四极漏电保护器。

1. 三相三极漏电保护器

其接线方式如图 9-16 所示，用于支线上，保护三相用电设备。当电气设备绝缘完好，电路正常工作时，无论三相负载是否平衡，各相电流的相量和等于零，即

$$I_a + I_b + I_c = 0$$

各相工作电流在检测元件电流互感器环形铁芯中所感应的磁通相量和也等于零，即

$$\phi_a + \phi_b + \phi_c = 0$$

此时，电流互感器的二次线圈没有感应电压输出，漏电保护器不动作。

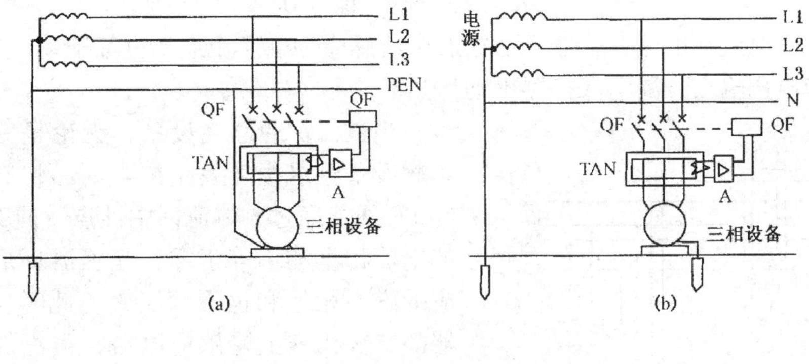

图 9-16 三相三极漏电保护接线图

(a) TN 系统；(b) TT 系统

当被保护支路电气设备损坏或其他接地漏电故障时，将有一部分电流经 PE 线或接地线或通过人体流回中性点，这样三相电流的相量和不等于零，互感器环形铁芯中所感应的磁通相量和也不等于零。此时，在检测元件电流互感器的二次线圈上感应电动势经放大器放大后，加在漏电保护器的脱扣线圈上，当漏电电流达到额定漏电动作电流时，推动脱扣器动

作，使主开关迅速切断电源。

三相三极漏电保护器都是在各系列低压断路器上加漏电保护装置，其型号是在原低压断路器型号后面加 L，例如 DZ_5L，、$DZ_{10}L$，$DZ_{15}L$、$DZ_{20}L$ 等，其额定漏电动作电流分 15、30、50、100、200mA 五种，一般其漏电不动作电流也是额定漏电动作电流的 1/2。在选择漏电保护器时，既要考虑漏电不动作电流要大于电气设备和线路的正常漏电电流，也要考虑电气设备的额定电压和额定电流。

漏电保护应用于 TT 系统，电气设备的保护接地多采用共用一个接地装置，有的设备安装了漏电保护器，而有的设备没装漏电保护器，这样则不好。如图 9-17 所示，当未装漏电保护器的电动机 M1 绝缘损坏时，如漏电电流较小时，低压断路器过流保护可能不动作（大多数情况如此）。该设备外壳呈现对地电压，而且会长期存在，由于电动机 M1 与 M2 共用同一接地装置，电动机 M2 的外壳上也出现对地电压，如操作人员接触到电动机 M2 外壳时，漏电电流 ΔI_0 沿着 M1 外壳→接地干线→M2 外壳→触电者→大地返回电源中性点。这样，虽然电动机 M2 的漏电保护装置不动作，也不能保证安全，所以要求在一个供电系统中所有的设备都需安装漏电保护器才能保证安全。

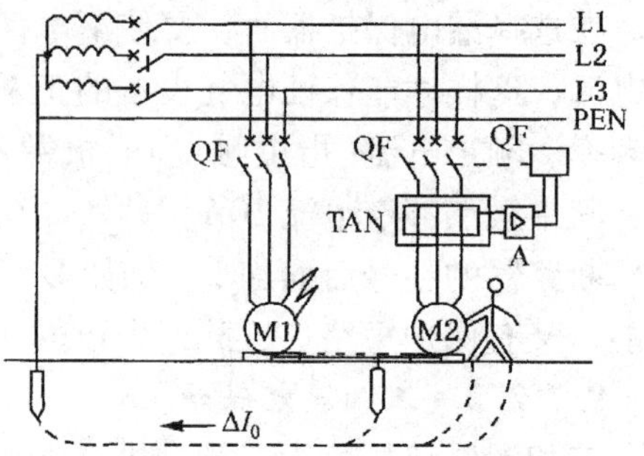

图 9-17　M1 与 M2 共用同一接地装置的 ΔI_0 路径示意图

2. 三相四极漏电保护器

用于保护干线和保护整个供电系统，其接线方式如图 9-18 所示。

漏电保护用于 TN 系统中，从安装漏电保护装置的地点起，TN-C 系统（三相四线制）应改为 TN-S 系统（三相五线制），即保护零线（PE 线）必须与工作零线（N 线）严格分开，使供电系统成为 TN-C-S 系统。安装时应注意将相线和工作零线（中性线、N 线）穿过漏电保护装置的互感器，但不可将保护零线（PE 线）穿过电流互感器中。在电气设备绝缘完好时，无论负载三相是否平衡，穿过电流互感器的电流相量和为零，即

$$I_a + I_L + I_c + I_0 = 0 \qquad (9-1)$$

此时，工作电流在电流互感器环形铁芯中所感应的磁通相量和也等于零，互感器的二次线圈上没感应电压输出，漏电保护器不动作。

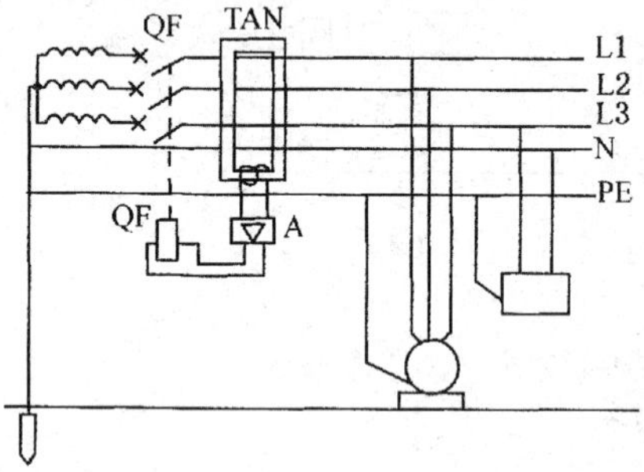

图 9-18　三相四极漏电保护器接线图

当被保护的电气设备，无论是三相设备还是单相设备绝缘损坏发生漏电时，将有一部分电流经 PE 线或通过人体流回中性点，使穿过互感器中的电流相量和不等于零，互感器环形铁芯中所感应的磁通相量和也不等于零。此时，在电流互感器的二次线圈上将感应电压，再经放大后加在漏电保护器的脱扣线圈上，当漏电电流达到额定漏电动作电流值时，推动脱扣器动作，使主开关迅速切断电源。

在 TN 系统中，安装漏电保护器后，工作零线（N 线）不可再重复接地，也不能和保护零线（PN 线）相连。在 TT 系统中，安装漏电保护器后，中性线（N 线）也不可再重复接地。因为在系统正常运行时，三相负荷有可能不完全平

衡，其不平衡电流需经中性线（N 线）返回电源中性点，使电流互感器环形铁芯的感应磁通相量和为零，漏电保护不动作。如图 9－19 所示，若中性线（N 线）上设置重复接地，则部分不平衡电流 ΔI_0 经重复接地点、大地、电源中性点形成闭合通路，于是 $I_a + I_L + I_c + I_0 = \Delta I_0 \neq 0$，当 ΔI_0 的值达到漏电保护器的额定动作电流值时，漏电保护就会误动作。

例如在变电所的低压馈电线路上安装了漏电保护器，这条供电线路采用 TN－C 系统。这条线路供电到车间，则在车间这条线路就不能重复接地了，因为这条线路的 PEN 线重复接地就会使变电所的漏电保护器误动作而合不上闸。

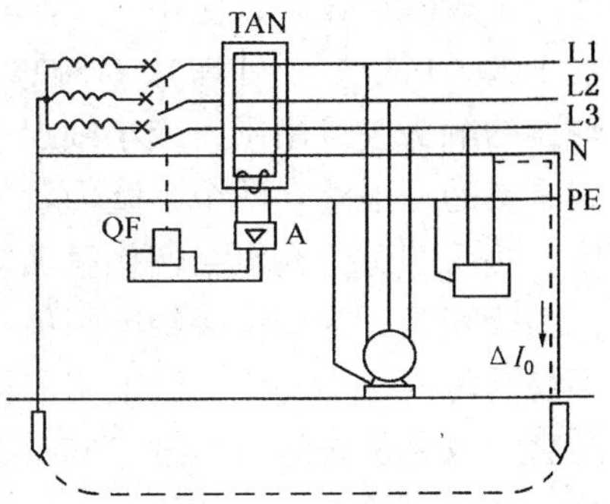

图 9－19　中性点重复接地漏电保护误动作示意图

9.8　低压电器的故障及维修

低压电器因选型不当，安装调试不当，使用不当或长期使用元气件磨损老化等均会引起故障而影响正常工作。因此，必须及时做好修理工作。低压电器的故障种类繁多，产生故障的原因复杂，以下仅对低压电器的常见故障进行分析处理。

9.8.1　触头的故障及维修

触头是低压电器的主要部件，它担负着接通和分断电路的作用，是极易损坏的部件。触头的常见故障表现为触头过热、磨损和熔焊等情况。

9.8.1.1　触头过热

凡有电流通过触头时，均会发热，正常发热是允许的，超过额定温度就称为过热。触头过热的结果，轻则使触头特性变坏，重则造成触头熔焊。造成触头过热的主要原因是：

（1）通过动、静触头间的电流过大。任何电器的触头都必须在其额定电流下运行，当系统电压过高或过低，用电设备超负载运行，触头容量选择不当或故障运行时，流过触头的电流超过其额定值，必然引起触头过热。

（2）动、静触头间的接触电阻变大。接触电阻是所有电接触形式的一个重要参数，其大小关系到电接触工作的可靠性，影响到触头间的发热程度。造成触头间接触电阻变大的原因，一是触头压力不足。不同接触形式、不同规格的电器，其触头压力都有各自的标准。对同一种电接触形式来说，一般是触头压力越大，接触电阻越小。而当触头压力弹簧失去弹性，触头磨损变薄时，就会引起触头压力不足，导致接触电阻增大。二是触头表面接触不良。动、静触头的接触面对接触电阻影响较大，如铜制触头表面易氧化，生成氧化膜；因维护不当，油污和灰尘在触头表面产生积垢，形成电阻层；触头分断电流时，表面被电弧灼伤、烧毛，形成表面不平，甚至局部烧缺，使接触面积减小，也造成接触不良。

解决触头过热的办法必须视具体情况而定。如果通过动、静触头间的电流过大，一是解决电源问题，使触头工作在额定电源范围；二是避免用电设备超负荷运行和故障运行；三是改用触头容量较大的电器。

如果是触头压力不足，可以更换压力弹簧，经调整后仍达不到标准的，则应更换新触头；如果是触头表面接触不良，那么首先应加强对运行中触头的维护和保养；对于铜触头表面已经生成的氧化膜，应用小刀轻轻刮去(银及银基合金触头表面形成的氧化层对导电性能影响不大，可以不予处理)；对触头表面的油污，可用棉花浸些汽油或四氯化碳进行清洗；对灼伤的触头，可用刮刀或小细挫进行修整；对大中电流的触头表面，不要求修整的过分光滑，重要的是平整。两个平整面较粗糙的平面接触在一起，触点数目较多，能有效的清除氧化膜，相反，过分光滑会使接触面减小，接触电阻反而变大。但对于一些小容量电器，触头电流为毫安级，为保证接触电阻值小而稳定，则要求触头表面粗糙度要低，原因是光洁的触头不易受污染，不易生成膜电阻。需要指出的是，维修人员在修整触头时，不要刮或锉削得太厉害，以免影响触头厚度，同时也不允许用粗砂布或砂轮修磨，以免石英砂粒嵌留在触头表面上，反而使触头不能保持良好接触。

9.8.1.2 触头磨损

触头在使用过程中，其厚度越用越薄，这称为触头的磨损。触头的磨损有二种：一种是电磨损，这是由于触头间电弧或电火花的高温使触头金属气化和蒸发所造成的；

另一种是机械磨损，这是由于触头闭合时的撞击和触头接触面的相对滑动摩擦所造成的。触头磨损到一定程度时，应更换新触头；触头无超行程时，也应更换新触头。通常磨损的程度按下列原则来衡量：触头接触部分磨损至原有厚度的2/3(铜触头)或3/4(指银或银基合金触头)；触头的超程值应参照产品标准，对不同产品有不同的数据，即使同一种产品，规格不同，数据也不同。若发现触头磨损过快应查明具体原因。

9.8.1.3 触头熔焊

动静触头接触面熔化后被焊在一起而断不开的现象，称为触头的熔焊。发生触头熔焊的原因是选用规格不当(负载电流过大，触头容量太小)；操作频率过高；触头弹簧损坏，初压力减小，在触头闭和过程中产生振动，进而产生电弧，高温电弧使触头烧熔。触头熔焊后，只有更换触头，但必须找出熔焊原因并予以排除。

9.8.1.4 触头修复后的试验及调整

触头修复后，必须对其参数进行试验及调整。表征触头是否正常的技术数据是开距 S、超程 r、触头初压力 F_C、触头终压力 F_Z，如图9－20所示。

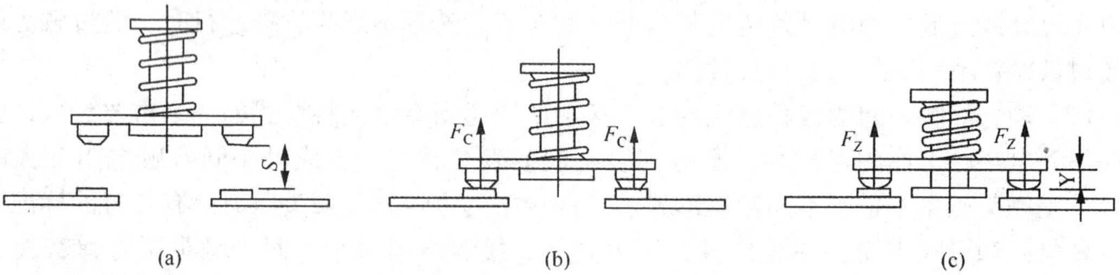

图9－20　触头的结构参数

(a) 断开状态；(b) 刚接触时；(c) 闭合状态

开距是指触头处于常开位置时，动、静触头之间的最短距离，如图9－20(a)所示，它用以保证触头断开之后必要的安全绝缘间隔；超程是指电器触头完全闭合后，如果将静(或动)触头移开时，动(或静)触头所能继续移动的距离，如图9－20(c)所示，它是用以保证触头磨损以后仍能可靠地接触，保证触头压力的最小值；触头初压力是指动静触头刚好接触时，每个触头承受的压力，如图9－20(b)所示，它可通过调节触头弹簧预压缩量来保证，增大初压力，可降低触头闭合时的弹跳，避免熔焊的发生，触头终压力是指动静触头闭合终了时，每个触头上的压力，它是由触头弹簧的最终压缩量来保证的。

为了使触头接触良好，有些电器的触头上装有可调整的弹簧，借弹簧可调整触头的初压力、终压力和超行程。

在调整初压力和终压力时，可用触头压力测量器、弹簧秤或砝码进行测量(触头的技术数据可通过专业技术手册或产品说明书查找)。若没有以上设备，可用一条比触头稍宽的纸条夹在动静触头之间，使开关处于闭合位置，这时用手拉纸条，并凭经验或新旧产品对比来判定触头压力是否足够。一般小容量的电器稍微用些劲，纸条就可拉出；对于较大容量的电器，纸条拉出后有撕裂现象，这种现象一般认为触头压力比较合适；若纸条很容易拉出，说明触头压力不够；若纸条被拉断，则说明触头压力太大。

9.8.2 电磁机构的故障及维修

低压电器中的电磁机构是能量转换和操作运动的中枢，因此故障较多，常见故障如下：

9.8.2.1 衔铁噪声大

电磁机构在正常运行时会发出较轻微的“嗡嗡”声，若声音过大或异常，可判定电磁机构发生了故障。衔铁噪声大的原因一般有以下几方面：

(1) 与铁芯的接触面接触不良。如衔铁与铁芯经长期吸合撞击后，接触面磨损或变形；接触面上积有锈斑、油污、灰尘；衔铁歪斜等。衔铁的噪声和振动将导致衔铁和铁芯加速损坏，同时会使线圈发热，严重的甚至烧坏线圈。

维修前，首先应查找产生故障的原因和部位。若铁芯接触面有油污等杂质，要擦拭或清洗干净；若铁芯端面已变形或磨损，可用锉刀或砂布修磨打平。判断是否变形或磨损的方法是在铁芯端面间放一软纸板，然后正常通电，使衔铁吸合，根据软纸板上印下的痕迹，若紧贴面积在80%以上，可继续使用，否则就要进行修整。也可用推试法确定故障部位，当线圈通电衔铁吸合后，用绝缘体推动衔铁的某些部位，根据噪声情况确定故障地方。对E形铁芯维修时还需注意铁芯中柱接触面间应留有0.1～0.2mm的防剩磁间隙。

(2) 短路环损坏。当电器使用日久，铁芯经过多次碰撞，嵌装在铁芯端面内的短路环会出现断裂。此时，铁芯在交变磁场的作用下会产生强烈的振动，发出较大的噪声。断裂的短路环都有松动迹象，仔细观察就能发现。修理时，通常是按原材料、原尺寸重做一个，然后嵌装在铁芯端面上并用环氧胶黏剂加固。

正常的电磁系统中，短路环的损耗约占电磁系统总损耗的1/4～1/2。

(3) 机械方面的原因。如果衔铁活动部分被卡死而不能完全吸合，也会使之产生强烈的振动和噪声。

9.8.2.2 衔铁吸不上

线圈接通电源后，衔铁不能被铁芯吸合，可从以下几方面进行检查：

(1) 线圈引出线的连接处有无脱落，线圈是否断线或烧坏；

(2) 电源电压是否过低，活动部分有无卡阻，应根据实际情况分析处理。值得注意的是，当交流线圈通电后，若衔铁不能被吸合，则应立即切断电源，以免烧毁线圈。

9.8.2.3 衔铁不释放

其原因为：触头弹簧压力过小；触头熔焊；机械可动部分被卡阻；转轴锈蚀或歪斜；反力弹簧损坏；铁芯端面有油污粘着；E型铁芯的剩磁增大等均为衔铁不释放的可能原因。当线圈断电后衔铁不释放时，也应立即断开电源，以免发生意外。

9.8.3 线圈的故障及维修

线圈的主要故障表现在以下几方面：

（1）匝间短路或局部对地短路。这时，线圈中将会产生很大的短路电流，温度剧增并将热量传递到邻近线匝，故障逐渐扩大，以致整个线圈烧坏。故障的原因是线圈绝缘老化、绕制中的绝缘缺陷、机械损伤等；

（2）衔铁和铁芯闭合时有间隙。由磁路原理可知，当交流线圈电压为一定值时，其阻抗的大小与磁路气隙大小有关，气隙越大，磁阻越大，需要的磁势和通入线圈的电流也越大，导致线圈过热烧坏；

（3）线圈电压过高或过低。线圈电压过高时，会使电流增大；过低时，造成衔铁吸合不紧密，也会使电流剧增，同样导致线圈过热烧坏；

（4）操作频率过高。对交流线圈而言，衔铁每闭合一次，线圈就要受到一次大电流冲击，如果操作频率过高，线圈会在连续承受大电流的冲击下造成过热。

线圈的修理视具体情况而定。如果短路匝数不多，短路部位又在接近线圈的端部处，且其他部分完好无损，则可拆去已损坏的几圈，其余的可继续使用，这对电器的工作影响不大；如果线圈已烧毁，则必须重绕。线圈重绕时，应按原线圈的线径和匝数重绕，或从名牌手册上查出线圈的匝数与线径。在绕线机上进行绕制，绕好后放在105～110℃的烘箱中预烘3h，冷却至60～70℃浸绝缘漆，滴尽余漆后放入110～120℃的烘箱中烘干，冷却至常温即可使用。

第 10 章　可编程序控制器应用

可编程序控制器，其英文名字为 Programmable Logic Controller，简称 PLC。[国际电工委员会(IEC)1982 年 11 月第一稿，1985 年 1 月第二稿修订并颁布]。

PLC 是一种以微处理器为基础的新一代通用型工业控制器。PLC 诞生以来，其发展十分迅猛。现在 PLC 已广泛用于生产和设备的电气控制，极大地提高了劳动生产率和自动化程度。PLC 控制技术已成为当代实现工业自动控制的主要手段之一。

国际电工委员会对可编程序控制器的定义是："可编程序控制器是一种数字运算的电子系统，专为工业环境下应用而设计。它采用可编程序的存储器，用来在内部存储执行逻辑运算、顺序控制、定时、计数和算数运算等操作的指令，并通过数学式、模拟式的输入和输出控制各种类型的机械或生产过程。可编程序控制器及其有关外围设备都应按易于与工业控制系统联成一个整体，易于扩充的原则设计。"由以上定义可知，可编程序控制器是专为工业应用而设计的计算机。

PLC 可用于开关逻辑控制、机械加工的数字控制(如与计算机控制装置组合成一体，实现数值控制，组成数控机床)、机器人控制、闭环过程控制和组成多极控制系统，构成工厂自动化网络。

PLC 的产品繁多，主要有日本三菱公司生产的 F、FX 系列 PLC、德国西门子(SIEMENS)生产的多种系列的 PLC、日本欧姆龙(OMRON)公司生产的 C 系列 PLC、美国 Rockwell 公司所属的 A－B(Allen－Bradley)公司生产的 PLC 和美国通用电气公司(GE)生产的 GE 系列 PLC 产品。PLC 常用的分类方法有：按结构形式来分，PLC 有整体式和模块式二种；按功能强弱来分，PLC 有低档、中档和高档三种；按输入/输出(简称 I/O)点数来分，PLC 有小型机(I/O 点数小于 256 点)、中型机(I/O 点数在 256～2048 点)和大型机(I/O 点数大于 2048 点)三种。

PLC 的主要性能指标

PLC 的性能指标较多，主要性能指标有下面几点：

(1) PLC 的输入输出 I/O 总点数

指 PLC 外部输入、输出端子数，是 PLC 选型时主要依据之一。

(2) 用户程序存储器容量

PLC 内存储器按用途可分为系统程序存储器和用户程序存储器。系统程序存储器存放系统程序，该程序已由生产厂家固化，用户不能访问和修改。用户程序存储器存放用户程序，用户程序是用户根据控制要求进行编写的。

PLC 产品样本与使用说明书中所列存储器容量指用户程序存储器容量。PLC 的用户程序存储器容量通常用千字节来表示，1kB＝1024 字节。PLC 用户程序存储器容量随机型不同有所不同，小型 PLC 机内存可以为几千字节，中大型 PLC 机为几千字节到几百千字节，甚至可达 1～2MB。有的 PLC，如 FX 系列可编程序控制器中程序指令是按"步"存放的，一条指令往往不止"一步"；一"步"占用一个地址单元，一个地址单元一般占用两个字节。如一个内存容量为 1000 步的 PLC 可推知其内存为 2k 字节。

（3）扫描速度

此指标表明了PLC扫描响应速度的快慢。扫描速度主要取决于CPU的性能。一般以执行1000步基本指令所需的时间来衡量，如ms/kB。有的用执行一步指令的时间来表示，如μs/B。

（4）编程元件的种类和数量

PLC编程元件通常有输入继电器、输出继电器、辅助继电器、定时器、计数器、数据寄存器等，由于PLC机型不同，PLC编程元件的种类和数量有所区别。通常情况下编程元件的种类和数量越多，编程也就越灵活方便。

（5）编程语言和指令系统功能

不同厂家的PLC编程语言有所不同。常用编程语言有梯形图、指令语句表等。通常情况下指令种类尤其是综合性指令越多，指令系统的功能越强，编程也就越灵活方便。

10.1 可编程序控制器的基本组成及工作原理

10.1.1 可编程序控制器的基本组成

PLC实质上是一种工业控制专用计算机。与通用计算机相比，PLC不仅具有与工业过程直接相连的接口，而且具有更适用于工业控制的编程语言。PLC的基本组成如图10－1所示。

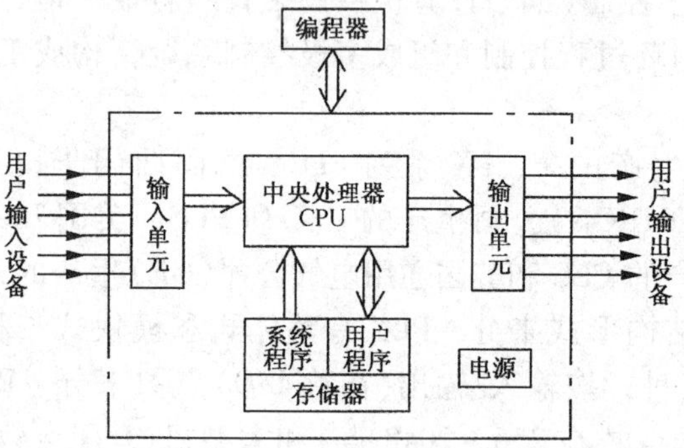

图10－1 PLC的基本结构

PLC各部分的功能如下：

（1）中央处理器(CPU)

CPU是PLC的核心部件，起着控制和运算的作用。它能够执行程序规定的各种操作，处理输入信号，发送输出信号等。PLC的整个工作过程都是在CPU的统一指挥和协调下进行的。

PLC中常用的CPU有通用微处理器(如Z80等)、单片微型计算机(如MCS－48系列、MCS－51系列等)和位片式微处理器(如AMD2900系列等)。

（2）存储器

PLC内的存储器，按用途可分为系统程序存储器和用户程序存储器。前者用于存放系统程序和系统数据，而后者则用于存储用户程序和用户数据。

系统程序是由PLC生产厂家编制的，用来管理和协调PLC的各部分工作。由于系统程序关系到PLC的性能，因此PLC生产厂家已将系统程序固化到ROM(只读存储器)芯片内，用户不能直接存取这些ROM芯片中的信息。

用户程序是由用户根据实际控制系统的要求，采用PLC的程序语言编写的应用程序。它决定了PLC的输入信号与输出信号之间的具体关系，PLC必须配上用户编写的应用程序才能完成用户指定的控制任务。

用户存储器可采用随机存储器(RAM)、光可擦写存储器(EPROM)、电可擦写只读存储器(EFPROM)等类型的存储器，随机读写存储器RAM的特点是写入与擦除都很容易，但存储器中的内容在掉电情况下将丢失，因而一般备有锂电池等。

(3) 输入、输出单元

输入、输出单元又称为I/O接口电路，是PLC与外部被控对象(机械设备或生产过程)联系的纽带与桥梁。根据输入/输出信号的不同，I/O接口电路有开关量和模拟量两种I/O接口电路。下面对开关量输入输出接口加以说明。

输入接口用于接收和采集现场设备及生产过程的各类输入数据信息(如从操作按钮、各类开关、数字拨码盘开关等送来的开关量，或由电位器、传感器、变送器等提供的模拟量)，并将其转换成CPU所能接受和处理的数据；输出接口则用于将CPU输出的控制信息转换成外设所需要的控制信号，并送到有关设备或现场(如接触器、电磁阀、调节阀、指示灯、调速装置等)。

通常，I/O接口电路大多采用光电耦合器来传递I/O信号，并实现转换。这可以使生产现场的电路与PLC的内部电路隔离，既能有效地避免因外电路的故障而损坏PLC，同时又能抑制外部干扰信号侵入PLC，从而提高PLC的工作可靠性。

① 开关量输入接口。开关量输入接口按所使用的外信号电源的类型可分为直流输入电路、交流输入电路及交直流输入电路类型，如图10－2、图10－3和图10－4所示。

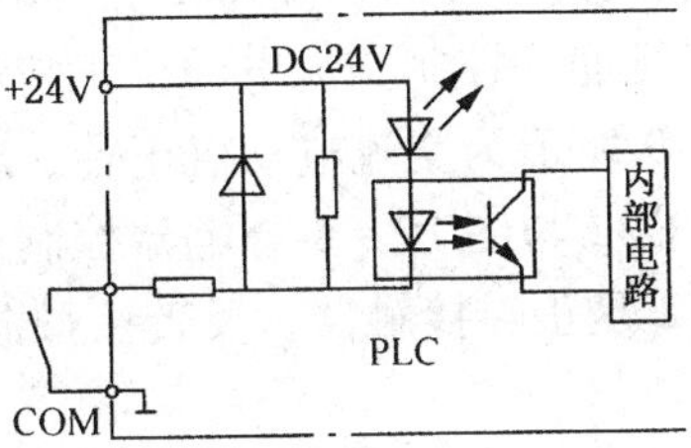

图10－2　直流输入电路

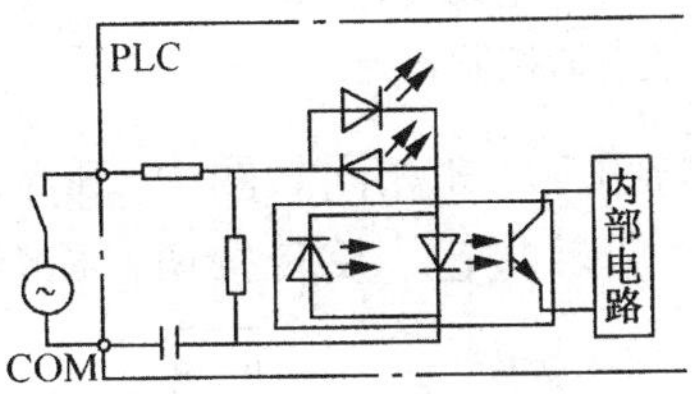

图10－3　交流输入电路

② 开关量输出接口。开关量输出接口按PLC机内使用的元器件可分为继电器输出、晶体管输出和双向晶闸管输出等三种类型，如图10－5、图10－6和图10－7所示。

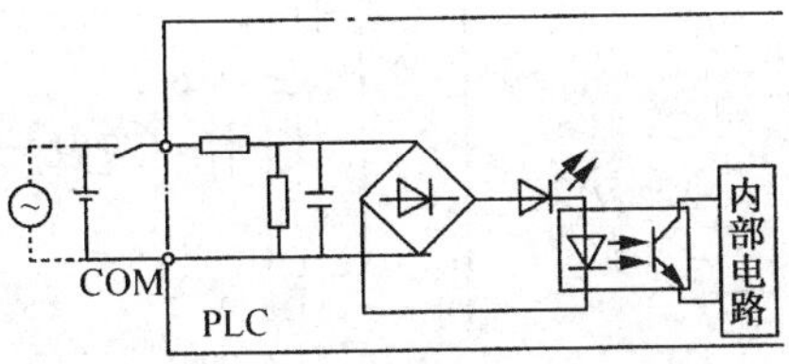

图10－4　交直流输入电路

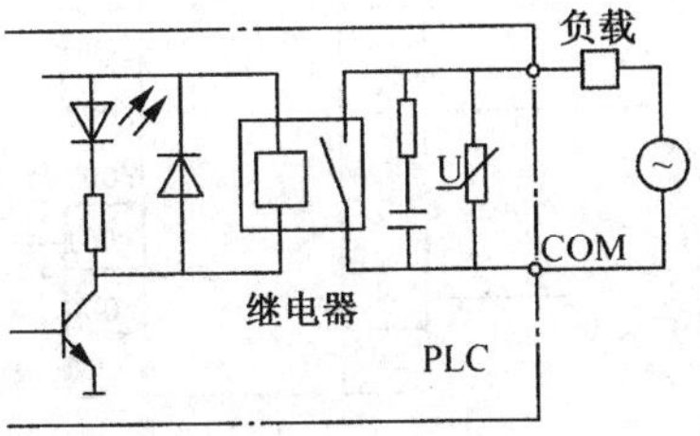

图10－5　继电器输出

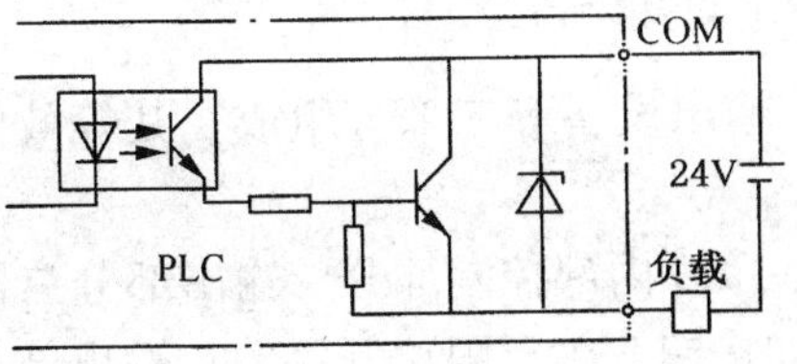

图10－6　晶体管输出

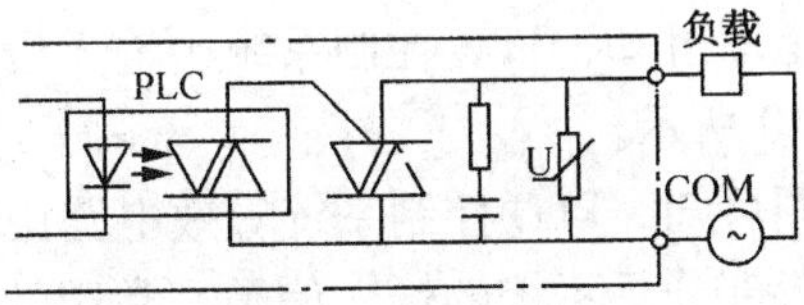

图10－7　双向晶闸管输出

这里需要注意的是，应该根据开关量输出接口类型选择驱动电源类型，如继电器输出接口可用于交流及直流两种电源，晶体管输出接口只适用于直流电源，双向晶闸管输出接口只适用于交流电源。

（4）编程器

编程器主要供用户进行输入、检查、调试和编制用户程序。用户还可以通过其键盘和显示器去调用和显示 PLC 内部的一些状态和参数，实现监控功能。

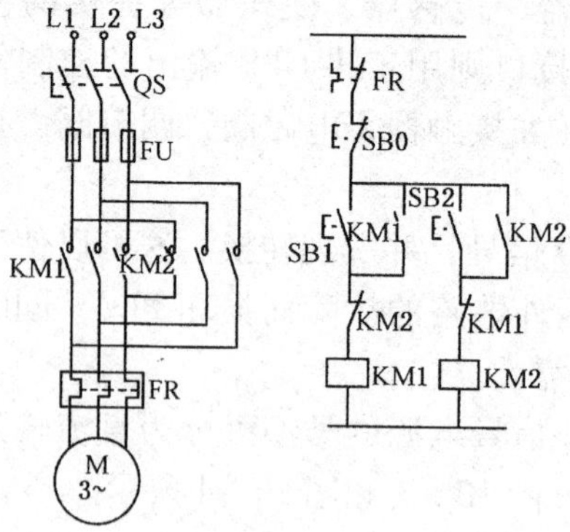

图 10－8　交流电动机正转、反转继电器控制系统

（5）电源

电源部件将外部供电电源转换成 CPU、存储器、输入输出接口等电路工作所需要的直流电源。PLC 一般还带有后备电池，为防止因外部电源发生故障而造成 PLC 内部主要信息意外丢失。

10.1.2 PLC 的工作原理

10.1.2.1 PLC 的等效电路

图 10－8 所示为交流电动机正转、反转继电器控制系统。图中 SB0，SB1 和 SB2 分别是停止按钮、正转按钮和反转按钮，KM1 和 KM2 是正转控制接触器、反转控制接触器，控制交流电动机正转和反转。

图 10－9 所示为交流电动机正转、反转 PLC 控制系统，主回路与图 10－8 相同。图中 SB0，SB1 和 SB2 与图 10－8 继电器控制系统一样，分别是停止按钮、正转按钮、反转按钮，KM1 和 KM2 是正转接触器、反转接触器。

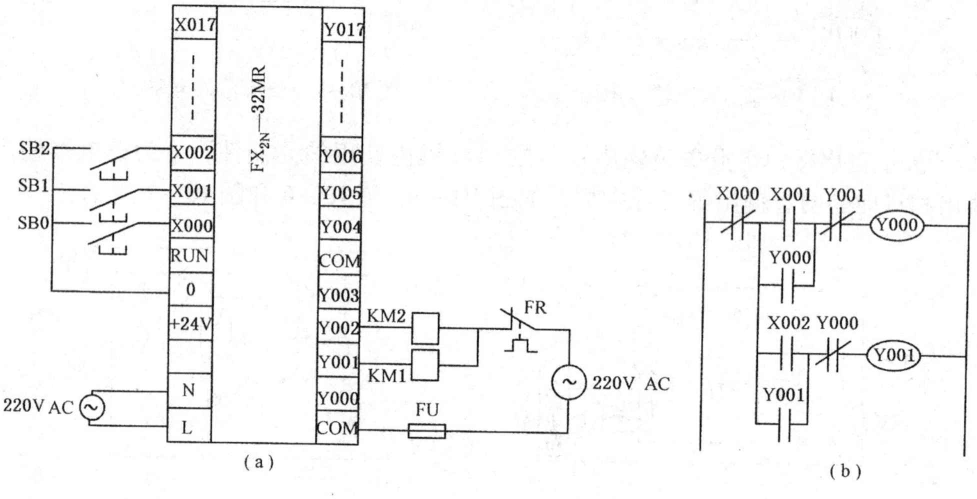

图 10－9　交流电动机正转、反转 PLC 控制系统

（a）PLC 外部接线图；（b）梯形图

由上图可知，PLC 控制系统由输入设备、PLC、输出设备等三部分组成。其等效电路如图 10－10 所示。

由图可知，PLC 控制系统等效电路由输入部分、PLC 内部控制部分、输出部分三部分组成。输入部分是系统的输入信号，常用的输入设备如按钮开关、限位开关等；输出部分是系统的执行部件，常用的输出设备如继电器、接触器、电磁阀等；PLC 内部控制部分将输入信号采入后，根据程序(如梯形图)进行处理，然后产生输出信号驱动输出设备工作。梯形图类似于继电器控制原理图。如图 10－9(b)所示，但两者元器件符号如常开触点、常闭触点、线圈画法不同，如图 10－11 所示。

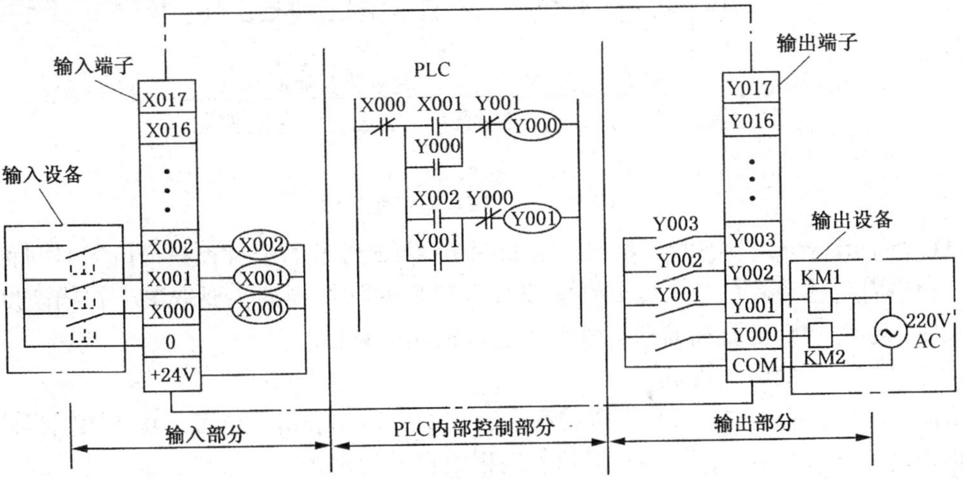

图 10－10　PLC 控制系统等效电路

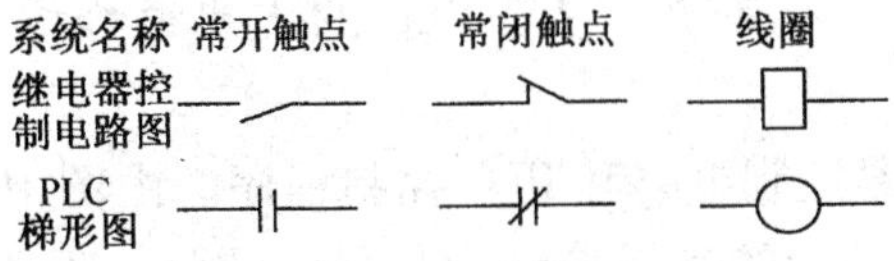

图 10－11　梯形图和继电器控制原理图元器件符号

10.1.2.2　PLC 的扫描工作方式

PLC 的工作过程主要是用户程序的执行过程。PLC 工作时采用循环扫描的工作方式，其扫描如图 10－12 所示，即在无跳转指令的情况下，CPU 从第一条指令开始，按顺序逐条地执行用户程序，直到用户程序结束，便完成了一次程序扫描，然后再返回第一条指令，开始新的一轮扫描，这样周而复始地反复进行。PLC 每进行一次扫描循环所用的时间称为扫描周期。

用户程序的执行过程有输入采样、程序执行和输出处理三个主要阶段。如图 10－13 所示。

1. 输入采样阶段(输入刷新阶段)

CPU 按顺序读取全部输入点的通/断状态，并将其写入相应的输入状态寄存器(输入映像寄存器)内。在一个扫描周期内，输入状态寄存器中的内容在采样阶段结束后将保持不变。

2. 程序执行阶段

CPU 按照先上后下，先左后右的顺序，逐“步”读取指令并根据读入的输入、输出的状态，进行相应的运算，运算结果存入输出映像寄存器。

3. 输出处理阶段(输出刷新阶段)

输出处理也称输出刷新，这是一个程序执行周期的最后阶段。程序执行完毕后，把输出映像寄存器中通断状态送到输出锁存存储器，通过输出部件控制外部执行部件(如继电器、接触器等)的相应动作。然后又返回去进行下一个周期循环的扫描。

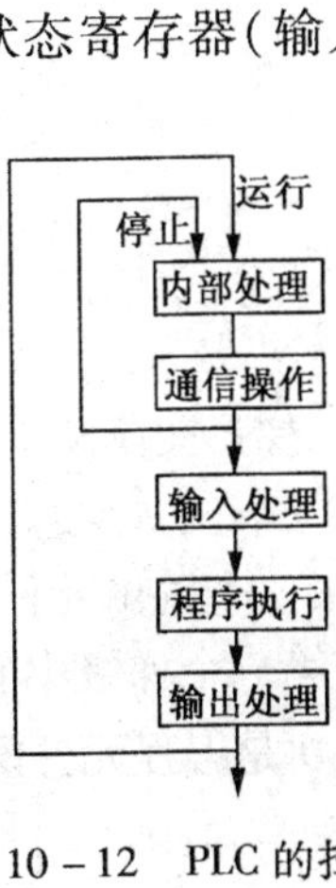

图 10－12　PLC 的扫描过程示意图

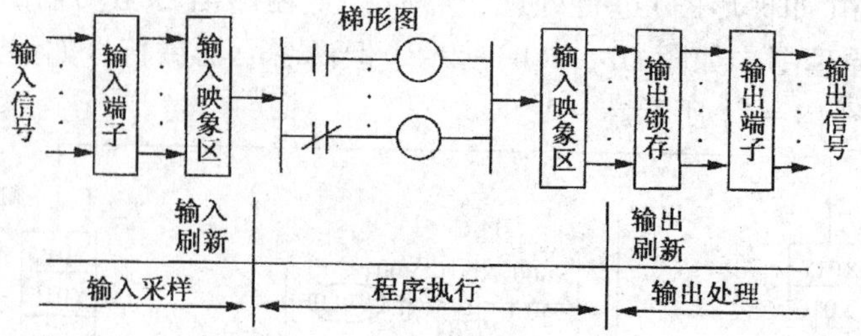

图 10－13　PLC 的工作过程

PLC 处于运行工作状态时，执行一次如图 10－12 所示的全过程扫描所需时间称为扫描周期。扫描周期是 PLC 的一个重要性能指标，PLC 的扫描周期主要取决于扫描速度和用户程序长短，小型 PLC 的扫描周期一般为几毫秒到几十毫秒。

10.1.3　PLC 的编程语言

目前，PLC 的编程语言有梯形图编程语言、指令语句表编程语言、功能图编程语言、高级编程语言等。梯形图编程语言和语句表编程语言最为常用。

1. 梯形图

梯形图是按照原继电器控制设计思想开发的一种编程语言，它与继电器控制电路图相类似，对从事电气专业的人员来说，简单、直观、易学、易懂。它是 PLC 的主要编程语言，使用非常广泛。

如图 10－14 所示是实现电动机正、反转的继电器控制电路和 PLC 控制程序。由图 10－14(a)、(b)可见，继电器控制电路和梯形图两者所表示的逻辑控制含义是一致的，但 PLC 采用编制程序来实现控制。因而修改灵活，这是继电器控制无法相比的。

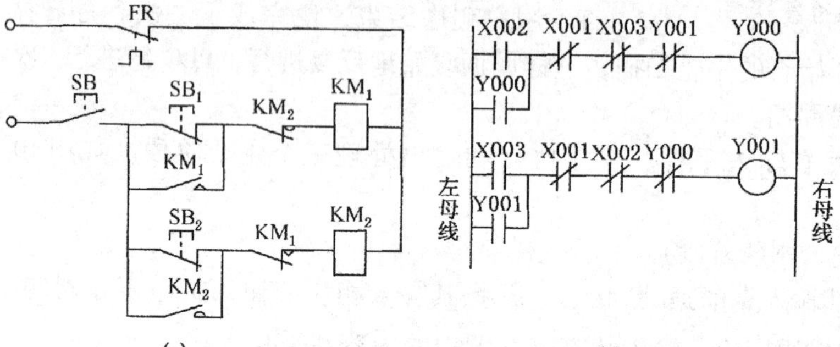

(a)　　(b)

程序步	指令	元素	元素
0	LD	X002	002
1	OR	Y000	000
2	ANI	X001	001
3	ANI	X003	003
4	ANI	Y001	001
5	OUT	Y000	000
6	LD	X003	003
7	OR	Y001	001
8	ANI	X001	001
9	ANI	X002	002
10	ANI	Y000	000
11	OUT	Y001	001

(c)

图 10－14　继电器控制电路与 PLC 控制程序

(a) 继电器控制电路；(b) 梯形图；(c)语句表

梯形图是从上至下按逻辑行(又称为梯级)来编制的。梯形图左、右两侧的竖线分别称为左母线和右母线。梯形图通常由多个梯级组成,而每个梯级则由一条支路或多条支路并联后,再接一个输出元件(继电器线圈)构成。例如图 10－14 (b)所示的梯形图是由两个梯级组成的,第一个梯级中有 X002、Y000、X001、X003、Y001、Y000,共有 6 个编程元件符号,最右边的 Y000 是编程元件的线圈,一般用"—○—"符号来表示;其余 5 个编程元件符号为编程元件的触点,一般用"—| |—"符号表示动合触点,而用"—|/|—"符号表示动断触点。

使用梯形图编程时，只有在一个梯级编制完成后，才能继续编制后面的程序。

2. 指令语句表

语句表的形式类似计算机的汇编语言，也是用指令助记符来编程的。语句表程序是由若干条语句组成的，并用步序号来指定语句的执行顺序，如图 10－14（c)所示。语句的一般格式为操作指令、操作元件号

其中，操作指令用助记符(如 LD、OR、ANI、OUT 等)来表示，用来指定要执行的操作；操作元件号为 PLC 内部的可编程元件号(如 X001、X002、X003)，用来确定操作的具体对象。

语句表程序虽不如梯形图程序直观，但便于用编程器键入程序。

3. SFC 编程

SFC 编程是根据机械操作的流程，进行顺序控制设计的输入方式，如图 10－15 所示。

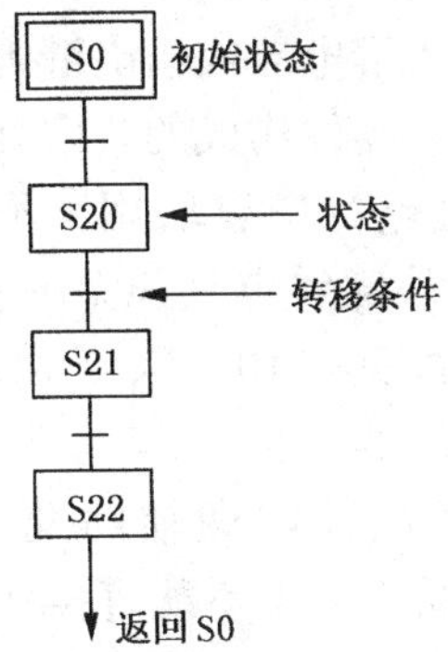

图 10－15　SFC 顺序功能图

利用上述三种方式编制的顺序控制程序，全部用指令存入 PLC 的程序存储器中。在采用带有编程软件的计算机编程时，能将用各种输入方式编写的程序进行转换、显示和编辑。

4. 高级编程语言

随着 PLC 计数的发展，大型、超大型、高档 PLC 具有很强的运算与数据处理等功能。为了方便用户编程，许多高档 PLC 都配备了 BASIC 语言、C 语言等高级编程语言。

目前各厂商生产的 PLC，一般都同时具备两种或两种以上的编程语言，而且大多数都能同时使用梯形图和指令语句表语言。虽然不同厂家、不同类型的 PLC，其梯形图、指令语句表的使用符号不尽相同，但编程的基本原理和方法是相同或相似的。因此，掌握了一种型号的 PLC 编程语言和编程方法，其他类型 PLC 的编程语言和编程方法学起来就会触类旁通，很容易掌握。

10.2　可编程序控制器的程序设计

10.2.1　FX_{2N}系列 PLC 的主要软元件

PLC 内部有大量由软元件组成的内部继电器，这些软元件要按一定的规则进行编号。在 FX_{2N}系列中，用 X 表示输入继电器；Y 表示输出继电器；M 表示辅助继电器；D 表示数据寄存器；T 表示定时器；C 表示计数器；S 表示状态继电器。

1. 输入继电器 X

输入继电器是 PLC 用来接收用户输入设备发出的输入信号。输入继电器只能由外部信号所驱动，不能用程序内部的指令驱动。因此，在梯形图中只能出现输入继电器的触点，不能出现输入继电器线圈。输入模块则可等效成输入继电器的线圈，其等效电路如图 10－16所示。

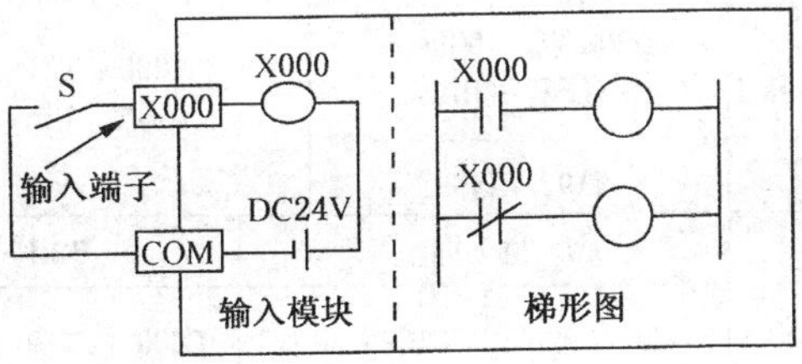

图 10－16　输入继电器等效电路图

FX_{2N}的输入继电器的编号见表 10－1，最多可达 128 点(X0～X177)。

2. 输出继电器 Y

输出继电器是 PLC 用来将输出信号传

送给负载的元件。输出继电器由内部程序驱动，其触点有两类：一类是由软元件构成的内部触点(软触点)；另一类则是由输出模块构成的外部触点(硬触点)，它具有一定的带负载能力，其等效电路如图 10－17 所示。

表 10－1　输入、输出继电器的地址分配

型　号	$FX_{2N}-16M$	$FX_{2N}-32M$	$FX_{2N}-48M$	$FX_{2N}-64M$	$FX_{2N}-80M$	$FX_{2N}-128M$	带扩展	
输入继电器 X	X000～X007 8 点	X000～X017 16 点	X000～X027 24 点	X000～X037 32 点	X000～X047 40 点	X000～X077 64 点	X000～X267 (X177) 184 点(128 点)	输入输出合计 256 点
输出继电器 Y	Y000～Y007 8 点	Y000～Y017 16 点	Y000～Y027 24 点	Y000～Y037 32 点	Y000～Y047 40 点	Y000～Y077 64 点	Y000～Y267 (Y177) 184 点(128 点)	

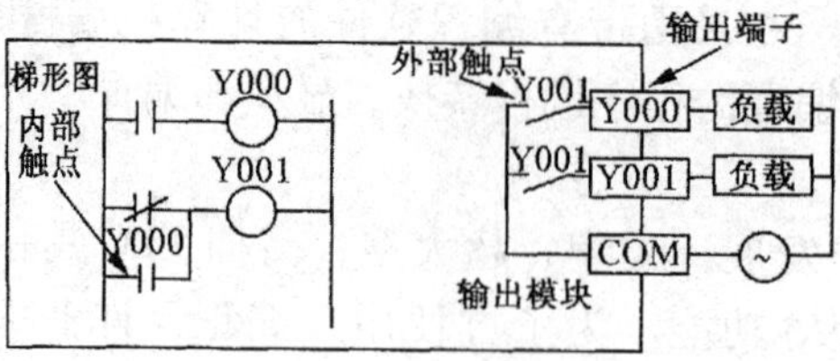

图 10－17　输出继电器等效电路图

从图中看出，输入继电器或输出继电器是由硬件(I/O 模块)和软元件构成的。因此，由软元件构成的内部触点可任意取用，不限数量；而由硬件构成的外部触点只能单一使用。输出继电器的地址分配见表 10－1。

3. 辅助继电器 M

在 PLC 内部的继电器叫做辅助继电器。它与输入/输出继电器不同，是一种程序用继电器，不能读取外部输入，也不能直接驱动外部负载，只能起到中间继电器的作用。辅助继电器中有一类保持用继电器，即使在 PLC 的电源断电时，也能储存 ON/OFF 状态，其储存的数据和状态由锂电池保护，当电源恢复供电时，能使控制系统继续电源掉电前的控制。辅助继电器的地址分配见表 10－2，其中 M8000～M8255 为特殊用继电器。它主要的功能有 PLC 状态、时钟、标记、PLC 方式、步进、中断禁止、出错检测等。常用特殊继电器有：

表 10－2　辅助继电器的地址分配

辅助继电器 M	M0～M499 500 点通用①	(M500～M1023) 524 点保存用继电器 用—————— 主→从(M800～M899) 从→主(M900～M999)	(M1024～M8255) 2048 点保存用③	(M8000～M8255) 156 点特殊用			
状态 S	S0～S499 500 点① 初始用 S0～S9 返回原点用 S10～S19	(S500～S899) 400 点 掉电保持用②	(S900～S999) 100 点 报警用③				
定时器 T	T0～T199 200 点　100ms 子程序用 －－－－－－－－－ T192～T199	T200～T245 46 点　10ms	(T246～T249) 4 点 1ms 积算③	(T250～T255) 6 点 100ms 积算③			
计数器 C	16 位　向上		32 位　可逆		32 位　高速可逆计数最大 6 点		
	C0～C99 100 点通用①	(C100～C199) 100 点保持用②	C200～C219 20 点通用①	(C220～C234) 15 点保持用①	(C235～C245) 1 相单向 计数输入②	(C246～C250) 1 相双向 计数输入②	(C251～C255) 2 相② 计数输入

续表

数据寄存器 D、V、Z	D0 ~ D199 200 点 通用①	(D200 ~ D511) 312 点保持用②	(D512 ~ D7999) 7488 点保持用③	D8000 ~ D8195 196 点特殊用	V0 ~ V7 Z0 ~ Z7 16 点变址用
嵌套指针	N0 ~ N7 8 点 主控用	P0 ~ P63 64 点跳转子程序分支指针用	I00 ~ I50 6 点 输入中断指针	I6 ~ I8 3 点 定时中断指针	I010 ~ I060 6 点 计数中断指针
常数 K	16 位　-32768 ~ 32767		32 位　-2147483648 ~ 2147483647		
常数 H	16 位　0 ~ FFFFH		32 位　0 ~ FFFFFFFFH		

注：(　　)内的元件为电池备用区。

① 非备用区，根据设定参数，可变更为用区。

② 电池备用区，根据设定参数可以变为非电池备用区。

③ 电池备用固定区，区域特性不能变更。

(1) M8000　当 PLC 运行时，M8000 为 ON(接通)；

(2) M8002　当 PLC 开始运行时，M8002 为 ON，接通时间为一个扫描周期；

(3) M8005　锂电池电压异常降低时工作；

(4) M8012　提供振荡周期为 100ms 的脉冲，可用于计数和定时；

(5) M8013　提供振荡周期为 1s 的脉冲；

(6) M8014　提供振荡周期为 1min 的脉冲；

(7) M8020　零标记，减法运算结果等于 0 时为 ON；

(8) M8021　借位标记，减法运算为负的最大值以下时为 ON；

(9) M8022　进位标记，运算发生进位时为 ON；

其余可见《使用手册》。

4. 状态继电器 S

状态继电器是一种用于编制顺序控制步进梯形图的继电器。它于步进指令 STL 结合使用。在不做步进序号时，可作为辅助继电器使用，还可以作为信号器用于外部故障诊断。状态继电器的地址分配见表 10 - 2。

5. 定时器 T

PLC 中的定时器相当于继电器控制系统中的通电延时时间继电器。它将 PLC 内的 1ms、10ms、100ms 等时钟脉冲进行加法计数，当达到设定值时，定时器的输出触点动作。定时器利用时钟脉冲可定时的时间范围为 0.001 ~ 3276.7s。定时器的地址分配见表 10 - 2。其中 T192 ~ T199 也可用于中断子程序内；T250 ~ T255 为 100ms 累积定时器，其当前值是累积数，定时器线圈的驱动输入为 OFF 时，当前值被保持，作为累积操作使用。

6. 计数器 C

常用的计数器有以下两种：

(1) 内部计数用计数器　它是一种通用/停电保持用计数器。16 位加法计数器的计数范围为 1 ~ 32767；32 位可逆计数器的计数范围为 -2147483648 ~ 2147483647，利用特殊辅助继电器 M8200 ~ M8234 指定增量/减量的方向。该计数器的应答速度通常在 10Hz 以下。

(2) 高速计数器　32 位的高速计数器可用于可逆计数，计数脉冲从 X000 ~ X007 输入，高速计数器与 PLC 的运算无关，最高响应频率为 60kHz。计数器的地址分配见表 10 - 3。

对于定时器的计时线圈或计数器的计数线圈，必须设定常数 K，也可指定数据寄存器的地址号，用数据寄存器中的数据作为定时器、计数器的设定值。常数 K 的设定范围和实际的定时见表 10－3。

表 10－3　定时器和计数器的设定范围

定时器，计数器	K 的设定范围	实际的设定值
1ms 定时器	1～32767	0.001～32.767s
10ms 定时器	1～32767	0.01～327.67s
100ms 定时器	1～32767	0.1～3276.7s
16 位计数器	1～32767	（同左）
32 位计数器	－2147483648～2147483647	（同左）

7. 数据寄存器 D

数据寄存器是存储数值、数据的软元件，FX_{2N} 可编程序控制器的数据寄存器全部为 16 位（最高位为正负位），用两个寄存器组合可以处理 32 位（最高为正负位）的数值。数据寄存器常被用于定时器、计数器的设定值的间接指定和应用指令中。数据寄存器的地址分配见表 10－2。

应该说明的是，以上所讲的内容都是以 FX_{2N} 系列为例的。各种类型的 PLC，其元件地址编号分配都不同，其功能也各有特点，读者在使用时应仔细阅读相应的《使用手册》。

10.2.2　FX_{2N} 系列 PLC 的指令系统

FX_{2N} 系列可编程控制器的编程语言主要采用梯形图和指令表。指令表是由指令集合而成，且和梯形图有严格的对应关系。本教材以梯形图及其相对应的指令表来介绍 FX_{2N} 系列 PLC 的编程语言。

FX_{2N} 系列可编程控制器有基本编程指令 20 条，步进编程指令 2 条，功能编程指令 85 条。本节介绍基本编程指令。

1. 逻辑及线圈驱动指令（LD、LDI、OUT）

LD、LDI、OUT 指令的功能、电路表示、操作元件、指令所占的程序步如表 10－4 所示。

表 10－4　逻辑及线圈驱动指令的基本表示

符号、名称	功　能	电路表示及操作元件	程 序 步
LD（Load 取）	常开触点逻辑运算起始	X、Y、M、S、T、C 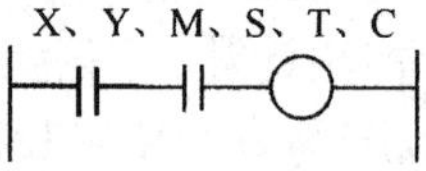	1
LDI（Load Inverse 取反）	常闭触点逻辑运算起始	X、Y、M、S、T、C 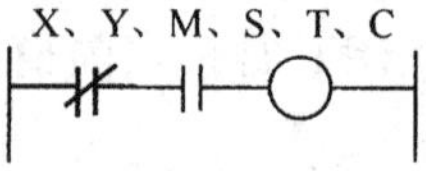	1
OUT（输出）	线圈驱动	X、Y、M、S、T、C 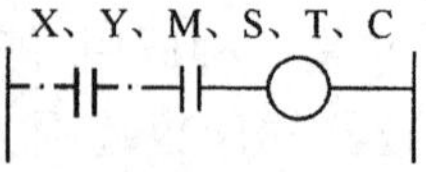	Y、M：1；特 M：2 T：3；C：3～5

LD 指令是从母线上读取常开触点，LDI 指令是从母线上读取常闭触点，它们还可以与后面介绍的 ANB、ORB 指令配合用于分支回路的开头。

OUT 是对输出继电器、辅助继电器、状态元件、定时器、计数器的线圈进行驱动的指令。

OUT 指令使用说明及使用要点如下：

（1）OUT 指令不能驱动输入继电器；

（2）OUT 指令可连续使用无数次，它相当于线圈的并联；

（3）用 OUT 指令驱动定时器或计数器的线圈时，必须设定定时器或计数器的设定值，即设定常数 K 或指定数据寄存器的地址号；

（4）若在不同的程序步用 OUT 指令驱动同一元件，即输出线圈重复使用，最后执行者有效。

LD、LDI、OUT 指令的梯形图实例及其对应的指令表见图 10－18。

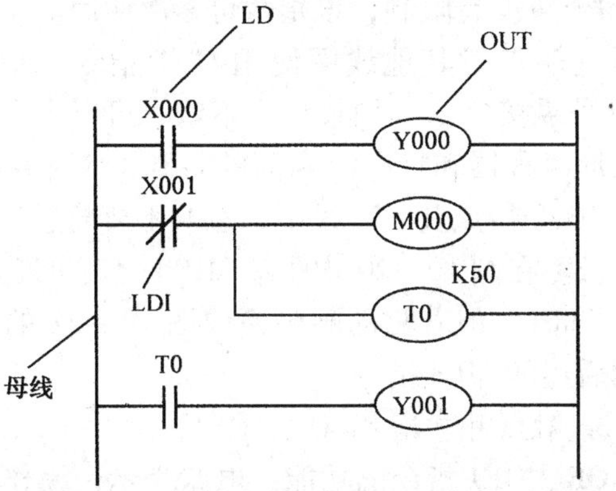

程序步	指令	元素
0	LD	X000
1	OUT	Y000
2	LDI	X001
3	OUT	M000
4	OUT	TO
		K50
7	LD	TO
8	OUT	Y001

图 10－18　LD、LDI、OUT 指令应用举例

输出线圈重复使用的梯形图应用举例见图 10－19。

在图 10－19 中，设 X001 = ON，X002 = OFF，第一次因 X001 = ON，Y003 的映象寄存器为 ON，Y004 也为 ON；第二次因 X002 = OFF，Y003 的映象寄存器改为 OFF。因此，在输出刷新时最终输出为 Y003 = OFF，Y004 = ON。

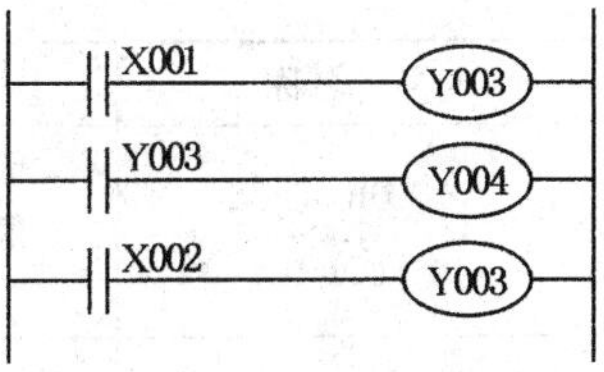

图 10－19　输出线圈重复使用应用举例

2. 触点串联指令（AND、ANI）

AND、ANI 指令的功能、电路表示、操作元件、程序步如表 10－5 所示。

表 10－5　触点串联指令的基本表示

符号、名称	功　能	电路表示及操作元件	程序步
AND （与）	常开触点串联连接	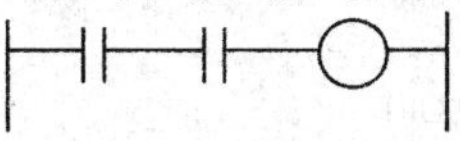 	1
ANI （And Inverse 与非）	常闭触点串联连接	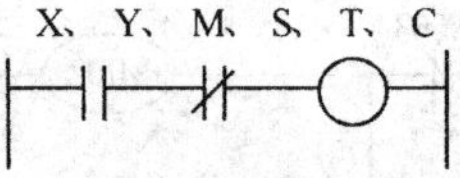 	1

AND、ANI 指令为单个触点的串联连接指令。AND 用于常开触点的串联连接，ANI 用于常闭触点的串联连接。图 10－20 是使用 AND、ANI 指令的梯形图实例及指令表。

AND、ANI 指令使用说明及使用要点如下：

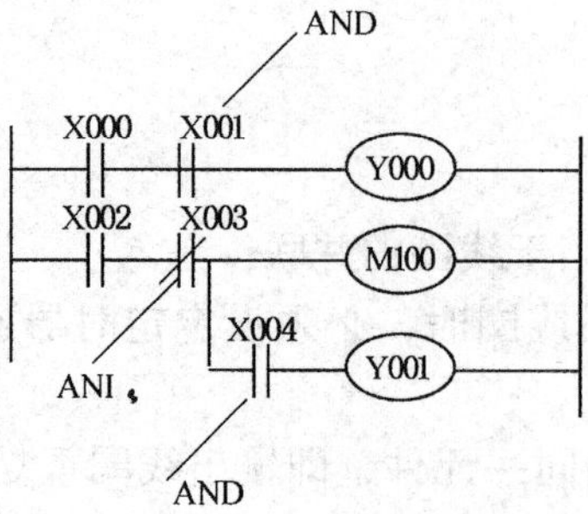

程序步	指令	元素
0	LD	X000
1	AND	X001
2	OUT	Y000
3	LD	X002
4	ANI	X003
5	OUT	M100
6	AND	X004
7	OUT	Y001

图 10-20　AND、ANI 指令应用举例

（1）AND、ANI 指令时，串联触点的个数没有限制，该指令可多次使用。

（2）图 10-20 中 OUT 指令后，通过触点对其他线圈使用 OUT 指令（如图中的 OUT Y001），称之为纵接输出或连续输出。这种纵接输出，如果顺序不错，可以多次重复，但限于图形编程器和打印机幅面的限制，应尽量做到一行不超过 10 个接点及一个线圈，总共不要超过 24 行。

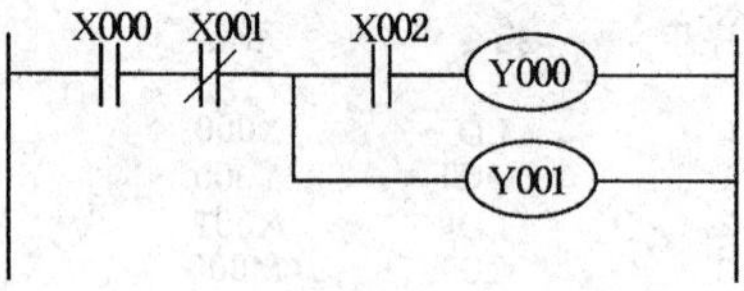

图 10-21　不能使用连续输出的例子

（3）在图 10-20 中驱动 M100 之后可通过触点 X004 驱动 Y001。但若驱动顺序换成图 10-21 的形式，则必须用后述的 MPS 指令。

3. 触点并联指令（OR、ORI）

OR、ORI 指令的功能、电路表示、操作元件、程序步如表 10-6 所示。

表 10-6　触点并联指令的基本表示

符号、名称	功　能	电路表示及操作元件	程 序 步
OR （或）	常开触点并联连接	X、Y、M、S、T、C 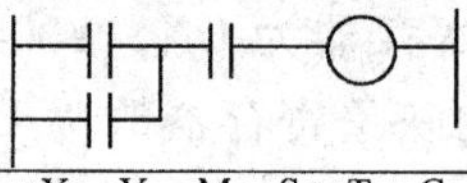	1
ORI （Or Inverse 或非）	常闭触点并联连接	X、Y、M、S、T、C 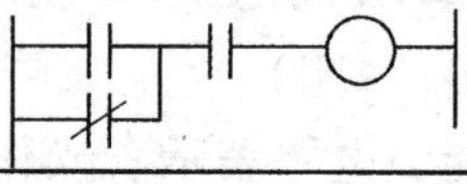	1

OR、ORI 指令为单个触点的并联连接指令。OR 用于常开触点的并联连接，ORI 用于常闭触点的并联连接。图 10-22 是使用 OR、ORI 指令的梯形图实例及指令表。

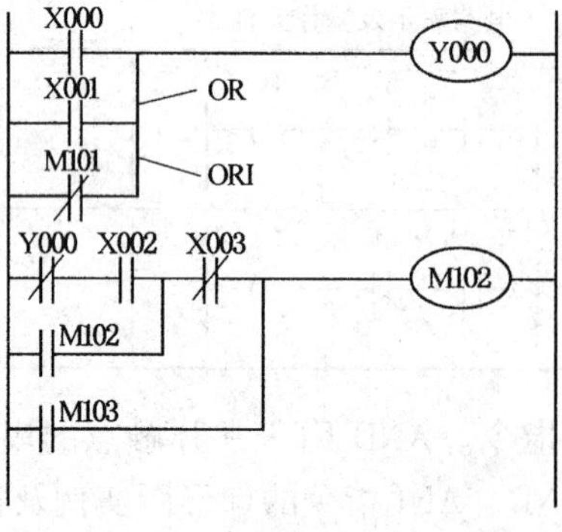

程序步	指令	元素
0	LD	X000
1	OR	X001
2	ORI	M101
3	OUT	Y000
4	LDI	Y000
5	AND	X002
6	OR	M102
7	ANI	X003
8	OR	M103
9	OUT	M102

图 10-22　OR、ORI 指令应用举例

OR、ORI 指令使用说明及使用要点如下：

（1）OR、ORI 指令紧接在 LD、LDI 指令后使用，即对 LD、LDI 指令规定的触点并联一个触点。并联触点的个数没有限制，该指令可多次使用。但限于编程器和打印机的幅面限制，尽量不要超过 24 行。

（2）OR、ORI 指令仅为单个触点的并联连接指令，若将两个以上触点的串联回路与其他回路并联时，应采用后面介绍的 ORB 指令。

4. 串联电路块的并联（ORB）

ORB 指令的功能、电路表示、程序步如表 10－7 所示。

表 10－7　串联电路块指令的基本表示

符号、名称	功　能	电路表示及操作元件	程 序 步
ORB （Or Block 块或）	串联电路的并联连接	操作元件：无 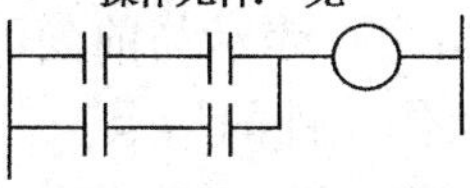	1

两个或两个以上的触点串联连接的电路为串联电路块，ORB 指令是将两个串联电路块并联的指令。图 10－23 是使用 ORB 指令的梯形图实例及指令表。

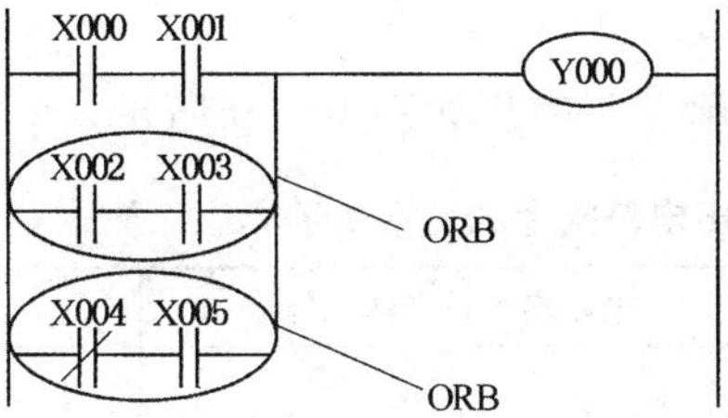

程序步	指令	元素
0	LD	X000
1	AND	X001
2	LD	X002
3	AND	X003
4	ORB	
5	LDI	X004
6	AND	X005
7	ORB	
8	OUT	Y000

图 10－23　ORB 指令应用举例

ORB 指令使用说明及使用要点如下：

（1）在对两个串联电路块进行并联连接时，分支的开始用 LD、LDI 指令，分支的结束用 ORB 指令；

（2）ORB 指令与后述的 ANB 指令均为不带操作元件的指令；

（3）若有多条并联电路时，在每个电路块后使用 ORB 指令，对并联电路数没有限制，但考虑到 LD、LDI 指令只能连续使用 8 次，ORB 指令的使用次数也应限制在 8 次以内。

5. 并联电路块的串联（ANB）

ANB 指令的功能、电路表示、程序步如表 10－8 所示。

表 10－8　并联电路块的串联指令的基本表示

符号、名称	功　能	电路表示及操作元件	程 序 步
ANB （And Block 块与）	并联电路的串联连接	操作元件：元 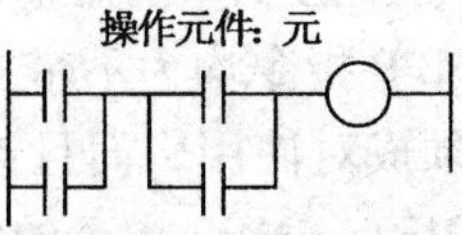	1

两个或两个以上的触点并联连接的电路为并联电路块，ANB 指令是将分支并联电路块与前面的电路串联的指令。图 10－24 是使用 ANB 指令的梯形图实例及指令表。

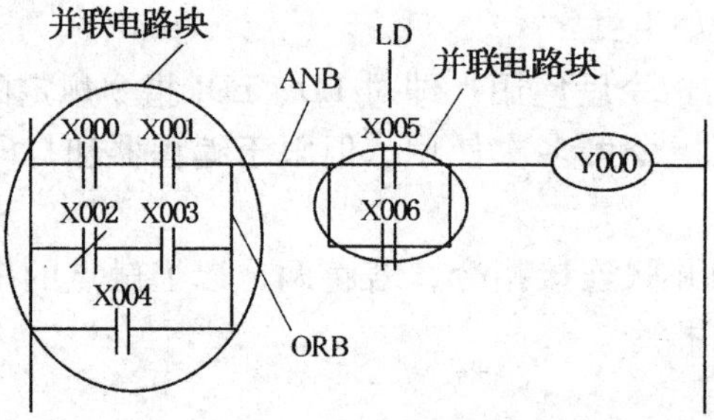

程度步	指令	元素
0	LD	X000
1	AND	X001
2	LDI	X002
3	AND	X003
4	ORB	
5	OR	X004
6	LD	X005
7	OR	X006
8	ANB	
9	OUT	Y000

图 10－24　ANB 指令应用举例

ANB 指令使用说明及使用要点如下：

(1) 在将分支并联电路块与前面的电路串联连接时，分支的开始用 LD、LDI 指令，并联电路块结束后使用 ANB 指令，表示与前面的电路串联。

(2) ANB 指令为不带操作元件的指令。

(3) 若多个并联电路块顺次用 ANB 指令与前面电路串联连接时，则 ANB 指令使用次数无限制。但考虑到 LD、LDI 指令只能连续使用 8 次，ANB 指令的使用次数也应限制在 8 次以内。

6. 多重输出电路(MPS/MRD/MPP)

MPS、MRD、MPP 指令的功能、电路表示、程序步如表 10－9 所示。

表 10－9　多重输出电路指令的基本表示

符号、名称	功　能	电路表示及操作元件	程 序 步
MPS(Push)	进栈	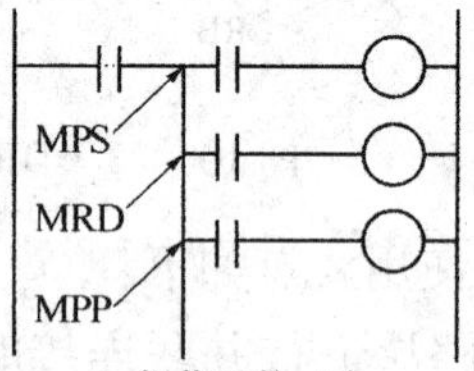操作元件：无	1
MRD(Read)	读栈		1
MPP(Pop)	出栈		1

在 FX_{2N} 系列可编程控制器里有 11 个用来存储运算中间结果的存储器，它们被称为栈存储器。MPS、MRD、MPP 指令分别为进栈、读栈、出栈指令，用于多重输出电路。

MPS、MRD、MPP 指令使用说明及使用要点如下：

(1) 使用一次 MPS 指令，便将此刻的运算结果送入堆栈的第一层，而原存储器中的数据依次向下移动(依次往下沉)，如原存在的第一层数据移到堆栈的下一层。

(2) 使用一次 MRD 指令，即读出堆栈最上层的最新数据，此时堆栈内的数据不移动。

(3) 使用一次 MPP 指令，最上层的数据被读出，同时该数据从堆栈内消失，下面各层的数据依次向上移动(依次向上浮)，如第二层的数据移到堆栈的第一层。

(4) MPS、MRD、MPP 指令均为不带操作元件的指令。

(5) MPS、MPP 必须成对使用，而且连续使用应少于 11 次。

下面为使用 MPS、MRD、MPP 指令的实例。

例一：一层堆栈的编程举例。其梯形图及对应的指令表见图 10－25。

例二：一层堆栈，并用 ANB、ORB 指令的编程举例。其梯形图及对应的指令表见图 10－26。

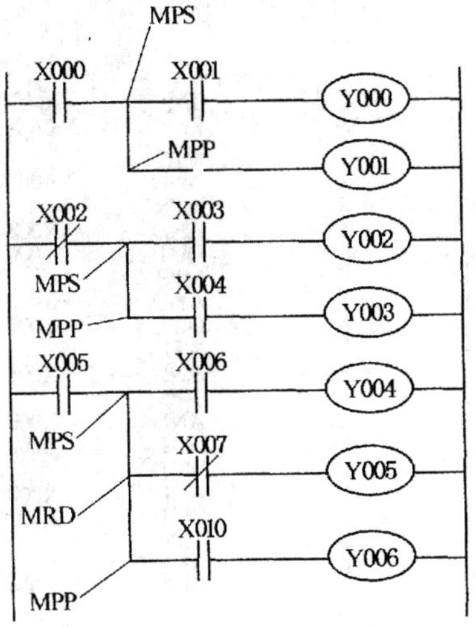

程序步	指令	元素
0	LD	X000
1	MPS	
2	AND	X001
3	OUT	Y000
4	MPP	
5	OUT	Y001
6	LDI	X002
7	MPS	
8	AND	X003
9	OUT	Y002
10	MPP	
11	AND	X004
12	OUT	Y003
13	LD	X005
14	MPS	
15	AND	X006
16	OUT	Y004
17	MRD	
18	ANI	X007
19	OUT	Y005
20	MPP	
21	AND	X010
22	OUT	Y006

图 10－25　一层堆栈的编程举例

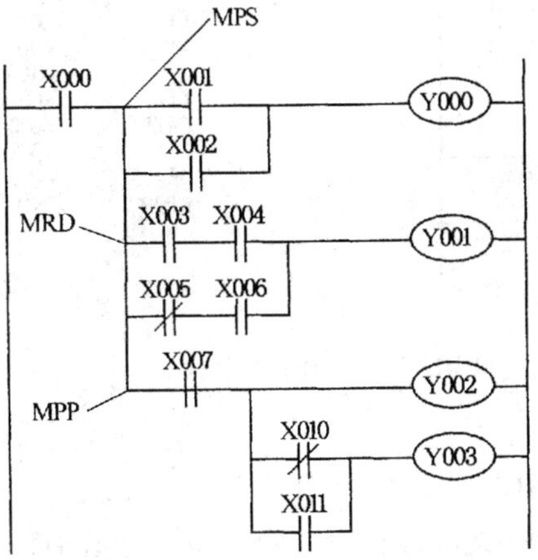

程序步	指令	元素
0	LD	X000
1	MPS	
2	LD	X001
3	OR	X002
4	ANB	
5	OUT	Y000
6	MRD	
7	LD	X003
8	AND	X004
9	LDI	X005
10	AND	X006
11	ORB	
12	ANB	
13	OUT	Y001
14	MPP	
15	AND	X007
16	OUT	Y002
17	LDI	X010
18	OR	X011
19	ANB	
20	OUT	Y003

图 10－26　一层堆栈，并用 ANB、ORB 指令的编程举例

例三：二层堆栈的编程举例。其梯形图及对应的指令表见图 10－27。

7. 主控指令（MC/MCR）

MC、MCR 指令的功能、电路表示、操作元件、程序步如表 10－10 所示。

表 10－10　主控指令的基本表示

符号、名称	功　能	电路表示及操作元件	程 序 步
MC （主控）	主控电路块起点	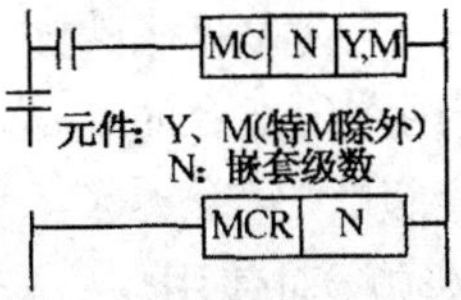	3
MCR（主控复位）	主控电路块终点		2

MC 为主控指令，用于公共串联触点的连接，MCR 为主控复位指令，即 MC 的复位指令。在编程时，经常遇到多个线圈同时受一个触点或一组触点控制，若在每个线圈的控制电路中都串入同样的触点，将占有较多的存储容量，这时可应用主控触点解决这一问题。主控

触点在梯形图中是与母线相连的常开触点，是控制一组电路的总开关。图 10－28 是使用 MC/MCR 指令的梯形图实例及指令表。

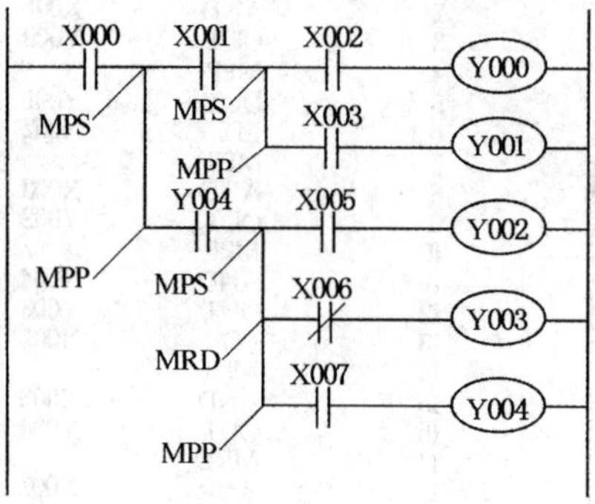

程序步	指令	元素
0	LD	X000
1	MPS	
2	AND	X001
3	MPS	
4	AND	X002
5	OUT	Y000
6	MPP	
7	AND	X003
8	OUT	Y001
9	MPP	
10	AND	X004
11	MPS	
12	AND	X005
13	OUT	Y002
14	MRD	
15	ANI	X006
16	OUT	Y003
17	MPP	
18	AND	X007
19	OUT	Y004

图 10－27　二层堆栈的编程举例

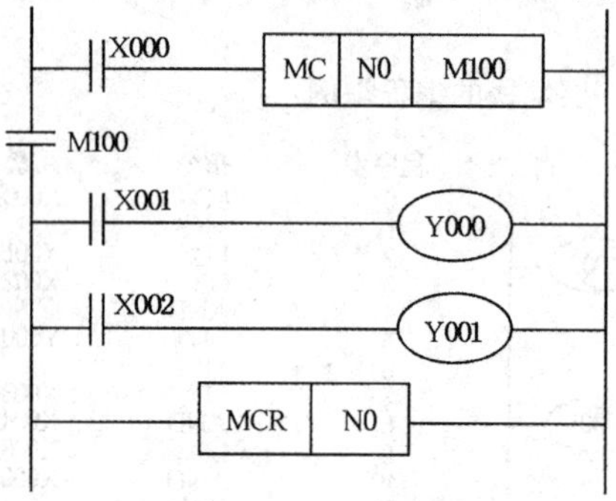

程序步	指令	元素
0	LD	X000
1	MC	N0
		M100
4	LD	X001
5	OUT	Y000
6	LD	X002
7	OUT	Y001
8	MCR	N0

图 10－28　MC、MCR 指令应用举例

MC、MCR 指令的使用说明及使用要点如下：

（1）当输入条件满足时，执行 MC 到 MCR 之间的指令。

（2）当输入断开时，程序跳到 MCR 之后执行，从 MC 到 MCR 之间的梯形图程序段不执行，其输出继电器线圈、辅助继电器线圈均断开，普通定时器被复位，而积算定时器、计数器及用 SET/RST 指令驱动的元件可保持输入断开前的状态不变。在图 10－28 中，当输入 X000 为 ON 时，左母线上的串联触点 M100 接通，即执行从 MC 到 MCR 的指令，此时 Y000、Y001 在 X001、X002 接通时接通；当 X000 为 OFF 时，Y000、Y001 断开。

（3）使用 MC 指令后，母线移到 MC 触点之后（后面的母线称之为子母线），在主控指令 MC 后面的任何指令均应以 LD、LDI 指令开始。使用 MCR 指令可使母线返回。

（4）使用不同的 M 或 Y 的地址号，可以多次使用 MC 指令，即形成多级嵌套，但若用同一软元件号就与 OUT 指令一样成为双线圈输出。

（5）在 MC 指令内再使用 MC 指令时，嵌套级 N 的编号由小到大，返回时用 MCR 指令，按从大到小的次序解除嵌套级。

（6）MC 及 MCR 指令必须配对使用。

图 10－29 为主控触点嵌套的实例。

8. 置位及复位指令（SET、RST）

SET、RST 指令的功能、电路表示、操作元件、程序步如表 10－11 所示。

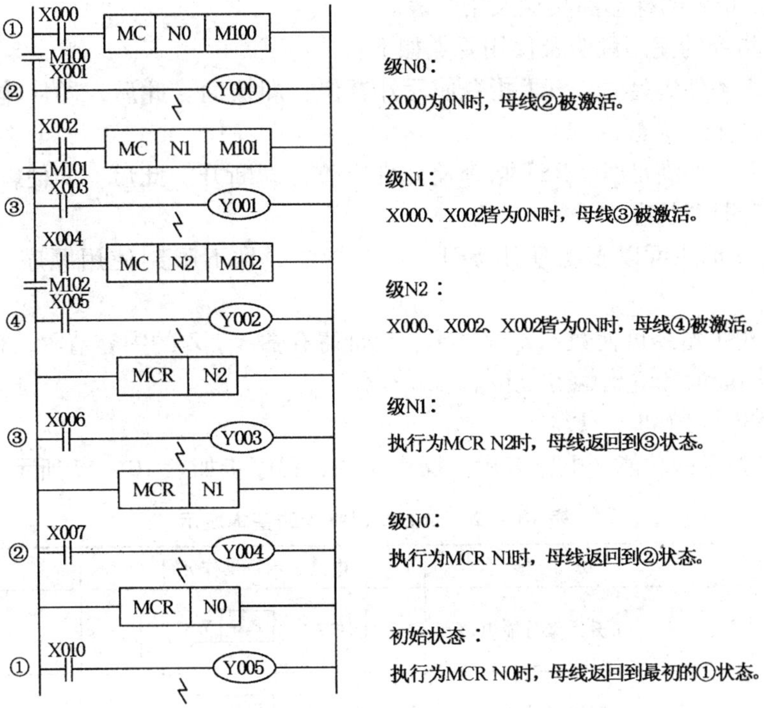

图 10－29　MC 指令嵌套应用举例

表 10－11　置位及复位指令的基本表示

符号、名称	功　能	电路表示及操作元件	程 序 步
SET （置位）	元件自保持 ON	SET Y.M.S	Y、M：1 S、特 M：2
RST （复位）	清除动作保持 寄存器清零	RST Y.M.S.T C.D.V.Z	T、C：2 D、V、Z、特 D：3

SET 为置位指令，使操作保持。RST 指令为复位指令，使操作保持复位。图 10－30 是

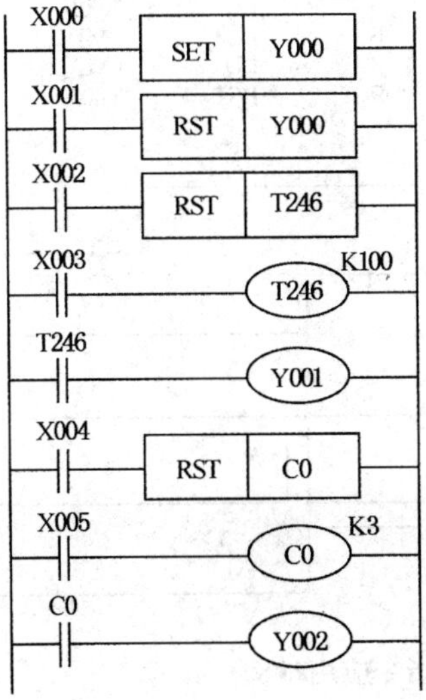

程序步	指令	元素
0	LD	X000
1	SET	Y000
2	LD	X001
3	RST	Y000
4	LD	X002
5	RST	T246
7	LD	X003
8	OUT	T246
		K100
11	LD	T246
12	OUT	Y001
13	LD	X004
14	RST	C0
16	LD	X005
17	OUT	C0
		K3
20	LD	C0
21	OUT	Y002

图 10－30　SET、RST 指令应用举例

使用 SET、RST 指令的梯形图实例及指令表。

ET、RST 指令的使用说明及使用要点如下：

（1）当输入条件满足时，SET 指令使元件置位，即接通。此后，即使输入条件不满足，该元件仍然处于接通状态。

（2）当输入条件满足时，RST 指令使元件复位，即断开。此后，即使输入条件不满足，该元件仍然处于断开状态。

（3）对同一元件可以多次使用 SET、RST 指令，且不限制使用顺序，但最后执行者有效。

（4）使用 RST 指令可使数据寄存器 D、变址寄存器 V、Z 的内容清零，也可使积算定时器、计数器的当前值和输出触点复位。

9. 脉冲输出指令(PLS、PLF)

PLS、PLF 指令的功能、电路表示、操作元件、程序步如表 10－12 所示。

表 10－12　脉冲输出指令的基本表示

符号、名称	功　能	电路表示及操作元件	程序步
PLS （上沿脉冲）	上升沿微分输出	PLS Y.M	2
PLF （下沿脉冲）	下降沿微分输出	PLF Y.M	2

PLS、PLF 指令为脉冲输出指令。PLS 在输入信号的上升沿产生脉冲输出，而 PLF 在输入信号的下降沿产生脉冲输出。图 10－31 是使用 PLS、PLF 指令的梯形图实例及其指令表、时序图。

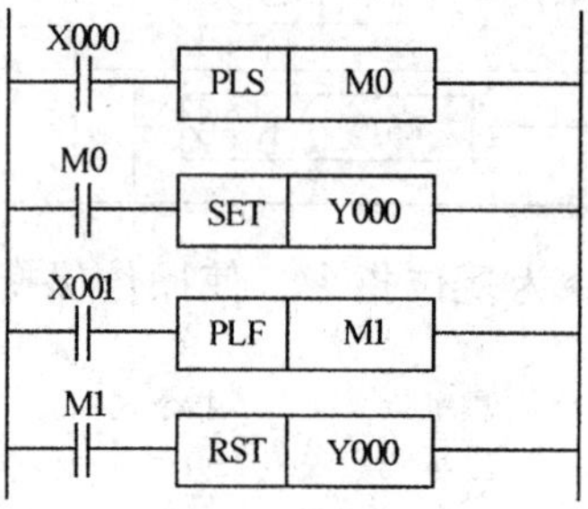

程序步	指令	元素
0	LD	X000
1	PLS	M0
3	LD	M0
4	SET	Y000
5	LD	X001
6	PLF	M1
8	LD	M1
9	RST	Y000

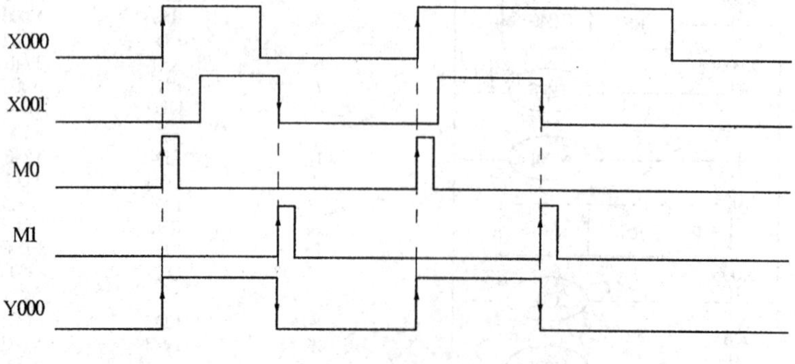

图 10－31　PLS、PLF 指令应用举例

PLS、PLF 指令的使用说明及使用要点如下：

(1) 用 PLS 指令，元件 Y、M 仅在驱动输入接通后的一个扫描周期内动作(置 1)。

(2) 用 PLF 指令，元件 Y、M 仅在驱动输入断开后的一个扫描周期内动作(置 1)。

(3) 特殊辅助继电器不能用作 PLS、PLF 的操作元件。

10. 空操作指令(NOP)

NOP 指令的功能、电路表示、程序步如表 10－13 所示。

表 10－13　空操作指令的基本表示

符号、名称	功　能	电路表示及操作元件	程序步
NOP (空操作)	无动作	操作元件：无 NOP	1

NOP 指令的使用说明及使用要点如下：

(1) NOP 指令使该步做空操作。若在普通指令之间加入 NOP 指令，则 PLC 可继续工作；若在程序执行过程中加入 NOP 指令，则在修改或追加程序时，可以减少步序号的变化。

(2) 在将程序全部清除时，全部指令变为 NOP 指令。

(3) 用 NOP 指令替换一些已写入的指令，应注意电路结构会发生变化。如 LD、LDI、ANB、ORB 等指令若换成 NOP 指令，电路构成将有较大幅度变化，见图 10－32。

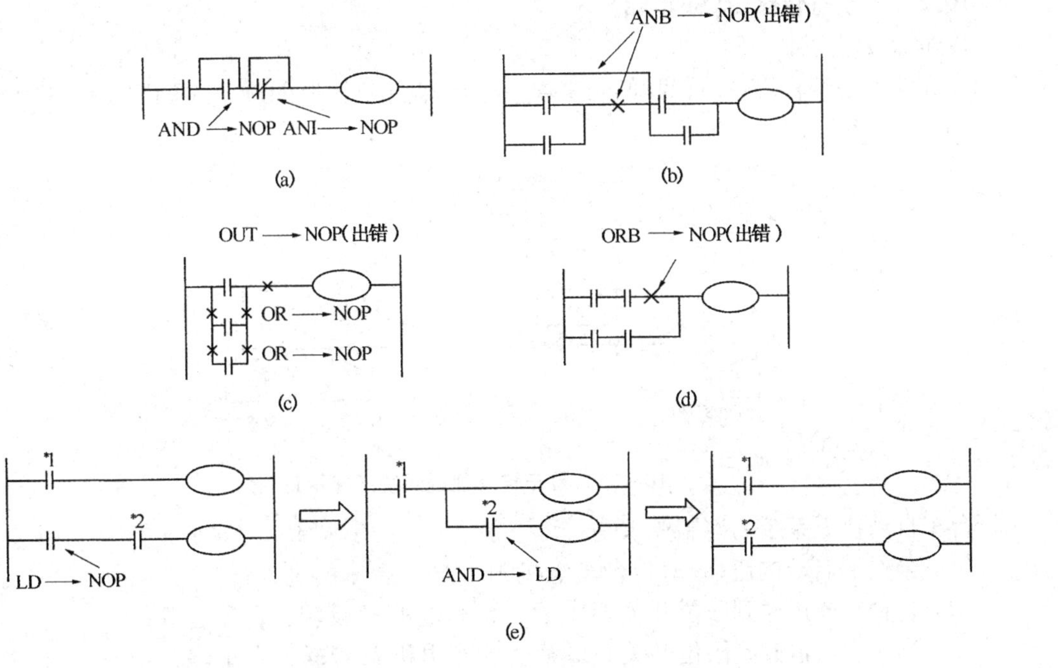

图 10－32　NOP 指令操作举例

AND、ANI 指令改为 NOP 指令时使相关触点短路，见图 10－32(a)。

ANB 指令改为 NOP 指令时使前面的电路全部短路，见图 10－32(b)。

OR 指令改为 NOP 指令时使相关电路切断，见图 10－32(c)。

ORB 指令改为 NOP 指令时前面的电路全部切断，见图 10－32(d)。

与前面的 OUT 电路纵接，其电路构成的变化见图 10－32(e)。

11. 程序结束指令(END)

END 指令的功能、电路表示、程序步如表 10－14 所示。

表 10－14　程序结束指令的基本表示

符号、名称	功　能	电路表示及操作元件	程序步
END (结束)	输入输出处理 回到第 0 步	操作元件：无 EDN	1

END 为程序结束指令。

END 指令的使用说明及使用要点如下：

(1) 使用 END 指令可缩短 PLC 的扫描周期。PLC 是按照输入处理、程序执行、输出处理的周期性循环工作方式进行工作的。若在程序中不写入 END 指令，则 PLC 从用户程序的第一步扫描到程序存储器的最后一步。若在程序中写入 END 指令，则 END 以后的程序步不再扫描，从而直接进入输出处理。

(2) 使用 END 指令可对程序进行分段检查、调试。在对程序进行调试时，可将程序分段，在每个程序段的最后加入 END 指令，从而依次对各程序段的运算进行检查、调试。然后，在确认前面程序段动作正确无误之后依次删除 END 指令。

(3) 在执行 END 指令的同时，PLC 也刷新警戒时钟(watchdog timer)。

10.2.3　状态转移图(SFC 图)

1. 状态编程思想

在介绍状态编程思想前，我们先来看一个台车自动往返的例子。如图 10－33 所示为台车自动往返系统工况示意图。

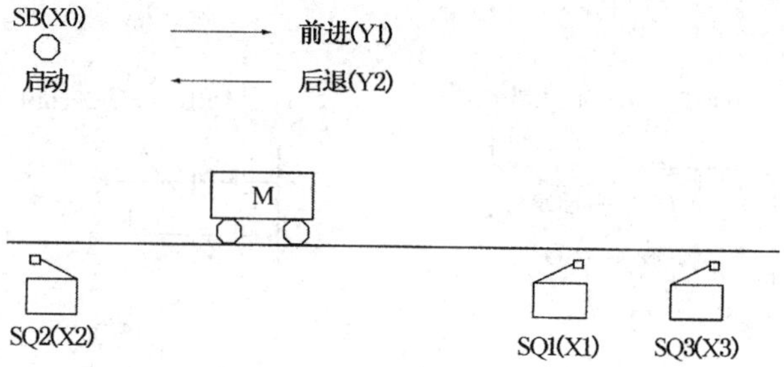

图 10－33　台车自动往返系统工况示意图

台车自动往返系统的控制要求是：

(1) 当按下启动按钮 SB 时，台车电机 M 正转，台车前进；

(2) 当台车前进碰到限位开关 SQ1 后，台车电机 M 反转，台车后退；

(3) 当台车后退碰到限位开关 SQ2 后，台车电机 M 停转，台车停车；

(4) 当台车停止 5 秒后，台车电机 M 正转，台车再次前进；

(5) 当台车再次前进碰到限位开关 SQ3 时，台车电机反转，台车再次后退；

(6) 当台车再次后退碰到限位开关 SQ2 时，台车停止。

根据上述控制要求，用基本编程指令编制的梯形图如图 10－34 所示。

从图 10－34 中可以看出，其梯形图的工艺动作表达繁琐，梯形图涉及的联锁关系也较复杂，编程起来有一定的难度，且梯形图可读性差，很难从梯形图中看出其具体的控制工艺过程。为此，针对顺序控制的要求，人们一直寻找一种易于构思、易于理解的图形程序设计工具，它应具有流程图的直观性，又利于复杂控制逻辑关系的分解与综合。这种编程思想就是状态编程思想，这种图就是状态转移图。

状态编程思想就是将复杂的任务或过程分解成若干个工序(状态)，各工序依照工作顺序及工序间的转换条件连接，从而形成一个整体程序。图 10-35 为台车自动往返控制的状态转移流程图。

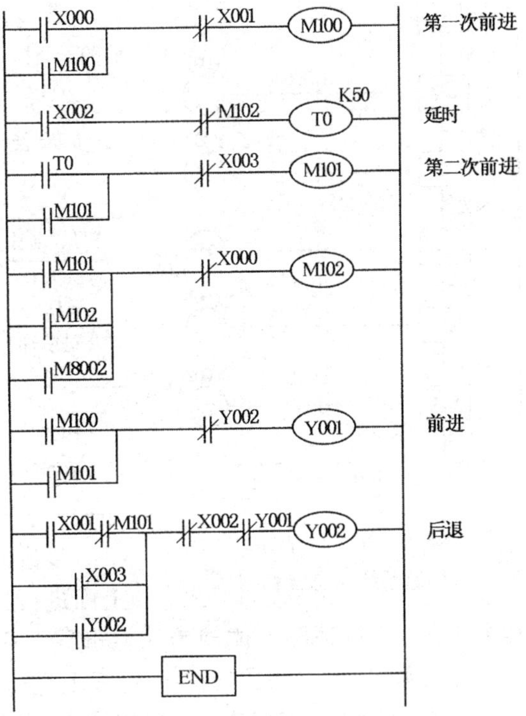

图 10-34　台车往返运动控制梯形图

从图 10-35 可看出，该图具有以下的特点：

(1) 将复杂的任务或过程分解成若干个工序(状态)，无论多么复杂的过程均能分化为小的工序，有利于程序的结构化设计；

(2) 相对某一个具体的工序来说，控制任务得到了简化，这给局部程序的编制带来了方便；

(3) 整体程序是局部程序的综合，只要弄清各工序成立的条件、工序转移的条件和转移的方向，就可进行这类图形的设计；

(4) 这种图层次清楚、易理解，可读性强，能清晰地反映全部控制工艺过程。

其实，将图 10-35 中的“工序”更换为“状态”，用 PLC 中的状态元件来表示某一个状态，根据各状态的功能、转移条件及转移方向，就可得到状态转移图，如图 10-36 所示。

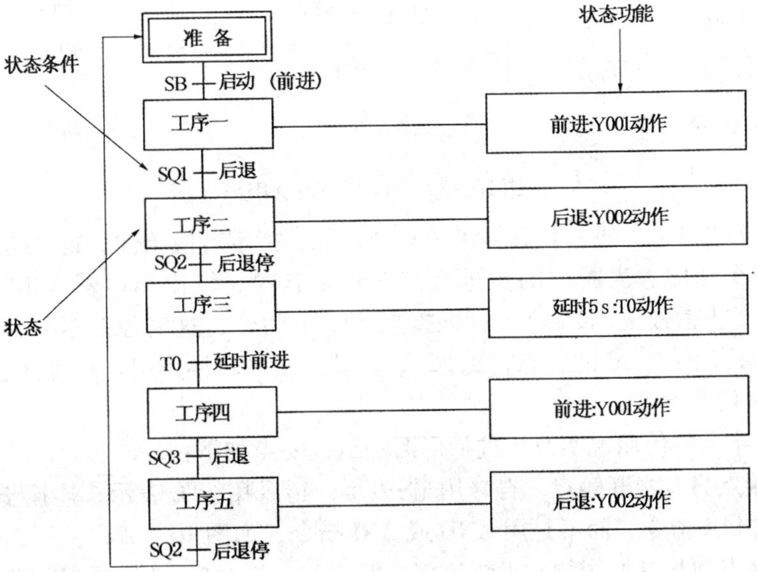

图 10-35　台车自动往返系统状态转移流程图

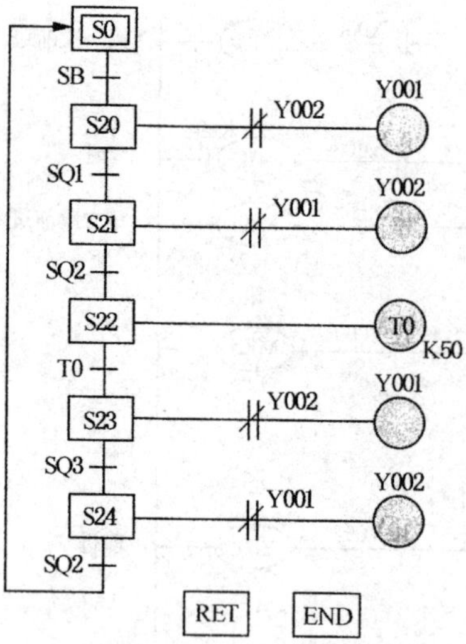

图 10-36　台车自动往返系统状态转移图

2. 步进顺控指令（STL、RET）及步进梯形图（STL 图）

STL、RET 指令的功能、电路表示、操作元件、程序步如表 10-15 所示。

表 10-15　步进顺控指令的基本表示

符号、名称	功　能	电路表示及操作元件	程序步
STL （步进阶梯）	步进阶梯开始	操作元件：S	1
RET （返回）	步进阶梯结束	操作元件：无	1

步进顺控指令 STL 是利用内部软元件 S 在顺控程序上面进行工序步进式控制的指令。STL 指令的意义为激活某个状态，在梯形图上体现为从主母线上引出的步进接点。STL 指令有建立子母线的功能，以便该状态的所有操作均在子母线上进行。

返回指令 RET 是指状态(S)流程结束，用于返回主程序(主母线)，使步进顺控程序执行完毕时，非状态程序的操作能在主母线上完成，防止出现逻辑错误。状态转移程序的结尾必须使用 RET 指令。

使用步进指令时，用状态转移图设计步进梯形图，这两种图及指令格式如图 10-37 所示。

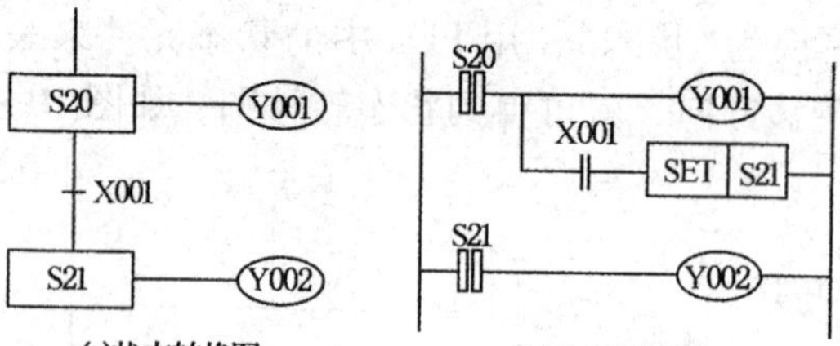

(a)状态转换图　(b)步进梯形图

程序步	指令	元素
0	STL	S20
1	OUT	Y001
2	LD	X001
3	SET	S21
5	STL	S21
6	OUT	Y002

(c)指令格式

图 10-37　步进指令的用法

从图 10-37 中可见，每一状态提供：驱动负载、指定转换条件、置位新状态(同时转移源自动复位)三个功能。当图中的步进接点 S20 闭合时，输出继电器 Y001 线圈接通。当 X001 闭合时，新状态置位(接通)，步进接点 S21 也闭合，这时原步进接点 S20 自动复位(断开)，这就相当于把 S20 的状态转到 S21，这就是步进转换作用。其他状态继电器之间的状态转移过程，依此类推。

STL、RET 指令的使用说明及步进梯形图的编程要点如下：

(1) 步进接点只有常开触点，符号用-||-表示，指令用 STL 表示，连接步进接点的其他继电器用 LD 或 LDI 指令，而不是用 AND 或 ANI 指令，如图 10-37(c)。

(2) 步进接点须与梯形图的左母线连接。使用 STL 指令后，LD 或 LDI 指令点则被右移，所以当把 LD 或 LDI 点返回母线时，需要使用步进返回指令 RET，如图 10-38 所示。也就是说，凡是以步进接点为主体的程序，最后必须用 RET 指令返回母线。由此可见，步进指令具有主控功能。

(3) 使用 STL 指令后的状态继电器才具有步进控制功能。这时除了提供步进常开接点外，还可提供普通的常开触点与常闭触点，如图 10－38 所示。但 STL 只适用于步进接点。

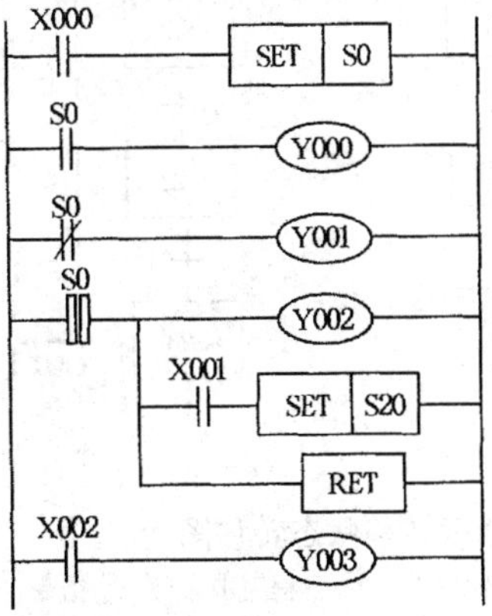

程序步	指令	无素
0	LD	X000
1	SET	S0
3	LD	S0
4	OUT	Y000
5	LDI	S0
6	OUT	Y001
7	STL	S0
8	OUT	Y002
9	LD	X001
10	SET	S20
12	RET	
13	LD	X002
14	OUT	Y003

图 10－38　步进控制梯形图

(4) 只有步进接点闭合时，它后面的电路才能动作。如果步进接点断开，则其后面的电路将全部断开。驱动负载一般使用 OUT 指令，当同一负载需要连续多个状态驱动时，可使用多重输出，也可使用 SET 指令将负载置位，等到负载不需要驱动时用 RST 指令将其复位，如图 10－39 所示。Y001 从 S20 接通时置位接通，其后一直保持接通状态，直到 S30 接通时，才断开。

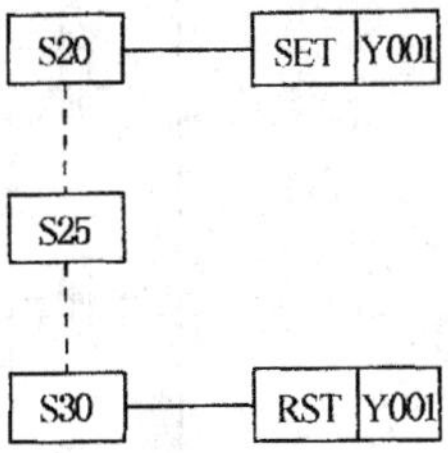

图 10－39　用 SET/RST 指令保持输出

(5) 用指令表方式编程时，状态编程的顺序为：先进行 驱动，再进行转移，不能颠倒。对状态的处理，必须使用步进接点指令 STL。见图 10－37(c)。

(6) 负载的驱动、状态转移条件可能为多个元件的逻辑组合。编程时应视具体情况，按串、并联关系处理，不能遗漏。

(7) 步进指令后面可以使用 CJ 指令，但不能使用 MC/MCR 指令。

(8) 如果不用 STL 步进接点时，状态继电器 S 可作为普通辅助继电器用，这时其功能与 M 相同。

(9) 相邻步进状态的 T、C，其编号不能相同。

(10) 若为顺序不连续转移，不能使用 SET 指令进行状态转移，应改用 OUT 指令进行状态转移。如图 10－40 所示。

(11) 初始状态可由其他状态驱动，但运行开始必须用其他方法预先作好驱动，否则状态流程不可能向下进行。一般用系统的初始条件来驱动，若无初始条件，可用 M8002(PLC 从 STOP→RUN 切换时的初始脉冲)进行驱动。

(12) 需在停电恢复后继续原状态运行时，可使用 S500～S899 停电保持状态元件。

台车自动往返控制的步进梯形图(STL 图)及指令表如图 10－41 所示。

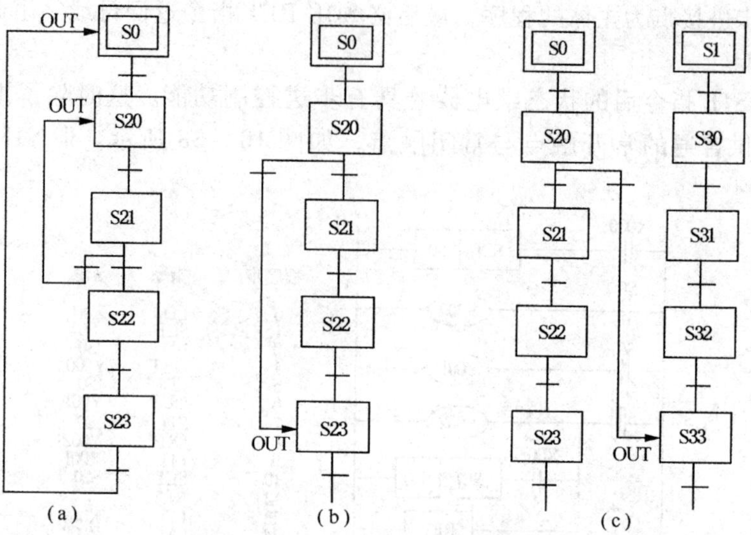

图 10-40　非连续转移状态转移图

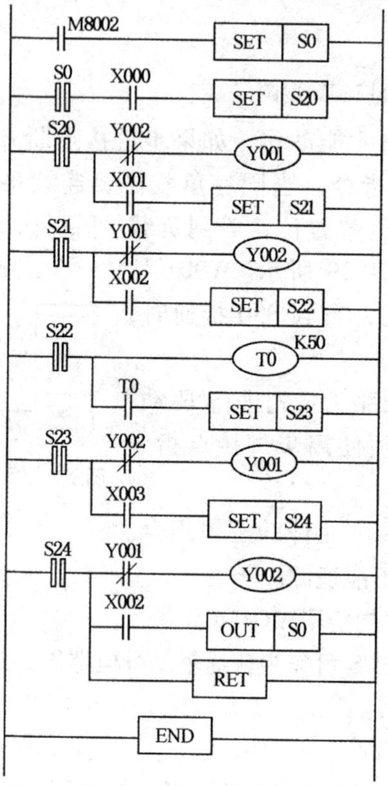

程序步	指令	元素
0	LD	M8002
1	SET	S0
3	STL	S0
4	LD	X000
5	SET	S20
7	STL	S20
8	LDI	Y002
7	OUT	Y001
9	LD	X001
10	SET	S21
12	STL	S21
13	LDI	Y001
14	OUT	Y002
15	LD	X002
16	SET	S22
18	STL	S22
19	OUT	T0
		K50
22	LD	T0
23	SET	S23
25	STL	S23
26	LDI	Y002
27	OUT	Y001
28	LD	X003
29	SET	S24
31	STL	S24
32	LDI	Y001
33	OUT	Y002
34	LD	X002
35	OUT	S0
36	RET	
37	END	

图 10-41　台车自动往返控制的梯形图(STL)及指令表

10.3　可编程序控制器的应用

10.3.1　可编程序控制器的应用步骤

1. 分析被控制对象，确定控制方案

首先应对被控对象的生产工艺过程、工作特点和控制系统的控制过程进行详细分析，必要时应画出工艺流程图和各执行元件的工作状态表，明确控制要求和任务，在此基础上确定控制方案。对于用PLC控制改造继电器控制系统时，应分析原继电器控制电路的控制过程及控制要求，从而确定控制方案。

2. 选择合适的PLC机型

在分析工艺流程和控制要求的基础上，根据被控对象对PLC控制系统的I/O点数、用户存储器容量、响应时间、功能等要求选择合适的PLC机型及其配置。

3. 确定PLC输入输出(I/O)分配表并画出PLC外部接线图

在PLC机型确定后，根据工艺流程和控制要求确定PLC的输入输出(I/O)分配表，画出PLC外部接线图，PLC输入端尽可能要采用常开触点；当采用常闭触点时应注意输入触点状态与PLC内输入继电器状态的对应关系。

4. 据工艺流程图和控制要求编制程序

编制程序有经验设计法、逻辑设计法、状态编程法等方法，具体可采用梯形图、指令语句表等进行编程，梯形图是使用最普通的编程语言。如原控制系统是继电器控制电路，可将其改造为梯形图。

5. 编程与模拟调试

利用编程器将设计好的梯形图程序输入到PLC的用户存储器中。对于简易编程器，必须将梯形图程序转换为指令语句表，再用简易编程器输入到用户存储器中，进行编辑和检查，改正程序设计中的错误。检查通过的程序可用模拟输入开关，根据工艺流程图和控制要求进行模拟调试，PLC的输入、输出信号可用PLC机上的输入、输出发光二极管显示。在模拟调试中发现问题，可立刻修改程序以达到控制要求。

6. 现场运行调试

通过模拟调试后可进行现场联机调试。在现场联机前，必须仔细检查PLC外部接线，尤其要注意输入、输出端接线。在接线准确无误的条件下可进行现场联机调试。为了安全可靠，可先不带电动机等实际负载，只带接触器、信号灯等控制与信号元件进行调试，在调试中可利用编程器监控功能进行监控。待各部分功能都调试正常后，再带电动机等实际负载进行现场运行调试，达到系统控制要求。在调试中如发现问题，可对程序进行修改。

10.3.2 梯形图的编程规则及技巧

1. 梯形图的编程规则

(1) 梯形图从上到下、从左到右执行，其中每个元件和触点都应按规定标注元件号和触点号，元件号和触点号必须在有效规定范围内。

(2) 梯形图的每一个逻辑行必须从左边母线以触点输入开始，以线圈结束，即线圈右面不能再有接触点，图10－42(a)的画法是错误的，应将图10－42(a)进行等效转化为图10－42 (b)。线圈右边的母线可以不画出。

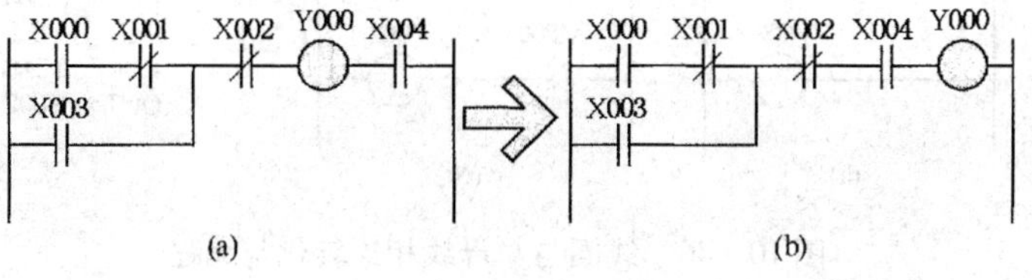

图10－42 梯形图的画法(一)

(a) 错误；(b) 正确

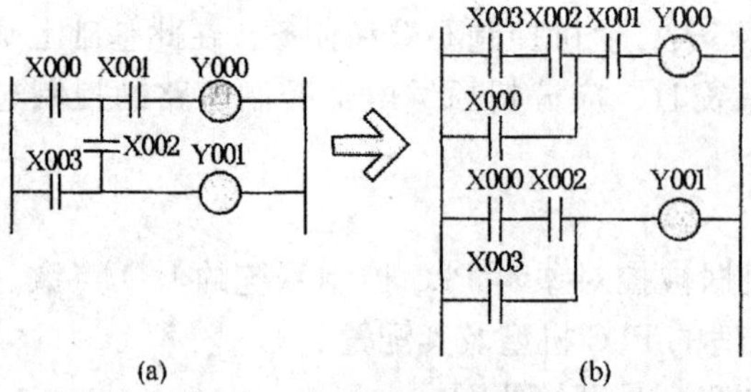

图 10－43　梯形图的画法(二)

(a) 错误；(b) 正确

(3) 触点应画在水平线上，不能画在垂直分支上。图 10－43(a)的画法是错误的，触点 X002 画在垂直线上，该梯形图无法直接编程，应将图 10－43（a)进行等效转化为图 10－43（b)。

(4) 一段完整的梯形图程序必须用 END 指令结束。

2. 梯形图的编程技巧

(1) 适当安排编程顺序，减少程序步数。

① 在有几个串联回路相并联时，应将串联多的电路放在梯形图上面。如图 10－44 所示梯形图，可将单个触点 X002 支路放在多个串联触点支路之下，如图 10－44(b)所示，则可节省 ORB 指令。

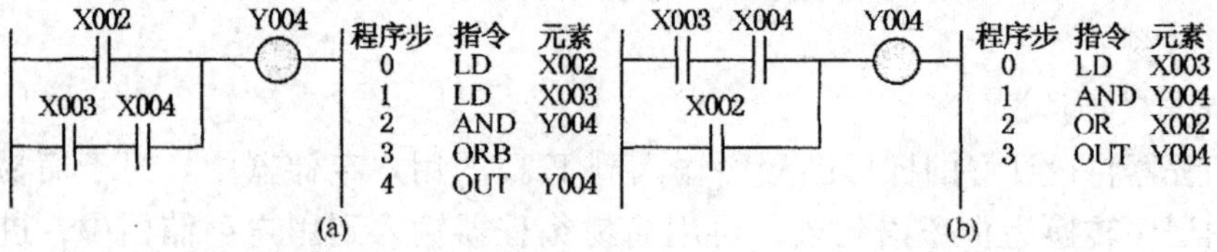

图 10－44　梯形图简化(一)

(a) 串联多的电路在下面；(b) 串联多的电路在上面

② 在有几个并联回路相串联时，应将并联多的电路放在梯形图左面。如图 10－45 所示。如将图 10－45(a)中 X000 常闭触点迁至并联电路块之后，如图 10－45(b)所示，则可节省 ANB 指令。

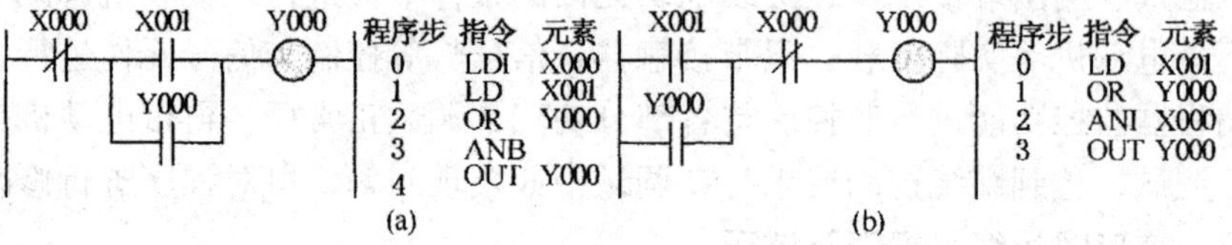

图 10－45　梯形图简化(二)

(a) 并联多的电路在右面；(b) 并联多的电路在左面

(2) 线圈不能直接与左母线相连。如果需要，此时可以将线圈通过特殊辅助继电器 M8000(常 ON)或一个没有使用元件的常闭触点来联结，如图 10－46 所示。

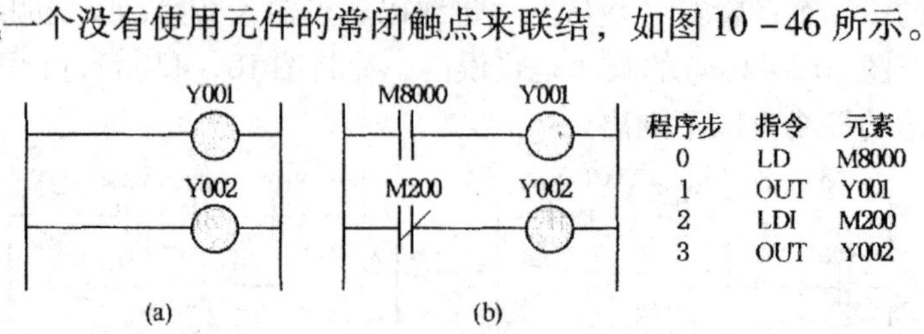

图 10－46　线圈与左母线相连转化与编程

(a) 错误；(b) 正确

(3) 复杂电路的编程。可重复使用一些触点画出其等效电路，然后再进行编程，如图 10－47 所示。

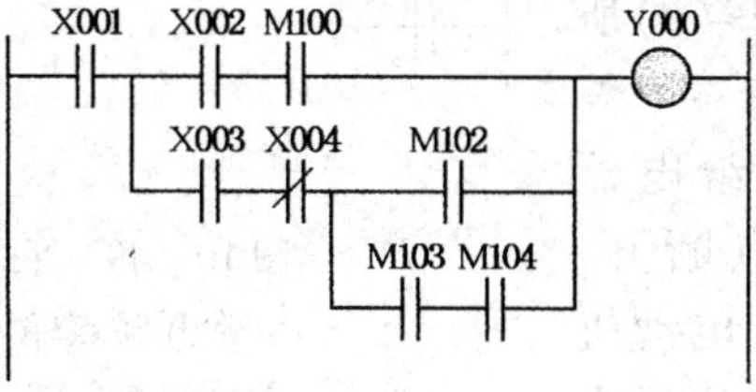

(a)

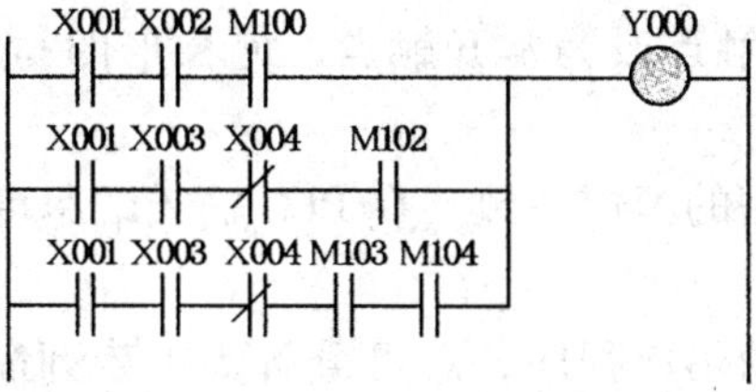

(b)

程序步	指令	元素
0	LD	X001
1	AND	X002
2	AND	M100
3	LD	X001
4	AND	X003
5	ANI	X004
6	AND	M102
7	ORB	
8	LD	X001
9	AND	X003
10	ANI	X004
11	AND	M103
12	AND	M104
13	ORB	
14	OUT	Y000

图 10－47　复杂电路转化与编程

(a) 复杂电路；(b) 转化电路

(4) 桥型电路转化与编程。图 10－48(a)所示的桥型电路不能直接编程，必须将图 10－48 (a)转化为图 10－48(b)。对于图 10－48(b)所示梯形图可利用基本指令按先上后下、先左后右的顺序编写指令语句表，在编写中注意串联电路块的并联指令 ORB 及其编写方法。

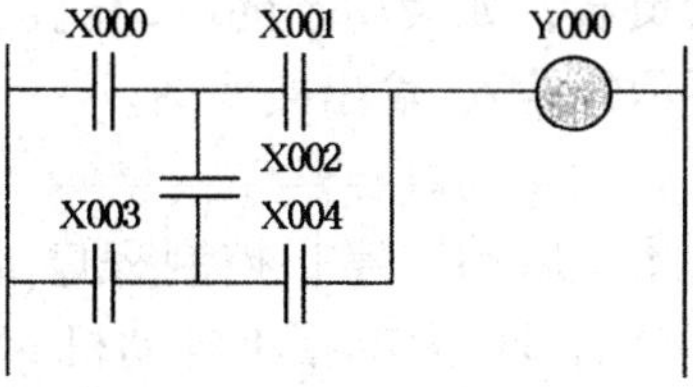

(a)

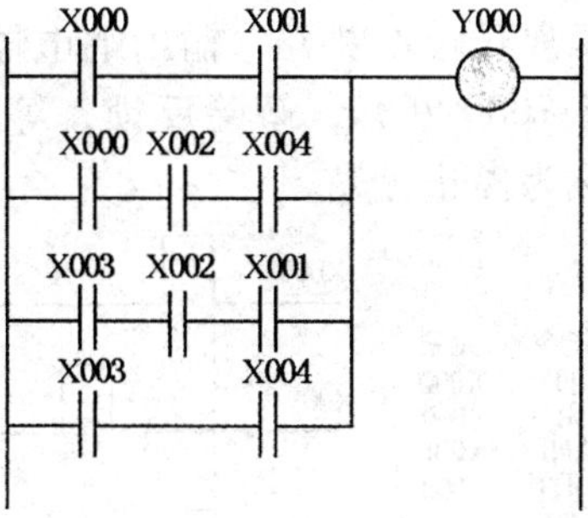

(b)

程序步	指令	元素
0	LD	X000
1	AND	X001
2	LD	X000
3	AND	X002
4	AND	X004
5	ORB	
6	LD	X003
7	AND	X002
8	AND	X001
9	ORB	
10	LD	X003
11	AND	X004
12	ORB	
13	OUT	Y000

图 10－48　桥型电路转化与编程

(a) 桥型电路；(b) 转化电路

(5) 常闭触点输入问题。在图 10－49(a)所示的三相交流电动机单向运转启动、停止控制的梯形图中，X000 对应停止按钮 SB0，X001 对应启动按钮 SB1，Y000 控制 KM。停止按钮 SB0、启动按钮 SB1 统一采用常开触点输入。如按继电器控制电路图方法，停止按钮 SB0 采用常闭触点输入，则图 10－49(a)所示的梯形图将不能工作，这是由于未按下停止按钮 SB0 时，常闭触点使输入继电器 X000 接通（ON），X000 常闭触点断开，Y000 无法接通，使 KM 无法接通，电动机不能启动。因此，如果停止按钮 SB0 采用常闭触点输入时，要实现启动、停止控制要求必须将图 10－49(a)所示的梯形图改为图 10－49(b)所示的梯形图，即将 X000 常闭触点改为常开触点，使梯形图与继电器控制电路反而不一致。

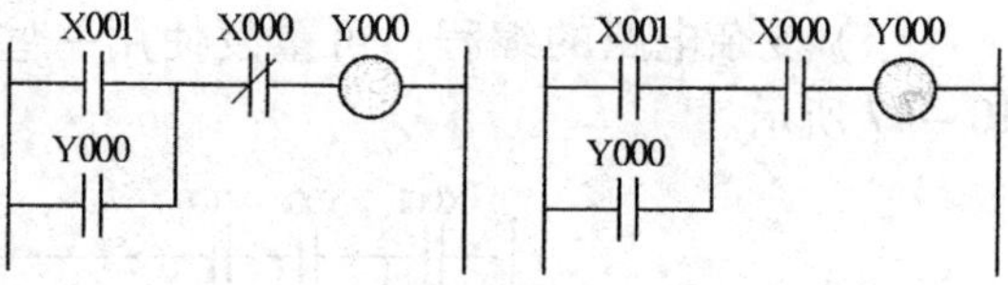

(a)　(b)

图 10－49　采用常闭触点与常开触点输入的梯形图

(a) 采用常开触点输入；(b) 采用常闭触点输入

为了使梯形图与继电器控制电路的习惯一致，在 PLC 输入端尽可能采用常开触点输入。

10.3.3　典型的单元程序

一个完整的实现某种控制功能的用户程序，总可分解为一系列简单、典型的单元程序。熟悉这些程序，既能巩固前面所学的指令，又能从中掌握其变化规律。在这些单元程序的基础上进行改造、扩充、组合，就能设计出丰富多彩的应用程序。

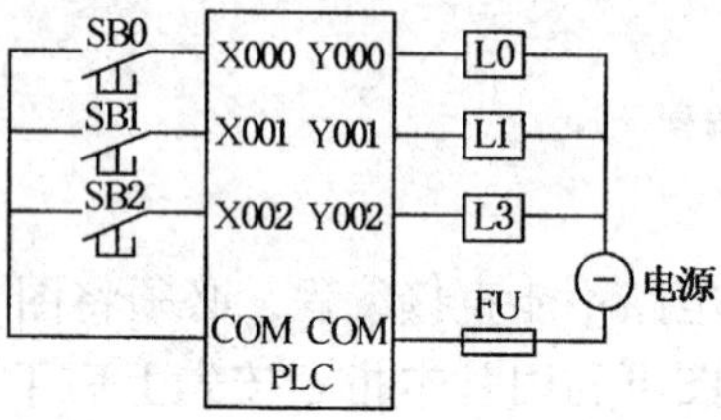

图 10－50　PLC 输入/输出接线图

PLC 的输入/输出接线如图 10－50 所示，图中输入端所有按钮均为常开状态，L 为负载，它可以是电灯、小电动机，也可以是接触器的线圈，通过接触器过渡带动大负载，如大功率的电动机、电热炉等。在典型程序中，如果不做说明，均采用图 10－50 所示的输入/输出接线图。

1. 启动、停止程序

利用图 10－50 PLC 输入/输出接线图，启动、停止控制程序如图 10－51 所示，设图 10－50中 SB0 为启动按钮，SB1 为停止按钮，L0 为单相小电动机 M。当 SB0 闭合时，输入继电器 X000 得电，其常开触点闭合；输出继电器 Y000 得电，外部触点闭合，从而使电动机 M 旋转；内部触点 Y000 闭合，进行自锁，当按钮 SB0 断开时，Y000 仍保持输出。当 SB1 闭合时，输入继电器 X001 得电，其常开触点断开，输出继电器 Y000 失电，其外部触点断开，电动机 M 停止旋转；内部触点 Y000 断开，解除反锁，等待下一个启动信号。当 SB0、SB1 同时闭合时，Y000 失电，故称为停止优先。

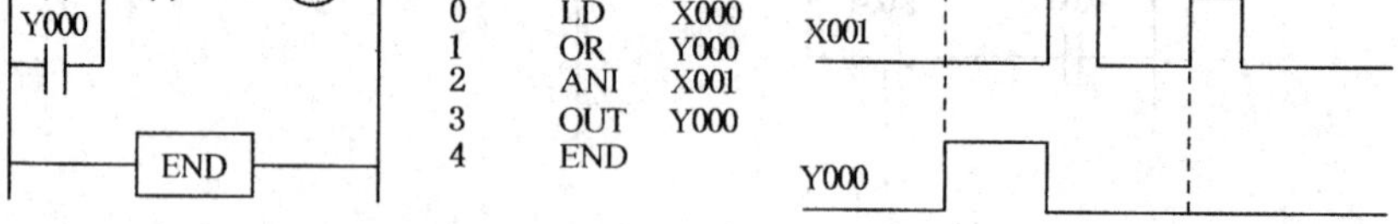

程序步	指令	元素
0	LD	X000
1	OR	Y000
2	ANI	X001
3	OUT	Y000
4	END	

(a)　(b)　(c)

图 10－51　启动、停止控制程序

(a) 梯形图；(b) 指令表；(c) 波形图

若用图 10－52(a)所示梯形图代替图 10－51(a)的梯形图，也具有启动、停止控制功能，但当按钮 SB0、SB1 同时闭合时，Y000 得电故为启动优先。

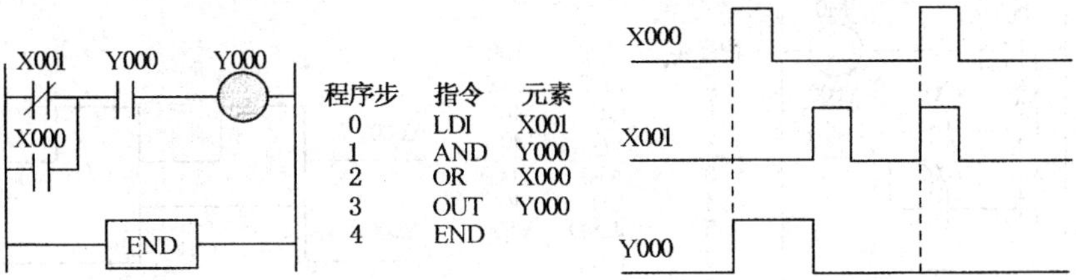

程序步	指令	元素
0	LDI	X001
1	AND	Y000
2	OR	X000
3	OUT	Y000
4	END	

(a) (b) (c)

图 10－52　启动、停止控制的另一种程序

(a) 梯形图；(b) 指令表；(c)波形图

如图 10－53 所示，梯形图也具有相同的控制功能，他利用了 SET、RST 指令，读者可自行分析。

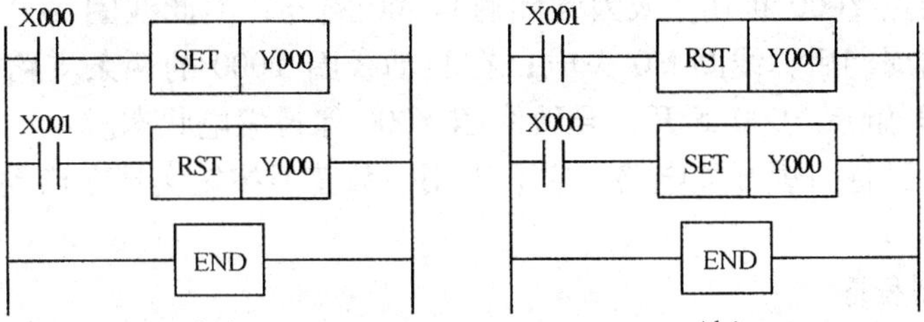

(a) (b)

图 10－53　利用 SET、RST 指令的启动、停止程序

(a) 停止优先的梯形图；(b) 启动优先的梯形图

2. 单稳态程序

单稳态程序如图 10－54 所示，当常开触点 X000 闭合时，输出继电器 Y000 得电，有输出。同时，定时器 T0 开始计时，定时(0.5s)时间到，定时器 T0 的常开触点断开，Y000 失电，无输出。Y00 输出的信号脉宽为 0.5s。当 X000 断开时，定时器 T0 复位，重新恢复到初始状态。

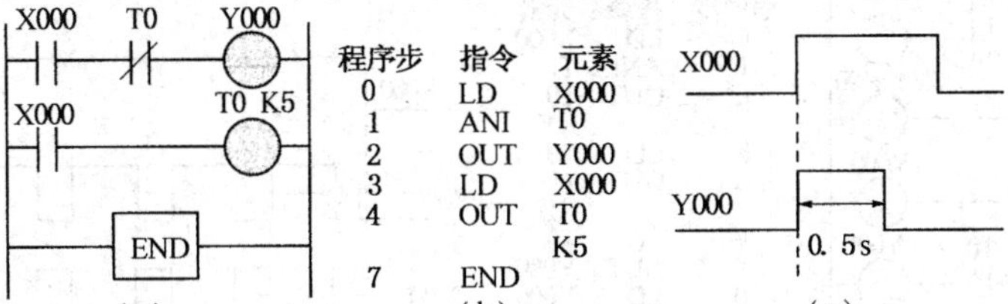

程序步	指令	元素
0	LD	X000
1	ANI	T0
2	OUT	Y000
3	LD	X000
4	OUT	T0
		K5
7	END	

(a) (b) (c)

图 10－54　双稳态程序

(a) 梯形图；(b) 指令表；(c) 波形图

3. 双稳态程序

双稳态程序如图 10－55 所示，在触点 X000 闭合后的第一个扫描周期内，线圈 M0 得电；在驱动线圈 Y000 的一条支路中，因常闭触点 Y000 仍处于闭合状态，而且常开触点 M0 已闭合，因此，线圈 Y000 得电。在第一个扫描周期后，线圈 M0 失电，其常开或常闭触点

复原，在驱动线圈 Y000 的另一条支路中，因常闭触点 M0 闭合，常开触点 Y000 闭合，因此线圈 Y000 保持得电状态。

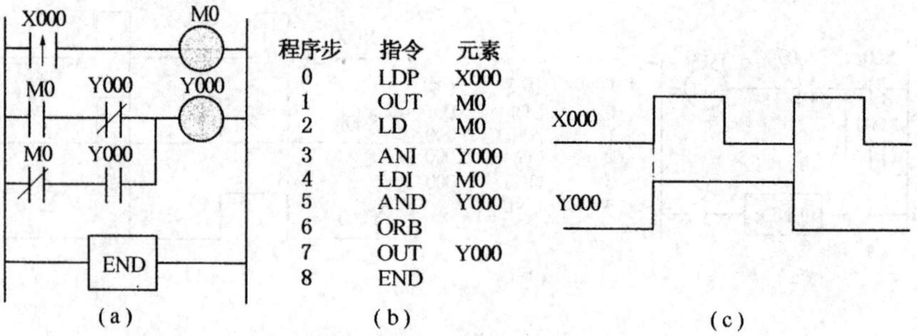

程序步	指令	元素
0	LDP	X000
1	OUT	M0
2	LD	M0
3	ANI	Y000
4	LDI	M0
5	AND	Y000
6	ORB	
7	OUT	Y000
8	END	

图 10－55　双稳态程序

(a) 梯形图；(b) 指令表；(c) 波形图

当 X000 再次闭合后的第一个扫描周期内，线圈 M0 又得电；在驱动线圈 Y000 的两条支路中，或因常闭触点 Y000 断开，或因常闭触点 M0 断开，因此线圈 Y000 失电。X000 再次闭合的第一个扫描周期后，线圈 M0 失电；在驱动线圈 Y000 的两条支路中，或因常开触点 M0 断开，或因常开触点 Y000 断开，导致线圈 Y000 保持失电状态。

双稳态电路，又称自锁开关电路，它只需用一只普通按钮实现在启动、停止电路中两个按钮的作用。

4. 多谐振荡器程序

多谐振荡器程序又称为无稳态程序，其程序如图 10－56 所示。PLC 输入端的按钮 SB0 改为开关 S0，S0 为振荡器的控制开关。当开关 S0 闭合时，触点 X000 随之闭合，定时器线圈 T0 得电，开始计时；1s 时间到，常开触点 T0 闭合，定时器线圈 T1 得电，开始计时，同时，输出线圈 Y000 得电；自 T1 计时开始后，2s 时间到，常闭触点 T1 断开，将定时器 T0 复位；定时器 T0 的复位，导致常开触点 T0 断开，将定时器 T1 复位；定时器 T1 的复位，又导致常闭触点 T1 闭合，使定时器 T0 又重新开始计时……，如此周而复始。Y000 输出信号的脉宽由 T1 设定的时间 t_1 决定，输出信号的周期由 T0 和 T1 设定的时间 t_0+t_1 决定。Y001 是 Y000 的互补输出，可根据需求选用。

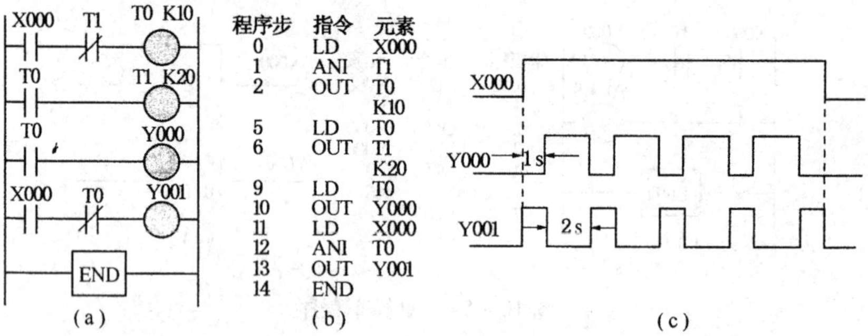

程序步	指令	元素
0	LD	X000
1	ANI	T1
2	OUT	T0 K10
5	LD	T0
6	OUT	T1 K20
9	LD	T0
10	OUT	Y000
11	LD	X000
12	ANI	T0
13	OUT	Y001
14	END	

图 10－56　多谐振荡器程序

(a) 梯形图；(b) 指令表；(c) 波形图

5. 长计时程序

由于 FX_{2N} 系列 PLC 单个定时器最长只能定时 3276.7s，无法适应更长计时的需要，为了解决这个问题，常采用以下方式来扩展计时长度。

（1）多个定时器的组合

如图 10－57(a)所示为两个定时器组合的程序。当触点 X000 闭合时，定时器线圈 T0 得电，开始计时；2000s 时间到，触点 T0 闭合，定时器线圈 T1 得电，开始计时；2500s 时间到，触点 T1 闭合，输出继电器线圈 Y000 得电，被驱动。从 X000 闭合到 Y000 得电，总计经历了 4500s 的时间，单个定时器的计时时间被扩展，若要延时更长的时间，可使用多个定时器。当触点 X000 断开时，所有定时器被依次复位，输出继电器失电。

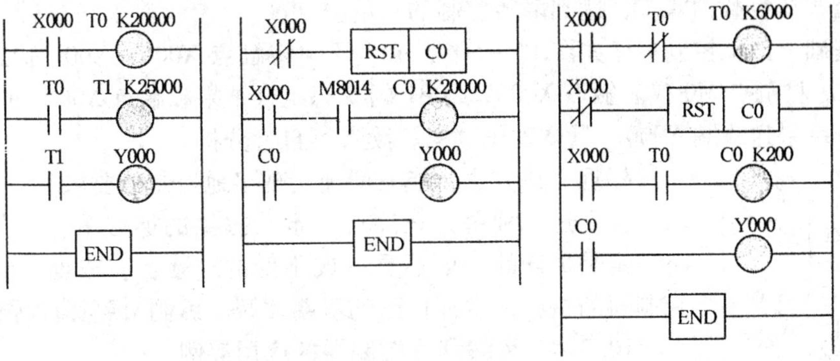

(a)　　　(b)　　　(c)

图 10－57　长计时程序

(a) 两个定时器组合；(b) 利用计数器的计时；(c) 计数器和定时器组合

（2）利用计数器的定时器

利用计数器的定时器程序，如图 10－57(b)所示。当输入点 X000 未接通时，常闭触点 X000 闭合，计数器 C0 被复位，清零；当输入端 X000 接通时，常开触点 X000 闭合，计数器 C0 开始计数，将辅助继电器 M8014 的触点通、断作为计数脉冲。因为 M8014 为分脉冲信号特殊继电器，所以计数器 C0 每 1min 记一个数，当计数值到达 20000(即 20000min)时，常开触点 C0 闭合，输出继电器线圈 Y000 得电，从输入端 X000 接通到 Y000 有输出信号共经历 20000min。对于某些定时精度要求不高的场合，这是一种十分有效的长延时定时器。

（3）计数器和定时器的组合

如果认为 M8014 1min 的脉冲周期仍不够长，可用一个定时器产生周期较长的脉冲信号，再用它作为计数器的计数信号，获得更长的定时时间，其程序如图 10－57(c)所示。读者可自行分析。

仿照长计时程序，也可编制长计数程序。

6. 两地控制和多地控制程序

如图 10－58 所示为一灯双控照明电路，两只双联开关控制一盏灯。两只开关分别装于不同的两个地方(如楼上、楼下)，从图中可看出两地任意操作都能控制一盏灯的状态(亮或灭)。但用一般的开关却无法实现三个地方或多个地方的开关来控制一盏灯的控制要求。

用 PLC 能方便地实现两地控制和多地控制的控制要求。首先必须将图 10－50(PLC 输入/输出接线图)中的按钮，全部改为单联开关，分别用 S0、S1、S2 表示。负载中的 L0 作为被控制的对象(如电灯)。两地控制的梯形图如图 10－59 所示。

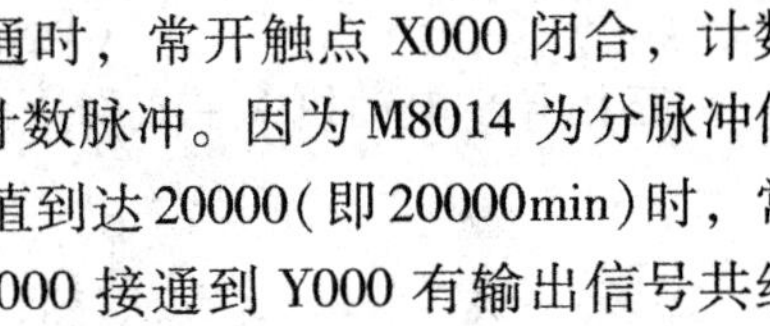

图 10－58　一灯双控照明电路

由于单联开关能稳定地处于闭合、断开两个不同的位置，所以触点 X000、X001 具有两种稳定的状态。设 S0、S1 一开始都处于断开状态，线圈 Y000 失电。当 S0 闭合时，常开触点 X000 闭合，线圈 Y000 得电，外部触点 Y000 闭合，被控对象得电(灯亮)。这时若将 S1 闭合，从图中可看出，驱动线圈 Y000 的两条支路均不通，线圈 Y000 失电。若再将开关 S0 断开，则常闭触点 X000 闭合，常开触点 X001 闭合，线圈 Y000 得电，被驱动。由此，改变任意一只开关的状态，都能改变负载的状态，达到两地控制的目的。

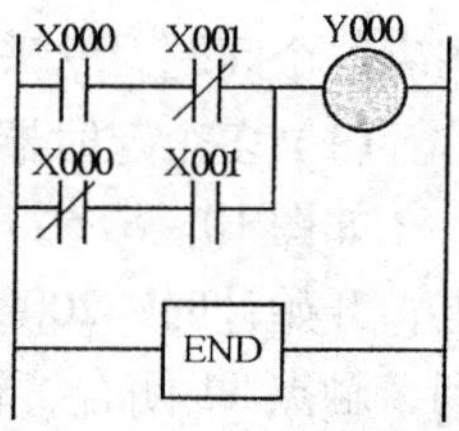

图 10－59　地控制的梯形图

在此基础上三地控制程序如图 10－60 所示，图中将触点 X000、X001 状态组合的结果用 M0 表示。将触点 M0 代表触点 X000、X001 的状态组合结果和触点 X002 的状态再一次组合，其组合结果送线圈 Y000。具体动作过程。读者可自行分析。

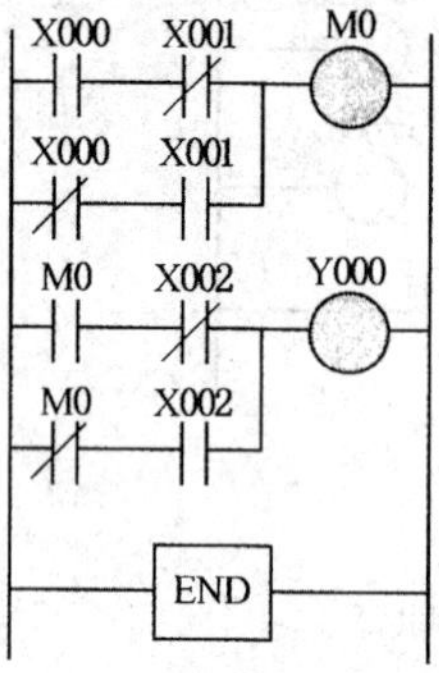

图 10－60　三地控制程序

根据上述方法，能方便地实现多地控制的要求。

在上述六种单元程序中，本节提供的梯形图并不是唯一的，也不一定是最佳的，更不是一成不变的。读者应根据不同的可编程序控制器的指令，发挥自己的聪明才智，编制出更加优秀的程序来。

10.3.4　可编程序控制器的应用实例

下面通过 PLC 应用实例具体说明 PLC 的应用步骤及方法，进一步理解与掌握 PLC 的基本指令、梯形图、指令语句表及 SFC 顺控的编程方法及应用。这里对 PLC 选型不做详细说明，下面的 PLC 应用均采用 $FX_{2N}-32MR$。

1. 三相异步电动机的 Y－△降压启动控制

(1) 控制电路

三相异步电动机 Y－△降压启动控制的电路如图 10－61 所示。

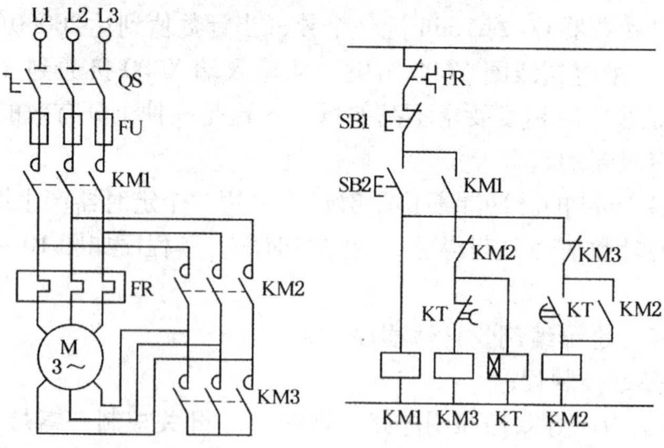

(a) 主电路　　(b) 控制电路

图 10－61　三相异步电动机 Y－△降压启动控制电路原理图

(2) 控制要求

当按下启动按钮时，KM1、KM3 得电，电动机降压启动，即以 Y 接启动，经过 8 秒后，KM1、KM2 得电，KM3 失电，电动机在全压下运转，即改为△接运行。按下停止按钮，电动机停转。另外，要求控制系统具有防止相间短路的功能和具有过载保护功能。

（3）I/O 地址分配

该控制系统中，有输入信号 3 个，输出信号 3 个，均为开关量，外部信号与 PLC 的 I/O 端地址编号对照表如表 10－16 所示。

表 10－16　三相异步电动机 Y－△降压启动 PLC 控制输入点/输出点分配表

输入设备	输入点	输出设备	输出点
启动按钮	X000	电源接触器 KM1	Y000
停止按钮	X001	Y 运行接触器 KM3	Y001
过载保护触点	X002	△运行接触器 KM2	Y002

（4）程序编制及说明

根据控制要求，编制的程序梯形图如图 10－62 所示。

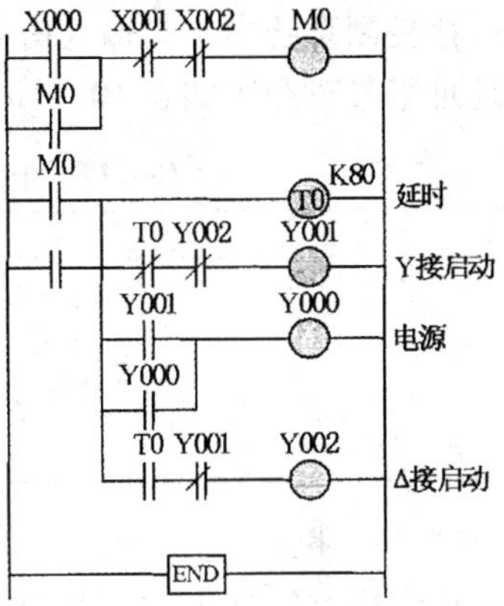

图 10－62　三相异步电动机 Y－△降压启动控制的梯形图

在该 PLC 控制系统中，输出继电器 Y001（Y 接）和 Y002（△接）的常闭触点实现电器互锁，以防止 Y→△换接时的相间短路。

当按下启动按钮时，X000 的常开触点闭合，M0 得电并自锁，Y001 得电，接触器 KM3 得电吸合，Y001 常开触点闭合，Y000 得电并自锁，接触器 KM1 得电吸合，电动机在 Y 接方式下启动；同时定时器 T0 开始计时，8 秒后 T0 动作使 Y1 失电，KM3 失电释放，互锁解除使 Y002 得电，接触器 KM2 得电吸合，电动机便在△接方式下运行。

当按下停止按钮或过载保护（FR）动作时，X001 或 X002 的常闭触点断开，不论是启动或运行情况下都可使 M0 失电，M0 常开触点断开，电动机停止运行。

2. PLC 在交通信号灯控制上的应用

图 10－63 是十字路口交通信号灯示意图。在十字路口的东、西、南、北方向装设红、绿、黄灯，红、绿、黄灯按照一定的时序轮流发亮。具体时序见图 10－64。

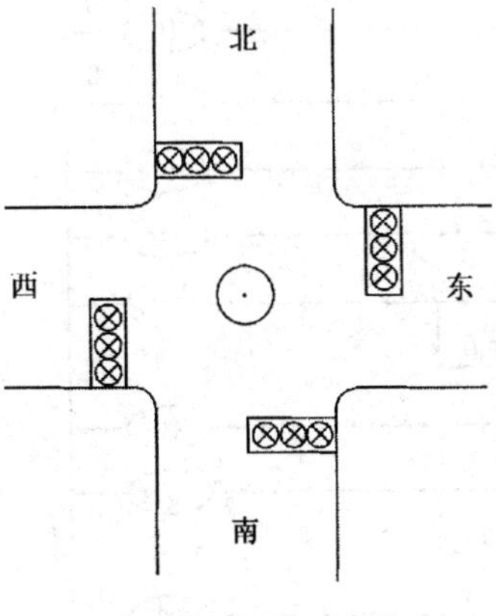

图 10－63　十字路口交通信号灯示意图

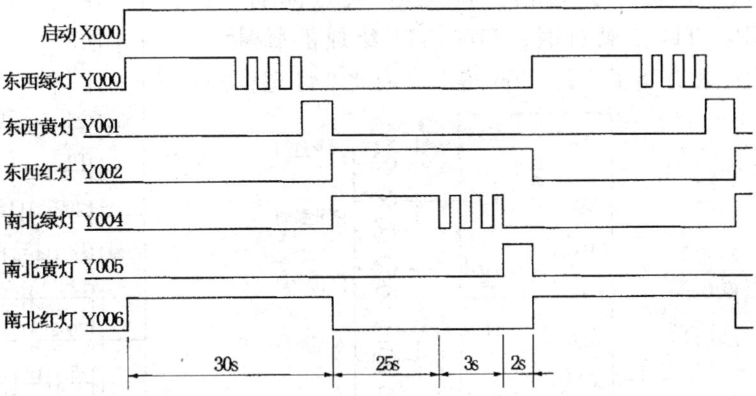

图 10－64　时序控制

（1）控制要求：

① 信号灯系统由一个启动按钮和停止按钮控制。当按下启动按钮时，该信号灯系统开始工作；当按下停止按钮时，所有信号灯熄灭。

② 南北红灯亮并维持 30 秒。南北红灯亮的同时，东西绿灯也亮，并维持 25 秒，到 25 秒时，东西绿灯闪亮(闪亮的频率为 1 次/秒)，闪亮 3 秒后熄灭。此时，东西黄灯亮，并维持 2 秒，到达 2 秒时，东西黄灯熄灭，东西红灯亮。同时南北红灯熄灭，南北绿灯亮。

③ 东西红灯亮维持 30 秒，东西红灯亮的同时，南北绿灯也亮，并维持 25 秒，到 25 秒时，南北绿灯闪亮(闪亮的频率为 1 次/秒)，闪亮 3 秒后熄灭。此时，南北黄灯亮，并维持 2 秒，到达 2 秒时，南北黄灯熄灭，南北红灯亮。同时东西红灯熄灭，东西绿灯亮。

④ 周而复始，指挥十字路口交通。

(2) I/O 地址分配

该控制系统中，有输入信号 2 个，输出信号 6 个，均为开关量，外部信号与 PLC 的 I/O 端地址编号对照表如表 10－17 所示，I/O 接线如图 10－65 所示。

表 10－17　十字路口交通信号灯 PLC 控制输入点/输出点分配表

输入设备	输入点	输出设备	输出点
启动按钮	X000	东西绿灯	Y000
停止按钮	X001	东西黄灯	Y001
		东西红灯	Y002
		南北绿灯	Y004
		南北黄灯	Y005
		南北红灯	Y006

(3) 程序编制及说明

该程序可用基本编程指令或步进顺控指令来编制，而采用步进顺控指令又可用单流程和双流程两种编程方式。

① 用基本编程指令编程

根据控制要求，用基本编程指令编制的程序梯形图如图 10－66 所示。

当按下启动按钮时，X000 常开触点闭合，M0 得电并自锁，M0 常开触点闭合，T10、T11 交替计时，T10、T11 组成的脉冲发生器开始工作；Y006 得电，南北红灯亮；

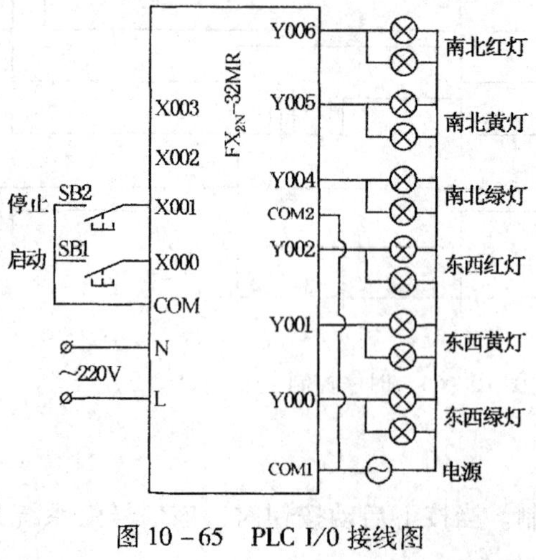

图 10－65　PLC I/O 接线图

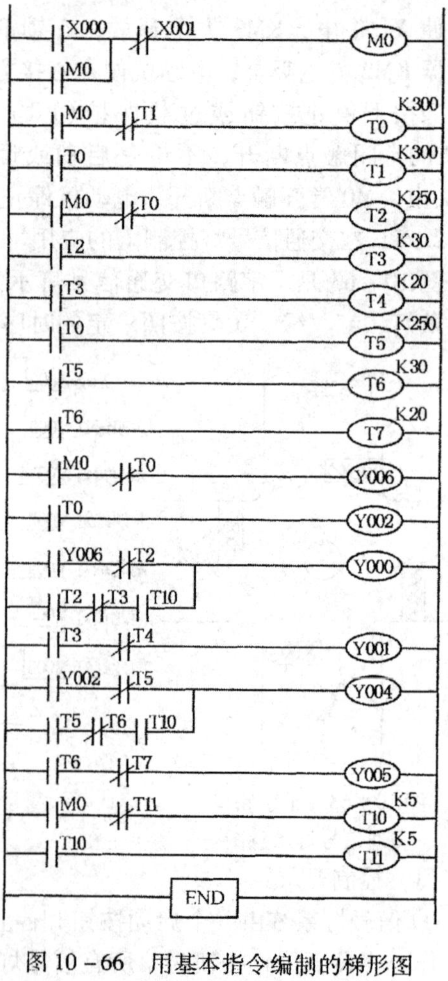

图 10－66　用基本指令编制的梯形图

Y006 常开触点闭合，Y000 得电，东西绿灯亮；与此同时，T0、T2 开始计时。首先 T2 计时到(25 秒)，T2 常开触点闭合，T3 开始计时；同时 T2 常闭触点断开，Y000 根据其下面的一个支路情况(T10 常开触点以 1 秒为周期断开和接通)动作，也即东西绿灯以 1 秒为周期闪烁。T3 计时到(3 秒)，T3 常闭触点断开，东西绿灯灭；T3 常开触点闭合，T4 开始计时；Y001 得电，东西黄灯亮；T4 计时到(2 秒)，T4 常闭触点断开，Y001 失电，东西黄灯灭。以上动作的过程时间为 30 秒，即 T0 计时到，T0 常开触点闭合，Y002 得电，东西红灯亮，Y002 常开触点闭合，Y004 得电，南北绿灯亮；与此同时，T1、T5 开始计时。首先 T5 计时到(25 秒)，T5 常开触点闭合，T6 开始计时；同时 T5 常闭触点断开，Y004 根据其下面的一个支路情况(T10 常开触点以 1 秒为周期断开和接通)动作，也即南北绿灯以 1 秒为周期闪烁。T6 计时到(3 秒)，T6 常闭触点断开，南北绿灯灭；T6 常开触点闭合，T7 开始计时；Y005 得电，南北黄灯亮；T7 计时到(2 秒)，T7 常闭触点断开，Y005 失电，南北黄灯灭。以上动作的过程时间为 30 秒，即 T1 计时到，T1 常闭触点断开，T0 失电，T0 常开触点断开，T1 失电，T1 常闭触点又重新闭合，T0 又开始计时，南北红灯亮，东西绿灯亮，系统开始循环工作。

当按下停止按钮，X001 常闭触点断开，M0 失电，系统停止工作。

② 用步进指令按单流程编程

如果把东西和南北方向信号灯的动作视为一个顺序动作过程，其中每一个时序同时有两个输出，一个输出控制东西方向的信号灯，另一个输出控制南北方向的信号灯。即该顺序控制的稆序可按单流程编程。其状态转移图如图 10－67 所示。对应的步进梯形图如图 10－68 所示。

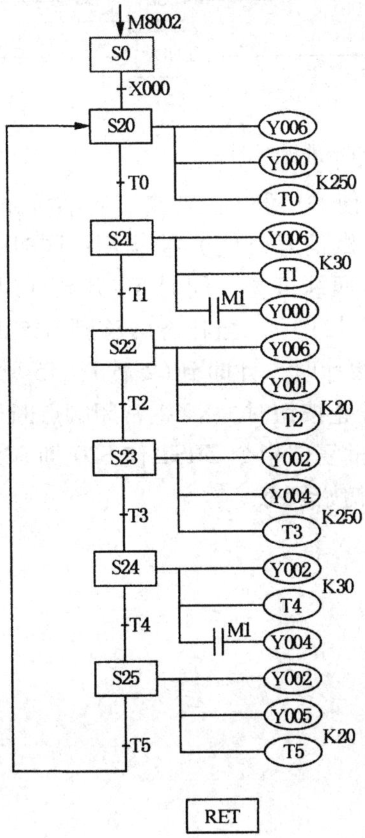

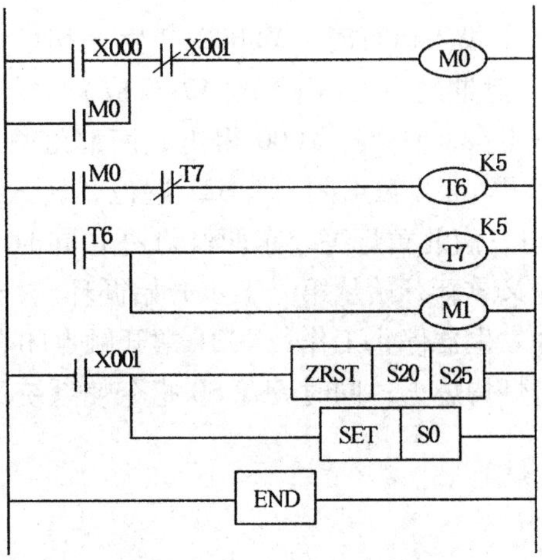

图 10－67　按单流程编制的状态转移图

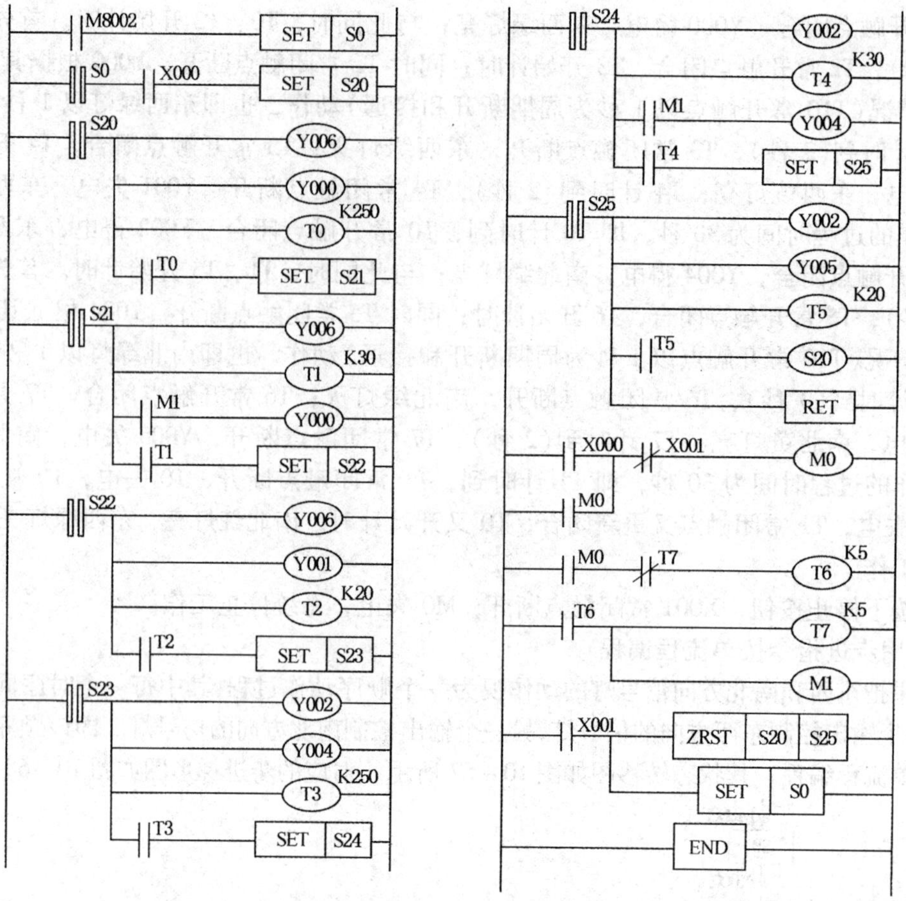

图 10－68　按单流程编制的步进梯形图

在 PLC 投入运行时，M8002 产生一初始脉冲，使 S0 置位。当按下启动按钮 X000 时，M0 得电，脉冲发生器(由 T6、T7 组成)开始工作，供信号灯闪光控制用；同时 S20 置位，转入第一工步，Y006、Y000 得电，南北红灯亮，东西绿灯亮，同时 T0 开始计时，计时到(25 秒)，T0 常开触点闭合，S21 置位，转入第二工步……，当状态转移到 S25 时，Y002、Y005 得电，南北黄灯亮，东西红灯亮，同时 T5 开始计时，计时到(2 秒)，T5 常开触点闭合，程序又重新开始从第一工步开始循环。当按下停止按钮时，X001 常闭触点断开，M0 失电，脉冲发生器停止工作；X001 常开触点闭合，成批复位指令 ZRST 使 S20 到 S25 均复位，所有信号灯均熄灭；同时 SET S0 指令使系统又回到初始状态。

第 11 章　电力电子技术应用

11.1　电子元器件

11.1.1　二极管

二极管是基本的电子元器件之一，其最主要的特点是单向导电，可用于检波、调幅、整流、稳压等方面，用途很广。

1. 二极管的特性

二极管的特性可用两种方式来说明，一种是用伏安特性曲线，另一种是用一些数据，这些数据就称为二极管的参数。参数一般可从半导体器件手册中查得。二极管的主要参数有：

(1) 最大整流电流 I_{FM}

是指二极管长期工作时，允许通过的最大正向平均电流。使用时应注意流过二极管的平均电流值不应大于 I_{FM}，否则将会使二极管中 PN 结的结温超过允许值而损坏。

(2) 最大反向工作电压 U_R

是指二极管不被击穿所允许的最高反向电压。一般规定最高反向工作电压 U_R 为反向击穿电压的 1/2 ~ 1/3。

(3) 最大反向电流 I_R

指在规定的温度下，二极管加上最大反向工作电压时的反向电流值。此值越小，二极管的单向导电性越好。当温度升高时，反向电流会显著增加。

(4) 最高工作频率 F_M

F_M 的值主要取决于 PN 结结电容的大小，结电容越大，则二极管允许的最高频率越低。

2. 二极管正负极性的判别

利用万用表的欧姆档可以简易地判别二极管的极性和判定管子质量的好坏。简化地来看，欧姆表就是一个表头串联一个电池。由于电池的正极应接表头的正端，所以万用表上接正端的表棒(一般是红棒)接在电池的负极上，万用表上接负端的表棒(一般是黑棒)通过表头接电池的正极。

用万用表测量二极管时，将万用表置于 R×100 或 R×1k 挡(对于面接触型的大电流整流管可用 R×1 或 R×10 挡)，黑表棒接二极管正极，红表棒接二极管负极。这时正向电阻的阻值一般应在几十欧到几百欧之间。当红、黑表棒对调后，反向电阻的阻值应在几百千欧以上。测量结果如符合上述情况，则可初步判定该被测二极管是好的。

如果测量结果阻值均很小，接近零欧姆时，说明该被测管内部 PN 结击穿或已短路。反之，如阻值均很大(接近∞)，则该管子内部已断路。以上两种情况均说明该被测管已损坏，不能再使用。

如果不知道二极管的极性(正、负极)，可用上述方法判断。当阻值小时，即为二极管的正向电阻，和黑表棒相接的一端即为正极，另一端为负极。当阻值大时，即为二极管的反向电阻，和黑表棒相接的一端即为负极，而另一端为正极。

必须注意：用万用表测量二极管时不能用 R×10k 挡，因为在高阻挡中，使用的电池电压比较高(有的表中用22.5V的电池)，这个电压超过了某些检波二极管的最大反向电压，会将二极管击穿。测量时一般也不用R×1或R×10挡，因为使用R×1挡时，欧姆表的内电阻只有12~24Ω左右，跟二极管正向连接时，电流很大，容易把二极管烧坏。故测量二极管时最好用R×100或R×1k挡。

11.1.2 三极管

半导体三极管又称双极性晶体管(BJT)。它是一种具有两种载流子(自由电子和空穴)参与导电，并有三个电极的电流放大器件。

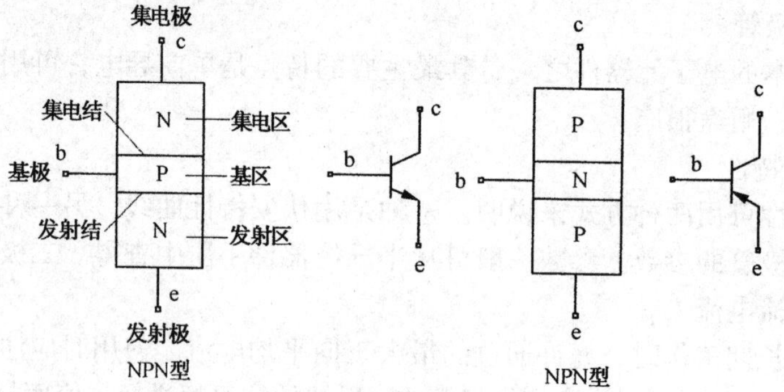

图11-1 三极管的结构示意图和图形符号

11.1.2.1 三极管的结构及类型

如图11-1所示。三极管是由两个PN结组成，按PN结的组成方式，三极管有PNP型和NPN型两种类型。从结构上看，三极管内部有三个区域，分别称为发射区、基区和集电区，并相应地引出发射极(e)、基极(b)和集电极(c)三个电极。三个区形成的两个PN结分别称为发射结和集电结。

11.1.2.2 三极管的三种连接方式

BJT是一个三端电流放大器件，在组成四端网络时，势必要有一个电极作为输入与输出信号的公共端，而另外两个电极分别是输入端和输出端。根据所选公共端电极的不同，有三种连接方式，如图11-2所示。

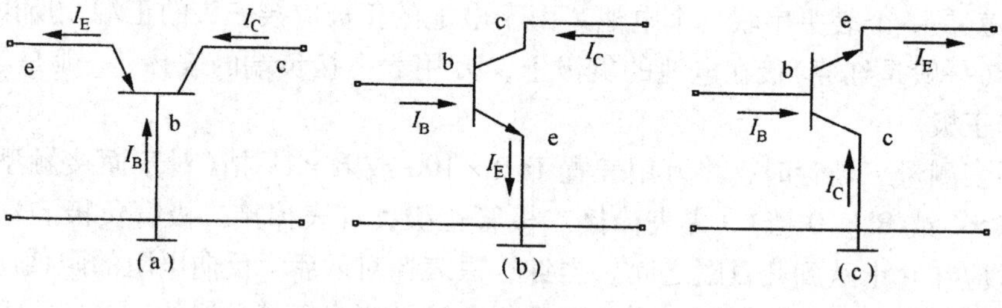

图11-2 晶体管的三种连接方式

(a)共基极电路；(b)共发射极电路；(c)共集电极电路

11.1.2.3. 三极管的主要参数

1. 电流放大系数

(1) 共发射极交流电流放大系数β

$$\beta = \left.\frac{\Delta I_C}{\Delta I_B}\right|_{U_{CE}=\text{常数}}$$

(2) 共发射极直流电流放大系数$\bar{\beta}$

$$\bar{\beta}=\frac{I_C-I_{CEO}}{I_B}\approx\frac{I_C}{I_B}$$

(3) 极间反向电流

① 集电极－基极反向饱和电流I_{CBO}

② 集电极－发射极穿透电流I_{CEO}

这两项越小，管子质量越高。

2. 极限参数

(1) 集电极最大允许电流I_{CM}

集电极电流I_C超过一定值时,电流放大系数β值就下降,当β值下降为正常值的2/3时的I_C值称为为集电极最大允许电流I_{CM}。为了使晶体管在放大电路中能正常工作,I_C不能超过I_{CM}。

(2) 集电极最大允许耗散功率P_{CM}

$$P_{CM}=I_CU_{CE}$$

(3) 集－射极反向击穿电压BU_{CEO}

集－射极反向击穿电压是在基极开路时，集电极－发射极间的反向击穿电压。使用时若超过这一电压，将导致I_C和I_E剧增，造成管子因击穿而损坏。为了使管子安全工作，一般取电源电压

$$U_{CC}\leqslant(1/2\sim2/3)BU_{CEO}$$

11.1.3 晶闸管

11.1.3.1 晶闸管的工作原理

如图11－3所示，晶闸管在工作过程中，阳极A和阴极K与电源和负载相连组成晶闸管的主电路，晶闸管的门极G和阴极K与控制晶闸管的触发电路部分相连，组成晶闸管的控制回路。晶闸管是4层3端器件，它有J_1、J_2和J_3三个PN结。可将中间的N_1和P_2分为两部分，构成一个$P_1N_1P_2$晶体管和$N_1P_2N_2$晶体管互连的复合管，每个晶体管的集电极电流同时又是另一个晶体管的基极电流。其中，α_1和α_2分别为$P_1N_1P_2$和$N_1P_2N_2$的共基极电流放大倍数。

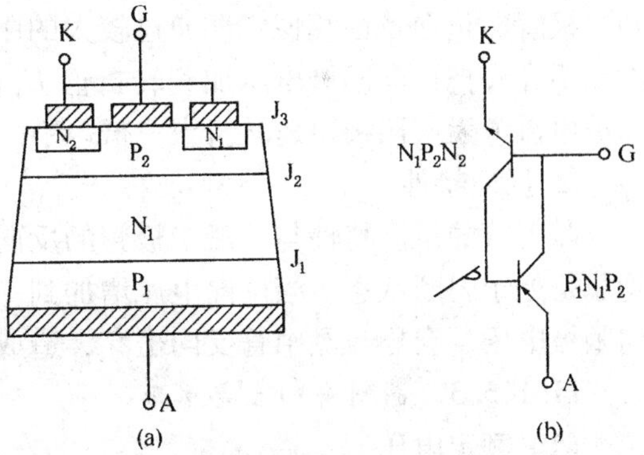

图11－3 晶闸管的结构

当晶闸管承受正向阳极电压,门极未承受电压的情况下,$I_G=0$,晶闸管处于正向阻断状态。若门极承受正向电压且门极流入电流I_G足够大,晶体管$N_1P_2N_2$发射极电流增加,α_2增大,使$P_1N_1P_2$发射极电流增加,α_1增大,强烈的正反馈过程迅速进行。具体过程为

$$I_G\uparrow\rightarrow I_{b2}\uparrow\rightarrow I_{c2}(I_{b1})\uparrow\rightarrow I_{c1}\uparrow$$

当达到$\alpha_1+\alpha_2\geqslant1$之后，两个晶体管均饱和导通，因而晶闸管导通。由此可知，晶闸管导通的必要条件是$\alpha_1+\alpha_2\geqslant1$。晶闸管导通后，这时流过晶闸管的电流完全由主电路的电源电压和回路电阻决定。

当晶闸管导通后，即使$I_G=0$，因I_{C1}直接流入$N_1P_2N_2$的基极，晶闸管仍继续保持导通

状态。此时，门极便失去控制作用。如果不断地减小电源电压或对晶闸管加上反向阳极电压，使 I_{C1} 的电流减小到晶体管接近截止状态时，晶闸管恢复阻断状态。

当晶闸管承受反向阳极电压时，不论是否加上门极正向电压，晶闸管总是处于阻断状态。

由上述讨论可得如下结论：

① 欲使晶闸管导通，应在晶闸管的阳极与阴极之间加上正向电压，并在门极与阴极之间也加上正向电压和电流；

② 晶闸管一旦导通，门极即失去控制作用，故晶闸管为半控型器件；

③ 要使晶闸管关断，必须使其阳极电流减小到一定数值以下，这只能用使阳极电压减小到零或反向的方法来实现。

11.1.3.2 晶闸管的伏安特性

晶闸管的伏安特性是晶闸管阳极与阴极间电压 U_{AK} 和晶闸管阳极电流 I_A 之间的关系特性。晶闸管的伏安特性如图 11－4 所示，其特性可分为正向特性（第Ⅰ象限）和反向特性（第Ⅲ象限）。

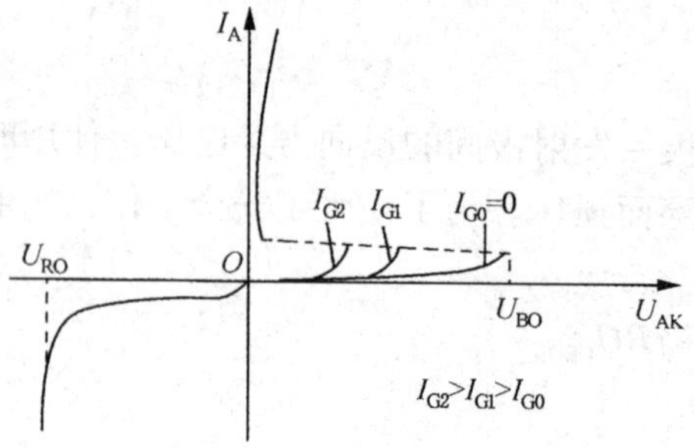

图 11－4 晶闸管的伏安特性

① 正向特性

晶闸管的正向特性又有阻断状态和导通状态之分。在门极电流 I_G = 情况下，逐渐增大晶闸管的正向阳极电压，这时晶闸管处于断态，只有很小的正向漏电流。随着正向阳极电压的增加，当达到正向转折电压 U_{BO}时，漏电流突然剧增，特性从高阻区（阻断状态）经负阻区（虚线）到达低阻区（导通状态）。导通状态时的晶闸管状态又和二极管的正向特性相似，即通过较大的阳极电流，而晶闸管本身的压降却很小。正常工作时，不允许把正向阳极电压加到转折值 U_{BO}，而是从门极输入触发电流 I_C，使晶闸管导通。门极电流愈大，阳极电压转折点愈低（图中 $I_{G2}>I_{G1}>0$）。

② 反向特性

晶闸管的反向特性与一般二极管的反向特性相似。当晶闸管承受反向阳极电压时，晶闸管总是处于阻断状态。当反向电压增加到一定数值时，反向漏电流增加较快。再继续增大反向阳极电压，会导致晶闸管反向击穿，造成晶闸管损坏。

11.1.3.3 晶闸管的主要参数

（1）额定电压

通常将断态重复峰值电压 U_{DRM}和反向重复峰值电压 U_{RRm}中较小的那个数值标为器件型号上的额定电压。通常选用晶闸管时，电压选择应取（2～3）倍的安全裕量。

（2）额定电流 $I_{T(AV)}$

晶闸管的额定电流用通态平均电流来表示。通态平均电流 $I_{T(AV)}$是在环境温度为 +40℃和规定冷却条件下，器件在电阻性负载的单相工频正弦半波电路中，管子全导通（导通角 > 170°）时，稳定的额定结温所允许的最大通态平均电流。晶闸管流过正弦半波电流波形如图 11－5 所示，它的通态平均电流 $I_{T(AV)}$和正弦电流最大值 I_m之间的关系表示为

$$I_{T(AV)} = \frac{1}{2\pi}\int_0^{\pi} I_m \sin\omega t d(\omega t) = \frac{1}{\pi} \times I_m$$

正弦半波电流的有效值为

$$I_{T} = \sqrt{\frac{1}{2\pi}\int_{0}^{\pi}(I_{m}\sin\omega t)^{2}d(\omega t)} = \frac{1}{2}I_{m}$$

$$\frac{I_{T}}{I_{T(AV)}} = \frac{\pi}{2} = 1.57 = K_{f}$$

式中　K_f——波形系数。

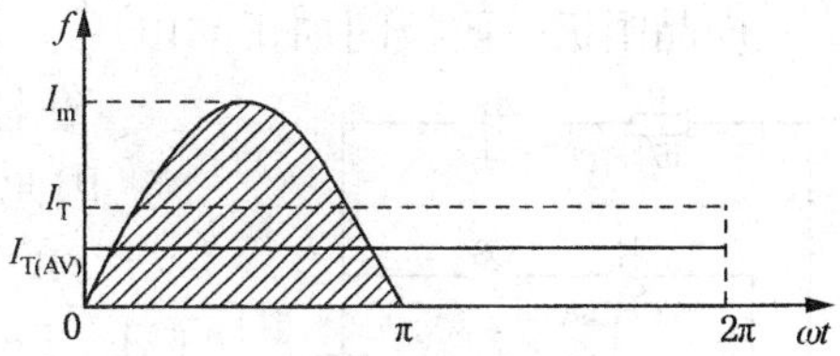

图 11－5　晶闸管流过正弦半波电流波形

流过晶闸管的电流波形不同，其波形系数也不同。在实际应用中，应根据电流有效值相同的原则进行换算。通常选用晶闸管时，电流选择应取(1.5～2)倍的安全裕量，这种选择同样适用于其他电力电子器件。

(3) 维持电流 I_H

I_H是在室温和门极断路时，晶闸管已经处于通态后，从较大的通态电流降至维持通态所必需的最小阳极电流。

(4) 擎住电流 I_L

I_L是晶闸管从断态转换到通态时移去触发信号之后，要保持器件维持通态所需要的最小阳极电流。对于同一个晶闸管来说，通常擎住电流 I_L约为维持电流 I_H的(2～4)倍。

(5) 门极触发电流 I_{GT}

I_{GT}是在室温且阳极电压为6V 直流电压时，使晶闸管从阻断到完全开通所必需的最小门极直流电流。

(6) 门极触发电压 U_{GT}

U_{GT}为对应于门极触发电流时的门极触发电压。对于晶闸管的使用者来说，为使触发电路适用于所有同型号的晶闸管，触发电路输送给门极的电压和电流应适当地大于所规定的U_{GT}和I_{GT}上限，但不应超过其峰值I_{GFM}和U_{GFM}。门极平均功率P_G和峰值功率(允许的最大瞬时功率)P_{GM}也不应超过规定值。

(7) 断态电压临界上升率 du/dt

在额定结温和门极断路条件下，不导致器件从断态转入通态的最大电压上升率，实际的电压上升率应小于此临界值。过大的断态电压上升率会使晶闸管误导通。

(8) 通态电流临界上升率 di/dt

在规定条件下，由门极触发晶闸管使其导通时，晶闸管能够承受而不导致损坏的通态电流的最大上升率，即晶闸管所允许的最大电流上升率应小于此值。如果在晶闸管开通时，电流上升过快，会使门极电流密度过大，从而造成局部过热而使晶闸管损坏。

11.1.3.4　怎样鉴别晶闸管的好坏

在没有专用测试设备的条件下，可通过下述方法判断晶闸管能否投入工作：

(1) 将万用表欧姆挡置于 R×10 挡，测量阳极－阴极之间和阳极－控制极之间正、反向电阻，正常值都应在几百千欧以上；控制极－阴极之间正向电阻约数十欧到数百欧，电阻较正向电阻略大。测量时，特别是测量控制极－阴极的阻值时，绝不允许使用 R×10k 挡，以防止表内高压击穿控制极的 PN 结。测量时，如发现任何两个极短路或对阴极断路，说明晶闸管已经损坏。

(2) 按照上述方法，只是初步鉴别晶闸管的好坏，投入工作，还需按图 11－6 的接线进行实验。

欲使晶闸管导通，需要同时具备两个条件：

① 晶闸极—阴极间加正向电压；

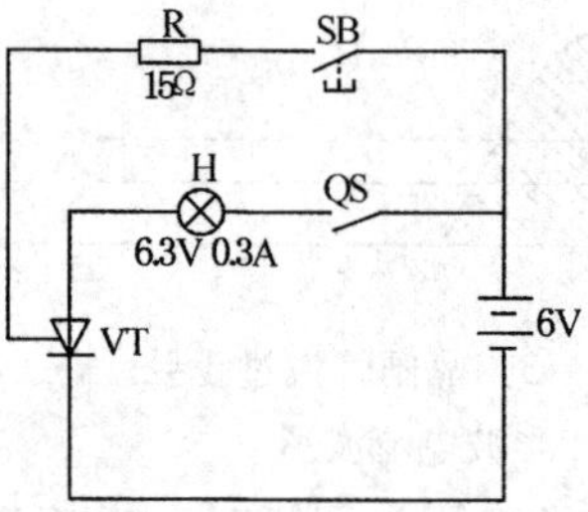

图 11－6　测试晶闸管的简易电路

② 控制极加正向电压，使足够的控制极电流 I_g 流入。

因此，按图 11－6 接线，合上 QS 时，小灯泡不亮，再按一下 SB，小灯泡如果发亮，说明晶闸管良好，能够投入电路工作。以上是鉴别晶闸管好坏的一种简易方法，如果想要进一步知道晶闸管的特性和有关参数，则需要检查产品合格证上所标的测试参数或用专门测试设备进行测试。

11.1.4　集成运算放大器

11.1.4.1　集成运算放大器的主要参数

集成运算放大器的性能可用一些参数来表示。为了合理地选择和正确地使用运算放大器，必须了解各主要参数的意义。

（1）开环电压增益 A_u

在没有外接反馈电路、输出端开路的情况下，当输入端加入低频小信号电压时所测得的电压放大倍数，称为开环电压增益，表示为 $A_U = U_o / U_i$，若用分贝表示，则为 $A_U(\text{dB}) = 20\log(U_o/U_i)$。$A_u$ 值越大越稳定，由它组成的运算电路的运算精度也越高。所以，它是决定运算精度的主要因素。通常开环电压增益在 $10^3 \sim 10^8$（60～160dB）范围内。

（2）输入失调电压 U_{IO}

在理想的运算放大器中，当输入电压 $u_i = 0$ 时，输出电压应为零。但实际应用中，$u_i = 0$ 时，$u_o \neq 0$，如果要使 $u_o = 0$ 必须在输入端加入一个很小的电压来补偿，这个电压就是输入失调电压，用 U_{IO} 表示。U_{IO} 通常以毫伏或微伏为单位，一般都在几毫伏以下。

（3）输入失调电流 I_{IO}

静态时，流入运算放大器两个输入端的基极静态电流之差称为输入失调电流，用 I_{IO} 表示，其值为 $I_{IO} = |I_{B1} - I_{B2}|$。通常以 nA 为单位，一般为几十到几百纳安，高质量的低于 1nA。

（4）输入偏置电流 I_{IB}

输入信号为零时，两个输入端静态基极电流的平均值称为输入偏置电流 I_{IB}，即 $I_{IB} = (I_{B1} + I_{B2})/2$。它的大小反映了输入电阻的大小。$I_{IB}$ 通常以 nA 或 pA 为单位，一般为几百纳安，高质量的为几个纳安。

（5）最大差模输入电压 U_{Idm}。

运算放大器两个输入端之间所能承受的最大电压值称为最大差模输入电压。一般为 ±5V；CF741 型的则为 ±30V。

（6）静态功耗 P_{CO} 和最大输出电压 U_{p-p}

静态时，不接负载的情况下，运算放大器本身所消耗电源的总功率称为静态功耗。一般为几十到几百毫瓦，专用低功耗组件约为几毫瓦。

最大输出电压 U_{p-p} 是在额定电源电压下，运算放大器所能输出的最大峰－峰电压值。如 CF741 型为 +14～－14V，即峰－峰值约为 28V。

11.1.4.2　集成运放电路基本分析方法

集成运放在应用时，工作于线性区的称为线性应用，工作于饱和区的称为非线性应用。

由于开环增益极大，即使集成运放输入端只有很小信号输入，其输出电压就达极限电压（即输出电压的最大值），这时集成运放便已不再工作于线性放大状态。若要运放工作于线性放大状态，则器件外部必须要有某种形式的负反馈网络(一般需引入深度负反馈)。若无负反馈环节则可认为集成运放工作于非线性状态。

根据理想运放的参数，工作在线性区时，可以得到下面两个重要特性：

① 由于理想运算放大器的输入电阻为无穷大，它就不会从外部电路吸取任何电流。所以，对于一个理想运算放大器来说，不管是同相输入端还是反相输入端，都可以看作不会有电流输入，即

$$i_+ = i_- = 0 \tag{11-1}$$

两个输入电流均为零，但不允许与输入端断开，称之为“虚断”。

② 由于运算放大器的开环电压放大倍数 A_o 接近无穷大，而输出电压是一个有限数值(不可能超过所供给的直流电源电压值)，所以

$$U_o = A_o(U_+ - U_-) \tag{11-2}$$

可知 $$U_+ - U_- = U_o/A_o \approx 0$$

或者 $$U_+ \approx U_- \tag{11-3}$$

由于同相端的电位等于反相端的电位，从某种意义上说，就好像同相端和反相端是用导线短接在一起的，称之为“虚短”。当集成运放引入深度负反馈且反相输入端输入信号，而同相输入端接“地”时，根据式(11-3)可知其反相输入端的电位接近于“地”电位。通常称为“虚地”。

运用式(11-1)和式(11-3)两个特性(亦称两条结论)分析集成运放电路，可使集成运放应用电路分析大大简化。

11.1.4.3　集成运放的线性应用：反相比例运算电路

图11-7是反相比例运算电路，输入信号 u_i 经输入端电阻 R_1 送到反相输入端，而同相输入端通过电阻 R_2 接“地”。反馈电阻 R_f 跨接于输出端和反相输入端之间，形成深度电压并联负反馈。

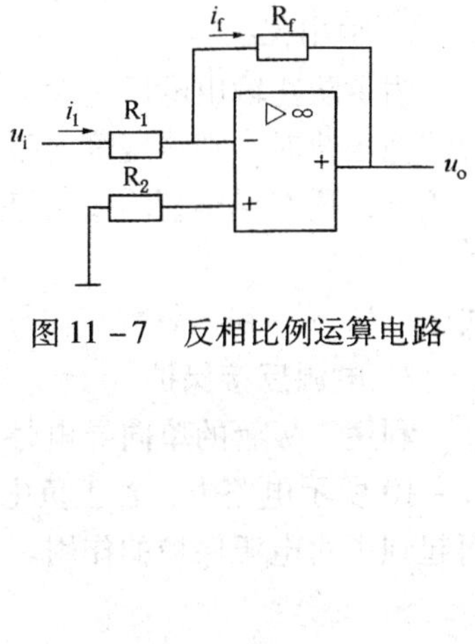

图11-7　反相比例运算电路

根据上述分析运算放大器的两条结论可知

因为　$i_+ = I_- = 0$ (“虚断”概念)

所以　$i_1 \approx i_f$

及　$u_- = u_+ = 0$ (“虚地”概念)

由图11-3可得出

$$i_1 = \frac{u_i - u_-}{R_1} = \frac{u_i}{R_1}$$

$$i_f = \frac{u_- - u_o}{R_f} = \frac{-u_o}{R_f}$$

所以闭环电压放大倍数为

$$A_f = \frac{u_o}{u_i} = -\frac{R_f}{R_1}$$

上式表明，输出电压与输入电压是比例运算关系，或者说反相放大的关系。如果 R_1 和 R_f 的阻值很精确，而且运算放大器的电压放大倍数很高，就足以认为 U_o 与 U_i 间的关系只取决于 R_f 与 R_1 的比值，与运算放大器本身的参数无关，这就保证了比例运算的精度和稳定性。式中负号表示 U_o 与 U_i 反相。

R_2 是平衡电阻。为了保持运放输入电路的对称结构，由反相输入向左(向外)看去的等效电阻($R_1 /\!/ R_f$)等于由同相输入端向左看去的等效电阻 R_2，即 $R_2 = R_1 /\!/ R_f$。

11.1.4.4 集成运放的保护措施

1. 输入保护

当集成运放的输入差模信号电压超过规定值时，会造成集成运放内部输入互补对称管(简称对管)的不平衡，使指标变差，甚至会使输入级损坏。对于线性应用的集成运放，由于具有“虚短”的特性，输入端差模信号趋于零，则输入级可以不加保护电路。但在集成运放的有些非线性应用电路中，如比较电路、方波产生电路等，常会使集成运放的输入级承受过高的差模输入电压，故应采取输入保护措施。

常用的输入保护措施是利用二极管限幅电路来限制输入信号的幅度，如图 11－8 所示。图(a)中，由于 D_1、D_2反向并联，所以无论信号 u_i是正向电压还是负向电压，一旦超过二极管的导通电压，则 D_1或 D_2中就会有一个导通，从而钳制了 u_i的幅度，起到了保护作用。图(b)中的 D_1、D_2是串联，只要 u_i大于 $U+U_{D1}$(U_{D1}是管子 D_1 的正向导通电压值)或 u_i小于 $-(U+U_{D2})$时，则 D_1或 D_2中就有一个导通，从而钳制了 u_i的幅度。

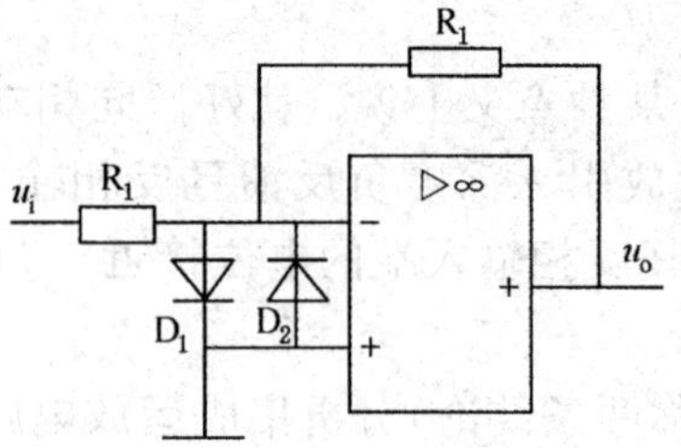

(a) 反相输入

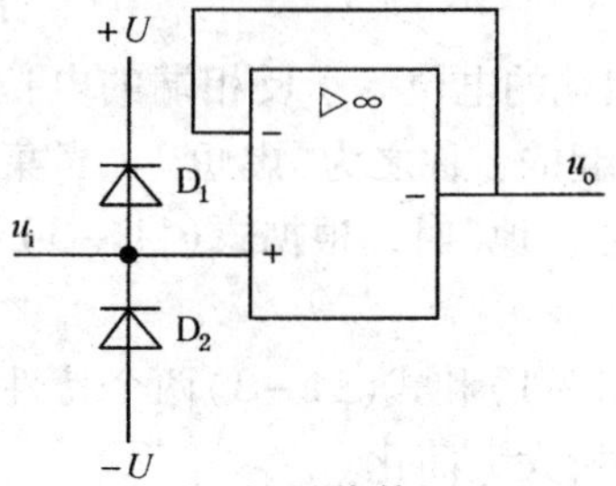

(b) 同相输入

图 11－8 输入保护电路

2. 输出保护

为了防止输出电压过大，可利用稳压管来保护，如图 11－9 所示。当输出电压低于稳压管的稳压值时，则稳压管支路不起作用。当输出电压过高时，稳压管呈反向击穿状态，输出电压被钳位在稳压管的稳压值上，从而防止了输出过电压。此时，输出电压应为

$$U_o = \pm(U_z + U_D)$$

式中 U_D——稳压管的正向导通电压。

3. 电源反接保护

利用二极管的单向导电性，可以防止由于电源极性接反而造成集成运放的损坏。在图 11－10 所示电路中，若正负电源极性接反时，D_1、D_2均不会导通，相当于切断了电源，从而起到了对电源保护的作用。

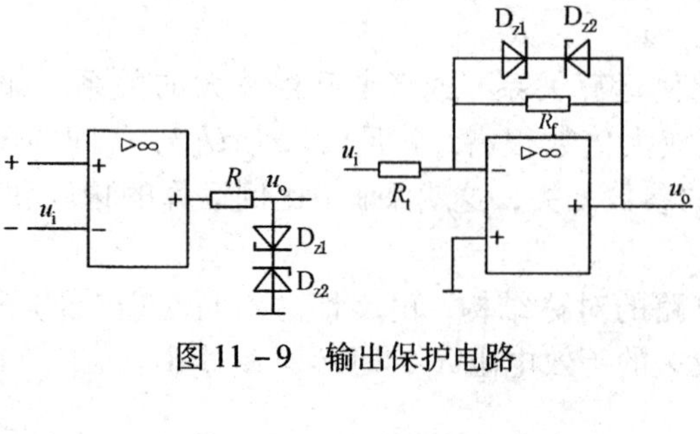

图 11－9 输出保护电路

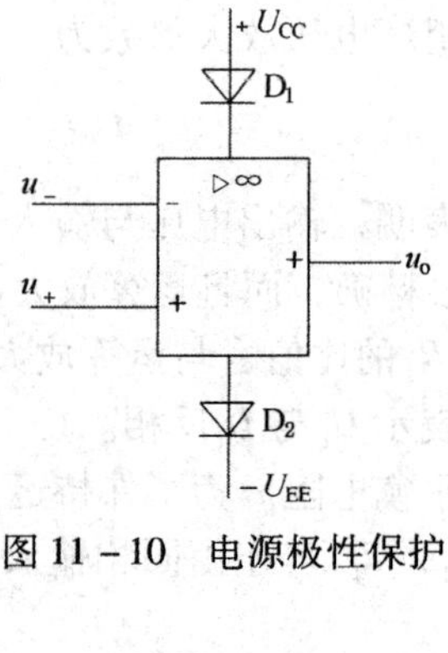

图 11－10 电源极性保护

11.2 数字电路

11.2.1 逻辑门电路

门电路是数字电路的基本单元部件，如果把电路的输入信号看作“条件”，把输出信号看作“结果”，当“条件”具备时，“结果”就会发生。即门电路输入和输出之间存在一定的逻辑关系。所以，门电路又称逻辑门电路，是实现一定逻辑关系的开关电路。实现基本逻辑关系的电路称为基本门电路，有与门、或门和非门之分。而复合门电路由三种基本门电路组成。

11.2.1.1 与门电路

与门电路可由二极管和电阻组成，如图 11－11。图中 A、B 称输入端，F 称输出端。输入电位 V_A、V_B和输出电位 V_F之间的关系见表 11－1。

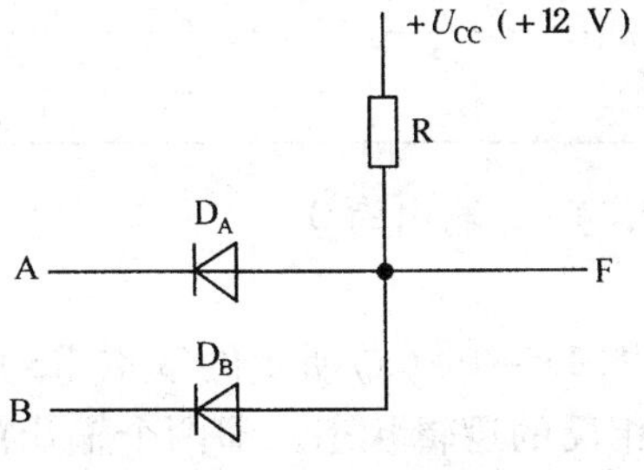

图 11－11　二极管与门电路

表 11－1　与门电路输入输出电位关系

输入电位/V		输出电位/V
V_A	V_B	V_F
0	0	0
0	+3	0
+3	0	0
+3	+3	+3

由图表可知，当 A、B 端全部输入低电平时，二极管 D_A、D_B因加正向电压而导通，若忽略二极管的正向压降，F 端输出低电平。A、B 两端电位相异时，由于二极管 D_A、D_B的阳极接在一起，所以阴极输入低电位的先导通，并将 F 端电位钳位在低电平，而另一个则因加反向电压而截止，隔离了输入高电平对输出 F 端的影响，使 V_F始终保持低电平。A、B 端全部输入高电平时，二极管 D_A、D_B仍因加正向电压而导通，F 端输出高电平。

在数字系统中，电位的高低与数字信号 1、0 相对应。对应的方法称为逻辑约定：若用 1 表示高电平，用 0 表示低电平，这种确定信号值的约定为正逻辑；反之，若用 0 表示高电平，用 1 表示低电平，这种约定为负逻辑。本书中如无特殊说明均采用正逻辑。显然，与门电路的功能为：输入有 0，输出为 0；输入全 1，输出为 1。

11.2.1.2 或门电路

二极管或门电路如图 11－12，输入 A、B 端和输出 F 端的电位关系如表 11－2。由图表可知：因为 D_A、D_B两个二极管的阴极接在一起，所以或门的输入只要有一个或一个以上为高电平，输出就为高电平；只有当输入全为低电平时，输出才为低电平。

表 11－2　或门电路输入输出电位关系

输入电位/V		输出电位/V
V_A	V_B	V_F
1	0	0
0	+3	+3
+3	0	+3
+3	+3	+3

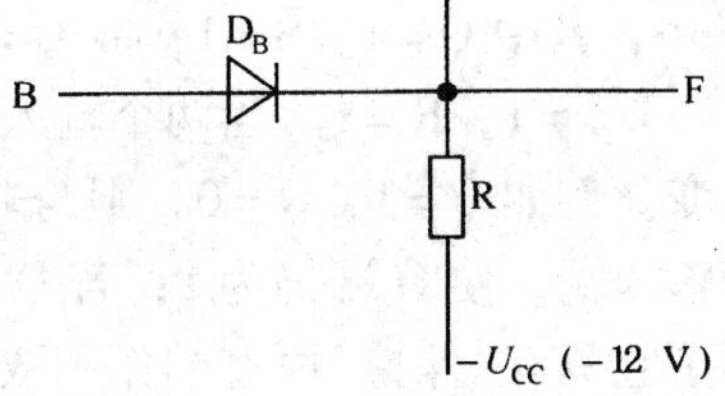

图 11－12　二极管或门电路

或门电路的逻辑功能为：输入有1，输出为1；输入全0，输出为0。

11.2.1.3 非门电路

图11－13示出了晶体管组成的非门电路。非门只有一个输入和一个输出端，当A端输入低电平时，晶体管截止，集电极输出F端的电压V_F为高电平；反之，A端输入高电平时，晶体管饱和，V_F为低电平。电路中负电源U_{BB}的作用是：保证V_A为低电平时晶体管能可靠地截止。电源U_D和二极管D的作用是：组成钳位电路，保证晶体管截止时输出电压值为规定的高电平。非门电路输入输出电位关系如表11－3所示。

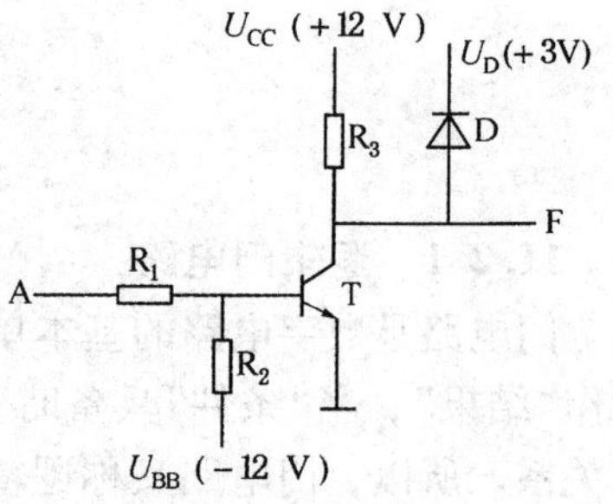

图11－13 晶体管非门电路

表11－3 非门电路输入输出电位关系

输入电位/V	输出电位/V
V_A	V_F
0	+3
+3	0

总结非门电路的逻辑功能为：输入为0，输出为1；输入为1，输出为0。

11.2.2 基本RS触发器

把两个与非门的输入端和输出端相互交叉连接，就构成图11－14（a)所示的基本RS触发器。正常工作时，触发器的两个输出端Q和$\overline{Q}$总是处于相反的逻辑状态，即两个输出端的状态具有互补性。规定以Q端的状态为触发器的状态。即当Q＝0，$\overline{Q}$＝1时，触发器为0态，也称复位(Reset)状态；当Q＝1，$\overline{Q}$＝0时，触发器为1态，也称置位(Set)状态。

$\overline{R}$和$\overline{S}$是触发器的控制信号输入端，R是复位(Reset)的缩写，故R称复位输入端或置0输入端，S是置位(Set)的缩写，称置位输入端或置1输入端。字母上的非号表示输入低电平触发有效。另外为保证触发器可靠翻转，负脉冲的脉宽时间(低电平维持时间)必须大于两级与非门的传输时间($2t_{pd}$)。基本RS触发器的逻辑符号如图11－14（b)所示，图(b)R、S处的逻辑非"0"符号表示低电平触发。

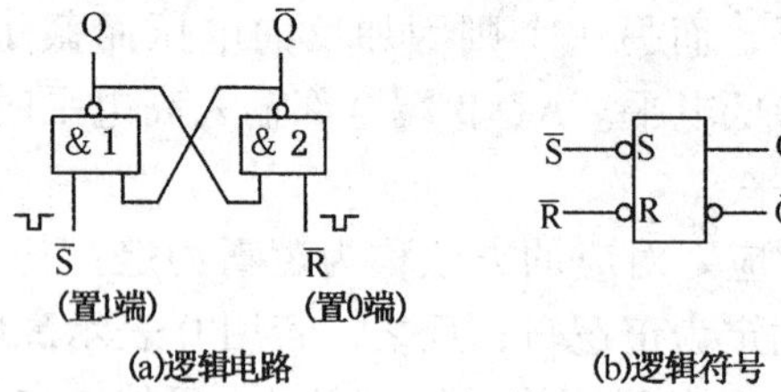

图11－14 基本RS触发器

逻辑功能分析

1. $\overline{S}$＝0，$\overline{R}$＝1。当$\overline{S}$接低电平或输入负脉冲时，根据与非门的逻辑功能，不管Q端原来的状态如何，$\overline{S}$＝0时，必使Q＝1；由于$\overline{Q}=\overline{Q\cdot\overline{R}}$，其中Q＝1，$\overline{R}$＝1，故$\overline{Q}$＝0。所以，触发器输出状态为1态(Q＝1，$\overline{Q}$＝0)。

2. $\overline{S}$＝1，$\overline{R}$＝0。当$\overline{R}$接低电平或输入负脉冲时，由于$\overline{R}$＝0，必使$\overline{Q}$＝1；又因为$Q=\overline{\overline{Q}\cdot\overline{S}}$，其中$\overline{Q}$＝1，$\overline{S}$＝1，故Q＝0。所以，触发器输出状态为0态(Q＝0，$\overline{Q}$＝1)。

3. $\overline{S}$＝1，$\overline{R}$＝1。当两个输入端均接高电平或不输入负脉冲信号时，触发器保持原状态不变。例如Q＝1，$\overline{Q}$＝0，则与非门2的两个输入端为1，则$\overline{Q}$仍为0，该端反馈到与非门1的输入端，使Q端仍为1；若Q＝0，$\overline{Q}$＝1，则Q端仍为0，$\overline{Q}$端为1。触发器的这种功能说明了它具有"保持"原态的作用或记忆功能。

4. $\overline{S}$＝0，$\overline{R}$＝0。当两个输入端同时接低电子或输入负脉冲时，Q和$\overline{Q}$必然都为1，特

别是当两个负脉冲同时过去以后，触发器的输出状态将无法确定，完全由偶然因素来决定，因此称其为不定状态。正常工作时这种输入情况应禁止出现。换言之，基本触发器使用时必须保证$\overline{R}$、$\overline{S}$中至少有一个为1，即必须满足$\overline{S}+\overline{R}=1$的条件，这个条件也称为基本*RS*触发器输入信号的约束条件。

总结以上RS触发器的工作原理，可将基本RS触发器的逻辑功能列成表格，如表11－4所示。

表11－4　基本RS触发器逻辑状态表

$\overline{S}$	$\overline{R}$	Q_{n+1}	功　能
0	1	1	置1、置位
1	0	0	置0、复位
1	1	Q_n	保　持
0	0	不　定	应禁止

表中Q_n表示在信号到来之前触发器的状态，称为原状态，简称原态。Q_{n+1}表示信号作用后触发器的状态，称为现状态，简称现态。这种反映输入变量与输出变量(包括原态和现态)之间逻辑状态的表格，称基本RS触发器的逻辑状态表。

从表的第一、第二行可总结出基本RS触发器的触发动作特点是低电平触发。由于触发信号直接作用在与非门上，$\overline{R}$和$\overline{S}$端的信号可直接改变Q和$\overline{Q}$端的状态，在$\overline{S}$端输入低电平使触发器直接置1，$\overline{R}$端输入低电平使触发器直接置0，所以也称$\overline{S}$端为直接置1端，$\overline{R}$端为直接置0端。另外当S＝R＝1时，触发器保持原状态不变，说明触发器具有记忆功能；$\overline{S}=\overline{R}=0$时触发器状态不定。

基本RS触发器的特征方程

$$\begin{cases} Q_{n+1}=\overline{R}\cdot Q_n+\overline{S} \\ \overline{R}+\overline{S}=1\text{(约束条件)} \end{cases}$$

11.2.3　555定时器

11.2.3.1　555定时器电路的组成

555定时器是一种模拟电路和数字电路相结合的中规模集成电路，其内部结构及端子排列如图11－15所示，它由分压器、比较器、基本R－S触发器和放电三极管等部分组成。

单极型定时器一般接有输出缓冲级，以提高驱动负载的能力。分压器由3个5kΩ的等值电阻串联而成，“555”由此而得名。分压器为比较器A_1、A_2提供参考电压，比较器A_1的参考电压为$2/3V_{CC}$，加在同相输入端，比较器A_2的参考电压为$1/3V_{CC}$，加在反相输入端。比较器由两个结构相同的集成运放A_1、A_2组成。高电平触发信号加在A_1的反相输入端，与同相输入端的参考电压比较后，其结果作为基本R－S触发器$\overline{R}_D$端的输入信号；低电平触发信号加在A_2的同相输入端，与反相输入端的参考电压比较

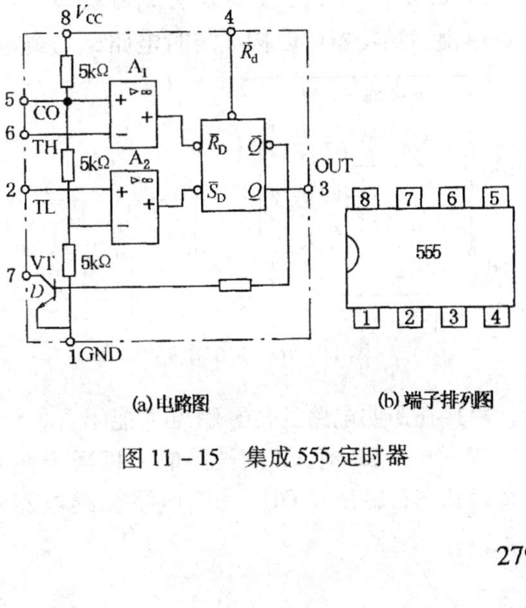

(a)电路图　　(b)端子排列图

图11－15　集成555定时器

后，其结果作为基本 R－S 触发器$\overline{S}_D$端的输入信号。基本 R－S 触发器的输出状态受比较器 A_1、A_2 的输出端控制。

11.2.3.2 555 定时器各端子的功能介绍

1#端子为接地端 GND。

2#端子为低触发端 TL，当输入的触发电压高于 $1/3V_{cc}$时，A_2 输出高电平 1；当输入电压低于 $1/3V_{cc}$时，A_2 输出低电平 0，使 R－S 触发器置 1。

3#端子为输出端 OUT，输出电流达 200mA，可直接驱动继电器、发光二极管、扬声器、指示灯等。

4#端子为复位端 $\overline{R}_d$，低电平有效，输入负脉冲时，触发器直接复零。平时 $\overline{R}_d$保持高电平。

5#端子为电压控制端 CO，若在该端外加一电压，就可改变比较器的参考电压值。此端不用时，一般用 0.01μF 电容接地，以防止干扰电压的影响。

6#端子为高触发端 TH，当输入的触发电压低于 2/3 V_{CC}时，A_1 的输出为高电平 1；当输入电压高于 2/3 V_{CC}时，A_1 输出低电平 0，使 R－S 触发器复零。

7#端子为放电端 D，当 R－S 触发器的 $\overline{Q}$ 端为高电平 1 时，放电三极管 VT 导通，外接电容器通过 VT 放电。三极管起放电开关的作用。

8#端子为电源电压 V_{CC}，当外接电源在允许范围内变化时，电路均能正常工作。

由上述可得 555 定时器的功能表如表 11－5 所示。

表 11－5 555 定时器功能表

$\overline{R}_d$	TH	TL	$\overline{R}_D$	$\overline{S}_D$	Q	$\overline{Q}$	OUT
0	×	×	×	×	0	1	0
1	$>\frac{2}{3}V_{CC}$	$>\frac{1}{3}V_{CC}$	0	1	0	1	0
1	$<\frac{2}{3}V_{CC}$	$<\frac{1}{3}V_{CC}$	1	0	1	0	1
1	$>\frac{2}{3}V_{CC}$	$>\frac{1}{3}V_{CC}$	1	1	保持原状态		

11.2.3.3 由 555 定时器构成的楼梯照明灯控制电路工作原理

单稳态触发器可以构成定时电路，与继电器、晶闸管或驱动放大电路配合，可实现自动控制、定时开关的功能。图 11－16 是一个常用的楼梯照明灯的控制电路。平时照明灯不亮，按下开关 SB，灯被点亮，经一定时间后灯泡自动熄灭，其工作原理如下。

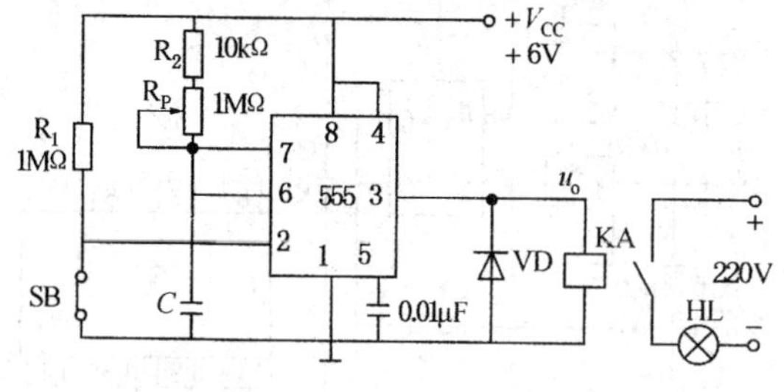

图 11－16 定时电路

由 555 定时器构成的单稳态触发器接通 +6V 电源后，由于开关 SB 处于常开位置，2 端为高电平。电路进入稳态后，触发器输出端 OUT 为低电平，继电器 KA 无电流通过，串接在照明电路的常开触点不能闭合，灯不亮。

按下开关 SB 时，2 端被接地，相当于在低触发端输入了一个负脉冲，使电路由稳态转入暂稳状态，输出端 OUT 为高电平，继电器 KA 有电流流过，其常开触点闭合，照明电路被接通，灯泡被点亮；经过时间 T_w 后，电路自行恢复到稳态，输出端 OUT 为低电平，灯泡熄灭。暂稳态的持续时间 T_w，即灯亮的时间，改变电路中电阻 RP 或电容 C，均可改变 T_w。

11.3 整流电路

11.3.1 单相桥式全控整流器

如图 11－17 (a)所示为典型的单相桥式全控整流器，共用了 4 个晶闸管，两个晶闸管接成共阴极，两个晶闸管接成共阳极。桥式整流器工作特点是整流元件必须成对导通以构成回路。下面分析电阻性负载的工作原理。

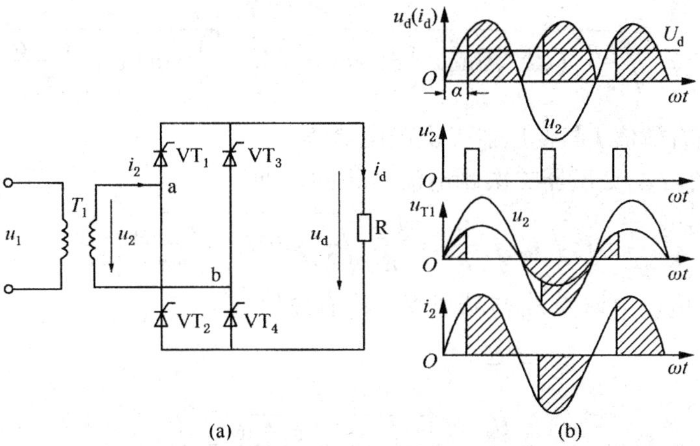

(a) (b)

图 11－17　单相全控桥式整流器图和工作波形(电阻性负载)

11.3.1.1 *工作原理*

在电源电压 u_2 正半波(0～π 区间)，晶闸管 V T_1，V T_4 承受正向电压。假设 4 个晶闸管的漏电阻相等，则在 0～α 区间内，由于 4 个晶闸管都不导通，$U_{T_{1,4}}=1/2u_2$。在 $\omega t=\alpha$ 处，触发晶闸管 V T_1，V T_4，元件导通，电流沿 a→V T_1→R→V T_4→b 流通，此时负载上有输出电压($u_d=u_2$)和电流，且波形相位相同。此时，电源电压反向施加到晶闸管 V T_2，V T_3 上，使其承受反向阳极电压而处于关断状态。晶闸管 V T_1，V T_4 一直要导通到 $\omega t=\pi$ 为止，此时因电源电压过零，晶闸管阳极电流也下降为零而关断。

在电源电压负半波(π～2π 区间)，晶闸管 V T_2，V T_3 承受正向电压，在 π～π＋α 区间，$U_{T_{2,3}}=1/2u_2$，在 $\omega t=\pi+\alpha$ 处，触发晶闸管 V T_2，V T_3，元件导通，电流沿 b→V T_3→R→V T_2→a 流通，电源电压沿正半周期的方向施加到负载电阻上，负载上有输出电压(($u_d=-u_2$)和电流，且波形相位相同。此时电源电压反向施加到晶闸管 V T_1，V T_4 上，使其承受反向阳极电压而处于关断状态。晶闸管 V T_2，V T_3 一直要导通到 $\omega t=2\pi$ 为止，此时电源电压再次过零，晶闸管阳极电流也下降为零而关断。晶闸管 V T_1，V T_4 和 V T_2，V T_3 在对应时刻不断周期性交替导通、关断，其电压、电流波形如图 11－17(b)所示。可以看出，当 $\alpha=0°$ 时，输出电压最高；$\alpha=180°$ 时，即 $\theta=0°$ 时，输出电压最小。因此，单相桥式整流器电阻性负载时的移相范围是 0～180°。从图 11－17(b)可以看出，晶闸管承受最大反向电压 U_m 相电压峰值 $\sqrt{2}U_2$，晶闸管承受最大正向电压是 $U_2/\sqrt{2}$。

11.3.1.2 基本数量关系

(1) 输出电压平均值 U_d 与输出电流平均值 I_d

输出电压平均值 U_d 为

$$U_d = \frac{1}{\pi}\int_{\alpha}^{\pi}\sqrt{2}U_2\sin\omega t\mathrm{d}(\omega t) = \frac{2\sqrt{2}U_2}{\pi}\frac{1+\cos\alpha}{2} = 0.9U_2\frac{(1+\cos\alpha)}{2}$$

输出电流平均值 I_d 为

$$I_d = \frac{U_d}{R} = 0.9\frac{U_2}{R}\frac{1+\cos\alpha}{2}$$

(2) 输出电压有效值 U

$$U = \sqrt{\frac{1}{\pi}\int_{\alpha}^{\pi}(\sqrt{2}U_2\sin\omega t)^2\mathrm{d}(\omega t)} = U_2\sqrt{\frac{1}{2\pi}\sin2\alpha + \frac{\pi-\alpha}{\pi}}$$

(3) 输出电流有效值 I 与变压器二次侧电流 I_2

输出电流有效值 I 与变压器二次侧电流 I_2 相同，即

$$I = I_2 = \frac{U}{R} = \frac{U_2}{R}\sqrt{\frac{1}{2\pi}\sin2\alpha + \frac{\pi-\alpha}{\pi}}$$

(4) 晶闸管的电流平均值 I_{dT} 与晶闸管电流有效值 I_T

$$I_{dT} = \frac{1}{2}I_d$$

$$I_T = \frac{U_2}{R}\sqrt{\frac{1}{4\pi}\sin2\alpha + \frac{\pi-\alpha}{2\pi}} = \frac{1}{\sqrt{2}}I_2$$

(5) 功率因数 $\cos\phi$

$$\cos\phi = \frac{P}{S} = \frac{UI}{U_2I} = \sqrt{\frac{1}{2\pi}\sin2\alpha + \frac{\pi-\alpha}{\pi}}$$

显然，功率因数与 α 相关，$\alpha = 0°$ 时，$\cos\phi = 1$。

11.3.2 三相全控桥式整流电路

11.3.2.1 工作原理

接电阻性负载的三相全控桥式整流电路如图 11－18 所示，在一个周期内，晶闸管的导通顺序为 VT_1，VT_2，VT_3，VT_4，VT_5，VT_6。

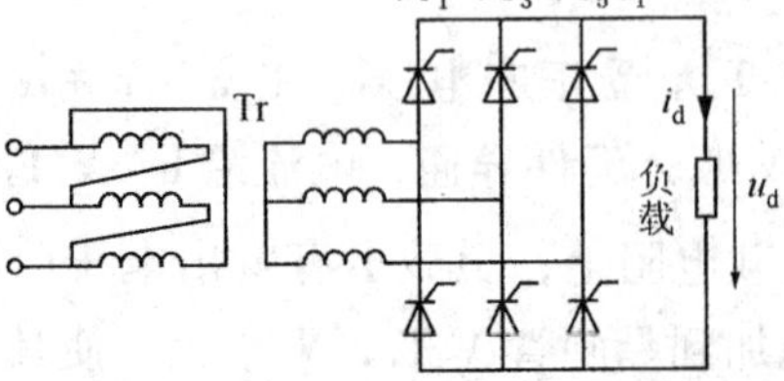

图 11－18 三相桥式全控整流电路

1. 当 $\alpha = 0°$ 时电路的工作情况

如图 11－19 所示，将一周期相电压分为六个区间：

第Ⅰ段：在 $\omega t_1 \sim \omega t_2$ 区间，U 相电压最高，VT_1 被触发导通，V 相电压最低，VT_6 被触发导通，加在负载上的输出电压 $u_d = u_u - u_v = u_{uv}$。

第Ⅱ段：在 $\omega t_2 \sim \omega t_3$ 区间，U 相电压最高，VT_1 被触发导通，W 相电压最低，VT_2 被触发导通，加在负载上的输出电压 $u_d = u_u - u_w = u_{uw}$。

第Ⅲ段：在 $\omega t_3 \sim \omega t_4$ 区间，V 相电压最高，VT_3 被触发导通，W 相电压最低，VT_2 被触发导通，加在负载上的输出电压 $u_d = u_v - u_w = u_{vw}$。

依次类推，可得到如表 11－6 所示的情况，工作波形如图 11－19 所示。

表 11-6 三相全控桥式整流电路晶闸管导通表

时段	Ⅰ	Ⅱ	Ⅲ	Ⅳ	Ⅴ	Ⅵ
输出电压	u_{uv}	u_{uw}	u_{vw}	u_{vu}	u_{wu}	u_{wv}
导通晶闸管	VT_6，VT_1	VT_1，VT_2	VT_2，VT_3	VT_3，VT_4	VT_4，VT_5	VT_5，VT_6

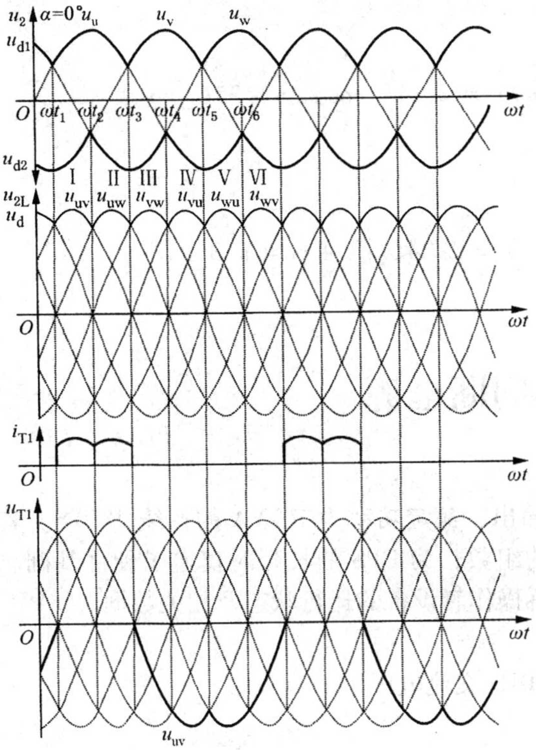

图 11-19 三相桥式全控整流电路带电阻负载 $\alpha=0°$时的波形

从上述分析可以总结出三相全控桥式整流电路的工作特点：

（1）任何时候共阴、共阳极组各有一只元件同时导通才能形成电流通路，晶闸管导通角为 120°。

（2）共阴极组晶闸管 VT_1，VT_3，VT_5，按相序依次触发导通，相位相差 120°；共阳极组晶闸管 VT_2，VT_4，VT_6，相位相差 120°，同一相晶闸管相位相差 180°。

（3）输出电压 u_d 由六段线电压组成，每周期脉动六次，每周期脉动频率为 300Hz。

（4）晶闸管承受的电压波形与三相半波时相同，它只与晶闸管导通情况有关，其波形由三段组成：一段为零（忽略导通时的压降）；两段为线电压。晶闸管承受最大正、反向电压的关系也相同。

（5）变压器二次绕组流过正负两个方向的电流，消除了变压器的直流磁化，提高了变压器的利用率。

（6）对触发脉冲宽度的要求：整流桥开始工作时及电流中断后，要使电路正常工作，需保证应同时导通的两个晶闸管均有脉冲。常用的方法有两种：一种是宽脉冲触发，它要求触发脉冲的宽度大于 60°（一般为 80°～100°）；另一种是双窄脉冲触发，即触发一个晶闸管时，向小一个序号的晶闸管补发脉冲。宽脉冲触发要求触发功率大，易使脉冲变压器饱和，所以多采用双窄脉冲触发。

2. 当 $\alpha>0$ 时电路的工作情况

当 $\alpha>0$ 时，晶闸管不在自然换相点换相，而是从自然换相点后移 α 角度开始换相，工作过程与 $\alpha=0$ 基本相同。电阻性负载 $\alpha\leqslant60°$时的 U_d波形连续，$\alpha>60°$时 U_d波形断续。$\alpha=60°$时的波形如图 11-20 所示。可以看出，当 $\alpha=120°$时，输出电压 $U_d=0$。因此，三相全控桥式整流电路电阻性负载移相范围为 0°～120°。可以看出，晶闸管元件

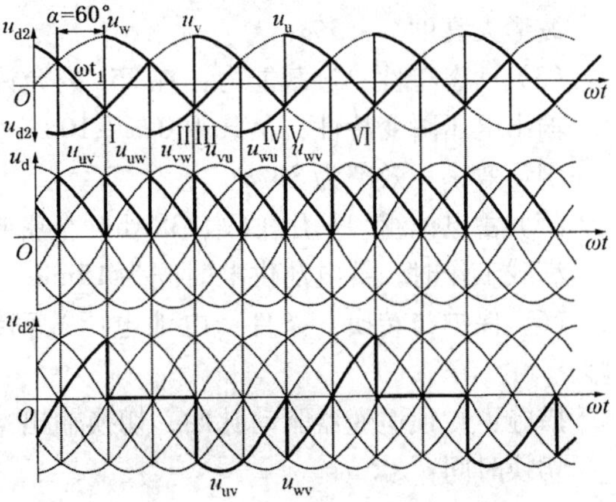

图 11-20 三相桥式全控制整流电路带电阻负载 $\alpha=60°$时的波形

两端承受的最大正反向电压是变压器二次线电压的峰值 $U_{FM}=U_{RM}=\sqrt{2}\times\sqrt{3}U_2=\sqrt{6}U_2=2.45U_2$。

11.3.2.2 参数计算

由于 $\alpha=60°$ 是输出电压 U_d 波形连续和断续的分界点，输出电压平均值应分两种情况计算：

（1）当 $\alpha\leqslant 60°$ 时

$$U_d=\frac{1}{\pi/3}\int_{\frac{\pi}{3}+\alpha}^{\frac{2\pi}{3}+\alpha}\sqrt{2}\times\sqrt{3}U_2\sin\omega t\mathrm{d}(\omega t)=2.34U_2\cos\alpha=1.35U_{2L}\cos\alpha$$

∴ 当 $\alpha=0°$ 时，$U_d=U_{d0}=2.34U_2$。

（2）当 $\alpha>60°$ 时

$$U_d=\frac{1}{\pi/3}\int_{\frac{\pi}{3}+\alpha}^{\pi}\sqrt{3}\times\sqrt{2}U_2\sin\omega t\mathrm{d}(\omega t)=2.34U_2[1+\cos(\pi/3+\alpha)]$$

∴ 当 $\alpha=120°$ 时，$U_d=0$。

11.4 不间断电源

11.4.1 三相输入型 UPS 的工作原理

这里举例介绍的 UPS 是三相输入、单相输出，额定功率为 10kVA 的在线式 UPS。其外接蓄电池箱可按用户的要求自主增减蓄电池的组数，为 UPS 的长延时奠定了硬件基础。另外，目前 UPS 的显示电路可准确、清晰地告诉操作者设备的运行状态及相关数据。

11.4.1.1 技术性能

（1）输入电压　采用三相四线制 380V、50Hz 交流电压

电压允许波动：380V ±380V ×10%

频率允许波动：50Hz ±50Hz ×5%

（2）输出电压　输出 220V、50Hz 单相交流电压

电压允许波动：220V ±220V ×2%

频率允许波动：与内振同步时，50Hz ±50Hz ×0.5%

与市电同步时，50Hz ±50Hz × 5%

波形失真度：<3%。

（3）动态特性　过载能力：在 25s 内允许过载 150%

输出电压瞬变特性：负载由 0% ~100% 变化时，输出电压变化范围为 ±4%

（4）效率　效率为 80%

（5）蓄电池组　采用 12V、38Ah，全密封铅蓄电池 16 块

满载工作时，蓄电池供电时间为 15min

（6）保护与转换　条件：电池电压放到终了值、UPS 输出电压过高或过低、输出电流过大

措施：封锁逆变器驱动脉冲，切换输出

切换时间：<5ms

11.4.1.2 电路组成

这种 UPS 的组成如图 11 -21 所示。

在该图中：

(1) 由主电路、调整电路、正弦脉宽调制电路、驱动电路构成双闭环调节系统，使 UPS 输出电压稳定，输出波形失真小；

(2) 由跟踪倍频器、正弦脉宽调制(SPWM)电路、驱动电路构成控制电路，使 UPS 输出频率稳定或跟踪市电频率；

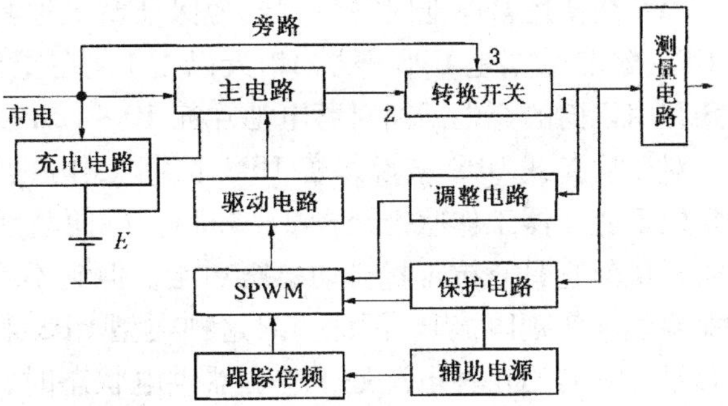

图 11－21 10kVA UPS 组成框图

(3) 主电路设置了容量很大的滤波电容器，它能吸收来自电网中的各种干扰信号，从而提高了 UPS 的抗干扰能力；

(4) 设置了充电电路，专门对蓄电池进行充电；

(5) 设置了完善的保护系统，使电力电子模块、蓄电池得到可靠的保护；

(6)设置了转换开关，一旦逆变器出现故障，便由逆变器输出切换为市电输出；

(7)设置了辅助电源电路，为 UPS 的控制电路、调整电路、保护电路提供辅助电源；

(8)设置了测量电路，测量 UPS 的蓄电池电压、输出电压、输出电流、输出频率。

市电正常供电时，一方面通过主电路先整流、再逆变成标准正弦交流电压后，经过转换开关输出。同时，又通过充电电路变成直流电压向蓄电池充电。市电中断供电时，蓄电池便通过逆变器变成标准正弦交流电压。该电压又经过转换开关输出。逆变器出现故障时，UPS 通过转换开关进行旁路输出，并停止逆变器的工作。

11.4.2 UPS 的使用与维护

11.4.2.1 *使用方法*

(1) 投用。由于一般负载在启动瞬间存在冲击电流，而 UPS 内部功率元件都有一定的安全工作区范围，尽管我们在选用器件时都会留有余地，但过大的冲击波还是会缩短元器件的使用寿命，甚至造成元器件的损坏。因此，在使用 UPS 时应尽量减少冲击电流带来的影响。一般的 UPS 在旁路工作时抗冲击能力较强，可以利用这一特点在开机时采用以下方式进行：先送市电给 UPS，使其处于空载工作状态，再逐个打开负载，先开冲击电流较小的负载，再开冲击电流较大负载。应注意的是：在开机的时候千万不能将所有的负载同时开机，也不可带载开机。

(2) 关机。先逐个关闭负载，再将 UPS 关机，使 UPS 处于旁路工作而充电器继续对电池组充电。如果不需 UPS 投入，可将 UPS 关闭，再将输入市电断开即可。

(3) 后备式 UPS。在市电正常情况下，皆为旁路供电，只能靠输入保险丝来保护。如使用时不注意这点而超载使用，虽然市电断电时 UPS 还可以继续工作，但当市电异常转电池逆变工作时，就会因过载保护而关机，严重时会造成 UPS 损坏。因此，在使用后备式 UPS 时应特别注意不要超载使用。

(4) UPS 不宜长期工作在 30℃ 以上的环境中，否则会大大缩短电池的使用寿命。不要将磁性介质放在 UPS 上，否则容易导致 UPS 机内信息丢失而损坏机器。此外，UPS 最好不要一直处于满载和轻载状态下运行，一般选取额定容量的 50%～80% 为宜。

11.4.2.2 *应用技巧*

所有 UPS 中的蓄电池实际可供使用的容量与蓄电池的放电电流大小、蓄电池的环境工作温度、储存时间的长短及负载性质(电阻性、电感性、电容性)密切相关。

UPS在使用蓄电池时需注意：为保证蓄电池具有良好的充放电特性，对于长期闲置不用的UPS(经验数据是UPS停机10天以上)，在重新开机使用之前，最好先不要加负载，让UPS利用机内的充电回路对蓄电池浮充10～12h以后再用。

对于后备式UPS来说，若UPS长期工作在后备式工作状态时，建议每隔一个月，让UPS处于逆变器工作状态至少2～3min，以便激活电池。当它处于由市电供电的后备工作状态时，虽然它具有抗干扰自动稳压功能，但它不具备输出短路自动保护功能(一般用交流输入保险丝来实现限流)。因此，对这种类型UPS来说，不得随意加大交流输入回路中保险丝的容量。只有当这种电源处于逆变器供电状态时，它才同时具有自动稳压和输出短路自动保护功能。

对于方波输出的后备式UPS来说，其市电供电逆变器供电的转换时间大约在4～9ms。这种不能百分之百地保证对负载可靠供电的情况，对于这种电源来说，若偶然出现一次故障使计算机的工作程序中断或破坏，即计算机产生“自检”操作并不意味着出故障。因此，方波输出的UPS不宜用于计算机网络的供电系统中。

11.4.2.3 注意事项

当今的UPS系统因其智能化程度高，又采用了免维护蓄电池，给使用带来许多便利。但在，使用过程中还应在多方面引起注意，才能保证使用中的安全。

1. 工作环境

UPS主机对环境温度要求不高，0～40℃都能正常工作，但要求室内清洁、少尘，否则灰尘加上潮湿会引起主机工作不正常。蓄电池对温度要求较高，标准使用温度为25℃，平时不能超出15～30℃范围。温度太低，会使蓄电池容量下降，温度每下降1℃，其容量下降1%。其放电容量会随温度升高而增加，但寿命降低。如果在高温下长期使用，温度每升高10℃，电池寿命约减少一半。

2. 参数设置

主机中设置的参数在使用中不能随意改变。特别是对电池组的参数，会直接影响其使用寿命，但随着环境温度的改变，对浮充电压要做相应调整。通常以25℃为标准，环境温度每升高或降低1℃时，浮充电压应增加18mV(相对于12V蓄电池)。

3. 安全措施

由于大功率UPS的电池组电压很高，存在电击危险。因此，在安装电池连接和输出线时应具有安全保障，工具应采取绝缘措施，特别是输出接点应有防触摸措施。

4. 日常维护

(1) UPS在正常使用情况下，主机的维护工作主要是防尘和定期除尘。其次就是在除尘时，检查各连接件和插接件有无松动和接触不牢的情况。

(2) 平时每组电池中应有几只电池作标示电池，作为了解全电池组工作情况的参考，对标示电池应定期测量并做好记录。

(3) 当UPS系统出现故障时，应先查明原因，分清是负载还是UPS系统，是主机还是电池组。虽说UPS主机有故障自检功能，但要维修故障点，仍需做大量的分析、检测工作。

(4) 对主机出现击穿、断保险或烧毁器件的故障，一定要查明原因并排除故障后才能重新启动，否则会接连发生相同的故障。

(5) 不能把不同容量、不同性能、不同厂家的电池联在一起，否则可能会对整组电池带来不利影响。对寿命已过期的电池组要及时更换，以免影响到主机。

11.4.3 UPS常见故障及维修(见表11－7)

表11－7 UPS常见故障及维修

序号	故障现象	故障原因	处理方法
1	换向失败	换向电容损坏 换向电感损坏 输出过载或短路 触发控制回路故障 换同可控硅损坏	更换电容器 更换电感 检查输出回路 检修触发控制回路 更换可控硅
2	逆变桥主元件损坏	换向失败 输出过载或短路 主元件保护回路失效 主元件自身质量问题	参照本表第1条 检修输出回路 检修保护回路 更换元器件
3	主熔断器熔断	换向失败 输出过载或短路 主元件击穿短路 直流或交流滤波电容损坏 设备内部有其他短路点	参照本表第1条 检修输出回路 更换主元件 更换损坏的电容 检查排除故障
4	静态开关不工作	静态开关主元件损坏 静态开关触发脉冲回路有故障	更换静态开关主元件 检查修复触发回路
5	逆变桥与市电不同步	锁相环失锁 市电频率偏差太大	检查失锁原因并处理 无需处理
6	逆变器或静态开关主元件过热	环境温度过高 冷却系统故障 长期过负荷 散热片上积尘太多 主元件性能老化 主元件与散热片接触不良	改善环境条件 检修冷却系统 检查调整负荷 清扫散热片 更换老化的元件 紧固主元件
7	UPS中电子元器件过热或变色	电容器漏油或短路 电感绕组短路 晶体管元件击穿损坏 电子元器件的参数变化引起过流 回路中发生短路点	更换电容器 修理或更换电感 更换晶体管 检查更换电子元件 查找排除短路点
8	信号指示灯不亮	灯泡松动 灯丝断 指示灯用变压器(或电阻)断线	拧紧灯泡 更换灯泡 修理或更换
9	在投入负荷时输出电压突然下降	自控系统失调 直流阻抗匹配不良	检查处理自控系统 正确匹配直流阻抗
10	交流输出电压异常	直流输出电压异常 电压检测回路故障 基准信号失调 触发控制回路故障	检修直流供电回路 检修电压检测回路 清理基准信号 检查排除控制回路故障
12	变压器、电抗器过热	绕组内部短路 过负荷或负荷短路 环境温度太高	检修或更换绕组 调整负荷或处理负荷回路 改善环境条件
13	输出电压频率不正常	本机振荡部分的标准信号不正常 相关控制回路故障	检查调整标准信号 检修排除相关回路故障点

11.4.4 UPS设备管理

11.4.4.1 UPS设备企业管理要求

（1）对重要负荷使用的UPS电源宜采用双机供电方式,对特别重要的负荷应采用双机供电；

（2）UPS应采用两路独立电源供电；

（3）UPS故障报警信号应送至值班室或控制室；

（4）UPS应具备良好的运行环境，运行环境温度以25℃±5℃为宜，并采取必要的防尘措施；

（5）操作人员上岗前必须经过系统的理论和实践培训；

（6）应制定设备故障应急预案，不断提高处理突发故障的能力；

（7）UPS主管技术人员应定期进行运行分析，针对存在的问题及时采取预防措施确保安全运行；

（8）企业UPS运行操作人员应具备UPS设备专业知识，做好UPS运行的技术管理，按规定进行各项操作，定期进行巡视检查，发现异常情况应及时记录并向上级或有关单位汇报；

（9）企业必须每年对UPS电池进行一次核对性容量检查；因生产装置运行不能检查的，应制定方案，报请主管领导批准后执行；

（10）对严重威胁安全运行的UPS设备故障应及时向上级部门汇报，并采取有效措施进行处理；

（11）应编写UPS设备的检修计划并制定检修方案；

（12）应制定UPS设备的完好标准，并对照标准对设备进行评定工作。

11.4.4.2 UPS不间断电源巡检维护管理要求

（1）UPS日常巡检工作由专人负责，巡检周期每日两次；

（2）记录UPS正面控制面板所提供的测量信息，内容主要应包括逆变回路的电流、电压、功率及电池的相关信息；

（3）对UPS运行的外部环境(环境温度、粉尘、防鼠措施)进行检查并记录；

（4）对UPS室空调运行状态进行检查；

（5）在保证安全的前提下，定期对系统进行清扫，特别是入口处和出口处；

（6）定期检查电池的接线端子的连接，需要时再遵守有关安全规程的条件下对其进行清洁处理；

（7）对巡检、维护过程中所发现的异常情况，应立即汇报；

（8）定期对UPS室内环境卫生进行清扫；

（9）UPS巡检、维护工作的开展要求有关人员做到细致、认真。系统带载运行时，严禁随意触、碰控制元件及开关。

11.4.5 UPS检修内容

UPS的检修主要是解体检查与测试。

11.4.5.1 准备

（1）取出全部插件并编号，以便回装。

（2）用吸尘器、毛刷等器具清除各部灰尘，必要时用无水酒精清洗。

（3）检查所有接线有无过热现象，并紧固所有螺栓。

（4）校验电压表、电流表、频率表等所有表计。

11.4.5.2 主电路元件的检查与测试

（1）检查主电路熔断器和热继电器有无异常现象；

（2）检查功率元件(晶体管、可控硅、IGBT管、MOS管等)、换向电容等元件有无异常现象，必要时进行测试；

（3）检查交流滤波电容外观有无过热现象，必要时进行测试；

（4）检查输出变压器有无过热损伤现象。

11.4.5.3 外观检查及测试

对下列插件进行外观检查、清扫，并按说明书要求测试功能参数：

（1）振荡部分；

（2）锁相同步部分；

（3）电压控制部分；

（4）脉冲分配部分；

（5）触发部分；

（6）静态开关控制电路的电压、电流、相位等检测部分；

（7）静态开关控制电路中的手动操作与自动－手动切换逻辑回路部分；

（8）静态开关控制电路中的脉冲放大及整形回路部分；

（9）启动回路部分；

（10）保护回路部分；

（11）逆相、缺相检测回路部分；

（12）显示或报警回路部分。

11.4.5.4 修理或更换已老化或损坏的元器件

11.4.5.5 检查电源开关及控制开关

检查电源开关、控制开关触点有无烧伤、过热现象，动作是否正常。

11.4.5.6 测量回路绝缘电阻(用500V兆欧表测量、且应断开主回路中的电子元件或将电子元件短接)。

11.4.5.7 辅助系统的检修

（1）检修冷却风扇；

（2）检查照明及其他有无异常现象。

11.4.5.8 检查保护电路

（1）检查保护回路中的元器件有无损伤；

（2）校验保护回路中的继电器。

11.4.5.9 回装及测试

回装检修中拆卸的所有插件、元器件、连接线，并测试UPS装置以下参数：

（1）输出电压误差；

（2）输出电压波形；

（3）输出电压的相位偏差；

（4）输出电压的频率；

（5）静态开关切换时间；

（6）检测点的主要性能参数(测试时，应将逆变桥与主回路断开)。

11.4.5.10 模拟检测

模拟各种保护动作，检查信号显示系统及报警回路有无误动和拒动。

11.5 直流电源

11.5.1 硅整流装置

本节只介绍单蓄电池组直流系统。

蓄电池组的充电和浮充电设备较普遍使用的是硅整流装置。单蓄电池组单母分段接线方式的直流系统配置有两台硅整流，一台作浮充，一台作主充。对主充电和浮充电装置的一般要求如下：

(1) 整流装置的输出电压、电流的调节范围应满足蓄电池组在充电、浮充电、均衡充电等运行状态下的要求；

(2) 整流器应具有定电流恒电压性能，能以自动浮充电、自动均衡充电、手动充电三种方式运行；

(3) 整流器内应设必要的短路保护、缺相保护、过电压保护和故障信号。

主充电硅整流的性能除了满足蓄电池的初充电事故放电后的充电、核对性放电之后的充电外，还应满足浮充电及均衡充电的要求。主充电硅整流器的电压调节范围应满足蓄电池在充电时所需的最高和最低电压的要求。

浮充电硅整流器的输出直流应能承担直流母线的最大负荷电流和蓄电池的自放电电流。浮充电整流器的电压调节范围，一般和主充电硅整流器的电压调节范围取得一致。

直流母线的接线方式和蓄电池的组数、直流负荷的供电方式以及充电、浮充电设备的配置情况等因素有关。直流母线通常采用单母线分段接线方式，其优点如下：

(1) 接线简单、清晰；

(2) 容易分割成两个互不联系的直流系统，有利于提高直流系统的可靠性；

(3) 查找直流系统接地方便。

在 220kV 及以下的变电所中，直流系统一般只装设一组蓄电池，直流母线多采用两段母线接线，对直流负荷采用环形供电的形式，如图 11－22 所示。500kV（包括 220kV 枢纽变

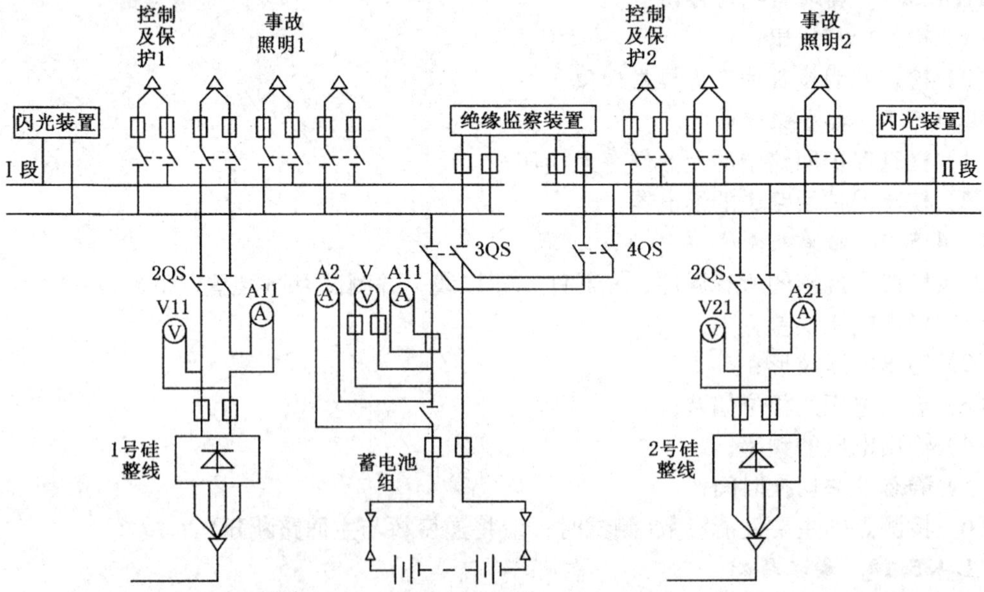

图 11－22　单蓄电池组直流系统图

电所）变电所的直流系统，考虑了双重化的问题。在500kV变电所中每个直流电压等级都装设两组蓄电池，并且直流母线的接线方式以及直流馈电网络的结构等也相应按双重化的原则考虑，采用直流分屏，直流负荷采用辐射状供电方式。

11.5.2 高频开关

近几年来，新建或直流系统改造的变电所已普遍使用高频开关电源。高频开关电源具有稳压、稳流精度高，体积小，效率高，输出纹波及谐波失真小，自动化程度高等优点，同时也与综合自动化和无人值班变电所监控的发展要求相适应。直流系统的蓄电池充电装置根据负荷要求可为几十安至几百安。因高频开关模块目前生产的110V为10～80A，220V为5～40A，故充电装置要由多个模块并联组成，高频开关整流装置的直流系统如图11－23所示。

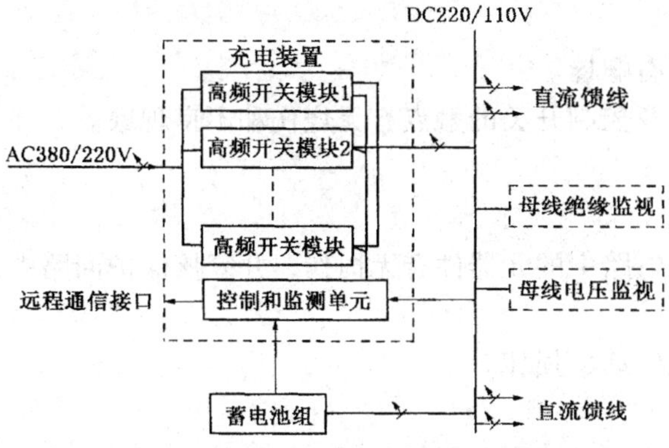

图11－23 高频开关整流装置的直流系统框图

各个厂生产的高频开关模块元器件和内部接线有少量差异，但其原理是相似的。现以一个比较典型的模块为例，介绍如下：

如图11－24，模块由交流输入整流单元、高频逆变单元（DC/AC）、直流输出单元和控制监测单元等组成。交流输入单元由AC380/220V或AC220V输入，经防御雷击和其他高压冲击的抑制尖峰电压设备和滤波、阻容保护器等组成，输出电压经三相全波整流器后变成直流。某些企业在直流侧装设电容器和非线性电阻，再次防止交流侧输入的过压，保护逆变单元元器件免受损坏及保证干扰信号不进入直流侧，同时也可抑制高频电源对电网交流侧的干扰。高频逆变单元将直流变为高频交流电。逆变器的高频开关由脉冲调制电路输出信号控制，输出高频方波或正弦波电压。PWM脉宽调制电路及部分软开关谐振回路，根据电网和负载的变化自动调节高频开关的脉冲宽度和移相角，使输出电流在任何允许的情况下保持稳定。高频变压器铁芯为铁氧体或非晶体制成，有很好的高频传递特性、效率高、体积小，变压器输出经滤波、整流桥和高频逆变等组成的输出单元后输出平稳直流。

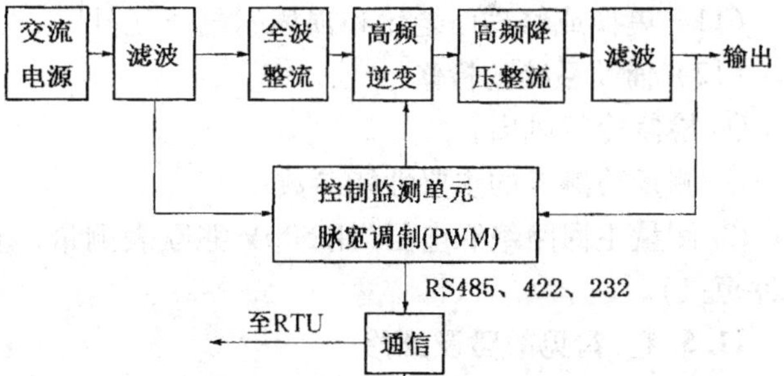

图11－24 高频开关整流装置原理框图

11.5.3 直流系统运行维护

1. 维护

（1）运行维护人员每班至少检查1次；

（2）检查信号指示应准确，报警系统应正常工作；

（3）检查各种表计指示，应准确不超标；

（4）检查冷却、照明等辅助系统，应正常工作；

(5) 检查柜(盘)内，各种器件有无过热和损伤现象，各元器件应良好无异声异味；
(6) 检查环境应整洁，温度应符合说明书要求；
(7) 做好检查记录。

2. 解体检修

(1) 取出插件。
(2) 消除各部灰尘，必要时进行清洗。
(3) 检查所有接线有无过热，并紧固所有螺栓。
(4) 检查交、直流侧电源开关、接触器及控制开关的触点有无烧伤和不良现象。
(5) 检查所有开关动作是否灵活。
(6) 校验电压表、电流表等表计。
(7) 检查过电压、过电流及短路等保护电路中的元器件有无损伤，并复核保护回路中的继电器定值。
(8) 检查清扫信号回路中的元器件有无松动、损坏。
(9) 控制回路的检修：
① 对脉冲产生、移相控制和电源等插件板进行清扫检查，并按说明要求测试其功能参数；
② 检查清扫“自动－手动”切换回路、“稳压－稳流”调整回路的元器件。
(10) 主回路的检修：
① 检查主回路中的熔断器、热继电器及阻容保护等元件有无损伤、过热等异常现象；
② 检查整流变压器有无过热和短路现象；
③ 检查滤波电容有无漏液、变形，滤波电感有无过热损伤现象；
④ 检查主整流元件及高频开关功率模块有无过热、老化现象，必要时测量其主要参数；
⑤ 检查降压回路硅元件有无过热、老化现象。
(11) 更换或修理已老化和损坏的电子元件。
(12) 辅助系统的检修：
① 检修冷却风扇；
② 测量检测点的主要性能参数；
③ 测量主回路绝缘电阻(用500V兆欧表测量，且应断开主回路中的电子元件或将电子元件短接)。

11.5.4 常见故障及维修

1. 一般故障处理(见表11－8)

表11－8 一般故障处理

序号	故障现象	故障原因	处理方法
1	整流装置中主整流元件及高频开关功率模块过热	环境温度过高 冷却系统有故障 长期过负荷 整流主元件或高频开关功率模块老化 散热片上灰尘太多 主元件与散热片接触不良	改善环境条件 检修冷却系统 检查调整负荷 更换整流元件或高频开关功率模块 清扫散热片 紧固主元件

续表

序号	故障现象	故障原因	处理方法
2	交流侧开关跳闸（或交流侧熔断器熔断）	输出过载或短路 整流元件或高频开关功率模块损坏或短路 滤波元件损坏或短路 短路或击穿 设备内有其他短路点	减载或处理短路 更换或处理整流元件或高频开关功率模块 更换或处理滤波元件 更换续流管 排除短路点
3	电子元件过热变色	线路中有短路点 元件本身老化	排除短路点 更换老化元件
4	整流变压器过热	绕组内部短路 过负荷或负荷侧短路 环境温度过高	检修或更换整流变压器 检查处理负荷回路 改善环境条件
5	整流输出电压调节范围窄，且手动不能从零逐渐升高	触发脉冲幅值小或脉冲宽度太窄，不能触发可控硅导通或高频开关触发脉冲占空比变小 整流元件部分损坏 电源缺相 触发脉冲缺相 电源相序不对	调整触发回路使脉冲合格 更换损坏的整流元件 检查交流电源并处理 检查控制回路并处理 调整电源相序
6	输出电压突然降低	整流元件或高频开关功率模块损坏 缺相 快速熔断器熔断 导线连接松动	查明原因更换元件 将缺相恢复 查明原因更换熔断器 紧固连接导线
7	整流电压不平衡，且调节范围窄	同步变压器的极性与主回路不对应 整流变压器的原副边极性不对应	校正同步变压器的极性 校正整流变压器的原副边极性

2. 接地故障处理

（1）直流系统接地处理的一般原则

① 确定接地性质，是正接地还是负接地，以及是哪段母线接地。

② 可采取按路寻找、分段处理的方法。按先拉不重要电源后拉重要电源；先室外部分后室内部分；先对有缺陷的分路，后对一般分路；先对新投运设备，后对投运已久设备的原则进行查找。

③ 在试拉各专用直流回路（如继电保护、操作电源、自动装置电源等）时，应事先取得调度同意后进行，必要时应做好相应措施，切断时间不得超过3s。

④ 处理直流接地时，运行人员不得拆动任何直流回路或继保二次小线，只能操作电源小开关、熔断器或连接片。

（2）查找接地点时的注意事项

① 查找和处理需有两人进行。当直流系统发生接地时，应立即停止在二次回路上的工作。

② 当查找直流系统接地点时，应与调度取得联系。对保护回路的试拉，应在调度同意后进行，试拉前应做好防止保护装置误动的措施。

③ 为防止保护误动作，在直流接地试拉中，当拉信号、闪光或控制开关、熔丝时，应正负极同时拉开，或先拉正电源，再拉负电源；当恢复时，顺序相反。

④ Ⅰ、Ⅱ段母线同时发生接地时，严禁并列操作。

⑤ 在处理直流系统接地故障时，不得造成直流短路和新的接地点。

11.6 蓄电池

11.6.1 阀控式密封铅酸蓄电池

11.6.1.1 *阀控电池的维护*

1. 整体维护内容

(1) 经常对电池进行巡视检查;

(2) 充电机、蓄电池系统每月的测量与检查;

(3) 蓄电池系统的半年有关测量与检查;

(4) 蓄电池系统年度工作及维护、测试与检查;

(5) 蓄电池组两年的核容试验;

(6) 蓄电池维护、测量所需工具、设备的配备与检查;

(7) 蓄电池各种检查、测量、核容试验、重组记录的建存档与保存;

(8) 建立蓄电池维护、容量测试工作细则。

2. 蓄电池、充电机日常检查

(1) 经常检查充电机直流输出浮充电压值应该等于蓄电池和定值(即整定)充电电压值，必要时予以修正;

(2) 建议使用的浮充电压设定(整定)值应贴在充电机面板的仪表旁，经常提示维护人;

(3) 每只电池使用的浮充电压，应标在电池铭牌上;

(4) 检查电池及其周围环境，注意环境温度和电池外观变化;

(5) 电池系统必须保持清洁、干燥;

(6) 应保证电池得到足够的浮充电压和充电电流，避免电池极板硫酸化。

3. 蓄电池月检查

(1) 对于蓄电池系统浮充电压，测量并记录电池组的端电压及每个单体电池的电压，若设定(整定)电压不能满足浮充电压，则应调整充电装置整定值，使浮充电压符合要求;

(2) 蓄电池室的温度每月在同一点测量并记录;

(3) 当环境温度高于25℃或低于20℃时，温度变化超过3℃，要进行环境温度调节。如果温度调节无效，就必须按规定对浮充电压进行温度补偿;

(4) 浮充电流也应每月检查并记录。

4. 蓄电池年度维护内容

检查电池外壳温度，电池相互间温差大于3℃，应找原因并进行处理。造成电池间温差大的原因有通风不良，直接日晒，距热源太近。

对电池进行外观检查:

(1) 检查电池壳体有无裂纹、漏液、膨胀;

(2) 检查安全阀是否良好;

(3) 检查电极柱有无锈蚀及损坏;

(4) 检查壳体、电极和电池四周有无污迹;

(5) 检查电池盖、电极柱密封处有无熔化或热损坏现象;

(6) 检查电池架(柜)有无机柜损坏、锈蚀;

(7) 电池连接的螺栓应每年重新拧紧一次，过松会加大电能消耗、增加电池内阻、电极温度升高，导致电池容量损失；

（8）清扫电池表面尘土及碎屑，保持电池清洁；

（9）定期检查并清洁极柱连接条，确保接触电阻最低。

11.6.1.2 安全注意事项

阀控电池在使用及维护中的一般安全注意事项有：

（1）不能使用化学清洗剂（例如氨水、漂白剂等）清洗电池；

（2）不能卸掉电池安全阀或向密封式电池中加入任何物质；

（3）不能在电池系统附近吸烟或使用明火；

（4）不能使用有严重过充电或过放电现象的电池（如表现为剧烈膨胀、外壳变形、安全阀爆裂等）；

（5）在对该种电池进行作业之前，必须保证电池组与所有充电装置或负荷断开，严禁带任何负载拆开电池连接；

（6）不能用手提拉电极来挪动电池；

（7）不得将任何工具及导体放于电池顶部，以防电池之间的短路；

（8）对电池进行作业，应该使用护具（例如：面罩、护目镜、手套等）。

11.6.1.3 常见故障及维修方法（见表11－9）

表11－9 常见故障及维修方法

序号	故障现象	故障原因	处理方法
1	电池电压不平衡	浮充电压太低 均衡充电不足 运行中放电	调整浮充电压 给以均衡充电 给以均衡充电
2	电池温度上升过高	室温过高 充电流量过大 充电电源脉动大	改善通风降低室温 调整充电电流 检查充电机的滤波，并减小脉动
3	电池电压低	电池内部短路	更换电池
4	连接处过热	连接点松动、锈蚀	防锈、紧固
5	蓄电池对地绝缘	电池灰尘多	清扫电池
6	电池容量降低	浮充电压低 均衡充电不足 局部放电严重 长期浮充电，未进行活化或均衡充电	调整浮充电压 调整均衡充电时间 清扫电池外部，并加强绝缘 对蓄电池进行活化，以后定期进行活化或均衡充电

11.6.2 固定型铅蓄电池

11.6.2.1 固定型铅蓄电池的日常维护内容

固定型铅蓄电池的日常维护应做到：

（1）摸清负荷变化规律，随时注意充电及放电电流的大小并作出记录。充放电前计算上次放出或充入的电量，以免过充、过放或充电不足，放电后应及时充电不宜搁置，即使有特殊情形，也不得超过24h。

（2）每班应注意极板的颜色，巡视检查有无短路，变形、背梁上生盐（因充电时电解液翻腾而沉积的粉末无妨）、漏酸、弹簧有无位移，有没有异常电池等。发现异常情况应仔细检查原因，及时纠正并作出记录，作为今后参考。

(3) 按照蓄电池的数量多少，指定标示电池(又称代表电池)，一般一组蓄电池在15只以下的，指定1~2个标示电池；超过15只时，指定2~3个标示电池。标示电池一经指定，不得任意变更，以便长期观察蓄电池的工作情况。

(4) 电解液的液面应经常保持在高于极板上缘10~20mm，如液面下降(低于10mm)，比重上升时，在充电开始前应加入纯水或蒸馏水，以防极板顶部干燥，但不得任意加入稀电解液。个别铅衬木槽电池，液面降落较快，槽底又湿润时，是由于漏酸应换容器。在更换时应尽量缩短时间，以免极板氧化。

(5) 对电解液每年至少化验一次，发现异常时应及时化验。

(6) 为了避免产生落后电池，应定期(3~6月)进行均衡充电。均衡充电的方法是在正常充电充好后，继续用0.03~0.04Q_{10}值电流再充数小时，或每隔1小时间断充停，反复几次，直到所有电池情况接近时为止。

(7) 在电池发生气体时，应开启通风装置，直到停充后抽到无酸雾时为止。虽非充电时进入室内工作，也可开启通风装置，使室内空气较为新鲜。

(8) 定期检查绝缘情况(包括回路的绝缘)，应符合绝缘的规定。定期对电槽、木架、盖板、瓷垫脚等进行清洁。

(9) 应定期检查极板的背梁和边框有无断裂变形，背梁上应拨开粉末仔细检查，如发现裂纹应即取出。

(10) 经常检查连接螺栓与导线(铜条)是否紧密，保持其清洁，并在各连接处涂上凡士林或黄油，以防锈蚀及酸液浸透。

(11) 定期检查防酸隔爆式铅蓄电池的防爆帽的通气能力，应十分畅通，否则应清洗，清洗后的防爆帽，最好再浸入硅油溶液(硅油5%，加入95%的甲苯或纯净汽油)中，浸透沥干，并进行烘干或晒干。

(12) 注液胶塞、防爆帽座子与蓄电池胶盖连接丝扣间应旋紧，并涂凡士林或黄油，以保证不漏气。防爆帽如发生破裂，必须立即更换。

(13) 电池木架和室内涂敷的防酸漆料，如有脱落、擦伤应及时涂补。

(14) 贮藏室中应储备有合格的稀硫酸和纯水，使用的工具应齐全。

(15) 蓄电池测量用的仪表，如比重表、温度计、电压表等应定期校验，以避免由于仪表不正确，导致蓄电池维护工作不当，而使蓄电池受到损坏。

(16) 蓄电池室内应经常保持清洁干燥、空气流通，光线充足。用带湿的拖把揩净地面，在清洁绝缘较好的情况下，在地面上可以洒水，保持室内湿度，以减少电池中水的蒸发。

11.6.2.2 固定型铅蓄电池的维护周期及内容

1. 蓄电池的日检

(1) 电压、比重、温度测量；

(2) 液面检查；

(3) 外部检查；

(4) 表面清洁；

(5) 极板检查。

2. 蓄电池的月检

(1) 隔板检查；

(2) 引线端子、连接螺栓及防爆帽检查。

3. 蓄电池的季检

（1）均衡充电；

（2）彻底大清扫。

4. 蓄电池的半年检

蓄电池每半年进行一次绝缘测试。

5. 蓄电池的年检

（1）容量、电能效率测试；

（2）清除沉淀物；

（3）电解液化验。

11.6.2.3 常见故障及维修（见表11－10）

表11－10 常见故障及维修

序号	故障出现	故障原因	处理方法
1	电池电压不平衡	浮充电压太低 均衡充电不足 运行中过放电	调整浮充电压 给以均衡充电 给以均衡充电
2	电池温度上升过高	电解液相对密度过大 室温过高 充电电流过大 充电电源脉动大	充注蒸馏水调整相对密度 改善通风降低室温 调整充电电流 检查充电机的滤波，并减小脉动
3	电池电压低	电池内部短路	检修或更换电池
4	接线柱周围渗漏	接线柱密封垫损坏 接线柱螺母松动	更换密封 擦净电解液，紧固螺母
5	电解液溢出	蓄电池液面过高 对于碱性蓄电池充电电流过大	调整液面 减小充电电流
6	电解液液面下降过快	容器破裂 对于酸性蓄电池在过高的充电电压下过充电	更换容器或电池 检查充电机调整充电电压
7	连接处过热	连接点松动、锈蚀	除锈、紧固
8	蓄电池对地绝缘低	电池灰尘多 电解液溢出	清扫电池 查处原因并处理
9	电池容量降低	浮充电压低 均衡充电不足 液位降低 酸性蓄电池极板硫化 碱性蓄电池极板表面蓄碳酸钾 电解液不纯 局部放电严重 长期浮充电，未进行活化或均衡充电	调整浮充电压 调整均衡充电时间 加电解液 用小电流反复充电或碱水疗法处理 更换电解液，给予活化充电 更换电解液 清扫电池外部，并加强绝缘 对蓄电池进行活化，以后定期进行活化或均衡充电

11.7 变 频 器

11.7.1 变频器的原理及应用

11.7.1.1 变频器的原理

变频器按能量变换的情况可以分为交－交变频器与交－直－交变频器两种。前者是直接将工频电源转变成所需频率的交流电源，所以也称直接变频；后者则是把直流电能(一般是经交流电源整流而得)转变为所需频率的交流电能，所以称为逆变器。

1. 交－交变频器

简单的交－交变频器，可用两组反并联的变流器组成，如图 11－25(a)所示。如果令正组变流器和反组变流器轮流地导通，则在负载上就获得交变的输出电压 u_o。u_o的幅值可以通过改变变流器的控制角 α 加以调节，u_o的频率则由正、反两组变流器轮流导通的切换频率所决定。

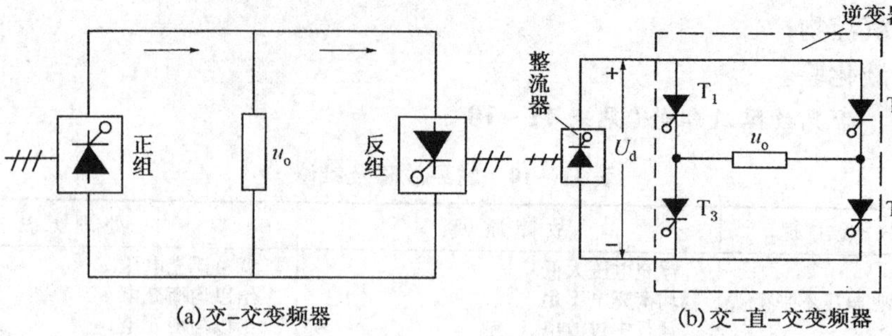

图 11－25　变频器原理图

2. 交－直－交变频器

交－直－交变频器是由整流器与逆变器两者所组成，如图 11－25(b)所示。如果令两对晶闸管 T_1、T_4，与 T_2、T_3轮流地切换导通，则负载上使得到交流输出电压 u_o。u_o的幅值可以用改变直流电压 U_d 来调节，u_o 的频率则取决于两对晶闸管的切换频率。

11.7.1.2　笼型异步电动机采用变频器传动时其选择要点

1. 电流

电动机采用变频器运转同采用工频电源运转相比，由于变频器输出电压、电流中所含谐波的影响，电动机的效率、功率因数将降低，电流将增加。具体选择要点如下：

(1) 对于同一负载，用通用变频器传动与工频电源传动相比，电流约增加 10%。

(2) 标准电动机的额定电压、额定频率通常用 200V 级或 400V 级定额来表示，如 200/220V、50/60Hz 或 400/440V、50/60Hz。各定额下的额定电流分别为 $I_{200/50}$、$I_{200/60}$、或 $I_{400/50}$、$I_{400/60}$、$I_{440/60}$，则各电流之间的关系(50Hz 时最大)为

$$I_{200/50} > I_{200/60} > I_{220/60}，I_{400/50} > I_{400/60} > I_{440/60}$$

因此，电动机的温升也在 50Hz 运转时为最大，在 60Hz 运转时温升有裕量。

(3) 电动机用变频器运转时，作为电动机，根据上面(1)、(2)，在 60Hz 时可以在额定电流(额定转矩)下使用。但是，在 50Hz 时温升裕量小，所以必须降低负载转矩使用。另一方面，作为变频器的额定电流，在电动机 60Hz 时应为额定电流的 110% 以上，50Hz 时为额定电流的 100% 以上。

(4) 一般的通用变频器，是考虑对 4 极电动机的电流值和各参数能满足运转进行设计制造的。因此，当电动机不是 4 极时(如 8 极、10 极等多极电动机)，就不能仅以电动机的容量来选择变频器的容量，必须用电流来校核。

电动机负载非常轻时，即使电动机电流在变频器额定电流以内，亦不能使用比电动机容量小很多的变频器。这是因为电动机的电抗随电动机的容量而不同，即使电动机负载相同，电动机容量越大，其脉动电流值就越大，因而有可能超过变频器的过流耐量，例如 7.5kW

的电动机在2.2kW(负载率30%)下使用时，根据电动机在2.2kW时的电流采用3.7kW的变频运转就足够了。但是，3.7kW4极的电动机在100%负载(电动机电流17A)运转时的电流波形如图11-26(a)所示。7.5kW 4极电动机在轻载下(电动机电流17A)运转时的电流波形如图11-26(b)所示。两者比较便可看出，即使电动机电流相同，7.5kW的脉动电流值却变得相当大了。对于本例必须选取用5.5kVA的变频器。

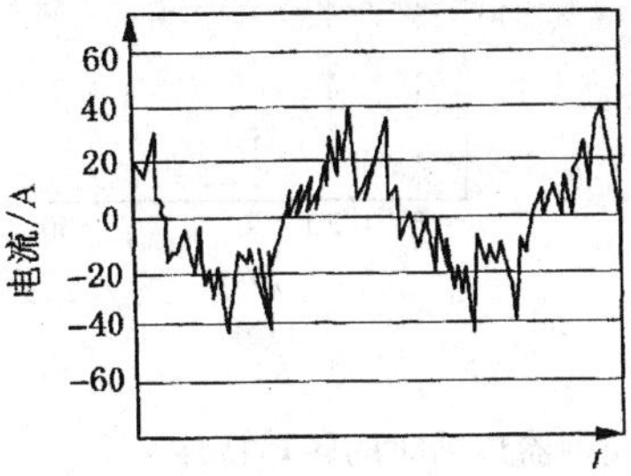

(a)

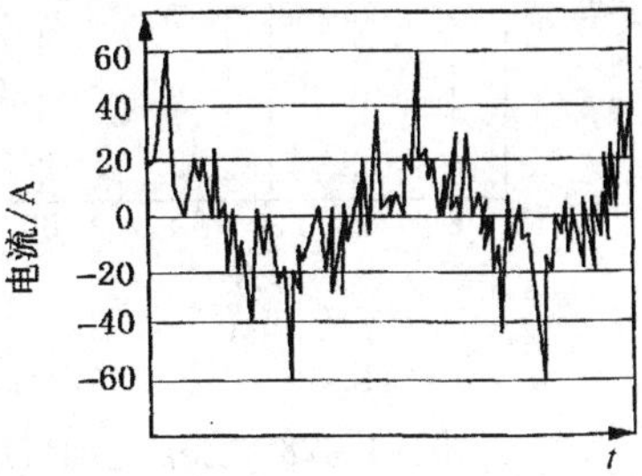

(b)

图11-26 电动机电流波形

(a) 3.7kW、4极、全负载电动机(电流17A，脉动电流40A)；

(b) 7.5kW、4极、轻负载电动机(电流17A，脉动电流60A)

2. 低速运转时的转矩特性

标准电动机采用变频器低速运转时，对于U/f一定的转矩控制，各频率下运转电流大体同电动机额定频率下的运转电流一样。因此，主要应控制电动机的铜损造成的温升。

在这种低速运转情况下，即使电动机的铜损大体与额定时相同，由于转速越低，电动机冷却效果越差，电动机定子绕组温升也发生变化，如图11-27所示。因此，通常标准电动机在低速下使用时，必须与此温升相应地减小运转转矩(电流)，降低铜损使用。

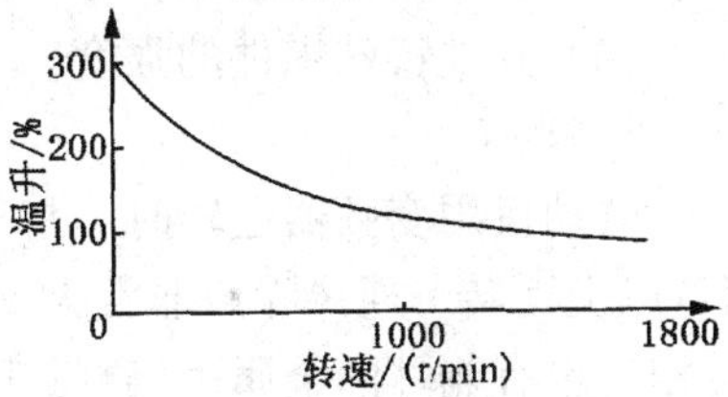

图11-27 电动机的转速与温升的关系

如图11-28所示为某一标准电动机与变频器组合时各频率下的容许连续运转转矩。通常，根据此运转转矩，对于风机、泵等二次方减转矩负载可以使用，但对于恒转矩负载就必须加大电动机与变频器两者的容量，或者选用恒转矩变频器传动专用电动机。在选用时一定要详细了解变频器说明书、技术资料。

3. 短时最大转矩

标准电动机在额定电压、额定频率下通常具有输出200%左右最大转矩的能力。如果用变频器运转标准电动机，其转矩特性有下列限制：

(1) 为了保护主电路电力电子器件等，变频器设有限流功能和过流时中断晶体管工作等功能，以防止超过耐量的电流流过，此过电流耐量通常为变频器额定电流的150%左右；

(2) 在数赫的低频区运转时，电动机电阻在阻抗中占的比例增大，转矩特性大幅度降低。

由以上两个限制，电动机与变频器组合时最大转矩值的情况，如图11-28所示。从图中可以看出，特别是在低频区最大转矩值变小。在负载变动大或需要启动转矩大等情况下，要注意容量的选择，如使用上一级的电动机与变频器等。

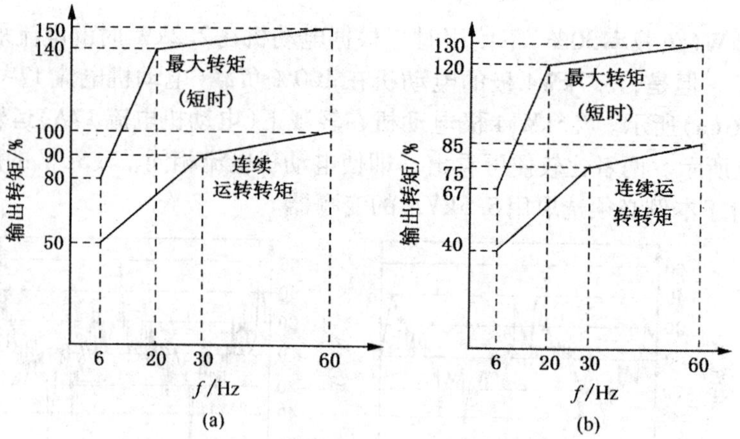

图 11－28　标准电动机用变频器传动时的转矩特性

(a) 220V、60Hz(440V、60Hz)；(b) 200V、50 Hz (400V、50Hz)

4. 容许最高频率范围

通用变频器中有的可以输出工频以上的频率(如120Hz或者240Hz)，但电动机是以工频下运转为前提而制造的。因此，在工频以上频率使用时，必须确认电动机容许最高频率范围。通常电动机容许最高频率范围受下列因素限制：

(1) 轴承的极限转速；

(2) 风扇、端子等的强度；

(3) 转子的危险速度；

(4) 其他特殊零件的强度。

5. 噪声

电动机用变频器运转时，与工频电源相比噪声有些增大。特别是电动机在额定转速(频率)以上运转，通风噪声非常大，采用时必须充分考虑。另外，在低速运转同工频电源传动时相比也有刺耳的金属声(磁噪声)发生(采用IGBT、IPM变频器，这种现象几乎没有)，可以使用电抗器(选件)，以降低磁噪声。

6. 振动

电动机用变频器运转时，就电动机本身来说，同工频电源相比，振动并没有大幅增加。但是，把电动机安装在机械上，由于与机械系统的固有频率发生谐振以及与所传动机械的旋转体不平衡量大时，往往发生异常振动。此需要考虑修正平衡、采用轮箍式联轴节或防振橡胶等措施。

11.7.2　变频器的定期维护

11.7.2.1　变频器定期维护检查(见表11－11)

表11－11　变频器定期维护检查表

检查点	检查项目	检查内容	检查方法	判定标准
综合	周围环境	(1) 确认环境温度、振动、空气(有无灰尘、气体、油雾、水滴等) (2) 周围有没有放置异物、危险品	(1) 用目视和仪器测量 (2) 依据目视	(1) 满足技术数据 (2) 没放置
	电压	主电路、控制电路电压是否正常	用万用表等测量	满足技术数据

续表

检查点	检查项目	检查内容	检查方法	判定标准
综合	触摸面板	(1)显示字符是否清楚 (2)是否缺少字符	(1)、(2)依据目视	(1)、(2)能读显示，没有异常
	框架，前面板等	(1)是否有异常声音、异常振动 (2)螺栓(紧固部位)是否松动 (3)是否有变形损坏 (4)是否有由于过热引起的变色 (5)是否沾着灰尘、污损	(1)目视、听觉 (2)拧紧 (3)~(5)依据目视	(1)~(5)没有异常
主电路	公用	(1)螺栓类是否松动、脱落 (2)机器、绝缘体是否变形、裂纹、破损或由于过热老化而变色 (3)是否附着污损、灰尘	(1)拧紧 (2)、(3)依据目视	(1)~(3)没有异常
	导体，电线	(1)导体是否由于过热而变色、变形 (2)导线处皮是否破损、裂口、变色	(1)、(2)依据目视	(1)、(2)没有异常
	端子座	是否损坏	依据目视	没有损坏
	滤波电容器	(1)是否漏液、变色、裂纹、外壳膨胀 (2)安全阀是否出来？阀体是否有显著膨胀的地方 (3)按照需要测量静电容	(1)、(2)依据目视 (3)用静电容测量仪器测	(1)、(2)没有异常 (3)静电容≥初始值×0.85
	电阻	(1)是否有由于过热的怪味，绝缘体有无裂线 (2)是否断线	(1)依据嗅觉、目视 (2)依据目视或卸开一端的连接万用表测量	(1)没有异常 (2)标明的电阻值在±10%以内
	变压器，电抗器	是否有异常的呜呜声、怪味	依据听觉、目视、嗅觉	没有异常
	电磁接触器继电器	(1)工作时是否有振动声音 (2)接点是否虚焊	(1)依据听觉 (2)依据目视	(1)、(2)没有异常
控制电路	控制印刷电路板连接器	(1)螺钉类，连接器是否松动 (2)螺栓类是否松动 (3)是否有裂缝、破损、变形、显著生锈 (4)电容器是否有漏夜、变形痕迹	(1)拧紧 (2)依据嗅觉，目视 (3)、(4)依据目视	(2)~(3)没有异常
冷却系统	冷却风扇	(1)是否有异常声音、异常振动 (2)螺栓类是否松动 (3)是否由于过热变色	(1)依据听觉，目视，用手转下(必须切断电源) (2)拧紧 (3)依据目视	(1)平衡旋转 (1)~(4)没有异常
	通风道	散热片、给气排气口的间隙是否有堵塞，附着异物	依据目视	没有异常

注：污损的地方，请用抹布沾上中性化学剂擦，用电气清除器吸去脏物。

11.7.2.2 变频器常见干扰及一般对策

1. 干扰的产生

变频器是由数字电路组成，数字电路常有以下干扰：

(1) 电源干扰。产生电源干扰的原因很多，如电路逻辑状态变换时的电流变化和电压变化、开关动作时的冲击电流、温度变化时的直流脉动、雷电浪涌、投入或断开较大负载时线路中产生的冲击浪涌等。

（2）地线干扰。多台装置相互连接时，如果在各装置的地线之间出现电位差或者存在接地阻抗，便会引起地线干扰。

（3）串扰。产生原因大多是多芯电缆或束捆导线等传输线之间的耦合，印制电路板内平行印制导线之间或装置内较长的平行配线之间的电磁感应和静电感应以及高速开关电流通过分布电容等寄生参数把无用信号成分叠加在目的信号上。这是数字电路中最常见的干扰。

（4）反射。传输线路各部分的特性阻抗不同或与负载阻抗不匹配时，所传输的信号在终端(或临界)部位发生一次或多次反射，使信号波形发生畸变或产生振荡等。

（5）公共阻抗干扰。在多个逻辑元件或多块印制电路板之间的公共配线上，高速开关电流因配线阻抗而引起的干扰。

（6）静电放电噪声。静电放电是对单极型集成电路器件危害性极大的干扰。

（7）数字电路本身工作时产生的干扰。这类干扰往往对其他电子设备的正常运行有较大影响，产生原因是多方面的，比如：数字装置使用的开关电源发出的高频辐射干扰；逻辑电路断开和接通时，电压或电流的变化率过大而产生的内部干扰；因内部结构不当，引起数字电路发生的异常振荡等。

为抑制上述各种干扰，一般应在设计阶段就注意输入输出线路的隔离和配线方式，注意器件的选择和布局、地线的敷设方式等问题。对于电源，应该力求稳定可靠，并装设线路滤波器、隔离变压器和自动电压调节器等。还要仔细研究和处理各部分的接地，包括电线电缆的屏蔽层接地。此外，必须结合系统外部的具体条件，如变频器的安装场所、配管配线等的施工方法、控制对象的开关浪涌等一系列现场条件，以保证数字设备能在特定环境中充分发挥功能，实现长期稳定运行。变频器带微型计算机的系统，还应该考虑采用某些软件抗干扰)。

2. 对策

（1）不可任凭输入端子悬空，必须结合电路的实际情况和条件妥善处理，例如通过电阻上接电源，或者端子合并使用等；

（2）要尽量缩短电源线、接地线，竭力避免产生公共阻抗；

（3）旁路电容器必须接在最靠近集成电路的电源插脚之间；

（4）触发电路等的输入端和地线间应该接入陶瓷电容器，以增强该器件的抗干扰能力；

（5）当有大量数据信息同时传输和变化时，务必注意抑制感应干扰，设法减少与其他控制电路之间的串扰等。

当然，这些干扰经使用一般对策处理后还是有一定频谱向外界传导和辐射，要遵守数字设备防干扰规定。

11.7.3 变频器故障及处理

11.7.3.1 过电流和过载故障

过电流和过载故障在变频器的应用中是经常出现的。检查此类故障首先要将负载断开，确定是由于负荷过载引起的故障还是电气主回路控制回路的问题。如果是电气方面的问题，再将变频器和电缆电机脱离开进行检查，进一步确认是哪个环节的故障。

1. 外部原因

（1）由于电动机负载突变，引起大的冲击电流而过电流保护动作。这类故障一般是暂时的，重新启动后就会恢复正常运行，如果经常会有负载突变的情况，应采取措施限制负载突变或更换较大容量的通用变频器，建议选用直接转矩控制方式的通用变频器，这种通用变频器动态响应快、控制速度非常快，具有速度环自适应能力，从而使变频器输出电流平稳，避免过电流。

(2) 电动机和电动机电缆相间或每相对地绝缘破坏，造成匝间或相间对地短路，因而导致过电流，一般遇到此类故障是先将电机不带负载单试，如果仍然出现过流就将出线电缆解开，对电机和电缆单独进行检查。

(3) 在电动机绕组和外壳之间、电动机电缆和大地之间存在较大的寄生电容，通过寄生电容就会有高频漏电流流向大地，引起过电流和过电压故障，解决问题的办法是加滤波器或选用容量大一级的变频器。

2. 变频器本身的原因

(1) 参数设定不正确，如加减速时间设定的太短等，变频器的多数参数，如果设置不当均可能引起变频器的故障。因此，故障类型是多种多样的，需根据具体情况判断。

(2) 变频器主回路出现问题，如变频器的整流或逆变单元的元器件损坏会直接导致过电流保护动作，或者控制触发脉冲的卡件出现故障也可能会导致过电流故障。

(3) 变频器本身控制电路的检测元器件故障，引起逆变器不工作或工作不正常，甚至过电流保护动作。

(4) 变频器本身遭到电磁干扰，引起变频器误动作。

检查变频内部故障比较复杂，可以通过变频器自身的故障诊断系统来提供帮助，但是有时候变频器无法提供准确的故障信息，这时候需根据具体情况判断。

11.7.3.2 参数设置类故障及处理

变频器在使用中，如果参数设置不正确，会导致通用变频器不工作、不能正常工作或频繁发生保护动作甚至损坏。一般通用变频器都做了出厂设置，对每一个参数都有一个默认值，这些参数叫缺省值，实际应用时要从以下几个方面进行：

(1) 确认电动机参数，在变频器电动机参数中设定电动机的功率、电流、电压、转速最大频率等，设定的这些参数应与电动机铭牌中的数据一致。

(2) 变频器控制方式的设定主要有频率(速度)控制、转矩控制、PID 控制或其他控制方式。每一种控制方式都对应于一组数据范围的设定，如果这些数据范围设定的不正确，就会引起变频器不工作或不正常工作，或发生故障保护动作而跳闸，显示故障类型代码。

(3) 变频器的启动方式，在变频器出厂时设定为面板启动，可以根据实际情况选用面板、外部端子、通信方式等几种。除面板启动外，其他需要与相对应的给定参数及控制端子匹配，否则就会引起变频器不工作、不正常工作或频繁发生保护动作甚至损坏。

(4) 频率给定参数的选择，一般通用变频器的频率给定也有多种方式，如面板给定、外部给定、外部电压或电流给定、通信方式给定等，可以选择其中的一种或几种方式的组合。

一旦发生了参数设置类故障后，通用变频器都不能正常运行，可根据故障代码或产品说明书进行参数修改。

11.7.3.3 其他故障及处理

1. 过热保护

通用变频器的过热保护有电动机过热保护和变频器过热保护两种，引起过热的原因也是多方面的。一般地，电动机过热保护动作，应检查电动机的散热和通风情况。变频器过热保护动作，应检查变频器的冷却风扇和通风情况。

2. 电磁干扰

变频器在生产运行的过程中，很多时候会出现因电磁干扰而造成的故障，容易导致变频器产生误动作，不正常启停工作，或者造成模拟控制信号失真，严重地时候会损坏变频器。

3. 开停控制回路故障

此类故障的排查要确定是外部回路故障还是内部故障，首先将外部的停车及联锁信号摘除，然后短接启动信号端口。如果能启动，则检查外部电路。不行则在变频器控制面板上强制启动，如启动成功则需检查控制输入输出端口。

4. 与通用变频器载波频率有关的故障

通用变频器的载波频率是可调的，可方便人们对噪声的需求。通用变频器的载波频率出厂值往往与现场需要不符，需要调整。但在实际调整时，往往因载波频率值设定不当，造成各种异常现象，甚至故障，损坏通用变频器。

当通用变频器运行在载波频率高时，输出电流波形好，但载波频率过高时，变频器自身损耗加大，IGBT温度上升，同时输出电压的变化率 du/dt 亦增大，当电动机电缆较长时，对地寄生电容也迅速增大，对电动机的绝缘造成威胁。当载波频率过低时，电动机有效转矩减小，损耗加大，电动机温度增高。一般在调试过程中应试探性地调整载波频率，遵循电动机功率大的，相对选用载波频率要低些，并从低端向高端调整；首先要确定合适的载波频率值后，再考虑是否需要加装滤波器或谐波抑制装置，这是很重要的原则，一般情况下都要遵守这个原则。

第12章 照明电路

照明电路大量运用于日常生活的各个方面，给人们的生活带来极大的方便和改变。随着技术的发展和新材料的大量运用，照明技术也有极大的发展。

12.1 照明的基本概念

1. 基本概念及名词解释（见表12－1）。

表12－1 照明基本概念名词解释

名称	符号	单位	说明
光线和辐射			光是电磁波辐射到人的眼睛，经视觉神经转换为光线，即能被肉眼看见的那部分光谱。这类射线的波长范围在360～830nm之间，仅仅是电磁辐射光谱非常小的一部分
光束（光通量）	Φ	流明（lm）	光源发射并被人的眼睛接收能量之总和
光强	I	坎德拉（cd）	即光的强度，可见光在某一特定方向角内所放射的强度
照度	E	勒克斯（$1m/m^2$） lx	照度是光通量与被照射面积之间的比例系数。1lx即指1lm的光通量平均分布在面积$1m^2$的平面上的明亮度
色温	K	开尔文（K）	当光源所发出的光的颜色与某一温度下“黑体”的颜色相同时，“黑体”的温度就称为该光源的色温。“黑体”的温度越高，光谱中蓝色的成分则越多，而红色的成分则越少。例如白炽灯的光色是暖白色，其色温表示为2700K，而日光荧光灯的色温表示方法则是6000K
光色			光色实际上就是色温，大致分三大类：暖色＜3300K；中间色3300～5000K；日光色＞5000K。由于光线中光谱的组成有差别，因此即使光色相同，光的显色性也可能不同
显色性			原则上，人造光线因与自然光线相同，使人的肉眼能正确辨别事物的颜色。当然，这要根据照明的位置和目的而定。光源对于物体颜色呈现的程度称为显色性，通常叫做显色指数（R_a）
灯具效率			灯具效率（也叫光输出系数）是衡量灯具利用能量效率的重要标准，它是灯具输出的光通量与灯具内光源输出的光通量之间的比例
光源效率 光源效率（lm/W）＝流明（lm）/耗电量W		lm/W	就是每一瓦电力所发出的光通量，其数值越高表示光源的效率愈高，所以对于使用时间较长的场所，如办公室走廊、道路、隧道等，效率通常是一个重要的考虑因素
亮度	L_v	cd/m^2	光源在某一方向上的单位投影面在单位立体角中反射光的数量，称为光源在某一方向的光亮度
眩光			视野内有亮度极高的物体或强烈的亮度对比，则可以造成视觉不舒适称为眩光。眩光可以分为失能眩光和不舒适眩光。眩光是影响照明质量的重要因素
平均寿命			也就是额定寿命，是指灯50%损坏的时间
光束角			光束角指的是灯具1/10最大光强之间的夹角

2. 光色的应用(见表 12－2)

表 12－2　光色名词解释

名　　称	说　　明
暖色光	暖色光的色温在 3300K 以下，暖色光与白炽灯相近，红光成分较多，能给人以温暖、健康，舒适的感觉，适用于家庭、住宅、宿舍、宾馆等场所或温度比较低的地方
冷白色光	又叫中性色，它的色温在 3300～5300K 之间，中性色由于光线柔和，使人有愉快、舒适、安祥的感觉，适用于商店、医院、办公室、饭店、餐厅、候车室等场所
冷色光	又叫日光色，它的色温在 5300K 以上，光源接近自然光，有明亮的感觉，使人精力集中，适用于办公室、会议室、教室、绘图室、设计室、图书馆的阅览室、展览橱窗等场所

12.2　常用电光源

电光源按其发光原理分为热辐射光源和气体放电光源两大类。热辐射光源是利用电流通过物体加热时辐射发光的原理所制成的光源，如白炽灯、卤钨灯(包括碘钨灯、溴钨灯等)；气体放电光源是利用气体放电时发光的原理所制成的光源，如荧光灯、高压汞灯、高压钠灯、金属卤化物灯和氙灯等。

1. 白炽灯

白炽灯是靠钨丝(灯丝)通过电流加热到白炽状态从而引起热辐射发光。在制造白炽灯时，功率在 40W 以下的白炽灯，通常是将玻璃壳内抽成真空，而功率超过(含)40W 的白炽灯则是在玻璃壳内充有氩气或氮气等惰性气体，使钨不易挥发。由于白炽灯结构简单，使用方便，而且显色性好，应用广泛。但它发光率低，使用寿命短，且不耐振。白炽灯是目前最常用的一种电光源，它主要由玻璃外壳、灯丝(钨丝)和灯头三部分组成，按其出线端区分，有插口式(也称卡口式)和螺口式两种。

2. 卤钨灯

(1) 卤钨灯的基本性能

卤钨灯是在白炽灯泡内充入含有少量卤族元素或卤化物(如碘化物或溴化物)的气体，利用卤钨循环原理来提高灯的发光效率和使用寿命。图 12－1 所示是卤钨灯的结构图。外壳用石英玻璃制成，外壳内的钨丝绕成螺旋形状，用若干钨丝圈支撑，以免灯丝碰管壁。当灯管内抽成真空并充入氢气和适量的碘，称碘钨灯。碘钨灯的安装接线原理与白炽灯相同。为了使灯内卤钨循环能顺利进行，卤钨灯必须水平安装，与水平线间的倾斜角必须小于 4°，而且不允许采用人工冷却措施(如风扇冷却)。由于卤钨灯工作时管壁温度高达 600 ℃，所以不能与易燃物靠近。卤钨灯的耐振性更差，因此需注意防振。但是它的显色性很好，使用也很方便。

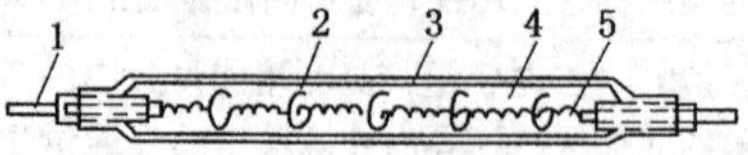

图 12－1　卤钨灯

1—灯脚；2—灯丝支架；

3—石英管；4—碘蒸气；5—灯

(2) 碘钨灯故障的排除

碘钨灯除了会出现如同白炽灯类似的常见故障外，还可能有：

① 因灯管安装倾斜，灯丝寿命缩短；

② 因工作时灯管过热，经反复热胀冷缩后，灯脚接触不良。

以上故障排除方法，应根据引起故障的原因，采取相应的措施。

3. 日光灯

日光灯又称荧光灯，它是利用汞蒸气在外加电压作用下产生弧光放电，发出少许可见光和大量紫外线，紫外线又激励灯管内壁涂覆的荧光粉，使之发光。由此可见，日光灯的发光效率比白炽灯高得多。在使用寿命方面日光灯也优于白炽灯，但是日光灯的显色性稍差。

4. 高压汞荧光灯

(1) 工作原理

高压汞荧光灯又称高压水银荧光灯(高压汞灯)，它是上述荧光灯的改进产品，属于高气压的汞蒸气放电光源。它不需要起辉器来预热灯丝，但它必须与相应功率的镇流器 L 串联使用。高压汞荧光灯具有省电、光效率高(约为白炽灯的 3 倍)、耐用(寿命约为 2500 ~ 15000h)等优点。使用和安装非常方便，适用于广场、体育馆、高大建筑物和道路等场合用作照明。高压汞荧光灯由玻璃外壳、石英玻璃放电管、上下主电极、引燃极、电阻和一些支架等组成，如图 12 - 2 所示。

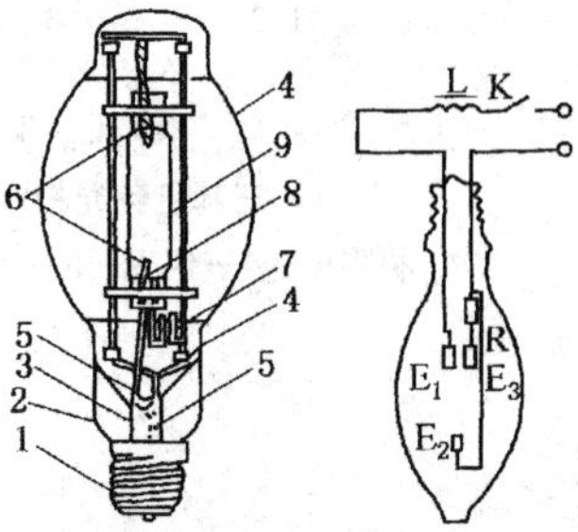

图 12 - 2　高压汞荧光灯

1—灯头；2—玻璃壳；3—抽气管；4—支架；5—导线；6—主电极 E_1，E_2；7—启动电阻；8—辅助电极；9—石英放电管；L—镇流器；K—开关；E_1，E_2—主电极；E_3—辅助电极；R—限流电阻

高压汞荧光灯工作时，第一主电极与辅助电极(触发极)间首先击穿放电，使管内的汞蒸发，导致第一主电极与第二主电极间击穿，发生弧光放电，使管壁的荧光物质受激，产生大量可见光。

(2) 高压汞荧光灯故障的排除

高压汞荧光灯附件较少，所以抗振性能较好，常见故障有：

① 不能起辉。一般是由于电压下降或镇流器选配不当而造成电流过小、灯管内部构件损坏等原因引起的。

② 只亮灯芯。一般是由于灯管玻璃破碎或漏气等原因引起的。

③ 亮而忽熄。一般是由于电压下降或灯座、镇流器和开关松动。

④ 开而不亮。一般是由于停电、线路熔断器烧断、开关失灵、灯泡损坏、镇流器烧坏或连接导线脱落等原因引起的。

以上故障的排除方法，应根据引起故障的原因，采取相应的修理措施。

5. 高压钠灯

高压钠灯利用高气压(压强达 104Pa)的钠蒸气放电发光，其辐射光谱集中在人眼较为敏感的区间，所以它的光效比高压汞灯还高一倍，且寿命长，但显色性较差，启动时间也较长。其接线与高压汞灯相同。

6. 金属卤化物灯

金属卤化物灯是在高压汞灯内添加某些金属卤化物，使金属蒸气在弧光放电的激励下辐射出该金属的特征光谱。常见的有钠、铊、铟灯和日光色管形镝灯。

7. 氙灯

长弧氙灯是一种充有高压氙气的功率可达 1000kW 的气体放电灯，俗称“小太阳”。

8. H 形节能荧光灯

H 形节能荧光灯是一种预热式阴极气体放电灯。它由两根顶部相通的玻璃管(管内壁涂有稀土三基色荧光粉)、三螺旋状灯丝(阴极)和灯头构成。H 形灯与电感式镇流器配套使用时，将起辉器装在灯头塑料外壳内并与灯丝连接好，另两根灯丝引线由灯脚引出。其结构如

图 12－3 所示。

H 形节能荧光灯配套用电感镇流器。该镇流器装在一塑料外壳内，外壳一端是灯的插拄孔，另一端做成螺纹灯头与电源连接，如图 12－4 所示。使用时将灯插在插接孔内，再将整个灯装在螺纹灯座上即可。H 形节能灯的接线与日光灯接线完全相同。

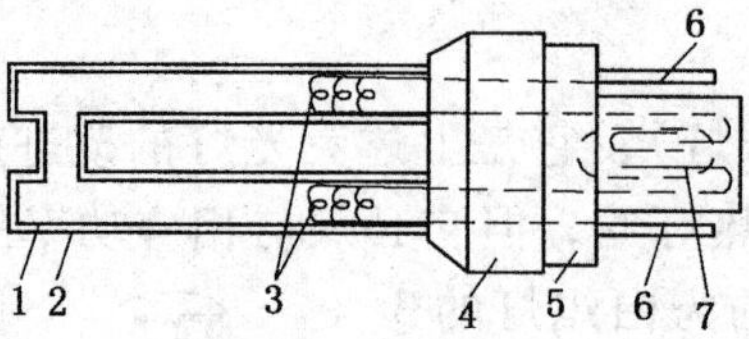

图 12－3 H 形灯结构

1—三基色荧光粉；2—玻璃管；3—三螺旋状阴极；4—铝壳；5—塑料壳；6—灯脚；7—起辉器

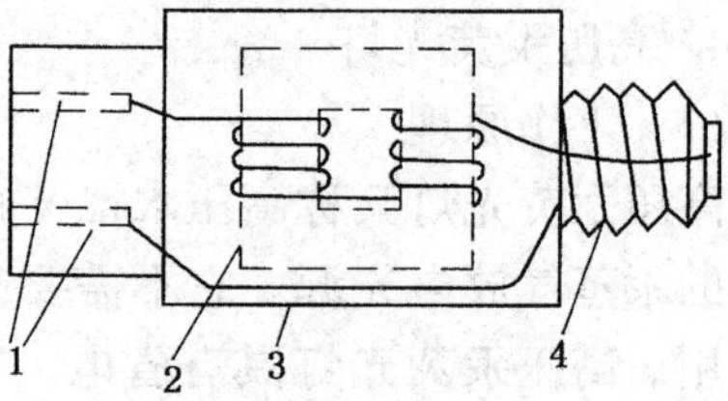

图 12－4 H 形灯镇流器

1—插口；2—镇流器；3—塑料壳；4—灯头

12.3 照明灯具

12.3.1 灯具的分类

照明工程中所用灯具的种类很多，其分类方法也有多种，在此仅介绍几种常用的分类方法。

12.3.1.1 按灯具出射光线的分布分类

1. CIE 光通分类

CIE 是 1930 年为建立一套界定和测量色彩的技术标准而成立的国际发光照明委员会。

根据 CIE 的建议，灯具按光通量在上下两个半球空间的分布比例分为 5 类，其特征见表 12－3。

表 12－3 CIE 的灯具分类

灯具类别		直接型	半直接型	全漫射（直接－间接）型	半间接型	间接型
光强分布		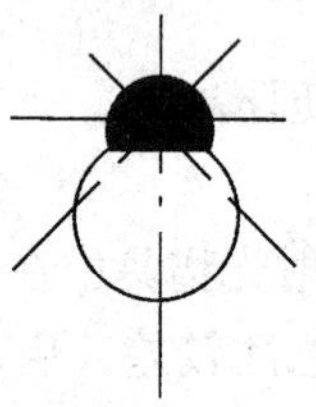	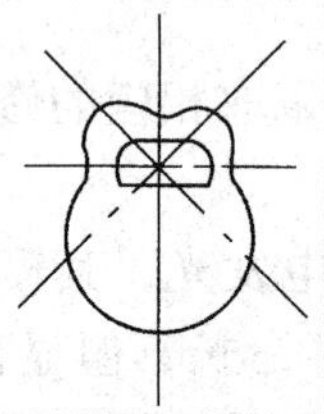	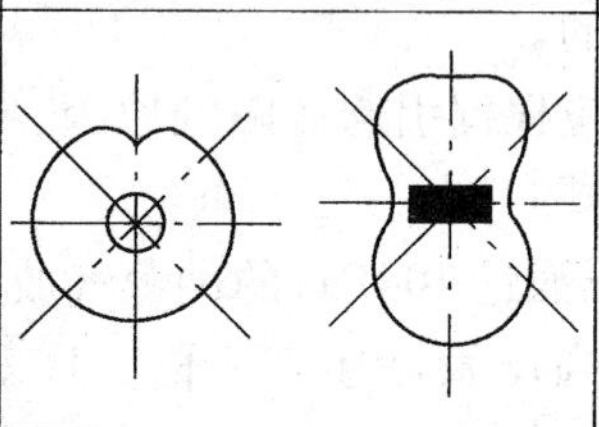	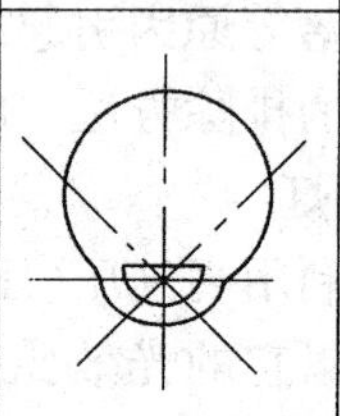	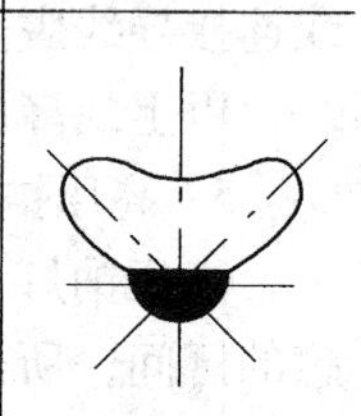
光通分配/%	上	0～10	10～40	40～60	60～90	90～100
	下	100～90	90～60	60～40	40～10	10～0

（1）直接型灯具　灯具由反射性能良好的非透明材料制成，如搪瓷、抛光铝或铝合金板和镀银镜面等，下方敞口，光线通过灯罩的内壁反射和折射，将 90% 以上的光通量向下直射，工作面上可以获得充分的照度。直接型灯具的效率较高，但因上射光通量几乎没有，故顶棚很暗，与灯容易形成强烈的亮度对比，又因光线的方向性较强，易产生较重的阴影。

（2）半直接型灯具　灯具由半透明的材料制成，下方敞口灯具或筒式荧光灯多属于这类灯具。它能将较多的光线直接照射到工作面上，供作业照明；上射光通量可供空间环境照明，使室内有适合各种活动的亮度比。

（3）漫射型（直接间接型）灯具　灯具用漫透射材料（乳白玻璃或透明塑料等）制成封闭式的灯罩，造型美观，光线柔和均匀，但光通量损失较多，光利用率较低。

（4）半间接型灯具　灯具上半部分用透光材料制成或采用敞口结构，下半部分用漫透射材料制成。由于上射光通量分布比例超过了60%，因而增加了室内散射光的照明效果，光线更加柔和均匀，但灯具的上部很容易积尘而导致灯具效率下降。

（5）间接型灯具　灯具上半部分用透明材料，下半部分用不透光材料，使90%以上的光通量照射到顶棚或其他反射器，再反射到工作面上，因此能很大限度地减少阴影和眩光，光线极其均匀柔和，但照明缺乏立体感，且光损失很大。

2. 直接型灯具按距高比分类

一般情况下，室内照明基本上都采用直接型灯具，按照灯具的允许距高比均匀布置，以确保水平工作面上获得较均匀的照度。

（1）灯具的距高比　灯具的距高比是指两个相邻灯具中心之间的距离 s 与灯具到工作面的高度（即灯具的计算高度）h 之比。

（2）灯具的允许距高比　灯具的允许距高比是指灯间距 s 与灯计算高度 h 之比的最大允许值。其意义在于只要布置灯具时保证实际距高比不大于灯具的允许距高比，那么工作面上的照度就会比较均匀。

例如有两个灯具 A 和 B（见图 12-5），由 A（或 B）在其正下方工作面上产生的照度最大，偏离正下方越远，由它产生的照度就越小。若设各灯具在其正下方（P 点）产生的照度为 E，如果这两个灯具在 $s/2$ 处（Q 处）分别产生的照度为 $E/2$，则整个工作面上的照度就比较均匀。照明工程中，称 Q 点与光中心的连线和光轴之间的夹角为 1/2 照度角，用 θ 表示。

显然
$$\tan\theta = s/2h \tag{12-1}$$
$$s/h = 2\tan\theta \tag{12-2}$$

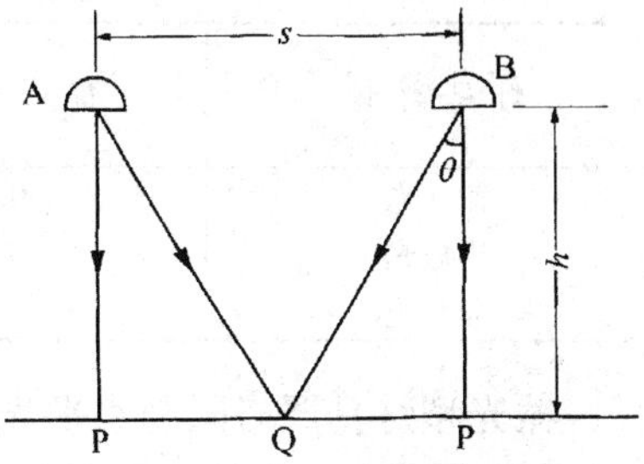

图 12-5　1/2 照度角与距高比

由式（12-2）求出的距高比 s/h 就是灯具的允许距高比。显然，允许距高比的大小由 1/2 照度角决定。灯具的配光特性不同，则 1/2 照度角不同，因而就具有不同的允许距高比。在实际应用中，灯具制造厂提供的灯具资料中应给出灯具的允许距高比。

（3）直接型灯具按允许距高比分类　根据允许距高比，直接型灯具可分为 5 类，见表12-4。

表 12-4　直接型灯具按最大允许距高比分类（5 类）

分类名称	距高比	1/2 照度角	分类名称	距高比	1/2 照度角
特狭照型	$s/h \leq 0.5$	$\theta \leq 14°$	广照型	$1.0 < s/h \leq 1.5$	$27° < \theta \leq 37°$
狭照（深照、集照）型	$0.5 < s/h \leq 0.7$	$14° < \theta \leq 19°$			
中照（扩散、余弦）型	$0.7 < s/h \leq 1.0$	$19° < \theta \leq 27°$	特广照型	$1.5 < s/h$	$37° < \theta$

一般情况下，较窄光束的投光灯用于被照面较远、照度要求较高的场所；较宽光束的投光灯用于被照面较近、照度要求低且均匀的场所。

3. 投光灯的分类

投光灯（泛光灯）均以光束角的大小进行分类。光束角指的是灯具 1/10 最大光强之间的夹角。

荷兰按光束角的大小将投光灯分为三类，见表12－5。美国按光束角的大小将投光灯分为7类，见表12－6。

表12－5　荷兰对投光灯按光束角分类

光束分类	光束角/(°)	光束分类	光束角/(°)
窄光束	10～25	宽光束	>40
中光束	25～40		

表12－6　美国对投光灯按光束角分类

光束分类	光束角/(°)	光束分类	光束角/(°)
特窄光束	10～18	中等宽光束	70～100
窄光束	18～29	宽光束	100～130
中等窄光束	29～46	特宽光束	130～180
中等光束	46～70		

4. 道路照明灯具的分类

CIE在1965年制定了道路照明灯具按光强分布的分类方法，现在许多国家仍在应用。该方法使用“截光”、“半截光”、“非截光”三种类型来描述道路照明灯具的性质，见表12－7。

表12－7　道路照明灯按光强分布分类

灯具类型	最大光强的方向	在下列方向允许的最大光强值	
		90°	80°
截　光	0～65°	10cd/1000lm	30cd/1000lm
半截光	0～70°	50cd/1000lm	100cd/1000lm
非截光	—	1000cd	—

截光型灯具严格限制水平光线，给人的感觉是“光从天上来”，几乎感觉不到眩光，同时路面的亮度和亮度均匀度都较高；非截光型灯具不限制水平光线，眩光严重，但它能把接近水平的光线射到周围的建筑物上，看上去有一种明亮的感觉；半截光型灯具给人一种“光从建筑物来”的感觉，有眩光但不太严重。一般道路照明主要选用截光型和半截光型灯具。

12.3.1.2　按灯具的结构和功能分类

按这种分类方法大致可分为以下几种：

1. 按外壳防护等级分类

根据我国国家标准GB 7001—1986《灯具外壳防护等级分类》的规定，灯具的外壳防护等级由特征字母“IP”和两个特征数字组成。IP后的第一个特征数字是指防止人体触及或接近外壳内部的带电部分，防止固体异物进入外壳内部的防护等级，见表12－8；IP后的第二个特征数字是指防止水进入灯具外壳内部的防护等级，见表12－9。

表12－8　第一位特征数字所表示的防护等级

第一位特征字	防护等级	
	简短说明	含　义
0	无防护	没有特殊要求
1	防大于50mm的固体异物	人体某一大面积部分，如手(但对有意识的接近并无防护)，固体异物直径超过50mm

第一位特征字	防护等级	
	简短说明	含义
2	防大于12mm的固体异物	手指或类似物，长度不超过80mm，固体异物直径超过12mm
3	防大于2.5mm的固体异物	直径或厚度大于2.5mm的工具、电线等，固体异物直径超过2.5mm
4	防大于1mm的固体异物	厚度大于1mm的线材或片条，固体异物直径超过1mm
5	防尘	不能完全防止尘埃进入，但进入量不能达到妨碍设备正常运转的程度
6	尘密	无尘埃进入

表12-9　第二位特征数字所表示的防护等级

第二位特征字	防护等级	
	简短说明	含义
0	无防护	没有特殊要求
1	防滴	滴水（垂直滴水）无有害影响
2	15°防滴	当外壳从正常位置倾斜在15°以内时，垂直滴水无有害影响
3	防淋水	与垂直成60°范围以内的淋水无有害影响
4	防溅水	任何方向溅水无有害影响
5	防喷水	任何方向喷水无有害影响
6	防猛烈海浪	猛烈海浪或强烈喷水时，进入外壳水量不致达到有害程度
7	防浸水影响	浸人规定压力的水中经规定时间后进入外壳水量不致达到有害程度
8	防潜水影响	能按制造厂规定的条件长期潜水

注：表中第二位特征数字7通常指水密型，第二位特征数字8通常指加压水密型。水密型灯具未必适合于水下工作，而加压水密型灯具能用于这样的场合。

实际应用中，灯具的防护等级低于IP20的灯具不需要标记，并且，如果只需要用一个特征数字表示防护等级，被省略的数字必须用字母X代替。例如，防喷水灯具可表示为IPX5，无尘埃进入灯具可表示为IP6X。

2. 按防触电保护分类

灯具的所有带电部件（包括导线、接头、灯座等）必须用绝缘物或外加遮蔽的方法将它们保护起来，以适应不同的使用方法和使用环境。我国国家标准将其分为0类、Ⅰ类、Ⅱ类和Ⅲ类。各等级的定义、说明见表12-10。

表12-10　灯具防触电保护分类

等级	定义	说明
0类	依靠基本绝缘防触电，一旦绝缘失效，只靠周围环境提供保护，否则，易触及部件和外壳会带电	金属外壳要与带电部件隔开，绝缘材料的外壳可成为基本绝缘，内部有部分地方可以采用双重或加强绝缘
Ⅰ类	除靠基本绝缘防触电外，可能触及的导电部件要与保护导线（地线）连接，万一基本绝缘失效时，导电部件不会带电	金属外壳要与带电部件分开，绝缘材料的外壳内有接地线；若带软线，则软线中应包括保护导线，若不使用保护导线，安全程度同0类
Ⅱ类	采用双重绝缘或加强绝缘作为安全防护，无保护地线	一个完整的绝缘外罩可视作补充绝缘；金属外壳的内部一定要双重或加强绝缘
Ⅲ类	采用特低安全电压（交流有效值不超过50V），灯内不会产生高于此电压值	不必有保护性接地

3. 按灯具的结构特点分类

(1) 开启型　光源与外界空间直接接触(无罩);

(2) 闭合型　透光罩将光源包含起来，但内外空气仍能自由流通;

(3) 封闭型　透光罩固定外加以一般封闭，与外界隔绝比较可靠，但内外空气仍可有限流通;

(4) 密闭型　透明罩固定处加以严格封闭，与外界隔绝相当可靠，内外空气不能流通;

(5) 防爆型　透明罩本身及其固定处和灯具外壳，均能承受要求的压力，符合《防爆电气设备制造检验规程》的规定，能安全使用在爆炸危险性介质的场所。防爆型又可分为隔爆型和安全型。隔爆型代号为"d"，用于正常运行时就有可能出现爆炸性气体环境的场所；安全型的代号为"e"，用于正常运行时不可能出现爆炸性气体环境，如果出现也是偶尔发生并且也是短时间存在的场所。

透明件是隔爆外壳的一部分。因为透明件必须能承受内部爆炸性混和物的爆炸压力并阻止向周围爆炸性混和物传爆，又必须承受使用环境中温度和外界因素的影响，包括机械、化学、热能的作用。因此，透明件一般采用玻璃和钢化玻璃制成，必须能承受国家规定的机械冲击和热冲击试验。灯具透明件与外壳之间可以直接胶封；也可采用密封结构，此时密封垫既有密封作用又有隔爆作用，密封垫厚度不小于2mm。为保证密封的可靠性，密封垫一般采用硅橡胶或氟橡胶等离火能自动熄灭的材料制成。

(6) 防腐型　外壳用耐腐蚀材料，密封良好。用于含有腐蚀性气体的场所。

12.3.1.3　*其他分类方法*

1. 按使用的光源分类

(1) 白炽灯　采用白炽灯或卤钨灯作为光源的灯具。

(2) 荧光灯具　采用荧光灯作为光源的灯具。直管荧光灯具的形式很多，主要有带式、简式、格栅、组合式等，各种灯具可以不同程度地改善其光学特性和装饰性，是应用最多的灯具。环形和紧凑型，由于其结构和体积都近似于白炽灯，所以多数都可以直接采用白炽灯具。具有很强的装饰性，其应用也十分广泛。

(3) 高强度气体放电灯具　采用 HID 灯作为光源的灯具，多用于工厂照明和城市闹市区的装饰照明。另外，HID 灯还可制造成各种投光灯，用于城市的泛光装饰照明。

(4) 混光灯具　为了改善显色性和光色，保证灯具有较高的光效率，可以将两种不同的高强度气体放电光源混光使用。例如，把高压汞灯($R_a = 30 \sim 40$)和高压钠灯($R_a = 20 \sim 30$)安装在一起，按适当的比例产生的混合光，其显色指数可提高到 40～50。因此近年来不少灯具厂生产了专门的混光灯具，有的采用两只反射罩，分别反射两种光源；有的采用一只椭圆型反射罩，把两种光源合装在一起。

2. 按安装方式分类

(1) 吸顶灯　直接安装在顶棚上的灯具。常用于大厅、门厅、走廊、厕所、楼梯及办公室、会议室等场所。

(2) 嵌入顶棚式(镶嵌灯)　灯具可嵌入顶棚内。近年来被广泛用于走廊、会议室、商店、计算机房、办公室、酒吧、舞厅、剧院、酒店客房、餐厅等装饰吊顶的场所。

(3) 壁灯　安装在墙壁上的灯具，主要作为室内装饰，兼作辅助性照明。广泛用于酒店、餐厅、歌舞厅、卡拉 OK 包房和居民住宅等场所。

(4) 悬挂式灯具(吊灯)　用软线、链条或钢管将灯具从顶棚吊下。一般吊灯用于装饰性要求不高的各种场所；而比较高档的装饰多采用花吊灯，这种灯具以装饰为主，花样品种十分繁多，广泛用于酒店、餐厅、会议厅和居民住宅等场所。

(5) 嵌墙型灯具　将灯具嵌入墙体上。多用于应急疏散指示或酒店等场合作为脚灯。

(6) 移动式灯具　如台灯、落地灯、床头灯、轨道灯等。它可以自由移动以获得局部高照度，同时又作为装饰，可以改变室内气氛。广泛用于工厂车间、办公室、展览馆、商店橱窗、酒店和居民住宅等场所。

12.3.2　灯具的选用

照明设计中，应选择既满足使用功能和照明质量的要求，又便于安装维护、长期运行费用低的灯具，具体应考虑以下几点：

1. 配光的选择

配光的选择主要应根据各类灯具的配光特点及使用场合要求来综合考虑。例如：

(1) 在各种办公室及公共建筑中，房间的墙和顶棚均要求有一定的亮度，要求房间内各表面有较高的反射比，并需有一部分光直接射到顶棚和墙上。此时，可以采用上射光通量不小于15%的半直接型灯具，从而获得舒适的视觉条件及良好的艺术效果。另外，有吊顶的大型办公室或大厅，可以采用嵌入式格栅荧光灯具；有空调的房间内可以选用空调灯具，以有效地节约电能。

(2) 工业厂房应采用效率较高的开启式直接型灯具。在高大的厂房内(6m以上)，宜采用配光较窄的灯具，但对有垂直照度要求的场所则不宜采用，而应考虑有一部分光能照射到墙上和设备的垂直面上；厂房不高或要求减少阴影时，可采用中照型、广照型等配光的灯具，使工作点能受到来自各个方向的光线的照射。

(3) 为了限制眩光，应采用表面亮度低、保护角符合规定的灯具，如带有格栅或漫射罩的灯具，亦可采用蝙蝠翼配光的灯具，使视线方向的反射光通量减少到最低限度，可以显著地减弱光幕反射。

(4) 当要求垂直照度时，可选用不对称配光的灯具，也可采用指向型灯具(聚光灯、射灯等)。

2. 按环境条件选择

按环境条件选择，应特别注意有火灾危险、爆炸危险、灰尘、潮湿、振动和化学腐蚀等特殊的环境条件，灯具的外壳防护等级应确保灯具能在特殊环境条件下安全工作。

3. 按防触电保护要求选择

防触电保护0类灯具的安全程度不高，只能用于安全程度好的环境，如空气干燥、木地板的场所；防触电保护Ⅰ类灯具的金属外壳接地，安全程度有所提高，如投光灯、路灯、庭院灯等；防触电保护Ⅱ类灯具的绝缘性好，安全程度高，适用于环境差、人经常触摸的灯具，如台灯、手提灯等；防触电保护Ⅲ类灯具的安全程度最高，用于恶劣环境，如机床灯、儿童用灯等。

4. 经济性

在保护满足使用功能和照明质量要求的前提下，应对可供选择的灯具和照明方案进行经济合理性比较，主要考虑初投资费(灯具的净费用、安装费、灯泡的初始安装净费用)、年运行费(每年的电费、更换灯泡的年平均费)以及年维护费(换灯和清扫的年人力费)。在满足照明质量、环境条件和防触电要求的情况下，尽量选用效率高、利用系数高、安装维护方便的灯具。

5. 灯具外形应与建筑物相协调

灯具的造型尺寸、外表面的颜色等应与建筑物协调一致，还可以通过采用艺术灯具(壁灯、吊灯、特制的各种灯具等)，来达到美化环境、烘托建筑的目的。

12.4 照明配电

12.4.1 电气照明施工图设计程序

电气照明工程设计通常分方案设计、初步设计、施工图设计三个阶段。大型工程设计严格按三个阶段进行，小型工程往往将方案设计和初步设计合二为一。各设计阶段的任务和要求简介如下：

12.4.1.1 方案设计

在方案设计阶段中，电气专业设计人员的主要任务是根据工程主持人给出的建筑物类别、建筑总平面图、层数、总高度、用途、类型，建筑物总面积、绝对标高点、相对标高点、位置和方向等各项技术参数和国家现行的建筑电气工程设计标准、规范、安装定额，按规范规定的“W/m^2”数，匡算出照明用电总功率，确定高压用电还是低压用电，确定电源引入方向和电缆走向路由及电源路数，变配电所位置，并考虑是否设置应急柴油发电机组，再按每平方米造价匡算电气照明工程造价。

12.4.1.2 初步设计

1. 初步设计的主要任务

初步设计是方案设计的深化。其主要任务有：

(1) 了解和确定建设单位的用电要求；

(2) 落实供电电源及配电方案；

(3) 确定工程的设计项目和内容；

(4) 进行系统方案设计和必要的计算；

(5) 编制出初步设计文件；

(6) 估算各项技术与经济指标；

(7) 解决好专业之间的配合。

2. 设计文件的深度

初步设计文件的深度要求如下：

(1) 可以确定设计方案；

(2) 满足主要设备及材料的订货；

(3) 可以确定工程概算，控制工程投资；

(4) 可以进行施工图设计；

12.4.1.3 施工图设计

1. 主要任务

(1) 进行具体的设备布置(如照明配电箱、灯具、开关的平面布置等)、线路敷设和必要的计算(照度计算、电气负荷计算、电压损失计算等)；

(2) 确定各电器设备的型号规格以及具体的安装工艺；

(3) 编制出施工图设计文件(包括照明平面图和照明系统图，设计说明、计算书)；

(4) 与各专业密切配合，避免盲目布置而造成返工。

2. 设计文件的深度

（1）可以编制出施工图的预算；

（2）可以确定材料、设备的订货和安排非标准设备的制作；

（3）可以进行施工和安装；

12.4.2　车间动力电气平面布线图

电气平面布线图是在建筑平面图上应用国家规定的电气平面图图形符号和有关文字符号，按照电气设备的安装位置及电气线路的敷设方式、部位和路径绘制的电气平面图。

车间动力电气平面布线图是表示供电系统对车间动力设备配电的电气平面布线图。图12－6所示是一个机加车间动力电气平面布线图。

由图可见，平面布线图上必须表示出所有用电设备的位置，依次对设备编号，并注明设备的容量。按GB/T 4728.11—1985规定，标注用电设备的标准格式为

$$\frac{a}{b}\text{或}\frac{a}{b}+\frac{c}{d}$$

式中　a——设备编号；

b——设备的额定容量，kW；

c——线路前端熔体或低压断路器脱扣器的电流，A；

d——标高，m。

图12－6中采用的是a/b格式。

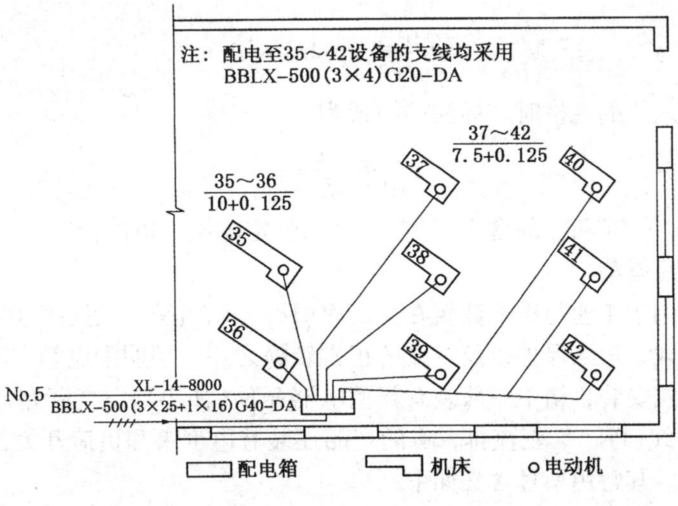

图12－6　机加工车间(一角)的动力电气平面布线图

在平面布线图上，还须表示出所有配电设备的位置，同样要依次编号，并标注其型号规格。按GB/T 4728.11—1985规定，配电设备一般标注的格式为

$$a\frac{b}{c}\text{或}\ a-b-c$$

当需要标注引入线的规格时，标注的格式是

$$a\frac{b-c}{d(e\times f)-g}$$

式中　a——设备编号；

b——设备型号；

c——设备的额定容量，kW；

d——导线型号；

e——导线根数；

f——导线截面积，mm^2；

g——导线敷设方式及部位。

关于线路敷设方式和敷设部位的文字代号见表 12－11。

表 12－11　线路敷设方式及部位的文字代号

敷设方式的文字代号				敷设部位的文字代号	
敷设方式	代号	敷设方式	代号	敷设部位	代号
明　敷	M	用卡钉敷设	QD	沿梁下弦	L
暗　敷	A	用槽板敷设	CB	沿柱	Z
用钢索敷设	S	穿焊接钢管敷设	G	沿墙	Q
用瓷瓶敷设	CP	穿电线管敷设	DG	沿天花板	P
用瓷夹敷设	CJ			沿地板	D

本示例采用的是后一种格式。动力配电箱规格为 XL－14－8000。引入线的型号规格和敷设方式为 BBLX－500(3×25＋1×16)G40－DA，它表示采用电压 500V 的铝芯橡皮线，$25mm^2$相线三根，$16mm^2$零线一根，穿内径为 40mm 的焊接钢管地板敷设。

在平面布线图上，对开关和熔断器也要进行标注。按 GB/T 4728.11—1985 规定，其一般标注的格式为

$$a\frac{b}{c/i}\text{或 } a-b-c/i$$

当需要标注引入线的规格时，标注的格式为

$$a\frac{b-c/i}{d(e\times f)-g}$$

式中　a、b、c、d、e、f 和 g 的含义同前；i 表示整定电流，单位为 A。

12.4.3　照明配电箱

照明配电箱适用于工业与民用建筑在交流 50Hz、额定电压不超过 500V 的照明控制回路中，作为线路的过载、短路保护以及线路的正常转换之用。照明配电箱一般采用封闭式箱结构，悬挂式或嵌入式安装，箱中一般装有新型电器元件(如小型空气断路器、漏电开关等)、中性线(N)和保护线(PE)、汇流排，有的产品还装有电度表和负荷开关，多采用下侧或上下两侧进出线方式。其常用型号含义如下：

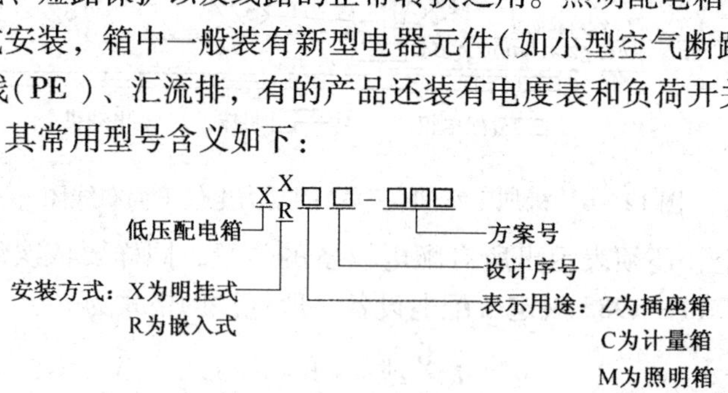

照明设计中，应首先根据负荷性质和用途，确定选用照明箱、计量箱、插座箱，然后根据控制对象负荷电流的大小、电压等级以及保护要求，确定配电箱内支路开关电器的容量、电压等级，按负荷管理所划分的区域确定回路数，并应留有 1～2 个备用回路。选择配电箱时，还应根据使用环境和场合的要求，确定配电箱的结构形式(明装、暗装)、外观颜色以

及外壳防护等级(防火、防潮、防爆等)。

实际工程中，照明配电箱一般设置在电源的进口处。同时，应考虑便于操作，不妨碍交通，应尽量避免安装在有水或有易燃易爆物品的场所；照明配电箱应尽可能设置在负荷的中心，以节约用线和减少线路的电压损失。安装时，悬挂式和嵌入式照明配电箱的下边距地(楼)面高度一般为1.4m；落地式配电箱的下边距地(楼)面高度一般为0.3m。

12.4.4 照明供电线路的接地

对于380/220V的低压配电系统，我国广泛采用中性点直接接地的运行方式。按保护接地的型式不同，低压供电网络分为IT系统、TT系统和TN系统，而照明供电网络主要采用的是TN系统和TT系统。

1. 名词解释

(1) 系统中性点　三相电力系统中三相绕组或三根相线的公共联结点。当中性点接地时，中性点称为“零点”。

(2) 中性线(N线)　与电源中性点连接的导线，其功能：一是用于连接需要220V相电压的单相设备；二是用来传导三相不平衡电流和单相电流；三是减少负荷中性点的电位偏移。

(3) 保护线(PE线)　将电气设备的外露可导电部分连接到电源的接地中性点上，当系统中设备发生单相接地故障时，便形成单相短路，使保护电器动作，切除故障设备，从而防止触电事故发生，保证人身安全。

(4) 保护中性线(PEN线)　兼有PE线和N线功能的导线。外露可导电部分。正常时不带电，但故障情况下可能带电的电气装置的容易触及的金属外壳，有时简称设备外壳。

(5) 装置外可导电部分　给定场所中不属于电气装置组成部分的导体，如场所中的金属管道等。

(6) 等电位联结　使各外露可导电部分之间或装置外可导电部分之间电位基本相等的电气连接。

2. TN系统

TN系统即电源中性点直接接地、设备外露可导电部分与电源中性点直接电气连接的系统，它有TN－S、TN－C和TN－C－S三种形式，分述如下：

(1) TN－S系统　如图12－7所示，系统中用电设备外露可导电部分通过PE线连接到电源中性点，与系统中性点共用接地体。TN－S系统的最大特征是N线与PE线在系统中性点分开后，不能再有任何电气连接，这一条件一旦破坏，TN－S系统便不再成立。TN－S系统由于其较高的安全可靠性而成为我国现在应用最为广泛的一种系统，在自带变配电所的建筑中几乎无一例外地采用了TN－S系统。

(2) TN－C系统　如图12－8所示，它将N线与PE线合二为一，用PEN线来同时承担两者的功能。在用电设备处，PEN线既连接到负荷的中性点上，又连接到设备的外露可导电部分。TN－C系统曾经在我国广泛应用，但由于它所固有的技术上的种种弊端，现在已很少采用，尤其是在民用配电中已基本上不允许采用TN－C系统。

(3) TN－C－S系统　如图12－9所示，它是TN－C系统和TN－S系统的结合形式，在TN－C系统的末端将PEN线分开为PE线和N线，分开后不允许再合并。所以在系统的前半部分具有TN－C系统的特点，而其后半部分具有TN－S系统的特点。目前在一些民用建筑物中，电源入户前为TN－C系统，电源入户后将PEN线分为PE线和N线，即入户后系统就变为 TN－S 系统了。该系统适用于工业企业和一般民用建筑。当负荷端装有漏电开关，干线端装有接零保护时，也可用于新建住宅小区。

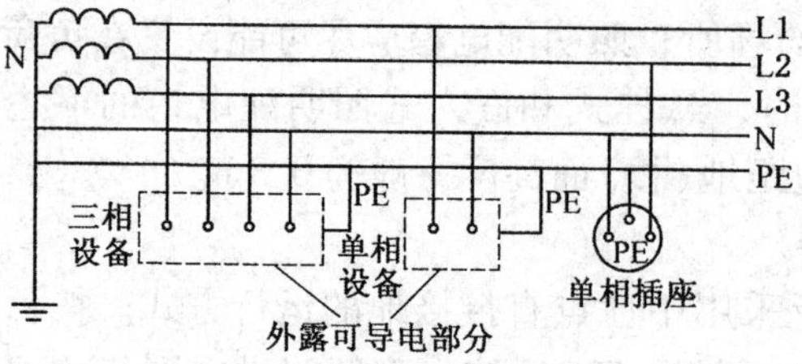

图 12－7　TN－S 系统

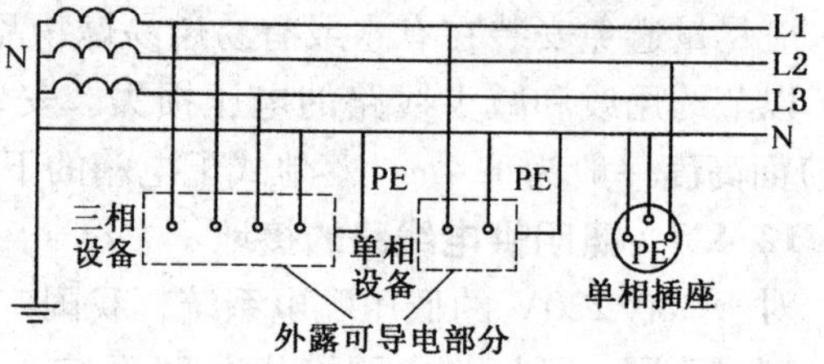

图 12－8　TN－C 系统

3. TT 系统

TT 系统就是电源中性点直接接地，用电设备外露可导电部分也直接接地的系统，如图 12－10 所示。通常将电源中性点的接地叫做工作接地，而设备外露可导电部分的接地叫做保护接地。TT 系统中，这两个接地必须是相互独立的。设备接地可以是每一设备都有各自独立的接地装置，也可以若干个设备共用一个接地装置。

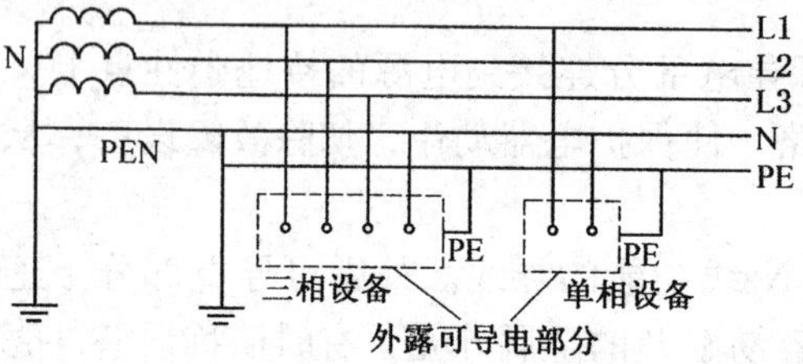

图 12－9　TN－C－S 系统

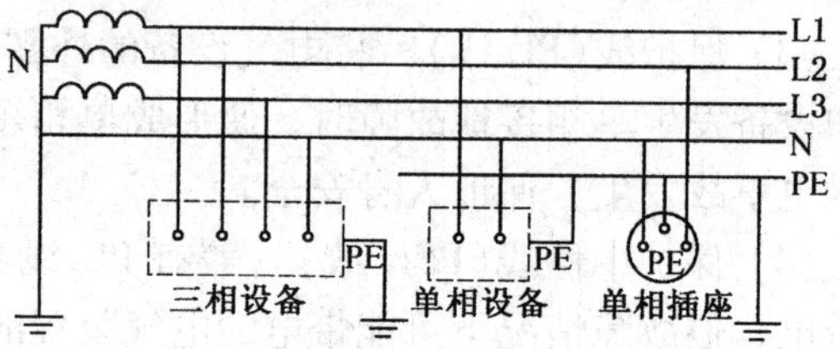

图 12－10　TT 系统

在实施漏电保护的基础上，TT 系统有很多的优点，是一种值得推广的接地形式。

4. 漏电保护装置

漏电保护装置，是对电气回路的不平衡电流进行检测而发出信号的装置，当回路中有电流泄漏且达到一定值时，漏电保护装置可向断路器发出跳闸信号，切断电路，以避免触电事故的发生或因泄漏电流造成火灾事故的发生。

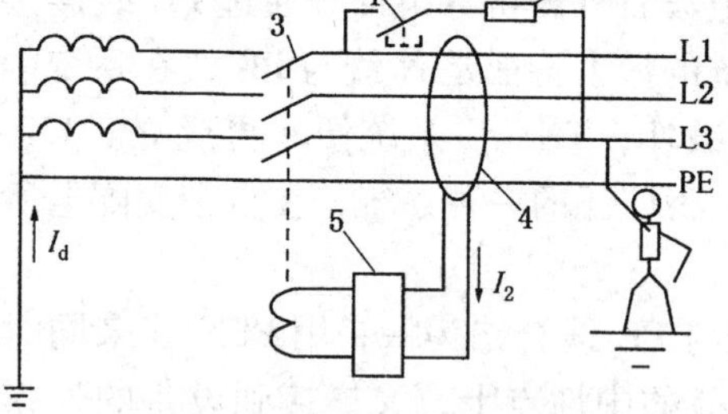

图 12－11　漏电断路器原理图

1—试验按钮；2—试验电阻；3—断路器；4—零序电流互感器；5—漏电脱扣器

漏电保护装置主要由零序电流互感器、漏电脱扣器、试验装置等组成，其关键部件是零序电流互感器，用于测出电气回路的不平衡电流。漏电保护装置必须与断路器或负荷开关配合使用。若将漏电保护装置与断路器合成为一个电器，则称为漏电断路器；若将漏电保护装置与负荷开关合成为一个电器，则称为漏电开关。

图 12－11 为漏电断路器原理图。当被保护线路发生人身触电或接地漏电故障时，故障电流 I_d 就通过大地返回变压器的中性点。这时，零序电流互感器 4 的一次侧就有励磁电流，该励磁电流在环形铁芯中产生一个磁通，使二次侧绕组产生电压，此电压加在脱扣机构 5 的线圈上产生一电流 I_2，当触电或接地漏电故障电流 I_d 达某一规定值时，I_2 就增大到足以推动脱扣机构动作，使主断路器 3 分闸，切断电源，达到保

护的目的。

漏电保护装置的脱扣器分为电磁式和电子式。电磁式漏电保护装置能直接通过脱扣器操作断路器，而电子式漏电保护装置则需经过电子放大器将信号放大后才能使脱扣器动作操作断路器，它需要专门的电源才能工作。因此，前者动作可靠性更高，但价格较高。

漏电保护装置的选择很重要。选择漏电保护装置的动作电流值时，应考虑到被保护线和设备可能发生的正常泄漏电流值，必要时可通过实际测量取得被保护线路或设备的泄漏电流值。漏电保护装置的动作电流数值可按表 12－12 选择，三级漏电保护安装位置及动作电流、动作时间可按表 12－13 选择。

表 12－12　漏电保护装置的动作电流数值选择

类　别	动作电流/mA	类　别	动作电流/mA
手握式用电设备	15	家用电器回路及照明线路	≤30
医疗电气设备	6	成套开关柜、分配电盘等为 100mA 以上，用于总保护	200～500
建筑施工工地的用电设备	15～30		
环境恶劣或潮湿场所的用电设备(如高空作业、水下作业等处)	6～10	防止电气火灾	300

表 12－13　三级漏电保护安装位置及动作电流、动作时间的选择

方　案		Ⅰ	Ⅱ	Ⅲ	Ⅳ
进　线	动作电流/mA	500～1000	—	200～1000	200～1000
	动作时间/s	1～2	—	0.2～2	0.2～2
干　线	动作电流/mA	200～500	100～1000	30～200	—
	动作时间/s	0.2～0.5	0.2～2	0.2 以下	—
分支线	动作电流/mA	30～200	30～200	—	30～200
	动作时间/s	0.1 以下	0.1 以下	—	0.1 以下
设备外壳接地电阻/Ω		100～500	100～500	100～500	100～500
设备外壳接地电压/V		15～20	15～20	15～20	15～20
可靠性比较		可靠性高经济性较差	可靠性最高	可靠性最差	可靠性较差

12.4.5　动力、照明线路与质量检验

12.4.5.1　*动力与照明线路基本配电方式*

1. 放射式配电方式

图 12－12(a)所示为放射式配电系统。其优点是各负荷独立受电，当线路发生故障时，不影响其他回路的供电，故它的可靠性较高。但投资费用较高，有色金属耗量较大。放射式配电一般用于重要负荷。

2. 树干式配电方式

图 12－12(b)所示为树干式配电系统。与放射式配电系统比较，其优点是建设费用低。但如果干线发生故障时影响范围大，可靠性差。

3. 混合式配电方式

图 12－12(c)所示为混合式配电系统。它是前两种配电系统的综合应用，具有两种

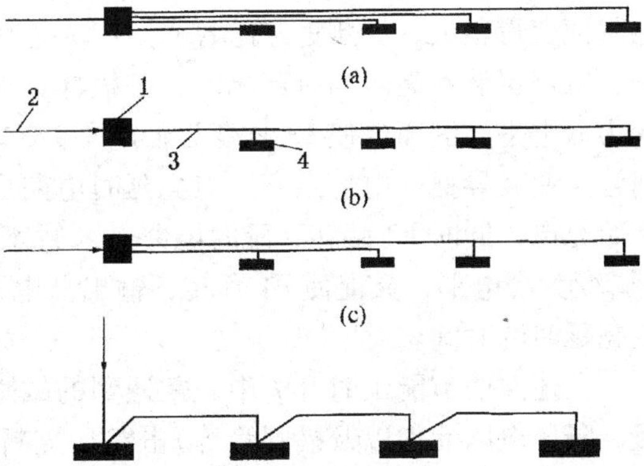

图 12－12　配电方式

(a) 放射式配电系统；(b)树干式配电系统；(c) 混合式配电系统；(d) 链式配电系统
1—照明总配电箱；2—电源引入线；3—配电线路；4—分配电箱

配电系统的优点，在实际工程中应用最为广泛。

4. 链式配电方式

图 12－12(d)所示为链式配电系统。它与树干式配电系统相似，适用于距离配电所较远、彼此之间相距又较近的不重要的小容量设备，链接的设备一般不超过 3～4 台。

12.4.5.2 照明节能开关

大量使用的广场灯、路灯、楼道灯、企业生产装置区照明等，由于不能根据需要适时开关，浪费大量电能。如果能对这些照明灯加装控制电路，使它能够根据需要或环境情况适时进行开、关，就可以节约大量的电能。目前，用于控制的电路形式多种多样，控制的方法也各不相同。下面以某声、光控节能灯为例。

图 12－13 所示为节能灯控制电路。它由二极管 D1～D4 、晶闸管 MCR100－6 组成主电路；电阻 R1 、电容 C1 组成降压电路，给控制电路提供 4.7V 的直流工作电压；光敏电阻、驻极体话筒和非门电路等组成控制电路。

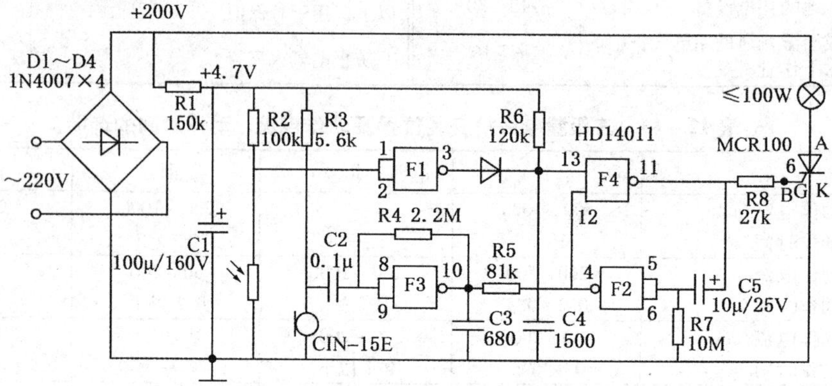

图 12－13 声光控节能灯

白天，光照强，光敏电阻值小，1 脚处于低电平，3 和 13 脚为高电平，经 F4 后，11 脚和 B 点处于低电平，晶闸管没有触发信号而关断，电灯不亮。天黑以后，光线很弱，光敏电阻值变得很大，1 脚变为高电平，3 脚变为低电平。由于二极管的作用，13 脚仍维持高电平，电灯仍然不亮。当有声响时，驻极体话筒 CIN－15E 接收到声响，经 F3 放大后使 10 脚变为低电平，因而也使 13 脚变为低电平，F4 的输出端 11 脚和 B 点都变为高电平，触发晶闸管，使其导通，电灯点亮。点亮延时电路由 F4 和 F2 及 C5、R7 组成。当 F4 翻转时，C5 开始充电，同时 F2 翻转，延时电路进入暂态，经过一段充电延时后，5 、6 脚变为低电平，4 脚变为高电平，又促使 F4 翻转，输出低电平，电灯熄灭。改变 C5、R7 的大小，即可改变点亮延时的时间。

上述照明节能延时开关中，常遇到的故障是电路承受高电压的器件(如整流二极管、电阻、降压电路元件以及晶闸管等)击穿和烧断，有时这些器件的损坏还导致整个电路遭受高压而损坏。维修时，打开开关外壳，留心观察电路板中有无焦味、有无爆裂的元件。再检查、分析是否会由于这些元件的损坏导致其他低压元件(如 IC 等)的损坏。如果损坏不严重，更换个别元件后即可通电试验；如果损坏严重，只好更换整个开关。

12.4.5.3 线路质量检验

线路安装结束后，必须进行严格检验，合格后才能投入运行。检验的项目如下：

(1) 选用的导线、支持物和器材是否符合技术要求规定；

(2) 线路的类型是否适合使用的环境条件；
(3) 线路的离地高度是否符合技术规定；
(4) 线路的各支持点是否牢固；
(5) 管线的连接处质量是否可靠；
(6) 线路的回路连接是否正确；
(7) 线路的其他各处是否存在有不符合技术要求的地方，是否安装得整齐美观。

另外，用500V的兆欧表测量线路的绝缘电阻，不应低于规定值。

第13章 继电保护

13.1 继电保护的基本原理和保护装置的组成

继电保护装置是指能反应电力系统和设备故障或不正常运行方式而动作于断路器跳闸或发出信号的一种自动装置。它的基本任务是：

(1) 当发生故障时，能自动、迅速、有选择性地将故障部分从电力系统中切除，避免故障元件继续遭到破坏，保证其他无故障部分迅速恢复正常运行；

(2) 当出现不正常运行状态时，能自动、及时、有选择地发出信号，以便由值班员或由自动装置进行处理、调整，或切除不正常运行的元件。

根据继电保护的任务，作用于跳闸的继电保护装置应满足以下四个基本要求：

(1) 选择性　是指当电力系统发生故障时，继电保护动作仅将故障元件切除，使停电范围尽可能小，保证非故障部分能继续运行。若其保护或断路器拒绝动作时，应由后备保护切除故障。

(2) 速动性　是指保护装置应尽可能快地切除故障。保护动作快，缩短故障切除时间，减少故障元件的损坏程度，提高电力系统运行的稳定性。避免故障进一步扩大。

(3) 灵敏性　是指对其保护范围内发生的故障或不正常运行状态的反应能力。灵敏性通常用灵敏系数 K(灵敏度)来衡量。

(4) 可靠性　是指在其保护范围内发生故障时，应可靠地动作，不应该拒绝动作；而在正常运行或不属于它应该动作的情况下，应可靠地不动作，不应该误动作。

继电保护除满足以上四个基本要求外，还要具备投资省，便于调试和运行维护等特点。

13.1.1 继电保护的基本原理

电力系统发生故障或异常运行时通常伴随有电流增大，电压降低，线路始端测量阻抗减小及电流与电压间相位角改变等。利用故障时这些参数与正常运行时的差别，可构成各种不同的继电保护装置。如利用电流增大的特点，可构成过电流保护；利用电压降低的特点，可构成低电压保护；利用电压与电流间的相位改变，可构成方向保护；利用短路点到保护安装处之间测量阻抗的减小，构成距离保护；利用比较被保护元件两侧正常运行与故障时电气量的差别，构成纵联差动保护或高频保护；利用非电量变化特征，构成保护，如瓦斯保护、温度保护；利用频率降低，构成低周减载装置等。

13.1.2 继电保护装置的构成

继电保护装置是由若干个继电器按设计要求组装起来的，继电器是继电保护装置的主要电气元件。继电器的种类很多，目前仍在使用的继电器按照动作和构成原理可分为电磁型、感应型、整流型、电子型和数字型等；按照反应的物理量可分为电流继电器、电压继电器、功率方向继电器、阻抗继电器、频率继电器和气体(瓦斯)继电器等；按照继电器在保护中所起的作用可分为启动继电器、量度继电器、时间继电器、中间继电器、信号继电器和出口继电器等。

电气设备和线路所装设的反应故障和异常运行状态的继电保护装置，按其作用可分为以下三种：

（1）主保护　是满足系统稳定和设备安全要求，并能以最快速度有选择性地切除被保护设备和全线路故障的保护。

（2）后备保护　是当主保护或断路器拒动时，用来切除故障的保护。后备保护又分为远后备保护和近后备保护两种。前者是当主保护或断路器拒动时，由相邻上一级电气设备或线路的保护实现后备的保护；后者是当主保护拒动时，由本电气设备或线路的另一套保护实现后备的保护。如变压器的差动保护拒动时，由该变压器的时限过电流保护动作实现后备的保护。

（3）辅助保护　是指为补充主保护和后备保护的性能或当主保护和后备保护退出运行时而增设的简单保护。

13.1.3　电流、电压互感器的接线方式

由于电力系统本身的特点和对继电保护、仪表的要求各不相同，因此电流、电压互感器的接线方式也不同。

13.1.3.1　电流互感器的接线方式

电流互感器的接线方式如图 13－1 所示，有以下六种：

（1）一相式接线，如图 13－1(a)。只能反应一相电流，所以只适用于负荷平衡的三相电路或单相电路。

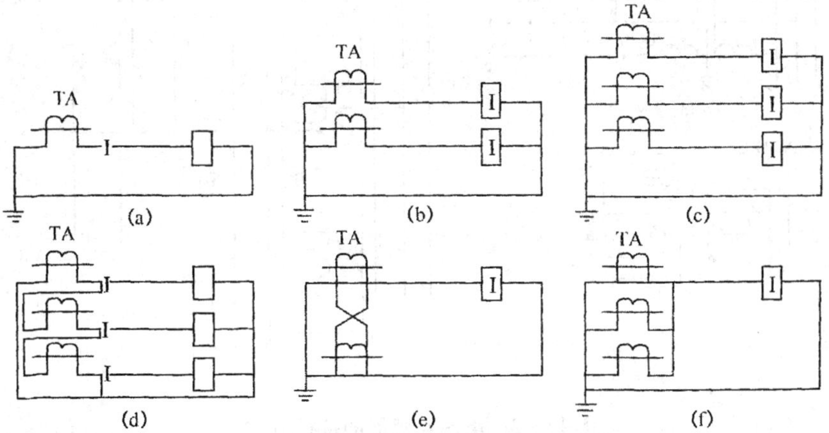

图 13－1　电流互感器的接线方式图

（2）三相星形接线(完全星形接线或 Y 形接线)，如图 13－1(c)。能反应负荷平衡或不平衡的三相电路的各相电流和各种短路故障(三相、两相短路和单相接地短路)，并具有相同的灵敏度。因此，可靠性高，广泛用于发电机、变压器等大型电气设备和 110kV 及以上系统中。

（3）两相不完全星形接线(二相 V 形接线)，如图 13－1(b)。二次侧公共线上流过的电流与未装电流互感器一相(b 相)的二次电流数值相等，方向相反，即 $\dot{I}_a+\dot{I}_c=-\dot{I}_b$。这种接线能反应各种相间短路故障，但灵敏度不尽相同，与三相星形接线比较，灵敏度较差。广泛用于小接地电流系统中。

（4）两相电流差接线，如图 13－1(e)。这种接线二次公共线中的电流(通过继器电的电流)为 A、C 两相电流的矢量差，即 $\dot{I}_g=\dot{I}_a-\dot{I}_c$。在三相短路时，流过继器电的电流

$I_k=\sqrt{3}I_a=\sqrt{3}I_c$，所以接线系数 $K_C=\sqrt{3}$；在 AC 两相短路时 $K_C=2$；AB 或 BC 两相短路时，$K_C=1$。所以，这种接线能反应各种相间短路，但短路相别不同灵敏度不同。

两相电流差接线一般用于 3～10kV 中性点不接地系统中，如电动机、线路等的保护上。

(5) 三相三角形接线，如图 13－1(d) 反应三相线电流。在各种类型短路情况下，继电器都有电流流过，能反应所有的短路故障类型。流入继电器线圈的电流为二次相邻两相电流矢量差，即线电流，为相电流的 $\sqrt{3}$ 倍，相位上相差 30°（接线系数 $K_C=\sqrt{3}$）。三角形接线方式主要用于 Y，d 接线的变压器的差动保护装置。

(6) 零序电流接线，如图 13－1(f)。二次侧公共线中流过的电流为三个相电流矢量和，即 $\dot{I}_a+\dot{I}_b+\dot{I}_c=\dot{I}_0$，反应的是零序电流（也称零序电流过滤器），这种接线一般用于 110kV 及以上中性点直接接地系统中的零序电流保护。

13.1.3.2 电压互感器的接线方式

常用电压互感器的接线方式如图 13－2 所示，有以下三种：

(1) 两个单相电压互感器构成的 V—V 接线，如图 13－2 (a) 所示。这种接线方式可以获得对称的三个线电压，但不能获得相电压，用于只需要线电压的继电保护装置和测量表计。

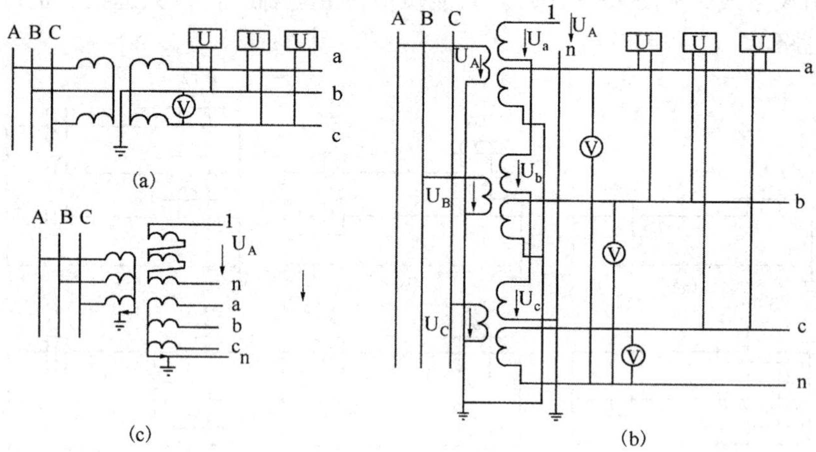

图 13－2 电压互感器的接线方式

(2) 三个单相电压互感器构成的星形接线，如图 13－2(b) 所示。每个电压互感器二次侧一般都有一个主二次绕组，一个辅助二次绕组。主二次绕组一般接成星形，供测量和保护用；辅助二次绕组接成开口三角形，供接地保护用。

(3) 三相五柱式电压互感器的接线方式，如图 13－2(c) 所示。这种电压互感器具有五个磁柱的铁芯，其边柱铁芯做零序磁通的通路，在系统发生一相接地时，其铁芯发热情况将比三相三柱式电压互感器好得多。它也有两个二次线圈，一个接成星形供测量和保护用，另一个接成开口三角形供接地保护用。三相五柱式电压互感器一般用于小接地电流系统中。

在小接地电流系统中的发电厂和变电所母线上装设的绝缘监视装置，就是采用变电所母线上的三相五柱式电压互感器的辅助二次绕组接成开口三角形，构成了零序电压滤过器，其输出接一个过电压继电器，如图 13－2(c) 所示。正常运行时，电压互感器一、二次的电压都是对称的，没有零序电压，开口三角形的三个二次绕组中三相电势之和为零，过电压继电器不动作。单相接地时，三相对地电压不对称，接地的一相为 0，另二相为线电压，开口三角形的三个二次绕组中的三相电势矢量和为$3U_0$，过电压继电器动作，发出接地信号。

13.2 线路保护

13.2.1 无时限电流速断保护

13.2.1.1 工作原理

电流保护是利用短路时电流突然增加的原理构成的。无时限电流速断保护是一种不带时限(瞬时)动作的电流保护，简称电流速断保护。

如图13－3所示为单侧电源供电线路，为了快速切除故障，在每条线路上均装有电流速断保护。当线路A－B末端K_1点短路时，希望保护1瞬时动作。而当线路B－C始端K_2点短路时，希望保护2瞬时动作，按照选择性的要求，速断保护1不应动作。但是实际上K_1点和K_2点短路时，流经保护1的短路电流值几乎是一样的，因此保护1无法区别K_1点K_2点这两处的短路故障。(同样保护2也无法区别K_3点和K_4点的短路)。为使保护1在K_2点短路时不动作，必须使保护1的动作电流大于K_2点短路时流经保护1的最大短路电流，这样当K_2点短路时，保护1就不会动作，由保护2动作切除故障，保证了保护1、2的选择性。所以，电流速断保护的动作电流应按躲过本段线路末端(下一线路始端)最大短路电流的条件整定。

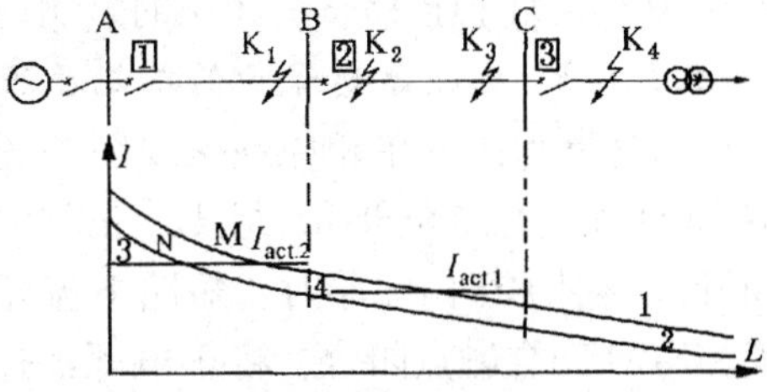

图13－3 单侧电源线路电流速断保护工作原理图

由于电流速断保护的动作电流按躲过本段线路末端最大短路电流整定，使保护范围受系统运行方式影响较大，如图13－3中，曲线1是最大运行方式下，在线路上不同点短路时，流过保护1和保护2的三相短路电流$I_{K.max}^{(3)}$随线路长度L的变化曲线；曲线2是最小运行方式下，在线路上不同点短路时，流过保护1和保护2的两相短路电流$I_{K.min}^{(2)}$随线路长度L的变化曲线；平行于横坐标的直线3是保护1的最小动作电流值，直线3与曲线1的交点为M，由图上看出由保护1安装处到M点短路时$I_{K.max}^{(3)} > I_{act.1}$，保护1能动作。但M点以后$I_{K.max}^{(3)} < I_{act.1}$，保护1就不能动作，这就保证了保护1的选择性，也使M－B段线路短路时无电流速断保护(称为电流速断保护的死区)。由此可知，电流速断保护的选择性是靠动作电流来保证的，它不能保护线路全长。N点是直线3与曲线2的交点，当系统在最小方式下运行时，保护1的保护范围为A—N，变小了，说明电流速断的保护范围受系统运行方式影响很大。

在某些情况下电流速断保护也可以保护线路全长。如图13－3中C变电所的线路－变压器组，保护3可按躲过变压器低压侧短路整定，这样速断保护可以保护其线路全长并伸入变压器内高压侧。

在个别情况下，当快速切除故障是首要条件时，可选用无选择的电流速断保护，而以自动重合闸来纠正这种无选择的动作。

13.2.1.2 保护整定原则

为了保证选择性，电流速断保护的一次动作电流，按躲过被保护线路末端三相短路时流过保护安装处最大短路电流整定，即

$$I_{act} = K_{rel} \times I_{K.max}^{(3)} \qquad (13-1)$$

式中 I_{act}——保护的一次动作电流；

$I_{K.max}^{(3)}$——最大运行方式下，被保护线路末端三相短路时流过保护装置的最大短路电流；

K_{rel}——可靠系数，一般取 1.2～1.3 对 GL 型继电器取 1.5～1.6。

继电器的二次动作电流 $I_{K.act}$ 为

$$I_{K.act}=\frac{I_{act}}{n_{TA}}=\frac{K_{rel}K_{c}I_{K.max}^{(3)}}{n_{TA}} \tag{13-2}$$

式中　n_{TA}——电流互感器的变流比；

K_c——电流互感器的接线系数。对三相星形接线和二相不完全星形接线时，$K_c=1$。

电流速断保护的灵敏度一般用其保护范围占线路全长的百分数来表示，通常在最大运行方式下，保护区达线路全长的 50%；在最小方式下发生两相短路，能保护线路全长的 15%～20%。如小于 15%～20%时，可选用电流电压连锁速断保护作线路的主保护。

13.2.1.3　电流速断保护的接线原理

电流速断保护的单相原理接线图如图 13－4 所示，它是由电流继电器 KA、出口中间继电器 KCO 和信号继电器 KS 组成。正常时负荷电流小于 KA 的启动电流，KA 不动其动合触点断开。当保护区内短路时，短路电流超过 KA 的动作电流，KA 动作其动合触点闭合启动 KOC，KCO 动合触点闭合，将正电源经过信号继电器线圈、断路器 QF 辅助触点接通到断路器跳闸线圈 Y，断路器跳闸切除故障线路。同时，信号继电器 KS 动作发出信号。接入中间继电器 KCO 的作用，一是增大接点容量，二是利用 KCO 具有 0.06～0.08s 延时动作时间，躲过管型避雷器放电时引起速断保护误作。

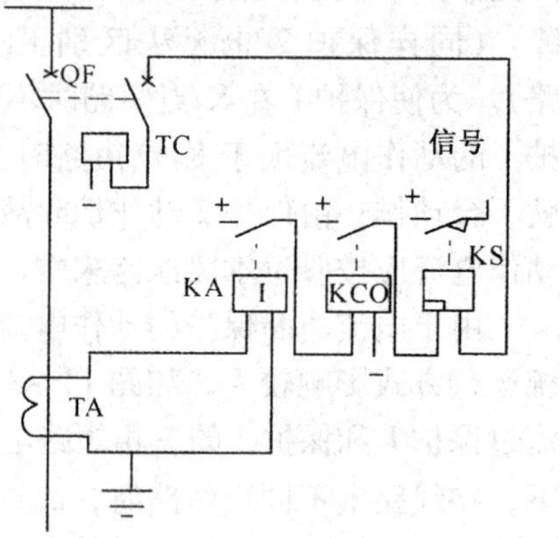

图 13－4　无时限电流速断保护单相原理接线图

由于电流速断保护具有可靠的选择性和快速性，因此多用作线路或其他电气设备的主保护。

13.2.2　限时电流速断保护

13.2.2.1　工作原理和整定原则

由于无时限的电流速断保护，不能保护本线路的全长，为此增设带时限的电流速断保护，用来切除本线路电流速断保护范围以外的短路故障，同时作为电流速断保护的后备保护。对它的要求是能保护线路的全长，并具有足够的灵敏性，其次是动作时间尽量短，其结果必然要延伸到相邻的下一级线路。为保证选择性和速动性，必须与下一级线路的电流速断保护在动作时限和保护范围上相配合。为使动作时限尽量缩短，限时电流速断保护的动作时限应比下一级线路电流速断保护大一个时间级差 Δt。

现以图 13－5 所示保护 1 为例。图 13－5 所示为单侧电源辐射线路，保护 2 电流速断保护的动作电流为 $I_{act.2}^{I}$，其值可按式(13－1)计算。它与短路电流变化曲线的交点为 N，B－N 为保护 2 电流速断的保护范围。保护 1 的限时电流速断因要保护 AB 线路全长，其动作电流必须小于 AB 线路末端的最小短路电流，则其保护范围必然会延伸到 BC 线路，但不能超过保护 2 电流速断的保护范围(即 N 点)。为此，保护 1 限时电流速断保护的动作电流 $I_{act.1}^{II}$ 应大于保护 2 电流速断保护的动

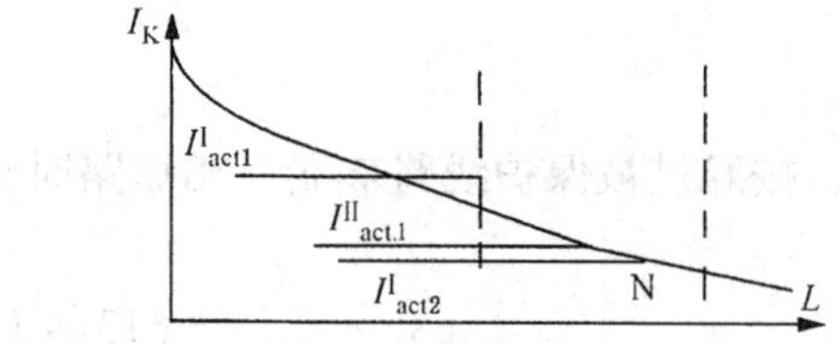

图 13－5　限时电流速断保护动作特性

作电流为 $I^{\mathrm{I}}_{\mathrm{act.2}}$，即 $I^{\mathrm{II}}_{\mathrm{act.1}} > I^{\mathrm{I}}_{\mathrm{act.2}}$ 如图 13－5 所示。为保证选择性，保护 1 限时电流速断保护的动作时限必须要比保护 2 电流速断保护大一个时间级差 Δt。这样，当 B－N 段故障时，保护 2 电流速断保护动作跳闸，保护 1 限时电流速断保护的时间未到，不动作，故障切除后保护 1 限时电流速断保护返回。所以，限时电流速断保护的保护范围不应超过下一级相邻线路电流速断保护的保护范围，动作时限比下一级相邻线路电流速断保护大一个时间级差 Δt。否则，将与下一级线路的限时电流速断保护“抢动”。

其整定原则如下：

（1）动作电流　按与相邻下一级线路的电流速断保护相配合，即

$$I^{\mathrm{II}}_{\mathrm{act.1}} = K_{\mathrm{rel}} I^{\mathrm{I}}_{\mathrm{act.2}} \tag{13-3}$$

式中　K_{rel}——可靠性配合系数，一般取 1.1～1.2；

$I^{\mathrm{II}}_{\mathrm{act.1}}$——本线路时限电流速断动作电流；

$I^{\mathrm{I}}_{\mathrm{act.2}}$——下一级线路电流速断动作电流。

（2）动作时限 $t^{\mathrm{II}}_{\mathrm{act.1}}$　应比下级线路电流速断保护的动作时限 $t^{\mathrm{I}}_{\mathrm{act.2}}$ 高出一个时间级差 Δt，即

$$t^{\mathrm{II}}_{\mathrm{act.1}} = t^{\mathrm{I}}_{\mathrm{act.2}} + \Delta t \tag{13-4}$$

从动作时间尽量短来讲，Δt 应越小越好。但是，为了保证两个保护之间动作的选择性，其值不能选择得太小。对电磁式保护，Δt 一般取 0.5；微机保护，$\Delta t < 0.5$。

13.2.2.2　接线原理

限时电流速断保护的单相原理接线图如图 13－6 所示。动作过程与电流速断保护基本相同，不同的是增加了时间继电器 KT，这样当电流继电器 KA 启动后，还必须经过时间继电器 KT 的延时才能跳闸。

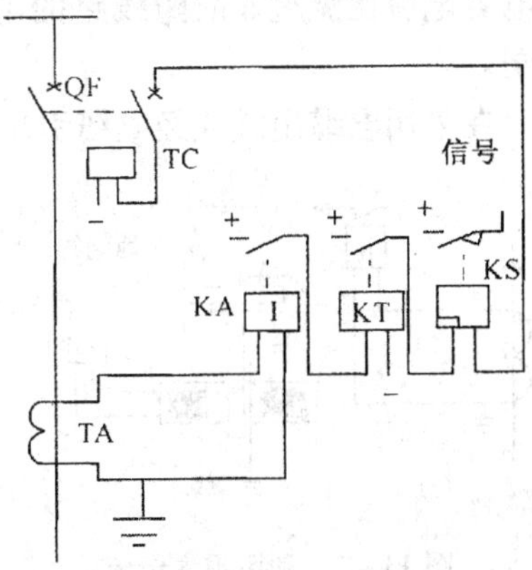

图 13－6　限时电流速断保护单相原理接线图

13.2.3　时限过电流保护

时限过电流保护（简称过电流保护）的动作电流是按躲过最大负荷电流来整定的保护。所以，它的灵敏度高，保护范围大，不仅能保护本线路全长，而且能保护下一级线路的全长甚至更远，可作本线路主保护的近后备保护和下级线路的远后备保护。

过电流保护有二种：一种是保护启动后动作时间是固定的整定时间，称为定时限过电流保护；另一种是动作时间与过电流值的大小有关，电流越大，动作越快，电流越小，动作越慢，称为反时限过电流保护。

13.2.3.1　保护整定原则

为了保证在正常情况下过电流保护不动作，保护装置的动作电流必须大于最大负荷电流 $I_{\mathrm{L.max}}$。同时，还必须考虑在外部故障切除后电压恢复时，负荷自启动电流作用下，保护装置必须能够可靠返回。为此，引入返回系数 $K_{\mathrm{re}} = I_{\mathrm{re}}/I_{\mathrm{act}}$（$I_{\mathrm{re}}$ 为继电器的返回电流；I_{act} 为动作电流）。而且由于短路时电压降低后接在非故障线路上的电动机被制动，故障切除电压恢复时电动机的自启动电流大于其工作电流，所以还要引入一个自启动系数，故保护的动作电流应为

$$I_{act} = \frac{K_{rel}K_{MS}}{K_{re}}I_{L.max} \qquad (13-5)$$

式中 $I_{L.max}$——最大负荷电流；

K_{rel}——可靠系数，一般采用1.15～1.25；

K_{MS}——自启动系数，应由网络具体接线和负荷性质确定，一般取1～3；

K_{re}——电流继电器返回系数，一般采用0.85～0.9。

动作时限的整定如下：

在单电源辐射形线路上为满足选择性要求，过电流保护的动作时限应与下一级相邻线路配合，即离电源较近的上一级的动作时限 $t_{act.n}$ 应比相邻的离电源较远的下一级的过电流保护的动作时限 $t_{act.n-1}$ 高出至少一个 Δt，即

$$t_{act.n} = t_{act.n-1} + \Delta t \qquad (13-6)$$

如图13－3线路中，各级过电流保护的动作时间如此配合整定，好似一个阶梯，这就是通常所说的阶梯形时限特性。

13.2.3.2 灵敏系数的校验

过电流保护灵敏系数的校验与时限电流速断保护类似。当作为近后备保护时，用最小运行方式下本线路末端两相短路电流进行校验，要求 $K_{sen} \geqslant 1.3 \sim 1.5$；当作为远后备保护时，则应采用最小运行方式下相邻线路末端（或保护范围末端）两相短路电流进行校验，要求 $K_{sen} \geqslant 1.2$。

13.2.4 中性点不接地系统的单相接地保护

中性点不接地系统的单相接地保护保护一般是利用发生单相接地时，流过故障线路的对地电容电流比流过非故障线路的电容电流大的特点来实现。保护根据需要可动作于信号或跳闸。

在采用电缆出线或经电缆引出的架空线线路上，广范采用套在电缆外面的零序电流互感器构成接地保护，如图13－7(a)所示。穿过零序电流互感器铁芯窗口的电力电缆兼作零序电流互感器的一次绕组，其一次电流为 $\dot{I}_A + \dot{I}_B + \dot{I}_C = 3\dot{I}_0$。正常及发生相间短路时，$\dot{I}_A + \dot{I}_B + \dot{I}_C = 0$，零序电流互感器二次绕组只输出不平衡电流，保护不动作。当发生单相接地故障时，$\dot{I}_A + \dot{I}_B + \dot{I}_C = 3\dot{I}_0 \neq 0$，在零序电流互感器铁芯中出现零序磁通，该磁通在二次绕组产生感应电势，故有电流流过电流继电器，当流过电流继电器的电流大于动作电流时，继电器动作。

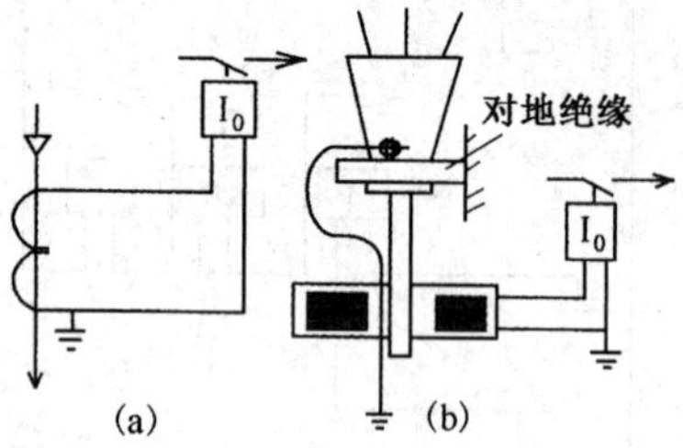

图13－7 利用零序电流互感器构成的接地保护

采用这种保护，在安装零序电流互感器时应注意，将固定电缆头的铁支架对地绝缘，并将电缆头的接地线穿过零序电流互感器的铁芯窗口后再接地，见图13－7(b)。原因是有些电力电缆具有铅包、铝包、铠装，如果电缆头接地线没有穿过零序电流互感器的铁芯窗口接地，在线路正常运行时，地中的杂散电流也在导电的电缆外皮上流动，可能引起零序电流保护误动作。当线路发生单相接地时，接地电流可通过电缆外皮和线路中的电容电流相抵消，致使保护装置拒绝动作。

零序电流保护装置的动作电流：因为当某一线路上发生单相接地时，流过故障线路的零序电流为系统总的接地电容电流；流过非故障线路的零序电流为本身的电容电流。因此，为

了保证动作的选择性，保护装置的启动电流 $I_{act.0}$ 按躲过其他线路发生单相接地故障时流过本线路的电容电流整定。即

$$I_{act.0} = K_{rel} I_{Ci0} = K_{rel} 3U_{\phi}\omega C_0 \qquad (13-7)$$

式中 K_{rel}——可靠系数，不带时限取 $K_{rel}=4\sim5$，带时限取 $K_{rel}=1.5\sim2$；

U_{ϕ}——系统正常运行时的相电压；

I_{Ci0}——接地故障时流过本线路的电容电流；

C_0——本线路每相对地电容。

灵敏度校验：按被保护线路发生单相接地短路时，流过保护的最小零序电流校验。灵敏系数为

$$K_{sen} = 3U_{\phi}\omega(C_{\sum 0} - C_0)/K_{rel} 3U_{\phi}\omega C_0 = (C_{\sum 0} - C_0)/K_{rel} 3U_{\phi}\omega C_0 \qquad (13-8)$$

式中 $C_{\Sigma 0}$——系统最小运行方式下，同一电压等级中各元件每相对地电容之和。

13.3 电力变压器保护

根据 GB 14258—1993《继电保护和安全自动装置技术规程》规定，结合工业企业特点，变压器应装设如下保护装置：

(1) 瓦斯保护 800kVA 及以上的油浸式变压器和 400kVA 及以上的车间内油浸式变压器，均应装设瓦斯保护。对带负荷调压的油浸式变压器的调压装置，也应装设瓦斯保护。

(2) 纵联差动保护 容量为 6300kVA 及以上的并联运行的变压器和发电厂厂用变压器、工业企业中的重要变压器以及容量为 10000kVA 及以上单独运行的变压器，应装设纵差保护。2000kVA 及以上的变压器，当电流速断灵敏度不够时，宜装设纵差保护。

(3) 电流速断保护 对于容量 6300kVA 以下的厂用变压器和并联运行的变压器，以及 10000kVA 以下厂用备用变压器和单独运行的变压器，当后备保护的时限大于 0.5s 时，应装设电流速断保护。

(4) 外部相间短路的后备保护 主要有过电流保护、复合电压启动的过电流保护等。

(5) 接地后备保护 对电压等级在 110KV 及以上的中性点直接接地系统变压器，应装设接地后备保护，作为变压器直接接地侧接地故障的近后备和外部相邻元件包括母线、线路接地故障的远后备保护。

(6) 过负荷保护 对 400kVA 及以上的变压器应根据可能负荷的情况装设过负荷保护。

13.3.1 变压器的瓦斯保护

瓦斯保护是反应变压器油箱内部故障和油面降低的一种保护。当变压器油箱内发生故障时，在故障电流和故障点电弧的作用下，变压器油和绝缘材料分解，产生气体(气体产生的多少和流速的大小与故障的程度有关)，气体比油轻，将从油箱流向油枕上部，利用这些气流与油流而动作的保护称为瓦斯保护。瓦斯保护动作迅速、灵敏度高能反映变压器油箱内的各种短路故障，包括一些轻微的故障如绕组轻微的匝间短路、铁芯烧损等，但不反应油箱外部故障。因此，它不能单独作为变压器的主保护，通常它与纵差保护配合共同作为变压器的主保护。

瓦斯保护的主要元件是瓦斯继电器，它装在变压器油箱与油枕之间的连接管上，为了使气体能顺利通过瓦斯继电器，变压器顶盖沿瓦斯继电器的方向与水平面之间具有 1% ~ 1.5% 的升高坡度，油枕侧高，通往瓦斯继电器的连接管也具有 2% ~4% 的升高坡度。

目前我国电力系统中广泛使用 QJI－80 型复合式瓦斯继电器，其结构如图 13－8 所示。正常时，继电器及反应轻瓦斯的开口杯 5 内充满油，开口杯 5 处于上浮位置，干簧触点 15 断开；反应重瓦斯的档板 10 在弹簧 9 的保持下，处于正常位置，双干簧触点 13 断开。当变压器油箱内发生轻微故障或油面下降时，产生少量气体聚集在继电器上方使瓦斯继电器中油面下降，开口杯 5 下降，带动永久磁铁 4 靠近干簧触点 15，干簧触点 15 闭合，发出轻瓦斯信号。当变压器内部发生严重故障时，产生的大量气体形成从变压器冲向油枕的强烈气流，伴随油流冲击挡板 10，挡板 10 被冲到整定位置时，永久磁铁 11 就接近干簧触点 13，干簧触点 13 闭合，发出跳闸脉冲。

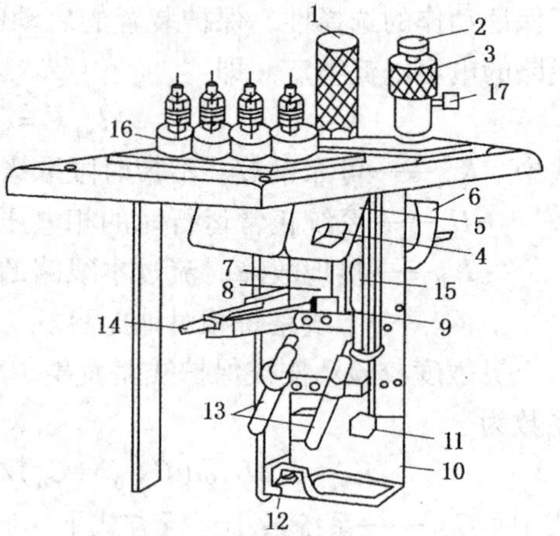

图 13－8　开口杯挡板式气体继电器结构图

1—罩；2—顶针；3—气塞；4—永久磁铁；5—开口杯；6—重锤；7—探针；8—开口销；9—弹簧；10—挡板；11—永久磁铁；12—螺丝杆；13—干簧触点（重瓦斯用）；14—调节杆；15—干簧触点（轻瓦斯用）；16—套管；17—排气口

瓦斯保护装置的原理接线图如图 13－9 所示。瓦斯继电器的上触点 KG－2 为轻瓦斯触点，动作于信号；下触点 KG－1 为重瓦斯触点，动作于跳闸。当变压器内部发生严重故障时，下触点 KG－1 闭合经信号继电器 KS 启动出口中间继电器 KCO，其动合触点 KOF－1 和 KCO－2 闭合，分别跳开变压器两侧断路器 1QF、2QF。为防止内部故障时油流速不稳定（会使瓦斯继电器的触点抖动），影响可靠跳闸，KCO 采用具有自保持的中间继电器。为防止变压器换油或瓦斯继电器试验时误动作，可将切换片 XB 切到电阻 R 上，断开跳闸回路，使重瓦斯保护动作于信号。

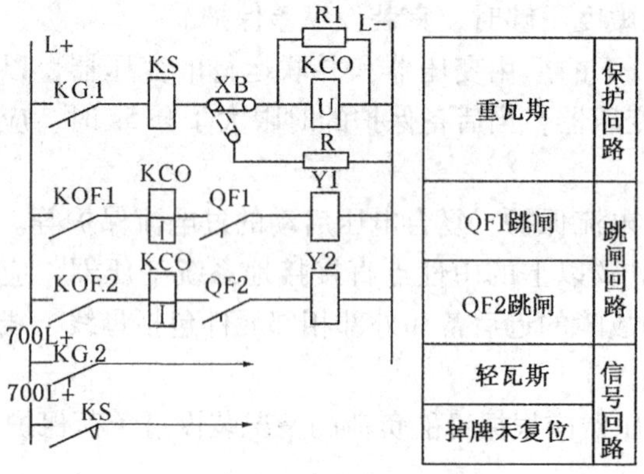

图 13－9　瓦斯保护的二次回路图

13.3.2　变压器电流速断保护

电流速断保护为小容量变压器一次绕组及其引线短路故障的主保护，其原理、接线与输电线路电流速断保护基本相同。电流速断保护与瓦斯保护配合构成中小容量变压器的主保护。

电流速断保护原理接线图如图 13－10 所示。6～35kV 变压器的电源侧为小接地电流系统，一般采用两相不完全星形接线。中性点为直接接地系统时，采用三相星形接线。

保护的动作电流 I_{act} 可按下列条件之一选择：

（1）躲过变压器二次侧母线短路时，流过保护的最大短路电流整定，即

$$I_{act} = K_{rel} I_{K.max}^{(3)} \tag{13-9}$$

式中　K_{rel}——可靠系数，取 1.3～1.4；

$I_{K.max}^{(3)}$——最大运行方式下，变压器低压侧母线发生短路时，流过保护的最大穿越短路电流。

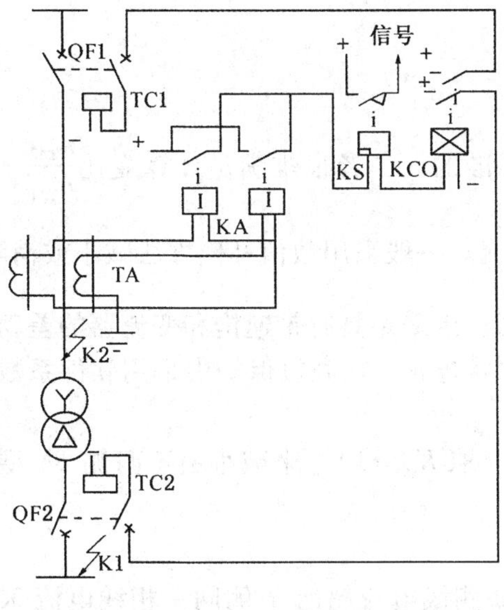

图 13－10　变压器速断保护原理接线图

（2）躲过变压器空载投入时的励磁涌流，即

$$I_{act} = (3 \sim 5)I_N \qquad (13-10)$$

式中　I_N——变压器的额定电流。

一般取上述两条件中较大者作为整定值。

灵敏度校验：通常按最小运行方式下，变压器高压侧发生两相短路，灵敏度不小于2进行校验。即

$$K_{sen} = \frac{I_{K.min}^{(2)}}{I_{act}} \geqslant 2 \qquad (13-11)$$

式中　$I_{K.min}^{(2)}$——最小运行方式下，变压器高压侧发生两相短路时流过来保护装置的最小短路电流。

13.3.3　变压器的纵联差动保护

变压器纵联差动保护（简称纵差保护或差动保护）是反应变压器绕组、套管及引出线上，各种短路故障的主保护。但因它对油箱内部的匝间短路等故障反应不灵敏，通常由纵差保护和瓦斯保护一起构成变压器的主保护。

13.3.3.1　变压器差动保护的原理

变压器差动保护是利用比较变压器各侧电流的大小和相位原理而构成的，如图13－11所示。两侧的电流互感器TA1和TA2同极性连接，差动继电器KD并接在差动回路上。两侧电流互感器TA1和TA2之间的区域为差动保护的保护范围，保护动作于跳两侧断路器。这种接线称为循环电流法接线。

正常运行和区外故障时，电流分布如图13－11（a）所示，流过继电器的电流为 $\dot{I}_d = \dot{I}'_2 - \dot{I}''_2 = I_{ub}$，其值很小，继电器KD不动作。为使差动保护正确工作，I_{ub}（称不平衡电流）必须尽量小。

当区内故障时，电流分布如图13－11（b）所示，流过继电器的电流为 $\dot{I}_d = \dot{I}'_2 + \dot{I}''_2 = I_K$，其值很大，继电器动作。

13.3.3.2　差动回路中不平衡电流产生原因和消除方法

变压器差动保护差动回路中不平衡电流很大，形成不平衡电流的因素很多，必须采取相应的措施消除或减小。

1. 两侧电流互感器不同

由于变压器高、低压侧的额定电流不同，为了保证差动保护正确工作，必须适当选择两侧TA1、TA2的变比，使得在正常和外部故障时，差动两个臂中的电流接近，即流入差动继电器KD的电流近似为零，保护不动作。如图13－11（a）中，应使两侧TA变比的比值等于变压器的变比，即

$$I'_2 = I''_2 = \frac{I'_1}{n_{TA1}} = \frac{I''_1}{n_{TA2}} \text{或} \frac{n_{TA2}}{n_{TA1}} = \frac{I''_1}{I'_1} = n_T$$

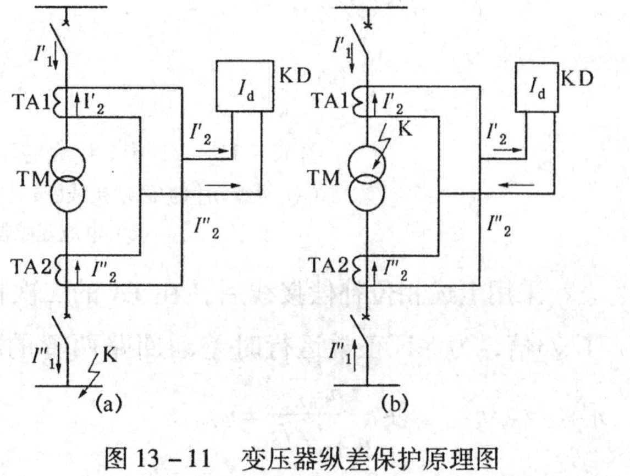

图 13－11　变压器纵差保护原理图

式中　n_{TA1}——高压侧 TA 的变比；
　　　n_{TA2}——低压侧 TA 的变比；
　　　　n_T——变压器的变比。

由于变压器的变比和电流互感器的变比都是标准的，二者很难满足计算变比$\frac{n_{TA2}}{n_{TA1}}=n$

(或$\frac{n_{TA2}}{n_{TA1}/\sqrt{3}}=n_T$)的要求。因此，将会产生不平衡电流。一般采用数值补偿方法减小或消除

如在变压器一侧 TA 的二次装设自耦变流器进行补偿。当采用具有带速饱和变流器的差动继电器(BCH)时，通常利用其平衡线圈 N_{ba}来减少不平衡电流。在微机保护中是用软件系数使不平衡电流为最小。

在整定计算差动动作值时引入同型号系数 K_{ss}，（取 $K_{ss}=1$），来减小由于两侧 TA 型号不同，不平衡电流的影响。

2. 变压器两侧绕组连接方式不同

电力变压器广泛采用 Y，d11 接线方式，由于 d 侧线电流超前 Y 侧同一相线电流 30°因此如果两侧 TA 的二次采用相同的接线方式，则差动回路两臂上的电流也会有 30°相位差，这样即使两臂上的电流相等，差动回路中也会有不平衡电流。为了消除这种不平衡电流，对 Y，d11 接线的变压器采用相位补偿，即将变压器 Y 侧的三个 TA 的二次接成三角形，而将 d 侧的三个 TA 的二次接成星形，如图 13－12(a)所示。从而将电流互感器二次侧的电流相位校正过来，其电流的相量图如图 13－12(b)所示，这种接线称为相位补偿接线。

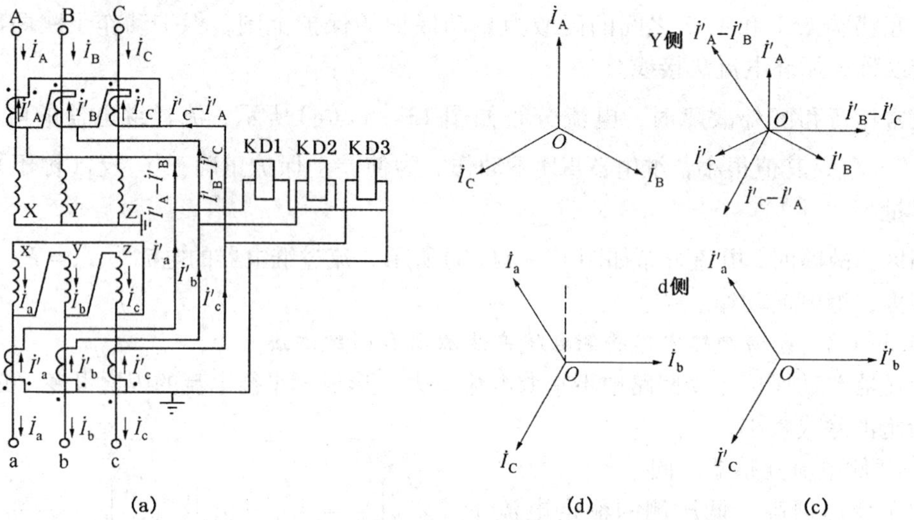

图 13－12　Y，d11 接线变压器差动保护接线图和相量图
（a）纵差动保护原理接线图；（b）电流互感器一次电流相量图；
（c）电流互感器二次电流相量

采用上述相位补偿接线后，在 TA 的二次接成三角形的一侧，流入差动臂的电流值增大了 $\sqrt{3}$倍，为保证正常运行时差动回路两臂的电流相等，必须将该侧 TA 的变比增大$\sqrt{3}$倍

$n'_{TA1}=\sqrt{3}n_{TA1}$，使 $\frac{n_{TA2}}{n'_{TA1}/\sqrt{3}}=n_T$。

实际上，由于变压器的工作特点，励磁涌流和电流互感器的误差等因素的影响，即使采取了上述两种补偿措施，差动回路中还会流过很大的不平衡电流，致使保护的灵敏性降低，所以必须采取措施来减小或消除差动回路的不平衡电流。

在微机保护中变压器各侧 TA 都采用 Y 形接线。通过软件来实现变压器 Y，d 连接的相位校正和电流补偿。

3. 变压器励磁涌流产生的不平衡电流

变压器的励磁电流只流过变压器的电源侧，反应到差动回路中不能被平衡。正常运行时，励磁电流很小仅为变压器额定电流的 2% ~10%。当发生外部短路时，由于电压降低，励磁电流更小，因此这些情况下对差动保护影响不大，一般不考虑。

当变压器空载投入或外部故障切除电压恢复过程中，由于变压器铁芯中磁通量的突变，使铁芯瞬间饱和，这时可能出现数值很大的励磁电流，称为励磁涌流。励磁涌流具有如下特点：

（1）数值很大，可达额定电流的 6 ~8 倍或更大；

（2）含有大量非周期分量，致使励磁涌流波形偏于时间轴的一侧，衰减很快；

（3）含有大量的高次谐波，以 2 次谐波为主，而内部短路电流中的 2 次谐波电流分量却很少。

（4）相邻波形之间存在“间断角”，而短路电流在非周期分量电流衰减后波形连续没有间断角。

根据以上特点，在变压器差动保护中防止励磁涌流引起差动保护误动的措施一般有：

（1）利用励磁涌流中的非周期分量，采用具有带速饱和变流器的差动继电器构成差动保护；

（2）利用二次谐波制动原理构成变压器差动保护；

（3）利用间断角原理构成变压器差动保护；

（4）利用延时动作或提高动作值来躲过励磁涌流。前者失去速动性，后者降低了灵敏度。

4. 运行中变压器调整分接头产生的不平衡电流

变压器在运行中用改变变压器分接头的位置进行调压，于是就改变了变压器的变比，原已调平衡的差动保护，又会出现新的不平衡电流，其大小与调压范围有关。改变分接头引起的不平衡电流，实际上是不可能消除的。一般采用提高动作电流值来解决，即在整定动作电流值中考虑躲过。

根据以上分析，变压器差动保护的最大不平衡电流为

$$I_{\mathrm{ub.\,max}} = (10\% K_{\mathrm{aper}} K_{\mathrm{ss}} + \Delta U + \Delta f) I_{\mathrm{k.\,max}}^{(3)} / n_{\mathrm{TA}} \tag{13-12}$$

式中 10%——电流互感器的允许最大误差；

K_{aper}——非周期分量影响系数，取 1.5 ~2.0。当采用速饱和变流器时，可取为 1；

K_{ss}——电流互感器同型号系数，取 1；

ΔU——带负荷调压引起的相对误差，取调压范围的一半；

Δf——因 TA 变比或平衡线圈匝数与计算匝数不等产生的相对误差。初算时取 0.05；

$I_{\mathrm{k.\,max}}^{(3)} / n_{\mathrm{TA}}$——外部最大短路电流归算到二次侧的数值。

13.3.3.3 采用BCH型差动继电器构成的差动保护

外部故障引起的不平衡电流和变压器励磁涌流中都含有大量非周期分量，采用带速饱和变流器的变压器差动继电器，能有效地克服非周期分量的影响。如BCH－1、BCH－2型和BCH－4型均为带加强型速饱和变流器的差动继电器，能有效地躲变压器励磁涌流的影响。

1. BCH－2型继电器结构及原理

BCH－2型差动继电器的结构如图13－13所示。它是由带短路线圈的速饱和变流器和执行元件KA(DL－/0.2型电流继电器)组成，速饱和变流器有A、B、C三个铁芯柱，中间B柱的截面积比两边A、C边柱大一倍。差动线圈N_{OP}和两个平衡线圈N_{bal1}、N_{bal2}以相同的绕向绕在中间B柱上。短路线圈N_{K1}和N_{K2}分别绕在B柱和A柱上，两个线圈极性的连接，使两个线圈产生的磁通在A柱和B柱中为同方向相加。二次线圈N_{sec}绕在C柱上，并接入执行元件KA。

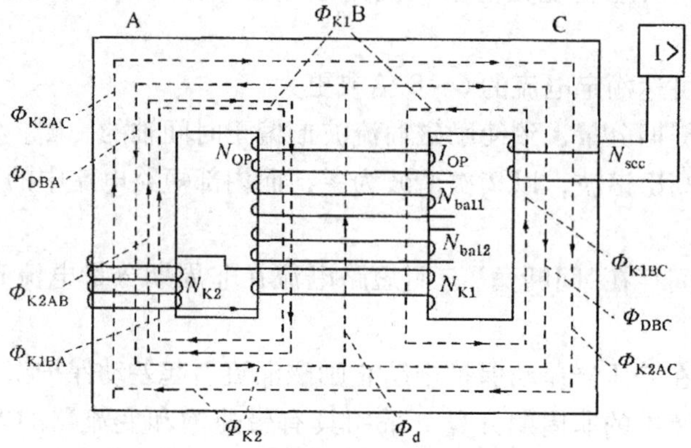

图13－13 BCH型差动继电器原理结构图

短路线圈N_{K1}、N_{K2}的作用是，当差动电流i_d流入N_{OP}时，在B柱上产生磁通Φ_d，经A柱、C柱构成回路，其中在A柱中的磁通为Φ_{dBA}，在C柱中的磁通为Φ_{dBC}。Φ_d与Φ_{dBA}在短路线圈中感应出电动势，并产生电流i_K。磁动势$i_K N_{K1}$在B柱中产生磁通Φ_{K1}，经A柱、C柱构成回路，在两柱中的磁通分别为Φ_{K1BA}、Φ_{K1BC}。磁为动势$i_K N_{K2}$在A柱中产生磁通Φ_{K2}，经B、C柱构成回路，在两柱中的磁通分别为Φ_{K2AB}、Φ_{K2BC}。于是，C柱中的合成磁通为

$$\Phi_C = \Phi_{dBC} + \Phi_{K2AC} - \Phi_{K1BC}$$

在合成磁通Φ_C中，Φ_{K1BC}与差动主磁通Φ_{dBC}的方向相反，起去磁作用；而Φ_{K2AC}与Φ_{dBC}的方向相同，起助磁作用。它们和Φ_{dBC}在N_{sec}中产生感应电动势，形成电流，当电流达到电流继电器KA的动作电流时，KA动作。可见，继电器KA的动作条件取决于磁通Φ_{dBC}、Φ_{K2AC}和Φ_{K1BC}之间的关系。由上分析可知：

（1）当短路线圈开路时$i_K=0$，相当于一般速饱和变流器的情况。

（2）发生差动区内故障时，短路线圈接入，流入N_{OP}中的电流是正弦交流电流，因为$N_{K2}=2N_{K1}$、铁芯柱截面$S_B=2S_A$，则$\Phi_{K2AC}=\Phi_{K1BC}$，即短路线圈在C柱产生的磁磁作用和去磁作用相互抵消，相当短路线圈不起作用。短路线圈原理接线图如图13－14所示，只要选取相同标号（如A1－A2，B1－B2等）的抽头，则$N_{K2}=2N_{K1}$。

（3）当外部短路或变压器空载投入时，流入N_{OP}中的电流含有较大的非周期分量，使铁芯迅速饱和，Φ_{K2AC}和Φ_{K1BC}减小。因B柱比A柱截面积大一倍，且B柱到C柱的磁路比A

柱到 C 柱的磁路短，漏磁少。所以 Φ_{K2AC}减少的比 Φ_{K1BC}多，则 $\Phi_{K1BC} > \Phi_{K2AC}$，即去磁作用大于助磁作用，使 Φ_C进一步减小，继电器更不容易动作，从而加强了躲过非周期分量影响的能力。

2. BCH－2 型继电器构成的变压器纵差保护原理

BCH－2 型继电器构成的双绕组变压器纵差保护单相内部接线如图 13－13 所示，除二次线圈 N_{sec}外，其他各线圈均有一定数量的抽头，供整定用。差动线圈 N_{OP}接在差动回路中，两组平衡线圈 N_{bal1}、N_{bal2}分别接于差动回路的两臂上，（也可使用一组平衡线圈接于二次电流较小的一臂上）。适当选择各线圈的匝数，使它们在正常情况下满足 $I(N_{bal1}+N_{OP})=I(N_{bal2}+N_{OP})$，实现电流电流补偿。在内部故障时，平衡线圈产生的磁势与差动线圈相同，继电器灵敏动作。

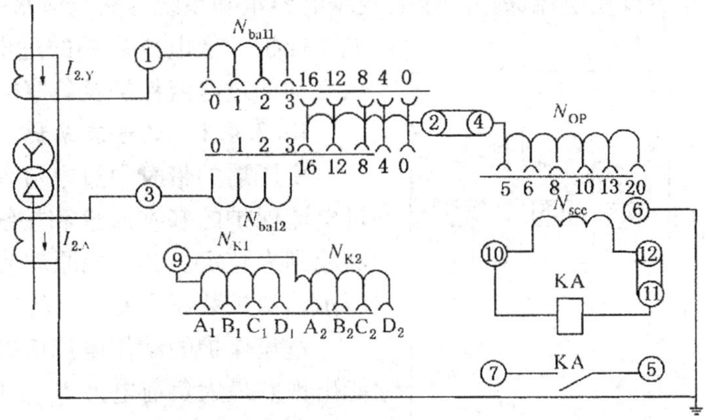

图 13－14　BCH－2 型继电器构成的双绕组变压器接线图

3. 采用 BCH－1 型差动继电器构成的差动保护

BCH－1 型差动继电器是具有磁力制动的差动继电器，它与 BCH－2 型继电器基本相同，只是少了短路线圈，多了制动线圈。制动线圈接在差动回路的一个臂上，利用外部故障的短路电流来实现制动。当外部短路时继电器铁芯饱和，使动作电流增加。继电器的动作电流 I_{act}随制动电流 I_r 的增加而增加，就可保证外部短路时差动保护可靠不动作，内部故障时有较高的灵敏度。

BCH－1 型躲过外部短路时不平衡电流的能力比 BCH－2 型强，但躲过励磁涌流的能力不如 BCH－2 型。由 BCH－1 构成的差动保护，重点是制动。随着新型制动特性变压器差动保护的广泛应用，采用 BCH－1 型差动继电器构成差动保护越来越少。

4. 整定计算原则

（1）动作电流

① 为防止正常运行时 TA 二次回路断线时引起差动保护误动，保护的动作电流 I_{act}应大于变压器的最大的负荷电流 $I_{L.max}$（当 $I_{L.max}$不能确定时可采用变压器的额定电流 I_N）。保护的动作电流 I_{act}为

$$I_{act}=K_{rel}I_{L.max} \tag{13-13}$$

式中　K_{rel}——可靠系数，一般取 1.3。

② 躲过保护区外短路时的最大不平衡电流 $I_{ub.max}$（按式 13－12 计算），动作电流 I_{act}为

$$I_{act}=K_{rel}I_{ub.max} \tag{13-14}$$

式中　K_{rel}——可靠系数，取1.3。

③ 躲过变压器的励磁涌流

$$I_{act} = K_{rel} I_N \tag{13-15}$$

式中　K_{rel}——可靠系数，取1.3。

（2）灵敏度校验

$$K_{sen} = K_C I_{k.min}^{(2)} / I_{act,k} \geqslant 2 \tag{13-16}$$

当灵敏度不满足要求时需采用具有制动特性的差动继电器。

13.3.4　变压器相间短路的后备保护和过负荷保护

为反应变压器外部短路引起的变压器过电流，并作为变压器主保护、相邻母线或线路的后备保护，变压器需装设过电流保护。根据变压器容量和系统短路电流水平不同，可采用过电流保护、低电压启动的过电流保护、复合电压启动的过电流保护及负序电流保护等。

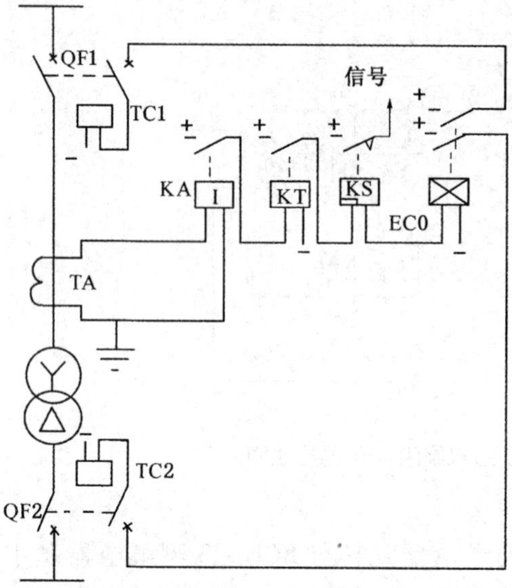

图13－15　变压器时限过电流保护单相原理接线图

13.3.4.1　过电流保护

变压器的带时限过电流保护与输电线路的过电流保护的基本原理和接线相同，也应按阶梯原则来整定。其单相原理接线图如图13－15所示，保护装设在变压器的电源侧。

过流保护的动作电流应按照躲过变压器可能出现的最大负荷电流$I_{L.max}$来整定。保护的启动电流I_{act}为

$$I_{act} = \frac{K_{rel}}{K_{re}} I_{L.max} \tag{13-17}$$

式中　K_{rel}——可靠系数，取1.2～1.3；

K_{re}——返回系数，取0.85～0.95。

在计算最大负荷$I_{L.max}$时，应考虑在最严重情况下的过负荷：

（1）对并列运行的变压器，应考虑切除一台最大容量的变压器后的负荷电流，当各台变压器容量相同时，负荷电流可按下式计算式为

$$I_{L.max} = \frac{n}{n-1} I_N \tag{13-18}$$

式中　n——并列运行变压器的台数；

I_N——每台变压器的额定电流。

此时，保护的动作电流应整定为

$$I_{act} = \frac{K_{rel}}{K_{re}} \cdot \frac{n}{n-1} I_N \tag{13-19}$$

（2）对降压变压器，应考虑电动机启动或自启动时的最大负荷电流，为

$$I_{L.max} = K_{Ms} I_N$$

式中　I_N——变压器的额定电流；

K_{Ms}——自启动系数，其值与负荷性质及负荷到电源间的距离有关。对于110kV的降压

变电所，低压 6kV 或 10kV 侧取 $K_{Ms}=1.5\sim2.5$；35kV 侧取 $K_{Ms}=1.5\sim2$。

保护的动作电流应为

$$I_{act}=\frac{K_{rel}K_{Ms}}{K_{re}}I_N \tag{13-20}$$

根据运行经验，当按式(13－19)计算时，可近似取综合系数 K 为 3～4，此时不再考虑 K_{rel} 和 K_{Ms}。

保护的动作时限应比相邻元件保护的动作时限大一个 Δt。

保护的灵敏系数按下式校验为

$$K_{sen}=\frac{I_{k.min}^{(2)}}{I_{act}} \tag{13-21}$$

式中 $I_{k.min}^{(2)}$——保护范围末端短路时流过保护的最小两相短路电流。

作为近后备保护时，要求 $K_{sen}=1.5\sim2.0$；作为远后备保护时，要求 $K_{sen}\geqslant1.2$。

13.3.4.2 低电压启动的过电流保护

过电流保护的动作电流是按躲过变压器的最大负荷电流整定的。对于升压变压器或容量较大的降压变压器，灵敏度往往不能满足要求。为此，可以采用低电压启动的过电流保护。

低电压启动的过电流保护是利用低电压元件来判别变压器过电流是因为过负荷还是短路故障引起的。若是过负荷引起的，电压参数基本不变，低电压元件不动动作(闭锁保护)；若是短路故障引起的，电压降低，低电压元件动作，启动保护。其原理接线图如图 13－16 所示，只有在电流元件和低电压元件同时动作时，才能启动时间继电器，经过预定的延时，启动出口中间继电器动作于跳闸。

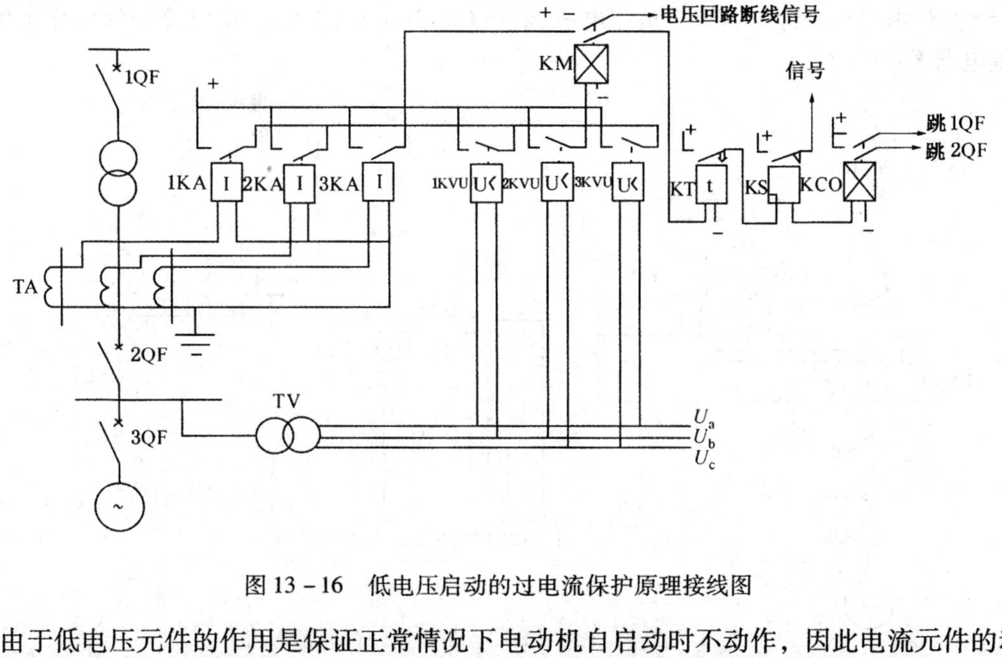

图 13－16 低电压启动的过电流保护原理接线图

由于低电压元件的作用是保证正常情况下电动机自启动时不动作，因此电流元件的动作电流 I_{act} 就不再考虑可能出现的最大负荷电流，而是按大于变压器额定电流 I_N 整定，即

$$I_{act}=\frac{K_{rel}}{K_{re}}I_N \tag{13-22}$$

式中 K_{rel}——可靠系数，取 1.2；

K_{re}——返回系数，取0.85~0.9。

低电压元件的动作电压应小于正常运行情况下母线上可能出现的最低工作电压。同时，外部故障切除后，电动机自启动的过程中，它必须返回。根据运行经验，一般认为：

当低电压继电器由变压器高压侧互感器供电时

$$U_{act} = 0.7U_N \tag{13-23}$$

式中 U_N——变压器的额定电压。

当低电压继电器由变压器低压侧互感器供电时

$$U_{act} = (0.5 \sim 0.6)U_N \tag{13-24}$$

电流继电器和低电压继电器的灵敏系数分别为

$$K_{sen} = \frac{I_{K.min}^{(2)}}{I_{act}} \tag{13-25}$$

$$K_{sen} = \frac{U_{act}}{U_{K.max}^{(3)}} \tag{13-26}$$

式中 $I_{K.min}^{(2)}$——后备保护范围末端发生两相金属性短路时流过保护的最小短路电流；

$U_{K.max}^{(3)}$——后备保护范围末端发生三相金属性短路时保护安装处的最大残余电压。

作近后备保护时，要求 $K_{sen} \geqslant 1.3$；作远后备保护时，要求 $K_{sen} \geqslant 1.2$。

13.3.4.3 复合电压启动的过电流保护

若低电压启动过电流保护的灵敏度不能满足要求时，为提高不对称短路时电压元件的灵敏度，可采用复合电压启动的过电流保护，这种保护是用复合电压元件取代了低电压启动过电流保护的低电压元件，其原理接线图如图13－17所示。复合电压元件由一个负序电压继电器KVN(由过电压继电器接于负序电压滤过器ZVN上组成)和一个电接于线电压上的低电压继电器KVU构成。

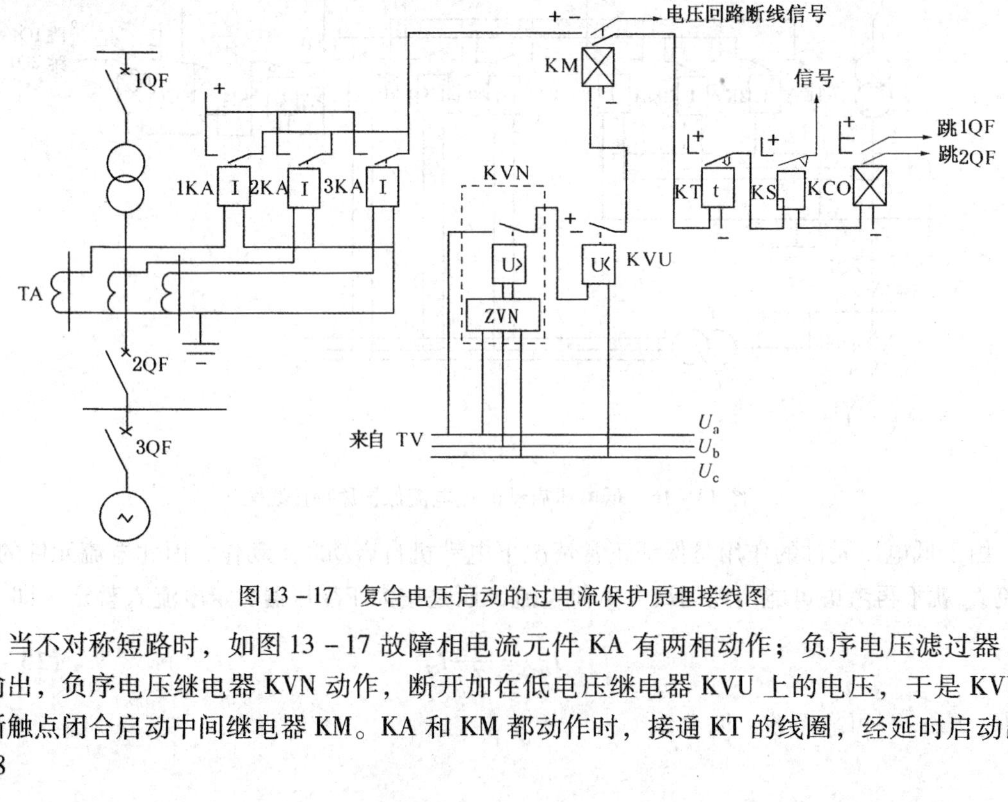

图13－17 复合电压启动的过电流保护原理接线图

当不对称短路时，如图13－17故障相电流元件KA有两相动作；负序电压滤过器ZVN有输出，负序电压继电器KVN动作，断开加在低电压继电器KVU上的电压，于是KVU的动断触点闭合启动中间继电器KM。KA和KM都动作时，接通KT的线圈，经延时启动出口中间继电器 KCO，跳开断路器 1QF 和 2QF。当三相短路时，短路初始瞬间短时出现负序电压，KVN 动作使 KVU 失压。负序电压消失后，因三相短路时电压已降低，KVU 不能返回，仍处于动作状态。

保护装置中的电流继电器和电压继电器的整定原则与低电压启动的过电流保护相同。

负序电压继电器的启动动作电压 $U_{2.act}$，按躲过正常运行时负序电压滤过器出现的最大不平衡电压来整定，通常取

$$U_{2.act} = (0.06 \sim 0.12) U_N \qquad (13-27)$$

负序电压继电器的灵敏系数，按相邻元件末端发生两相金属性短路时保护安装处最小负序电压 $U_{2.min}$ 校验，应满足

$$K_{sen} = \frac{U_{2.min}}{U_{2.act}} \geqslant 1.2 \qquad (13-28)$$

动作时间按与相邻元件的后备保护动作时间相配合整定。

由于增加了负序电压（整定值小），提高了电压元件对不对称短路的灵敏度，在变压器后发生不对称短路时电压元件的灵敏度与变压器绕组的接线方式无关。

13.3.4.4 过负荷保护

变压器的过负荷电流大多数情况下都是三相对称的，所以过负荷保护只需一个电流继电器接于电源侧任一相，反应变压器对称过负荷引起的过电流，其原理接线图如图 13－18 所示，电流继电器 KA 经延时动作于信号。

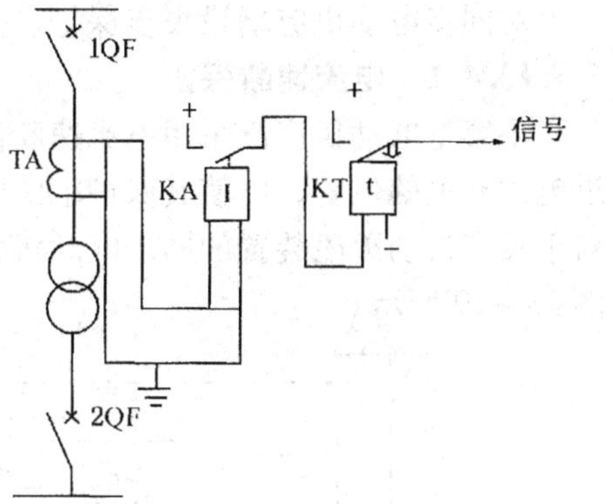

图 13－18　变压器过负荷原理图

过负荷保护的动作电流按躲过变压器额定电流 I_N 来整定，即

$$I_{act} = \frac{K_{rel}}{K_{re}} I_N \qquad (13-29)$$

式中　K_{rel}——可靠系数，取 1.05；

K_{re}——返回系数取 0.85。

动作时限应比变压器后备保护的最大动作时限大一个 Δt，以防止外部短路或短时过负荷误发信号。一般取 5～10s。

13.4　高压电动机保护

根据《继电保护和自动装置规程》规定，高压电动机应装设以下保护：

（1）相间短路保护　即电流速断或纵差保护。容量 2MW 以下的电机，装设电流速断保护；容量在 2MW 及以上或容量小于 2MW 但电流速断灵敏度不能满足要求，而且有六个引出线的重要电动机可装设纵差保护，保护动作于跳闸；对于具有自动灭磁装置的同步电动机，保护还应动作于灭磁。

（2）单相接地保护　高压电动机的供电网络，一般为小接地电流系统，发生单相接地时，仅有接地电容电流流过故障点，一般危害较小。只有在接地电流大于 5A 时才考虑装设单相接地保护，一般接地电容电流在 10A 以上时，保护可带时限动作于跳闸。接地电容电

流在 10A 以下时，保护可动作于跳闸或信号。电动机单相接地保护的接线和整定与线路单相接地保护相同。

(3) 过负荷保护　长时间过负荷会使电动机温升超过允许值，使绝缘老化甚至引起故障。因此对于可能发生过负荷的电动机，可根据电动机的重要程度及发生过负荷的条件装设过负荷保护，动作于信号、自动减负荷或跳闸。

(4) 低电压保护　电源电压短时降低或中断后又恢复时，许多电动机同时启动，可能造成电压恢复时间过长，甚至不能恢复。为了保证重要电动机的自启动，在不重要电动机上，或由于工艺或安全的原因不允许自启动的电动机上，装设低电压保护，延时动作于跳闸。对传统保护，因低电压保护是反应母线电压降低的，一条母线上的电动机共一套低电压保护。微机保护中一般是单独装设。

(5) 定子绕组一相匝间短路　定子绕组一相匝间短路不仅造成局部发热严重，而且将破坏电动机的对称运行，并使相电流增大。过去没有专用的匝间短路保护装置，目前在微机保护中采用负序电流来反应此种故障。

对同步电动机应增设失步保护、失磁保护、非同步冲击保护。

13.4.1　电流速断保护

小容量电动机广泛采用电流速断保护作为相间短路的主保护。电流速断保护应装设在靠近电源开关的位置，以使其保护范围能包括开关与电动机间的电缆在内，保护动作于跳闸。对于具有自动灭磁装置的同步电动机，保护还应动作于灭磁。电流速断保护的原理接线图如图 13－19 所示。

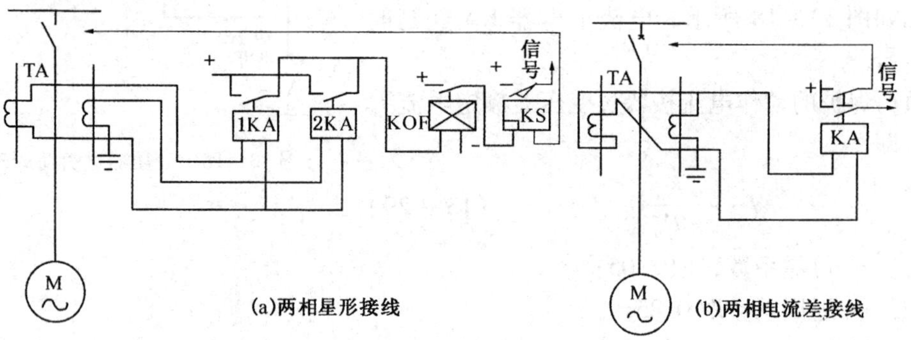

图 13－19　电动机电流速断保护原理接线图

13.4.1.1　*保护的整定原则*

电流速断保护动作电流，应躲过全压启动时，电动机的最大启动电流整定，即

$$I_{act}=K_{rel}I_{st.max}=K_{rel}K_{Ms}I_N$$

$$I_{K.act}=K_c\frac{I_{act}}{n_{TA}} \tag{13－30}$$

式中　I_{act}——保护装置的一次动作电流；

$I_{K.act}$——继电器的动作电流；

I_N——电动机的额定电流；

$I_{st.max}$——电动机最大启动电流；

K_{rel}——可靠系数，采用 GL 型继电器，取 1.8～2；采用 DL 型继电器，取 1.4～1.6；

K_c——接线系数，当 TA 采用两相不完全星型接线时，取 $K_c=1$；采用两相差接时，

取 $K_c=\sqrt{3}$

K_{Ms}——电动机启动电流倍数；

n_{TA}——电流互感器变比。

对绕线式电动机应躲过转子回路中启动电阻 $R_S=0$ 时的最大启动电流，按式(13－30)计算。

13.4.1.2 同步电动机电流速断保护

同步电动机电流速断保护的动作电流既要躲过电动机的启动电流 $I_{s.max}$，又要躲过供电母线三相短路时电动机供出的短路电流 $I''^{(3)}_{M.max}$，取两者较大的整定值。

当 $I''^{(3)}_{M.max}<I_{s.max}$ 时，按式(13－30)计算。

当 $I''^{(3)}_{M.max}>I_{s.max}$ 时，保护装置的动作电流按下式计算为

$$\begin{aligned} I_{act} &= K_{rel}I''^{(3)}_{M.max} \\ I_{K.act} &= K_c\frac{I_{act}}{n_{TA}} \end{aligned} \tag{13-31}$$

式中 $I''^{(3)}_{M.max}$——最大运行方式下，供电网络三相短路时，电动机供给的冲击电流，其值为

$$I''^{(3)}_{M.max}=\left(\frac{1.05}{x''}+0.95\sin\varphi\right)I_N$$

式中 x''——电动机的次暂态电抗，标么值。

保护装置的灵敏系数的校验按下式计算为

$$K_{sen}=\frac{I''^{(2)}_{K.min}}{I_{act}}\geqslant 2 \tag{13-32}$$

式中 $I''^{(2)}_{K.max}$——系统最小运行方式下，电动机出口两相短路电流。

13.4.2 过负荷保护

电动机的过负荷特性呈反时限特性，良好的过负荷保护应与电动机的过负荷特性相配和。因此，过负荷保护通常采用具有反时限特性的过电流继电器来构成，如图 13－20 所示。曲线 1 为电动机的过负荷特性，曲线 2 为过负荷保护的时限特性，过负荷保护的时限特性与电动机的过负荷特性相一致，并比它稍低一些。

传统过负荷保护是采用 GL－10 型反时限电流继电器同时作相间短路和过负荷保护，其瞬时速断特性部分作电动机的相间短路保护，反时限特性部分作过负荷保护，其原理接线图如图 13－19(b)所示。

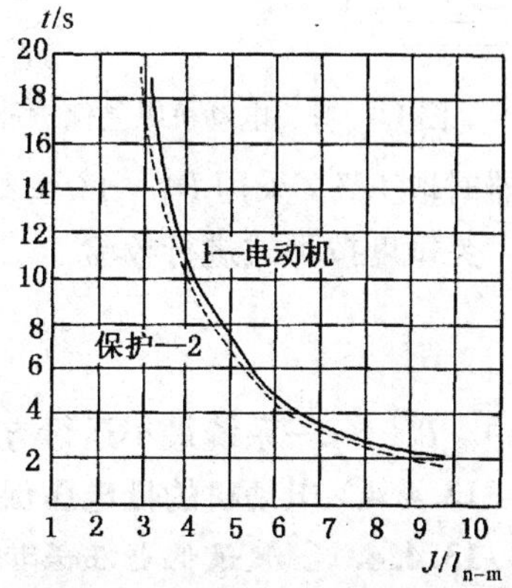

图 13－20 电动机过负荷特性曲线
($t=300$s 时)

13.4.2.1 动作电流

过负荷保护的动作电流按躲开电动机额定电流整定，即

$$I_{act}=\frac{K_{rel}I_N}{K_{re}} \tag{13-33}$$

$$I_{K.act}=\frac{K_cI_{act}}{n_{TA}} \tag{13-34}$$

式中 I_{act}——保护装置的动作电流；

$I_{K.act}$——继电器的动作电流；

I_N——电动机的额定电流；

K_{rel}——可靠系数，当保护装置动作于信号时，取1.05～1.1；动作于跳闸时，取1.2～1.25；

K_{re}——返回系数，对GL型取0.8；DL型取0.85～0.9；

K_c——接线系数，两相不完全星型接线时，取1；两相电流差接时，取$\sqrt{3}$；

n_{TA}——电流互感器变比。

13.4.2.2 动作时间

过负荷保护的动作时限，一方面应大于被保护电动机带负荷启动及自启动时间，另一方面不应超过过电流通过电动机的允许时间。一般前一个时间较后者短，故按前一条件决定过负荷保护的动作时间，一般按以下原则整定：

$$对一般电动机, t_{act} = (1.1 \sim 1.2)t_{st} \tag{13-35}$$

$$对传动风机型力矩负荷的电动机, t_{act} = (1.2 \sim 1.4)t_{st}$$

式中 t_{act}——保护装置的动作时间；

t_{st}——电动机的实际启动时间。

具有冲击负荷的电动机应躲过正常生产过程中出现的冲击负荷持续时间，一般取9～20s。

13.4.3 电动机的纵联差动保护

电动机纵联差动保护的动作原理是比较机端和中性点两侧电流的相位和幅值，也是采用循环电流法接线方式。为了减小差动回路的不平衡电流，要使电动机两侧的TA1和TA2的型号、变比相同。其原理接线图如图13－21所示。一般容量在2MW及以下的电动机，采用两相式接线；容量在5MW以上的电动机，采用三相式接线。保护装置动作于跳闸。

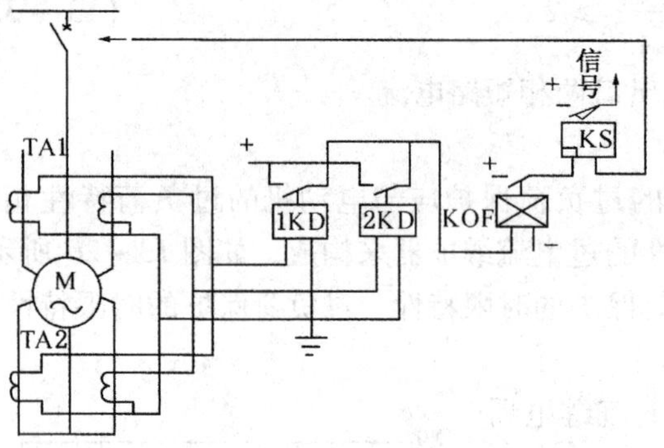

图13－21 电动机纵差保护原理接线图

为防止TA二次回路断线，差动继电器的动作电流应躲过电动机的额定电流整定，即

$$I_{k.act} = \frac{K_{rel}I_N}{n_{TA}} \tag{13-36}$$

式中 K_{rel}——可靠系数，采用BCH－2型继电器时取1.3，采用DL－11型继电器时取1.5～2。

灵敏度按下式进行校验

$$K_{sen} = \frac{I_{K.min}^{(2)}}{I_{act}} > 2 \tag{13-37}$$

式中 $I_{K.min}^{(2)}$——系统最小运行方式下，电动机靠电源侧端子处两相短路电流。

13.4.4 电动机的低电压保护

13.4.4.1 装设低电压保护的目的

（1）当电源母线电压短时降低或中断时，将一部分不重要的电动机及按生产工艺要求不允许和不需要自启动的电动机切除，以保证重要电动机的自启动及母线电压的恢复；

（2）为保证工艺生产过程和技术保安条件，在电压长时间下降或中断时，切除不允许自启动的电动机。

13.4.4.2 对低电压保护的要求及原理接线图

对电动机低电压保护装置的要求如下：

(1) 能反应各种情况引起的电压下降；

(2) 电压互感器的一次侧一相及及两相或二次侧各种断线时，保护装置不应误动作，而应发出断线信号，但此时如果母线真正失压或电压下降到整定值时，保护装置仍应正确动作；

(3) 当电压互感器一次侧隔离开关因误操作被断开时，保装置不应误动，应发出信号。

(4) 不同动作时间的低电压元件的动作电压应分别整定。

根据上述要求实施的电动机低电压保护装置的接线图如图13－22所示，图中电压继电器1～3kV与时间1KT作为不重要电动机的低电压保护，以0.5s的延时动作于跳闸，并兼作电压回路断线信号；电压继电器4kV和时间继电器2KT为重要电动机的低电压保护，以9～10s延时切除电源电压长时间消失后不允许、不需要自启动的电动机。

当母线电压消失或对称下降到1～3kV的动作值时，1～3kV动作(失磁)，其动断触点闭合，通过1KM的动断触点启动1KT，1KT经0.5s的延时触点闭合，把正电源加到跳闸母线1DBM上，接自该母线上的不重要电动机全部跳闸。若母线电压继续降低，当下降到4kV的动作值时，4kV动作(失磁)，其动断触点闭合，启动2KT，2KT经9s延时触点闭合，把正电源加到跳闸母线2DBM上，接自该母线上的不参加自启动的重要电动机全部跳闸。

1～3kV的动合和动断触点及中间继电器1KM的线圈组成了电压回路断线监视回路，当1FU、2FU、3FU任一相(如1FU)熔断时，相应相的电压继电器动作，其动断触点闭合，经过其他两相电压继电器的动合触点(闭合状态)启动1KM，1KM动断触点断开，切断时间继电器1KT和2KT的线圈回路，保证了低电压保护不误动。同时，启动1KM，1KM的动合触点接通光字牌和音响信号，发出断线信号的。电压回路两相、三相断线也如此，但断线期间如果电动机电源母线真正失去电压或电压下降到整定值，低电压保护仍能动作跳闸。当1FU－3FU和4FU－5FU全部熔断时，低电压保护会误动，但这种可能性很小。一般4－5FU比1－3FU大两级。

当直流电源的熔断器熔断时，2KM失磁返回，其动断触点闭合，点亮光字牌发出“直流回路熔断器熔断信号”。当TV一次侧隔离开关QS误断开时，QS在直流回路的动合辅助触点自动断开保护的直流电源，以防止保护误动，同上，2KM点亮光字牌发出“直流回路熔断器熔断信号”。与此同时，QS在交流电压回路的辅助触点断开电压继电器的交流回路，以防止二次设备向停电的TV倒送电。

13.4.4.3 保护整定原则

(1) 1～3kV的动作电压　按切除不重要电动机的条件整定。为保证重要电动机的自启动，电动机电源母线最低电压为(60%～70%)U_N。因此，低电压继电器的动作电压为

$$U_{K.act}=(0.6\sim0.7)\frac{U_N}{n_{TV}}=60\sim70(V) \tag{13-38}$$

(2) 4kV的动作电压　4kV的动作电压按保证电动机自启动的条件整定，即其值应躲过保证电动机自启动时母线最小允许电压，在考虑可靠系数和返回系数后，继电器的动作一般为

$$U_{K.act}=\frac{(0.6\sim0.7)U_N}{K_{rel}K_{re}n_{TV}}=40\sim50(V) \tag{13-39}$$

(3) KT1的动作时间　KT1的动作时间应与电动机速断保护及上一级后备保护相配合，

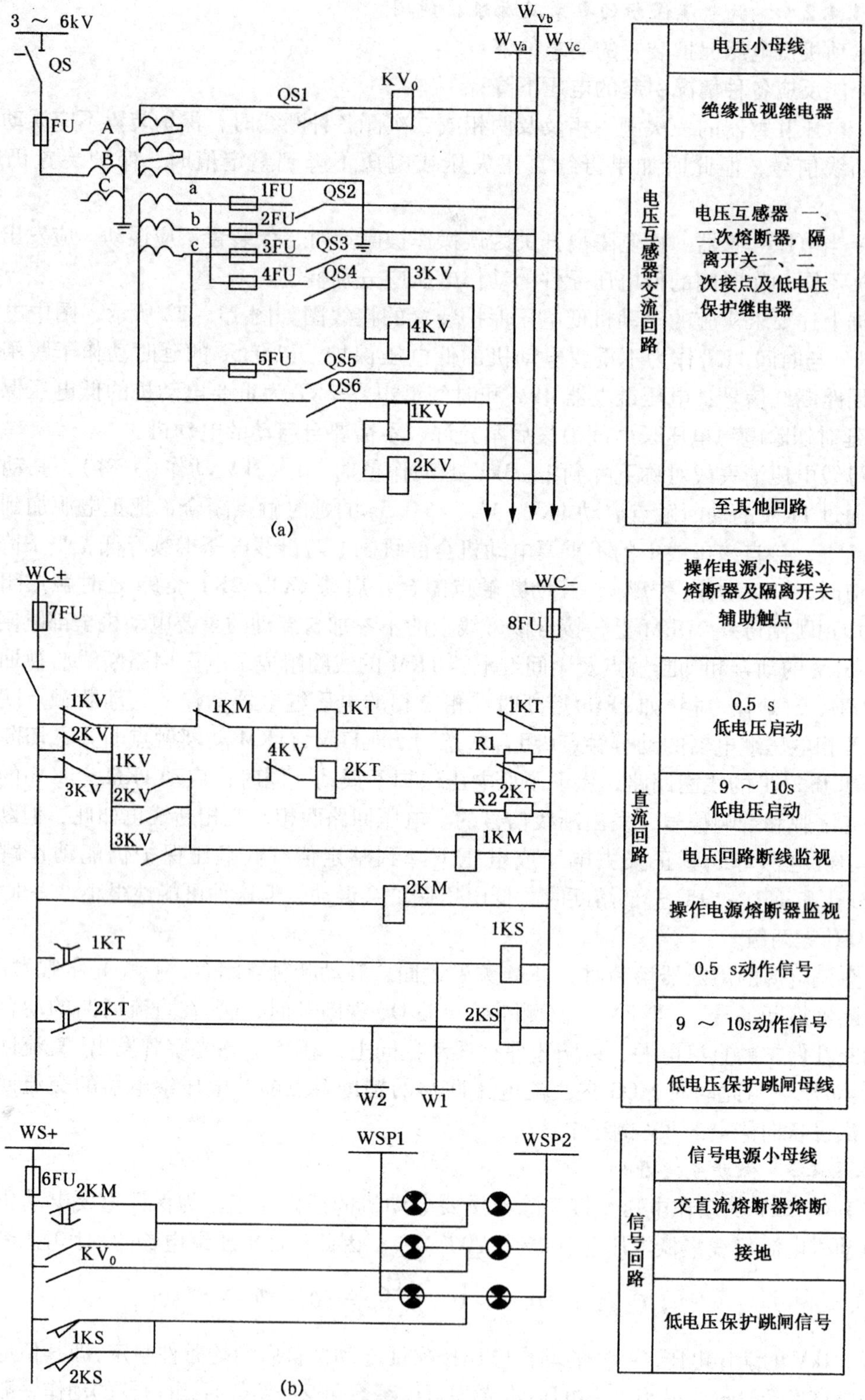

图 13－22　高压电动机低电压保护接线图

（a）交流回路；（b）直流回路

但为了保证重要电动机的自启动，并加快和提高自启动的效果，一般比电动机速断保护高一个时限级差，即取0.5s。

(4) KT2的动作时间　KT2的动作时间按保证技术安全及工艺过程特点的条件整定，只有当电压长时间下降或消失时才断开相应的电动机。由于电网电压下降所持续的时间通常不超过10s，DS－100系列时间继电器最大整定时间为9s，故KT2的动作时间取9s。

13.4.4.4　电动机的接地保护

电动机的接地保护与线路接地保护基本相同。

13.5　微机型继电保护的构成

微机保护是由微型计算机和相应软件(即程序)来实现的新型保护，由硬件和软件两大部分构成。硬件的核心是微处理器。微机保护的硬件是通用的。保护性能和功能由软件决定，比较灵活。软件具有很强的计算、分析和逻辑判断能力，有记忆功能，因此可实现任何性能完善且复杂的保护原理。一套硬件可完成多个保护功能，还兼有故障录波、故障测距、事件顺序记录和对外交换信息等辅助功能。而且软件程序可以实现自适应性，根据运行状态而自动改变定值和特性。它还具有自检功能，抗干扰能力强。与传统保护比具有可靠性高，灵活性大，动作迅速，易于获得附加功能，维护调试方便，有利于实现变电站综合自动化等优点。

13.5.1　微机保护硬件的构成

硬件系统按功能可分为数据采集单元、数据处理单元、开关量输入/输出接口、接口、电源五个部分。微机保护硬件系统如图13－23所示。

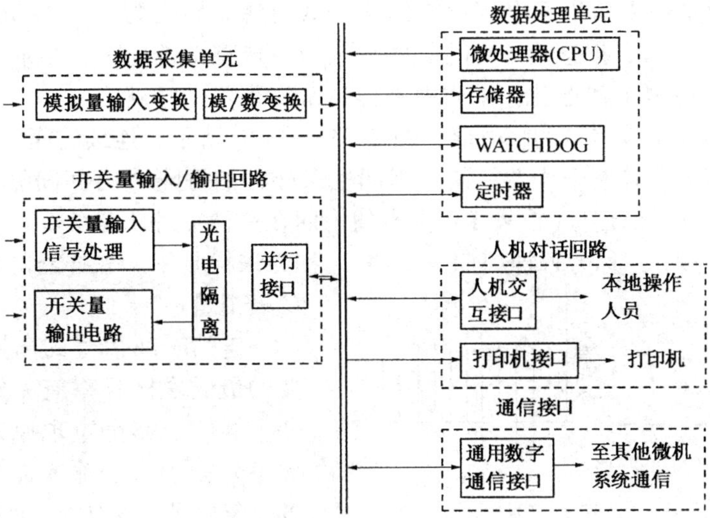

图13－23　微机保护硬件示意框图

13.5.1.1　数据采集单元

继电保护装置从电流、电压互感器二次获得的电流、电压是模拟信号，微机保护能够处理的信号是离散化的数字信号，将模拟量转换成为数字量的过程就是通常所说的数据采集，也称为模拟量输入系统。主要包括电压形成回路、前置模拟低通滤波器（ALF）、采样保持电路(S/H)、多路转换器、模数变换(A/D)电路五个部分。

1. 电压形成回路

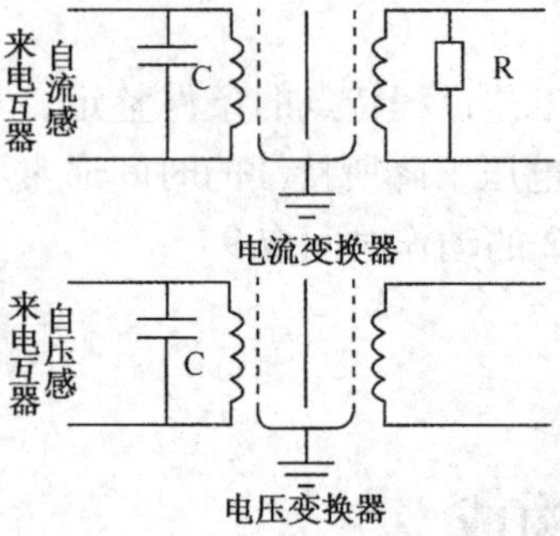

图 13－24　模拟量输入变换电路

微机保护从电压互感器和电流互感器二次取得的电压、电流数值较大，变化范围也较大，不适应模数转换器的要求，需经过电压形成回路对它进行变换。常用的电压形成回路主要有电压变换器、电流变换器和电抗变换器等，如图 13－24 所示。图中变换器一次侧所接的电容主要是为了吸收耦合到输入导线上的干扰信号。电流变换器二次侧并联电阻的目的是通过电流在电阻上产生的电压来实现电流量到电压量的变换。电压形成回路除变换电量外还起电气隔离和电磁屏蔽作用，以保证弱电元件的安全，减少来自高压设备对弱电元件的干扰。

2. 前置模拟低通滤波器(ALF)

模拟信号经电压形成回路变换后，进入低通滤波器。低通滤波器是一种能使工频信号通过，同时抑制高频信号的电路。在故障发生瞬时，电压、电流信号中含有高频分量，而微机保护原理都是反应工频量或某高次谐波量，为此需在采样前用一个模拟低通滤波器(ALF)将 $f_s/2$ 的高频分量滤掉，这样可以降低采样频率 f_s，以防频率混叠。

模拟低通滤波器通常分为无源滤波器和有源滤波器两种。图 13－25 是常用的 RC 无源低通滤波器原理图，由二级 RC 滤波构成，只要调整 RC 值就可改变低通滤波器的截止频率，即可滤去 $f_s/2$ 以上的频率成分。低于 $f_s/2$ 的频率分量，可通过数字滤波器来滤除。

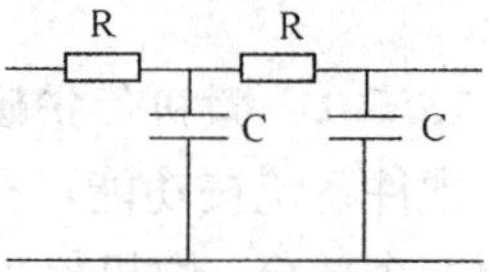

图 13－25　无源低通滤电路图

3. 采样保持电路(S/H)

(1) 采样。模拟输入信号经电压形成回路和低通滤波后仍为连续的时间信号 x∫ (t)，把连续的时间信号 x∫ (t) 变成离散的时间信号 x∫ (t) 称为采样或离散化。采样由采样器来实现。采样就是周期性抽取或测量连续信号的瞬时值，如图 13－26(b)所示，连续的模拟信号加于采样器的输入端，由采样脉冲控制采样器，使之周期性采样，如每隔 t_s 时间间隔对其连续采样一次，得到如图 13－26(c)信号(在采样点上有值，而在采样点外不是为零，而是没有定义)，t_c 称为采样脉冲宽度，t_s 称为采样周期，$f_s=1/t_s$ 称为采样频率。采样器的输出是离散化了的模拟量。

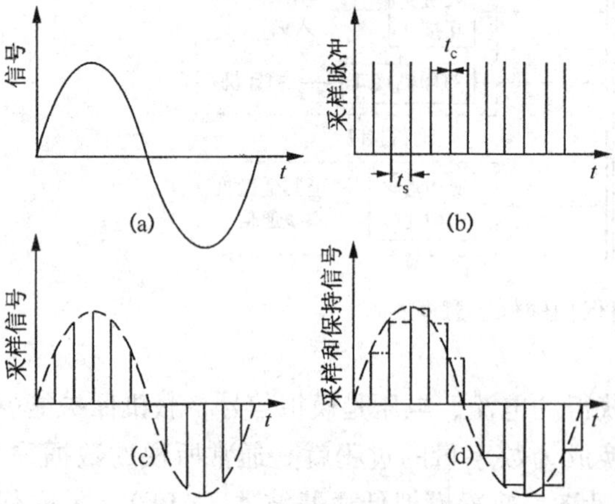

图 13－26　采样保持过程示意图

连续时间信号的离散化与采样所需要的最低采样频率有一定关系。为了能使采样信号完全重现原来的信号，采样频率 f_s 必须大于输入连续信号最高频率的 2 倍，即 $f_s>2f_{max}$。否则将会出现频率混叠，不可能重现原来的信号。这就是对连续信号进行数字处理必须遵守的采样定理。目前微机保护采样的采样频率约为 240～2000Hz 之间。一般为 $f_s=12\times50=600$Hz(即工频每周期采样 12 次)。

(2) 保持。保护装置一般需要同时

采集多个参数量，由于微机保护多路模拟通道共用一个模数转换器 A/D，各通道的取样信号必是依次顺序通过 A/D 回路进行转换，每转换一路都需一定转换时间，对变化较快的模拟信号，如果不保持，将引起误差，所以需要采样保持。

采样保持电路原理图如图 13 – 27 所示，它是由保持电容 C_h，阻抗变换器（一般由运算放大器构成）A1、A2，电子开关 S（受采样脉冲的电平控制）组成。

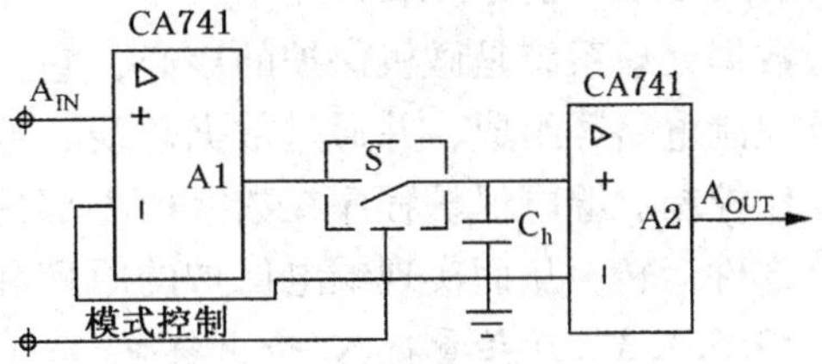

图 13 – 27　采样保持器的基本组成电路图

在采样脉冲高电平时（采样状态期间），S 接通，输入信号对 C_h 快速充电，使 C_h 两端电压等于该采样时刻的电压值（u_i）。S 的闭合时间应满足使 C_h 有足够的充电时间，即采样时间。因 A1 在输入端呈现高阻抗，输出端呈现低阻抗，使 C_h 上电压（A2 的输出电压）迅速准确地跟随 u_i 变化。

在采样脉冲低电平时（采样保持状态期间），S 打开，C_h 对 A2 放电，因 A2 的输入阻抗很大（即对 C_h 呈现高阻抗），C_h 能基本保持充电时的电压值，使输出电压的值得以保持一段时间，如图 13 – 26（d）所示。A2 的输出阻抗很低，以增强带负荷能力。

4. 多路转换器

微机保护通常需对多个模拟量同时采样，由于每个模拟量通道用一个模数转换器 A/D 成本太高而且实现电路较复杂，所以一般采用各模拟量通道通过多路转换器共用一个（A/D），用多路转换开关实现通道切换，轮流由公用的 A/D 将模拟量转换成数字量。

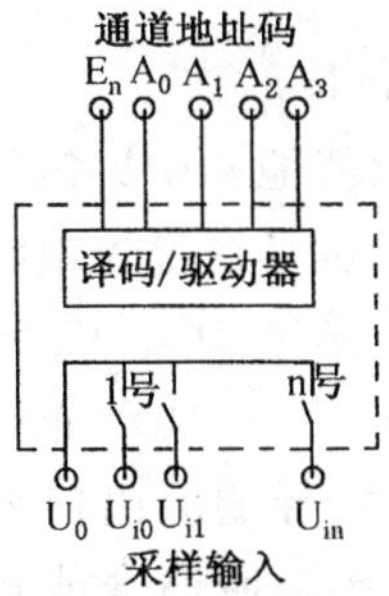

图 13 – 28　多路转换开关原理图

多个转换器如图 13 – 28 所示。多路转换开关（1 – n）是电子型的，通道切换受微机控制。

5. 模数转换器（A/D）

模数转换器（A/D）的作用是将保存在 S/H 中的已离散化的模拟信号转换成计算机所需要的数字量。微机保护中用得较多的有直接型的逐次逼近式 A/D 和间接型电压频率变换式 A/D。现以直接型的逐次逼近式 A/D 来说明。

逐次逼近式 A/D 的工作原理为：将一待转换的输入模拟量 u_i 与一个设定信号 u_0 相比较，根据 u_0 大于还是小于 u_i 决定增大还是减小设定信号，以便向模拟输入信号逼近。

如图 13 – 29 所示为逐次逼近式 A/D 的原理框图。例如四位 A/D 转换器，转换过程如下：首先在数码设定器中设置一个高位数码"1"（1000），该数码经 D/A 数模变换为模拟电压 u_0，反馈到输入侧的比较器一端，与输入电压 u_i 相比较。如果设定值 $u_0 < u_i$，则保留该位原设置的数码"1"，然后由控制器在数码设定器中附加次高位设置数码"1"，形成新的数码（如 1100），经 D/A 模数变换，再反馈到输入侧比较器与 u_i 比较。若设定值 $u_0 > u_i$，则原设定次高位数码"1"改为"0"，然后附加下一高位设置数码"1"（如 1010）。重复上述的比较与设置，直到最低位，所设定的数码总值转换成反馈电压 u_0 与 u_i 值最接近，

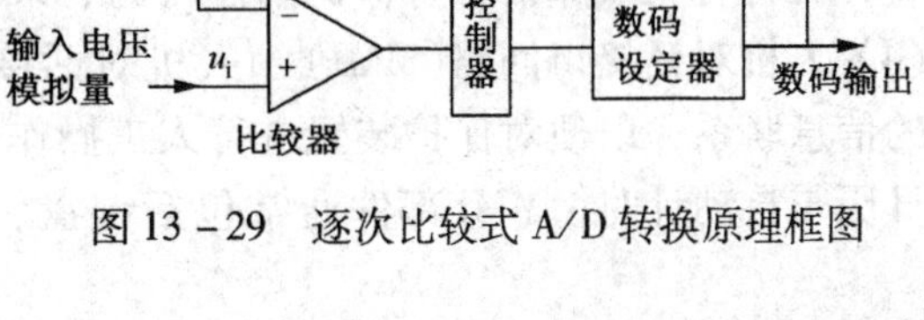

图 13 – 29　逐次比较式 A/D 转换原理框图

则此时数码设定器中的数码总值即为转换结果。

13.5.1.2 数据处理系统

数据处理系统是微机保护的核心，它主要由中央处理器(CPU)、存储器、定时器/计时器及控制电路等组成，并通过数据总线、地址总线、控制总线连成一个系统，实现数据交换和操作控制。继电保护程序在数字核心部件内运行，完成数字信号处理任务，指挥各种外围接口部件运转，从而实现继电保护的原理和各项功能。

13.5.1.3 开关量输入/输出接口

(1) 开关量输入回路　由若干并行接口、光电隔离耦合电路及中间继电器等组成，完成各种保护的出口跳闸，信号及外部接点输入，人机对话等工作。

对于装置外部引入的触点，为防止干扰，需经光电隔离电路后再引至微机并行接口，如图 13－30 所示。虚线框内是一个光电耦合芯片，是由发光二极管和光敏三极管组成。当外部开关 K 接通时，有电流流过光电耦合器件的发光二极管回路，使光敏三极管导通，P_{A0}点电位近似为 0。K 打开时，光敏三极管截止，P_{A0}点电位为 +5V。故光敏三极管的导通与截止反应了外部接点通、断状态。光电耦合器是以光为媒介来传输信号的器件，因此其输入和输出回路在电气上是完全隔离的，所以具有较高的电气隔离和抗干扰能力。P_{A0}是微处理器的输入输出口或外扩并行口。

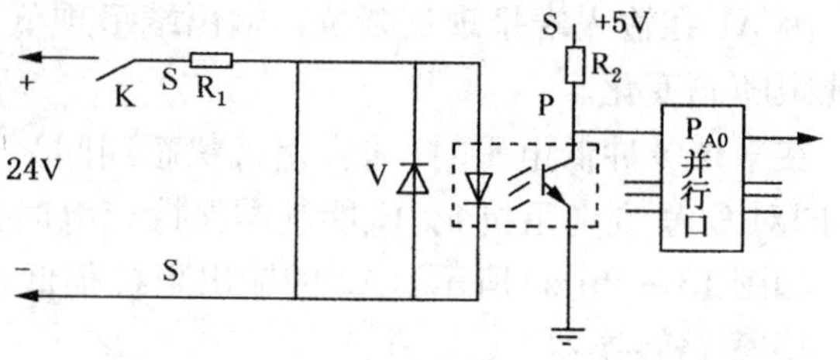

图 13－30　开关量输入电路

(2) 开关量输出回路　开关量输出主要包括跳闸出口、重合闸出口及就地和中央信号出口等，一般采用并行输出端口来控制有触点继电器。为提高抗干扰能力，也是经过光电隔离电路接出，如图 13－31 所示。在出口跳闸时，由软件指令使并行口的 P_{B0}输出“0”，P_{B1}输出“1”，与非门“H”输出低电平“0”，驱动光电二极管发出光脉冲，光电三极管导通。出口继电器 K 励磁，接点被吸合，发出跳闸命令或相应的信号。

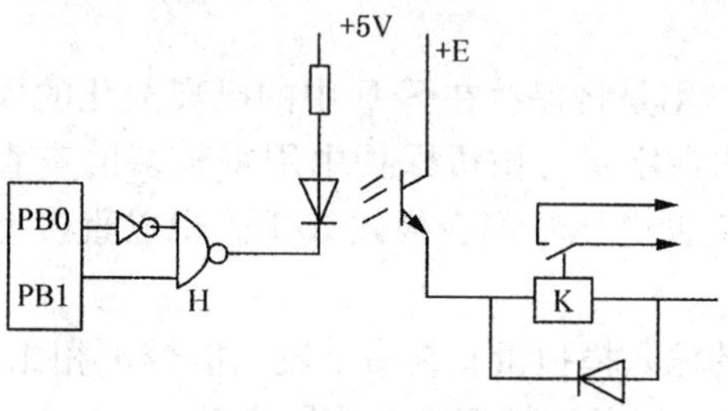

图 13－31　开关量输出电路图

在装置上电初始化和需要继电器 K 返回时，应使 PB0 输出“1”，PB1 输出“0”。设置反相器 B 和与非门 H，而不是将发光二极管直接同并行接口相连。一方面是因为采用与非门后要同时满足两个条件才能使继电器 K 动作，提高了电路抗干扰能力；另一方面可防止拉合直流电源过程中由于逻辑电路的工作紊乱而造成继电器 K 误动作；还因为并行接口带负载能力有限，不足以驱动发光二极管。

(3) 打印机并行接口回路　打印机作为微机保护装置的输出设备，在调试状态下，输入相应的键盘命令，微机保护装置可将执行结果通过打印机打印出来。在运行状态下系统发生故障后，可将有关故障信息、保护动作行为、采样报告打印出来。

(4) 人机对话接口回路(MMI)　人机对话接口的作用是建立起微机保护装置与使用者之间的信息联系，以便对保护装置进行人工操作、调试和得到反馈信息。并由硬件时钟芯片提供日历与自动计时。MMI 部件通常包括键盘、显示屏、指示灯、按钮、打印机接口和调试通信接口。

13.5.1.4 通信接口

为形成集微机保护、监控、远动和管理于一体的变电站综合自动化系统，微机保护除完成自身的独立功能之外，通过主机向本地或远方传送保护定值、故障报告的同时，远方可通过主机对微机保护实行远方控制，如修改定值、投切压板等，这些都需由通信接口来实现。

13.5.1.5 电源

微机保护装置对电源要求较高，通常采用逆变电源，即将直流逆变为交流，再将交流整流为直流电压，供微机保护用。这样就把变电所强电系统的直流与微机保护装置的弱电系统电源完全隔离开。通过逆变后的直流电源具有很强的抗干扰能力，可大大消除来自变电所中因断路器跳合闸等原因产生的强干扰。

13.5.2 微机保护装置软件的构成

软件通常可分为监控程序和微机保护运行程序两部分。监控程序包括人机对话接口，键盘命令处理程序及为插件调试、定值整定、报告显示等所配置的程序。微机保护运行程序是指保护装置在运行状态下所需执行的程序。

微机保护运行程序一般分为主程序和中断服务程序两个模块，其中

主程序　包括初始化、全面自检、开放及等待中断等。

中断服务程序　在该程序中有正常运行程序模块和故障程序模块。正常运行程序模块通常有采样中断、串行口中断等，其中采样中断包括数据采集与处理、保护启动判断等；串行口中断完成保护 CPU 与保护管理 CPU 之间的数据传送，如保护的远方整定、复归等。故障处理程序模块，在保护启动后才投用，用以进行保护特性计算、判定故障性质等。

13.5.2.1 主程序

主程序按固定的采样周期接受采样中断进入采样程序，在采样过程中进行模拟量采样与滤波、开关量的采集、装置硬件自检、交流电流断线和启动判据计算，根据是否满足启动条件而进入正常运行程序或故障计算程序。

主程序流程如图 13－32 所示。保护装置接通电源(简称上电)或按复位按钮后，自动进入主程序的入口，首先进行初始化(一)，它的作用是使整个硬件系统处于正常工作状态，使保护输出的开关量出口初始化，赋以正常值，以保证出口继电器均不动作。初始化(一)后显示主菜单，由工作人员选择运行或调试(退出运行)工作方式，若选择“调试”，就进入监控程序，进行人机对话执行调试命令。若选择“运行”，则开始初始化(二)。初始化(二)包括采样定时器的初始化、控制采样间隔时间、对 RAM 区中所有运行时要使用的软件计数器及各种标志字清零等。

初始化完成后，开始对保护装置进行全面自检，如不正常则显示装置故障信息，然后开放串行口中断，等待管理 CPU 通过串行接口中断来查询自检状况，向微机监控系统及调度传

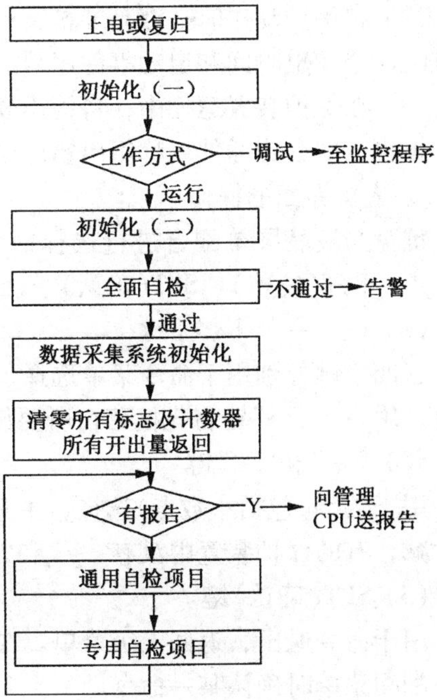

图 13－32　主程序流程框图

送各保护的自检结果。如装置自检通过，则进行数据采集系统的初始化，主要是采样值存放地址指针初始化。完成采样系统初始化后，开放采样定时器中断和串行口中断，等待中断发生后转入中断服务程序。若中断时刻未到，就进入循环自检状态，不断循环进行通用自检及专用自检项目。如果保护有动作或自检出错报告，则向管理 CPU 送报告。通用自检包括定值套号的监视和不同的被开入量的监视等。专用自检项目依保护元件或不同保护原理而设置。

13.5.2.2 采样中断服务程序

采样中断服务程序的主要任务，是控制多路开关和模数转换器将各模拟输入量的采样值转成数字量，然后存入 RAM 区的循环寄存区，其次完成启动判断任务。采样中断服务程序如图 13－33 所示，这部分程序主要有以下内容：

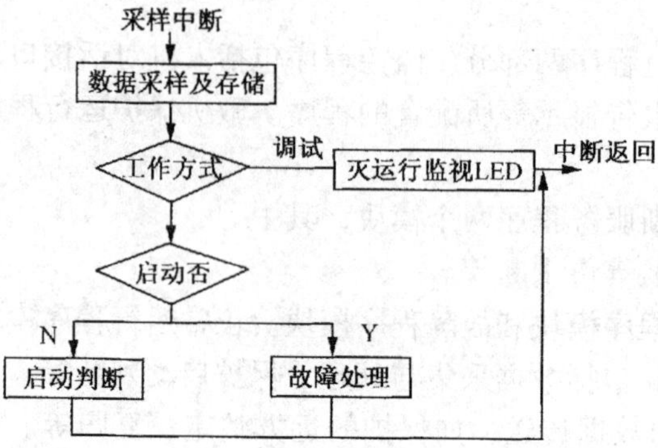

图 13－33　采样中断服务程序

（1）数据采样、处理及存储；

（2）保护启动判断；

（3）故障处理。

13.5.2.3 微机保护人机界面及操作

1. 人机界面及其特点

人机界面包括小型液晶显示屏、键盘和打印机，它把操作内容与显示菜单结合在一起，使微机保护的调试和检验比常规保护更简单明确。

其中液晶显示可表现以下内容：

（1）在正常运行时可以显示时间、实时负荷电流、电压及电压超前电流的相角和保护整定值等；

（2）在保护动作时，液晶屏幕将自动显示最新一次的跳闸报告，即故障时间、保护启动至跳闸命令发出时间和启动事件序号、保护动作元件、故障相别和故障测距结果等。

（3）在保护装置运行中，自检出硬件出错或二次回路出错，液晶屏将立即自动转为显示故障报告，即出错插件名称用出错序号、硬件故障时刻、出错内容。

2. 人机界面的操作

键盘与液晶屏幕配合进行选择命令菜单和修改定值用，键盘一般有 ＋、－、→、←、↑、↓、RST（复位）、SET（确认）、Q（退出）。各键的功能大致如下：

（1）←、→、↑、↓键

这四个键分别用于命令菜单选择、左、右、上、下移动光标、移动显示信息。在修改定值时，用“←、→”键将光标移在所要修改的数字上。用“↑、↓”键，显示换行、翻阅。

（2）“＋”和“－”键

用于数字（包括小数点）选择，主菜单换页，在修改定值时用“＋”和“－”键对数字进行增、减，有的保护装置中没有“＋”和“－”键，而用↑和↓键代替。

（3）SET（确认）键

用于命令退出，返回上级菜单。在修改定值，确认所修改的数字正确后退回上一级菜单或在翻阅菜单时确认某一命令。

（4）RST（复位）键

用于整组保护复位。在运行中整定拨轮切换定值时，选择了所需定值页号后，在按 RST 键，使程序运行在新定值区。除上述两功能外，平时一般不应使用该键。

3. 继电保护的操作

继电保护的操作主要包括整定值和控制命令的输入等。

微机的定值有两类：一类是数值型定值，即模拟量如电流、电压、时间、相位、比例系数、调整系数等；另一类是保护功能的投入、退出控制字，称为开关型定值（即软压板），用"ON"(1)表示投入状态，用"OFF"(0)表示退出状态。

微机保护装置的每一套保护都有数值型和开关型定值清单。它把定值号、含义、整定范围、整定步长、备注等列在定值清单（定值表）上。

以上两种定值均由键盘输入并固化在 EPROM 中。操作人员可通过键盘对保护定值进行修改和查询。

(1) 保护定值的整定，在主菜单中选择"定值"菜单，按确认键后，液晶屏显示"定值"操作对话框，在对话中选择"整定定值"子菜单，按确认键后，显示"整定定值"操作对话框；在对话框中选择保护模块（CPU 的编号），用↑、↓键将输入的光标改变到整定定值区内编辑框，用"+、-"键来选择定值区号；对于区号为多位数值时，可通过"←、→"键移动光标修改的位置。用↑、↓键将输入的光标移到"开始整定"处，按确认键后液晶屏显示"定值输入"对话框，用↑、↓键选择需要"设置/修改"的定值项，可通过←、→键移动光标至要修改的位置，用"+、-"键改变所在位置的数值。

(2) 控制命令的输入，当"设置/修改"的定值项为控制字时，液晶屏显示的状态栏会提示"确认按位整定控制字"字样，应按确认键进入"整定控制字"对话框，设置/修改的方式与定值设置/修改的方式相似。

上述定值和控制字修改完毕后，经确认后要进入固化定值程序。

附录：第 13 章使用符号说明

一、设备、元件符号

G　发电机

T　变压器

M　电动机

QF　断路器

TV 电压互感器

TA 电流互感器

QF 断路器

M 电动机

K 继电器

KA 电流继电器

KV 电压继电器

KM 中间继电器

KQF 出口中间继电器

KT 时间继电器

KS 信号继电器

KL 闭锁继电器

二、电压、电流符号

$I_{k.max}^{(3)}$最大三相短路电流

$I_{k.min}^{(2)}$最小两相短路电流

I_{ub}不平衡电流

I_N一次额定电流

I_n二次额定电流

I_L负荷电流

I_{act}保护装置一次动作电流

$I_{k.act}$保护装置二次动作电流

I_{re}保护装置电流一次返回电流

$I_{k.re}$保护装置二次返回电流

I_{brk}制动电流

三、常用系数符号

K_{re}返回系数

K_{rel}可靠系数

K_c接线系数

K_{ss}同型号系数

$K_{ap.er}$非周期分量系数

K_{met}配合系数

K_{Ms}电动机自启动系数

K_{brk}制动系数